Klimapolitik

Springer
*Berlin
Heidelberg
New York
Barcelona
Budapest
Hongkong
London
Mailand
Paris
Santa Clara
Singapur
Tokio*

Hans Günter Brauch (Hrsg.)

Klimapolitik

Naturwissenschaftliche Grundlagen,
internationale Regimebildung und Konflikte,
ökonomische Analysen
sowie nationale Problemerkennung
und Politikumsetzung

Mit einem Geleitwort von Ernst Ulrich von Weizsäcker

Mit 30 Abbildungen und 26 Tabellen

Springer

Dr. Hans Günter Brauch
Alte Bergsteige 47
D-74821 Mosbach, Germany
Fax: 0 62 61-1 56 95

Die Deutsche Bibliothek - CIP-Einheitsaufnahme

Klimapolitik : naturwissenschaftliche Grundlagen, internationale Regimebildung und Konflikte, ökonomische Analysen sowie nationale Problemerkennung und Politikumsetzung ; mit 26 Tabellen / Hans Günter Brauch (Hrsg.). Mit einem Geleitw. von Ernst Ulrich von Weizsäcker. - Berlin ; Heidelberg ; New York ; Barcelona ; Budapest ; Hongkong ; London ; Mailand ; Paris ; Santa Clara ; Singapur ; Tokio : Springer, 1996
ISBN 3-540-60513-4
NE: Brauch, Hans Günter [Hrsg.]

ISBN-13: 978-3-642-64680-5   e-ISBN-13: 978-3-642-61072-1
DOI: 10.1007/978-3-642-61072-1

Dieses Werk ist urheberrechtlich geschützt. Die dadurch begründeten Rechte, insbesondere die der Übersetzung, des Nachdrucks, des Vortrags, der Entnahme von Abbildungen und Tabellen, der Funksendung, der Mikroverfilmung oder der Vervielfältigung auf anderen Wegen und der Speicherung in Datenverarbeitungsanlagen, bleiben, auch bei nur auszugsweiser Verwertung, vorbehalten. Eine Vervielfältigung dieses Werkes oder von Teilen dieses Werkes ist auch im Einzelfall nur in den Grenzen der gesetzlichen Bestimmungen des Urheberrechtsgesetzes der Bundesrepublik Deutschland vom 9. September 1965 in der jeweils geltenden Fassung zulässig. Sie ist grundsätzlich vergütungspflichtig. Zuwiderhandlungen unterliegen den Strafbestimmungen des Urheberrechtsgesetzes.

© Springer-Verlag Berlin Heidelberg 1996
Softcover reprint of the hardcover 1st edition 1996

Die Wiedergabe von Gebrauchsnamen, Handelsnamen, Warenbezeichnungen usw. in diesem Werk berechtigt auch ohne besondere Kennzeichnung nicht zu der Annahme, daß solche Namen im Sinne der Warenzeichen- und Markenschutz-Gesetzgebung als frei zu betrachten wären und daher von jedermann benutzt werden dürften.

Einbandgestaltung: E. Kirchner, Heidelberg
Satz: Reproduktionsfertige Vorlage: Thomas Bast, AFES-PRESS, Mosbach

SPIN: 10500264   30/3136 - 5 4 3 2 1 0 - Gedruckt auf säurefreiem Papier

Geleitwort

„Nach uns die Sintflut" ist der Symbolspruch der Verantwortungslosen. Verantwortungslos wäre das „Weiterwursteln" beim Verbrennen fossiler Brennstoffe. Wenigstens eine Halbierung der Emissionen von Treibhausgasen sollten wir erreichen, um eine gefährliche Interaktion der Menschen mit dem Klima abzuwehren. Die Klimadiplomatie bemüht sich derzeit noch vergeblich um eine Stabilisierung der Emissionen auf dem Niveau von 1990. Die Bremser versuchen sogar, die ansonsten unbestrittenen Ergebnisse der Klimaforschung in Zweifel zu ziehen. Aber auch wenn man, wie C.D. Schönwiese schreibt, die Klimaentwicklung prinzipiell nicht genau vorhersagen kann und noch viele Fragezeichen in den heutigen Modellen bleiben, so wäre doch ein einfaches Zuwarten, bis die Klimamodelle höhere Gewißheit versprechen, ganz unverantwortlich. Es ist dringlich, die Klimapolitik aus ihrer Lähmung zu befreien. Dabei wird und muß Deutschland eine wesentliche Rolle spielen. Dieses Buch macht den Versuch, die deutsche Diskussion entsprechend in Gang zu bringen.

Im Zentrum der neu beflügelten Klimapolitik muß die „Effizienzrevolution" im Umgang mit Energie und Stoffen stehen. Ein Land, dem es gelingt, mit den knapper werdenden natürlichen Ressourcen doppelt, dreimal, viermal so effizient umzugehen wie bisher, wird gewaltige Sprünge in seiner internationalen Wettbewerbsfähigkeit erleben. Schließlich ist die Ressourcenknappheit auf den Wachstumsmärkten Asiens besonders drückend. So zeigt dieses Buch auch auf, wie die Lawine der Effizienzrevolution auszulösen wäre. Mit dieser läßt sich der Klimaschutz dann auf einmal viel müheloser international verbreiten.

Wuppertal, im Januar 1996 *Ernst Ulrich von Weizsäcker*
Präsident des
Wuppertal Instituts für
Klima - Umwelt - Energie GmbH

Inhaltsverzeichnis

Geleitwort *Ernst Ulrich von Weizsäcker*	V
Tabellenverzeichnis	XI
Abbildungsverzeichnis	XIII
Abkürzungsverzeichnis	XV
Dank des Herausgebers	XXI
Einführung *Hans Günter Brauch*	XXIII

Teil I   Naturwissenschaftliche Grundlagen - Ursachen des Treibhauseffekts 1

1 Naturwissenschaftliche Grundlagen: Klima und Treibhauseffekt   3
   Christian-Dietrich Schönwiese

2 Klimamodelle: Vorhersagen und Konsequenzen   21
   Christian-Dietrich Schönwiese

3 Klimawirkungsforschung: Mögliche Folgen des Klimawandels für Europa   33
   Manfred Stock

Teil II   Vom internationalen Ozon- zum Klimaregime   47

4 Das internationale Regime zum Schutz der Ozonschicht: Modell für das Klimaregime   49
   Thomas Gehring

5 Völkerrechtliche Aspekte der Klimarahmenkonvention   61
   Hermann Ott

6 Stand der internationalen Klimaverhandlungen nach dem Klimagipfel in Berlin   75
   Cornelia Quennet-Thielen

Teil III	**Internationale Klimapolitik - Akteure, Konfliktlinien und Probleme**	**87**
7	Der umweltpolitische Entscheidungsprozeß in der Europäischen Union am Beispiel der Klimapolitik *Andrea Lenschow*	89
8	Die Europäische Union als Akteur in der internationalen Umweltpolitik am Beispiel des Klimaregimes *Sylvia Schumer*	105
9	Klimawandel und Gerechtigkeit zwischen Nord und Süd: Schlechtes Gewissen der Industrieländer - Ruhekissen für die Dritte Welt? *Helmut Breitmeier*	115
10	Konflikte der internationalen Klimapolitik. „Klimaspiel" und die USA als Spielverderber? *Hilmar Schmidt*	129
11	Klimapolitik und Umweltsicherheit: Eine interdisziplinäre Konzeption *Detlef F. Sprinz*	141
Teil IV	**Ökonomische Analysen zum Klimaschutz**	**151**
12	Ökonomie und Klimawandel: Kann sich die Klimapolitik auf die Nutzen-Kosten-Analyse verlassen? *Meinrad Rohner, Ottmar Edenhofer*	153
13	Klimaschutz und die Ökonomie des Vermeidens *Peter Hennicke*	169
14	Auswirkungen von Klimaschutz auf die Volkswirtschaft *Rainer Walz*	189
Teil V	**Beiträge der beiden Enquête-Kommissionen des Deutschen Bundestages: „Vorsorge zum Schutz der Erdatmosphäre" (1987-1990) und „Schutz der Erdatmosphäre" (1991-1994)**	**201**
15	Tätigkeit und Handlungsempfehlungen der beiden Klima-Enquête-Kommissionen des Deutschen Bundestages (1987-1994) *Udo Kords*	203
16	Politische Umsetzung der Empfehlungen der beiden Klima-Enquête-Kommissionen (1987-1994) - eine Bewertung *Monika Ganseforth*	215

Inhaltsverzeichnis IX

17 Warum der Erdgipfel von Rio folgenlos blieb - Wege für eine
   Überlebensstrategie 225
   Liesel Hartenstein

**Teil VI   Umsetzung der Klimarahmenkonvention in der Bundes-
republik Deutschland auf der Ebene des Bundes, eines
Landes und von drei Städten** 235

18 Klimavorsorgepolitik der Bundesregierung 237
   Franzjosef Schafhausen

19 Der Beitrag Hessens zum Klimaschutz: Politik für Energieeffizienz
   und regenerative Energien 251
   Rupert von Plottnitz

20 Monetäre Anreize für energiesparende Maßnahmen als Teil der
   kommunalen Energiepolitik 261
   Horst Meixner

21 Global denken - lokal handeln. Klimaschutz Heidelberg 271
   Beate Weber

22 Kommunale Klimaschutzpolitik - eine Jahrhundertaufgabe
   dargestellt am Beispiel der Stadt Münster 279
   Wilfrid Bach

23 Die kommunale Aufgabe Klimaschutz - organisatorische
   Voraussetzungen für wirkungsvollen Klimaschutz am Beispiel
   des Energiereferats der Stadt Frankfurt am Main 293
   Werner Neumann

24 Das Klima-Bündnis und seine kommunalen und internationalen
   Aktivitäten am Beispiel der Stadt Frankfurt am Main 305
   Lioba Rossbach de Olmos

Teil VII   Konzeptionelle Schlußfolgerungen 313

25 Internationale Klimapolitik, Klimaaußen- und Klimainnenpolitik -
   konzeptionelle Überlegungen zu einem neuen Politikfeld 315
   Hans Günter Brauch

Anhang

Anhang A: Text der Klimarahmenkonvention (1992) 333

Anhang B: Text des Berliner Mandats (1995) 354

Anhang C: Anschriften zur Klimapolitik 357

Anhang D: Glossar 365

Literatur 377

Zu den Autorinnen und Autoren 425

Zum Herausgeber 430

Personen- und Sachverzeichnis 431

Tabellenverzeichnis

Tabelle 1.1.	Zusammensetzung trockener und aerosolfreier Luft in Bodennähe	4
Tabelle 1.2.	Übersicht der wichtigsten Ursachen von Klimaänderungen	15
Tabelle 1.3.	Vergleich der Spurengasbeiträge (prozentual) zum natürlichen Treibhauseffekt und seiner anthropogenen Verstärkung	17
Tabelle 1.4.	Übersicht einiger Charakteristika der Treibhausgase	18
Tabelle 1.5.	Prozentuale Aufspaltung der in Tabelle 1.4 genannten anthropogenen Treibhaus-Emissionen	19
Tabelle 3.1.	Auswahl historischer Entwicklungen in Europa, die mit natürlichen Klimaschwankungen, z.B. nach Vulkanausbrüchen, in Verbindung gebracht werden	38
Tabelle 3.2.	Zwei Klimaänderungsszenarien und ihre charakteristischen Parameter	40
Tabelle 4.1.	Entwicklung der Kontrollmaßnahmen des Regimes nach Gehring/Oberthür (1993)	56
Tabelle 10.1.	Unproblematische Situation	133
Tabelle 10.2.	Rambospiel	134
Tabelle 10.3.	Koordinationsspiel mit Verteilungskonflikt	139
Tabelle 12.1.	Variablen in Abb. 12.1	160
Tabelle 13.1.	CO_2-Emissionen für fünf europäische Länder im Jahr 2020	176
Tabelle 13.2.	Szenariodefinitionen und bestimmende Randbedingungen der Szenarien der Enquête-Kommission	178
Tabelle 14.1.	Überblick über die Wirkungsmechanismen klimapolitischer Maßnahmen auf die Volkswirtschaft	192
Tabelle 14.2.	Ergebnisse der Energieszenarien für Westdeutschland	196
Tabelle 14.3.	Charakterisierung der Varianten „ungünstige" und „günstige Bedingungen"	196
Tabelle 18.1.	Entwicklung der Bevölkerungszahl, des Bruttoinlandsprodukts sowie der energiebedingten CO_2-Emissionen in den alten Bundesländern, den neuen Bundesländern und Deutschland insgesamt	246
Tabelle 18.2.	Veränderungen der CO_2-Emissionen in Deutschland zwischen 1987 und 1994	246
Tabelle 20.1.	Auswertung der hr-Stromspar-Aktion. Bezogen auf die zehn untersuchten Haushalte	269

Tabelle 22.1. CO_2-Reduktionspotential in Münster durch eine konsequente Klimaschutzpolitik 282

Tabelle 22.2. Annahmen für die Entwicklung des Stromeinsatzes im Kleinverbrauch im Trend- und im Klimaschutz-Szenario, 1991-2005 284

Tabelle 22.3. Kosteneffektivität der Stromeinsparung für die Kleinverbraucher und die Stadtwerke in Münster, 1996-2020 286

Tabelle 22.4. Jährliche Nutzen- und Kostenentwicklung für die Kleinverbraucher und die Stadtwerke in Münster bei einer 20%igen Gewinnbeteiligung der Stadtwerke an der Strompreiserhöhung, 1996-2020 288

Tabelle 25.1. Inhaltliche Forschungsschwerpunkte in den sozial- und geisteswissenschaftlichen Disziplinen zu Fragen der Klimapolitik 321

Tabelle 25.2. Klimapolitik als Thema von drei politischen Ebenen und der drei Welten 326

Abbildungsverzeichnis

Abb. 1.1.	Thermisch orientierte Stockwerkeinteilung der Erdatmosphäre	5
Abb. 1.2.	Zeitliche Größenordnungen atmosphärischer Vorgänge und Klimabegriff	7
Abb. 1.3.	Nordhemisphärisch gemittelte Variationen der bodennahen Lufttemperatur in verschiedener zeitlicher Auflösung, von oben nach unten, letzte Jahrmillion bis letztes Jahrhundert	10
Abb. 1.4.	Nordhemisphärisch gemittelte Variationen der bodennahen Lufttemperatur in Jahresanomalien 1851-1994, zehnjähriger Glättung und linearem Trend	11
Abb. 1.5.	Lineare Trends 1891-1990 der bodennahen Lufttemperatur in Europa, Sommer (Juni-Aug.) bzw. Winter (Dez.-Feb.), in räumlicher Differenzierung, Isolinien in °C	12
Abb. 1.6.	Schema des Klimasystems	13
Abb. 1.7.	Stark vereinfachtes Schema des Treibhauseffektes	16
Abb. 1.8.	Anstieg der atmosphärischen CO_2-Konzentration, seit 1750 nach Eisbohrkonstruktion, seit 1958 nach direkten Messungen auf dem Mauna Loa, Hawaii	20
Abb. 2.1.	Schematische Übersicht zur Hierarchie der Klimamodelle, Aspekt Treibhausproblem	24
Abb. 2.2.	Erhöhung der global gemittelten bodennahen Lufttemperatur für den Fall einer Verdoppelung der atmosphärischen CO_2-Konzentration, aufgeschüsselt nach Gleichgewichts- und transienten bzw. physikalischen (AOGCM) und statistischen (MRM, NNM) Klimamodellen	27
Abb. 2.3.	IPCC-Szenarien (1990) in Zukunft möglicher atmosphärischer äquivalenter CO_2-Konzentrationen und zugehörigem Strahlungsantrieb, aufbauend auf dem seit 1900 eingetretenen Trend	28
Abb. 2.4.	Transiente Erhöhung der global gemittelten bodennahen Lufttemperatur über das vorindustrielle Niveau hinaus für den Fall der in Abb. 2.3 angegebenen Treibhausgasszenarien	29
Abb. 2.5.	Nordhemisphärisch gemittelte zehnjährig geglättete relative Variationen der bodennahen Lufttemperatur 1851-1993	31
Abb. 3.1.	Schema einer Analyse des Systems Anthroposphäre-Natur auf Ursachen, Wirkungen und Folgen	35
Abb. 3.2.	Ablaufschema zur Analyse von Klimafolgen für eine Region	41
Abb. 3.3.	Risikoanalyse des Klimawandels	45
Abb. 4.1.	Jährliche Produktion von FCKW-11 und -12 in OECD-Ländern in 1000 t	55

Abb. 11.1.	Zusammenhang Mensch-Umwelt-Beziehungen	142
Abb. 11.2.	Das Grundmodell der Koppelung von ökonomischer Aktivität und Verschmutzungsniveau	145
Abb. 12.1.	Wirkungszusammenhänge des Nordhaus-Modells	159
Abb. 13.1.	Übersicht über Energieszenarien	172
Abb. 13.2.	Primärenergieverbrauch	176
Abb. 13.3.	Endenergieverbrauch der verschiedenen Enquête-Szenarien	179
Abb. 13.4.	Primärenergieverbrauch der verschiedenen Enquête-Szenarien	180
Abb. 14.1.	Größenordnung von gesamtwirtschaftlichen Auswirkungen von CO_2-Reduktionsmaßnahmen	197
Abb. 18.1.	Ansatzpunkte zur Verminderung der CO_2-Konzentration in der Atmosphäre	239
Abb. 20.1.	Gesamtkosten pro reduzierter Tonne CO_2	265
Abb. 22.1.	Verursacher der CO_2-Emissionen in Münster 1990 (Gesamtemissionen 2,3 Mio. t)	281
Abb. 22.2.	Entwicklung des Stromeinsatzes im Kleinverbrauch in Münster von 1980 bis 2005	283
Abb. 25.1.	Klimarelevante natur- und sozialwissenschaftliche Disziplinen	320

Abkürzungsverzeichnis

AE	Agence Europe
AFEAS	Alternative Fluorcarbons Acceptability Study
AG 13	Ad hoc-group on Art.13 (Ad-hoc-Gruppe zum Art. 13)
AGBM	Ad hoc Group on the Berlin Mandate (Ad-hoc-Gruppe zum Berliner Mandat)
AGCM	atmosphärisches GCM, vgl. unten
AgV	Arbeitsgemeinschaft der Verbraucher
AIJ	Activities Implemented Jointly (gemeinsam durchgeführte Aktivitäten)
ALTENER	Rahmenprogramm der EU für erneuerbare Energien
AOGCM	atmosphärisch-ozeanisches GCM (allgemeines Zirkulationsmodell)
AOSIS	Alliance of Small Island States (Gruppe der tieferliegenden Küstenstaaten)
Ar	Argon
Art.	Artikel
BGBl	Bundesgesetzblatt
BHKW	Blockheizkraftwerk
BImSch	Bundes-Immissionsschutzgesetz
BIP	Bruttoinlandsprodukt
BMBau	Bundesministerium für Raumordnung, Bauwesen und Städtebau
BMFT	Bundesministerium für Forschung und Technologie
BML	Bundesministerium für Ernährung, Landwirtschaft und Forsten
BMU	Bundesministerium für Umwelt, Naturschutz und Reaktorsicherheit
BMV	Bundesministerium für Verkehr
BMWi	Bundesministerium für Wirtschaft
B-Pläne	Beobachtungspläne
BSP	Bruttosozialprodukt
BT-Drs.	Bundestagsdrucksache
BUND	Bund für Umwelt und Naturschutz Deutschland
C	Kohlenstoff
CDIAC	Carbon Dioxide Information Analysis Center (USA)
CDU	Christlich Demokratische Union
CEC	Kommission der Europäischen Gemeinschaften
Cf_2Cl_2	Dichlordifluormethan
$CFCl_3$	Trichlorfluormethan
CH_4	Methan
CKW	Chlorkohlenwasserstoffe
CLIMAIL	Informationszentrum für Strategien zum Kommunalen Klimaschutz
CO	Kohlenmonoxid
CO_2	Kohlendioxid
COICA	Koordination der Indianerorganisationen des Amazonasbeckens
COP	Conference of the Parties

CRS	Congressional Research Service
CSD	Commission on Sustainable Development
CSU	Christlich Soziale Union
DAB	Deutsche Ausgleichsbank
DBU	Deutsche Bundesstiftung Umwelt
DDR	Deutsche Demokratische Republik
Dec.	Decision
DG	Directorate-General (Generaldirektion)
DICE	Dynamic Integrated Model of Climate and the Economy (dynamisch integriertes Modell des Klimas und der Wirtschaft)
DIW	Deutsches Institut für Wirtschaftsforschung
DOC.	Dokument
DPG	Deutsche Physikalische Gesellschaft
E	Externalität
EAP	Umweltaktionsprogramm der EU
EBM	Eisen-, Blech- und Metallwaren (Kap.14)
EBM	Energiebilanzmodell (klimatologisch)
Ecofin	Rat der Wirtschafts- und Finanzminister der EU-Staaten
ECU	Europäische Währungseinheit
EDV	elektronische Datenverarbeitung
EE	Europe Environment (Veröffentlichung des Europe Information Service (EIS))
EEA	Einheitliche Europäische Akte
EEC	Europäische Wirtschaftsgemeinschaft (EWG)
EG	Europäische Gemeinschaft
EGV	Vertrag zur Gründung der Europäischen Gemeinschaft (EG) in der Fassung vom 7.2.1992 (Maastricht)
EK I	Enquête-Kommission des 11. Deutschen Bundestages „Vorsorge zum Schutz der Erdatmosphäre" (1987-1990)
EK II	Enquête-Kommission des 12. Deutschen Bundestages „Schutz der Erdatmosphäre" (1991-1994)
EK	Enquête-Kommission des Deutschen Bundestages
ENSO	EL Niño-/Southern-Oscillation-Mechanismus (klimatologisch)
EnWG	Energiewirtschaftsgesetz
EOF	empirische Orthonogonalfunktion
EP	Europäisches Parlament
EPA	Environmental Protection Agency
EPEFE	The European Programme on Emissions, Fuels and Engine Technologies (Europäisches Programm über Emissions-, Treibstoff- und Maschinentechnologien)
EPOCH	Programm der EG/EU für Klimatologie und natürliche Risiken
ERP	European Recovery Programme (Zinsgünstige Kreditprogramme der Bundesregierung auf der Basis des ehemaligen Marshall-Plans)
EStG	Einkommenssteuergesetz

Abkürzungsverzeichnis   XVII

EU	Europäische Union
EuGH	Europäischer Gerichtshof
EuGHE	Entscheidung des Europäischen Gerichtshofes
EUI	European University Institute (Florenz)
EUV	Vertrag zur Europäischen Union (Maastricht)
EVU	Energiedienstleistungs-/-versorgungsunternehmen
EWI	Energiewirtschaftliches Institut
EWWE	Environment Watch: Western Europe (Veröffentlichung der Cutter Information Corp.)
EXWOST	Experimenteller Wohnungs- und Städtebau
FCCC	Framework Convention on Climate Change
FCKW	Fluorchlorkohlenwasserstoffe
FDP	Freie Demokratische Partei
FKW	Fluorkohlenwasserstoff (vollhalogeniert)
FKW 134a	Fluorkohlenwasserstoff 134a (Ersatzstoff für FCKW 12 in der Kälte- und Klimatechnik)
FOPS	Forschungsprogramm Stadtverkehr
G-7	Gruppe der sieben führenden Industrieländer
GA	General Assembly (Vollversammlung der Vereinten Nationen)
GASP	Gemeinsame Außen- und Sicherheitspolitik (im Rahmen der EU)
GCM	allgemeines Zirkulationsmodell (general circulation model; klimatologisch)
GD I	Generaldirektion I (Internationale Beziehungen) der Europäischen Kommission
GD II	Generaldirektion II (Wirtschafts- und Finanzangelegenheiten)
GD III	Generaldirektion III (Industrie)
GD VI	Generaldirektion VI (Landwirtschaft)
GD VII	Generaldirektion VII (Verkehr)
GD VIII	Generaldirektion VIII (Entwicklungspolitik)
GD XI	Generaldirektion XI (Umwelt)
GD XII	Generaldirektion XII (Forschung und Wissenschaft)
GD XVII	Generaldirektion XVII (Energie)
GD XXI	Generaldirektion XXI (Indirekte Steuern)
GEF	Global Environment Facility (Globale Umweltfazilität)
GJ	Gigajoule
GPO	Government Printing Office
Gt	Gigatonnen
GuD	Gas- und Dampfturbinenkraftwerke
GUS	Gemeinschaft Unabhängiger Staaten
GUW	globaler Umweltwandel
GWh	Gigawattstunden
H_2	Wasserstoff
H_2O	Wasser(dampf)
He	Helium

H-FBKW	Teilhalogenierte Fluorbromkohlenwasserstoffe
H-FCKW	Teilhalogenierte Fluorchlorkohlenwasserstoffe
HMSO	Her Majesty's Stationary Office
HMUB	Hessisches Ministerium für Umwelt, Energie und Bundesangelegenheiten
hr	Hessischer Rundfunk
ICLEI	International Council for Local Environmental Initiatives
ICSU	International Council of Scientific Unions
IER	International Environment Reporter (Veröffentlichung des Bureau of National Affairs, Inc., Washington, DC)
IFEU	Institut für Energie und Umweltforschung, Heidelberg
IFS	Institute for Fiscal Studies
IIASA	Internationales Institut für angewandte Systemanalyse
IKARUS	Instrumente für Klimagas-Reduktionsstrategien
ILM	International Legal Materials
IMA	Interministerielle Arbeitsgruppe
INC	Intergovernmental Negotiation Committee (Zwischenstaatliches Verhandlungskomitee)
IPCC	Intergovernmental Panel on Climate Change (UN)
IPF	Intergovernmental Panel on Forests
IPSEP	International Project for Sustainable Paths
IRU	International Transport Road Union
ISI	Fraunhofer-Institut für Systemtechnik und Innovationsforschung
JI	Joint Implementation (gemeinsame Umsetzung)
JOULE	EU-Rahmenprogramm für nichtnukleare Energie und rationelle Energienutzung
JUSCANZ	Japan, USA, Kanada, Australien, Neuseeland
K	Grad Kelvin
KEG	Kommission der Europäischen Gemeinschaft
KfW	Kreditanstalt für Wiederaufbau
Kr	Krypton
KRK	Rahmenübereinkommen der Vereinten Nationen über Klimaänderungen (Klimarahmenkonvention)
kt	Kilotonnen
kWel	Kilowattstunde Strom
kWh	Kilowatt pro Stunde
KWK	Kraft-Wärme-Koppelung
LCP	Least-Cost-Planning
Lkw	Lastkraftwagen
MRM	multiples Regressionsmodell (statistisch)
Mt	Megatonnen
MW	Megawatt
Mwel	Megawattstunde Strom
N_2	Stickstoff

Abkürzungsverzeichnis   XIX

N_2O	Distickstoffoxid
NATO	Nordatlantische Vertragsorganisation (Allianz)
Ne	Neon
NEGA	NEGAWatt (Eigenbegriff, Hennicke)
NEH	Niedrigenergiehäuser
NGO	Nichtregierungsorganisationen
NKA	Nutzen-Kosten-Analyse
NMCH	Nichtmethankohlenwasserstoffe
NNM	neuronales Netzmodell
NO	Stickstoffoxid
NO_x	Stickstoffoxid (NO + NO_2)
NRO	Nichtregierungsorganisation
NRW	Nordrhein-Westfalen
NTW	Niedertemperaturwärme
NWMT	Ministerium für Wirtschaft, Mittelstand und Technologie in NRW
O_2	Sauerstoff
O_3	Ozon
OECD	Organisation für wirtschaftliche Zusammenarbeit und Entwicklung
OJ	Offizielles Organ der EU
OPEC	Organization of Petroleum Exporting Countries (Organisation erdölexportierender Länder)
ÖPNV	Öffentlicher Personennahverkehr
OSZE	Organisation für Sicherheit und Zusammenarbeit in Europa
p.a.	per anno (pro Jahr)
PIK	Potsdam-Institut für Klimafolgenforschung
PJ	Petajoule
PJ/a	Petajoule pro Jahr
Pkw	Personenkraftwagen
ppb	parts per billion = 10^{-9} Volumenanteile
ppm	parts per million = 10^{-6} Volumenanteile
ppt	parts per trillion = 10^{-9} Volumenanteile
PW	Prozeßwärme
qm	Quadratmeter
QMW	qualifizierte Mehrheitswahl
RAWINE	Rationelle und wirtschaftliche Verwendung von Elektrizität
RCM	radiative convective model (Strahlungskonvektionsmodell)
REG	Regenerative Energiequellen (bzw. erneuerbare Energien)
REN	Rationelle Energienutzung (bzw. Energieeinsparung)
Res.	Resolution
RME	Rapsölmethylester
SAVE	Rahmenprogramm der EU zur Förderung von Energieeffizienz
SBI	Subsidiary Body for Implementation
SBSTA	Subsidiary Body for Scientific and Technological Advice
SKE	Steinkohleeinheiten

SO_2	Schwefeldioxid
$SO_{4\,(trop)}$	Sulfat, troposphärisch (untere Atmosphäre)
SPD	Sozialdemokratische Partei Deutschlands
SRU	Sachverständigenrat für Umweltfragen
STEP	Programm der EG/EU für Wissenschaft und Technologie für den Umweltschutz
STOA	Scientific and Technological Options Assessment (des Europäischen Parlaments)
TA-Luft	Technische Anleitung zur Reinhaltung der Luft
T&E	Europäische Föderation für Transport und Umwelt
TEN	Transeuropäisches Netzwerk
THERMIE	Rahmenprogramm der EU zur Förderung von Energietechnologien für Europa
THG	Treibhausgase
THP	Treibhauspotential
TW	Terrawatt
UBA	Umweltbundesamt
UdSSR	Union der sozialistischen Sowjetrepubliken
UN	United Nations (Vereinte Nationen)
UNCED	United Nations Conference on Environment and Development (Konferenz für Umwelt und Entwicklung der VN)
UNDP	United Nations Development Programme (Entwicklungsprogramm der VN)
UNEP	United Nations Environment Program (Umweltprogramm der VN)
UNICE	Union of Industrial and Employers' Confederation of Europe
UP	University Press
USA	Vereinigte Staaten von Amerika
UV	Ultraviolett-Strahlung
UVB	UV mit Wellenlängen 280-315 nm
VCI	Verband der Chemischen Industrie
VDEW	Vereinigung Deutscher Elektrizitätswerke
VN	Vereinte Nationen
VO	Verordnung
VOC	Verbindungen ohne Methan
VR	Volksrepublik
WBGU	Wissenschaftlicher Beirat der Bundesregierung Globale Umweltveränderungen
WEC	World Energy Council (Weltenergierat)
WEU	Westeuropäische Union
WG	Working Group
WMO	Weltorganisation für Meteorologie (UN)
WVK	Wiener Vertragsrechtskonvention
WWF	World Wildlife Fund for Nature
Xe	Xenon

Dank des Herausgebers

„Konsequenzen aus der Klimakonvention für die internationale Energiepolitik" war das Thema einer zweisemestrigen Ringvorlesung, die der Herausgeber im Wintersemester 1994/95 und im Sommersemester 1995 im Rahmen einer Vertretungsprofessur mit dem Schwerpunkt Internationale Beziehungen am Fachbereich Gesellschaftswissenschaften der Johann Wolfgang Goethe-Universität Frankfurt am Main durchführte. Alle Referentinnen und Referenten dieser Ringvorlesung sprachen ohne Honorar und nur bei vier Referenten fielen minimale Reisekosten an, für deren Übernahme ich der Wissenschaftlichen Betriebseinheit Internationale Beziehungen ganz herzlich danke.

Mit wenigen Ausnahmen waren die Referentinnen und Referenten keine Politik- bzw. Gesellschaftswissenschaftler, sondern Naturwissenschaftler, Ingenieure und Praktiker von Bundes- und Landesministerien, Kommunen sowie aus der Wirtschaft. Dennoch standen im Mittelpunkt der insgesamt 30 Vorträge stets „politische Fragen und Probleme" der internationalen und nationalen Klima- und Energiepolitik generell sowie als Thema der Forschungs-, Wirtschafts-, Entwicklungshilfe-, aber auch der Bundes-, Landes- und Kommunalpolitik.

Ziel dieser Gastvorlesungen war es, in einem *interdisziplinären Dialog* zwei neue Problemfelder der Politikwissenschaft einzuführen und durch die Einbeziehung von Praktikern aus Politik, Verwaltung und Wirtschaft den häufig fehlenden *Praxisbezug* in einer existentiellen Frage der Menschheit: der möglichen Klimakatastrophen als Folge eines von Menschen verursachten „anthropogenen" Treibhauseffekts herzustellen und zur *Aufklärung* über wissenschaftliche Erkenntnisse in Nachbardisziplinen beizutragen. Das Ergebnis dieses Projekts führte zu zwei interdisziplinären Studienbüchern zur *Klima-* und zur *Energiepolitik*, dessen erster Band hiermit vorgelegt wird.

Ohne jegliche gesonderte öffentliche oder private Förderung wurde dieses interdisziplinäre didaktische Experiment allein durch das Engagement der Referentinnen und Referenten der Vortragsreihe und durch die Autorinnen und Autoren der beiden interdisziplinären Studienbücher möglich, denen mein ganz besonderer Dank gilt, da sie neben ihren beruflichen Aufgaben uneigennützig an diesem Projekt mitarbeiteten.

Ganz herzlich danke ich dem Leiter des Umweltzentrums der Johann Wolfgang Goethe-Universität, Prof. Dr. Christian-Dietrich Schönwiese, der die Vortragsreihe mit zwei Gastvorlesungen eröffnete und die ersten beiden Kapitel dieses Bandes schrieb. Im Fachbereich Gesellschaftswissenschaften fand diese Vortragsreihe die wohlwollende Unterstützung des damaligen Direktors der Wissenschaftlichen Betriebseinheit Internationale Beziehungen, Prof. Dr. Lothar Brock, der auch selbst einen Vortrag hielt. Für die Unterstützung bei der Durchführung der Vortragsreihe danke ich der Institutssekretärin Annerose Buchs sowie den mir zugeordneten Tutorinnen Andrea Liese und Ulrike Wagner, den Tutoren Thilo Maurer, Jerôme Friedrich, Markus Gögele und Sven Dietrich.

Thilo Maurer erstellte ferner eine umfangreiche Literaturliste zur Klimapolitik, die teilweise in das Literaturverzeichnis integriert wurde.

Die Editionsarbeit an diesem Band erfolgte nach meiner Übernahme einer Vertretungsprofessur für internationale Wirtschaftsbeziehungen am Institut für Politikwissenschaft an der Universität Leipzig. Mein besonderer Dank gilt Herrn Prof. Dr. Hartmut Elsenhans, der mir durch das Angebot einer Gastprofessur den Abschluß der beiden Sammelbände ermöglichte, und Frau Prof. Dr. Sigrid Meuschel, der geschäftsführenden Direktorin des Instituts für Politikwissenschaft, die mir die Benutzung der Leipziger Infrastruktur gestattete. Schließlich danke ich der Institutssekretärin Kerstin Helbig für die sorgfältige Ausführung von Schreibarbeiten sowie Jörg Machenbach, der als wissenschaftliche Hilfskraft die Rolle des ideellen Lesers übernahm, alle Texte auf die Verständlichkeit für die Zielgruppe dieses Studienbuches sorgfältig las, Vorschläge für das Glossar machte und beim Korrekturlesen mitwirkte.

Der Mitarbeiter der AG Friedensforschung und Europäische Sicherheitspolitik (AFES-PRESS), Thomas Bast, übernahm folgende Arbeiten: Erstellung der reproreifen Druckvorlage, Zusammenstellung aller Verzeichnisse einschließlich des Index, der Angaben zu den Autorinnen und Autoren, des gemeinsamen Glossars und des Literaturverzeichnisses. Ihm sei hier ganz besonders herzlich gedankt.

Im Springer-Verlag Heidelberg gilt mein ganz besonderer Dank Christian Witschel, dem Planer für den Bereich der Geowissenschaften, der die beiden Studienbücher vorzüglich betreute, sowie seiner Mitarbeiterin Marion Schneider und Frau Ute Meyer-Krauß von der Redaktion für die sorgfältige Durchsicht des gesamten Manuskripts und für zahlreiche Korrekturvorschläge. Last not least danke ich Prof. Dr. Ernst-Ulrich von Weizsäcker, dem Präsidenten des Wuppertal Instituts für Klima-Umwelt-Energie, der diesen Band mit einem kurzen Geleitwort eröffnet.

Dieser Sammelband ist - stellvertretend - den engagierten Studierenden meines Leipziger Hauptseminars zur internationalen Umweltpolitik gewidmet, welche die von den Klimaforschern prognostizierten Klimakatastrophen wahrscheinlich noch erleben werden, wenn es die „internationale Politik" versäumt, rechtzeitig die erforderlichen Kurskorrekturen kooperativ einzuleiten. Dies setzt ein „Lernen" über Ursachen und Folgen des Treibhauseffektes auf allen Ebenen voraus: in Staat, Wirtschaft und Gesellschaft bzw. in der Staaten-, Wirtschafts- und Gesellschaftswelt, d.h. in der nationalen, der internationalen und der transnationalen Politik. Zu diesem „Lernprozeß" sollen dieses interdisziplinäre Studienbuch *Klimapolitik* und der folgende Band zur *Energiepolitik* beitragen.

Leipzig, Mosbach, im Februar 1996 *Hans Günter Brauch*

Einführung

Hans Günter Brauch

Klimapolitik als neues Politikfeld

Die internationale „Klimapolitik" ist ein neues Politikfeld, das erstmals auf dem Weltwirtschaftsgipfel von Toronto 1988 auf der Tagesordnung einer hochrangigen internationalen Konferenz auftauchte (Oberthür, 1993: 25). Die Ursache für dieses neue Politikfeld, der vom Menschen ausgelöste anthropogene Treibhauseffekt, wurde 1896 zum ersten Mal von dem bedeutenden schwedischen Physiker und Chemiker Svante Arrhenius (1859-1927) in einer wissenschaftlichen Arbeit behauptet. Arrhenius, der die Atmosphärenphysik mit dem Kenntnisstand über das Ausmaß der industriellen Kohleverbrennung in Verbindung brachte, schloß daraus, „daß eine Verdopplung der atmosphärischen CO_2-Konzentrationen eine durchschnittliche weltweite Erwärmung um 4-6°C bewirken würde" (v. Weizsäcker/Lovins/Lovins, 1995: 249). Erst 75 Jahre später setzte Anfang der 1970er Jahre eine systematische Messung der Treibhausgase, Kohlendioxid, Methan, Stickstoffoxide und der Fluorchlorkohlenwasserstoffe, ein (Lanchbery/Victor, 1995: 30ff.).

Während der natürliche Treibhauseffekt ein Leben auf der Erde durch ein Anheben der Weltdurchschnittstemperatur von -18°C auf 15°C erst ermöglicht, hat der Mensch dieses Gleichgewicht seit der industriellen Revolution durch die Verbrennung fossiler Brennstoffe nachhaltig gestört.

Von dem anthropogen verursachten Treibhauseffekt entfielen in den 1980er Jahren etwa 50% auf den Energie- und Verkehrssektor und davon 80% auf CO_2 (EK I, 1990c/1: 45-46). Bei allen Treibhausgasemissionen waren die USA für 18%, die EG für 11% und Japan für 5% bzw. insgesamt für 34% verantwortlich (World Resources Institute, 1992: 208). Von den CO_2-Emissionen verursachten im Jahr 1986 die USA 23,8%, beide deutsche Staaten 5,3% und Japan 4,6% bzw. insgesamt 33,7% (EK I, 1990c/1: 50-51). Bei den energiebedingten CO_2-Emissionen entfielen 1989 auf die USA 22,3%, die EG 11,8% und die restlichen OECD-Staaten 9,9% bzw. insgesamt 44 % (Oberthür, 1993: 15).

Die DDR lag bei der CO_2-Emission pro Einwohner an der Spitze mit 21,2 t, gefolgt von den USA mit 19,7 t, der alten Bundesrepublik mit 11,7 t und Japan mit 7,5 t (EK I, 1990c/1: 49). 1994 lagen die CO_2-Emissionen je Kopf und Jahr für Nordamerika immer noch bei 20,2 t, für Deutschland bei 13,0 t und Japan bei 8,1 t. Der Brennstoffverbrauch je BIP-Einheit (GJ/1000 $ BIP) lag in Japan bei 3,9, in Deutschland bei 11,3 und in Nordamerika bei 11,9 t (WBGU, 1995b: 125). Daraus läßt sich ableiten:

- Die drei führenden Industriestaaten, die USA, die Bundesrepublik Deutschland und Japan, verursachen ein Drittel der globalen CO_2-Emissionen.

- Ein Nordamerikaner emittiert 2,5mal mehr CO_2 als ein Japaner, und die Güterproduktion ist in Japan dreimal energieeffizienter als in den USA und in Deutschland bzw. 7,4mal im Vergleich zu Osteuropa und fast neunmal verglichen mit Asien einschließlich der VR China (WBGU, 1995b: 125).

Ernst-Ulrich von Weizsäcker, Amory und Hunter Lovins (1995) haben in ihrem Bericht an den Club of Rome einen *Faktor vier* vorgeschlagen: doppelter Wohlstand bei halbiertem Naturverbrauch. Ein Faktor drei würde erreicht, wenn die USA in der Güterproduktion die Energieeffizienz Japans und ein Faktor neun würde Realität, wenn die VR China dieselbe Energieeffizienz erreichen würde, d.h. durch einen sparsameren privaten Energieumgang und effizienteren Energieeinsatz in der Güterproduktion kann mittelfristig in Deutschland der CO_2-Ausstoß gebremst und schrittweise der Energie- und Verkehrssektor wirtschaftlicher gemacht werden. Daraus ergeben sich Chancen für einen nachhaltigen Umbau der Industriestruktur sowie für neue Beschäftigung, Produkte und Exportmärkte.

Entstehen der internationalen Klimapolitik

Ende der 1970er Jahre wurden erstmals internationale Organisationen und Politiker auf die Gefahr eines Klimawandels aufmerksam (Oberthür, 1993; Lanchbery/Victor, 1995). 1979 fand auf Initiative der World Meteorological Organization (WMO) die erste Weltklimakonferenz statt, an der fast ausschließlich Naturwissenschaftler teilnahmen. Daran schlossen sich einige wissenschaftliche Tagungen an, die von der WMO, dem Umweltprogramm der Vereinten Nationen (UNEP) und dem International Council of Scientific Unions (ICSU) 1980, 1983, 1985 und 1987 in Villach und Bellagio durchgeführt wurden. In der Bundesrepublik Deutschland setzte der 11. Deutsche Bundestag bereits 1987 eine Enquête-Kommission „Vorsorge zum Schutz der Erdatmosphäre" ein, welche die Klimaschutzpolitik auf die nationale Tagesordnung setzte (vgl. Kap. 15-17).

1985 warnten Teilnehmer aus 29 Industrie- und Entwicklungsländern erstmals vor den Gefahren eines *anthropogenen* Treibhauseffekts. Auf dem G-7-Gipfel in Toronto (1988) wurde die Klimaproblematik zum ersten Mal erörtert. Der Durchbruch erfolgte wenige Monate später ebenfalls in Toronto auf der „World Conference on the Changing Atmosphere, Implications for Global Security" (1988), in dessen Schlußerklärung 300 Wissenschaftler und Politiker aus 48 Ländern u.a. folgende politische Maßnahmen empfahlen: „eine Reduzierung der CO_2-Emissionen von 1988 um 20% bis zum Jahr 2005 und um mehr als 50% bis zum Jahr 2050 sowie eine Steigerung der Energieeffizienz um 10% bis 2005" (Oberthür, 1993: 25; EK I, 1990c/2: 809).

Im November 1988 hatten zunächst die UNEP und WMO ein internationales Expertengremium, den Intergovernmental Panel on Climate Change (IPCC), eingesetzt, und im Dezember 1988 erklärte die Generalversammlung der Vereinten Nationen auf Initiative Maltas die Atmosphäre zu einem „common heritage of mankind" (A/43/53) und schuf damit die *internationale Klimapolitik*.

Der IPCC arbeitete seit 1989 in drei Arbeitsgruppen, die sich mit der wissenschaftlichen Bestandsaufnahme (AG I), möglichen Auswirkungen (AG II) sowie Antworten und Gegenstrategien (AG III) befaßten (Lanchbery/Victor, 1995: 33-38). Im August 1990 legte der IPCC einen ersten Zwischenbericht vor, dessen Kernaussagen vom wissenschaftlich-technischen Teil der Zweiten Weltklimakonferenz im November 1990 bestätigt wurden.

Die 45. Generalversammlung beschloß am 21.12.1990 die Einberufung eines „International Negotiating Committee on Climate Change" (INC), das unter seiner Aufsicht bis zum Beginn der Weltkonferenz über Umwelt und Entwicklung (UNCED) im Juni 1992 in Rio de Janeiro eine Klimarahmenkonvention (KRK) ausarbeiten sollte. Auf dem UNCED-Gipfel in Rio wurde die KRK im Juni 1992 unterzeichnet und im März 1994 trat sie in Kraft.

Nach Art. 2 ist Ziel der KRK: *„die Stabilisierung der Treibhausgaskonzentrationen in der Atmosphäre auf einem Niveau zu erreichen, auf dem eine gefährliche anthropogene Veränderung des Klimasystems verhindert wird."* Nach Art. 4 verpflichten sich die OECD-Staaten und die Staaten, die sich im Übergang zur Marktwirtschaft befinden, *„die anthropogenen Emissionen von Kohlendioxid und anderen nicht durch das Montrealer Protokoll geregelten Treibhausgasen auf das Niveau von 1990 zurückzuführen"*. Auf der 1. Vertragsstaatenkonferenz in Berlin wurde im April 1995 die Vereinbarung eines Protokolls mit konkreten CO_2-Reduktionszielen bis 1997 vereinbart (vgl. Kap. 5 und 6).

Das IPCC hat 1992 und Ende 1995 weitere Berichte zum Stand der unter den 2 000 führenden Meteorologen aus 130 Ländern konsensfähigen Erkenntnisse vorgelegt (IPCC, 1992; 1994a-d; 1996). In seinem 2. Bericht gelangte der IPCC im Dezember 1995 zu folgendem Ergebnis: Die CO_2-Konzentrationen stiegen seit der vorindustriellen Zeit um 30%. Die Weltmitteltemperatur nahm im letzten Jahrhundert zwischen 0,3 und 0,7°C zu, und sie wird von 1990 bis zum Jahr 2100 um 0,9 bis 5°C steigen, was zu einem möglichen Anstieg der Meereshöhe um 15 bis 95 cm führen kann (Lashof, 1996: 1,3).

Diese Projektionen machen für eine Stabilisierung der Treibhausgaskonzentrationen einschneidende Reduktionen des CO_2-Ausstoßes in den kommenden Jahrzehnten unverzichtbar. Die erste Klima-Enquête-Kommission schlug in Anlehnung an Empfehlungen des IPCC bei den energiebedingten CO_2-Emissionen für die westlichen und östlichen Industrieländer (bezogen auf die Emissionen im Jahr 1987) Reduktionen um mindestens 20% bis 2005 und um mindestens 80% bis 2050 vor (EK I, 1990c/1: 70-76).

Seit ihrer Einsetzung Ende 1988 sind die am Konsultationsprozeß beteiligten IPCC-Mitglieder zu der einflußreichsten „epistemic community" (Haas 1990), d.h. einem auf Wissen gestützten Expertengremium, geworden, das die Weltpolitik bereits nachhaltiger beeinflußt hat als mancher Theoriedisput in den Sozialwissenschaften.

Klimapolitik als Problem der Internationalen Beziehungen

Die Ansätze zur Entstehung eines Klimaregimes wurden in der Bundesrepublik Deutschland in Diplom-, Magister- und Doktorarbeiten von Görrissen (1993), Oberthür (1993), Gehring (1994a), Steffan (1994), Biermann (1995), Schumer (1996) und Breitmeier (1996) erforscht, womit diese Nachwuchswissenschaftler die politikwissenschaftliche Beschäftigung mit der Klimapolitik als Problem der internationalen Umweltpolitik und als Anwendungsgebiet der Regimetheorie begründeten.

Der politikwissenschaftliche Ansatz der strukturellen Realisten, für welche die Struktur des internationalen Systems und das Sicherheitsdilemma entscheidende Erklärungsfaktoren sind (Waltz 1979, Mearsheimer 1990), ist für die Analyse dieses Politikfeldes weitgehend irrelevant. Mit der Regimeanalyse läßt sich zwar die Genese der Normen und Institutionen im Vergleich mit anderen Umweltregimen erfassen und erklären, aber deren Umsetzung (Durchführungsstrategien und deren Implementation) - sieht man von den Normen und Verfahren des Monitoring ab - bleibt weitgehend unberücksichtigt.

Der Ansatz der komplexen Interdependenz bleibt ebenfalls unbefriedigend. Die Einbeziehung des Herrschaftssystems trägt wenig zur Erklärung des unterschiedlichen Verhaltens, z.B. der drei Demokratien in der Triade: des Schrittmachers (Bundesrepublik Deutschland), des Trittbrettfahrers (Japan) und des entschiedenen Bremsers (USA) bei.

Da die internationale Klimapolitik und die Klimaaußenpolitik immer Ergebnis innenpolitischer Interessenkonflikte ist, bedarf es einer Rekonstruktion der innerstaatlichen Abstimmungsprozesse zwischen den beteiligten Ressorts (Koordination), den Entscheidungsebenen (Europäische Union - Bund - Länder - Kommunen) und des Einflusses der Interessen- bzw. Vetogruppen. Die Analyse der „Regimeeffektivität" der Klimapolitik erfordert auch eine systematische Evaluation der Implementationsstrategien für die CO_2-Reduktionsziele und vor allem deren Umsetzung, d.h. der jeweils spezifischen nationalen Umweltgesetzgebungen, Institutionen, Problemlösungsstile und -mechanismen.

Die Analyse der Klimapolitik verlangt die Kooperation zwischen den Teildisziplinen der internationalen Beziehungen und der vergleichenden Regierungslehre, ebenso eine Kombination von methodischen Ansätzen aus den internationalen Beziehungen (Regimeanalyse), der Verwaltungswissenschaft (Politikverflechtung, Koordination, Implementation, Evaluation) sowie der Politikfeldforschung.

Zugleich sollte eine politikwissenschaftliche Beschäftigung mit der Klimapolitik die naturwissenschaftlichen Grundlagen und Debatten zum Treibhauseffekt und zum Ozonloch verfolgen, die völkerrechtliche Debatte zum internationalen Umweltrecht und die verwaltungswissenschaftlichen Interpretationen zu deren Umsetzung beobachten und mit Grundzügen der ökonomischen Debatte über die Externalisierung interner Kosten, über die Nutzen-Kosten-Analyse, die Ökonomie des Vermeidens und die Auswirkungen der Klimavorsorge auf die Volkswirtschaft vertraut sein.

Angesichts der intensiven Debatten in jeder Teildisziplin wird es selbst für Spezialisten im Bereich der Klimapolitik immer schwieriger, einen Überblick über den Kenntnisstand in diesem neuen multidisziplinären Politikfeld zu behalten bzw. für den wissenschaftlich interessierten Laien wird dies nahezu unmöglich.

Zur Konzeption dieses interdisziplinären Studienbuchs

Die fortschreitende Spezialisierung, die Abschottung der Fakultäten und das weitgehende Fehlen von problemfeldorientierten interdisziplinären Studiengängen in der Bundesrepublik Deutschland (im Gegensatz zu den USA) erschwert den interdisziplinären Dialog. Die Aufspaltung der Politik in Kompetenzbereiche, in Generaldirektionen (bei der EU), Ministerien (auf Bundes- und Landesebene), Dezernate und Abteilungen (auf der kommunalen Ebene) erfordert einen immensen horizontalen Koordinationsbedarf, um Anliegen des Klimaschutzes in bestehende Aufgabenfelder des Umweltschutzes, der Energie- und Verkehrspolitik zu integrieren sowie der vertikalen Abstimmung auf mehreren politischen Ebenen (Jachtenfuchs/Kohler-Koch, 1996: 15-44).

Dieses Buch soll dazu beitragen, die enge Spezialisierung der zahlreichen Disziplinen zu überwinden, die sich mit Aspekten der Klimapolitik beschäftigen. Durch eine allgemeinverständliche Darstellung will dieser Sammelband die thematischen Bezüge zu den Gegenständen anderer Disziplinen herausarbeiten und durch eine multidisziplinäre Herangehensweise eine wissenschaftlich abgesicherte Diskussion zu zentralen Fragen der Klimapolitik ermöglichen.

Probleme der Klimapolitik sind Gegenstand wissenschaftlicher Publikationen von: Meteorologen und Klimaforschern (Naturwissenschaftlern), Völkerrechtlern (Normentstehung, Verhandlungen, Vertragsanalyse), Sozialwissenschaftlern (Internationale Beziehungen: Akteure, Instrumente, Regime, Konflikte; Innen- und Kommunalpolitik: Politikformulierung und Politikimplementation), Ökonomen (ökonomische Folgeprobleme, Kostenanalysen) sowie von Einschätzungen politischer Praktiker sowohl bei internationalen Organisationen als auch bei nationalen, regionalen und kommunalen Verwaltungen.

Diese Publikationen richten sich meist an ein kleines, hochspezialisiertes Fachpublikum und eignen sich häufig nicht als Grundlage für eine disziplinübergreifende Diskussion sowie für sozialwissenschaftliche Seminare, für Projekttage an Gymnasien und für Einführungsseminare im Bereich der außerschulischen Weiter- und Erwachsenenbildung und für Seminare zu Fragen der internationalen und nationalen Umweltpolitik. Dieser Anspruch, wissenschaftliche Forschungsergebnisse für wissenschaftlich interessierte Leser aus anderen Disziplinen zu vermitteln, und ihnen - über die Literaturliste - den Zugang zu den vielfältigen wissenschaftlichen und politischen Aspekten der Klimaproblematik zu ermöglichen, erfordert von den Autorinnen und Autoren zweierlei:
- eine Sachkompetenz in ihrer/seiner Disziplin bzw. Praxisfeld,

- eine allgemeinverständliche Darstellung ihrer/seiner Forschungsergebnisse bzw. praktischen Erfahrungen für eine breitere wissenschaftliche Leserschaft.

Über dieses anspruchsvolle interdisziplinäre Studienbuch soll den Leserinnen und Lesern aus verschiedenen Disziplinen nicht nur ein Zugang zum aktuellen wissenschaftlichen Forschungsstand, sondern auch zu den Problemen bei der politischen Umsetzung von der Ebene der internationalen Politik, der EU, der Bundesregierung, eines Landes und von drei Kommunen vermittelt werden.

Dieser Sammelband möchte mehr erreichen, als nur eine Vortragsreihe zwischen zwei Buchdeckeln zu vereinen. Der Herausgeber verfolgt mit diesem Band das Ziel, die Redundanzen zwischen den einzelnen Kapiteln zu reduzieren. Die gemeinsame Literaturliste, ein Glossar und der Index sollen diesen Sammelband obendrein zu einem nützlichen Kompendium machen. Alle Kapitel berücksichtigen den Forschungsstand und die politischen Entwicklungen bis Dezember 1995. An all diejenigen, die eine knappe Einführung zum derzeitigen Wissensstand zur Klimapolitik und zum Stand der Umsetzung in die politische Praxis erwarten, richtet sich dieses interdisziplinäre Studienbuch.

Zur Struktur dieses Sammelbandes

Dieser Sammelband ist in sieben Teile gegliedert: Während im *ersten Teil* die naturwissenschaftlichen Grundlagen am Beispiel der Ursachen des Treibhauseffekts, zu den Klimamodellen und zur Klimawirkungsforschung gelegt werden (Kap. 1-3), behandelt der *zweite Teil* die Entstehung des internationalen Klimaregimes (Kap. 4-6). Im *dritten Teil* werden zunächst Probleme der horizontalen Koordination innerhalb der Europäischen Union und die suboptimalen Ergebnisse der Mehrebenenpolitik als Ergebnis der vertikalen Entscheidungsprozesse erörtert und ausgewählte Probleme der internationalen Klimapolitik am Beispiel der Konfliktlinien zwischen Nord und Süd sowie innerhalb der OECD-Staaten behandelt und Zusammenhänge zwischen Klimaschutz und Umweltsicherheit diskutiert (Kap. 7-11). Der *vierte Teil* enthält drei ökonomische Analysen zum Klimaschutz: Nutzen-Kosten-Analyse, Ökonomie des Vermeidens und Auswirkungen des Klimaschutzes auf die Volkswirtschaft (Kap. 12-14).

Daran schließen sich zwei Teile an, in der die Praktiker dominieren, wobei in *Teil fünf* die Bemühungen der Legislative am Beispiel der beiden Enquête-Kommissionen des 11. und 12. Deutschen Bundestages zum Schutz der Erdatmosphäre (Kap. 15-17) und in *Teil sechs* Probleme der Umsetzung der KRK in der Bundesrepublik aus der Sicht des Bundes (Kap. 18), eines Bundeslandes (Kap. 19-20) und von drei Städten erörtert werden (Kap. 21-24).

Der Band endet in *Teil sieben* mit einigen konzeptionellen Schlußfolgerungen (Kap. 25) über den erforderlichen Wandel in der Internationalen Politik und im Bereich der Internationalen Beziehungen, um die existentiellen Herausforderungen von Klimakatastrophen im 21. Jahrhundert frühzeitig zu erkennen und kosteneffiziente Gegenstrategien zu deren Vermeidung einzuleiten.

Zu den Kapiteln und Autorinnen und Autoren dieses Bandes

Dieser Band verbindet die Expertise von Wissenschaftlern und Praktikern in Politik und Verwaltung. Aus der Sicht der Bundesregierung behandeln die Referatsleiterin für „Allgemeine und grundsätzliche Angelegenheiten der Internationalen Zusammenarbeit, Umwelt und Entwicklung, internationale Rechtsangelegenheiten" im Bundesministerium für Umwelt, Naturschutz und Reaktorsicherheit, Ministerialrätin Cornelia Quennet-Thielen, den Stand der Klimaschutzverhandlungen (Kap. 6) und der Leiter der Arbeitsgruppe G I 6 „Umwelt und Energie, Umwelt und Technik, produktbezogener Umweltschutz" und Leiter der interministeriellen Arbeitsgruppe CO_2-Reduktion, Ministerialrat Franzjosef Schafhausen, die Klimavorsorgepolitik der Bundesregierung (Kap. 18).

Aus der Sicht des Bundestages diskutieren zwei führende Abgeordnete der Opposition, Dr. Liesel Hartenstein (Kap. 17) als stellvertretende Vorsitzende der 2. Klima-Enquête-Kommission und Prof. Dipl. Ing. Monika Ganseforth (Kap. 16), die als Obfrau der SPD-Fraktion in dieser Kommission tätig war, warum die parlamentarischen Empfehlungen nur unzureichend umgesetzt wurden und der Erdgipfel von Rio bisher weitgehend folgenlos blieb.

Aus der Sicht eines Bundeslandes erörtert der stellvertretende Ministerpräsident und ehemalige Umweltminister des Landes Hessen, Rupert von Plottnitz, die Politik für Energieeffizienz und regenerative Energien in Hessen (Kap. 19), während der Geschäftsführer der hessenEnergie, Horst Meixner, auf die Rolle monetärer Anreize für energiesparende Maßnahmen in der kommunalen Energiepolitik eingeht (Kap. 20).

Daran schließen sich vier Kapitel zum kommunalen Klimaschutz in Heidelberg, Münster und Frankfurt am Main an. Die Oberbürgermeisterin von Heidelberg, Beate Weber, hat ihre Expertise als langjährige Vorsitzende des Umweltausschusses des Europäischen Parlaments in die kommunale Klimapolitik eingebracht und zugleich eine führende Rolle in dem weltweiten Bemühen der Stadtoberhäupter für eine freiwillige Selbstverpflichtung zur CO_2-Reduktion eingenommen. In ihrem Beitrag stellt Beate Weber die vielfältigen Bemühungen der Stadt Heidelberg zum Klimaschutz vor (Kap. 21).

Am Beispiel der Stadt Frankfurt am Main erläutert der Leiter des Energiereferats, Werner Neumann, die organisatorischen Voraussetzungen und die zahlreichen eingeleiteten Maßnahmen für einen wirkungsvollen Klimaschutz (Kap. 23), während Lioba Rossbach de Olmos die kommunalen und internationalen Aktivitäten des Klimabündnisses in Kooperation mit dem Rat der Indianer des Amazonas am Beispiel für Frankfurt am Main schildert (Kap. 24). Für die Stadt Münster behandelt der Klimaforscher, Geograph und das ehemalige Mitglied der beiden Klima-Enquête-Kommissionen, Wilfrid Bach, die Jahrhundertaufgabe der kommunalen Klimaschutzpolitik (Kap. 22).

Nach einem Geleitwort des Biologen und Umweltforschers Ernst-Ulrich von Weizsäcker (Präsident des Wuppertal-Instituts für Klima-Umwelt-Energie), legt der Meteorologe Christian-Dietrich Schönwiese (Univ. Frankfurt am Main) die naturwissenschaftlichen Grundlagen zu Klima und Treibhauseffekt und thematisiert die Bedeutung von Klimamodellen (Kap. 1 und 2), während der Physiker und Mathematiker Manfred Stock (stellvertretender Direktor des Potsdamer Instituts für Klimaforschung) die neue Teildisziplin der Klimawirkungsforschung vorstellt und mögliche Folgen des Klimawandels für Europa erörtert (Kap. 3).

Im zweiten Teil behandelt der Politikwissenschaftler Thomas Gehring (z.Z. Europäische Universität in Florenz) die Frage, ob das erfolgreiche Ozonregime als Modell für das Klimaregime dienen könne, während der Völkerrechtler, Hermann Ott, vom Wuppertal Institut die völkerrechtlichen Aspekte der KRK erörtert (Kap.6).

Im dritten Teil untersucht Andrea Lenschow (New York) den Prozeß der horizontalen Politikkoordination in der Europäischen Union (Kap. 7), während Sylvia Schumer die suboptimalen Ergebnisse der EU bei der Klimapolitik als Ergebnis der Politikverflechtung in Mehrebenensystemen interpretiert (Kap. 8). Helmut Breitmeier (IIASA) diskutiert die Klimapolitik als Gegenstand der Nord-Süd-Beziehungen (Kap. 9), und Hilmar Schmidt (TH Darmstadt) erörtert die Konflikte über die Klimapolitik innerhalb der OECD-Staaten am Beispiel der Rolle der USA als Spielverderber im Klimaspiel (Kap. 10).

Im vierten Teil arbeiten Meinrad Rohner (Univ. Frankfurt am Main) und Ottmar Edenhofer (TH Darmstadt) die ökonomische Debatte zur Nutzen-Kosten-Analyse zur Klimapolitik (Kap. 12) auf, während der Leiter der Energieabteilung des Wuppertal-Instituts, Peter Hennicke (Univ. Wuppertal), der beiden Klima-Enquête-Kommissionen angehörte, die Grundzüge einer Ökonomie des Vermeidens als Teil einer Klimaschutzstrategie vorstellt (Kap. 13). Rainer Walz vom Fraunhofer Institut für Systemtechnik und Innovationsforschung (ISI) geht in seinem Beitrag den Auswirkungen des Klimaschutzes auf die Volkswirtschaft der Bundesrepublik Deutschland nach (Kap. 14). Im fünften Teil erörtert der Diplompolitologe Udo Kords die Arbeit und die Kontroversen der beiden Enquête-Kommissionen „Vorsorge zum Schutz der Erdatmosphäre (1987-1990) und „Schutz der Erdatmosphäre (1991-1994) des 11. und 12. Deutschen Bundestages (Kap. 15).

In Kapitel 25 wird versucht, Schlußfolgerungen aus der interdisziplinären Bearbeitung der Klimapolitik für das Analyseobjekt der internationalen Klimapolitik, der Klimaaußen- und Klimainnenpolitik und für die politikwissenschaftliche Bearbeitung aus der Perspektive der Teildisziplin der Internationalen Beziehungen zu ziehen.

In einem zweiten interdisziplinären *Studienbuch Energiepolitik* werden für den Politikbereich, der zur Hälfte für den Treibhauseffekt verantwortlich ist und bei dem wiederum 80% der Treibhausgase auf die CO_2-Emissionen entfallen, die Möglichkeiten für CO_2-Reduzierungsstrategien durch Energieeinsparungen und erneuerbare nichtfossile Energiequellen behandelt. Beide Studienbücher bilden eine didaktische Einheit. Sie sind jedoch so konzipiert, daß sie auch einzeln gelesen werden können, wobei der Band zur *Klimapolitik* eher Voraussetzungen liefert und der Band zur *Energiepolitik* die Fragestellung vertieft.

Teil I
Naturwissenschaftliche Grundlagen - Ursachen des Treibhauseffekts

1 Naturwissenschaftliche Grundlagen: Klima und Treibhauseffekt

Christian-Dietrich Schönwiese

1.1 Atmosphäre

Die Atmosphäre der Erde ist nicht nur der Lebensraum von uns Menschen (Anthroposphäre) und mit uns der gesamten Biosphäre (Flora, Fauna), sondern auch Träger der Wetter- und Klimaphänomene. Vor der Definition des Klimas und der Diskussion von Klimaprozessen ist es daher sinnvoll, zuerst einen Blick auf dieses Medium Atmosphäre zu werfen (Liljequist/Cehak, 1984: 7; Häckel, 1990: 14-23; Schönwiese, 1994a: 19-31).

Sie besteht in Bodennähe aus einem Gasgemisch („Luft"), wie es in Tabelle 1.1 zusammengestellt ist, weiterhin aus Wasser- und Eispartikeln („Hydrometeoren"), die als Wolken bzw. Niederschlag in Erscheinung treten, und schließlich aus festen, z.T. aber auch flüssigen (jedoch nicht Wasser) Schwebpartikeln („Aerosolen", z.B. Stäube, Salzkristalle, Pflanzenpollen, Schwefelsäuretröpfchen). Dabei kommt unter den generell unsichtbaren Gasen dem Wasserdampf (H_2O) eine besondere Bedeutung zu, da er als einziges Gas unter natürlichen Bedingungen in den flüssigen bzw. festen Zustand übergehen kann (vgl. oben, „Hydrometeore") und daher über Niederschlag, Verdunstung und Abfluß in den Wasserkreislauf eingebunden ist. Bekanntlich gehört das Wasser wie die Luft, und das in weitgehend unbelasteter Qualität, zu den unabdingbaren Voraussetzungen für die Existenz des Lebens auf der Erde.

Über die elementaren Lebensvorgänge hinaus können Gase wie auch Partikel insbesondere aus zwei Gründen für das Leben auf der Erde bedeutsam sein:
- wegen ihrer Toxizität;
- wegen ihrer Klimawirksamkeit.

Toxisch, d.h. giftig sind alle Stoffe, die aufgrund spezieller physikochemischer Eigenschaften Lebensvorgänge beeinträchtigen, was in extremen Fällen zum Tod führen kann. Die Klimawirksamkeit ist auf bestimmte Strahlungsprozesse in der Atmosphäre zurückzuführen, wie sie im Abschnitt 1.3 behandelt werden, während der Toxizität hier nicht näher nachgegangen werden soll (vgl. dazu Graedel/Crutzen, 1994; Heintz/Reinhardt, 1993). In beiden Fällen, bei der Toxizität und Klimawirksamkeit, ist allerdings wichtig, daß schon sehr geringe Konzentrationen (Spurengase, Spurenstoffe) bedeutsam sein können (vgl. Tabelle 1.1, wo die klimawirksamen Spurengase mit a bzw. b markiert sind).

Tabelle 1.1. Zusammensetzung trockener und aerosolfreier Luft in Bodennähe (viele Primärquellen, hier nach Schönwiese, 1994b: 11)

Gas, chemische Formel	Konzentration (Volumenanteile)		
Stickstoff, N_2	78,084 %		(% = 10^{-2})
Sauerstoff, O_2	20,946 %		
Argon, Ar	0,934 %		
Kohlendioxid, CO_2	0,036 %	360 ppm[a]	(ppm = 10^{-6})
Neon, Ne		18,2 ppm	
Helium, He		5,2 ppm	
Methan, CH_4		1,7 ppm[a]	
Krypton, Kr		1,1 ppm	
Wasserstoff H_2		0,56 ppm	
Distickstoffoxid, Lachgas, N_2O		0,31 ppm[a]	
Xenon, Xe		0,09 ppm = 90 ppb	(ppb = 10^{-9})
Kohlenmonoxid, CO		50 - 200 ppb[b]	
Ozon, O_3		15 - 50 ppb[c]	
Stickoxide, NO_x, (= NO, NO_2)		0,05 - 5 ppb[b]	
Fluorchlorkohlenwasserstoffe (FCKW)	FCKW-11[d]	0,25 ppb = 250 ppt	
	FCKW-12[d]	0,45 ppb = 450 ppt	(ppt = 10^{-12})

a) ansteigender Trend;
b) räumlich stark variabel, in Ballungszentren bis ca. 10-fache Konzentrationen möglich;
c) wie a und b Stratosphäre 5-10 ppm, aber Rückgang;
d) korrekt Chlorfluormethane (engl. CFC = Chlorfluorkohlenstoffe, FCKW-11 = $CFCl_3$ = Trichlorfluormethan, FCKW-12 = CF_2Cl_2 = Dichlordifluormethan).

Das Ozon (O_3) ist sowohl klimawirksam als auch toxisch. Die dritte wichtige Funktion dieses Spurengases läuft in ungefähr 20-25 km Höhe (mittlere Stratosphäre) ab (Graedel/Crutzen, 1994: 150-157, 406-408; Fabian, 1989: 26-55), wo es aus natürlichen Gründen eine relativ (!) hohe Konzentration besitzt (ca. 5-10 ppm, ppm = parts per million = 10^{-6} Volumenanteile). Dort absorbiert es nämlich einen Großteil der biologisch gefährlichen Ultraviolett-Einstrahlung der Sonne (UVB), so daß mit Recht vom „Ozonschutzschild" der Atmosphäre gesprochen wird. Die Fluorchlorkohlenwasserstoffe (FCKW) sind eine Gruppe von rein künstlichen Gasen, die zwar nicht toxisch, wohl aber klimawirksam sind. Außerdem besitzen sie die unangenehme Eigenschaft, trotz ihrer hohen Molekulargewichte in die Stratosphäre aufzusteigen und dort zusammen mit anderen Substanzen (insbesondere Bromverbindungen, den Halonen) Ozon abzubauen.

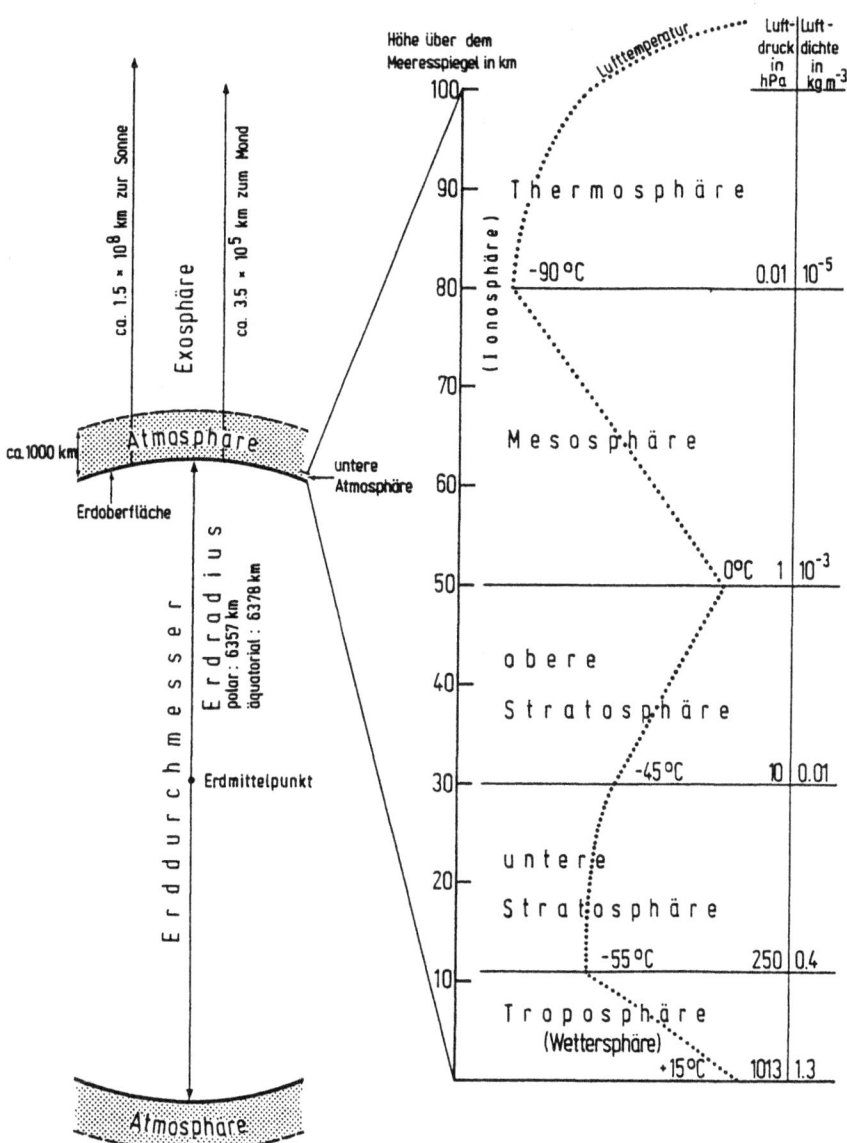

Abb. 1.1. Thermisch orientierte Stockwerkeinteilung der Erdatmosphäre (verschiedene Quellen, hier nach Schönwiese, 1979, 1995a: 6)

Die damit angesprochene Vertikalgliederung der Atmosphäre (Abb. 1.1; Liljequist/Cehak, 1984: 2; Häckel, 1990: 40; Schönwiese, 1994a: 20) ist hier nur insoweit von Bedeutung, als zwischen dem untersten Stockwerk, der *Troposphäre* (mit im zeitlichen und örtlichen Mittel nach oben abnehmender Temperatur) und dem sich nach oben anschließenden Stockwerk, der *Stratosphäre* (mit nach oben allmählich wieder zunehmender Temperatur, was mit der dortigen O_3-Bildung zusammenhängt) zu unterscheiden ist. Die Grenze zwischen beiden, die Tropopause, liegt in den Polargebieten je nach Jahreszeit in ca. 6-8 km, über Europa grob um 10 km und in der Tropenzone bei 17 km Höhe. Vom Weltraum aus ist nur die *Troposphäre* (als bläulich-weißer Saum um die Erde) sichtbar, was aber nicht zu dem Trugschluß führen darf, daß nur sie existent sei. Die Meteorologen, die sich für alle physikalischen und chemischen Vorgänge in der *Atmosphäre* und somit nicht nur für das Wetter interessieren, definieren die Atmosphäre bis rund 1000 km Höhe, wo sie kontinuierlich in den interplanetarischen Raum übergeht.

1.2 Klima

In der Atmosphäre der Erde spielt sich eine Vielzahl von Phänomenen ab, die man am besten in eine Rangfolge nach ihrer zeitlichen Größenordnung bringt, um eine Übersicht zu gewinnen. Gleichzeitig führt uns dieses Ordnungsprinzip zum Klimabegriff (Schönwiese, 1994a: 51-58, 60-64). Einige Beispiele atmosphärischer Phänomene, die das gewaltige Spektrum von Sekundenbruchteilen bis Jahrmilliarden überdecken, sind in Abb. 1.2 genannt. Dabei werden die begrifflichen Zuordnungen offenbar wie folgt vorgenommen: Charakteristische Zeiten
- unter ca. 1 Stunde → Mikroturbulenz,
- Stunden bis Tage → Wetter,
- Wochen bis Monate → Witterung,
- von Monaten bzw. Jahren an aufwärts → Klima.
- Die Grenzziehung läßt sich u.a. deswegen nicht streng vornehmen, weil es im englischen Sprachgebrauch den Witterungsbegriff nicht gibt und man dort i.a. die theoretische Obergrenze der Wettervorhersagbarkeit von rund einem Monat (praktisch eher einige Tage) als den Wetter-Klima-Übergang ansieht.

Nun sind außerdem - neben den etwas unscharfen Unterscheidungen - die Grenzen zwischen Wetter, Witterung und Klima nicht hermetisch geschlossen, sondern über zeitliche Mitteilungen können Wetter- zu Klimaphänomenen werden. Beispielsweise wird der Verlauf der Lufttemperatur an einem bestimmten Tag dem Wetter zugeordnet, während die Mittelung vieler solcher Temperaturverläufe, sinnvollerweise nach Monaten aufgeschlüsselt, in Form des mittleren und somit Einzelvorgänge abstrahierenden Tagesganges ein Klimaphänomen ist. Natürlich lassen sich außer Mittelwerten auch Varianzen (als Maß der Variabilität), mittlere Extremwerte, Häufigkeitsverteilungen und vieles mehr errechnen, kurz die gesamte Statistik der betreffenden Daten (Schönwiese, 1992b). Zudem

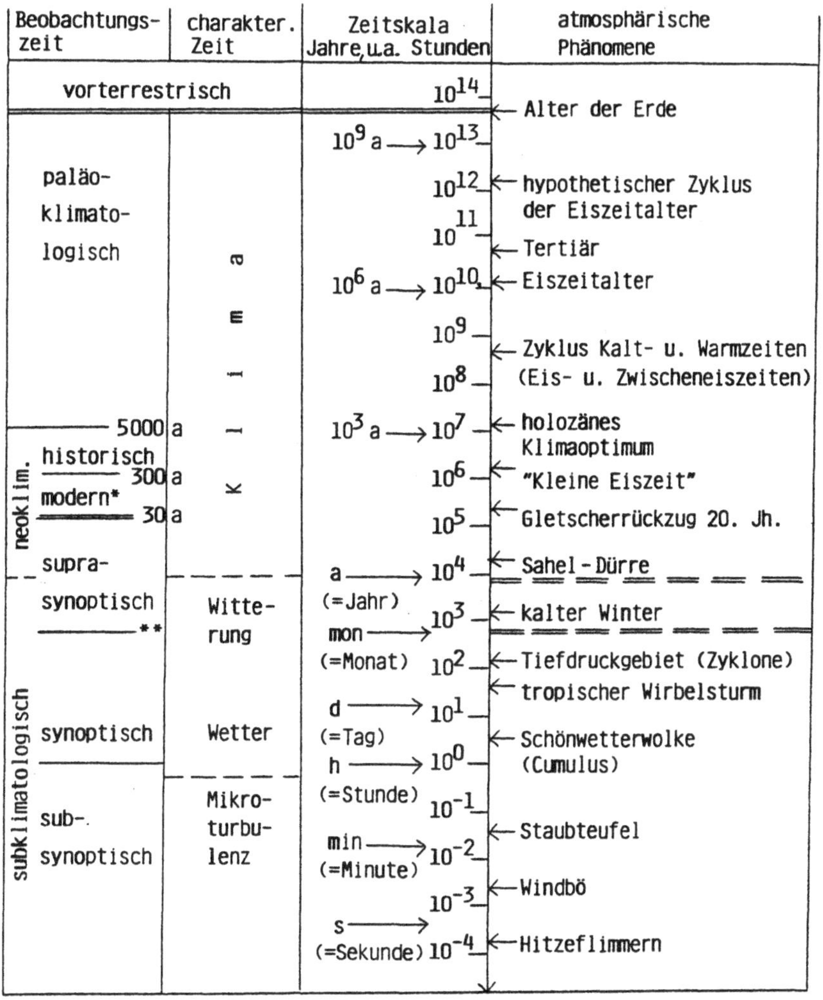

Naturwissenschaftliche Grundlagen: Klima und Treibhauseffekt

Beobachtungs-zeit	charakter. Zeit		Zeitskala Jahre, u.a. Stunden	atmosphärische Phänomene
vorterrestrisch			10^{14}	← Alter der Erde
paläo-klimato-logisch	a		$10^9\,a \longrightarrow 10^{13}$	
			10^{12}	← hypothetischer Zyklus der Eiszeitalter
			10^{11}	
				← Tertiär
	m		$10^6\,a \longrightarrow 10^{10}$	← Eiszeitalter
			10^9	← Zyklus Kalt- u. Warmzeiten
	l		10^8	(Eis- u. Zwischeneiszeiten)
——— 5000 a historisch ——— 300 a modern* ——— 30 a			$10^3\,a \longrightarrow 10^7$	← holozänes Klimaoptimum
		K	10^6	← "Kleine Eiszeit"
			10^5	← Gletscherrückzug 20. Jh.
supra-synoptisch **	Witte-rung		$a \longrightarrow 10^4$ (=Jahr)	← Sahel-Dürre
			$mon \longrightarrow 10^3$ (=Monat)	← kalter Winter
			10^2	← Tiefdruckgebiet (Zyklone)
synoptisch	Wetter		$d \longrightarrow 10^1$ (=Tag)	← tropischer Wirbelsturm
			$h \longrightarrow 10^0$ (=Stunde)	← Schönwetterwolke (Cumulus)
sub-synoptisch	Mikro-turbu-lenz		10^{-1}	← Staubteufel
			$min \longrightarrow 10^{-2}$ (=Minute)	
			10^{-3}	← Windbö
			$s \longrightarrow$ (=Sekunde) 10^{-4}	← Hitzeflimmern

*) auch instrumentelle Epoche (direkte Messung der Klimadaten)
**) theoretische obere Grenze der Vorhersagbarkeit des Wetters

Abb. 1.2. Zeitliche Größenordnungen atmosphärischer Vorgänge und Klimabegriff (Quelle: Schönwiese, 1994a: 53)

verlangt eine ordentliche Statistik, daß das auf diese Weise zu beschreibende Phänomen hinreichend oft innerhalb einer gewissen Beobachtungsperiode vorkommt. Die Weltorganisation für Meteorologie (WMO, Sonderorganisation der UN) hat international verbindlich 30 Jahre als Mindestintervall für solche Bezugsperioden festgelegt, so daß es beim Klima nicht nur hinsichtlich der typischen Zeit der Phänomene, sondern auch bezüglich der Beobachtungszeit eine untere Grenze gibt (Koenig, 1991).

Als möglichst knappe und allgemeine Definition des Klimabegriffs läßt sich dann festhalten (Schönwiese, 1994a: 61): *Das terrestrische Klima ist die für einen Standort, eine definierte Region oder ggf. auch globale statistische Beschreibung der relevanten Klimaelemente, die für eine relativ große zeitliche Größenordnung die Gegebenheiten und Variationen der Erdatmosphäre hinreichend ausführlich charakterisiert.* Offenbar bleibt dabei die räumliche Größenordnung offen, einschließlich der räumlichen Auflösung (Differenzierung), die z.B. bei der klimatologischen Beschreibung Deutschlands, Europas oder der Welt angestrebt werden soll. Die traditionellen Klimaelemente sind die gleichen, die bei kürzeren charakteristischen Zeiten als die uns vertrauten Wetterelemente auftreten, nämlich Temperatur, Feuchte, Niederschlag, Bewölkung (aufgeschlüsselt in Art und Bedeckungsgrad), Wind usw., wobei als ursächlich wichtige, ebenfalls physikalische Meßgröße noch der Druck hinzukommt (immer auf die Atmosphäre bzw. Luft bezogen).

1.3 Klimaänderungen

Wer in einem Lexikon oder einem Schulatlas nach Klimainformationen sucht und ganz folgerichtig dann z.B. Karten der mittleren Temperatur- oder Niederschlagsverteilung der Erde findet, der könnte den Eindruck gewinnen, Klima sei etwas Statisches, Unveränderliches. Und tatsächlich ist im vergangenen Jahrhundert ein solcher statischer oder quasistatischer Klimabegriff vorherrschend gewesen, ganz im Sinn eines festen Klimazustandes, um den herum nur Wetter und Witterung schwanken.

Tatsächlich aber variieren alle atmosphärischen Phänomene in allen zeitlichen Größenordnungen, wie das auch die schematische Darstellung in Abb. 1.2 andeutet, also auch das Klima. Nur laufen - definitionsgemäß - Klimaänderungen viel langsamer als Wetteränderungen ab. Außerdem, und das hängt mit den verschiedenen Zeitskalen zusammen, ist das Ausmaß der Klimaänderungen, zumal wenn sie räumlich gemittelt betrachtet werden, i.a. viel geringer als das der Wetteränderungen. Daher sind die Klimaänderungen geradezu hinter den Wetteränderungen versteckt, somit uns nicht direkt zugänglich, sondern nur über den Umweg statistischer Langzeitanalysen. Dieser Umstand erschwert dem Laien den Zugang zu Klima und insbesondere Klimaänderungen sehr. Außerdem fragen sich viele, woher die Informationen stammen, wenn z.B. vom Klima der letzten „Eiszeit" oder zur Zeit des Aussterbens der Dinosaurier (vor ca. 65 Mio. Jahre) die Rede ist.

Zunächst zur Informationserfassung: Direkte und weitgehend kontinuierliche Messungen der Klimaelemente (Neoklimatologie) reichen maximal bis zum Jahr 1659 zurück (Temperatur, zentrales England; Manley, 1974; hinreichend flächendeckend bezüglich der nordhemisphärischen Landgebiete bis 1851; Jones et al., 1991). Davor aber tut sich das weite Feld der indirekten paläoklimatologischen Informationen auf (Frakes, 1979; Schönwiese, 1994a: 306-311; 1995a: 27-49). Von den vielen zur Verfügung stehenden Datenquellen seien hier nur erwähnt: Baumringanalysen (Temperatur - Feuchte - Komplex; letzte ca. 10 000 Jahre), Analysen von sedimentierten Bodentypen und darin enthaltenen Pflanzenpollen (Temperatur - Niederschlag - Regime; letzte ca. Jahrmillion), Eisbohranalysen (vorwiegend Temperaturrekonstruktionen aus Sauerstoff-Isotopenverhältnissen, aber auch Vulkanpartikel, Gaskonzentrationen u.a.; letzte ca. 200 000 Jahre), Tiefsee-Sedimentanalysen (ebenfalls vorwiegend Temperatur; letzte ca. 100 Mio. Jahre), schließlich älteste Sedimente und Bodenschätze, einschließlich der dort enthaltenen Spuren von Eisbewegungen (maximal 3,8 Mrd. Jahre). Als Brücke von der Neo- zur Paläoklimatologie kommen noch diverse klimahistorische Informationen hinzu (z.B. Hochwassermarken an Flüssen und entsprechende Chroniken, Berichte über Weinqualität, Getreidepreise usw.). Da unsere Erde 4,6 Mrd. Jahre alt ist, läßt sich somit fast ihre ganze Klimageschichte überblicken, freilich mit immer größeren Genauigkeits- und Repräsentanzproblemen, je weiter der Blick in die Vergangenheit gewagt wird, und mit den prinzipiellen Problemen der Umsetzung indirekter in direkte Klimainformationen (Transferfunktionen).

In sehr groben Zügen und mit Beschränkung auf die global bzw. nordhemisphärisch gemittelte bodennahe Lufttemperatur ergibt sich daraus folgendes Bild (Schönwiese, 1992a: 26-87; 1995a: 65-117): In der Frühzeit der Erde war es sicherlich sehr heiß, bis um 2-3 Mrd. v.h. (vor heute) in etwa das heutige Temperaturniveau erreicht war. Von da an gab es episodische Vereisungen der Polargebiete (teils beide, teils nur ein Polargebiet) und einiger Gebirgsregionen, die Eiszeitalter, unterbrochen von wesentlich längeren eisfreien Abschnitten (akryogenes Warmklima). Die Eiszeitalter haben jeweils einige Jahrmillionen angedauert, und der Temperaturunterschied zum eisfreien Warmklima lag in der Größenordnung von 10°C.

Seit 2-3 Mio. Jahren befinden wir uns wieder in einem solchen Eiszeitalter, geologisch die Epoche des Quartär, und innerhalb dieser Epochen gibt es offenbar ein Wechselspiel zwischen relativ kalten („Eiszeiten" oder besser Kaltzeiten, auch Glaziale genannt) und relativ warmen Epochen („Zwischeneiszeiten" oder besser Warmzeiten, auch Interglaziale). Dies ist für die letzte Jahrmillion aus Abb. 1.3 ersichtlich, wobei die Temperaturunterschiede etwa 3-7°C ausmachen. Die letzte, nämlich die Würm-Kaltzeit, ist vor 11 000 Jahren zu Ende gegangen und während ihres letzten Tiefpunktes vor 18 000 Jahren lag die Temperatur 4-5°C unter den heutigen Werten. Diese, gemessen an Wetteränderungen scheinbar geringen Temperaturänderungen, sind für das Klimageschehen geradezu gigantisch; denn die Folge dieses tieferen Temperaturniveaus waren kilometerdicke Eisbedeckungen im Bereich des heutigen Kanada, Großbritannien und Skandinavien mit der Folge eines um 135 m tieferen Meeresspiegels, so daß beispielsweise die südliche Nordsee verschwunden und die Themse ein Nebenfluß des Rheins war.

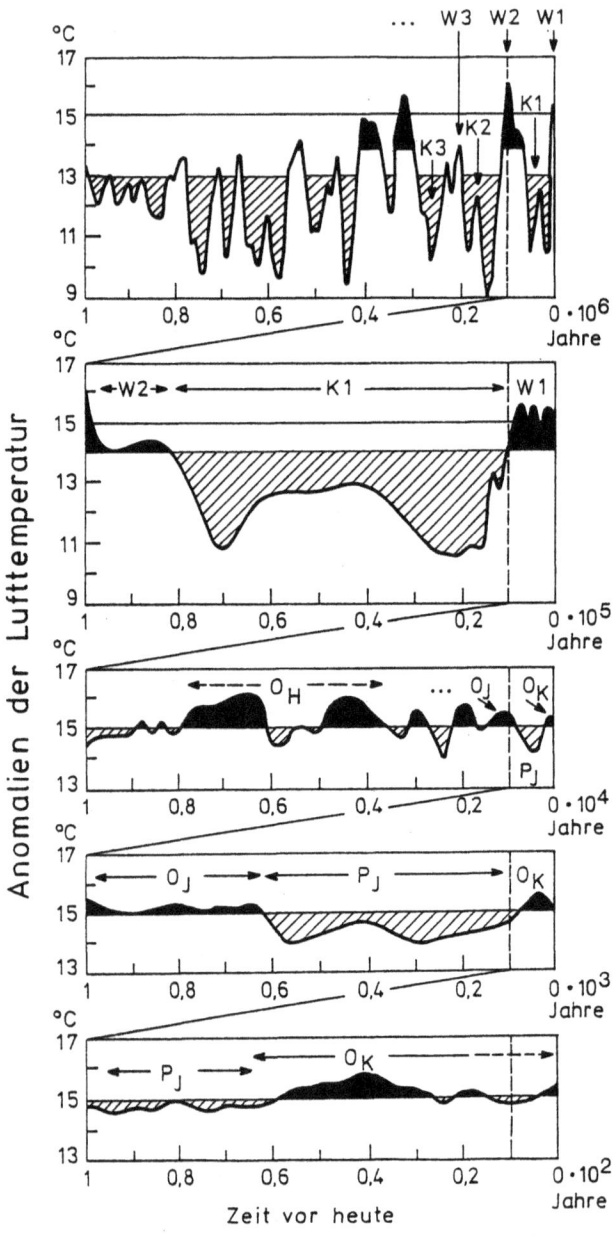

Abb. 1.3. Nordhemisphärisch gemittelte Variationen der bodennahen Lufttemperatur in verschiedener zeitlicher Auflösung, von oben nach unten, letzte Jahrmillion bis letztes Jahrhundert (viele Primärquellen, Zusammenstellung nach Schönwiese/Diekmann, 1991: 43)

Naturwissenschaftliche Grundlagen: Klima und Treibhauseffekt

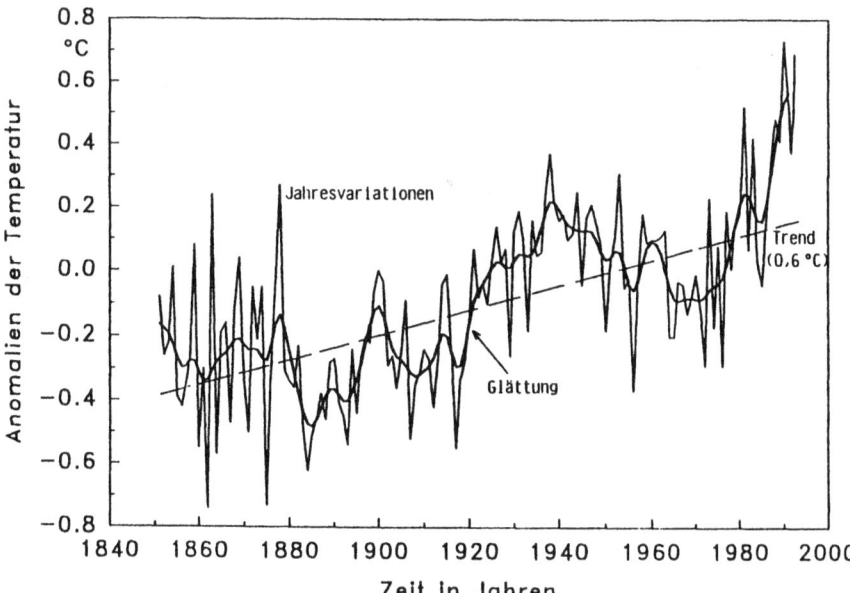

Abb. 1.4. Nordhemisphärisch gemittelte Variationen der bodennahen Lufttemperatur in Jahresanomalien 1851-1994, zehnjähriger Glättung und linearem Trend (Datenquelle: IPCC, 1996; Jones, 1994; Bearbeitung Schönwiese, 1995a: 69)

In den letzten rund 10 000 Jahren (vgl. Abb. 1.3), der noch andauernden Neo-Warmzeit (auch „Nacheiszeit", Postglazial, Holozän), ist das Klima mit Variationen um 1-1,5°C (immer zumindest nordhemisphärisch und über zumindest einige Jahrzehnte gemittelt) bemerkenswert stabil gewesen, ganz im Gegensatz zur Eem-Warmzeit, die mit etwas höherem Temperaturniveau als heute vor ca. 125 000 Jahren kulminierte. Die letzten 1 000 Jahre sind vom Übergang des sog. Mittelalterlichen Klimaoptimums in die sog. Kleine Eiszeit, etwa zwischen 1000-1200, deren letzte Tiefpunkte um 1600 und 1850 sowie der seitdem einsetzenden Erwärmung gekennzeichnet (vgl. Abb. 1.4). Diese jüngste Erwärmung ist als eines unter vielen Klimaphänomenen zunächst nichts besonderes, stellt sich aber in einem völlig anderen Licht dar, wenn in die Ursachendiskussion (Abschnitt 1.4) eingetreten wird. Zuvor soll jedoch die Struktur dieser jüngsten Erwärmung noch etwas näher charakterisiert werden.

Dank der vielen vorliegenden direkten Messungen ist die Zeitstruktur sehr genau angebbar. Abb. 1.4 zeigt dazu, wiederum nordhemisphärisch gemittelt, die Jahresanomalien (d.h. die relativen, auf ein zeitliches Referenzintervall bezogenen Jahr-zu-Jahr-Variationen), zehnjährig geglättete Daten und den linearen Trend, der hier rund 0,6°C beträgt (global gemittelt seit 1861 ca. 0,4 - 0,6°C). Dieser Aspekt ist deswegen wichtig, weil es offenbar erhebliche Abweichungen vom Langfristtrend gegeben hat.

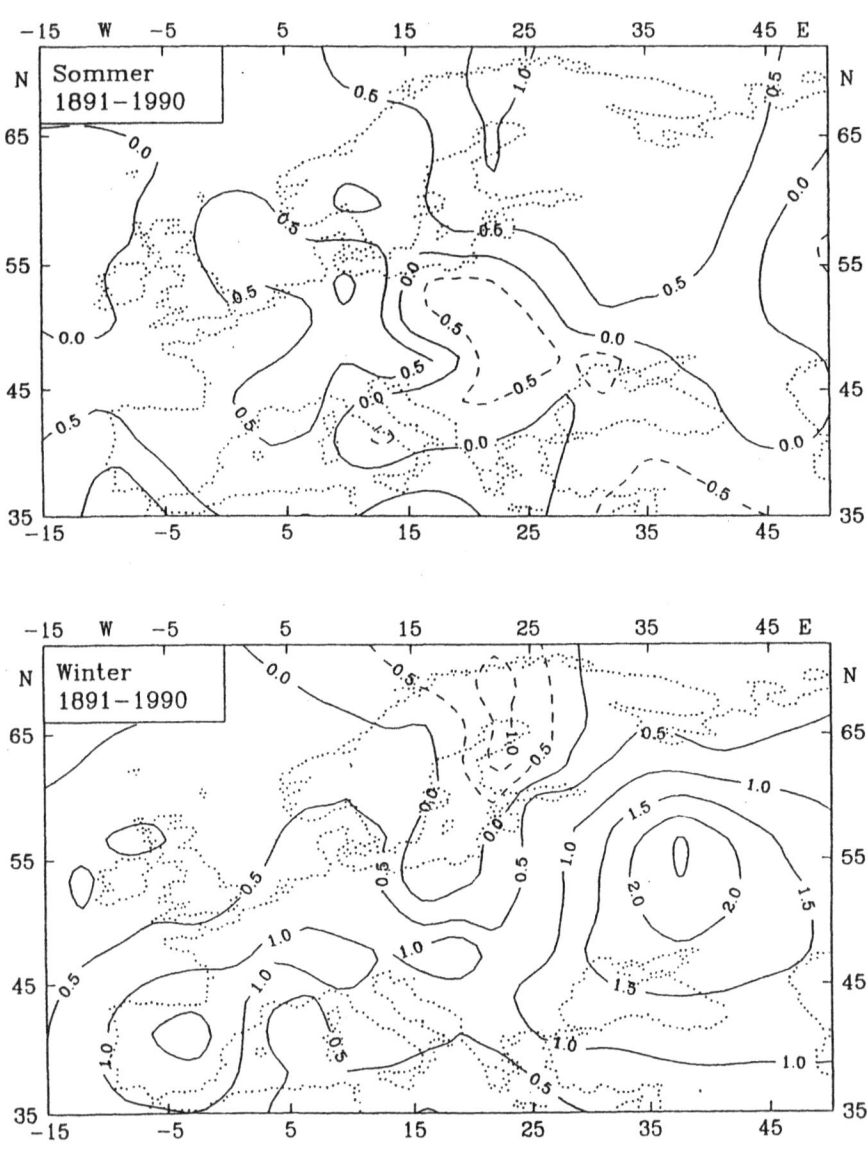

Abb. 1.5. Lineare Trends 1891-1990 der bodennahen Lufttemperatur in Europa, Sommer (Juni-Aug.) bzw. Winter (Dez.-Feb.), in räumlicher Differenzierung, Isolinien in °C (Quelle: Schönwiese et. al., 1994b: 61, 65)

Ein weiterer wichtiger Aspekt sind die räumlichen Unterschiede der Klimavariationen. Dazu verhilft Abb. 1.5, wo für Europa die hundertjährigen Sommer- und Wintertrends (Juni-August bzw. Dezember-Februar) in kartographischer Isoliniendarstellung abgegeben sind. Diese räumlichen Unterschiede mit winterlichen Abkühlungen in Nordskandinavien und sommerlichen Abkühlungen in Südosteuropa sind bemerkenswert. Insgesamt überwiegt aber die Erwärmung, insbesondere im Winter, wo in Osteuropa ein maximaler Trend von ca. 2,5°C (Teilbereiche der Arktis übrigens bis ca. 5°C) in Erscheinung tritt. Auch die schwerer (wegen Meß- und Repräsentanzproblemen) zu erfassenden Niederschlags- und Sturmtrends zeigen markante räumlich-jahreszeitliche Unterschiede mit z.B. drastisch zurückgehenden Niederschlägen im mediterranen Raum; in Deutschland besteht ein Trend zu abnehmendem Sommer- und zunehmenden Winterniederschlag (Schönwiese et al., 1994b).

1.4 Klimaprozesse

Noch wesentlich schwieriger als die Erfassung und statistische Beschreibung der beobachteten bzw. rekonstruierten Klimaänderungen gestaltet sich nun die Frage nach den Ursachen; denn viele, zudem teilweise vernetzte und nichtlineare Klimaprozesse kommen dafür in Frage (IPCC, 1992, 1994d; Schönwiese, 1994a, 1995). Dabei sollte man sich zunächst vergegenwärtigen, daß nicht nur die Atmosphäre, sondern das gesamte Klimasystem (Abb. 1.6) Träger der Klimaprozesse ist, nämlich der Verbund aus Atmosphäre, *Hydrosphäre* (Salzwasser der Ozeane und Süßwasser der Kontinente), *Kryosphäre* (Land- und Meereis), *Pedo-/Lithosphäre* (Boden und Gestein) sowie *Biosphäre*. Prinzipiell unterscheidet

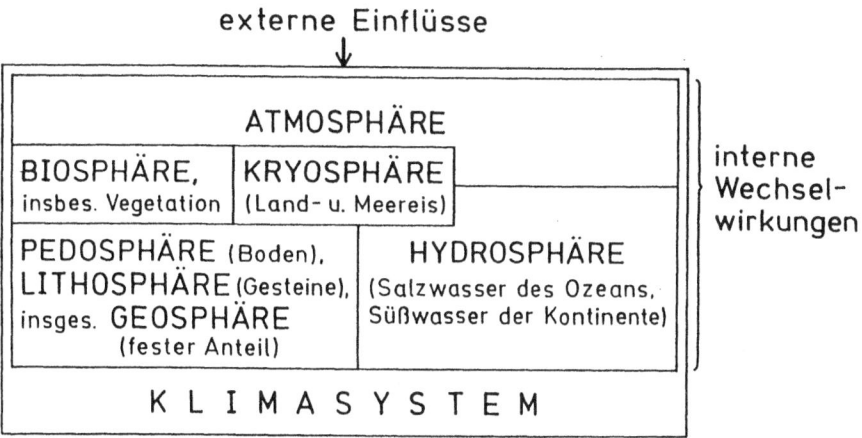

Abb. 1.6. Schema des Klimasystems (Quelle: Schönwiese, 1994b: 14)

man zwischen internen Wechselwirkungsprozessen innerhalb und zwischen diesen Komponenten des Klimasystems einerseits sowie externen Einflüssen auf dieses System andererseits, wobei extern (kein Wechselwirkungsanstoß) nicht mit extraterrestrisch verwechselt werden darf.

In Tabelle 1.2 sind einige Ursachen von Klimaänderungen zusammengestellt, wobei z.B. die Kontinentaldrift beim Eintreten der Eiszeitalter oder die Bewegungen der Erde um die Sonne (Orbitalparameter) beim Wechselspiel der Kalt- und Warmzeiten innerhalb eines Eiszeitalters von Bedeutung sind. Bei Beschränkung auf die letzten bzw. auch nächsten rund 100 Jahre und sehr großräumige Klimaänderungen läßt sich aber eine Auswahl treffen. Danach haben als konkurrierende Mechanismen vorwiegend zu gelten:

a) Vulkanismus (extern);
b) Sonnenaktivität (extern);
c) ENSO (El-Niño-Southern-Oscillation, interner atmosphärisch-ozeanischer Wechselwirkungsvorgang, der sich in episodischen Erwärmungen der tropischen Ozeane äußert);
d) Treibhauseffekt (extern);
e) Stadtklimaeffekte (extern);
f) Sulfatanreicherungen in der Troposphäre (extern),

wobei nur a - c rein natürliche Vorgänge sind. Die Baumaßnahmen in den Städten führen dort zum schon lange bekannten Stadtklima, insbesondere zur städtischen Wärmeinsel (also Erwärmung). Die Sulfatanreicherung der Troposphäre, die abkühlend wirkt, stammt aus der anthropogenen Schwefeldioxid-Emission (SO_2), die allerdings in Europa und den USA seit den siebziger Jahren unseres Jahrhunderts rückläufig ist.

Praktisch alle Klimaprozesse stehen mit der atmosphärischen bzw. atmosphärisch-ozeanischen Zirkulation in Verbindung; denn auch externe Einflüsse geben den Anstoß zu Zirkulationsveränderungen und durch diese - sozusagen zugeschalteten - Änderungen wird die Klimareaktion modifiziert. Unter Zirkulation versteht man dreidimensionale Bewegungsvorgänge, die in der Atmosphäre von der Luftdruckkonstellation (Hoch- und Tiefdruckgebiete), im Ozean von der Temperatur- und Salzverteilung gesteuert werden (Übersicht vgl. u.a. Liljequist/Cehak, 1984; Schönwiese, 1994a; Weischet, 1991). Was die globale Zirkulation der Atmosphäre betrifft, so ist sie in den Tropen durch aufsteigende Warmluft (intensive Wolken- und Niederschlagsbildung), in den Subtropen durch Absinken (Trockengebiete), in mittleren Breiten durch wandernde Tiefdruckgebiete im Wechselspiel mit Hochdruckepisoden und im Polargebiet durch absinkende Kaltluft gekennzeichnet. Klimatologisch von besonderem Interesse sind Übergangsgebiete wie z.B. der Mittelmeerraum, der im Sommer von den (trockenen) Subtropen, im Winter von der (niederschlagsbringenden) Zirkulation der mittleren Breiten beeinflußt wird. Eine im Prinzip richtige, zunächst aber simple und unvollständige Vorstellung ist, daß ein wärmer werdender Globus seine Zirkulationsgürtel polwärts verschiebt; der Treibhauseffekt könnte dann den Mittelmeerraum subtropischer (weniger Niederschlag auch im Winter), die mittleren Breiten mediterraner (geringerer Sommerniederschlag) machen.

Tabelle 1.2. Übersicht der wichtigsten Ursachen von Klimaänderungen, wobei vernetzte Einflüsse mit einem „*" gekennzeichnet und Konkurrenzmechanismen zum anthropogenen Treibhauseffekt kursiv geschrieben sind (Quelle: Schönwiese, 1994b: 99)

EXTRATERRESTRISCH	TERRESTRISCH
Solarkonstante, langfristiger Trend	Kontinentaldrift
Solarkonstante, Variationen (durch Sonnenaktivität und Pulsationen)	Orogenese
	Vulkanismus
Rotation der Milchstraße und kosmische Materie	Waldbrände
	Zusammensetzung der Atmosphäre*
Meteore und Meteoriten	*Zirkulation der Atmosphäre*
Mond	*Zirkulation u. Salzgehalt des Ozeans*
Gezeitenkräfte allgemein (Wirkung auf Sonne und Erde)	*El Niño-Phänomen*
	Eis- und Schneebedeckung*
	Bewölkung*
	Vegetation*
	Autovariationen*
	anthropogene Einflüsse:
	- „Treibhauseffekt"
	- „Stadtklima"
	- troposphär. Sulfat
	- „Ozonloch"-Effekte
Orbitalparameter Rückkopplungen	

1.5 Natürlicher Treibhauseffekt

Als besonders wichtiger und in der Öffentlichkeit häufig diskutierter Klimaprozeß soll nun der Treibhauseffekt behandelt werden. Er besitzt einen natürlichen Hintergrund und eine anthropogene Komponente (IPCC, 1992, 1994d; Schönwiese/Diekmann, 1987; Schönwiese, 1992a, 1994a, 1995a).

Für beides ist die Klimawirksamkeit bestimmter Spurengase (vgl. Tabelle 1.1 und 1.3) verantwortlich, die darin besteht, daß diese Gase die Sonneneinstrahlung weitgehend ungehindert zur Erdoberfläche hindurchlassen, jedoch die Wärmeabstrahlung der Erde und der unteren Atmosphäre durch Absorption dieser Strahlung (vgl. Abb. 1.7) verringern, wobei - das ist beim Wasserdampf wichtig - zumindest keine Kompensation der Behinderung der terrestrischen Wärmeabstrahlung durch die ggf. ebenfalls reduzierte solare Einstrahlung eintritt. Nehmen solche Gase in ihren atmosphärischen Konzentrationen zu, so muß es in der unteren Atmosphäre wärmer, in der oberen (Stratosphäre) - wegen des verringerten Wärmetransports nach oben - kälter werden. Von den dadurch an-

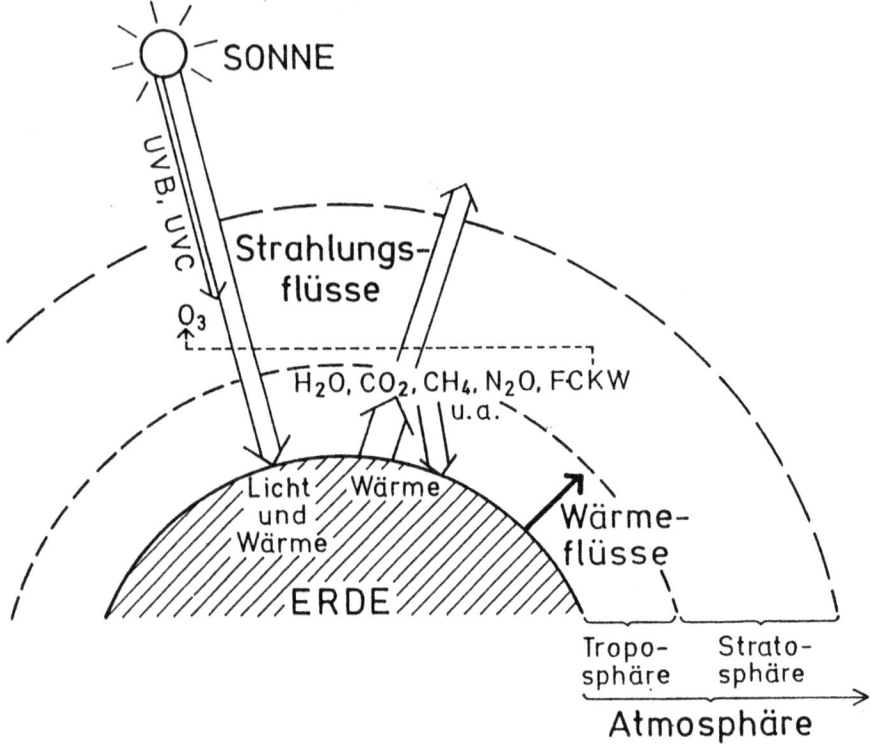

Abb. 1.7. Stark vereinfachtes Schema des Treibhauseffektes (Quelle: Schönwiese, 1994b: 38)

geregten Veränderungen der atmosphärischen Zirkulation sind dann über die Temperatur hinaus alle Klimaelemente betroffen.

Es ist nun sehr wichtig, zwischen dem natürlichen Treibhauseffekt und seiner anthropogenen Verstärkung zu unterscheiden. Dazu tragen die verschiedenen Gase nämlich sehr unterschiedlich bei. Nach Tabelle 1.3 dominiert beim natürlichen Treibhauseffekt mit rund 60% der Wasserdampf (H_2O) und erst danach folgen Kohlendioxid (CO_2) und die anderen Gase. Der Gesamteffekt wird meist mit 33 °C angegeben (IPCC 1992, 1994d), d.h. ohne diese Treibhausgase würde die derzeitige bodennahe Weltmitteltemperatur von +15 °C auf -18 °C absinken, und dabei würde allein der CO_2-Effekt bei rund 7 °C liegen. Das entspricht dem Temperaturunterschied, wie er maximal zwischen Kalt- („Eis"-) und Warmzeiten („Zwischeneiszeiten") aufgetreten ist. Da die vorindustrielle CO_2-Konzentration bei nur rund 300 ppm = 0,03 % (genauer 280 ppm) gelegen hat, zeigt dies, wie empfindlich das Klimasystem auf scheinbar geringe Störungen reagieren kann. Es darf jedoch nicht unerwähnt bleiben, daß es wegen der sicherlich eintretenden, allerdings im einzelnen unsicheren Veränderungen der Reflektions-

Naturwissenschaftliche Grundlagen: Klima und Treibhauseffekt

Tabelle 1.3. Vergleich der Spurengasbeiträge (prozentual) zum natürlichen Treibhauseffekt und seiner anthropogenen Verstärkung (Quelle: IPCC, 1992; Schönwiese, 1994b)

Gas, chemische Formel	Beitrag zum „Treibhauseffekt"	
	natürlich[a]	anthropogene Verstärkung[b]
Kohlendioxid, CO_2	22%	61%
Methan, CH_4	2,5%	15%
FCKW (vgl. Tabelle 1.1)	--	11%
Distickstoffoxid, N_2O	4%	4%
Ozon, O_3	7%	9% (unsicher)
Wasserdampf, H_2O	62%	
weitere	2,5%	

a) ca. 33°C (alternative Schätzungen 15-18°C)
b) 0,5-1°C (unsicher), jeweils 100 Jahre Zeithorizont

eigenschaften des Systems Erde-Atmosphäre im Fall eines Verschwindens der Treibhausgase (und damit über den Wasserdampf auch der Wolken) alternative Abschätzungen der Gesamtwirkung des natürlichen Treibhauseffektes gibt, die auf etwa 15-18°C Temperaturunterschied hinauslaufen (Roedel, 1992: 37-38).

1.6 Anthropogen verstärkter Treibhauseffekt

Offensichtlich ist der Treibhauseffekt eine sehr empfindliche Schraube des Klimasystems, und genau an dieser Schraube dreht der Mensch. Der Sachverhalt ist auch so charakterisiert worden, daß der Mensch mit der Atmosphäre der Erde ein globales Experiment durchführt, dessen Ausgang quantitativ unsicher ist. Ursache dafür sind alle menschlichen Aktivitäten, die zur Emission klimawirksamer Spurengase führen. Die wichtigsten betroffenen Gase sind mit einigen ihrer Charakteristika und anthropogenen Veränderungen in Tabelle 1.4 zusammengestellt; die prozentuale Aufspaltung der Emissionen geht aus Tabelle 1.5 hervor (s.a. Tabelle 1.3 zum Vergleich der Gesamtwirkung des natürlichen Treibhauseffektes gegenüber seiner anthropogenen Verstärkung).

Aus diesen Zusammenstellungen wird die führende Rolle des Treibhausgases CO_2 deutlich, wobei die anthropogenen Emissionen zu etwa 75% auf die Nutzung der fossilen Energie zurückgehen (Verbrennung von Kohle, Erdöl und Erdgas, einschließlich Verkehr) und zu 20% auf die Rodungen tropischen Regenwaldes (vor allem Südamerika) sowie borealen Nadelwaldes (GUS, Kanada). Der Wasserdampf (H_2O), der beim natürlichen Treibhauseffekt dominiert, spielt bei der anthropogenen Verstärkung - von H_2O-Emissionen in der oberen Atmosphäre durch den Flugverkehr abgesehen - direkt so gut wie keine Rolle, weil die natürliche Verdunstung sehr viel größer ist. Bemerkenswert ist, daß auch beim Methan (CH_4), trotz deutlich vielfältigerer Quellen als beim CO_2 (hier jeweils nur anthropogene Vorgänge betrachtet), wiederum die Emission aus der fossilen Energie die Spitzenposition einnimmt, wenn das beim Kohlebergbau freiwerdende Grubengas, die Erdgasverluste (bei Erfassung und Transport) sowie industrielle Ausgasungen addiert werden. Im übrigen steht CH_4 in enger Verbindung mit der Ernährung und somit auch mit der Weltbevölkerungszahl (vor allem was den Reisanbau betrifft). Bei der Distickstoffoxid-Emission (N_2O, nicht zu verwechseln mit den Stickoxiden $NO_x = NO + NO_2$) dominieren Bodenbearbeitungs- und Düngungseffekte. O_3, wobei hier das bodennahe Ozon gemeint ist, entsteht aus mehreren Vorläufersubstanzen wie den oben genannten NO_x, die ihrerseits vor allem aus dem Verkehrsbereich stammen. Von allen diesen anthropogenen Emissionen ist allein die FCKW-Emission rückläufig: Nach einem Spitzenwert von rund 1 Mt (Megatonne) ist sie in den letzten Jahren, weltweit akkumuliert, auf etwa 0,4 Mt zurückgegangen (FCKW-11 und -12; CDIAC, 1994).

Tabelle 1.4. Übersicht einiger Charakteristika der Treibhausgase, die in ihren atmosphärischen Konzentrationen aufgrund der hier summarisch angegebenen anthropogenen Emissionen ansteigen (Quelle: IPCC, 1992, 1994d; Schönwiese, 1994b: 108, aktualisiert).

Spurengas, Symbol	anthropogene Emission[a]	derzeitige[a] (u. vorindustr.) Konzentration	mittlere Verweilzeit	rel. mol. THP[b]
Kohlendioxid, CO_2	29 Gt a^{-1}	360 (280) ppm	5-10 Jahre[c]	1
Methan, CH_4	400 Mt a^{-1}	1,7 (0,7) ppm	10 Jahre	24,5
FCKW[d]-11		0,25 (0) ppb	55 Jahre	4000
FCKW -12	0,4 Mt a^{-1}	0,45 (0) ppb	115 Jahre	8500
Distickstoffoxid, N_2O	15 Mt a^{-1}	0,31 (0,28) ppm	130 Jahre	120
Ozon, (untere Atm.), O_3	0,5 Gt a^{-1}	15 - 50 (?) ppb	1-3 Monate	?
Wasserdampf, H_2O	?	~2,6 %[e]		

a) 1994 (vorindustr. ca. 1800);
b) relatives molekulares Treibhauspotential bei Annahme eines 100-Jahre-Zeithorizontes;
c) aber anthropogene Störungszeit 50-200 Jahre;
d) Fluorchlorkohlenwasserstoffe, vgl. Tabelle. 1.1, Emission in den achtziger Jahren 1 Mt a-1.
e) bodennaher Normmittelwert

Ansonsten sind die Steigerungsraten, wie sie auch aus Tabelle 1.4 hervorgehen, gewaltig. Beim CO_2, dessen anthropogene Gesamtemission derzeit bei 29-30 Gt (Gigatonnen, d.h. Mrd. Tonnen) liegt (davon etwa 22 Gt aus der fossilen Energie; IPCC, 1992, 1994d), ist seit 1900 (rund 1,5 Gt) eine Steigerung um fast den

Faktor 20 eingetreten, begleitet von einer Steigerung der Weltprimärenergienutzung um etwa den Faktor 12 (auf heute 12-14 Gt SKE, d.h.. Mrd. Tonnen Steinkohleeinheiten). Die Weltbevölkerung ist in der gleichen Zeit um den Faktor von knapp 3 auf 5,7 Mrd. Menschen angestiegen.

Tabelle 1.5. Prozentuale Aufspaltung der in Tabelle 1.4 (zweite Spalte) genannten anthropogenen Treibhaus-Emissionen (bei N_2O sehr unsicher; Quelle: IPCC, 1992, ergänzt)

Spurengas; Symbol	anthropogene Emissionsquellen
Kohlendioxid, CO_2	75% fossile Energien 20% Waldrodungen 5% Nutzholzverbrennung u.a.
Methan, CH_4	28% fossile Energien[a] 22% Viehhaltung 17% Reisanbau 11% Biomasse-Verbrennung 8% Landnutzungseffekte 7% Müllhalden 7% Abwasser
FCKW	Sprühdosen, Kältetechnik Dämm-Material, Reinigung
Distickstoffoxid, N_2O	44% Bodenbearbeitung 22% Düngung (landwirt.) 15% Nylon-Produktion 10% fossile Energien 9% Biomasse-Verbrennung
Ozon, O_3 (unt. Atm.)	Verkehr, fossile Energien u.a. (Bildung) jeweils aus Vorläufersubstanzen wie Stickoxiden u.a.)

a) sog. Grubengas beim Kohlenbergbau, Verluste bei der Gewinnung und beim Transport von Erdgas, industrielle Verluste

Die anthropogenen Emissionen der Treibhausgase schlagen sich in entsprechenden atmosphärischen Konzentrationsanstiegen nieder, obwohl die natürlichen Stoffkreisläufe eine gewisse Pufferwirkung ausüben und genaue quantitative Interpretationen nur über Modellrechnungen (Kap. 2) möglich sind. Bekannt ist der Anstieg der CO_2-Konzentration (vgl. Abb. 1.8) von vorindustriellen Werten (um 1800) von 280 ± 5 ppm auf heute (1994/95) rund 360 ppm, das entspricht rund 29%. Beim CH_4 ist in der gleichen Zeit sogar eine Verdoppelung der Konzentration eingetreten (vgl. Tabelle 1.4).

Die in Tabelle 1.4 angegebenen Treibhauspotentiale (THP) der einzelnen klimawirksamen Spurengase geben die Absorptionsstärke und somit Klimawirksamkeit pro Molekül relativ zu CO_2 an. Bei den insgesamt eintretenden Klimaeffekten müssen jedoch auch die Konzentrationen, Verweilzeiten (jeweils bezüg-

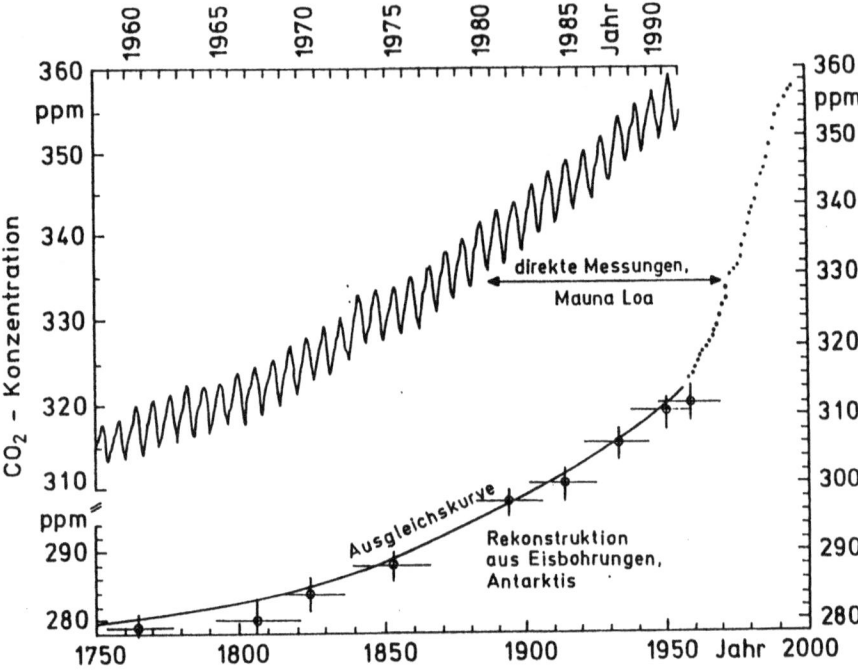

Abb. 1.8. Anstieg der atmosphärischen CO_2-Konzentration, seit 1750 nach Eisbohrkonstruktion, seit 1958 nach direkten Messungen auf dem Mauna Loa, Hawaii (verschiedene Primärquellen, Zusammenstellung und Ausgleichskurve nach Schönwiese, 1995a: 176)

lich der Atmosphäre) u.a., nicht zuletzt auch die indirekten Effekte, berücksichtigt werden. Das geeignete Werkzeug dazu sind Klimamodelle, wie sie im folgenden Kapitel vorgestellt und diskutiert werden.

2 Klimamodelle: Vorhersagen und Konsequenzen

Christian-Dietrich Schönwiese

2.1 Notwendigkeit und Problematik der Klimamodelle

Wer sich die gewaltige Vielfalt der zeitlich-räumlichen Klimavariationen vor Augen führt, wie sie in Kap. 1 nur angedeutet werden konnte, dazu die Vielfalt und Komplexität der Klimaprozesse, der wird sich über die Aussage nicht wundern, daß wir von einem vollständigen und exakten physikochemischen Verständnis des Klimasystems und der Variabilität, die es hervorbringt, weit entfernt sind. Um überhaupt eine Chance zu haben, muß versucht werden, wenigstens einen Teil der Klimasystem-Prozesse zu erfassen und zu verknüpfen, in der Hoffnung, daß dieser erfaßte Teil eine gewisse Dominanz besitzt. Solche partiellen Ansätze für ein in Wirklichkeit umfassenderes und komplizierteres System nennt man Modelle, wobei in den Naturwissenschaften ein Modell meist die Form eines mathematisch ausdrückbaren Gleichungssystems hat. Beinhalten solche Gleichungssysteme auch die Zeit - man spricht von prognostischen im Unterschied zu diagnostischen Gleichungen - so ist prinzipiell auch die Möglichkeit der Vorhersage gegeben.

Die zuerst festzuhaltende Eigenschaft von Klimamodellen (Details siehe z.B. IPCC, 1990, 1992, 1996; Trenberth, 1992) ist somit eine Eigenschaft aller Modelle: ihre Unvollständigkeit. Dies geht soweit, daß selbst etliche bekannte Prozesse in den Klimamodellen nicht untergebracht werden können, weil dazu die Rechnerkapazitäten (EDV) nicht ausreichen. Weitere Prozesse, wie z.B. die Konvektion, gehen nur stark vereinfacht, man sagt parametrisiert, in die Modelle ein. Viele Modellgleichungen haben die Form nicht exakt lösbarer Differentialgleichungen, so daß zu Näherungsverfahren der numerischen Mathematik gegriffen werden muß. Ein weiteres Problem, das wiederum mit der begrenzten Rechnerkapazität zusammenhängt, ist die beschränkte zeitliche (Zeitschritte der Modellgleichungen) und vor allem die begrenzte räumliche Auflösung, wobei übrigens die Transformation von relativ kleinräumigen (subskaligen) Prozessen in solche, die vom Modell aufgelöst werden können (skalige Prozesse), im einfachsten Fall die räumliche Mittelung, eine Art der oben genannten Parametrisierung darstellt.

Ein Problemkreis, der eine besondere Hervorhebung verdient, ist die Vernetzung und Rückkopplung von Klimaprozessen. Unter Vernetzung versteht man das Problem, daß Wirkungsgrößen innerhalb der Systemzusammenhänge wieder zu ursächlichen Größen werden können. So kann beispielsweise eine verstärkte Sonneneinstrahlung (Ursache) zu regional unterschiedlichen Temperaturerhöhungen führen, diese unter bestimmten Randbedingungen zu atmosphärischen Hebungs- und Wolkenbildungsprozessen und dies wiederum zu Veränderungen der Sonneneinstrahlung und Temperatur, wobei dann offenbar Temperatur und Bewölkung zugleich Wirkung und Ursache der skizzierten Vorgänge sind. Die Vernetzung gewinnt aber erst dann ihre eigentliche Bedeutung, wenn derartige Prozeßketten mit anderen sozusagen querverbunden sind.

Die Betrachtung einer separaten Prozeßkette führt uns aber sogleich zum Problem der Rückkopplung; denn - und hier kann das genannte Beispiel weiterverwandt werden - die Temperaturveränderung ist nicht einfach eine Folge von Strahlungsprozessen, sondern die dabei auftretenden Bewölkungseffekte können die genannte Temperaturerhöhung verstärken (positive Rückkopplung; falls nämlich die daran beteiligten Wasserwolken mehr in die Höhe als in die Breite wachsen, ihr Bedeckungsgrad nimmt dann ab, oder wenn Eiswolken entstehen) bzw. abschwächen (negative Rückkopplung; falls der Bedeckungsgrad an Wasserwolken zunimmt).

Vernetzungen, Rückkopplungen, aber auch Sättigungseffekte u.a. führen zu einer ausgeprägten Nicht-Linearität des Klimasystems, d.h. die Wirkungen treten nicht streng proportional zu den Ursachen auf; vielmehr gibt es in manchen Wertebereichen langsame und in anderen Wertebereichen rasche Reaktionen, bis hin zu ausgesprochenen Sprüngen. Es läßt sich zeigen, daß eine einzige nichtlineare Gleichung ein sog. deterministisches Chaos erzeugt. Glücklicherweise scheint es beim Klima aber so zu sein, daß sich die vielen Rückkopplungen bzw. Nicht-Linearitäten in gewisser Weise gegenseitig kontrollieren, so daß bei sehr aufwendigen Klimamodellen die Klimareaktionen relativ geordnet in Erscheinung treten. Trotzdem beinhalten Klimamodelle prinzipiell auch das deterministische Chaos. Die Klimageschichte zeigt zwar überwiegend ein offenbar geordnetes Verhalten, manchmal aber auch sprunghafte oder besser quasisprunghafte Phänomene. Zufälligkeiten, die im Klimageschehen sicherlich auch eine Rolle spielen, wenn anscheinend auch keine allzu große, erzeugen ein anderes, das sog. stochastische Chaos.

Modelle müssen stets sozusagen Farbe bekennen: die bereits genannte Dominanz der Modellprozesse gegenüber den real viel umfangreicheren und komplizierten Prozessen ist zu prüfen. Dies geschieht durch Validierung und Verifizierung. Dabei versteht man unter Validierung den Vergleich des sog. gegenwärtigen Klimazustandes (z.B. weltweite dreidimensionale Temperaturverteilung in geeigneter zeitlicher Mittelung, z.B. über 30 Jahre; somit keine Wetteraspekte), wie er durch das Modell simuliert wird, mit Beobachtungsdaten. Verifizierungen betreffen dagegen alternative Klimazustände (z.B. „Eiszeit") sowie zeitliche Abläufe, vorwiegend in der Vergangenheit, in bedingter Art und Weise aber auch der Zukunft. Auf solche bedingte Verifizierungen von Vorhersagen wird an späterer Stelle eingegangen.

Es darf vorweggenommen werden: Trotz aller Einschränkungen und Unsicherheiten sind Klimamodelle notwendig und sinnvoll. Sie haben sich in der Klimatologie einen festen Platz erobert und sind gerade bei der Diskussion weltweiter Klimaänderungen durch die anthropogene Verstärkung des Treibhauseffektes nicht mehr wegzudenken. Auf der anderen Seite darf man in ihnen keine Wundermittel sehen und sie somit nicht überinterpretieren.

2.2 Hierarchie der Klimamodelle

„Das Klimamodell" existiert allerdings nicht. Vielmehr haben wir es je nach Zielrichtung und Lösungsansatz mit einer ganzen Hierarchie solcher Modelle zu tun. Zum Treibhausproblem ergeben sich folgende Fragen:
a) Wie wird sich die Menschheit in Zukunft, insbesondere energetisch, verhalten, und welche Treibhausgas-Emissionen werden daraus resultieren?
b) Wie werden sich als Folge davon die atmosphärischen Konzentrationen der Treibhausgase ändern?
c) Was wird die Reaktion des Klimas darauf sein?
d) Welche ökologischen und sozioökonomischen Auswirkungen wird das zur Folge haben?

Man erkennt auf den ersten Blick, daß diese Fragen den naturwissenschaftlichen Rahmen sprengen. Dies betrifft vor allem die erste und letzte Frage.

Die Lösungsstrategie (vgl. Abb. 2.1), die bei der ersten Frage beginnt, steht schon dort auf sehr wackeligen Füßen. Man behilft sich mit alternativen Szenarien möglichen menschlichen Verhaltens, wobei das Trendfortschreibungsszenario mit den sich daraus ergebenden Emissionsdaten die am einfachsten zu formulierende Alternative ist. Das IPCC (1990) nennt sie „Szenario A (business-as-usual)". Da nicht alle anthropogen emittierten Gasmengen in der Atmosphäre verbleiben, sondern ein Teil von den natürlichen Stoffkreisläufen abgepuffert wird, benötigt man entsprechende Stoff-Flußmodelle, darunter insbesondere Kohlenstoff-Flußmodelle, um die sich ergebenden atmosphärischen Konzentrationen zu errechnen.

Daran schließen sich die Klimamodelle im engeren Sinn an, die im folgenden Abschnitt erläutert werden. Sie führen zur Abschätzung der Klimaänderungen, hier aufgrund der anthropogenen Treibhausgasemissionen. Und diese haben Auswirkungen auf Ökosysteme, auf die Wirtschaft und schließlich auch auf das soziale Gefüge der Menschheit. Zusammenfassend spricht man von der „Impakt"- oder Klimawirkungsforschung, die im folgenden Kapitel behandelt wird. Am weitesten fortgeschritten sind hier wohl Ökosystem, z.B. Vegetationsklassenmodelle, die mit den Klimamodellen im engeren Sinn gekoppelt werden können. Stellt man dann fest, daß entweder die Klimaänderungen oder ihr „Impakt" oder beides, wie sie in den Modellen abgeschätzt werden, Risiken beinhalten, die weder für uns noch und insbesondere für nachfolgende Genera-

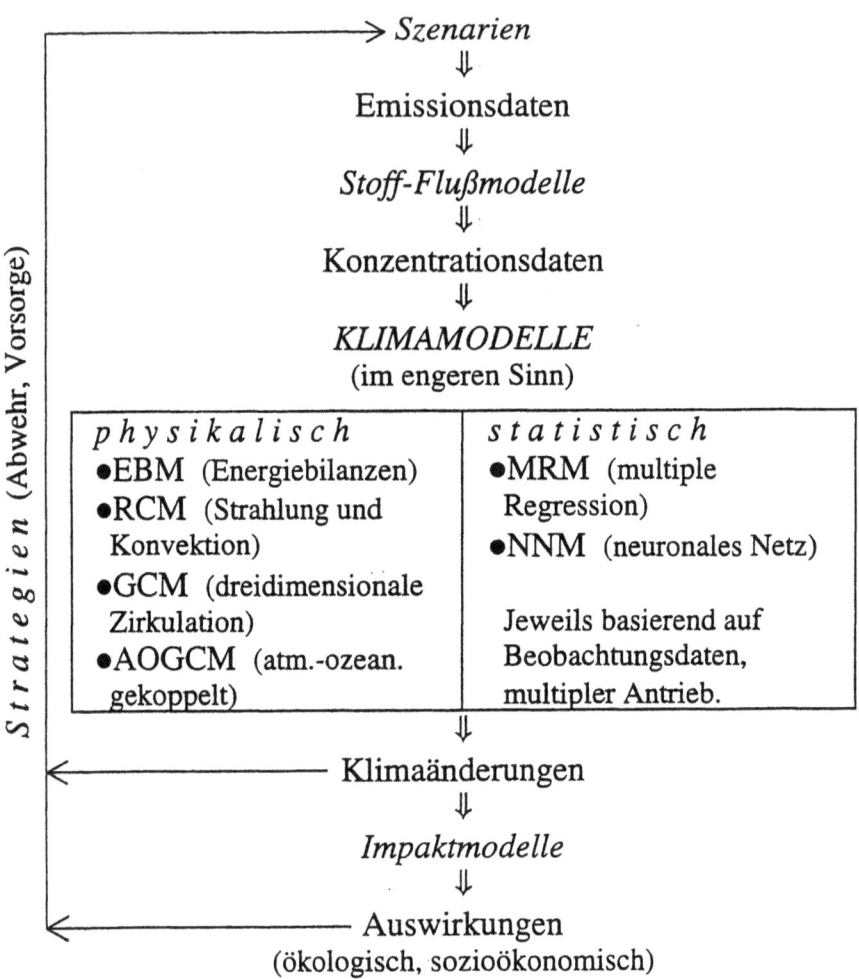

Abb. 2.1. Schematische Übersicht zur Hierarchie der Klimamodelle, Aspekt Treibhausproblem (Quelle: Schönwiese, 1995b: 208)

tionen tragbar sind, so gebietet das Prinzip Verantwortung, diese Risiken abzuwehren (Schadensbegrenzung) bzw. so vorzusorgen, daß sie erst gar nicht eintreten (Schadensvermeidung). Dies bedeutet die Entwicklung neuer Szenarien unter im einzelnen festzulegender Emissionsreduzierung, und die in Abb. 2.1 schematisierte Kette von Modellrechnungen beginnt von neuem.

2.3 Klimamodelle im engeren Sinn

Bei den Klimamodellen im engeren Sinn (Hantel, 1989; Trenberth, 1992) ist zwischen dem physikalischen (bzw. physikochemischen) und dem statistischen Weg zu unterscheiden (vgl. Abb. 2.1), weiterhin zwischen Gleichgewichts- und transienten Simulationen. Der einfachste physikalische Weg ist die Berechnung der Bilanz aus solarer Einstrahlung und terrestrischer Ausstrahlung unter Berücksichtigung der Absorptions- und Streuvorgänge in der Atmosphäre im bodennahen globalen Mittel: nulldimensionale (0D-) Energiebilanzmodelle (EBM). Das gleiche Grundkonzept kann auch in Auflösung nach der geographischen Breite bzw. der Höhe bzw. beides verfolgt werden (1D-, 2D-EBM). Der nächste Schritt ist der Einbezug, ggf. die Parametrisierung, der atmosphärischen Wärmetransportprozesse im einzelnen, insbesondere der Konvektion. Damit ist die Stufe der Strahlung-Konvektion-Modelle (radiative convective models, RCM) erreicht.

Am aufwendigsten und aussagekräftigsten sind globale dreidimensional auflösende (3D-) Zirkulationsmodelle (general circulation models, GCM), insbesondere wenn solche Modelle nicht nur für die Atmosphäre (A), sondern gekoppelt auch für den Ozean (O) betrieben (3D-AOGCM) und dabei auch das Eis (Kryosphären-Modell) und die Erdoberfläche (insbesondere Bodenmodelle) einbezogen werden. Nur solche Modelle sind in der Lage, alle relevanten Klimaelemente und Rückkopplungen (soweit korrekt erfaßt) zu berücksichtigen. Das ist ihr großer Vorteil. In einem sog. Kontrollexperiment werden sie daraufhin getestet, ob sie den gegenwärtigen Klimazustand (3D-Verteilung der Klimaelemente) in ausreichender Näherung wiedergeben. Auf der anderen Seite bleiben auch die aufwendigsten Klimamodelle immer noch Modelle und die enormen Rechenzeiten, die pro Simulation Rechenzeiten bis zu einigen Monaten verschlingen, gestatten u.a. nur eine begrenzte räumliche Auflösung, die i.a. bei ca. 500 km Gitterpunktweite (mit Tendenz in Richtung 200 km) und 10 - 20 atmosphärischen Flächen (sog. Modellschichten, Troposphäre und untere Stratosphäre) liegt. Die wesentlichen Schwächen der 3D-AOGCM liegen im hydrologischen Zyklus (Verdunstung-Wolken-Niederschlag), Meereisveränderungen, ozeanischer Vertikalzirkulation sowie generell bei allen Rückkopplungen (quantitative Unsicherheit) und relativ kleinräumigen Effekten (neben Wolken auch Stürme; regionale Unsicherheit).

Auch in der Wettervorhersage kommen Zirkulationsmodelle (AGCM) zum Einsatz, wobei allerdings, ausgehend von einem durch Messungen belegten Anfangszustand (Tag X) die genaue räumliche Konstellation der Tief- und Hochdruckgebiete usw. prognostiziert wird (Einzelzustände für Tag X+1, X+2 usw., Zeitschritt hier i.a. um 5 Minuten). Wegen der nichtlinearen Zusammenhänge und Näherungsverfahren gibt es eine obere zeitliche Grenze der Wettervorhersage, die bei ca. zwei Wochen (IPCC, 1996) liegt. Beim Klima interessieren jedoch nicht die Einzelzustände des Wetters, sondern die statistischen Kenngrößen (Mittelwerte, Varianzen, Häufigkeiten usw.) über längere Zeit, z.B. 30 Jahre. Validierungen (vgl. Abschnitt 2.1) zeigen, daß bei der Simulation solcher Klimazustände im Prinzip keine zeitlichen Schranken bestehen, so lange die berücksichtigten physikalischen Gesetze gültig bleiben und nicht berücksichtigte Effekte nicht zu stark durchschlagen.

Unter Gleichgewichtssimulationen versteht man den Ansatz, daß dem jeweiligen Modell eine Störung aufgeprägt wird, z.B. eine sprunghafte Erhöhung der atmosphärischen CO_2-Konzentration; dann wird so lange gerechnet, bis sich die Klimareaktion zeitlich nicht mehr ändert, sich also ein neues Gleichgewicht eingestellt hat. Dagegen versucht man in transienten Berechnungen die allmähliche zeitliche Entwicklung (die Zeitschritte eines Klima-GCM liegen üblicherweise bei 30-60 Minuten) zu simulieren, was zusätzliche Unsicherheiten bezüglich der Zeitverzögerungen zwischen Ursachen und Effekten ins Spiel bringt.

Eine Alternative zum physikalischen Weg stellen statistische Klimamodelle dar (Schönwiese et al., 1994a; Schönwiese, 1995b), die wegen ihrer wesentlich kürzeren Rechenzeiten von vornherein den multiplen Ansatz erlauben; d.h. mehrere Einflüsse, anthropogene wie natürliche, gehen simultan in die Berechnungen ein, während bei den aufwendigen GCM-Simulationen i.a. nur ein Störfaktor, z.B. der CO_2-Anstieg, impliziert wird. Erst in neuester Zeit ist mit kombinierten CO_2 - $SO_4^-{}_{(trop)}$-Berechnungen begonnen worden (IPCC, 1996), wobei $SO_4^-{}_{(trop)}$ das aus der anthropogenen SO_2-Emission stammende troposphärische Sulfat ist. Die Spannweite solcher statistischer Modelle, deren Methodik hier nur erwähnt werden kann, reicht von linearen bzw. nichtlinearen multiplen Regressionsmodellen (MRM, mit bzw. ohne autoregressive Terme) bis zu neuronalen Netzen (NNM; Smith, 1993), wobei auch Zeitverzögerungen zwischen Einfluß- und Wirkungsgrößen, zeitliche Filtertechniken, EOF-Zerlegungen (empirische Orthogonalfunktionen) u.a. zur Anwendung kommen. Wie immer müssen allerdings Vorteile mit Nachteilen erkauft werden, und der große Nachteil aller statistischen Methoden ist der fehlende physikalische Hintergrund. Da sie aber andererseits strikt auf Beobachtungsdaten beruhen, ergeben sich im Vergleich mit den physikalischen Modellen Möglichkeiten der gegenseitigen Verifizierung. Bei den Prognosen kann es sich allerdings nur um bedingte Verifizierungen handeln, nämlich unter der Bedingung, daß von der Korrektheit des jeweiligen Emissionsszenarios und der zeitlichen Stabilität der prognostischen Gleichungen ausgegangen werden darf.

2.4 Modellvorhersagen zum Treibhausproblem

Wie sehen nun die Modellvorhersagen zum anthropogenen Treibhausproblem aus, wobei wir uns zunächst auf den physikalischen Weg und Trendszenarien konzentrieren sollten? Primär denkt man, wenn das Stichwort Treibhauseffekt fällt, an die bodennahen Erwärmungen. Sie sind in Abb. 2.2 im globalen Mittel

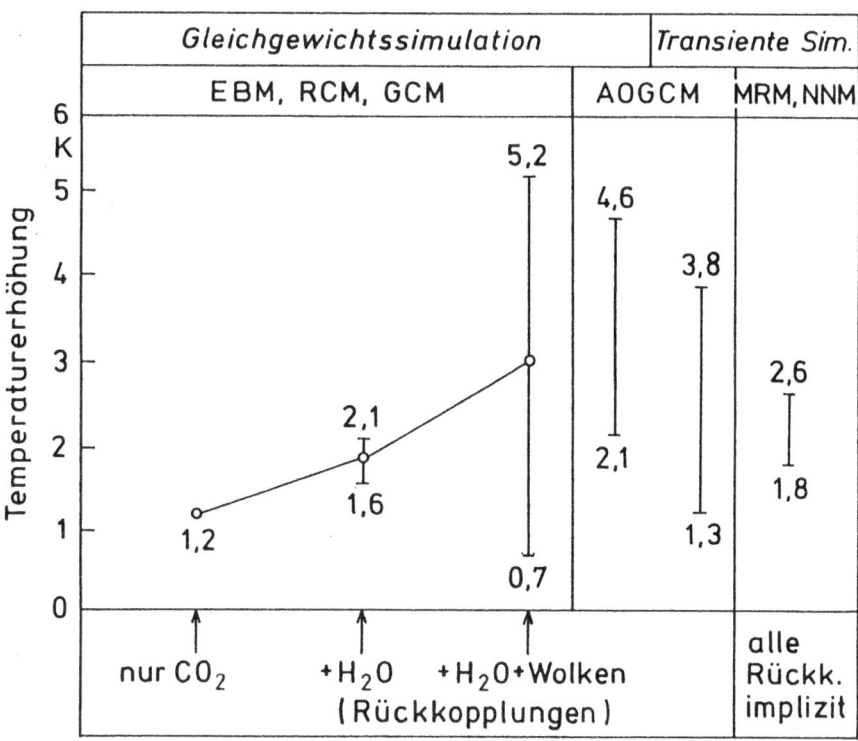

Abb. 2.2. Erhöhung der global gemittelten bodennahen Lufttemperatur für den Fall einer Verdoppelung der atmosphärischen CO_2-Konzentration, aufgeschlüsselt nach Gleichgewichts- und transienten bzw. physikalischen (AOGCM) und statistischen (MRM, NNM) Klimamodellen, vgl. Text (Quelle: IPCC, 1996; Schönwiese, 1995b: 208, aktualisiert)

für den Fall einer atmosphärischen CO_2-Verdoppelung zusammengestellt. Bei den Gleichgewichtssimulationen ist hier das Ausmaß der positiven Wasserdampfrückkopplung (durch Anstieg der thermisch ausgelösten Verdunstung) und die gewaltige Unsicherheit der Wolkenrückkopplungen zum Ausdruck gebracht. Bei Sichtung der derzeit aufwendigsten und daher hoffentlich besten AOGCM-Simulationen ergibt sich eine Temperaturerhöhung von rund 2,0-4,5 °C (K= Kelvin) im Gleichgewicht (IPCC, 1996). Die transiente Reaktion ist wegen der Zeitverzögerungen im Klimasystem geringer; d.h. zum Zeitpunkt einer CO_2-Verdoppelung bzw. bei Zusammenfassung der wichtigsten Treibhausgase dazu äquivalenten Situation (der eigentlich wichtigere Fall, nach dem IPCC-Szenario A das Jahr 2025) 1,3-3,8 °C. Dabei würde bei 1-1,5 °C das Niveau der natürlichen klimatologischen Temperaturvariationen der letzten 10 000 Jahre (vgl. Kap. 1) überschritten.

Was die weiteren Klimaelemente und die regional-jahreszeitlichen Besonderheiten betrifft, so lassen sich die Klimamodellvorhersagen wie folgt zusammenfassen (IPCC, 1992, 1996):
- bodennahe Temperaturerhöhung, relativ gering in den Tropen, Maxima im arktischen Winter;
- Abkühlung der Stratosphäre (was den dortigen Ozonabbau begünstigt);
- Meeresspiegelanstieg (als Expansionseffekt des sich erwärmenden Ozeans und des Rückschmelzens außerpolarer Gebirgsgletscher, im Fall des IPCC-Szenario A weltweit gemittelt ca. 10-30 cm bis zum Jahr 2025 gegenüber 1990);
- im weltweiten Mittel Zunahme von Verdunstung, Feuchte und Niederschlag, verbunden mit regionalen Niederschlagsumverteilungen (dabei z.B. vermehrte Dürren im Übergangsbereich Subtropen - Westwindzone (gemäßigte Breiten) wie z.B. dem Mittelmeergebiet; in den kontinentalen Bereichen der Westwindzone wie z.B. Mitteleuropa trockenere Sommer und niederschlagsreichere Winter);
- möglicherweise Häufigkeits- und Intensitätszunahmen von Extremereignissen wie tropischen Wirbelstürmen, Tornados, Winterstürme bzw. sommerliche Hagelschläge in gemäßigten Breiten usw.

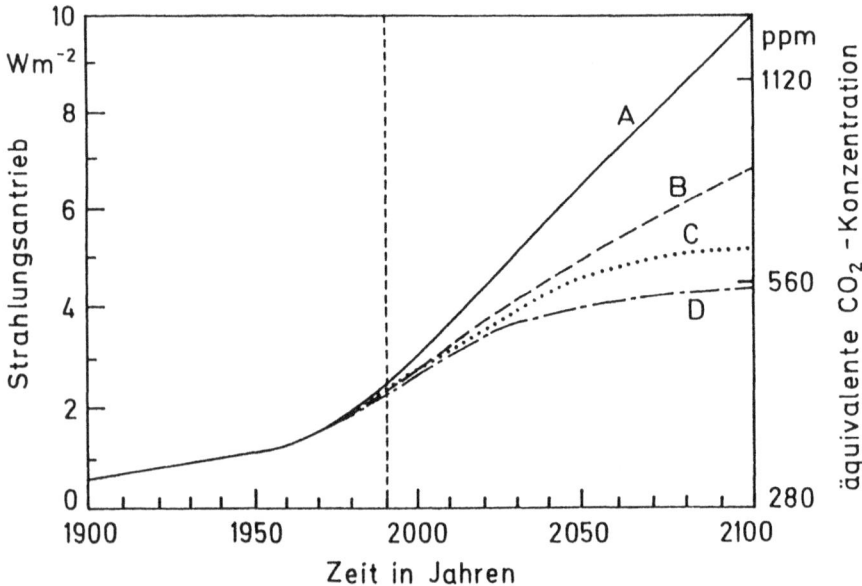

Abb. 2.3. IPCC-Szenarien (1990) in Zukunft möglicher atmosphärischer äquivalenter CO_2-Konzentrationen und zugehörigem Strahlungsantrieb, aufbauend auf dem seit 1900 eingetretenen Trend (A bedeutet Trendfortschreibung, D tiefgreifende Maßnahmen, vgl. Text)

Fatalerweise sind gerade die letztgenannten Erscheinungsformen der Klimaänderungen gegenüber den Temperatur- und Meeresspiegelaussagen in den Modellsimulationen einerseits besonders unsicher, andererseits in ihren Auswirkungen aber besonders folgenschwer. Gerade bei den Temperaturerhöhungen könnte man sich regional durchaus auch positive Auswirkungen vorstellen. Zu rasche Klimaänderungen, welche die Anpassungsfähigkeit der Ökosysteme überfordern - im globalen Mittel wird dafür häufig eine Schwelle von 1°C/Jahrhundert genannt - müssen jedoch generell als negativ angesehen werden, desgleichen sommerliche Hitzewellen in subtropischen und gemäßigten Breiten sowie zu milde Winter, die das Überwintern der Pflanzenschädlinge begünstigen bzw. die Pflanzen zu verfrühtem Blattaustrieb und Blüte veranlassen (mit anschließend erhöhter Frostgefährdung). Manche äußerst negativen Kombinationswirkungen, beispielsweise im gesundheitlichen Bereich, können wir noch gar nicht übersehen.

Um nun auf die Klimaänderungen selbst, das bei Modellsimulationen relativ gutartigste Element, die Temperatur, und den zeitlichen Ablauf zurückzukommen, werden in Abb. 2.3 und 2.4 verschiedene IPCC-Szenarien verglichen:

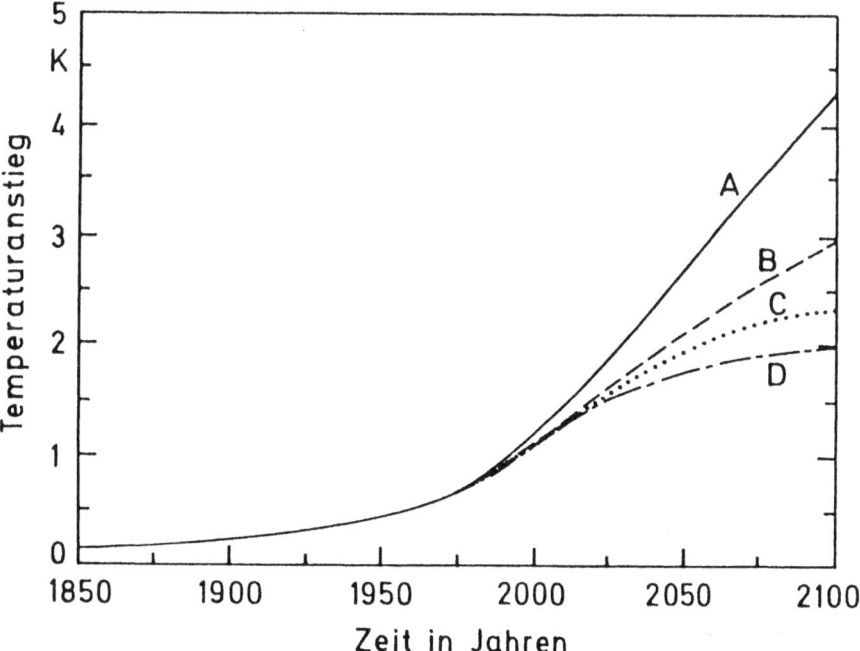

Abb. 2.4. Transiente Erhöhung der global gemittelten bodennahen Lufttemperatur über das vorindustrielle Niveau hinaus für den Fall der in Abb. 2.3 angegebenen Treibhausgasszenarien (EBM-Berechnungen des IPCC, 1990, vgl. Text)

das bereits mehrfach genannte Szenario A („business-as-usual", Trendfortschreibung), ein ehrgeiziges Reduktionsszenario D (accellerated policies", u.a. Halbierung der weltweiten CO_2-Emission bis zum Jahr 2050) und zwei weitere IPCC-Szenarien B und C, die dazwischen liegen. Dabei sind in Abb. 2.3 die atmosphärischen Verläufe der äquivalenten CO_2-Konzentrationen (d.h. Addition der Klimawirksamkeit weiterer Treibhausgase, die in zusätzliche fiktive CO_2-Konzentrationen umgerechnet sind) dargestellt, in Abb. 2.4 die Reaktion der bodennahen Weltmitteltemperatur (EBM-Abschätzungen des IPCC, sog. Bestwerte, d.h. das Mittel verschiedener Berechnungen). Man erkennt, daß selbst das Szenario D bis zum Jahr 2100 einen Temperaturanstieg von 2°C über das vorindustrielle Niveau nicht verhindern kann, und das ist schon das Doppelte der natürlichen Variationen der letzten 10 000 Jahre (vgl. Kap. 1). Trotz aller Unsicherheiten kommt daher aus verantwortungsvoller naturwissenschaftlicher Sicht ein weniger ehrgeiziges Szenario als D eigentlich gar nicht in Frage.

2.5 Multiple Abschätzungen

Außer der kritischen Hinterfragung der Zuverlässigkeit und Genauigkeit physikalischer Klimamodellrechnungen ist häufig das Argument zu hören, die Klimabeobachtungsdaten würden diesen Modellrechnungen widersprechen, beispielsweise die in Abb. 1.4 erkennbare Abkühlung der vierziger bis siebziger Jahre unseres Jahrhunderts trotz sich verstärkt fortsetzender anthropogener CO_2-Emission. Auch müßte, so wird argumentiert, die Weltmitteltemperatur nach diesen Modellrechnungen schon etwa doppelt so stark (ca. 1°C) angestiegen sein als tatsächlich (im Industriezeitalter) beobachtet. Solche Argumentationen kranken an dem krassen Fehler, daß Vorher- bzw. Nachhersagen (wie in Abb. 2.4, die sich auf die Zeit seit 1850 bezieht) der physikalischen Modellsimulationen zum anthropogenen Treibhauseffekt nicht direkt mit den Beobachtungsdaten verglichen werden dürfen, weil sich in diesen Daten auch die ganze Vielfalt der in Kap. 1 umrissenen weiteren Klimasteuerungsmechanismen widerspiegelt.

Vereinfachte, jedoch multiple Modelle können hier weiterhelfen. Abb. 2.5 zeigt dafür ein Beispiel. Die beobachteten nordhemisphärisch gemittelten bodennahen Temperaturvariationen (hier zehnjährig geglättete Darstellung, vgl. auch Abb. 1.3) sind dort durch ein nichtlineares multiples Regressionsmodell (MRM, vgl. Abb. 2.1) reproduziert, das neben der äquivalenten CO_2-Konzentration auch den Vulkanismus, die Sonnenaktivität und den ENSO-Mechanismus (vgl. Kap. 1) enthält. Man sieht, daß schon diese wenigen Einflußgrößen einen Großteil der beobachteten Klimavarianz hypothetisch erklären, einschließlich der Abkühlungsphase ca. 1940 - 1970. Der daraus abgeleitete bisherige anthropogene Treibhauseffekt liegt dann schon bei 0,6-0,8°C (südhemisphärisch und somit global ebenso) und Extrapolationen mit Hilfe des IPCC-Szenarios A, wie sie in Abb. 2.2 einschließlich entsprechender Abschätzungen mit Hilfe neuronaler Netze be-

Klimamodelle: Vorhersagen und Konsequenzen

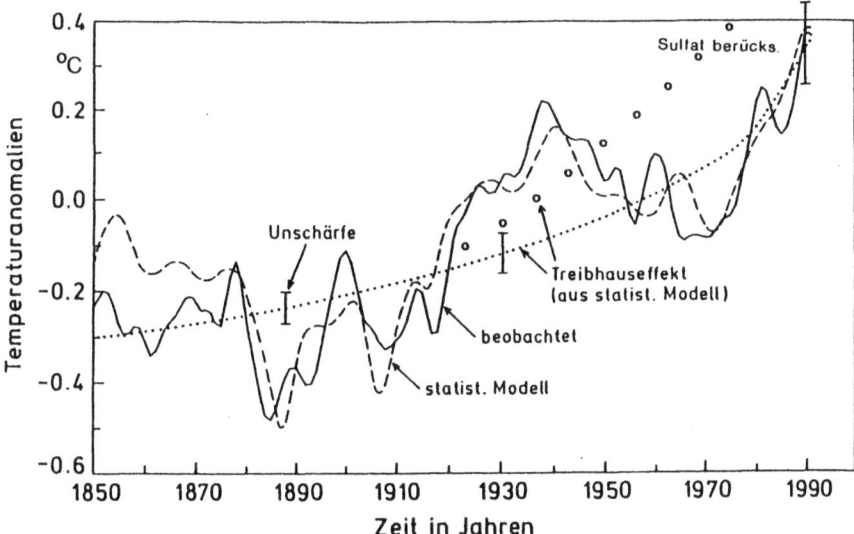

Abb. 2.5. Nordhemisphärisch gemittelte, zehnjährig geglättete relative Variationen der bodennahen Lufttemperatur 1851-1993, ausgezogen (beobachtet, vgl. Abb. 1.4), Reproduktion durch das im Text beschriebene statistische Klimamodell MRM, gestrichelt, und daraus abgeschätzter anthropogener Treibhauseffekt, gepunktet (Quelle: Schönwiese, 1995a: 188; bei Hinzunahme des troposphärischen Sulfateffektes steigt der anthropogene Treibhauseffekt sogar auf bisher 1-1,2 °C an, vgl. Kruse, noch unveröffentlicht)

rücksichtigt sind, zeigen so große Ähnlichkeiten mit den physikalischen Modellsimulationen, daß von einer gegenseitigen (bedingten) Verifikation gesprochen werden kann. Noch unveröffentlichte weitergehende MRM- und NNM-Berechnungen zeigen, daß bei Hinzufügung des Abkühlungseffektes durch das anthropogene troposphärische Sulfat der genannte Treibhauseffekt sogar auf 1-1,2 °C ansteigt, also tatsächlich das Doppelte des Betrages erreicht, der sich in den Beobachtungstrends als Summe aller erwärmenden und abkühlenden Effekte bisher eingestellt hat. Weitergehende Analysen (Schönwiese et al., 1994a; Schönwiese, 1995b) haben außerdem gezeigt, daß die Signale aller konkurrierenden Klimafaktoren im weltweiten Mittel schon jetzt unter diesen Treibhaussignalen liegen.

2.6 Konsequenzen

Unter Einbezug der in Kap. 1 umrissenen Grundgegebenheiten ergeben sich aus den ablaufenden Klimaprozessen und vorliegenden Modellrechnungen die folgenden Konsequenzen:

- Es gibt einen natürlichen Treibhauseffekt, den wir physikalisch verstehen, und es gibt anthropogene Emissionen von Treibhausgasen, die diesen Effekt verstärken. Dies zählt zumindest qualitativ zu den Fakten.
- Die physikalischen Klimamodellrechnungen sind im Grunde „nur" quantitativ und regional unsicher.
- Sie lassen sich durch multiple Analysen der Klimabeobachtungsdaten (statistische Modelle) aber untermauern und quantitativ eingrenzen. Auch ohne solche statistische Modelle, die bisher nur für die Temperatur vorliegen, widersprechen diverse Beobachtungstrends zumindest qualitativ nicht den Modellprognosen (z.B. nimmt im Mittelmeerraum der Niederschlag tatsächlich ab, der mitteleuropäische Winterniederschlag tatsächlich zu; Schönwiese et al., 1994b: 160, 164).
- Angesichts des Risikoausmaßes sowie der naturwissenschaftlichen Fakten und Wahrscheinlichkeiten gebietet das Prinzip Verantwortung baldige, effektive und weltumspannende Klimaschutzmaßnahmen.

Die Enquête-Kommissionen des Deutschen Bundestages „Vorsorge zum Schutz der Erdatmosphäre" (1991) sowie „Schutz der Erdatmosphäre" (1995) haben dazu umfangreiche und detaillierte Vorschläge gemacht (vgl. Kap. 15). Dagegen muß die bei der UNCED-Konferenz in Rio de Janeiro (1992) angenommene Klimarahmenkonvention (KRK; vgl. Kap. 5 und 8) dringend konkretisiert werden, was bei der Berliner Vertragsstaatenkonferenz zur KRK (1995) bekanntlich nicht erreicht worden ist. Angesichts der hohen Wahrscheinlichkeit, daß die befürchteten anthropogenen Änderungen des Weltklimas schon längst im Gang sind und der hohen Risiken, welche die Klimamodellsimulationen erkennen lassen, bleibt für politische und wirtschaftliche Klimaschutzmaßnahmen aus naturwissenschaftlicher Sicht nicht mehr viel Zeit. Je später sie ergriffen werden, um so gravierender und kostspieliger werden sie sein müssen.

3 Klimawirkungsforschung: Mögliche Folgen des Klimawandels für Europa

Manfred Stock

3.1 Einleitung

3.1.1 Klima, Folgen und Forschung

Bei der Erforschung des Klimasystems, seiner erdgeschichtlichen Entwicklung und seiner Komponenten arbeiten viele naturwissenschaftliche Disziplinen zusammen (vgl. Kap. 1). Doch schon bei der Frage, welche Folgen ein Klimawandel für unsere menschliche Zivilisation haben könnte, überschreiten wir die Domäne der Naturwissenschaften und benötigen zusätzliche Erkenntnisse aus sozialwissenschaftlichen Disziplinen, wie der Ökonomie, Soziologie, Psychologie und Politikwissenschaft.

Die Aufgabe und Herausforderung des Umgangs mit dem sich abzeichnenden globalen Klimawandel und seinen regionalen Auswirkungen und Folgen erfordert wissenschaftlich fundierte politische Entscheidungen. Hier gilt es, neben der Klimaforschung neue Strukturen wissenschaftlicher Zusammenarbeit zu entwikkeln, um die Bedingungen und Mechanismen zu erforschen, die unsere Zukunft bestimmen und gestalten. Vor diesem Hintergrund haben die Forschungsminister des Bundes und des Landes Brandenburg 1992 das *Potsdam-Institut für Klimafolgenforschung e.V. (PIK)* gegründet.

3.1.2 Welchem Drehbuch folgt die Zukunft?

Nur wenige Fragen von Bedeutung werden so kontrovers beurteilt, wie die zu erwartenden Auswirkungen von Klimaänderungen. Zugespitzt formuliert reichen die Extrempositionen von der Ansicht, der Untergang moderner Zivilisationen durch eine *„Klimakatastrophe"* stehe bevor, bis zu der Meinung, unsere Wirtschaftskraft als Grundlage unserer Zivilisation sei durch übertriebene *„Klimakatastrophenhysterie"* bedroht.

Die Frage ist nicht, welche dieser Ansichten wahr oder falsch ist, sondern vielmehr, wie wir uns verhalten sollen, damit keine der beiden unerwünschten Wirkungen wahr wird. Welches Verhalten bringt erwünschte Resultate, welches unerwünschte Folgen und Nebenwirkungen, und wie beeinflussen wir als Akteure den Lauf der Ereignisse? Entscheidend ist das Bewußtsein, daß im Prinzip begreifbare Zusammenhänge den Lauf der Dinge bestimmen und nicht unbegreifliche Götter oder ein blind waltendes Schicksal.

Sinnvolle *Prognosen* der zu erwartenden Klimafolgen wird es nicht geben, selbst bei guten wissenschaftlichen Kenntnissen über das Drehbuch zum Klimawandel. Die vorhandenen Freiheitsgrade ermöglichen viele Varianten im Ablauf des Stückes, z.B. auch infolge der Entscheidungsfreiheit der menschlichen Akteure. Der Spielraum läßt sich aber mit wissenschaftlich fundierten Annahmen begrenzen, die *Szenarien*, also wahrscheinliche „was wäre wenn"-Verläufe erlauben. Mit ihrer Hilfe können wir uns nicht nur gegen unliebsame Überraschungen wappnen, sondern unseren Part als Akteure, Mitautoren und Koregisseure einstudieren und begreifen lernen. Die Klimawirkungsforschung hat dabei die Aufgabe, das dramaturgische Handwerkzeug zur Erstellung von Szenarien und zu ihrer Umsetzung auf der klimapolitischen Bühne zu erarbeiten.

3.2 Wie arbeitet die Klimawirkungsforschung?

In Anlehnung an die technischen Regeln des IPCC (Carter, 1994) beinhaltet eine Abschätzung von Klimafolgen und Anpassungsmöglichkeiten folgende Schritte:
- Problemdefinition
- Auswahl und Entwicklung von Methoden
- Definition und Auswahl von Szenarien
- Abschätzung ökologischer, ökonomischer und sozialer Folgen
- Ermittlung und Bewertung von Möglichkeiten und Strategien zur Vermeidung, Verminderung und Anpassung.

3.2.1 Der Klimawandel ist Teil des globalen Wandels

Zur Skizzierung des Problems, welche Wechselwirkungen beim Klimawandel eine Rolle spielen, soll Abb. 3.1 beitragen. Wir betrachten ein System, in dem die Anthroposphäre A mit der Natur N durch Austauschprozesse und Wechselwirkungen verbunden ist, die zu verschiedenen Zeiten unterschiedlich sein können (i = 0,1,..). Unsere Analyse (vgl. Kap. 1) zeigt verschiedene Ursachen einer Klimaänderung ΔK: Neben anthropogenen Emissionen von Treibhausgasen beeinflussen natürliche Faktoren das Klima. Eine Klimaänderung kann auch indirekt eine Folge anderer Umweltveränderungen sein ($\Delta U \rightarrow \Delta K$). Dazu gehören z.B. großflächige Rodungen von Wäldern, geänderte Landnutzung und Bodendegradation. Klimawandel und globale Umweltveränderungen zusammen führen zu einem geänderten System von Anthroposphäre (globaler Zivilisation) und Natur. Die in Abb. 3.1 gestrichelt gezeichneten direkten Auswirkungen auf Menschen ($\Delta K \rightarrow A$) können durch indirekte Folgen übertroffen werden ($\Delta K \rightarrow$

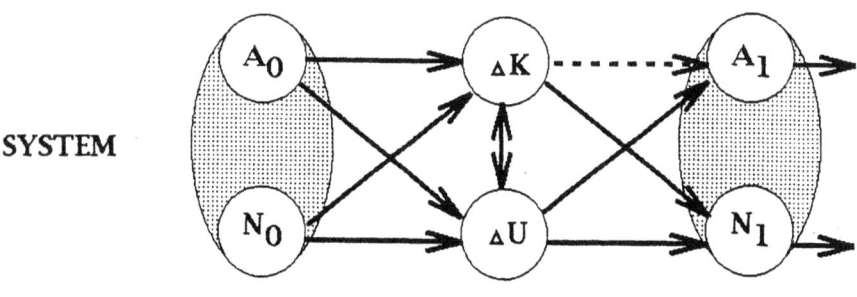

Abb. 3.1. Schema einer Analyse des Systems Anthroposphäre-Natur auf Ursachen, Wirkungen und Folgen

Anthroposphäre A und Natur N sind im Zustand 0 Ursache von Veränderungen des Klimas ΔK und der übrigen Umweltfaktoren ΔU. Über verschiedene Wirkungszusammenhänge entwickeln sich direkt oder indirekt Folgen für Zivilisation und Natur, die dadurch in einen geänderten Zustand 1 übergehen. Ziel der Systemanalyse ist die Identifikation von Aktionen zur Vermeidung der Ursachen, Verminderung der Wirkungen und Anpassung an unabwendbare negative Folgen.

$\Delta U \rightarrow A$, $\Delta K \rightarrow N \rightarrow A$, $\Delta K \rightarrow \Delta U \rightarrow N \rightarrow A$). Das durch die Folgen veränderte System A↔N ist neuer Ausgangspunkt in der weiteren Kette von Ursachen, Wirkungen und Folgen. Nach mehreren solchen Schritten sind die Folgen nicht mehr linear einzelnen Ursachen zuzurechnen. Es ist auch nicht der Sinn dieser Systemanalyse, einen Täter dingfest zu machen, sondern vielmehr sollen Tatbestände, d.h. Wirkungszusammenhänge, dahingehend analysiert werden, inwieweit sie beeinflußbar sind oder nicht. Ziel der Klimawirkungsforschung sind Ansätze für mögliche Aktionen und Maßnahmen, die den Lauf der Dinge positiv im Sinne einer Zielsetzung zu beeinflussen vermögen, d.h. Aktionen, die
- Ursachen vermeiden,
- Wirkungen vermindern und
- Folgen durch Anpassung mildern.

Da hierbei die ganze Wirkungskette und nicht nur die Folgen betrachtet werden, wird hier der Begriff „Klimawirkungsforschung" dem ebenfalls gebräuchlichen Terminus „Klimafolgenforschung" vorgezogen.

3.2.2 Methoden der Klimawirkungsforschung

Die Klimawirkungsforschung stützt sich auf die fachspezifischen Methoden ihrer natur- und sozialwissenschaftlichen Disziplinen und auf eine Reihe fachübergreifender Methoden und Verfahren, wie die schon vorgestellte Systemanalyse. Erweitert zur *Integrierten Systemanalyse* fungiert sie als „Leitdisziplin" der Klimawirkungsforschung. Die dabei verwendeten heuristischen Verfahren zur Ermittlung anfangs unbekannter Elemente, Beziehungen und Reaktionen eines Systems umfassen verschiedene, teils fachspezifisch unterschiedliche Herangehensweisen zur schrittweisen Determinierung der modellhaft zu beschreibenden Systeme und Subsysteme.

Weitere qualitative und quantitative Methoden sollen hier nur erwähnt werden, wie *Fuzzy-Logik, Expertensysteme, nichtlineare Dynamik, Synergetik, Spieltheorie* und *Steuerungstheorie*.

Neben der Integrierten Systemanalyse und anderen Methoden spielen *Computersimulationen* eine wesentliche Rolle in der Klimawirkungsforschung. Bereits das Klimasystem ist derart komplex, daß wir wesentliche Erkenntnisse über seine Dynamik nur mit Hilfe von Modellen, wie den in Kap. 2 beschriebenen globalen Zirkulationsmodellen, gewinnen können. Derartige Modelle enthalten unser Wissen über die in der Realität ablaufenden Prozesse, Stoff- und Energieflüsse. Das derzeit im globalen Maßstab vorgenommene Großexperiment der Freisetzung von Treibhausgasen erfordert Computerexperimente zur Überprüfung unserer Modellvorstellungen und zur Abschätzung der Sensitivität des Klimasystems gegenüber Parameteränderungen. Dies gilt analog für Modelle zur Simulation der Dynamik von Ökosystemen oder Wirtschaftssystemen und erst recht für die in der Klimawirkungsforschung benötigten *integrierten Modelle*, in denen Klimamodelle mit anderen Modellen zur Hydrologie, Ökologie und Ökonomie gekoppelt werden. Diese integrierten Modelle sind erst im Entwicklungsstadium, zeigen aber schon heute, wie wertvoll sie bei Entscheidungsfindungen sein können. Ein Beispiel dafür ist das IMAGE-Modell (Alcamo, 1994; Alcamo et al., 1995).

Bei aller Skepsis gegenüber Computermodellen muß man sich darüber im klaren sein, daß ohne sie komplexe Systeme in ihren wesentlichen Eigenschaften für uns unverständlich wären. Bereits einfache komplexe Systeme, wie z.B. moderne Flugzeuge, erfordern ein Training im Simulator. Die Simulation ist mindestens so wichtig beim System Klima-Natur-Mensch, um Steuerungsmaßnahmen zur Vermeidung, Verminderung oder Milderung zu entwickeln.

3.2.3 Stand und Trends der Klimawirkungsforschung

Für eine aktuelle Darstellung des Standes der Klimawirkungsforschung sei hier auf das Jahresgutachten des Wissenschaftlichen Beirats der Bundesregierung Globale Umweltveränderungen verwiesen (WBGU, 1995b: 121). Dieser 1992 geschaffene Wissenschaftliche Beirat „der zwölf Umweltweisen" berät die Regierung wie der schon länger existierende Sachverständigenrat für Wirtschaftsfragen („die fünf Wirtschaftsweisen"). Der WBGU weist auf den dringenden Nachholbedarf des neuen Forschungsgebietes Klimawirkungsforschung gegenüber der reinen Klimasystemforschung oder auch ökonomischen Vermeidungskostenanalysen hin.

Die Arbeiten zur *Klimawirkungsforschung* lassen sich inhaltlich nach den Prädikaten *„sektoral"* bzw. *„regional"* klassifizieren, methodisch nach den Merkmalen *„empirisch", „abschätzend"* bzw. *„modellierend"*. Beispiele vom sektoralen Typ sind die Untersuchungen zur Klimawirkung auf Küstenzonen (IPCC, 1994a), die Wasserführung der Flußsysteme (Weijers/Vellinga, 1995), die Biodiversität (Markham, 1995) und das Versicherungswesen (Swiss Reinsurance, 1994).

Beispiele für neuere regionale Studien sind die Klimafolgenabschätzungen für den amerikanischen Mittelwesten (Rosenberg, 1993), die japanischen Inseln (Nishioka, 1993) und das kanadische Einzugsgebiet des Mackenzie (Cohen, 1994). Für Großbritannien ist eine modellgestützte Quantifizierung möglicher Klimafolgen geplant (Parr/Eatherall, 1994). Echte empirische Studien auf der Grundlage regionaler Klimaanomalien sind selten; eine Ausnahme bildet die Analyse des heiß-trockenen norddeutschen Sommers 1992 (Schellnhuber et al., 1994). An diese Untersuchung anknüpfend wurde auf der Basis regionaler empirischer Daten, regionaler Klimaszenarien und mit Hilfe kombinierter sektoraler Modelle untersucht, welche möglichen Auswirkungen Klimaänderungen auf die Region Berlin/Brandenburg bis zum Jahre 2050 haben können (Stock/Tóth, 1995). Dieses Kapitel stützt sich wesentlich auf diese Arbeit.

Insgesamt zeichnet sich ab, daß die Klimawirkungsforschung, um zu belastbaren Aussagen zu kommen, sich zunehmend auf die *integrierte Modellierung überschaubarer Regionen* konzentriert, um in weiterer Zukunft über die Vernetzung der Regionalmodelle ein globales Bild zu gewinnen.

3.3 Szenarien für Europa

3.3.1 Der Ist-Zustand als Referenzszenario

Europa - ein Paradies: begünstigt durch den Golfstrom ist das Klima mild, die Böden sind fruchtbar und die Vegetation gedeiht dank ausreichender Niederschläge und Wasservorkommen prächtig. Die reichen Bodenschätze Europas, der intensive Handel mit allen Erdteilen und im wesentlichen der hohe Bildungs- und Ausbildungsstand seiner Bürger, sind die Basis für einen Wohlstand, der von dreiviertel der Menschheit nur als paradiesisch angesehen werden kann.

Dieser Ist-Zustand, den wir in Europa nicht nur für selbstverständlich, sondern für ausbaufähig halten, dient als Referenzszenario, an dem wir alle Veränderungen, z.B. die des Klimas, vergleichend messen. Wie verletzbar oder stabil ist dieser Zustand, wie - um einen Modebegriff zu verwenden - *sustainable* ist Europa? Eine Auswahl historischer Befunde, bei denen der Einfluß von Klimaschwankungen natürlichen Ursprungs, z.B. nach Vulkanausbrüchen, wahrscheinlich eine wichtige Rolle spielt, ist in Tabelle 3.1 aufgelistet. Wie in Kap. 1 dargestellt, sind die mit diesen historischen Bezügen verknüpften Klimaschwankungen verglichen mit denen der 800 000 Jahre Evolutionsgeschichte davor relativ unbedeutend. Die Folgen sind dennoch nicht als unbedeutend für die Stabilität von Zivilisation und Wirtschaft anzusehen.

Tabelle 3.1. Auswahl historischer Entwicklungen in Europa, die mit natürlichen Klimaschwankungen, z.B. nach Vulkanausbrüchen, in Verbindung gebracht werden

Zeit	Historische Beobachtungen
1550-1850	Sog. kleine Eiszeit: spürbare soziale Veränderungen in Europa
1783-89	Verschiedene Vulkanausbrüche (Island, Japan): beständiger Nebel über ganz Europa und Nordamerika, Schnee blieb auch im Sommer liegen; harte Winter; in Frankreich genau dokumentierte Entwicklung von Mißernten an sechs aufeinanderfolgenden Jahren -> Revolution von 1789
1816/17	„Ungewöhnlich kalte und ungünstige Frühjahre, schreckliche Furcht vor Hunger, .." -> Auswanderungswelle von Europa nach Amerika und innerhalb der USA westwärts
1840-1850	Mittel- und Nordeuropa: naßkalte/naßwarme Sommer; -> Kartoffelpilzfäule, irische Hungersnot nach 1846; in mehreren Ländern Mißernten und soziale Unruhen: Kommunistisches Manifest; Deutsche Revolution von 1848

3.3.2 Szenarien möglicher Klimaänderungen

Europa zeigt eine hohe *Klimavariabilität* von *atlantisch* im Westen zu *kontinental* im Osten und von *mediterran* im Süden zu *polar* im Norden. Zum anderen liegt Europa in der Zone des globalen Energieaustausches zwischen positiver Strahlungsbilanz tropischer und subtropischer und dem Strahlungsdefizit nördlicher Breiten. Der Golfstrom ist Teil der globalen ozeanischen und atmosphärischen Ausgleichsströme. Es ist denkbar, daß eine globale Erwärmung über ein stärkeres Abschmelzen arktischen Eises und eine dadurch bedingte geringfügige Verminderung des Salzgehaltes im Nordpolarmeer den Antrieb des Golfstroms erlahmen läßt. Für Europa könnte dies zu der paradoxen Situation führen, daß es kälter wird trotz kräftiger Erwärmung überall sonst. Da aber generell zu erwarten ist, daß eine höhere Energiezufuhr auch die Energieausgleichsströme erhöht, soll dieses Szenario als weniger wahrscheinlich ausgeklammert werden.

Entscheidend für mögliche Szenarien einer Klimaänderung ist das Verhalten des Klimafaktors Mensch bei der Emission von Treibhausgasen. Je nachdem, ob und inwieweit internationale Vereinbarungen zur CO_2-Reduktion greifen, oder ob wir weiterhin zunehmende Emissionen verzeichnen, ergeben sich verschiedene Szenarien der Klimaentwicklung. Zwei denkbare entgegengesetzte Alternativen im Umgang mit den Treibhausgasemissionen nennen wir hier „Kontrollierte Reduktion" und „Weitere Steigerung".

Beim Szenario *Kontrollierte Reduktion* wird angenommen, daß mittels internationaler Vereinbarungen zur Reduktion der Treibhausgasemissionen und den Instrumenten der Klimapolitik ein ausgewogener Weg der Risikobegrenzung eingeschlagen wird. Die Reduktion wird auf das Notwendige beschränkt, um die durch die Klimaänderung hervorgerufenen Schäden in einem Toleranzbereich zu halten, bei dem sowohl die Schöpfung bewahrt wird als auch die wirtschaftlichen Belastungen verkraftbar bleiben. Einen Vorschlag dazu hat der schon oben vorgestellte WBGU zur Berliner Klimakonferenz im März 1995 vorgelegt (WBGU, 1995a). Zur Begrenzung der Klimafolgen wird vorgeschlagen, die CO_2-äquivalenten Emissionen ab dem Jahr 2005 jährlich global um 1-2% zu senken - und dies etwa zwei Jahrhunderte. Diese Vorgabe betreibt Risikobegrenzung nach zwei Seiten hin: einerseits Begrenzung der Klimafolgen und andererseits Vermeidung übertriebener Reduktionskosten, die die Folgekosten durch Klimaschäden übersteigen könnten.

Das Szenario *Weitere Steigerung* ist bekannt als IPCC-Szenario „business-as-usual" (IPCC, 1992), bei dem von einer weiterhin ungebremsten Zunahme der globalen Treibhausgasemissionen um jährlich ca. 1% ausgegangen wird. Dies würde bis zum Jahr 2050 eine Verdoppelung der Treibhausgaskonzentration (in CO_2-Äquivalenten) bedeuten und - je nach Grad des Emissionsschutzes (SO_2-Aerosole schirmen die Sonneneinstrahlung ab) eine globale Erwärmung im Mittel um zusätzliche 2 bis 4 K (IPCC, 1996). Im Vergleich dazu begrenzt das Szenario *Kontrollierte Reduktion* die globale Erwärmung auf im Mittel unter 1,3 K.

Die in den beiden Szenarien zu erwartenden Änderungen des Klimas können auf zwei Arten ermittelt werden. Einmal mit Hilfe regionaler atmosphärischer Modelle, die aber derzeit noch keine verläßlichen Resultate liefern, oder mit einer Methode, bei der aus dem aktuellen Klima der letzten 50-100 Jahre (= Referenzszenario) neue Szenarien des Klimas der kommenden 50-100 Jahre konstruiert werden. Dabei wird so vorgegangen, daß die Häufigkeit von extremen Klimazuständen und Witterungsanomalien entsprechend der aus globalen Modellen gewonnenen Trendaussagen progressiv gesteigert wird. So wird z.B. angenommen, daß heiße, trockene Sommer, wie der des Jahres 1992 in Norddeutschland, die im Klima Mitteleuropas den Ausnahmefall bilden, zum Regelfall werden. Damit einhergehend kann man eine Verlagerung der jährlichen Niederschlagsverteilung vom Sommer- ins Winterhalbjahr erwarten sowie eine räumliche Verschiebung, bei der in Südeuropa die Niederschläge insgesamt sinken und die Dürreperioden zunehmen, während in Nordeuropa die Niederschläge im Jahresmittel steigen.

Für die Abschätzung der Folgen einer Klimaänderung ist die Dynamik der Änderung ebenso von Bedeutung wie die Differenz der Mittelwerte. Tabelle 3.2 gibt die für beide Szenarien berechneten charakteristischen Werte der Klimaänderung im globalen Mittel und damit in etwa auch im Mittel für Europa an.

Tabelle 3.2. Zwei Klimaänderungsszenarien und ihre charakteristischen Parameter

Szenarien + Parameteränderung	Kontrollierte Reduktion Quelle: WBGU	Weitere Steigerung (business as usual) Quelle: IPCC
Treibhausgasemissionen	-1 bis -2%/a	ca + 1% / a
Temperaturänderung ΔT bis 2050	+ 1,3 K	+2 bis +4 K
Änderungsgeschwindigkeit d T / dt	< 0,02 K/a	0,02 bis 0,04 K/a

3.3.3 Szenarien möglicher Änderungen nichtklimatischer Einflußgrößen

Die in einigen Jahrzehnten zu erwartenden Klimaänderungen werden derzeit noch hinsichtlich ihrer Folgen für die heutige gesamtwirtschaftliche Lage bewertet. Anzustreben ist aber eine Berücksichtigung der zu erwartenden Änderungen nichtklimatischer Einflußgrößen, d.h. die Folgen einer Klimaänderung für eine zukünftige Gesellschaft mit geänderten (welt)wirtschaftlichen und (welt)politischen Randbedingungen. So werden auch weiterhin z.B. Entscheidungen der Europäischen Kommission zur Landwirtschaft Struktur und Erträge teilweise stärker beeinflussen als manche Änderungen der Klimaparameter. Ebenso sind hinsichtlich Rohstoffimporten und exportorientierten Absatzmärkten äußere Veränderungen zu berücksichtigen. Selbst wenn die *direkten* Folgen einer Klimaänderung in Europa begrenzt sein sollten, können indirekt negative Folgen durch wirtschaftliche oder politische Instabilitäten in anderen Regionen eintreten, die z.B. durch eine Klimaänderung empfindlicher betroffen sind als Europa. Im Unterschied zum *Klimaszenario*, das die Änderung der direkt wirkenden Parameter beschreibt, werden diese indirekten Änderungen durch ein *Strukturszenario* berücksichtigt, das die zukünftigen (welt)wirtschaftlichen und (welt)politischen Rahmenbedingungen für Europa enthält.

3.4 Abschätzung möglicher Auswirkungen

3.4.1 Auswirkungspfade im Überblick

Ausgehend von den in Abschnitt 3.3 beschriebenen Klimaszenarien skizziert Abb. 3.2 die wesentlichen Wirkungspfade. Der globale Klimawandel verändert die regionalen Klimaparameter, die für Wasserhaushalt und Vegetation von Bedeutung sind. Über den Einfluß auf Wasserressourcen und Ökosysteme wirkt sich die Klimaänderung indirekt auf die Entwicklung verschiedener Wirtschaftssektoren aus, wie z.B.:

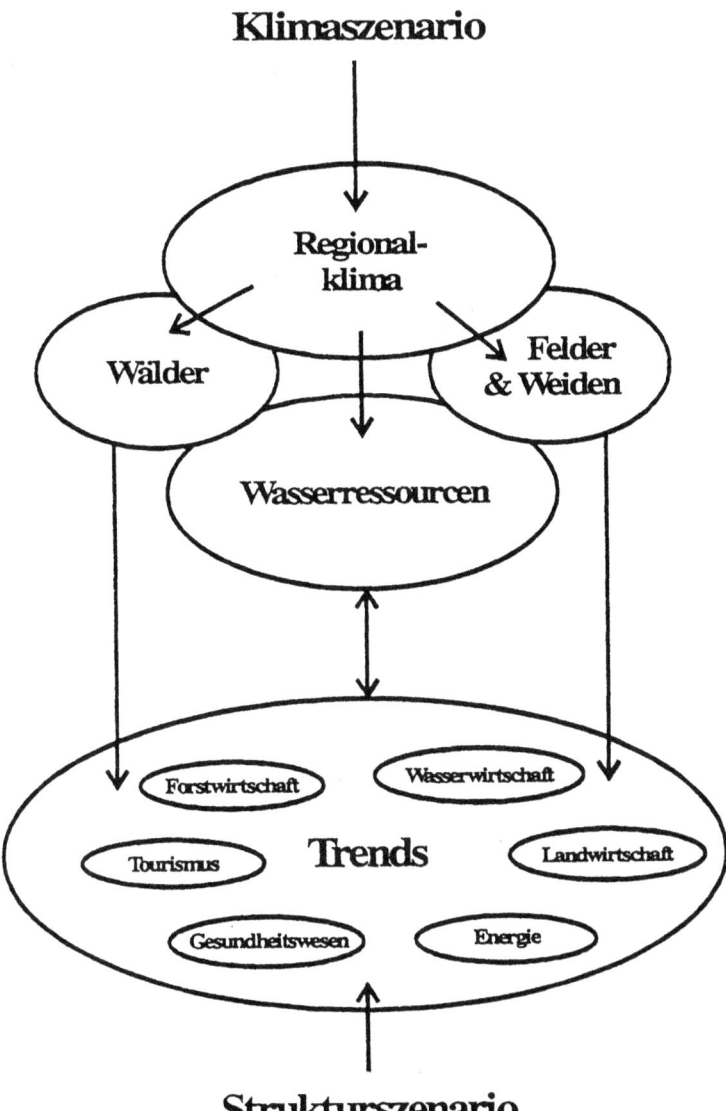

Abb. 3.2. Ablaufschema zur Analyse von Klimafolgen für eine Region

Die zu erwartenden Klimaänderungen in einer Region, z.B. Verschiebungen der zeitlichen und räumlichen Niederschlagsverteilung, werden durch ein Klimaszenario vorgegeben. Die Auswirkungen auf Wasserressourcen und - damit zusammenhängend - die Vegetation, werden mit Hilfe von Modellberechnungen ermittelt. Daran anschließend werden die sozioökonomischen Auswirkungen ermittelt. Neben Klimaänderungen spielen dabei auch Strukturveränderungen eine Rolle.

- Wasserwirtschaft
- Land- und Forstwirtschaft
- Tourismus
- Gesundheitswesen
- Energiewirtschaft

Indirekt betrifft die Klimaänderung noch weitere Sektoren, z.B. über Änderungen von Nachfrage, Produktionskosten, steuerlichen Belastungen usw., die sich - Stichwort CO_2-/Energiesteuer oder Wärmeschutzverordnung - aus der Reaktion des politischen und des makroökonomischen Systems ergeben. Diese indirekten Wirkungspfade werden im Strukturszenario berücksichtigt.

Weitere Auswirkungen des Klimawandels betreffen die Risiken gegen Naturkatastrophen, wie Stürme, Sturmfluten und Hochwasserkatastrophen. Die zeitweise dramatischen lokalen Auswirkungen werden auch durch nichtklimatische Faktoren - Stichwort: Landnutzung und Besiedelung - entscheidend geprägt.

3.4.2 Flut und Dürre, Wald oder Steppe - Auswirkungen auf Ökosysteme

Beim Szenario *Kontrollierte Reduktion* hat sich der WBGU an denkbaren Belastungsgrenzen für Ökosysteme orientiert. Dabei wird der Bereich, in dem sich die globale Mitteltemperatur während der Evolution heutiger Ökosysteme in den letzten Jahrhunderttausenden bewegt hat, als Maß für die „*Bewahrung der Schöpfung*" beim bevorstehenden Klimawandel angesehen. Von der Obergrenze dieses „Temperaturfensters" trennen uns noch ca. 1,3 K.

Ein hervorstechendes Merkmal des Klimawandels wird wahrscheinlich die Verschiebung von Niederschlägen in ihrer räumlichen und zeitlichen Verteilung sein. Eine Zunahme in Nordeuropa mag zwar eine Abnahme im Süden statistisch ausgleichen, mindert dort aber nicht die Folgen. Ähnliches gilt für eine in Mitteleuropa wahrscheinliche Verlagerung der Niederschläge vom Sommer- ins Winterhalbjahr. Eine Zunahme von Hochwasserereignissen nach winterlichen Starkregenfällen ist kein Ausgleich für die Folgen zunehmender sommerlicher Dürreperioden. Dies wird die Problematik abnehmender Wasserverfügbarkeit nicht nur in den schon heute davon betroffenen Regionen Südeuropas, z.B. in Spanien, weiter verschärfen, sondern auch bisher davon noch weniger tangierte Regionen erreichen. Die Folgen können dort für Quantität und Qualität der Wasserressourcen, die Wasserführung der Flüsse und die aquatischen Ökosysteme kritisch werden.

Simulationsrechnungen mit Ökosystem- und Waldsukzessionsmodellen lassen, insbesondere an Standorten mit geringer Bodenqualität und schlechter Wasserspeicherfähigkeit, kritische Grade an Trockenstreß erwarten. Für bestimmte Gebiete in Europa zeigen Modelle, die die natürliche Vegetation simulieren, unter ungünstigen Entwicklungen sogar einen Trend von Wald- zu Steppenvegetation. Dem könnte, nach Rechnungen mit Agrar- und Forstertragsmodellen, auch ein Ertragsrückgang in Land- und Forstwirtschaft entsprechen. „Könnte" heißt, wenn man tatenlos abwartet, statt vorausschauend geeignete Gegenmaßnahmen zu entwickeln. In der Forstwirtschaft könnten z.B. mit Hilfe langfristiger Waldumbauprogramme widerstandsfähigere Mischwälder wachsen, die reich an Artenvielfalt und Altersklassen sind. Weitere Beispiele für sinnvolle Gegenmaßnahmen lassen sich auch für andere Sektoren finden.

Im Prinzip zeichnen sich die genannten Folgen für Wasserhaushalt und Ökosysteme für beide Klimaszenarien ab, allerdings mit qualitativ unterschiedlicher Ausprägung. Während sich beim Szenario *Kontrollierte Reduktion* die Folgen für Europa mit Hilfe von Gegenmaßnahmen kontrolliert begrenzen lassen, kommt man im Szenario *Weitere Steigerung* bezüglich Temperaturanstieg und Änderungsgeschwindigkeit in Risikobereiche, die deutlich außerhalb dessen liegen, was die Ökosysteme der Erde in den letzten 850 000 Jahren erfahren haben (Sassin et al, 1988). Weder unsere derzeitig verfügbaren Abschätzungsverfahren noch unsere Phantasie erscheinen ausreichend, ein Bild der möglichen Folgen für dieses Szenario zu entwickeln. Der qualitative Unterschied zwischen beiden Szenarien dürfte wohl erst nach dem Jahre 2050 in aller Schärfe deutlich werden.

3.4.3 Kosten, Nutzen und Schäden

Studien zu den wirtschaftlichen Auswirkungen von Klimaänderungen stützen sich auf die Pionierarbeit von Nordhaus (1991d) zur systematischen Quantifizierung ökonomischer Klimaschäden für die USA. Fankhauser (1993a) hat diesen Ansatz zu einer globalen Perspektive erweitert. Diese Abschätzungen ergeben für eine Verdoppelung der Treibhausgase (bezogen auf CO_2-Äquivalente) Klimafolgekosten für Industrieländer in Höhe von 0,25 bis 2 % des Bruttosozialprodukts (BSP) und für Entwicklungsländer von 0,5 bis 5 %. Zahlreiche Autoren kritisieren den Nordhaus-Ansatz als zu eng und lückenhaft (Ayres/Walter, 1991; Cline, 1992). So fehlen z.B. zunehmende Schäden infolge klimatisch bedingter Zunahme der Zahl und Schwere von Naturkatastrophen wie Stürme und Fluten. Nicht ausreichend berücksichtigt sind auch negative Rückwirkungen von politischen und wirtschaftlichen Instabilitäten in anderen Regionen, z.B. in Nordafrika, bei denen mit Belastungen der Volkswirtschaften durch Kosten und Schäden oberhalb von 5 % des BSP gerechnet werden muß.

Der Vorteil der Industrieländer gegenüber den Entwicklungsländern beruht auf ihrer höheren wirtschaftlichen Leistungsfähigkeit, um flexibel Schäden in einem Sektor durch erhöhten Nutzen in einem anderen Wirtschaftszweig auszugleichen. Diese Flexibilität könnte aber bei einer zu raschen Klimaänderung überfordert sein. Eine kritische Grenze von Schäden und Kosten in Höhe von 5 % des BSP liegt bei einem Anstieg der Temperatur von 0,2 K pro Dekade (0,02 K/a) (WBGU, 1995a).

Im Szenario *Kontrollierte Reduktion* fallen zwar Kosten für Maßnahmen zum Klimaschutz an; denkbar erscheinen Kosten in Höhe von 0,6 bis 1,3 % des BSP (Alcamo et al., 1995). Dazu können Folgekosten der Klimaänderung durch

Schäden und wirkungsbezogene Gegenmaßnahmen im Bereich von 0,25 bis 2% des BSP möglicherweise hinzukommen. Die volkswirtschaftliche Belastung für Europa bliebe damit im Rahmen dessen, was noch verkraftbar erscheint.

Demgegenüber ist beim Szenario *Weitere Steigerung* nicht auszuschließen, daß die Grenzen unserer ökonomischen Ausgleichsfähigkeiten überschritten werden. Direkte Folgekosten der rascheren Klimaänderung mit Kosten aus indirekten Verschlechterungen der globalen wirtschaftlichen und politischen Strukturen könnten die Belastungen auch für Europa in einen kritischen Bereich von 5% des BSP bringen.

3.5 Wege zur Risikobegrenzung

Wie am Anfang des Kapitels betont wurde, zielt die Klimawirkungsforschung auf Methoden und Strategien, mit denen sich *Ursachen vermeiden, Wirkungen vermindern* und *Folgen durch Anpassung mildern* lassen.

Entscheidend für das Risiko einer Klimaänderung für unsere Zivilisation ist unsere Reaktion auf verschiedenen Ebenen und Skalen. Abb. 3.3 zeigt den Zusammenhang zwischen Risiko und Reaktion der Systemkomponenten. Anfangs hängt die Entwicklung von den Emissionsszenarien ab, und wie das Klimasystem auf die jeweiligen zusätzlichen (+) oder rückläufigen (-) Emissionen von CO_2 (aufheizend) und SO_2 (abkühlend) reagiert. Auch für das Szenario *Kontrollierte Reduktion* ist ein zunehmendes Risiko nicht auszuschließen, da auch in diesem Fall eine zeitlich verzögerte globale Erwärmung stattfindet. Die Zunahme des Risikos im Szenario *Weitere Steigerung* liegt aber deutlich darüber.

In einer zweiten Ebene stellt sich die Frage der Wirkungen auf ökologische und ökonomische Systeme. Je nach den Wirkungszusammenhängen, die für verschiedene Regionen und Sektoren unterschiedlich sein können, wird die Wirkung verstärkend (++) oder auch abschwächend sein (--). Ein Beispiel dafür ist die Entwicklung landwirtschaftlicher Erträge. Während Dürrekatastrophen und Ertragseinbußen durch Schädlinge in weiten Teilen der Welt eine Verschärfung des schon heute existierenden Hungerrisikos erwarten lassen, könnte die Klimaänderung zu Ertragssteigerungen in anderen Regionen führen (Rosenzweig, 1994).

Schließlich hängt das Risiko einer Klimaänderung für unsere Zivilisation auch von den Aktionen auf politischer und sozioökonomischer Ebene ab. Je nachdem, ob sich die Gesellschaft vorausschauend dieser Herausforderung stellt und in optimale (++), richtige (+) oder falsche (--) Aktionen und Anpassungsmaßnahmen umsetzt, oder auch gar nicht reagiert (-), stellt sich das Risiko auf unterschiedlichem Niveau dar. Wie hoch das Risiko des sich abzeichnenden Klimawandels letztendlich für unsere Zivilisation ist, haben wir in wesentlichen Punkten selbst in der Hand. Die Klimawirkungsforschung will die Fingerzeichen für die Wahl des Weges im Sinne einer Risikoverminderung und -begrenzung geben.

Klimawirkungsforschung: Mögliche Folgen des Klimawandels für Europa

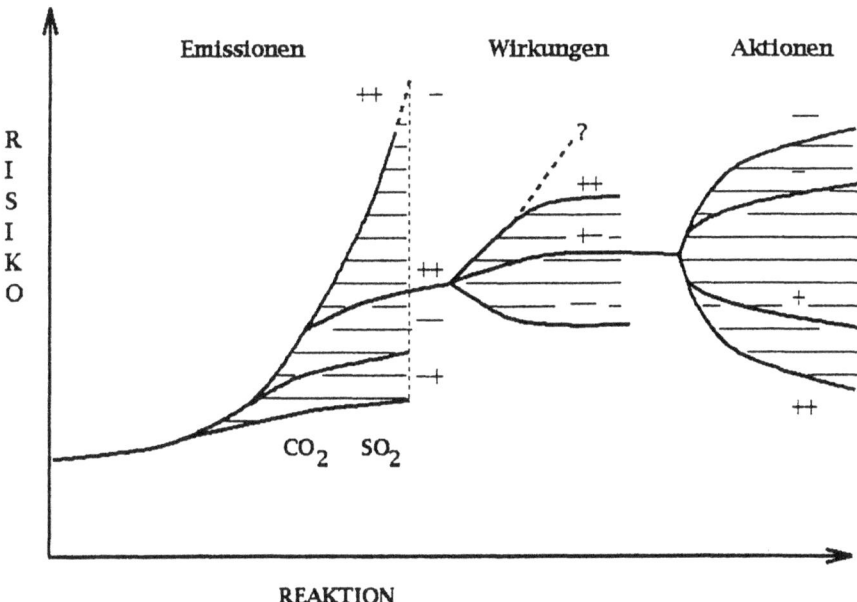

Abb. 3.3. Risikoanalyse des Klimawandels

Das mit der Klimaänderung verbundene Risiko, als Produkt aus Schäden/Kosten und Eintrittswahrscheinlichkeit, hängt in starkem Maße von den Reaktionen der Systembestandteile ab. Die Menschheit z.B. hat über Klima- und Emissionsschutzumsetzung die Wahl zwischen vielen Risikopfaden, wobei ein Mehr an CO_2 (+) und Weniger SO_2 (-) risikoerhöhend wirken. Je nach Region oder Sektor sind die Wirkungen einer bestimmten sich ergebenden Klimaänderung stark (+), mittel (+-) oder schwach (-). Welches Risiko schließlich bleibt, hängt auch von der Qualität vorausschauender Gegen- und Anpassungsmaßnahmen ab. Das Risiko wird höher bei falschen Aktionen (-.--) und kleiner bei guten (+) oder optimalen (++) Handlungsstrategien.

Teil II
Vom internationalen Ozon- zum Klimaregime

4 Das internationale Regime zum Schutz der Ozonschicht: Modell für das Klimaregime

Thomas Gehring

Das internationale Regime zum Schutz der Ozonschicht wird vielfach als Modell für das derzeit im Entstehen begriffene Regime zum Schutz des Weltklimas angesehen. Bei allen Unterschieden im Detail scheint es ein institutionelles Arrangement darzustellen, das es erlaubt, auch im horizontal strukturierten internationalen System erfolgreich gezielte Umweltpolitik zu betreiben.

In diesem Kapitel soll anhand dieses „Prototyps" moderner internationaler Umweltregime untersucht werden, wie internationale Umweltpolitik mit Hilfe derartiger sektorspezifischer Institutionen betrieben werden kann - und wo die Grenzen der zielgerichteten Politikgestaltung liegen. Das Hauptinteresse gilt dabei nicht den Einzelheiten der Zusammenarbeit zum Schutz der Ozonschicht, sondern den Mechanismen, die der Umweltpolitik in diesem Problemfeld der internationalen Beziehungen zum Erfolg verholfen haben. Das Kapitel beginnt deshalb mit einigen grundsätzlichen Vorbemerkungen zur Gestaltung internationaler Umweltpolitik und zur Aufgabe internationaler Umweltregime (4.1.). Dann folgt die Untersuchung der Entwicklung des Ozonschutzregimes (4.2.) und schließlich werden einige Schlußfolgerungen zum Verständnis und zur Weiterentwicklung der derzeitigen internationalen Klimaschutzpolitik gezogen (4.3.).

4.1 Internationale Umweltregime als Steuerungsinstrumente

Umweltpolitik ist in der Regel die Antwort auf Probleme, die als nicht intendierte und vielfach nicht einmal erwartete Folgen positiv bewerteter Aktivitäten entstehen. Umweltpolitik kann dann in dem Maße als wirksam bezeichnet werden, wie sie die verursachenden Akteure zu Verhaltensänderungen veranlaßt, die zur Eindämmung, Entschärfung oder Lösung des erkannten Problems notwendig sind, seien die Adressaten nun private Haushalte, Industriebetriebe oder Staaten. In diesem Sinne ist Umweltpolitik gleichbedeutend mit zielgerichteter Intervention und stellt stets ein Steuerungsbemühen dar. Wirksame Umweltpolitik setzt Instrumente voraus, mit deren Hilfe die notwendigen Verhaltensänderungen herbeigeführt werden können.

Eine zunehmende Anzahl wichtiger Umweltprobleme umfaßt eine grenzüberschreitende Dimension. Obwohl die Verursacher der Verschmutzung internationaler Flüsse und Meere, der weiträumigen Luftverschmutzung, der Zerstörung der Ozonschicht und der Veränderung des Weltklimas gleichermaßen *innerhalb* von Staaten zu suchen sind, ist die Lösung dieser Probleme durch einseitige nationale Maßnahmen vielfach nicht erfolgversprechend. Sicher können Vorreiter mit beispielhaften Aktionen positive Signale setzen, aber Kosten und Nutzen sind dann ungleich verteilt. Darüber hinaus tragen isolierte Aktionen dazu bei, das gemeinsame Problem zu entschärfen, und entlasten damit ungewollt bislang nicht aktive Staaten. Über kurz oder lang bedürfen Umweltprobleme mit grenzüberschreitender Dimension deshalb in der Regel einer international koordinierten Umweltpolitik.

Trotz ausgebauter Rechts- und Vollzugssysteme kann bereits die innerstaatliche Umweltpolitik die an sie gestellten Ansprüche kaum erfüllen (Jänicke, 1986). Die an erfolgreiche internationale Umweltpolitik gestellten Ansprüche sind ähnlich hoch. Auch hier sollen die problemverursachenden Akteure zielgerichtet zur Annahme von Verhaltensweisen veranlaßt werden, die sie eigentlich nicht gewählt hätten. Infolge der horizontalen Struktur der internationalen Staatengemeinschaft sind die Rahmenbedingungen der aktiven Gestaltung internationaler Umweltpolitik aber erheblich schwieriger. Eine den Staaten übergeordnete Instanz, die bindendes Recht zu setzen oder gar seine Einhaltung zu erzwingen vermag, gibt es nicht - und es wird sie auch auf absehbare Zeit nicht geben. Die an der Lösung eines internationalen Umweltproblems interessierten Staaten sind also gleichzeitig Regelungsinstanz *und* Adressaten der getroffenen Regelungen. Die erfolgreiche Gestaltung internationaler Umweltpolitik setzt deshalb voraus, daß diese Staaten sich organisieren und institutionelle Mechanismen entwickeln, die der Gruppe aktives, zielgerichtetes Steuern erlauben und gleichzeitig für jedes einzelne Mitglied so akzeptabel sind, daß sie einer weitgehend freiwilligen Umsetzung nicht entgegenstehen.

In den vergangenen 25 Jahren sind in vielen Bereichen der internationalen Umweltpolitik problemspezifische internationale Umweltregime (Breitmeier et al., 1993) entstanden - zum Schutz des Rheins, der Ostsee und des Mittelmeers, zur Bekämpfung des Sauren Regens in Europa und zur Sicherung globaler Umweltgüter. Offenbar stellen derartige Institutionen besonders geeignete Mechanismen zur Gestaltung internationaler Umweltpolitik bereit.[1] Gemeinsam ist den Umweltregimen eine zweigliedrige Struktur, die fortwährende Verhandlungen mit sich wandelnden Verhaltensvorschriften verbindet (Gehring, 1994). Diese Struktur erlaubt es den beteiligten staatlichen Akteuren (vielfach unter Beteiligung nichtstaatlicher Experten und internationaler Organisationen), beständig neue Verhaltensnormen zu entwickeln, sie nach Bedarf zu verändern und an sich wandelnde Rahmenbedingungen anzupassen. Während die Regime selbst stets

---

1 Die Diskussion um internationale Regime wurde zunächst in den Vereinigten Staaten geführt (Krasner, 1982; Keohane, 1984; Young, 1994) und gewinnt seit einigen Jahren auch in Deutschland an Bedeutung (Kohler-Koch, 1989; Zürn, 1992; H. Müller, 1993; Rittberger, 1993).

auf Dauer angelegt sind, sehen viele von ihnen nicht umfassende Lösungen, sondern die schrittweise Bearbeitung des betreffenden Umweltproblems vor. Internationale Umweltpolitik wird dann zu einem Prozeß des gemeinsamen „Regierens" eines Sektors der internationalen Beziehungen (Kohler-Koch, 1993; Gehring, 1995a) und spiegelt sich in dem parallelen Prozeß der Entwicklung des betreffenden Regimes wider.

4.2 Das Ozonschutzregime

Das internationale Regime zum Schutz der Ozonschicht stellt ein vergleichsweise erfolgreiches Beispiel für die kollektive Bearbeitung eines bestehenden internationalen Umweltproblems dar. Der Erfolg selbst scheint zunächst gegen seinen Modellcharakter für das im Aufbau begriffene Klimaregime zu sprechen, denn in diesem neuen Problemfeld der internationalen Umweltbeziehungen sieht es gegenwärtig keineswegs nach einer schnellen Problemlösung aus. Vor diesem Hintergrund wird das Ozonschutzregime im folgenden auf drei Aspekte hin untersucht. Zunächst soll der langwierige Prozeß der Regimeentstehung bis zum Abschluß des ersten Pakets verbindlicher Kontrollmaßnahmen nachvollzogen werden (4.1.), um dann die Ursachen der sich anschließenden überaus raschen Weiterentwicklung zu identifizieren (4.2.) und schließlich den Beitrag des institutionellen Apparates für den Regelungserfolg zu beleuchten (4.3.).[2]

4.2.1 Die Errichtung des Regimes

Mit der theoretischen Entdeckung der Möglichkeit einer schädlichen Wirkung von Fluorchlorkohlenwasserstoffen (FCKW) auf die stratosphärische Ozonschicht wurde 1974 der Grundstein für ein neues Umweltproblem gelegt. Obwohl dieser Zusammenhang auch zuvor schon gegolten hatte, stellte er für die handelnden Akteure bis dahin kein Problem dar, das der Lösung bedurft hätte. Nun jedoch kam eine Gruppe weithin verwandter chemischer Substanzen, die bislang als ungiftig, unbrennbar und deshalb als umwelt*freundlich* gegolten hatten, in den Verdacht, Umweltrisiken erster Ordnung zu verursachen.

Bereits der lediglich auf Laborversuchen und Modellrechnungen beruhende Anfangsverdacht löste zwei wichtige Folgen aus. Zum einen reagierten Gesellschaft und Staat in den USA überaus heftig (Morrisette, 1989). Innerhalb weniger Jahre wurde dort nahezu vollständig auf die Verwendung von FCKW als Treibmittel in Spraydosen, d.h. auf den damals wichtigsten Anwendungsbereich

---

2 Den Verhandlungsprozeß verfolgen Benedick (1991) und Gehring (1994a), die Wirkung des Regimes untersucht Oberthür (1995). Eine kurze Einführung findet sich bei M. Müller (1990).

dieser Stoffe, verzichtet. Skandinavien und die EG-Länder folgten diesem Beispiel in unterschiedlichem Ausmaß. Aus internationaler Sicht stellten diese Maßnahmen freiwillige und jeweils einseitige Schritte der betroffenen Länder zur Sicherung eines globalen Umweltgutes dar. Der weltweite Verbrauch von FCKW sank, ohne daß es einer internationalen Regelung bedurft hätte.

Auch die zweite Entwicklung ging von den USA aus. 1977 verabschiedete die erste zwischenstaatliche Konferenz zum Schutz der Ozonschicht im Rahmen des UN-Umweltprogramms (UNEP) einen „World Plan of Action" (Biswas, 1979; Parson, 1993: 35-36) und bestimmte UNEP zur federführenden internationalen Organisation. Außerdem wurde ein „Co-ordinating Committee on the Ozone Layer" (Rummel-Bulska, 1986) zur Bewertung der wissenschaftlichen Grundlagen des Problems eingesetzt, das neben Staaten mit eigenen Forschungsprogrammen auch kompetente internationale Organisationen und Nichtregierungsorganisationen umfaßte. Damit war der Schutz der Ozonschicht drei Jahre nach der Entdeckung der gefährlichen Wirkung von FCKW zu einem weithin anerkannten internationalen Problem geworden, ohne daß bereits ernsthaft an international abgestimmte Maßnahmen zur Steuerung des Verhaltens relevanter Akteure gedacht wurde.

Der internationale Apparat zur Bewertung des Umweltrisikos bestätigte in den folgenden Jahren die von FCKW ausgehenden Gefahren für die Ozonschicht (Haas, 1992). Gleichzeitig deutete sich eine erneute Trendumkehr im Verbrauchsverhalten an: War der Verbrauch in den OECD-Ländern ab 1974 zurückgegangen, so drohte er nunmehr durch Zuwächse in anderen Anwendungsbereichen wieder anzusteigen (Morissette, 1989). Auf diesen Gebieten waren die FCKW schwieriger und kostspieliger zu ersetzen, so daß einseitige nationale Maßnahmen ausblieben. Vor diesem Hintergrund verabschiedete UNEP 1980 eine nicht bindende und sehr vage gehaltene Empfehlung zur Reduzierung des FCKW-Verbrauchs. Diese Entscheidung hatte kaum verhaltensändernde Wirkung, aber sie markiert den Einstieg in international koordinierte Kontrollmaßnahmen zum Schutz der Ozonschicht.

Langfristig von weitaus größerer Bedeutung war eine von demselben Gremium 1981 gegen den Widerstand zweier größerer Verursacher getroffene Verfahrensentscheidung zur Einsetzung einer Arbeitsgruppe mit dem Auftrag, eine Rahmenkonvention auszuarbeiten. Damit wurde Anfang 1982 ein Verhandlungsprozeß eröffnet, in dessen Rahmen sich die Vertreter der zunächst ca. 20 interessierten Staaten nunmehr ausschließlich mit den Modalitäten des gemeinsamen „Regierens" des neu entstandenen Problemfeldes befaßten. Hier brachten die Nordischen Länder ihren Entwurf für eine Rahmenkonvention ein, der die wesentlichen Elemente der späteren Wiener Konvention vorzeichnete (Gehring, 1994). Zentral war die Errichtung eines auf Dauer angelegten stabilen Rahmens für die Verhandlungen unter den zukünftigen Regimemitgliedern, der neben einer regelmäßig tagenden Staatenkonferenz auch ein Sekretariat umfassen würde. Konkrete Reduktionsverpflichtungen sollten der Konvention in der Form flexibler und rasch änderbarer Annexe angefügt werden. Die Verhandlungen verliefen ohne größere Konflikte und die Konvention war 1984 weitgehend unterschriftsreif.

Von der Errichtung eines fortdauernden Kommunikationsprozesses allein waren allerdings kaum positive Wirkungen auf die Ozonschicht zu erwarten. Eigentliches Ziel war es ja, die beteiligten Staaten zur Reduktion ihrer Emissionen zu veranlassen. Deshalb nutzten die Nordischen Staaten 1983 den bestehenden Verhandlungskanal und legten den Entwurf für einen Anhang vor. Parallel zu den Beratungen über die Konvention eröffneten sie damit die Verhandlungen über die geeignete Kontrollstrategie. Diese Auseinandersetzungen wurden überaus erbittert geführt und zeigten, daß im Grunde nicht eines der für das Problemfeld wichtigen Länder, weder die USA und die EG noch die Sowjetunion und Japan mit zusammen ca. 90% Marktanteil, bereit war, über die bereits einseitig getroffenen Maßnahmen hinaus tätig zu werden (Sand, 1985). Unter diesen Bedingungen war der erfolgreiche Abschluß durchgreifender Kontrollmaßnahmen nicht zu erwarten.

Die Ergebnisse der 1985 in Wien abgehaltenen zweiten großen Staatenkonferenz zum Schutz der Ozonschicht wurden deshalb weithin mit Enttäuschung aufgenommen. Wohl konnte die Rahmenkonvention verabschiedet werden, aber ein Protokoll mit verbindlichen Reduktionsverpflichtungen scheiterte. Damit war das Problem der Gefährdung der Ozonschicht zwar dauerhaft auf der internationalen Agenda plaziert, aber seine Lösung ließ weiter auf sich warten. Zwar einigten sich die beteiligten Staaten außerdem, innerhalb von zwei Jahren konkrete Maßnahmen auszuarbeiten und in Form eines Protokolls abzuschließen, aber sie vermochten die Umrisse des angestrebten Ergebnisses nicht zu spezifizieren (Sand, 1985).

Der Verhandlungsprozeß wurde nach kurzer Pause im Rahmen von UNEP fortgesetzt. Erneut ergriffen die Vereinigten Staaten die Führungsrolle und schlugen vor, nicht nur einzelne Anwendungsbereiche, sondern FCKW insgesamt und darüber hinaus weitere ozonzerstörende Stoffe (z.B. Halone) zu kontrollieren und den Verbrauch nicht nur zu begrenzen, sondern über mehrere Stufen völlig auslaufen zu lassen. Die amerikanische Industrie hatte signalisiert, Ersatzstoffe auf den Markt bringen zu können, aber das galt nicht für alle Anwendungsbereiche. Der Vorschlag ging deshalb weit über das zu dem Zeitpunkt technisch Machbare hinaus. Außerdem erweiterte er das Problemfeld erheblich und erhöhte damit die mit seiner Umsetzung verbundenen Kosten. Er versprach jedoch eine gleichmäßige Verteilung der entstehenden Lasten und wurde nicht zuletzt deshalb zur Grundlage des weiteren Entscheidungsprozesses. In harten, zehn Monate währenden Verhandlungen (Benedick, 1991) akzeptierte die EG schrittweise die ersten drei Stufen des US-Plans für FCKW sowie die erste Stufe für Halone (Jachtenfuchs, 1990). Damit würden das Verbrauchsniveau für FCKW innerhalb von zwölf Jahren um 50% gesenkt und das für Halone auf dem Stand von 1986 eingefroren werden.

Von den Verhandlungspartnern selbst wurde der Abschluß des Montrealer Protokolls im September 1987 als Durchbruch gefeiert (Benedick, 1991).

Schließlich war unter schwierigen Bedingungen und termingerecht ein substantielles Ergebnis erzielt worden. Allerdings sah das Verhandlungsergebnis lediglich die Begrenzung (nicht jedoch ein vollständiges Verbot) des Verbrauchs einiger besonders wichtiger (keineswegs aller) ozonzerstörender Stoffe durch eine eng beschränkte Zahl von Ländern vor. Selbst bei vollständiger Implementation blieben derart große Emissionspotentiale bestehen, daß die beschlossenen Maßnahmen nicht einmal die Stabilisierung der Ozonschicht auf dem bestehenden (unzureichenden) Niveau sicherzustellen versprachen. Selbst der Abschluß dieses in der Reichweite sehr begrenzten Protokolls hatte mehr als fünf Jahre währende zähe Verhandlungen erfordert, so daß an eine rasche Weiterentwicklung kaum zu denken war. Seit der Entdeckung des Problems waren sogar schon dreizehn Jahre vergangen, und bis zum formellen Inkrafttreten des Protokolls würde es mindestens ein bis zwei weiterer Jahre bedürfen.

Auch 1987 erschien die Sicherung der Ozonschicht alles andere als einfach. Zwar war unter den Bedingungen des Problemfeldes offenbar das Mögliche erreicht worden, aber eben dies erwies sich aus umweltpolitischer Sicht als weithin unzureichend. Damit stand die Steuerungsfähigkeit der Staatengemeinschaft in diesem wichtigen Bereich der internationalen Umweltpolitik insgesamt in Frage.

4.2.2 Rückkoppelung und rasche Weiterentwicklung des Regimes

Das Montrealer Protokoll war zunächst daraufhin angelegt, auf dem traditionellen Wege internationaler Abkommen zu wirken. Durch seinen Abschluß hatten sich die vertragschließenden Staaten gegenseitig auf die festgelegten Reduktionsziele verpflichtet. Von jedem dieser Staaten wurde nun erwartet, auf der nationalen Ebene aktiv zu werden, um die FCKW produzierende und verwendende Industrie als eigentlichen Verursacher zu den notwendigen Verhaltensänderungen zu bewegen, sei es durch Rechtsetzung, ökonomische Anreize oder andere Maßnahmen. Ein solcher Umsetzungsprozeß ist also zweigliedrig und erfordert aufeinanderfolgende Maßnahmen der beteiligten Staaten und der problemverursachenden Industrie. Da beide Schritte zeitaufwendig sind, waren tatsächliche Reaktionen kaum vor 1989/1990 zu erwarten.

Dennoch reagierte die Industrie in den westlichen Industrieländern (für die allein zuverlässige Zahlen vorliegen) überaus rasch. Die Verbrauchskurven für Halone und für die kontrollierten FCKW (Abb. 4.1) erreichten ihre Spitzenwerte 1987 und sanken dann so dramatisch, daß sie die im Protokoll festgelegten Zielwerte schnell unterschritten (Parson, 1993: 57). Eine Reihe durch das Regime kaum steuerbarer Entwicklungen mag diesen Prozeß beschleunigt haben. So war 1985 die Entdeckung des von den Simulationsstudien nicht vorhergesehenen „Ozonlochs" über der Antarktis bekannt geworden. In der Folge nahm die öffentliche Aufmerksamkeit für das Umweltproblem beständig zu. Aber trotz die-

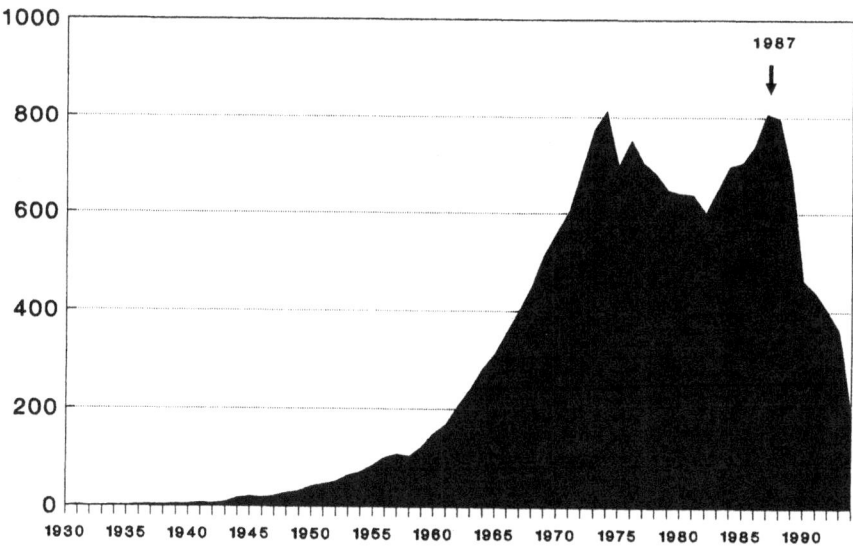

Abb. 4.1. Jährliche Produktion von FCKW-11 und -12 in OECD-Ländern in 1000 t; Zahlen der „Alternative Fluorocarbons Environmental Acceptability Study" (AFEAS); nach Oberthür, 1993: 117

ser Entwicklungen hatten die Verhandlungspartner noch im Sommer 1987 zäh um die Einzelheiten des Reduktionsfahrplans gerungen.

Deshalb muß eine andere Erklärung hinzutreten. Ausgehend von der Erwartung, daß die Reduktionsverpflichtungen des Montrealer Protokolls über kurz oder lang von den beteiligten Ländern umgesetzt und dann für die betroffene Industrie bindend werden würden, sandte bereits die *Einigung* auf zwischenstaatlicher Ebene ein unmittelbares Signal aus. Die in der Vergangenheit gewachsenen Märkte für FCKW und Halone würden in der Zukunft schrumpfen - und zwar entgegen der erwarteten Tendenz. Dies bedeutete, daß selbst erhöhte Kosten das Entstehen neuer Märkte für Ersatzstoffe und -verfahren nicht würden verhindern können. Damit begann es sich zu lohnen, in diese Bereiche zu investieren und bereits zur Verfügung stehende Produkte und Verfahren zu vermarkten (Parson, 1993: 56-57; Oberthür, 1995). Vor dem Hintergrund der mittelfristig erwarteten Implementation des Protokolls übte das Regime damit eine ohne Zeitverzug wirksame indirekte Steuerungswirkung auf eine Gruppe von Akteuren aus, die an den internationalen Verhandlungen nur mittelbar beteiligt war (Gehring, 1995c).

Vor diesem Hintergrund sprachen sich sowohl die Europäische Gemeinschaft als auch die USA bereits 1988 für ein vollständiges Auslaufen von FCKW bis zum Jahre 2000 aus. Dies erlaubte es UNEP kaum ein Jahr nach Abschluß des Montrealer Protokolls, Vorbereitungen für eine Verschärfung der formal noch gar nicht in Kraft getretenen Kontrollverpflichtungen einzuleiten. Die Mitgliedstaaten des Regimes setzten 1989 bei ihrem ersten jährlichen Treffen eine Verhandlungsgruppe ein und konnten 1990 bei ihrem zweiten Treffen in London eine umfassende Verschärfung verabschieden, die den Reduktionsfahrplan für alle schon kontrollierten Stoffe zeitlich straffte, ihn um neue Stufen ergänzte und weitere ozongefährdende Stoffe einbezog.

Die Industriestaaten verpflichteten sich damit auf ein vollständiges Verbot einer erweiterten Gruppe ozonzerstörender Stoffe bis zum Jahr 2000 (Ott, 1991). Erstmals konnte von einer - allerdings sehr langfristigen - „Lösung" des zugrundeliegenden Umweltproblems gesprochen werden, denn bei Umsetzung der beschlossenen Maßnahmen wurde mit einer zeitlichen Verzögerung von etwa zehn Jahren eine tatsächliche Erholung der Ozonschicht erwartet. 1992 wurden die Zielwerte abermals so stark unterschritten, daß eine neue Runde der Erweiterung und Verschärfung der Kontrollmaßnahmen verabschiedet werden konnte

Tabelle 4.1. Entwicklung der Kontrollmaßnahmen des Regimes nach Gehring/Oberthür (1993)

Stoffe (Basis)	Montreal 1987	London 1990	Kopenhagen 1992
FCKW 11, 12 113, 114, 115 (1986)	1989/90: $\pm$ 0 1993/94: -20% 1998/99: -50% ---	1989/90: $\pm$ 0 1995: -50% 1997: -85% 2000: -100%	1989/90: $\pm$ 0 1994: -75% 1996: -100% ---
Halone 1211, 1301, 2402 (1986)	1992: $\pm$ 0 --- ---	1992: $\pm$ 0 1995: -50% 2000: -100%	1992: $\pm$ 0 1994: -100% ---
10 weitere FCKW (1989)	--- --- ---	1993: -20% 1997: -85% 2000: -100%	1993: -20% 1994: -75% 1996: -100%
Tetrachlorkohlenstoff (1989)	--- ---	1995: -85% 2000: -100%	1995: -85% 1996: -100%
Methylchloroform (1989)	--- --- --- ---	1993: $\pm$ 0 1995: -30% 2000: -70% 2005: -100%	1993: $\pm$ 0 1994: -50% 1996: -100% ---
HFCKW (1989 plus 3.1% des FCKW-Verbrauchs von 1989)	--- --- --- --- --- ---	--- --- --- --- --- ---	1996: $\pm$ 0 2004: -35% 2010: -65% 2015: -90% 2020: -99,5% 2030: -100%
HFBKW	---	---	1996: -100%
Methylbromid (1991)	---	---	1995: $\pm$ 0

(Gehring/Oberthür, 1993). Erstmals wurden nun auch die selbst nicht ganz unproblematischen Ersatzstoffe der ersten Generation (HFCKW) unter Kontrolle gestellt (Oberthür, 1992). Tabelle 4.1 zeigt die schrittweise Verschärfung und Ausweitung der Kontrollmaßnahmen.

Wenngleich aus umweltpolitischer Sicht eine noch raschere Reduzierung der relevanten Emissionen wünschenswert gewesen wäre, stellt das Ozonschutzregime aus heutiger Sicht einen in diesem Ausmaß selten beobachteten Erfolg dar. Zurückblickend erweist sich der frühere Pessimismus damit als weitgehend unbegründet. Die Möglichkeiten zur zielgerichteten Gestaltung internationaler Umweltpolitik sind offenbar größer als angenommen. Erfolgreiche Steuerung setzt aber voraus, daß es gelingt, positive Rückkoppelungsprozesse in Gang zu setzen, die wirtschaftlichen Akteuren und zurückhaltenden Staaten Anreize geben, selbst von der Weiterentwicklung der Umweltpolitik zu profitieren und ihre Interessen entsprechend zu modifizieren.

4.2.3 Institutionelle Unterstützung des erfolgreichen „Regierens"

Obwohl der Steuerungserfolg sich wesentlich auf die positive Reaktion der betroffenen wirtschaftlichen Akteure in den Industrieländern zurückführen läßt, wäre er ohne eine ausreichende institutionelle Unterstützung kaum denkbar gewesen (Oberthür, 1995). Für die Gestaltung zielgerichteter Politik zum Schutz der Ozonschicht gewannen insbesondere drei Aspekte an Bedeutung: die Gewährleistung einer ausreichenden Flexibilität der bindenden Kontrollmaßnahmen, die Ausweitung des Teilnehmerkreises und die Sicherstellung der Umsetzung der von den Regimemitgliedern eingegangenen Verpflichtungen. Auch in dieser Hinsicht erweist sich das Ozonschutzregime als prototypisch.

Die durch den Abschluß des Montrealer Protokolls ausgelöste Dynamik stellte den durchgreifenden Erfolg des Regimes nicht automatisch sicher. Sie beruhte ja nicht zuletzt auf der Erwartung der betreffenden Industrie, daß die international vereinbarten Maßnahmen mittelfristig in nationales Recht (oder andere wirksame staatliche Steuerungsmaßnahmen) umgesetzt werden würden. Um den internationalen Steuerungsmaßnahmen ihre volle Wirksamkeit zu verleihen, galt es deshalb, den entstehenden Spielraum für die Verschärfung der bestehenden Kontrollmaßnahmen und ihre Erweiterung auf andere ozonschädigende Stoffe möglichst rasch in neue international verbindliche Vereinbarungen umzusetzen.

Die dynamisch angelegte institutionelle Struktur des Regimes bildet die Grundlage der raschen Anpassung der Kontrollmaßnahmen an erweiterte Kooperationschancen. Mit dem formellen Inkrafttreten des Protokolls übernahm das jährliche Treffen der Mitgliedstaaten die Funktion des obersten Entscheidungsgremiums des Regimes, während der Großteil der Verhandlungen seither innerhalb einer wesentlich öfter tagenden und dauerhaft errichteten Arbeitsgruppe („open-ended working group") stattfindet.

Den (politischen) Verhandlungen über die Verschärfung der Kontrollmaßnahmen ging jeweils ein Prozeß der Bewertung des Standes der wissenschaftlichen Erkenntnisse über die Entwicklung der Ozonschicht sowie der technologischen Möglichkeiten der Substitution ozongefährdender Stoffe voraus (Gehring, 1990). Als funktional abhängiger Teil des umfassenden Regimeprozesses arbeiteten mehrere Expertengruppen an verschiedenen Aspekten einer allseits akzeptablen Wissensbasis. Soweit sie Konsens zu erzielen vermochten, trugen sie zur Entlastung der politischen Verhandlungen bei, ohne deren Bedeutung herabzusetzen. So enthob die wissenschaftliche Übereinstimmung über die Auswirkungen unterschiedlicher Reduktionsszenarien auf den Zustand der Ozonschicht die Verhandlungspartner nicht von der Aufgabe, eines dieser Szenarien auszuwählen. Aber die Verhandlungen darüber konnten nun auf bestehendes und gemeinsam akzeptiertes Wissen aufbauen (Gehring, 1995b).

Während die Aufgliederung der Verhandlungen in Phasen der Beschleunigung des Entscheidungsprozesses über Kontrollmaßnahmen dient, unterstützt ein vereinfachtes Vertragsänderungsverfahren die rasche Umsetzung der Ergebnisse in nationales Recht. Änderungen des Reduktionsfahrplans für solche Stoffe, die bereits der Kontrolle unterliegen, werden nämlich ohne Ratifikation und ohne spätere Möglichkeit des „opting out" für alle Regimemitgliedsländer bindend. Das Regime erlangt für diesen Bereich eine - in der Regelung der internationalen Umweltbeziehungen bisher einmalige Art „supranationaler" Entscheidungsbefugnis (Sand, 1990), während andere Vertragsänderungen, etwa in bezug auf neue Stoffe, das schwerfällige Ratifikationsverfahren passieren müssen.

Für die erfolgreiche Lösung grenzüberschreitender Umweltprobleme durch internationale Regime ist jedoch nicht nur die interne Entscheidungsfähigkeit unabdingbar. Maßnahmen der Kooperationspartner sind stets durch außerhalb des Regimes stehende „Trittbrettfahrer" gefährdet. Das Ozonschutzregime umfaßt deshalb eine Reihe positiver und negativer Anreize für die Teilnahme. Zunächst verpflichtet das Montrealer Protokoll die Vertragsstaaten auf ein System der Handelsbeschränkungen gegenüber Nicht-Vertragsparteien, das sich zunächst auf kontrollierte Substanzen erstreckte und später sowohl auf Produkte erweitert wurde, die solche Substanzen enthalten (z.B. Kühlschränke), als auch auf Produkte, die mit ihrer Hilfe hergestellt werden (z.B. elektronische Geräte und Bauteile). Dieser Mechanismus mag Japan und einzelne andere zunächst zögernde Länder wie Brasilien zum Beitritt bewegt haben.

Obwohl der für die Industrieländer geltende Reduktionsfahrplan für Entwicklungsländer erst mit zehnjähriger Verzögerung wirksam werden sollte, blieb das Regime dennoch bis 1990 weitgehend ein Club der Industrieländer. Länder der Dritten Welt wie China und Indien mit eigener chemischer Industrie und großen Binnenmärkten konnten auf diese Weise nicht zum Beitritt bewegt werden. Neben der Sicherstellung eines funktionierenden Technologietransfers war die vollständige Übernahme der verursachten Kosten durch die Industrieländer eine Voraussetzung für die Teilnahme dieser Länder. Obwohl die Gruppe der Entwicklungsländer sich damit in einer vergleichsweise guten Verhandlungsposition befand, unterließ sie es, das zu bearbeitende Umweltproblem mit weiterreichenden Anliegen im Rahmen der Nord-Süd Beziehungen zu verbinden. Auf dieser Grundlage konnte das zweite Treffen der Vertragsparteien 1990 Einigung über die Errichtung eines multilateralen Fonds erzielen, der *die* (und d.h.: alle) Umstellungskosten in den Entwicklungsländern übernimmt (Benedick, 1991). Durch die Errichtung des Fonds änderten die Regimemitglieder die Beitrittsbedingungen für die noch zögernden Länder des Südens so dramatisch, daß das Regime inzwischen alle für das Problemfeld relevanten Länder umfaßt. Die Gefahr des Unterlaufens des Regimes „von außen" ist damit gebannt.

Damit allerdings steigt das Risiko, daß normwidriges Verhalten einzelner Regimemitglieder den Bestand des Regimes „von innen" her bedroht. Zwar sind internationale Regime nicht auf vollständige Einhaltung ihrer Normen angewiesen, aber spätestens wenn Normübertretungen dazu führen, daß andere Mitglieder sich nicht mehr an ihre eigenen Verpflichtungen gebunden fühlen, droht Gefahr für den Bestand des Regimes und die darauf aufbauende Politik. So war etwa die Nord-Süd-Balance gefährdet, als die Nachfolgestaaten der aufgelösten Sowjetunion aufgrund ihrer wirtschaftlichen Schwierigkeiten die Zahlungen in den Fonds einstellten und die Entwicklungsländer daraufhin mit der Verweigerung ihrer Pflichten drohten. Das wiederum wäre für die übrigen Industrieländer kaum akzeptabel gewesen.

Probleme dieser Art können im Rahmen der dauerhaften Verhandlungen eines dynamischen Regimes bearbeitet werden, bevor sie - einer Kettenreaktion gleich - unübersehbare Folgen auslösen. In dem beschriebenen Fall etwa einigten sich die beteiligten Staatengruppen durch eine im Konsens getroffene Entscheidung auf eine einvernehmliche Lösung, die die osteuropäischen Staaten entlastete, ohne das bestehende Nord-Süd-Arrangement zu gefährden (Gehring/Oberthür, 1993). Im Zentrum der Implementationsüberwachung und Konfliktlösung steht damit wiederum das jährliche „Treffen der Vertragsparteien" als höchstes Entscheidungsorgan des Regimes. Das Ozonschutzregime verfügt aber darüber hinaus über ein Verfahren zur Bearbeitung von Konflikten über vermutete Normverletzungen. Nicht ausgeräumte Verdachtsmomente können zu Unsicherheit, Mißtrauen und langfristig zur Erosion des Regimes führen. Deshalb haben die Mitgliedstaaten sowie das Sekretariat des Regimes die Möglichkeit, ein Verfahren einzuleiten, das zunächst der Untersuchung der Fakten des Streitfalles gilt, aber schließlich zur Verabschiedung von Sanktionen durch das Treffen der Vertragsparteien führen kann (Gehring, 1994: 314-319). Damit verfügt das Ozonschutzregime über einen unter der gemeinsamen Aufsicht der Mitgliedstaaten stehenden gerichtsähnlichen Konfliktentscheidungsmechanismus, dem sich der einzelne Staat innerhalb des Regimes kaum entziehen kann.

Welche Schlußfolgerungen lassen sich aus der Entstehung und Entwicklung des internationalen Regimes zum Schutz der Ozonschicht ziehen?

4.3 Schlußfolgerungen

Zunächst einmal unterstreicht der Erfolg des Ozonschutzregimes, *daß* zielgerichtete Steuerung auch unter den schwierigen Bedingungen des horizontal strukturierten internationalen Systems möglich ist. Voraussetzung dafür ist, daß die an der Lösung eines Umweltproblems interessierten Staaten sich in einer Weise organisieren, die es ihnen erlaubt, das betreffende Problemfeld gemeinsam zu „regieren". Dazu bedürfen sie eines institutionellen Apparates zur Bildung und Entwicklung verhaltensbeeinflussender Normen sowie zur Implementationsüberwachung. Im institutionellen Aufbau orientiert sich die Klimarahmenkonvention (vgl. Kap. 5) unverkennbar am Vorbild des Ozonschutzregimes.

Zweitens zeigt ein Blick zurück in die Zeit vor 1987, daß der Entstehungsprozeß des Ozonschutzregimes überaus langwierig und zähflüssig verlief. Die Verhandlungen fanden unter Bedingungen wissenschaftlicher und technologischer Unsicherheit statt, die einige Länder lange am Sinn kostspieliger Maßnahmen zweifeln ließen. Die inzwischen erzielte, aus heutiger Betrachtung vergleichsweise einfach erscheinende Lösung des Problems lag zunächst keineswegs klar zutage. In vieler Hinsicht gleicht die Lage im Problemfeld zum Schutz der Ozonschicht von 1985 derjenigen im Bereich der internationalen Klimapolitik von 1995. Mit dem Abschluß und Inkrafttreten der Klimarahmenkonvention sowie dem Berliner Mandat von 1995 (vgl. Kap. 6) sind die Vorbereitungen soweit vorangeschritten, daß die Zeit für die Aushandlung konkreter Kontrollmaßnahmen nunmehr reif ist.

Gegen starke Widerstände sind jedoch weitgehende Teil- oder gar Gesamtlösungen kaum umzusetzen, weil die Gestaltung internationaler Umweltpolitik sich nicht auf Zwang stützen kann. Die wichtigste Erkenntnis aus der Analyse des Ozonschutzregimes liegt deshalb darin, daß der Steuerungserfolg auf der Auslösung eines Rückkoppelungsprozesses beruht. Offenbar vermögen entsprechend ausgestaltete internationale Umweltregime die Interessenlage zu verändern, auf deren Basis sie einst errichtet worden sind. Unter so schwierigen Bedingungen, wie sie 1986/87 im Bereich des Ozonschutzes vorlagen und wie sie gegenwärtig auf dem Gebiet der internationalen Klimapolitik herrschen, kann die Hauptfunktion erster Kontrollmaßnahmen nicht in ihrem unmittelbaren Beitrag zur Milderung des zu lösenden Umweltproblems liegen. Derartige Maßnahmen sollten vielmehr in erster Linie darauf angelegt sein, bestehende Kooperationsmöglichkeiten eigendynamisch zu erweitern, indem sie Gruppen von Verursachern präzise Signale geben, die Investitionsentscheidungen beeinflussen und Innovationspotentiale mobilisieren. Dann - und nur dann können trotz eng begrenzter Kooperationsmöglichkeiten weitreichende Steuerungserfolge erzielt werden.

5 Völkerrechtliche Aspekte der Klimarahmenkonvention

Hermann Ott

5.1 Einleitung

Die Klimarahmenkonvention der Vereinten Nationen (KRK)[1] ist einer der bedeutenderen Verträge in der Geschichte des Völkerrechts. Der *erste* Grund für diese Bedeutung ist natürlich der Regelungsgegenstand, denn die potentiellen Folgen eines Klimawandels bewegen sich in einem Gefahrenbereich, der bisher eher einer militärischen Bedrohung vorbehalten war.[2] Eine kooperative Strategie zur Verhinderung der globalen Erwärmung ist daher dringend erforderlich und könnte demnächst bei allen Regierungen diejenige Priorität genießen, die auch sonst sicherheitsrelevanten Fragen zukommt. Die Bedeutung der KRK erwächst *zweitens* aus ihren möglichen gesellschaftlichen und politischen Wirkungen, falls sich eine Entwicklung hin zu einer Lebens- und Produktionsweise mit einem erheblich verminderten Ausstoß von Treibhausgasen als notwendig erweisen sollte. Denn eine Ökonomie weitgehend ohne fossile Brennstoffe und eine landwirtschaftliche Produktion mit nur geringer Freisetzung von Methan und Distickstoffoxiden würde einen grundlegenden Wandel unserer Gesellschaften auf allen Ebenen erfordern und nach sich ziehen (BUND/Misereor, 1996).

Drittens ist die KRK der bislang weitgehendste Versuch der Integration ökonomischer und ökologischer Interessen der Staatengemeinschaft. Noch immer werden deren jeweiligen Imperative von vielen Ökonomen und Politikern als sich gegenseitig ausschließend betrachtet, doch ist die KRK ein Ansatz, die längst theoretisch erforschte Verschmelzung wirtschaftlichen und ökologischen Denkens in die Praxis umzusetzen. Schließlich ist, *viertens*, die Klimarahmenkonvention ein erster Entwurf, die Rechte und Pflichten sehr verschiedener Staaten auf der Suche nach einer „nachhaltigen Entwicklung" zu definieren. Dies betrifft

---

[1] United Nations Framework Convention on Climate Change (FCCC im folgenden KRK abgekürzt) vom 5. Juni 1992, BGBl. 1993 II: 1783; abgedr. in: *International Legal Materials* (ILM), 31,851 (1992).

[2] Daher betrachten einige Autoren das Problem des Treibhauseffekts unter dem Gesichtspunkt der „Ecological Security", vgl. z.B. Matthews, 1989; Sand, 1991: 9ff. Auch die sehr einflußreiche Konferenz von Toronto 1988 fand unter dem Titel „The Changing Atmosphere: Implications for Global Security" statt, abgedr. in: *American University Journal of International Law & Policy*, 5 (1990): 515.

das Verhältnis der Rechte und Pflichten von Industrieländern und Entwicklungsländern (Grubb et al., 1992), aber auch das Verhältnis von Industrieländern untereinander aufgrund unterschiedlicher Ausgangspositionen.

Obwohl die möglichen Gefahren für einen gewissen Druck zur schnellen und effektiven Regelung auf internationaler Ebene sorgten, haben die befürchteten negativen ökonomischen Wirkungen einer Bekämpfung des Klimawandels zu großen Verzögerungen bei den Verhandlungen geführt.[3] Die KRK ist aus diesen Gründen ein „package deal", eine Paketlösung, deren Bestimmungen und Design sich aus sehr unterschiedlichen und teilweise kontradiktorischen Interessen der verhandelnden Staaten erklären. Die materiellen Inhalte der Konvention sind deshalb nicht besonders ausgeprägt und angesichts der möglichen Gefahren eines Klimawandels bisher ungenügend. Auf der Ebene der Institutionen und Verfahren dagegen haben sich die verhandelnden Staaten an erfolgreichen Vorbildern umweltvölkerrechtlicher Verträge orientiert und eine Struktur etabliert, innerhalb derer die Vereinbarung und Überwachung wirksamer materieller Verpflichtungen möglich ist. Diese Einschätzung ist bestätigt worden durch die Fortschritte, die auf der ersten Vertragsstaatenkonferenz im März/April 1995 erzielt worden sind (Oberthür/Ott, 1995a, 1995b).

Die folgende Darstellung völkerrechtlicher Aspekte der KRK schließt sich dieser Unterteilung an und behandelt in einem ersten Teil verschiedene materielle Regelungen und im zweiten Teil einige Aspekte der institutionellen Struktur und der Verfahren. Dabei kann aus Platzgründen nur kursorisch verfahren werden, und die Darstellung ist deshalb weder inhaltlich umfassend noch erschöpfend.

5.2 Materielle Bestimmungen der Klimarahmenkonvention

Die KRK ist von Anfang an als Rahmenvertrag konzipiert gewesen - schon die Resolution der Generalversammlung über die Initiierung von Verhandlungen über einen Vertrag zum Schutz des Klimas benutzte diesen Begriff.[4] Das stufenweise Vorgehen bei der völkerrechtlichen Regelung eines Sachverhalts, nämlich der Abschluß eines Rahmenvertrages mit anschließender Substantiierung durch den Abschluß von Protokollen, hat sich seit 20 Jahren im internationalen Umweltrecht bewährt.[5] Zum ersten Mal wurde diese Vertragstechnik bei der Barcelona Konvention über den Schutz des Mittelmeeres gegen Verschmutzung[6] ge-

---

3 Zur Entstehung der KRK: Oberthür, 1993; Bodansky, 1993; Rowlands, 1995.
4 U.N. Resolution on the Protection of Global Climate for Present and Future Generations, G.A. Res. 45/212, U.N. Doc. A/45/49 (1990).
5 Der Begriff geht zurück auf den Entwurf einer Fischereikonvention im Rahmen der FAO, vgl. Sand, 1988: IX.
6 Barcelona Convention for the Protection of the Mediterranean Sea Against Pollution, 16. Feb. 1976, abgedr. in: ILM, 15,285 (1976); vgl. *Green Globe Yearbook*, 1995.

nutzt, ist - allerdings nicht explizit, sondern in der Praxis - die Basis für die Weiterentwicklung der Genfer Konvention über weiträumige, grenzüberschreitende Luftverschmutzung (1979) gewesen[7] und hat sich bei dem Regime zum Schutz der Ozonschicht[8] am augenfälligsten bewährt.[9] Eine Bewertung der ebenfalls teilweise nach diesem Modell konzipierten Basler Konvention über die Kontrolle der grenzüberschreitenden Verbringung gefährlicher Abfälle und ihrer Entsorgung (1989) ist zur Zeit noch nicht möglich.[10]

Die Wiener Konvention (1985) ist ausdrücklich Grundlage für die Konzeption der KRK durch die Arbeitsgruppe III des IPCC gewesen.[11] Das Montrealer Protokoll (1987), bislang zweimal ergänzt und revidiert,[12] könnte auch das Vorbild für einen ähnlichen Zusatzvertrag zur Klimarahmenkonvention werden. Ein solches Klimaprotokoll soll nach dem Beschluß der ersten Vertragsstaatenkonferenz (COP 1) in Berlin bis 1997 abgeschlossen werden.[13] Doch im Gegensatz zur Wiener Konvention (1985) enthält die KRK einige materielle Verpflichtungen. Dazu gehört die grundlegende Zielsetzung der Konvention in Art.2, verschiedene rechtliche „Prinzipien" des Art.3, Berichtspflichten gem. Art.12 und bestimmte Verpflichtungen der Industriestaaten zur Finanzierung und zum Technologietransfer gem. Art.4.3-4.5. Allerdings enthält die KRK keine verbindlichen Verpflichtungen über die Minderung des Ausstoßes von Treibhausgasen und trägt ihren Titel, der auch Programm ist, deshalb zu Recht.

---

7 Convention on Long-range Transboundary Air Pollution, 13. Nov. 1979, BGBl. 1982 II: 374, abgedr. in: ILM, 18,1442 (1979), bisher ebf. vier in Kraft getretenene und ein neu abgeschlossenes Protokoll. Ähnliches gilt für die Bonner Konvention zur Erhaltung der wandernden, wildlebenden Tierarten v. 23. Juni 1979, BGBl. 1984 II: 569.
8 Wiener Konvention zum Schutz der Ozonschicht vom 22. März 1985, BGBl. 1988 II: 902; abgedr. in: ILM, 26,1516 (1987). Montrealer Protokoll über Stoffe, die die Ozonschicht abbauen vom 16. Sept. 1987, BGBl. 1988 II: 1014; abgedr. in: ILM, 26,1541 (1987)
9 Vgl. Kap. 4 in diesem Band; Randelzhofer, 1991; Oberthür, 1993. Zur Entstehung des Ozonregimes umfassend Gehring, 1994a; Benedick, 1991; Oberthür, 1992.
10 BGBl. 1994 II: 2704; abgedr. in: ILM, 28,649, 657 (1989); vgl. umfassend Rublack, 1993; Kummer, 1995.
11 Vgl. WMO/UNEP/IPCC Working Group III (RSWG), Second Session, Geneva, 2-6 Oct. 1989, Legal Measures and Processes: Synopsis of Contributions (submitted by Chairman WG III, Dr. F.M. Bernthal), zit. nach: Zaelke/Cameron, 1990: 273 Fn.104.
12 In London am 29. Juni 1990, BGBl. 1991 II: 1331, 1349; ILM, 30,537 (1991), vgl. dazu Ott, 1991; und in Kopenhagen am 25. Nov. 1992, BGBl. 1993 II: 2182, 2196; ILM, 32,874 (1993), vgl. dazu Gehring/Oberthür, 1993.
13 Das sog. Berliner Mandat, Dec. 1/CP.1, UN Doc. FCCC/CP/1995/7/Add.1.

5.2.1 Das Ziel der Klimarahmenkonvention (Art.2)

Das letztendliche Ziel[14] der KRK und etwaiger weiterer in ihrem Rahmen abgeschlossener Verträge ist gem. Art.2 *„die Stabilisierung der Treibhausgaskonzentrationen in der Atmosphäre auf einem Niveau zu erreichen, auf dem eine gefährliche menschliche Störung des Klimasystems verhindert wird"*. Der rechtliche Status dieser Klausel ist noch nicht geklärt, denn mit der ausdrücklichen Festlegung eines Ziels ist in der Vertragspraxis ein ungewöhnlicher Weg beschritten worden. So ist Art.2 KRK zwar nicht als echte, rechtliche Verpflichtung der Vertragsparteien formuliert worden, obwohl es solche Bestrebungen gab (Bodansky, 1993: 500). Eine gewisse rechtliche Bedeutung kommt Art.2 aber dennoch zu, denn er enthält „Ziel und Zweck" des Vertrages im Sinne von Art.31 der Wiener Vertragsrechtskonvention (WVK 1969): Daher sind zumindest alle anderen Bestimmungen der KRK (und etwaiger Protokolle) im Lichte dieser Klausel auszulegen.

Das Ziel der KRK ist gem. Art.2 nicht die Verhinderung eines anthropogen verursachten Klimawandels an sich, sondern die Verhinderung eines „gefährlichen" Klimawandels. Dies war eine Konzession an regelungsunwillige Staaten, ist jedoch auch eine Anerkennung der Tatsache, daß die bisher eingetretenen Veränderungen der atmosphärischen Zusammensetzung nicht umkehrbar sind und daß eine Veränderung des Klimas daher unvermeidlich ist. Doch liegt der Schwerpunkt der Konvention eindeutig auf der Vermeidung, nicht auf der Anpassung an das veränderte Klima (Sands, 1992: 272; a.A. Bodansky, 1993: 500). Denn die Stabilisierung der Treibhausgaskonzentrationen soll auf einem Stand erreicht werden, der es den Ökosystemen erlaubt, sich „natürlich" an einen Klimawandel anzupassen (Art.2 S.2 KRK). Doch enthält die Konvention auch Vorschriften für den Fall, daß ein Klimawandel eintritt: In diesem Fall sollen z.B. Industrieländer die betroffenen Entwicklungsländer bei der Anpassung an veränderte klimatische Verhältnisse unterstützen (Art.4.4). Eine zweite Zielsetzung der KRK ist deshalb neben der Verhinderung eines Klimawandels auch die internationale Zusammenarbeit bei der Bewältigung der Folgen dieser globalen Umweltgefahr.

5.2.2 Die Prinzipien der Klimarahmenkonvention (Art.3)

Die KRK enthält in Art.3 fünf sog. „Prinzipien" (principles), die Gegenstand heftiger Auseinandersetzungen waren. Diese Diskussionen betrafen nicht nur den Inhalt dieser Prinzipien, sondern auch die Form der Festschreibung. Vor allem die USA argumentierten, daß die Prinzipien als Interpretationshilfen besser in der Präambel Platz fänden und daß echte Rechtspflichten eher als konkrete rechtliche Verpflichtungen der Parteien formuliert werden sollten. In ihrem

---

14 Ultimate objective, in der offiziellen deutschen Übersetzung „Endziel" (vgl. Anhang).

Bemühen, den rechtlichen Status des Art.3 zu vermindern, setzten die USA schließlich durch, daß den Prinzipien ein einleitender *chapeau* vorangestellt wurde, und daß die Überschrift von Art.1 mit einer Fußnote versehen wurde, derzufolge die Titel lediglich als Lesehilfe gedacht seien (Sands, 1992: 272; Bodansky, 1993: 502). Ihr Ziel hat diese Intervention jedoch nicht erreicht, denn Prinzipien sind weder eine reine Interpretationshilfe noch eine Norm im Sinne einer Verhaltensvorschrift; sie gehören vielmehr zu einer dritten Normkategorie.[15] Diese Normen können, ähnlich wie die in einer Verfassung niedergelegten Grundrechte, rechtliche Regeln aufstellen und den Rechtsunterworfenen subjektive Rechte verleihen (Bodansky, 1993: 501). Deshalb sind die fünf Prinzipien des Art.3 wichtige normative Bestandteile der KRK.

Art.3.1 KRK ist Ausdruck des Verursacherprinzips: Es betont die Notwendigkeit aller Staaten, das Klimasystem auf der Grundlage der „gemeinsamen, aber unterschiedlichen Verantwortlichkeiten" zu schützen. Aus diesem Grund sollen Industriestaaten beim Klimaschutz und bei der Bekämpfung der Wirkungen des Klimawandels die Führung übernehmen. Das zweite Prinzip (Art.3.2) hebt dagegen die besonderen Bedürfnisse von Entwicklungsländern hervor, insbesondere solche, die unter einem Klimawandel am meisten leiden würden. Art.3.3 KRK verkörpert das Vorsorgeprinzip. Die Vertragsparteien sollen Maßnahmen zur Vorsorge gegen Klimaänderungen treffen, wobei ein Mangel an absoluter wissenschaftlicher Gewißheit nicht als Entschuldigung für Nichthandeln dienen darf. Allerdings wurde diesem Umweltstandard auf Druck der USA noch eine ökonomische Klausel angefügt, derzufolge die getroffenen Maßnahmen kosteneffektiv sein sollten (Bodansky, 1993: 503f.). Dies ist eine starke Einschränkung des Vorsorgeprinzips, da von den meisten Staaten die Klimagefährdung zwar nicht bestritten werden kann, aus ökonomischen Erwägungen heraus das Ergreifen von Maßnahmen jedoch verschoben wird. Dieses Verhalten läßt sich demnach aufgrund von Art.3.3 auch mit Hilfe der KRK rechtfertigen.

Das vierte Prinzip gilt dem Recht auf nachhaltige Entwicklung, enthält allerdings gegen den Willen der Entwicklungsländer kein Recht auf Entwicklung, sondern lediglich das Recht, diese nachhaltige Entwicklung zu fördern. Auch dieses Prinzip ist auf den ersten Blick ein Umweltprinzip, doch wird es in seinem Charakter verändert, indem die Notwendigkeit ökonomischer Entwicklung für die Bekämpfung des Klimawandels unterstrichen wird. Das letzte Prinzip (Art.3.5) zieht die Verbindung vom Klimawandel und nachhaltiger Entwicklung zu einem offenen internationalen Handelssystem. Es verbietet jedoch weder uni- noch multilaterale Handelsbeschränkungen aus Gründen des Klimaschutzes, da es sich lediglich auf „willkürliche oder ungerechtfertigte" Diskriminierungen bezieht (Sands, 1992: 273; Bodansky, 1993: 505).

---
15 Vgl. zum Begriff Dworkin, 1972: 24ff und Diskussion bei Alexy, 1995: 177ff, 182ff.

5.2.3 Die Pflichten unter der Klimarahmenkonvention

Obwohl als Rahmenkonvention konzipiert, enthält die KRK eine Reihe von allgemeinen und spezifischen Verpflichtungen mit sowohl verbindlichem als auch unverbindlichem Charakter (Bodansky, 1993: 505ff). Dazu gehören die Pflicht zur Kooperation auf bestimmten Sachgebieten, die Pflichten zur Informationsübermittlung, zur Implementierung nationaler Programme, zur Bereitstellung finanzieller Ressourcen und zum Ergreifen von Maßnahmen gegen den Klimawandel. Aufgrund des universalen Charakters der KRK war es erforderlich, diese Verpflichtungen zu differenzieren. Die Konvention etabliert aus diesem Grund mehrere Kategorien von Vertragsparteien, für die jeweils unterschiedliche Pflichten gelten.

Eine erste Unterscheidung betrifft die grobe Einteilung in Industrieländer und Entwicklungsländer. Diese Unterteilung richtet sich nach einem Listenprinzip: Alle in der Anlage I zur KRK aufgeführten Staaten werden automatisch als Industrieländer behandelt - das sind die industrialisierten Staaten der westlichen Hemisphäre (OECD) und die Staaten mit „Ökonomien im Wandel" (ehemalige RGW-Staaten). Nur für diese „Anlage I-Staaten" gelten die spezifischen Verpflichtungen zur Bekämpfung des Treibhauseffekts in Art.4.2. Die finanziellen Verpflichtungen unter der KRK gelten dagegen nur für die OECD-Staaten (ohne Mexiko), die in einer weiteren Anlage II aufgeführt sind. Schließlich werden auch die Entwicklungsländer, also die in keiner Liste vertretenen Staaten, noch einmal unterteilt, indem eine eigene Kategorie für die am wenigsten entwickelten Länder eingeführt wird, allerdings ohne sie zu benennen.[16]

Allgemeine Verpflichtungen. Einige für alle Vertragsparteien geltenden „allgemeine" Verpflichtungen befinden sich in Art.4.1, 5, 6 und 12.1 der KRK. Art.5 fordert die Parteien auf, bei der systematischen Beobachtung und der Untersuchung des Klimawandels zusammenzuarbeiten. Derartige Klauseln haben sich auch in anderen Rahmenkonventionen bewährt, da sie imstande sind, eine allgemein akzeptierte wissenschaftliche Grundlage zu schaffen, auf der sodann ein politischer Konsens über die zu ergreifenden Maßnahmen erreicht werden kann (Rowlands, 1995: 19ff, 43ff, 65ff). Art.6 der KRK enthält Vorschriften über innerstaatliche Erziehungs- und Aufklärungsmaßnahmen sowie über die internationale Kooperation auf diesem Gebiet. Art.12.1 schließlich verpflichtet alle Vertragsparteien, über die getroffenen Maßnahmen regelmäßig Berichte zu erstellen. Die Frist beträgt gem. Art.12.5 für Anlage I-Staaten sechs Monate nach dem jeweiligen Inkrafttreten und für Entwicklungsländer drei Jahre. Für die am wenigsten entwickelten Staaten ist keine Frist vorgesehen, sie können deshalb Berichte nach ihrem Ermessen einreichen.

---

16 Diesen Staaten wurden besondere Fristen für die Erstellung nationaler Berichte gem. Art.12.5 eingeräumt.

Während die oben genannten allgemeinen Verpflichtungen in den Verhandlungen relativ unbestritten waren, wurde um Art.4.1 heftig gerungen, weil dort die einzigen substantiellen Pflichten für Entwicklungsländer verankert sind. Im Verlauf der Verhandlungen wurden diese Verpflichtungen jedoch kontinuierlich abgeschwächt, parallel zu den weitergehenden Pflichten der Industriestaaten in Art.4.2 KRK. Allerdings gelang es den Entwicklungsländern nicht, die Erfüllung ihrer eigenen Verpflichtungen von den (finanziellen) Industriestaaten-Verpflichtungen rechtlich abhängig zu verankern.[17] Im Ergebnis hält Art.4.7 fest, daß die Erfüllung der Entwicklungsländer-Verpflichtungen (faktisch) von der effektiven Implementierung der Finanzierungspflichten durch die Industriestaaten *abhängig* ist.

Die schließlich in Rio de Janeiro 1992 angenommenen für alle Staaten geltenden „allgemeinen" Verpflichtungen des Art.4.1 sind auch inhaltlich „allgemein". Lediglich die Pflicht zur Erstellung nationaler Treibhausgas-Inventare mit Angabe der Quellen und Senken macht den Parteien konkrete Vorschriften (Art.4.1 (a)). Diese Inventare müssen, im Einklang mit Art.12, den anderen Vertragsparteien über das Sekretariat zur Kenntnis gebracht werden. Ferner sollen die Vertragsparteien nationale Klimaschutzprogramme erstellen (Art.4.1. (b)), die Entwicklung und Anwendung von Technologien und Maßnahmen zum Klimaschutz (Art.4.1. (c)) sowie nachhaltiges Wirtschaften fördern (Art.4.1. (d)) und Klimaschutz in die anderen Politikfelder integrieren (Art.4.1. (f)). Bei all diesen Forderungen an die nationale Implementierung von Klimaschutzmaßnahmen werden keine Schwerpunkte gesetzt und jede Gewichtung wird vermieden. Daher ist ihr praktischer Wert relativ gering. Allerdings können aufgrund der besonderen Berichtspflichten die eingeleiteten Maßnahmen zu einem globalen Lernprozeß beitragen.

Spezifische Verpflichtungen für Industriestaaten. Die KRK sieht drei spezifische Pflichten für Industriestaaten vor: Rechtlich nicht verbindliche Ziele zur Verminderung des Ausstoßes von Treibhausgasen, verbindliche Pflichten der Berichterstattung und ebenfalls verbindliche Finanzierungspflichten.

Treibhausgas-Minderungspflichten. Die spezifischen Verpflichtungen zur Reduzierung der Emissionen von Treibhausgasen waren der Gegenstand größten öffentlichen Interesses beim „Erdgipfel" in Rio 1992 und waren auch das am meisten umstrittene Thema in den Verhandlungen. Rechtlich verbindliche Reduktionsziele haben sich in internationalen Umweltverträgen zur Regulierung von ozonzerstörenden Stoffen, von Schwefeldioxid und von Stickoxiden bewährt. Sie haben insbesondere den Vorteil, daß den Vertragsstaaten zwar ein verbindliches Ziel vorgeschrieben wird, ihnen die Wahl der Mittel zur Erreichung dieses Zie-

---

17 Dazu Bodansky, 1993: 511. Für ein Beispiel der rechtlichen Abhängigkeit der Erfüllung von Verpflichtungen von einer Finanzierung durch die Industriestaaten z.B. Art.5.5 des in London 1990 revidierten Montrealer Protokolls (1987); Ott, 1991: 200f.

les jedoch freisteht.[18] Während die EG bis kurz vor Schluß der Verhandlungen das Ziel einer verbindlich festgeschriebenen Stabilisierung der Emissionen verfolgte, verhielten sich viele Entwicklungsländer bestenfalls abwartend.[19] Dagegen bekämpften die USA und einige Erdölförderstaaten dieses Ziel offen.

Das schließlich in der KRK formulierte Ziel ist als die wohl „undurchsichtigste" Vertragssprache bezeichnet worden, die „jemals formuliert worden ist" (Sands, 1992: 273). Zunächst wurde das ursprünglich von der EG verfolgte Ziel, den Ausstoß von Treibhausgasen bis zum Jahre 2000 auf dem Stand von 1990 zu stabilisieren, in zwei verschiedene Paragraphen aufgeteilt (Art.4.2 (a) und (b)). Der Artikel 4.2 (a) begründet die Verpflichtung, nationale Politiken und Maßnahmen einzuführen, um den Klimawandel zu begrenzen. In diesem Zusammenhang wird die „Erkenntnis" ausgedrückt, daß die Rückkehr zu früheren Emissionsmengen bis zum Ende des Jahrzehnts diesem Ziel dienlich sei. In Art.4.2 (b) KRK, der sich mit den Berichtspflichten der Industriestaaten befaßt, wird sodann das „Ziel" formuliert, die Treibhausgasemissionen auf den Stand des Jahres 1990 zurückzuführen. Selbst wenn diese beiden Klauseln im Zusammenhang gelesen werden, können sie nicht in einer Weise interpretiert werden, die eine rechtliche Verpflichtung begründet.[20]

Die Wirkung von Art.4.2 (a) und (b) ist - u.a. wohl aus diesem Grund - auch nicht groß gewesen: Obwohl viele OECD-Staaten ähnliche oder sogar weitergehende nationale Ziele angenommen haben (International Energy Agency, 1994), werden die meisten Staaten keine Stabilisierung der Treibhausgasemissionen auf dem Stand von 1990 erreichen.[21] Selbst wenn dieses Ziel erreicht würde, wäre dies nicht ausreichend, um die globalen Konzentrationen von THG in der Atmosphäre zu stabilisieren, denn auch eine weltweite Stabilisierung würde noch zu einer Verdoppelung der THG-Konzentrationen in der Atmosphäre führen (IPCC, 1994b). In Anerkennung dieser Tatsachen hat die erste Konferenz der Vertragsparteien trotz sehr starken Widerstands der OPEC-Staaten festgestellt, daß die bisherigen Verpflichtungen in der KRK „nicht angemessen", also unzureichend sind.[22] Grundlage dieser Feststellung war eine Programmvorschrift in Art.4.2 (d), nach der auf der ersten Vertragsstaatenkonferenz eine Bewertung der spezifischen Verpflichtungen durchgeführt werden sollte.[23] Durch das sog. „Berliner

---

18 Vgl. Bodansky, 1993: 512, 1995: 436. Insofern sind Reduktionsziele den Richtlinien der EG im Gegensatz zur unmittelbar anwendbaren Verordnung vergleichbar.
19 Diese Position der Entwicklungsländer änderte sich auf der Berliner Vertragsstaatenkonferenz im März 1995 und ermöglichte die Annahme eines relativ weitgehenden Verhandlungsmandats für ein Klimaprotokoll. Vgl. Oberthür/Ott, 1995a: 145f, 1995b: 403.
20 Vgl. Sands, 1992: 274; Bodansky, 1993: 516 nennt die Klauseln ein „Quasi-Ziel".
21 Vgl. die vorläufige Überprüfung durch das Sekretariat, UN Doc. A/AC.237/81; vgl. Climate Action Network, 1995b.
22 Dec. 1/CP.1, UN Doc. FCCC/CP/1995/7/Add.1; zu den spannenden Verhandlungen vgl. Oberthür/Ott, 1995a: 144ff, 1995b: 402ff.
23 Derartige Programmvorschriften haben sich schon im Rahmen des Montrealer Protokolls (1987) und der Basler Konvention (1989) bewährt.

Mandat" wurde eine neu gegründete Arbeitsgruppe damit beauftragt, bis zur dritten Konferenz der Vertragsparteien 1997 ein Protokoll oder ein anderes rechtliches Instrument zu erarbeiten (vgl. Kap. 8; Grubb, 1995a). Noch ist jedoch keinesfalls sicher, ob ein solches Klimaprotokoll tatsächlich rechtlich verbindliche Reduktionspflichten enthalten wird (vgl. Abschnitt 5.4).

Die in Art.4.2 (a) KRK vorgesehene „Gemeinsame Umsetzung" von Verpflichtungen (Joint Implementation oder „JI") ist in Berlin vom Verhandlungsprozeß über das Klimaprotokoll entkoppelt worden (Loske/Oberthür, 1994: 45-58). Dies ist vor allem auf erheblich divergierende Ansichten über dieses Konzept zurückzuführen, insbesondere auf gewisse praktische Unsicherheiten bei der Operationalisierung und auf die Ängste vieler Entwicklungsländer vor einem neuen „Öko-Kolonialismus"(Oberthür/Ott, 1995a: 146f., 1995b: 404f.). Auf Druck vor allem einiger Entwicklungsländer entschieden die Vertragsparteien, bis zum Ende des Jahrzehnts eine Pilotphase einzuführen, während der die praktische Umsetzung des jetzt „Activities Implemented Jointly" (AIJ) genannten Instruments erprobt werden soll.[24]

Spezifische Berichtspflichten. Neben den für alle Staaten geltenden allgemeinen Berichtspflichten der Art.4.1 (a) und 12.1 etabliert die KRK spezielle Pflichten zur Berichterstattung für Industriestaaten (in Anlage I) und OECD-Staaten (in Anlage II). Die in Anlage I aufgeführten Industriestaaten müssen in ihren Berichten eine detaillierte Beschreibung der Politiken und Maßnahmen geben, die sie im Hinblick auf ihre Pflichten unter Art.4.2 (a) und (b) getroffen haben (Art.12.2 (a)). Ferner müssen diese Staaten eine Schätzung der Auswirkungen vornehmen, die die getroffenen Maßnahmen auf ihre Emissionen haben werden (Art.12.2 (b)). Dadurch soll den Staaten selbst, aber auch den anderen Parteien, eine Kontrolle der Effektivität verschiedener Maßnahmen möglich werden. Auf der Berliner Vertragsstaatenkonferenz (COP 1) wurde diese in der Konvention festgelegte Berichtspflicht ergänzt durch ein Prüfungsverfahren, welches das Sekretariat mit Hilfe von Experten verschiedener Vertragsparteien durchführt.[25] Nur für die in Anlage II aufgeführten OECD-Staaten gilt schließlich Art.12.3, demzufolge die Berichte auch Angaben über den Transfer von Finanzmitteln und Technologie in Entwicklungsländer enthalten müssen.

Pflichten zum Finanz- und Technologietransfer. Im Gegensatz zur Wiener Konvention zum Schutz der Ozonschicht (1985) enthält die KRK einige konkrete finanzielle Verpflichtungen der in Anlage II aufgeführten OECD-Staaten. Dies ist eine Gegenleistung dafür, daß Entwicklungsländer sich zur Übernahme der allgemeinen Pflichten in Art.4.1 bereit erklärten (Bodansky, 1993: 524). Die finanziellen Leistungen können nach zwei Zwecken unterschieden werden: Ausgleich für solche Kosten, die den Entwicklungsländern durch den Beitritt zur

---

24 Dec. 5/CP.1, UN Doc. FCCC/CP/1995/7/Add.1.
25 Dec. 2/CP.1, UN Doc. FCCC/CP/1995/7/Add.1.

KRK entstehen und die Unterstützung dieser Staaten bei der Anpassung an veränderte klimatische Bedingungen.

Die OECD-Staaten der Anlage II verpflichten sich zunächst gem. Art.4.3 Satz 1 KRK, den Entwicklungsländern „neue und zusätzliche" finanzielle Mittel bereitzustellen, damit diese den Berichtspflichten des Art.12.1 nachkommen können. Da die Kosten für die Unterstützung bei der Berichterstattung relativ gut kalkulierbar und überschaubar sind, werden den Entwicklungsländern die „vereinbarten vollen Kosten" erstattet. Schwieriger ist die Einschätzung der Kosten von Klimaschutzmaßnahmen, zu denen sich Entwicklungsländer gem. Art.4.1 ebenfalls verpflichtet haben - von diesen Kosten werden deshalb nur die „vereinbarten vollen Mehrkosten" ersetzt gem. Art.12.3 Satz 2 KRK. In der Praxis bedeutet dies, daß sich das jeweilige Entwicklungsland mit der Global Environment Facility (GEF, s.u.) der Weltbank über die durchzuführende Maßnahme und die dafür fälligen Mehrkosten (incremental costs) einigt.

Dagegen sind die potentiellen Kosten der Anpassung an den Klimawandel unkalkulierbar, da z.B. weder die tatsächlich eintretende Erhöhung des Meeresspiegels vorhersehbar ist noch die regionalen Veränderungen des Niederschlags. Aus diesem Grund enthält Art.4.4 der KRK lediglich die allgemeine Verpflichtung der Anlage II-Staaten, die besonders verwundbaren Entwicklungsländer bei der Anpassung zu „unterstützen". Die Form der Unterstützung ist nicht spezifiziert und muß deshalb durch die Vertragsparteien genauer bestimmt werden. Vor der ersten Konferenz der Vertragsparteien versuchten vor allem die USA, diese Finanzierungsverpflichtung abzuwenden (Oberthür/Ott: 1995b: 406f.). Grundlage des Kompromisses war schließlich ein deutscher Vorschlag für ein dreistufiges Verfahren. Danach sollen zunächst auf der ersten Stufe besonders gefährdete Gebiete identifiziert werden, bei nachgewiesenem Bedarf sollen in Stufe 2 Maßnahmen zur Vorbereitung an eine Anpassung ergriffen und schließlich in einer dritten Stufe die tatsächlich getroffenen Maßnahmen unterstützt werden.[26]

5.3 Institutionen der Klimarahmenkonvention

In Anlehnung an die Umweltverträge zum Schutz des Mittelmeeres, zum Schutz der Ozonschicht und weiterer Umweltregime etabliert die KRK eine Reihe von Institutionen. Das Strukturschema für diese Organe ist demjenigen der Internationalen Organisationen vergleichbar: Ein Plenarorgan als höchste beschlußfassende Instanz, ein Sekretariat zur Administration und verschiedene spezialisierte Unterorgane, die entweder ständig oder auf einer *ad hoc*-Basis eingerichtet werden. Mit Hilfe dieser Institutionen und entsprechender Verfahren wird der Ver-

---

26 Vgl. Dec. 11/CP.1, UN Doc. FCCC/CP/1995/7/Add.1.

trag „dynamisiert", „abgesichert" und für Weiterentwicklungen offengehalten.[27] Diese „Institutionalisierung" von Umweltverträgen kann ohne Zweifel als eine der hervorragendsten Leistungen der Umweltpolitik und des Umweltvölkerrechts gelten, da es die Effektivität von Umweltvereinbarungen entscheidend verbessert hat.

Artikel 7 der KRK errichtet die „Konferenz der Vertragsparteien" (*Conference of the Parties*, COP) als „höchstes Organ" der Konvention. Sie ist ein sog. Plenarorgan, in dem alle Parteien vertreten sind. Hauptaufgaben sind die Kontrolle der Implementierung durch die Vertragsstaaten, die Überprüfung der Wirksamkeit der Konvention und die Weiterentwicklung durch die Annahme von Beschlüssen, durch Änderungen der Konvention oder durch die Annahme von Protokollen. Über eine Generalklausel hat die Konferenz die Befugnis, solche weiteren Funktionen auszuüben, wie sie zur Erreichung des Zieles der Konvention (Art.7.2 (m) KRK) notwendig sind. Die Tagungen der COP finden jährlich statt (Art.7.4), eine auf den ersten Blick lediglich formale Vorschrift, die jedoch ein wichtiges Element für die Dynamisierung des Vertrages darstellt, da sie einen gewissen Zwang zur Befassung mit bestimmten Themen herbeiführt und die öffentliche Aufmerksamkeit auf das Regime richtet.

Die erste Konferenz der Vertragsparteien fand vom 28. März bis 7. April 1995 in Berlin statt,[28] ein Jahr nach dem Inkrafttreten der KRK am 21. März 1994. Auf dieser Tagung wurde das Regime arbeitsfähig gemacht: Die Aufgaben der Unterorgane wurden festgelegt, das Budget für das Sekretariat angenommen, der finanzielle Mechanismus vorläufig etabliert und ein Verfahren für die Überprüfung der nationalen Berichte entwickelt. Eine der wichtigsten Voraussetzungen für die Arbeitsfähigkeit des Regimes scheiterte allerdings am Widerstand der OPEC-Staaten, nämlich die Annahme einer Geschäftsordnung. Auf COP 1 wurde der Entwurf einer Geschäftsordnung lediglich „angewendet", doch wurde das wichtige Problem des Abstimmungsmodus nicht gelöst (Oberthür/Ott, 1995a: 148f, 1995b: 407f.).

Es ist weiter fraglich, ob zukünftige Tagungen dieses Hindernis überwinden können. Ohne die Vereinbarung eines Mehrheitsentscheides jedoch ist die progressive Entwicklung des Klimaregimes sehr gefährdet, da in diesem Fall im Konsens entschieden werden muß, auch z.B. über die Annahme eines Klimaprotokolls. Einen Ausweg könnte jedoch Art.9.2 der Wiener Vertragsrechtskonvention (WVK 1969) bieten, demzufolge auf einer internationalen Konferenz der Text eines Vertrages mit einer Mehrheit von zwei Dritteln der Stimmen angenommen wird.[29] Die WVK 1969 wäre als *lex generalis* anwendbar, falls die KRK keine spezielle Regelung vorsieht. Ein entgegenstehendes Völkergewohn-

---

27 Zur „Dynamisierung" vgl. z.B. Gehring, 1990: 35-56; zur „institutionellen Absicherung" Randelzhofer, 1991: 475.
28 Zu den Ergebnissen vgl. Oberthür/Ott, 1995a, 1995b; Ott, 1995: 13; Grubb, 1995b; Dunn, 1995: 439-444.
29 Wiener Konvention über das Recht der Verträge vom 23. Mai 1969, BGBl. 1985 II: 926.

heitsrecht, da nicht alle Vertragsparteien der KRK auch die WVK 1969 ratifiziert haben, besteht m.E. nicht. Denn die überwiegende Praxis allein kann kein Gewohnheitsrecht begründen.

Ein weiteres, durch Art.8 errichtetes Organ ist das *Sekretariat* der KRK. Dieses hat eine Reihe administrativer Funktionen: Es soll die Tagungen der COP und der anderen Organe vorbereiten, die nationalen Berichte empfangen, aufbereiten und überprüfen und allgemein als Verbindungsorgan zwischen den Parteien und als Hilfsorgan für Entwicklungsländer dienen.[30] Während das vorläufige Sekretariat seinen Sitz in Genf hatte, wird das ständige Sekretariat aufgrund eines Beschlusses der COP seinen Sitz ab Mitte 1996 in Bonn einnehmen.[31] Im Gegensatz zu den sehr kleinen Sekretariaten anderer Umweltregime[32] hat das Klimasekretariat mit ca. 50 Mitarbeitern schon fast die Größe einer kleinen Internationalen Organisation.

Die KRK gründet zur Unterstützung der COP zwei Unterorgane, deren Funktionen vor der Annahme der Konvention weitgehend unklar waren (Bodansky, 1993: 535ff). Durch die KRK und durch die in Berlin getroffenen Entscheidungen wurden beide Organe als beratende Plenarorgane konstituiert: Der *Subsidiary Body for Scientific and Technological Advice* (SBSTA, Art.9) zur wissenschaftlichen und technischen Beratung, der *Subsidiary Body for Implementation* (SBI, Art.10) zur Unterstützung bei der Durchführung des Übereinkommens.[33] Eine fünfte Institution ist der sog. *„Finanzielle Mechanismus"* des Art.11 KRK: Über diesen Mechanismus sollen die finanziellen Hilfen an die Entwicklungsländer abgewickelt werden. Nach Art.21 der Konvention war zunächst die Global Environment Facility (GEF) von Weltbank, UNDP und UNEP interimsweise mit der Durchführung betraut gewesen. Aufgrund vieler Vorbehalte der Entwicklungsländer wurde diese vorläufige Lösung für die nächsten vier Jahre beibehalten, danach werden die Vertragsparteien erneut entscheiden.[34]

Auf der ersten Konferenz der Vertragsparteien wurden ferner zwei nichtständige Organe etabliert, die der Beratung legislativer Maßnahmen dienen: Die Artikel 13-Arbeitsgruppe (*Ad hoc-group on Art.13* oder „AG 13") setzt sich hauptsächlich aus Juristen zusammen und soll die Erarbeitung eines Konfliktlösungs- und Konfliktvermeidungsmechanismus prüfen;[35] die Arbeitsgruppe zum Berliner Mandat (*Ad hoc Group on the Berlin Mandate* oder „AGBM") hat den Auftrag, bis COP 3 (1997) den Entwurf eines Klimaprotokolls oder eines ande-

---

30 Weitergehende Aufgaben waren zwar von einigen Staaten im Verhandlungsprozeß angestrebt, diese konnten sich jedoch nicht durchsetzen, vgl. Bodansky, 1993: 534f.
31 Dec. 16/CP.1, UN Doc. FCCC/CP/1995/7/Add.1; vgl. Oberthür/Ott, 1995a: 150, 1995b: 408f.
32 Z.B. hat das Sekretariat des Ozonregimes nur 5-6 festangestellte Mitarbeiter.
33 Zu den Aufgaben der Unterorgane: Dec.6/CP.1, UN Doc. FCCC/CP/1995/7/Add.1.
34 Dec. 9/CP.1, UN Doc. FCC/CP/1995/7/Add.1.; Oberthür/Ott, 1995a: 147f, 1995b: 406f.
35 Dec. 20/CP.1, UN Doc. FCCC/CP/1995/7/Add.1, bisher eine Sitzung am 30./31. Oktober 1995.

ren rechtlichen Instruments vorzulegen.[36] Die Befugnis zum Einrichten von Unterorganen ergibt sich für die Konferenz der Vertragsparteien aus Art.7.2 (i) KRK. Nach der Erfüllung ihrer Aufgabe werden diese Organe aufgelöst.

5.4 Ausblick

Die KRK betritt in völkerrechtlicher Hinsicht kein Neuland, sondern greift auf Vertragstechniken zurück, die bereits in anderen Umweltverträgen entwickelt worden sind. Dies sind vor allem der Stufenansatz des Regimes (Rahmenkonvention plus Protokolle), die Institutionalisierung des Vertrages, die detaillierten Berichtspflichten der Industriestaaten und die Einrichtung eines finanziellen Mechanismus zur Unterstützung der Entwicklungsländer. Etwas ungewöhnlich sind die Art.2 und 3 KRK, also die ausdrückliche Verankerung der Zielsetzung im Vertragstext und die Aufzählung einer Reihe rechtlicher Prinzipien, die als eigenständige Normkategorie in dieser Form bisher keine Verwendung im internationalen Umweltrecht fanden.

Dieses Fehlen neuer Vertragstechniken - aber auch das Vorhandensein der Art.2 und 3 KRK - spiegelt die sehr schwierigen Verhandlungen wider, die keine echte Regelung der Klimaproblematik zuließen und lediglich ein globales Forum zur Erforschung möglicher Antworten auf den Klimawandel erlaubten. Deutlichstes Indiz für diese Schwierigkeiten ist das Fehlen konkreter Minderungspflichten für Treibhausgase. Das ist noch kein Grund, die KRK für vollkommen unangemessen zu erklären, da sich ein stufenweiser Regelungsansatz in anderen Zusammenhängen durchaus bewährt hat. Die nächsten Regelungsschritte, also die Verhandlungen zu einem Klimaprotokoll bis zur dritten Vertragsstaatenkonferenz (1997), werden jedoch sehr bedeutsam sein. Dieses Protokoll zur Rahmenkonvention sollte rechtlich verbindliche Reduktionsziele enthalten, um die ersten Schritte in Richtung auf einen verminderten Ausstoß von Treibhausgasen einzuleiten. Die rechtliche Verpflichtung ist deshalb notwendig, weil nur sie allen Vertragsparteien die erforderliche Sicherheit gibt, daß sie die möglicherweise sehr kostenintensiven Maßnahmen zur THG-Reduktion nicht alleine ergreifen (Bodansky, 1995: 451).

Eine verbindliche Festschreibung von Reduktionszielen in diesem Protokoll würde auch kreative Lösungen für die vertragliche Gestaltung erfordern. Dies betrifft die Form dieser Verpflichtungen selbst, die institutionelle und verfahrensmäßige Ausgestaltung des Regimes und die Überwachungsmechanismen. Auf der Ebene der materiellen Verpflichtungen könnten neben einer allgemeinen und gleichen Reduktionsrate (flat-rate-reduction) z.B. kumulative Ziele, „gemeinsame Ziele", Emissionsbudgets und vielfältige Differenzierungen zur An-

---

36 Dec. 1/CP.1, zu diesem Mandat vgl. oben (Text im Anhang), vgl. Kap 6. 1995 fanden zwei Sitzungen im August und Oktober/November statt.

wendung kommen. Bei der Festlegung dieser Verpflichtungen sind vor allem Sozialwissenschaftler aufgerufen, die möglichen Vor- und Nachteile der verschiedenen Ausgestaltungen von Reduktionszielen zu erforschen (Grubb, 1990).

Auf der institutionellen Ebene muß entschieden werden, ob das Klimaprotokoll allen Staaten offenstehen oder ob die Ratifizierung von einem „Eintrittsgeld" abhängig sein soll, also der Übernahme substantieller Verpflichtungen (Loske/Ott, 1995: 93-96). Das Fehlen vergleichbarer Verpflichtungen für alle Parteien würde die bestehende Struktur der Konvention duplizieren und hätte den schwerwiegenden Nachteil, daß die Vereinbarung von Mehrheitsentscheiden recht unwahrscheinlich wäre, jedoch sind differenzierte Abstimmungsrechte denkbar. Als weitere Konsequenz könnten die Bremserstaaten der OPEC auch im Rahmen des Protokolls ihre bisherige Obstruktionspolitik fortsetzen. Auf der institutionellen Ebene müssen ferner die Verbindungen des Protokolls zur KRK und zu deren Organen festgelegt werden. In der Regimepraxis gibt es Beispiele sowohl für die gemeinsame Nutzung als auch für die strikte Trennung von Organen verschiedener Verträge. Da bei einem Reduktionsprotokoll die Mitgliedschaft zunächst sehr viel kleiner wäre als in der Konvention mit zur Zeit ca. 140 Vertragsstaaten, scheint eine klare Trennung der Vertragsorgane sinnvoll.

Schließlich würde die Vereinbarung rechtlich verbindlicher Reduktionspflichten auch die Erarbeitung eines effektiven Überwachungssystems erfordern (Sachariev, 1991: 21-52). Die KRK sieht dies bisher nicht vor, sondern fordert gemäß der Programmbestimmung des Art.13 die Parteien auf, die Einführung eines mehrseitigen Beratungsverfahrens (multilateral consultative process) zu prüfen. Auf COP 1 wurde beschlossen, eine Arbeitsgruppe einzusetzen mit dem Ziel, die Notwendigkeit eines solchen Mechanismus zu erörtern.[37] Obwohl diese Erörterung im Rahmen der KRK stattfindet, ist der weitergehende (aber nicht explizit genannte) Zweck die Erarbeitung eines Verfahrens für ein Protokoll. Auch hier könnte das Nichteinhaltungs-Verfahren (Non-compliance Procedure) des Montrealer Protokolls (1987) als Vorbild dienen (Koskenniemi, 1992: 122-162), doch wird aufgrund der höheren ökonomischen Bedeutung eines Klimaprotokolls das Verfahren wahrscheinlich elaboriert werden müssen.

Sowohl in materieller als auch in formeller Hinsicht hat das Umweltvölkerrecht in den letzten 20 Jahren eine erstaunliche Entwicklung erfahren (Kiss/Shelton, 1991). Alle bisherigen Erfahrungen bei der Regelung globaler Umweltprobleme bieten eine gute Vorbereitung für das Klimaregime. Bei der Bewältigung des Klimawandels wird jede einzelne dieser Erfahrungen genutzt werden müssen, aber es wird auch einiger Kreativität und Intelligenz bedürfen, um den Herausforderungen letztlich gerecht zu werden. Nicht nur Natur- und Sozialwissenschaftler, auch Volkswirte und Völkerrechtler sind dazu aufgerufen, ihre Kenntnisse bei der Lösung dieses Menschheitsproblems zur Verfügung zu stellen. Vielleicht stellt sich ja auch heraus, daß das Klimaproblem nur ein weiterer Übungsfall für zukünftige globale Herausforderungen ist.

---

37 Dec. 20/CP.1, UN Doc. FCCC/CP/1995/7/Add.1.

6 Stand der internationalen Klimaverhandlungen nach dem Klimagipfel in Berlin

Cornelia Quennet-Thielen

6.1 Globale Klimaveränderungen als Gegenstand internationaler Politik

Globale Klimaveränderungen und ihre Auswirkungen konfrontieren die politischen Entscheidungsträger mit einer äußerst komplexen Herausforderung:
- Ursache von Änderungen des Klimas ist die Freisetzung einer Vielzahl von sog. Treibhausgasen und deren Vorläufersubstanzen durch die zentralen wirtschaftlichen und sozialen Aktivitäten des Menschen, insbesondere in den Bereichen Energie, Verkehr, Industrie, Haushalte, Gebäude, Land- und Forstwirtschaft sowie Abfallwirtschaft. Damit ist der Kernbereich der sozioökonomischen gesellschaftlichen Entwicklung betroffen. Das Konsumverhalten des einzelnen, die wirtschaftlichen Produktionsstrukturen sowie das Bevölkerungswachstum haben unmittelbare Klimarelevanz. Eine Vielzahl unterschiedlicher Sektoren und Interessengruppen ist betroffen. Ebenso trägt jeder einzelne Bürger durch sein tägliches Handeln zu den klimaschädigenden Treibhausgasemissionen bei.
- Aber nicht nur innerhalb eines Landes, sondern auch zwischen den Staaten weltweit geht es aufgrund geographischer, ökonomischer, sozialer und politischer Unterschiede um durchaus differierende Interessen und Prioritäten. Die Industrieländer fürchten um Wirtschaftswachstum und Wettbewerbsfähigkeit als Lebensnerven ihres Wohlstandes und des erreichten hohen Lebensstandards. Die Entwicklungsländer brauchen langfristig weiteres wirtschaftliches Wachstum, um die Armut zu überwinden und den Lebensstandard der breiten Bevölkerung deutlich zu erhöhen. Sie sind zu klimaschützenden Maßnahmen nur bereit, wenn sie dabei technologisch und finanziell von den Industrieländern unterstützt werden. Küsten- und Inselstaaten kämpfen angesichts eines möglichen Anstiegs des Meeresspiegels infolge von Klimaänderungen um das nackte Überleben, während eine andere Gruppe von Entwicklungsländern, die erdölexportierenden Staaten der OPEC, ihre wirtschaftliche Existenz durch Energiesparpolitiken bedroht sehen. Zwischen allen Stühlen sitzen die Staaten Mittel- und Osteuropas sowie der früheren Sowjetunion. Einerseits sind sie industrialisierte Länder mit hohem Ressourcenverbrauch und ent-

sprechender Umweltverschmutzung. Andererseits haben diese Staaten nach dem politischen Umbruch einen beispiellosen wirtschaftlichen und sozialen Umstrukturierungsprozeß zu bewältigen. Beides führt zu einer gewissen Konkurrenz mit Entwicklungsländern um die Unterstützung der westlichen Geberländer.

- Der Ausstoß klimarelevanter Gase hat keine negativen Auswirkungen auf die unmittelbare Umgebung der Emissionsquelle, sondern wirkt erst durch Vermischung der Gase in der Atmosphäre weltweit. Die Kosten der Emissionsreduktion sind damit lokal, der Nutzen ist global. Zusätzlich begrenzt die verstärkte Globalisierung der Wirtschaft, die den Wettbewerb der Länder um Produktionsstandorte verschärft hat, den politischen Spielraum für nationale Alleingänge. Erfolgreiche internationale Umwelt- und damit auch Klimapolitik braucht jedoch nationale Vorreiter, um den schwerfälligen internationalen Geleitzug anzutreiben. So wäre ohne das anspruchsvolle CO_2-Minderungsziel der deutschen Bundesregierung von 25 % bis zum Jahr 2005 gegenüber den Emissionen von 1990 das Ziel der Europäischen Union für eine Stabilisierung der CO_2-Emissionen in der Gemeinschaft als Ganzes bis 2000, ausgehend von 1990, nicht zustande gekommen. Erst dadurch konnte wiederum die EU treibende politische Kraft werden, um wenigstens die Rückführungsverpflichtung der Industrieländer in den Konventionsverhandlungen (vgl. 6.2) zu erreichen.
- Hinzu kommt die Nord-Süd-Dimension des Klimaproblems. Die Industrieländer mit rund 20 % der Weltbevölkerung emittieren derzeit rund 70 % der Treibhausgase. Die negativen Folgen von Klimaveränderungen werden dagegen voraussichtlich am härtesten die ärmeren Länder treffen - Küsten- und Inselstaaten sowie Entwicklungsländer, die besonders von Wüstenbildung und Trockenheit betroffen sind. Ursachen und Wirkung sind also ungleich verteilt. Internationale Klimapolitik ist deshalb auch mit Fragen der Gerechtigkeit konfrontiert (vgl. Kap. 9).
- Viele Treibhausgase haben eine außerordentlich lange Verweilzeit in der Atmosphäre (CO_2 beispielsweise 50-200 Jahre). Die Wirkungen heutiger Emissionen bzw. Emissionsrückführungen schaden oder nutzen somit überwiegend erst in der Zukunft. Künftige Generationen haben jedoch keine machtvolle Lobby. Der klimapolitische Generationenvertrag ist nicht populär. Hinzu kommt, daß viele klimaschützende Maßnahmen Bereiche mit langfristiger Kapitalbindung betreffen (z.B. Kraftwerke, Industrieanlagen, Verkehrsinfrastruktur) - ebenfalls eine Tatsache, die unmittelbares politisches Handeln nicht gerade erleichtert.
- Das hauptsächliche Treibhausgas Kohlendioxid, das 1995 weltweit rund 60 % und in Deutschland rund 75 % der Emissionen ausmacht, kann bis heute nicht wie viele andere Schadstoffe technologisch beseitigt, herausgefiltert oder zurückgehalten werden. Einsparungen sind deshalb nur an der Quelle möglich: Durch geringeren Verbrauch fossiler Brennstoffe, erreichbar insbesondere durch Energieeinsparung, höhere Energieeffizienz und Nutzung erneuerbarer

Energien sowie durch erhöhte Bindung von Kohlendioxid in Wäldern und sonstiger Biomasse. Die erste Option - Einsparungen - fordert Politik, Wirtschaft, Gesellschaft und Verbraucher in vielfältiger Weise. Sie kann nur durch ein umfassendes Maßnahmenbündel umgesetzt werden. Die zweite Option ist nur begrenzt nutzbar und wirksam: Eine Bindung von CO_2 in Biomasse erfolgt beim Wachstum und bleibt über die Lebensdauer einer Pflanze erhalten, beim Absterben wird das Kohlendioxid jedoch wieder freigesetzt. In einer immer dichter besiedelten Welt ist außerdem die verfügbare Fläche (beispielsweise für Aufforstungen) stark begrenzt.

- Die Auswirkungen der anthropogenen Emissionen auf das Klima als ein hochkomplexes System physikalischer Vorgänge, die Folgen von Klimaveränderungen und die Konsequenzen möglicher Gegenmaßnahmen sind noch nicht in allen Einzelheiten wissenschaftlich zweifelsfrei aufgearbeitet. Die politische Auseinandersetzung zum Klimaschutz ist deshalb auch deutlich von echten oder vermeintlichen wissenschaftlichen Argumenten geprägt. Sie reicht vom Vorwurf fehlender Beweise für die Existenz eines Problems bis zur Forderung, die festgestellten Veränderungen und Risiken erforderten schon aus Vorsorgegründen dringlich wirkungsvolles Handeln. Erfreulicherweise konnten in den letzten Jahren beträchtliche Fortschritte erzielt werden. Das zur Bewertung des wissenschaftlichen Kenntnisstandes 1988 vom Umweltprogramm der Vereinten Nationen (UNEP) und der Weltmeteorologieorganisation (WMO) eingesetzte internationale Gremium, der Zwischenstaatliche Ausschuß über Klimaänderungen (IPCC, 1996)[1] kommt in seinem zweiten Sachstandsbericht von Dezember 1995 zu dem Ergebnis: Die Summe der wissenschaftlichen Erkenntnisse macht deutlich, daß ein menschlicher Einfluß auf das globale Klima besteht. Damit ist das wissenschaftliche Kernproblem nicht länger die Frage, ob Klimaänderungen aufgrund menschlichen Einflusses erfolgen. Die wissenschaftlichen Unsicherheiten betreffen vielmehr die Fragen, in welchem Umfang, wann und wo sie mit welchen Folgen auftreten (WBGU, 1995b: C.1.2.)
- Diese Vielschichtigkeit des Klimaproblems läßt deutlich werden, welchen Schwierigkeiten sich politische Entscheidungsträger gegenübersehen, wenn sie Klimaschutzpolitik umsetzen wollen. Der erfolgreiche Prozeß der Ausarbeitung und Fortentwicklung des Montrealer Protokolls zum Schutz der Ozonschicht kann nicht ohne weiteres als Maßstab dienen. Dort sind - anders als im Klimabereich - letztlich nur wenige Staaten und Industrieunternehmen von den Reduktionspflichten betroffen (vgl. Kap 4). Die schädigende Wirkung der Substanzen auf die Ozonschicht stand außerdem bereits fest, als

---

1 Das IPCC ist das entscheidende Gremium, um eine international abgestimmte wissenschaftliche Basis zum Stand der Klimaforschung zu erhalten. Nur damit können auch die internationalen politischen Verhandlungen vorangetrieben werden (vgl. Kap. 1 u. 2). Die Arbeiten deutscher Forschungsinstitutionen wie auch der beiden Enquête-Kommissionen des Deutschen Bundestages zum Schutz der Erdatmosphäre sind in die Bewertungen des IPCC mit einbezogen worden (vgl. Kap. 15 u. 16).

Minderungsmaßnahmen verabschiedet wurden. Auch sind überwiegend Ersatzstoffe für die inkriminierten Substanzen verfügbar.
- Hinzu kommt als weitere Erschwernis für eine wirksame internationale Klimavorsorgepolitik ein Spezifikum internationaler Umweltverhandlungen. Es gibt keine global übergeordnete, rechtssetzende und -kontrollierende Instanz. Die verhandelnden souveränen Staaten sind also zugleich Regelungsinstanz und umsetzungspflichtige Adressaten der zu vereinbarenden internationalen Vertragswerke. Sie sollen gemeinsam zum Schutz des Klimas wirksame Maßnahmen vereinbaren, die zugleich für jede einzelne Vertragspartei so akzeptabel sind, daß eine freiwillige nationale Umsetzung ermöglicht wird (vgl. Kap. 4).

Vor diesem Problemhintergrund wird verständlich, daß die Aushandlung der Klimarahmenkonvention von 1992 (vgl. 6.2) sowie überwiegend auch die Ergebnisse der Berliner Klimakonferenz im Frühjahr 1995 (vgl. 6.3) als erste, wenn auch unzureichende Erfolge auf dem steinigen Weg zu einem wirksamen globalen Klimaregime bewertet werden.[2] Ebenso wird deutlich, daß Klimaschutz ein zentrales Element nachhaltiger Entwicklung und notwendiger Bestandteil einer globalen Partnerschaft zur Erreichung dieses auf der Rio-Konferenz für Umwelt und Entwicklung 1992 vereinbarten Ziels ist (Quennet-Thielen, 1996).

6.2 Die Klimarahmenkonvention

Das Rahmenübereinkommen der Vereinten Nationen über Klimaveränderungen (kurz: Klimarahmenkonvention - KRK) war zwischen Februar 1991 und Mai 1992 in einem von der Generalversammlung der Vereinten Nationen eingesetzten Zwischenstaatlichen Verhandlungsausschuß erarbeitet worden.[3] Es lag anläßlich der Konferenz für Umwelt und Entwicklung der Vereinten Nationen im Juni 1992 in Rio de Janeiro zur Zeichnung auf und trat am 21. März 1994 in Kraft.[4] Von den 166 Unterzeichnern haben inzwischen mehr als 150 Staaten und die Europäische Union (Stand: Dezember 1995) die Konvention ratifiziert - darunter alle Hauptemittenten der klimawirksamen Treibhausgase. Selbst Staaten, die der Klimavorsorge skeptisch gegenüberstehen, halten ihre Teilnahme offensichtlich für wichtig bzw. wollen jedenfalls nicht außerhalb dieses internationalen Klimaregimes stehen (so vor allem die meisten OPEC-Staaten).

---

2 Vgl. Grubb, 1995: 5, 79; Mintzer/Leonhard, 1994: 21f.; Oberthür, 1993: Kap. 2.5; WBGU, 1995b: C.1.1.2.
3 Zum Verhandlungsprozeß der KRK insb. Bodansky, 1993; Oberthür, 1993; Mintzer/Leonhard, 1994, mit zahlreichen Beiträgen von Verhandlungsteilnehmern und -beobachtern.
4 Deutscher Text in: BGBl. 1993, Teil II: 1784 - 1812.

Die KRK schafft den völkerrechtlich verbindlichen Rahmen für die weitere internationale Zusammenarbeit zum Klimaschutz. Dabei sind folgende Bestimmungen hervorzuheben (vgl. Biermann, 1995: 43ff; Kap. 5 in diesem Band).

- Das letztendliche Ziel (Art. 2) der Konvention - die Treibhausgaskonzentrationen in der Atmosphäre auf einem Niveau zu stabilisieren, das eine gefährliche anthropogene Störung des Klimasystems verhindert und dabei die Anpassungsfähigkeit der Ökosysteme bewahrt, die Nahrungsmittelerzeugung nicht bedroht und eine nachhaltige wirtschaftliche Entwicklung ermöglicht - ist äußerst anspruchsvoll und vielfach unterschätzt worden. Seine Konkretisierung steht allerdings noch aus. Sie verlangt schwierige, weil wertende Entscheidungen. Ist die Anpassungsfähigkeit der Ökosysteme bereits zu verneinen, wenn einige Arten in bestimmten Regionen aussterben? Ist die Nahrungsmittelerzeugung bereits bedroht, wenn in einem Land oder einer Region aufgrund von Dürre kein Getreide mehr angebaut werden kann? Das IPCC (1996) hat in seinem 2. Bericht erstmals die verfügbaren wissenschaftlichen, technischen und sozioökonomischen Fakten zusammengetragen, die den politisch Verantwortlichen als Entscheidungsgrundlage für die Frage dienen können, welche Störung des Klimasystems als gefährlich im Sinn des Art. 2 anzusehen ist.
- Allgemeine Grundsätze sollen die Vertragsparteien bei der Verwirklichung dieses Zieles leiten (Art. 3): Gerechtigkeit und die gemeinsame, aber unterschiedlich ausgeprägte Verantwortlichkeit der Staaten sowie ihre differierenden Fähigkeiten stellen die Grundlage dar. Vorsorgeprinzip, nachhaltige Entwicklung, ein offenes internationales Wirtschaftssystem sind weitere wesentliche Elemente.
- Kernstück der Konvention ist Artikel 4. Er legt erste allgemeine Verpflichtungen für alle Vertragsparteien und spezielle Verpflichtungen für die Industrieländer fest. Alle Staaten müssen insbesondere Treibhausgasinventare erstellen, nationale Programme erarbeiten und umsetzen sowie regelmäßig entsprechende nationale Berichte vorlegen. Förderung und Zusammenarbeit sollen vor allem in den Bereichen Wissenschaft und Forschung, Technologieentwicklung und -verbreitung sowie Erziehung, Ausbildung und Bewußtseinsbildung erfolgen.
- Die Industrieländer (sog. Annex-I-Parteien) verpflichten sich, Politiken und Maßnahmen zu ergreifen, um ihre Treibhausgasemissionen auf das Niveau von 1990 zurückzuführen. Dies bis zum Jahr 2000 zu erreichen, wird aufgrund der vagen Formulierung in Absatz 4.2 a und b nicht von allen als verbindliche Zielvorgabe interpretiert. Der Streit hat allerdings an politischer Sprengkraft verloren, nachdem sich die neue US-Administration unter Präsident Clinton 1993 die Rückführung bis zum Jahr 2000 als nationale Selbstverpflichtung auferlegt hat.
- Die OECD-Länder und die Europäische Union (sog. Annex II-Parteien) müssen außerdem neue und zusätzliche Finanzmittel verfügbar machen, um Entwicklungsländer bei der Umsetzung von Konventionsverpflichtungen zu un-

terstützen (Art. 4.3). Sie sollen den Zugang zu Technologien und Know-how fördern und angemessen finanzieren (Art. 4.5).
- Die KRK schafft auch das institutionelle Gefüge für ein wirksames Klimaregime. Mit der Einrichtung der Vertragsstaatenkonferenz als oberstem Konventionsorgan, dem Sekretariat, den beiden Nebenorganen für wissenschaftliche und technologische Beratung sowie für die Konventionsumsetzung und der Festlegung eines Finanzierungsmechanismus (dessen Aufgaben vorläufig durch die Globale Umweltfazilität wahrgenommen werden) sind die notwendigen Mechanismen verankert, um kontinuierlich Umsetzung und Fortentwicklung der KRK vorantreiben zu können.
- Ein solcher dynamischer Prozeß ist durch verschiedene Bestimmungen vorgegeben, die die Vertragsstaatenkonferenz verpflichten, regelmäßig die Durchführung der KRK im Lichte ihrer anspruchsvollen Zielsetzung zu überprüfen. Hinsichtlich der Rückführungsverpflichtung der Industrieländer soll dies bereits bei der ersten Sitzung und ein weiteres Mal spätestens 1998 erfolgen (Art. 4.2 d und 7.2).

6.3 Die Klimakonferenz in Berlin

Die 1. Vertragsstaatenkonferenz der Klimarahmenkonvention fand vom 28. März bis 7. April 1995 in Berlin unter Vorsitz der deutschen Bundesumweltministerin, Dr. Angela Merkel, statt. Die Teilnahme von rund 1 000 Delegierten aus 170 Staaten, 1 000 Beobachtern, insbesondere von 165 Nichtregierungsorganisationen, und 2 000 Medienvertretern zeigte das breite Interesse an der Klimapolitik. Die Aufmerksamkeit gesellschaftlicher Gruppen und der Medien erzeugte vielfach wirkungsvoll zusätzlichen politischen Handlungsdruck auf die Regierungen am Konferenztisch.

6.3.1 Das Berliner Mandat

Politisch zentrales Thema war die Überprüfung der bestehenden Industrieländerverpflichtung und ihre Verschärfung durch eine Änderung der Konvention oder ein sie ergänzendes Protokoll. Der Verhandlungsverlauf ist für die Beurteilung der Konferenzergebnisse, aber auch zum Verständnis der sich an Berlin anschließenden Verhandlungen bis 1997 wichtig.

Bereits vor der Konferenz war klar geworden, daß entgegen der Zielsetzung einiger Staaten einschließlich Deutschlands die Vereinbarung zusätzlicher Begrenzungs- und Reduktionsverpflichtungen in Berlin nicht erwartet werden konnte.[5] Zwar hatte fristgerecht im September 1994 die Allianz kleiner Inselstaa-

---
5 Vgl. Biermann, 1995: 67; Grubb, 1995: 1; Oberthür/Ott, 1995a: 145.

ten (AOSIS) einen Protokollentwurf[6] eingereicht und Deutschland ergänzend Elemente für ein Protokoll[7] vorgelegt. Dem vorbereitenden Zwischenstaatlichen Verhandlungsausschuß (der erfolgreich die Konvention ausgehandelt hatte - vgl. 6.2) war es jedoch auch in seiner abschließenden Sitzung im Februar 1995 nicht gelungen, sich auf die Unangemessenheit der bestehenden Rückführungsverpflichtung der Industrieländer zu verständigen. Damit war bereits die nach Art. 4.2 d der Konvention notwendige Voraussetzung für verschärfende Beschlüsse nicht gegeben. Es bestand die durchaus realistische Befürchtung, in Berlin käme nicht einmal ein inhaltlich konkretisierter Auftrag für Protokollverhandlungen zur Verringerung der Treibhausgasemissionen zustande (Grubb, 1995: 1, 79; WBGU, 1995b: C.1.1.).

Trotz zahlreicher informeller Konsultationen, insbesondere der deutschen Regierung und der deutschen Konferenzpräsidentin, im Vorfeld der Konferenz waren die Verhandlungen in Berlin zunächst weiter blockiert. Insbesondere China, Rußland und die OPEC-Staaten behielten ihre Verweigerungshaltung aus dem Vorbereitungsausschuß bei. Intensive informelle Konsultationen zwischen einzelnen Staaten, Staatengruppen und der Konferenzpräsidentin, aber auch aktive Überzeugungsarbeit der Umweltverbände und eine gut informierte Presseberichterstattung entwickelten den notwendigen Druck für ein Aufbrechen der verhärteten Fronten. Am Ende der ersten Woche einigten sich auf Initiative Indiens hin alle großen und insgesamt schließlich 72 Entwicklungsländer auf das sog. *Green Paper*. Es stellte die Unangemessenheit der bestehenden Industrieländerverpflichtungen fest und forderte Verhandlungen, die ausgehend vom AOSIS-Protokollentwurf vor allem rechtsverbindliche Reduktionsziele für die Industrieländer festlegen sollten (wie eine CO_2-Reduktion um 20%). Gleichzeitig dürften keinerlei neue Verpflichtungen für die Entwicklungsländer vereinbart werden. Mit Vorlage dieses Papiers war die Einheit der „G77 und China" auch formal zerbrochen, die OPEC-Staaten wurden deutlich isoliert.

Auch die Industrieländer waren sich alles andere als einig. Die Mitglieder der sog. JUSCANZ-Gruppe - angeführt von den USA und Australien waren dies vor allem Kanada, Neuseeland und teilweise Japan - stellten sich gegen verbindliche Verpflichtungen zur Emissionsreduktion nach 2000 unter das Niveau von 1990 und machten Verpflichtungen zur Emissionsbegrenzung auch für die Entwicklungsländer zur Bedingung eines Verhandlungsmandats. Die 15 in der Europäischen Union vereinten Staaten strebten dagegen klare Reduktionsziele mit exakten Zeitvorgaben für die Jahre nach 2000 an. Sie waren auch bereit, für die nächste Verhandlungsrunde auf neue Entwicklungsländerverpflichtungen zu verzichten. Bei der zu erwartenden globalen Emissionsentwicklung - die verschiedenen Szenarien gehen davon aus, daß in wenigen Jahrzehnten die Emissionen der Entwicklungsländer die der Industrieländer erreicht haben und danach deutlich übersteigen werden - steht zwar außer Frage, daß auch die Entwick-

---

6 UN-Dokument A/AC.237/L.23 vom 27. Sept. 1994.
7 UN-Dokument A/AC.237/L.23 Add.1 vom 27. Sept. 1994.

lungsländer ihre Emissionen werden begrenzen müssen. Andererseits haben die Industrieländer als Hauptverursacher - sie sind für insgesamt 95% der historischen Treibhausgasemissionen verantwortlich und verbrauchen noch immer pro Kopf der Bevölkerung 10 bis 40mal mehr Energie als Entwicklungsländer - noch nicht durch wirkungsvolle Emissionsreduktion ihrer besonderen Verantwortung Rechnung getragen. Bevor hier nicht weitere Schritte getan werden, ist es daher nicht realistisch, von den Entwicklungsländern verbindliche Verpflichtungen zur Emissionsbegrenzung zu fordern.

Die damit erreichte inhaltliche Übereinstimmung in wesentlichen Grundzügen zwischen der Green Group der Entwicklungsländer und der Europäischen Union machte das zentrale Ergebnis der Berliner Konferenz möglich: Das Berliner Mandat,[8] mit dem ein Verhandlungsprozeß eingeleitet wird, der zur Annahme eines Protokolls oder eines anderen völkerrechtlichen Instruments auf der dritten Vertragsstaatenkonferenz 1997 führen soll. Danach sollen für ein solches Protokoll oder Instrument sowohl Verpflichtungen der Industrieländer zu Politiken und Maßnahmen erarbeitet als auch quantifizierte Begrenzungs- und Reduktionsziele für zu bestimmende Zeithorizonte festgelegt werden - 2005, 2010 und 2020 werden als Beispiele genannt. Für die Entwicklungsländer sollen keine neuen Verpflichtungen aufgenommen werden. Die bestehenden Konventionsverpflichtungen auch dieser Länder werden jedoch bestätigt, ihre Umsetzung soll beschleunigt vorangetrieben werden. Die Verhandlungen sollen in einer eigens eingesetzten Arbeitsgruppe (Ad hoc Group for the Berlin Mandate - AGBM) geführt werden. Der Prozeß soll in seinem frühen Stadium auch eine Bestandsaufnahme und Bewertung möglicher Politiken, Maßnahmen und Ziele umfassen.

6.3.2 Die gemeinsame Umsetzung von Verpflichtungen nach der Klimarahmenkonvention

Die gemeinsame Umsetzung von Konventionsverpflichtungen (Joint Implementation) war das andere politisch intensiv diskutierte Thema der Konferenz. Es ging dabei um Kriterien für die Ausgestaltung der in der Klimarahmenkonvention vorgesehenen Möglichkeit, daß Vertragsparteien der KRK Verpflichtungen gemeinsam mit anderen KRK-Mitgliedsstaaten durchführen können (Art. 4.2a und d). Grundgedanke dieses politisch wie methodisch noch sehr umstrittenen Konzepts ist es, Maßnahmen zum Klimaschutz dort durchzuführen, wo sie am wenigsten kosten, denn für den klimaschützenden Effekt ist der Ort der Maßnahme gleichgültig. Ein Staat bzw. wirtschaftlicher Akteur in einem Land soll deshalb in einem anderen Staat bzw. in Kooperation mit einem dortigen Akteur in emissionsreduzierende Maßnahmen investieren und sich die erzielten Einsparungen auf Reduktionsverpflichtungen im eigenen Land anrechnen lassen können. Beispielsweise könnte ein deutsches Unternehmen ein Kohlekraftwerk in China, das

---

8 Text als Entscheidung 1/CP.1 in UN-Doc. FCCC/CP/1995/7/Add.1.

bisher nur 20% Effizienz aufweist, mit moderner Technik ausstatten und damit über 40% Energieeffizienz erreichen. Die CO_2-Einsparung durch eine solche Maßnahme wäre erheblich höher als die bei gleicher Investition in ein deutsches Kraftwerk, das bereits eine hohe Effizienz aufweist.

Hauptvorwurf der Kritiker - vor allem die große Mehrheit der Entwicklungsländer - ist, daß insbesondere durch die vorgesehene Kreditierung die Verantwortlichkeit für Emissionsreduzierungen von den Industrie- auf die Entwicklungsländer verlagert würde. Deshalb solle Joint Implementation nur zwischen Industrieländern zugelassen werden.

Man einigte sich schließlich auf die Durchführung einer Pilotphase für „gemeinsam durchzuführende Aktivitäten" (activities implemented jointly).[9] Die Entwicklungsländer konzedierten, daß an dieser Pilotphase auf freiwilliger Basis auch Entwicklungsländer teilnehmen können. Die Industrieländer - zuletzt auch die USA - verzichteten auf eine Anrechnung erzielter Reduktionen während der Pilotphase. Auch verzichteten sie darauf, den Einsatz des Instruments der gemeinsamen Umsetzung weiterhin mit der Frage neuer Verpflichtungen der Industrieländer in einem Protokoll oder anderen Rechtsinstrument zu verknüpfen. Die Vertragsparteien sollen der Vertragsstaatenkonferenz und ihren Nebenorganen über ihre Erfahrungen mit Pilotprojekten berichten. Ausgehend von einer jährlichen Evaluierung der Fortschritte soll die Vertragsstaatenkonferenz spätestens bis zum Ende des Jahrzehnts über die Ergebnisse der Pilotphase und das Vorgehen danach entscheiden.

6.3.3 Weitere Ergebnisse der Berliner Klimakonferenz

Die Berliner Konferenz traf ohne größere politische Auseinandersetzungen und weitgehend gemäß den Empfehlungen des Vorbereitungsausschusses weitere 19 Entscheidungen,[10] insbesondere

- zum Finanzmechanismus der Konvention: Die Globale Umweltfazilität wird weiter als vorläufiger Finanzmechanismus der KRK dienen. Sie muß dabei von der Vertragsstaatenkonferenz festgelegte Vorgaben zu Politiken, Programmprioritäten und Auswahlkriterien hinsichtlich der von ihr unterstützten Projekte beachten;
- zum Haushalt der Konvention für 1996/1997;
- zur verstärkten Umsetzung der Konventionsverpflichtungen hinsichtlich der technologischen Zusammenarbeit und des Technologietransfers;
- zu methodischen Fragen, u.a. der Erarbeitung von nationalen Treibhausgasinventaren;
- zu den einzelnen Aufgaben der beiden Nebenorgane der Konvention sowie

---

9 Text als Entscheidung 5/CP.1 in UN-Doc. FCCC/CP/1995/7/Add.
10 Texte in UN-Dok. FCCC/CP/1995/7/Add. 1

- zu den Richtlinien für die nationalen Berichte und zu deren Auswertung. Bis zum 15. April 1997 müssen die Industrieländer ihren 2. Nationalbericht vorlegen.
- Die zunächst eher technisch anmutende Frage der Geschäftsordnung für die Vertragsstaatenkonferenz und ihrer Nebenorgane barg einigen politischen Sprengstoff. Zwar wurde keine endgültige Geschäftsordnung verabschiedet; alle Entscheidungen der Konferenz konnten jedoch im Konsens angenommen werden. Außerdem war Einigung erzielt worden, den Entwurf der Geschäftsordnung - mit Ausnahme der strittigen Abstimmungsregeln - anzuwenden. Damit war sichergestellt, daß die Vertragsstaatenkonferenz handlungsfähig war und auch die Nebenorgane ihre Arbeit zur Vorbereitung der 2. Vertragsstaatenkonferenz 1996 aufnehmen können. Entgegen der Befürchtung vieler Nichtregierungsorganisationen und der Medien gelang es damit in Berlin nicht, substantielle Entscheidungen durch Geschäftsordnungsfragen zu verhindern. Verschoben werden mußte die Entscheidung, mit welchen Mehrheiten über wichtige Sachfragen (wie insbesondere Protokolle und Finanzfragen) entschieden wird, wenn kein Konsens erzielt werden kann.

  Entgegen anderer Erwartungen (Oberthür/Ott, 1995a: 155) ist es zweifelhaft, daß diese Frage bereits auf der 2. Vertragsstaatenkonferenz 1996 gelöst werden kann. Die OPEC-Staaten bestehen auf Konsens für ein Protokoll. Dessen Annahme ist nach dem Berliner Mandat erst für 1997 vorgesehen. Deshalb steht zu befürchten, daß diese Länder nicht bereit sein werden, vor näherer Kenntnis über den Inhalt eines Protokolls ihr „Pfand" aufzugeben. Sie konnten diese Position bislang durchhalten, da einige Industrieländer auf Konsens für Finanzentscheidungen bestanden und ebenfalls keine Kompromißbereitschaft zeigten.
- Für Deutschland sehr erfreulich war die Entscheidung der Konferenz, das ständige Sekretariat der Konvention in Bonn anzusiedeln. Es wird seine Arbeit in Bonn Mitte 1996 aufnehmen.

6.4 Kernfragen des weiteren Verhandlungsprozesses

Angesichts der schwierigen Ausgangslage kann die Berliner Konferenz als erfolgreiche Konstituierung der Vertragsstaatenkonferenz bewertet werden. Der institutionelle Rahmen der Konvention ist geschaffen bzw. ausgefüllt worden. Mit der Pilotphase für gemeinsam umgesetzte Aktivitäten konnte eine internationale Basis zur weiteren Entwicklung dieses Instruments gelegt werden. Allerdings wurden keine weiterführenden Verpflichtungen zur dringlich erforderlichen Emissionsreduktion beschlossen. Das Berliner Mandat leitet jedoch einen Verhandlungsprozeß mit konkreten inhaltlichen und zeitlichen Vorgaben ein. Mit Berlin ist der seit Rio laufende Konsolidierungsprozeß zum Abschluß gekommen. Das internationale Klimaregime ist in eine neue, wohl noch schwierigere Phase eingetreten (Grubb, 1995: 5, 79ff; Oberthür/Ott, 1995a: 154ff).

Die Arbeitsgruppe zur Umsetzung des Berliner Mandats hat ihre Arbeit mit einer organisatorischen Sitzung im August 1995 und der ersten inhaltlichen Verhandlungsrunde im Oktober/November 1995 aufgenommen. Dabei ist deutlich geworden, daß die genannten, vor Berlin bestehenden Interessenkonflikte keinesfalls überwunden sind. Es steht durchaus zu befürchten, daß auch mit dem Berliner Mandat geschlossene Kompromisse wieder ausgehebelt werden sollen. Auch wird von einigen Staaten versucht, über Forderungen nach äußerst umfangreicher Analyse und Bewertung der Handlungsoptionen den eigentlichen Verhandlungsprozeß zu verzögern. Als Kernprobleme der Verhandlungen bis 1997 zeichnen sich folgende Themen ab:

- Umsetzung des sog. kombinierten Ansatzes im Berliner Mandat, im Protokoll sowohl Politiken und Maßnahmen als auch quantifizierte Begrenzungs- und Reduktionsziele mit Zeitvorgaben festzulegen: Während die Europäische Union und die Entwicklungsländer auf Konsistenz mit dieser Vorgabe bestehen, stoßen vor allem Mengen- und Zeitziele erneut auf Widerstand insbesondere in der JUSCANZ-Gruppe.
- Rechtliche Verbindlichkeit der Verpflichtungen: Hierzu enthält das Berliner Mandat keine Vorgaben. Es zeichnen sich sehr unterschiedliche Positionen ab. Die meisten Entwicklungsländer sowie Deutschland und einige weitere EU-Staaten treten für verbindliche Ziele und verbindliche Politiken und Maßnahmen ein. Insbesondere die USA und Australien haben hingegen deutlich gemacht, daß sie Ziele allenfalls als unverbindliche Leitlinien akzeptieren und im Protokoll nur eine indikative Liste von Politiken und Maßnahmen (menue of options) vereinbaren wollen, über deren nationale Umsetzung jedes Land frei entscheiden kann.
- Festlegung der möglichen Politiken und Maßnahmen in einem Protokoll bis 1997: Die deutschen Vorstellungen sind im wesentlichen bereits in o.g. Elementepapier enthalten; auch die EU hat erste Bereiche und Maßnahmen benannt. Gemeinsam wird derzeit in der EU, aber auch mit den übrigen OECD-Ländern an weiteren Konkretisierungen für die kommenden Verhandlungsrunden gearbeitet.
- Mengen- und Zeitziele für die Industrieländer jenseits des Jahres 2000: Erste konkrete Vorschläge sind
  - eine Reduktion der CO_2-Emissionen um 20% gegenüber 1990 bis zum Jahr 2000 (so der AOSIS-Protokollentwurf, den die gesamte Green Group der Entwicklungsländer unterstützt);
  - eine Reduktion der CO_2-Emissionen um 10% bis 2005 und 15-20% bis 2010 gegenüber 1990 (so die deutsche Regierung unter Beibehaltung ihres nationalen Ziels von 25% bis 2005 gegenüber 1990. Sie wird Zielforderungen auch für andere Treibhausgase in Kürze vorlegen);
  - eine Reduktion aller von der Konvention erfaßten Treibhausgase um 5-10% gegenüber 1990 bis 2005 (so Großbritannien).

- Umsetzung der Vorgabe des Berliner Mandats, keine neuen Verpflichtungen für die Entwicklungsländer zu schaffen, die Umsetzung der bestehenden Verpflichtungen jedoch beschleunigt voranzutreiben: Viele Entwicklungsländer bezeichnen dies als das für sie wichtigste Ergebnis von Berlin. Die ersten Verhandlungen danach haben gezeigt, daß sie sich jedem Versuch hinsichtlich neuer Verpflichtungen erbittert widersetzen werden. Konkrete Vorschläge zur beschleunigten Umsetzung der bestehenden Verpflichtungen liegen noch nicht vor. Die Ausgestaltung der Berichtspflichten der Entwicklungsländer nach Artikel 4 Absatz 1 der Konvention könnte einen ersten Ansatzpunkt bieten.

Es wird ohne Frage außerordentlicher Anstrengungen bedürfen, um auf der 3. Vertragsstaatenkonferenz 1997 ein weiterführendes Protokoll mit anspruchsvollen Verpflichtungen zu erreichen. Wie dringlich weiteres Handeln zum Klimaschutz angesichts der wissenschaftlichen Erkenntnisse zu Klimaänderungen und des projizierten Anstiegs der Treibhausgasemissionen ist, hat das IPCC in seinem bereits genannten zweiten Sachstandsbericht (1996) erneut verdeutlicht. Es ist zu hoffen, daß dieser Bericht, der von über 2 000 Wissenschaftlern aus aller Welt erarbeitet und von mehr als 120 Regierungen angenommen wurde, die Verhandlungen über weitergehende Verpflichtungen voranbringt.

Die Europäische Union und gerade auch Deutschland müssen weiterhin treibende Kraft in den internationalen Verhandlungen bleiben. Dies setzt auch voraus, daß sie ihre eigenen Ziele und Maßnahmen glaubwürdig umsetzen und fortentwickeln. Auch in der Zusammenarbeit mit den übrigen OECD-Staaten und den mittel- und osteuropäischen Staaten erhöht dies die Aussichten für gemeinsame Fortschritte. Wesentlich wird ferner sein, daß die große Zahl der Entwicklungsländer in der Berliner Green Group weiterhin vereint für eine anspruchsvolle Umsetzung des Berliner Mandats eintritt. Nicht zuletzt bedarf es auch zukünftig der intensiven Begleitung durch die Nicht-Regierungsorganisationen und Medien, damit auch die breite Öffentlichkeit anspruchsvollen Klimaschutz von ihren Regierungen einfordert und durch die Bereitschaft zu entsprechendem eigenen Handeln ermöglicht.

Teil III
Internationale Klimapolitik -
Akteure, Konfliktlinien und Probleme

7 Der umweltpolitische Entscheidungsprozeß in der Europäischen Union am Beispiel der Klimapolitik

*Andrea Lenschow**

7.1 Einleitung

Die Europäische Union (EU)[1] hat sich in den vergangenen Jahrzehnten zu einem wichtigen Akteur in der europäischen sowie der internationalen Umweltpolitik entwickelt. Nachdem der Treibhauseffekt als eines der herausragenden globalen Umweltprobleme unserer Zeit anerkannt wurde, hat sich die EU auch hier engagiert. Während sich Kap. 8 mit der Rolle der EU im internationalen Klimaregime auseinandersetzt, wird sich dieser Beitrag weitgehend auf die politischen Prozesse auf EU-Ebene beschränken und den internationalen Kontext nur am Rande betrachten. Die vorliegende Diskussion wird sich zudem auf EU-Maßnahmen zur Reduzierung der CO_2-Emissionen konzentrieren, da von allen Treibhausgasen (CO_2, N_2O, CH_4, FCKW) CO_2-Emissionen als hauptverantwortlich für den Treibhauseffekt gelten und auch im Mittelpunkt der EU-Klimapolitik stehen.

Obwohl sich die EU schon 1990 dazu verpflichtet hat, CO_2-Emissionen bis zum Jahre 2000 auf dem Niveau von 1990 zu stabilisieren (Protokoll des gemeinsamen Energie/Umwelt-Ministerrats, 29. Oktober 1990), bestehen erhebliche Zweifel, ob die Union in der Lage sein wird, dieses Stabilisierungsziel zu erreichen. So geht zum Beispiel der amerikanische Informationsdienst DRI davon aus, daß CO_2-Emissionen in der EU bis zum Jahre 2000 um 5,9% und zwischen 2000 und 2015 um weitere 13,9% ansteigen werden. Die Europäische Kommission hat bestätigt, daß ohne sofortiges mutiges Handeln die CO_2-Werte

---

* Dieses Kapitel entstand mit der großzügigen finanziellen Hilfe der Mellon Foundation und Dissertations- und Reisestipendien der New York University. Weiterhin habe ich von der Hospitalität des Nuffield College (Oxford) und der Universite Libré (Brüssel) profitiert. Ich möchte sowohl diesen Institutionen für ihre Unterstützung danken als auch den zahlreichen Mitarbeitern der EU-Kommission, Mitgliedern des EP sowie Interessenvertretern, die mir in persönlichen Gesprächen die politischen Prozesse in der EU nahegebracht haben.

1 Der Einfachheit halber wird der Name „Europäische Union" oder „EU" durchgehend benutzt, also auch in bezug auf Ereignisse, die vor der Ratifizierung des Vertrages von Maastricht (1993) stattfanden.

in der Union bis zum Jahre 2000 um 5-8% ansteigen werden (CEC, 1994a).[2] Die Hauptverantwortung wird dabei dem Verkehrsbereich und der Struktur des Energiesektors beigemessen; technologische Fortschritte im Bereich regenerativer Energien und Energieeffizienz können diese Trends nur unzureichend verändern (EE, 21.2.1995: I/2-6). Angesichts dieser fatalen Prognosen stellt sich die Frage, warum die EU-Klimapolitik trotz ihrer relativ ambitionierten Zielsetzung bisher nur zu wenigen konkreten Ergebnissen geführt hat.

Diese Frage soll hier auf der Grundlage von drei kurzen Fallstudien behandelt werden. Verglichen mit den generellen Fortschritten, die im Rahmen der EU-Umweltpolitik gemacht wurden, sind besonders die abgebrochene Planung einer CO_2-/Energiesteuer sowie die Entwicklung der europäischen Verkehrsinfrastrukturpolitik enttäuschend. Auch ordnungs- und strukturpolitische Maßnahmen im Energiesektor wurden im Laufe der letzten fünf Jahre nur leicht intensiviert, wenn nicht sogar abgeschwächt. Dieses Kapitel will zeigen, daß diese generelle, wenngleich differenzierte Fehlleistung, Umweltgesichtspunkte in die Energie- und Verkehrspolitik der EU zu integrieren, mit ungünstigen prozeduralen und institutionellen Strukturen sowie historischen Zusammenhängen zu erklären ist.

7.2   Umweltpolitik in der EU

Das Problem des Treibhauseffekts wurde zu einem Zeitpunkt auf die umweltpolitische Tagesordnung der EU aufgenommen, als sich die Umweltpolitik der Union in einem „Hoch" befand und auch der europäische Integrationsprozeß im allgemeinen große Fortschritte[3] machte. Im Bereich der Luftverschmutzung wurden einige sehr bedeutende Richtlinien verabschiedet, zum Beispiel die sogenannte Großfeuerungsanlagen-Richtlinie 89/429/EEC und der Zusatz zur Automobilemissionen-Richtlinie 91/441/EEC.[4] 1987 wurde die Einheitliche Europäische Akte (EEA) verabschiedet, die der europäischen Umweltpolitik eine eigene vertragliche Grundlage gab. Die Akte legte mit Art. 130r EWG fest, daß die Umweltpolitik der Gemeinschaft den Vorsorge- und Verursacherprinzipien folgen sowie für die Integration von Umweltgesichtspunkten in alle anderen Politikbereiche sorgen sollte. Diese drei Parameter der europäischen Umweltpolitik hatten schon in frühere Umweltaktionsprogramme der Union Eingang gefunden.

---

2 Nach dem Ende 1995 von der EU-Kommission vorgelegten Bericht werden die Emissionen im Jahr 2000 gegenüber 1990 0-5% höher sein, sofern keine weiteren Maßnahmen ergriffen werden.
3 Vgl. zur Entwicklung der Umweltpolitik in Europa: Koeppen, 1988; Liberatore, 1991; Liefferink/Lowe/Mol, 1993; Rüdig, 1994; Weale, 1992; Weale/Williams, 1993.
4 Vgl. zur Analyse beider Richtlinien: Arp, 1993; Boehmer-Christiansen, 1990; Boehmer-Christiansen/Skea, 1991; Corcelle, 1989; Farfard, 1995; Tsebelis, 1994.

Deren Umsetzung litt allerdings an der Unverbindlichkeit dieser Programme, was sich erst mit der EEA änderte.

1992/93 wurde ein weiterer Meilenstein in bezug auf den Entscheidungsprozeß im Bereich der europäischen Umweltpolitik erreicht. Im Rahmen der EEA benötigten umweltpolitische Richtlinien und Verordnungen normalerweise Einstimmigkeit im Ministerrat, es sei denn, der betreffende Gesetzestext wurde auf der Gesetzesgrundlage des Binnenmarkts, d.h. auf Grundlage von Art. 100a EGV, vorgestellt. Seit der Ratifizierung des Vertrages zur Europäischen Union (EUV) werden die meisten Umweltentscheidungen auf der Grundlage einer qualifizierten Mehrheit gefällt, was die Verabschiedung progressiver Umweltpolitik erleichtert. Auch dem meist umweltfreundlichen EP (Judge, 1993) wurde eine größere Einflußnahme im Entscheidungsprozeß zuerkannt. Diese prozeduralen Veränderungen sind um so gewichtiger, als auch die formale Verpflichtung der EU zur dauerhaften und umweltgerechten („sustainable") Entwicklung und zum Integrationsprinzip verstärkt wurde.

Das Konzept „sustainability" lag auch dem fünften europäischen Umweltaktionsprogramm (CEC, 1992a) zugrunde, das dieses Ziel im Rahmen von geteilter Verantwortlichkeit und Partnerschaft zwischen den lokalen, nationalen und europäischen Regierungsebenen sowie mit den Sozialpartnern und der allgemeinen Öffentlichkeit anstrebte. In bezug auf das Integrationsprinzip wurde der Schwerpunkt auf fünf Politikbereiche gelegt: Energie, Verkehr, Industrie, Landwirtschaft und Tourismus. Die Tatsache, daß die Politikintegration damit offenbar zur Priorität europäischer Umweltpolitik avancierte, ist besonders wichtig für die Klimapolitik der EU, da ihr Erfolg zutiefst auf drastischer Reduzierung der Umweltauswirkungen, die von Aktivitäten in anderen Politikbereichen (insbesondere bei Energie und Verkehr) ausgehen, beruht.

Trotz dieses offenbar so positiven Klimas für die europäische Umweltpolitik in den späten achtziger und frühen neunziger Jahren sind die Fortschritte, die im Bereich der Klimapolitik gemacht wurden, alles andere als beeindruckend. Bevor verschiedene Erklärungen für diese enttäuschende Entwicklung geprüft werden können, ist es notwendig, die Inhalte und die Geschichte der drei hier untersuchten Fälle ein wenig detaillierter zu betrachten.

7.3 Inhalte und Chronologie der EU-Klimapolitik

7.3.1 Der Weg zur Formulierung einer gemeinsamen Strategie zur Reduzierung der CO_2-Emissionen

Wie schon anderswo (Jachtenfuchs, 1994; Skjærseth, 1994; Wynne, 1993) ausführlich beschrieben, begann in den EU-Institutionen seit Mitte der achtziger Jahre eine Auseinandersetzung mit dem Klimawandel. Die EU-interne Entwicklung war dabei eng mit internationalen Prozessen verbunden. Im Jahr 1988 gab die EU-Kommission eine Mitteilung an den Ministerrat, in der sie die vorhandenen wissenschaftlichen Erkenntnisse zum Treibhauseffekt zusammenfaßte und einige noch sehr vorsichtige politische Aktionen vorschlug (CEC, 1988). Im folgenden Jahr wurde die internationale Debatte zum Klimawandel zum zentralen Thema innerhalb der EU. So verabschiedete der Ministerrat im Juni 1989 eine Resolution zum Treibhauseffekt, in der hervorgehoben wurde, daß die EU effektiv zu den anstehenden internationalen Verhandlungen beitragen müsse (OJ, C183, 20. Juli 1989). Die Kommission stimmte in einer Mitteilung (CEC, 1989) zu, daß die Union eine internationale Führungsrolle einnehmen solle. Während des Treffens des gemeinsamen Energie/Umwelt-Ministerrats im Oktober 1990, also unmittelbar vor der zweiten Weltklimakonferenz, kam man überein, die CO_2-Emissionen bis zum Jahre 2000 auf dem Niveau von 1990 zu stabilisieren, womit man eine Grundlage für diese Führungsrolle schuf.

Innerhalb der Kommission war unterdessen eine Debatte über Strategien und Politikinstrumente zur Bewältigung der Klimaproblematik in Gange. Es wurde ein ad hoc Komitee aus Vertretern von insgesamt zehn Generaldirektionen - GD I (Internationale Beziehungen), GD II (Wirtschaft und Finanzen), GD III (Industrie), GD VI (Landwirtschaft), GD VII (Verkehr), GD VIII (Entwicklungspolitik), GD XI (Umwelt), GD XII (Forschung), GD XVII (Energie), GD XXI (Indirekte Steuern) - gebildet, von denen sich die GD XI, XVII und XXI als die zentralen Akteure herauskristallisierten. GD XI und XVII arbeiteten an einem Programm mit, das durch die Förderung von energieeffizienten und regenerativen Technologien sowie durch verbraucherverhaltens-orientierte Maßnahmen sowohl das Energieangebot langfristig sichern als auch die CO_2-Emissionen reduzieren sollte. Zentrale Elemente dieser sogenannten *„no-regrets" Strategie* wurden die Programme SAVE für Energieeffizienz und ALTENER für regenerative Energien (CEC, 1992b, 1992c).

Die Entwicklung finanzpolitischer Instrumente stellte sich von vornherein problematischer dar. Die GD XI trat unter ihrem italienischen Kommissar Carlo Ripa di Meana für die Einführung einer CO_2-Steuer ein. Sie wurde darin aber nur von der GD XVII unterstützt und traf auf erbitterten Widerstand seitens der französisch-geführten GD XXI sowie von Bangemanns GD III. Im Dezember 1990 wurde die alternative Idee einer kombinierten CO_2-/Energiesteuer zum ersten Mal in einem Arbeitspapier der GD I vorgelegt (Liberatore, 1995). Dieser Vorschlag einer kombinierten Steuer eignete sich eher für einen Kompromiß, da der finanzpolitische Effekt einer solchen Steuer von der Energiestruktur der einzelnen Mitgliedstaaten unabhängig wäre, sie also kohleabhängige Länder nicht gegenüber Kernenergieverbrauchern benachteiligen würde,[5] was aber ihren Beitrag zur CO_2-Reduzierung beeinträchtigt hätte. Trotzdem blieb dieser Vorschlag innerhalb der Kommission umstritten und provozierte eine der intensivsten Lob-

---

5 Frankreich zog allerdings eine reine CO_2-Steuer vor, da diese ihren Kernenergiesektor unberührt ließe.

bykampagnen, die Brüssel je erlebt hat (Skjærseth, 1994: 28-31; UNICE 1990a, 1990b, 1991, 1992, 1993; AE, 8.5.1992: 14).

Der Kompromiß, der schließlich in der Kommission ausgehandelt und dem Ministerrat zum Beschluß vorgelegt wurde, beruhte auf der Bedingung, daß die Einführung einer CO_2-/Energiesteuer an äquivalente Maßnahmen bei den Haupthandelspartnern der EU gebunden werden sollte. Ferner sollten großen industriellen Energieverbrauchern diverse Freistellungen zugebilligt und den Mitgliedstaaten das Recht zugestanden werden, mit Billigung des Ministerrats die Steuer temporär zu suspendieren. Mit anderen Worten, schon in der von der Kommission geführten Planungsphase schwanden die Chancen für eine wirklich progressive weltweit führende Maßnahme, um das Risiko einer internationalen Wettbewerbsverzerrung aus steuerlichen Gründen zu vermeiden.

Die Kommission legte ihren Vorschlag für eine EU-Richtline zur Einführung einer CO_2-/Energiesteuer (CEC, 1992d) unmittelbar vor Beginn der UNCED Konferenz Ende Mai 1992 vor. Unter dem Druck der UNCED Konferenz und in der Absicht, eine europäische Führungsrolle zu übernehmen, war dieses Kommissionspapier entstanden. Dieser Kompromiß eignete sich jedoch nicht dazu, da die EU ihren Plan von entsprechenden Maßnahmen der USA und Japans abhängig machte (vgl. Kap. 8). Die Umweltminister der EU waren außerdem nicht einmal in der Lage, diese Gesetzesvorlage der Kommission zu unterstützen, woraufhin Umweltkommissar Ripa di Meana sich weigerte, an der UNCED Konferenz teilzunehmen. Die interne Uneinigkeit in der Union unterminierte zusätzlich ihre ohnehin schon schwache kollektive Rolle in Rio. Dies war symptomatisch für die mangelnde Fähigkeit der Union, ihre *interne* Klimapolitik weiter voranzutreiben.

Dennoch legte die Kommission im Juni 1992 mit Zustimmung des Ministerrates ein strategisches Paket zur europäischen Klimapolitik vor (CEC, 1992e), bei dem vier Maßnahmen im Mittelpunkt stehen sollten:
- eine Rahmenrichtlinie zur Energieeffizienz (SAVE);
- eine Richtlinie zur kombinierten CO_2-/Energiesteuer;
- eine Entschließung bezüglich spezieller Aktionen zur Unterstützung regenerativer Energiequellen (ALTENER);
- eine Entschließung zur Schaffung eines Mechanismus zur Beobachtung der CO_2-Emissionen und anderer Treibhausgase in der EU.

Die Kommission ging davon aus, bis zum Jahr 2005 die CO_2-Emissionen um 12% gegenüber dem Niveau von 1990 reduzieren zu müssen, um das Stabilisierungsziel zu erreichen. Davon sollten 6,5% durch die CO_2-/Energiesteuer, 3% mit dem SAVE- Programm, 1% mit dem ALTENER- Programm und weitere 1,5% durch das schon existierende THERMIE (Energietechnologie) Programm erzielt werden. Obwohl die Kommission auch Entwicklungen in der Verkehrs- und Energieinfrastruktur als Elemente ihrer Klimastrategie aufführte, schlug sie diesbezüglich keine speziellen Maßnahmen im Rahmen des Klimapakets vor, sondern verfolgte diese Aspekte hiervon getrennt.

Bis zur UNCED-Konferenz hatte es die EU zwar mit einiger Mühe geschafft, sich auf CO_2-Stabilisierungswerte und eine generelle Strategie zu einigen, aber zu konkreten Aktionen war es noch nicht gekommen, und deren Erfolg sollte in den nächsten Jahren mager ausfallen, wie im folgenden Abschnitt dargestellt wird.

7.3.2 Die CO_2-/Energiesteuer

Zwar hatte es eine Weile gedauert, bis sich die Kommission auf einen Gesetzesvorschlag zur CO_2-/Energiesteuer einigen konnte. Im nachhinein ist dies allerdings als eine außerordentliche Errungenschaft zu werten. Schon 1991 war die Uneinigkeit unter, aber auch innerhalb der Mitgliedstaaten deutlich geworden: Als die Umweltminister am 12. Oktober einstimmig zur Aktion einschließlich fiskalischer Maßnahmen aufrufen, wurden sie nur sechs Tage später von ihren Kollegen in den Energieministerien und im Dezember von den im Ecofin-Ministerrat versammelten Wirtschafts- und Finanzministern ausdrücklich gebremst (Skjærseth, 1994: 29-30). Nachdem die Kommission im Mai/Juni 1992 ihren endgültigen CO_2-/Energie-Steuervorschlag vorgelegt hatte, nahmen diese Meinungsverschiedenheiten sogar noch zu.

Trotz der umwelt- und energiepolitischen Ziele dieser Steuer wurde den Finanzministern die Hauptverantwortung übertragen. Die Steuer wurde zwar bei den jeweiligen Treffen der Umwelt- und Energieminister debattiert; ihre Verhandlungsergebnisse hatten aber nur eine beratende Funktion, wie auch beim Kohäsionsfonds (Lenschow, 1995a, 1996: Kap. 7) waren die Finanzminister nicht umweltpolitisch motiviert; sie beschäftigten sich primär mit der Verteidigung nationaler Finanzinteressen. Daran sollten auch Hinweise, daß die Union nur mit nationalen Maßnahmen ihr CO_2-Stabilisationsziel nicht erreichen würde, nichts ändern (AE, 25.3.1993: 7; CEC, 1994b).

Ungeachtet dieser Ablehnung einer europäischen Energiesteuer traten einige Regierungsvertreter nachdrücklich für eine CO_2-/Energiesteuer ein (Dänemark, Niederlande) und drohten mit der unilateralen Einführung von Umweltsteuern, was einer „Sabotage" der angestrebten Harmonisierung der Steuersysteme in der EU gleichkommen würde. Deutschland befürwortete eine europäische CO_2-/Energiesteuer, aber Großbritannien war unter keinen Umständen hierzu bereit, und wurde darin meist stillschweigend von anderen Mitgliedern unterstützt. Während sich Großbritannien in seiner Opposition auf das Subsidiaritätsprinzip stützte, das nach der britischen Interpretation mit Renationalisierung gleichgesetzt wurde (Golub, 1994), basierten die Bedenken anderer Verhandlungspartner auf konkreteren Anliegen. Frankreich bestand lange auf einer reinen CO_2-Steuer, um seine Nuklearindustrie vor einem Preisanstieg zu schützen. Spanien, Portugal, Irland und Griechenland befürchteten besondere Belastungen für ihre wirtschaftliche Entwicklung, was sich auch dann nicht änderte, als sich ihre nördlichen Kollegen

zu Arrangements über „burden-sharing" bereiterklärten (EE, 4.5.1993: 3-6; EE, 29.9.1993: I/6-8).
Angesichts dieser Interessengegensätze wurden verschiedene Alternativen zur CO_2-/Energiesteuer diskutiert, z.B. weiter ausgefeilte „burden-sharing" Mechanismen, die Reform und Harmonisierung nationaler Energieverbrauchssteuern und sogar „opt-out" Optionen. Diese Anstrengungen blieben allerdings ohne Erfolg (EWWE, 15.10.1993: 10-12; EWWE, 19.1.1993: 11; AE, 18.3.1994; EE, 11.10.1994: 3-4). Den Befürwortern einer Umweltsteuer fehlte es an politischem Gewicht im EU-Entscheidungsprozeß (Dänemark, Niederlande), oder sie waren wie Deutschland innenpolitisch gescheitert, sich zu einer ökologischen Steuerreform zu verpflichten und eine koordinierte EU-Position zu erarbeiten (EWWE, 15.7.1994: 7-8). Unter diesen Bedingungen konnte vor allem die britische Opposition nicht überwunden werden. Die für eine Gesetzesentscheidung notwendige Einstimmigkeit (vgl. 7.4.2.) kam nicht zustande. Während des Gipfels in Essen (1994) „einigten" sich die Regierungschefs, die Anwendung einer CO_2-/Energiesteuer den einzelnen Mitgliedstaaten zu überlassen und den Ecofin Ministerrat nur zur Schaffung gemeinsamer Richtlinien aufzufordern (EWWE, 16.12.1994: 7-8).[6] Während der französischen und spanischen EU-Präsidentschaft wurden 1995 in dieser Frage keine Fortschritte erzielt.
Wenngleich die Kommission und einige Mitgliedstaaten dementieren, daß das Thema einer europäischen CO_2-/Energiesteuer damit endgültig vom Tisch sei, scheint es höchst unwahrscheinlich, daß die EU den Rest der Welt vor der nächsten Staatenkonferenz der Klimarahmenkonvention (1996) mit einer gemeinsamen Steuer zur CO_2-Emissionsreduzierung beeindrucken wird. Nach dem letzten Stand hat die Kommission ihren Gesetzesvorschlag zur CO_2-/Energiesteuer revidiert und ein Rahmenprogramm erarbeitet, wonach die Steuer zunächst freiwillig sein wird und nach einer Übergangsphase bis zum Jahre 2000 unionsweit eingeführt werden soll (EWWE, 19. 5. 1995: 7-8; EE, 23.5.1995: Supplement). Eine Reaktion der Mitgliedstaaten zu diesem Vorschlag steht noch aus.

7.3.3 SAVE und ALTENER[7]

Zusätzlich zu den finanzpolitischen Maßnahmen hatte vor allem die Europäische Kommission vor, das ordnungspolitische Reglement im Bereich der Energiepolitik zu erweitern und Bedingungen zu schaffen, die zu einer effizienteren Nutzung vorhandener Energiequellen führen sowie die technologische Entwicklung und die Nutzung regenerativer Quellen fördern würden. Derartige Maßnahmen verfolgten neben der Reduzierung von CO_2-Emissionen das Ziel, für langfristige Energiesicherheit in Europa zu sorgen (*„no regrets policy"*).

---
6 „CO_2-/Energiesteuer: Bonn verhindert die europäische Klimasteuer", in: *Ökologische Briefe*, 50 (13.12.1995): 3-4.
7 Dieser Abschnitt basiert auf Arbeiten von Ute Collier 1993; 1994; 1996.

Tatsächlich bezogen sich die ursprünglichen Gesetzesvorschläge der Kommission zur Energieeffizienz ausschließlich auf die Sicherstellung ausreichender Energiequellen in Europa und nahmen die Form einer noch unausgereiften europäischen Energiepolitik an (CEC, 1990a). Diese ersten Vorschläge wurden in den darauffolgenden zwei Jahren aber umgearbeitet und in die CO_2-Strategie der Union integriert (CEC, 1992b). Doch während im Jahre 1991 noch eine ganze Reihe von spezifischen Richtlinienvorschlägen zur Energieeffizienz auf den Verhandlungstischen der EU lagen (zur Standardisierung von Elektrogeräten, einem Energieabzeichen sowie diverse Pilotstudien), wurden viele dieser Ideen später aufgegeben und das SAVE-Programm in ein Rahmenprogramm umgeschrieben, das 1993 in Kraft trat.[8] Dies bedeutet, daß nur die generellen Prinzipien der Politik im europäischen Rahmen festgelegt sind, auf deren Grundlage die einzelnen Mitgliedstaaten Aktionen und Gesetze entwickeln. Die Errichtung eines europäischen Rahmenprogramms hat generell den Vorteil, daß es den Mitgliedstaaten ermöglicht wird, auf besondere nationale oder lokale Gegebenheiten einzugehen. Eine solche Flexibilität hat allerdings auch den erheblichen Nachteil, daß niemand zu spezifischen Handlungen gezwungen werden kann, was z.B. Großbritannien dazu veranlaßte, jegliche neuen Gesetzesinitiativen im Rahmen des SAVE-Programms abzulehnen (Collier, 1993, 1996). Sowohl genaue Zielwerte als auch Zeitpläne wurden in der SAVE-Richtlinie fallengelassen, was es weiterhin erschwert, EU-Mitglieder zur Rechenschaft zu ziehen.

Es ist daher nicht überraschend, daß die EU-Kommission die bisherige Effektivität des SAVE-Programms angezweifelt hat (CEC, 1994a). Auch das SAVE-II-Programm, das 1995 im Entwurf vorlag, wird wahrscheinlich kaum effektiver werden. Trotz ihrer doppelten Legitimationsbasis (Energie, Umwelt) wurde die Politik für mehr Energieeffizienz der EU zwischen der Planungs- und der Entscheidungsphase abgeschwächt, und sie reichte nicht aus, um erheblich zur Reduzierung der CO_2-Emissionen beizutragen.

Das ALTENER-Programm wurde geschaffen, um die ordnungspolitischen Aktivitäten im Rahmen des SAVE-Programms zu komplementieren sowie Produktion und Nutzung regenerativer Energien durch Gesetzesharmonisierung, ökonomische Instrumente, Schulungen, Informationen und internationale Kooperation zu fördern. ALTENER ist ebenfalls ein Rahmenprogramm, das den Mitgliedstaaten großen Ermessensspielraum beim Vollzug erlaubt. Zudem wurden dem Programm nur wenige finanzielle Mittel aus dem EU-Budget zugeteilt (40 Mio. ECU über fünf Jahre). Trotz dieser Einschränkungen wurde der regenera-

---

8 Die SAVE-Rahmenrichtlinie 93/76/EEC hielt die Mitgliedstaaten dazu an, Programme in den folgenden Gebieten zu entwickeln: (1) Isolierungsmaßnahmen für neue Gebäude; (2) Energiezertifikate für Gebäude; (3) Berechnung von Heizkosten auf der Basis des tatsächlichen Verbrauchs; (4) Förderung von Drittparteien-Finanzierung für öffentliche Investitionen; (5) Inspektionen für Boiler; (6) Energieprüfungen (Audits) für Unternehmen mit hohem Energieverbrauch.

tive Sektor als vergleichsweise vielversprechend angesehen (vgl. 7.1.), und einige spezifische EU-Richtlinien, z.B. zum Biotreibstoff, sind in Vorbereitung.[9]

7.3.4 Europäische Verkehrsinfrastrukturpolitik

Nach Schätzungen ist der Verkehrssektor für ca. 25% der CO_2-Emissionen in der EU verantwortlich. Emissionen aus dem Straßenverkehr machen dabei 80% dieser 25% sowie 80% des vorausgesagten Anstieges bis zum Jahre 2000 aus. Fachleute weisen weiter darauf hin, daß weder Fortschritte in der Automobil- oder Treibstofftechnologie noch fiskalische Instrumente (aufgrund relativ niedriger Preiselastizität) ausreichend sein werden, die Emissionen erheblich zu verringern, und daß statt dessen der Schwerpunkt einer CO_2-Strategie im Verkehrsbereich auf einer modalen Umstrukturierung des Sektors (kurz: weg von der Straße) liegen sollte. Dennoch sind EU Anstrengungen in dieser Richtung bisher erfolglos geblieben - wenn nicht sogar rückläufig.

Im Gegensatz zur europäischen Energiepolitik, die bisher in den EU-Verträgen noch nicht verankert ist, war Verkehrspolitik eine der ersten Gemeinschaftsaufgaben gewesen (Titel IV des EWG-Vertrags). Sie führte allerdings lange ein „Mauerblümchen"-Dasein (Brandt, 1994: 95-96). Mit dem Inkrafttreten der EEA änderte sich das, und die europäische Verkehrspolitik fand eine neue „Identität" mit der Schaffung des Binnenmarkts. Das bedeutete, daß die Verkehrspolitik seitdem nach größerer Liberalisierung und dem Ausbau des transeuropäischen Verkehrsnetzes strebt. Die externen Kosten des Verkehrs, die durch Umweltverschmutzung, aber auch Lärmbelastung, Unfallrisiken, Wartezeiten und Flächennutzung entstehen, wurden dabei bisher weitgehend ignoriert.

Dieser beklagenswerte *status quo* bedeutet nicht, daß man sich dieser Problematik in der EU nicht bewußt ist. So wies beispielsweise die sogenannte „Task Force Environment and the Internal Market", die sich aus zwölf unabhängigen Wirtschaftsexperten unter der Leitung von G. Schneider von der GD XI zusammensetzte, auf die negativen ökologischen Auswirkungen des Verkehrswachstums hin, die aufgrund des Binnenmarkts erwartet wurden (Task Force Environment and the Internal Market, 1990: 99-102). Der interne Beraterstab der Kommission schätzt, daß die Umweltkosten des Straßenverkehrs mindestens 5% des BIP der Union betragen (CEC, 1990b: 28; OECD, 1988: 11), und hält einen auf Multimodalität, Landnutzungsplanung, Umweltschutz und Nutzungsgebühren basierenden „Master-Plan" für die europäische Verkehrsinfrastruktur für nötig (CEC, 1990b: 81). Auch der sogenannte Bericht der sieben Weisen wies auf die nachteiligen Auswirkungen des Verkehrswachstums hin und rief zu einer in sich kohärenten europäischen Verkehrspolitik auf, die vom unbegrenzten Wachstum

---
9 Die Produktion von Biotreibstoff ist aus anderen ökologischen Gründen umstritten, da sie zu intensivem landwirtschaftlichen Anbau führt und der ökologischen Begründung der europäischen Stillegungsstrategie widerspricht (Lenschow, 1996).

des privaten Pkw- und des Lkw-Verkehrs Abschied nehmen und auf den öffentlichen und kombinierten Verkehr setzen sollte (CEC, 1991).

Mit dem Grünbuch zu den Auswirkungen des Verkehrs auf die Umwelt machte die Kommission (CEC, 1992f) die Expertendiskussion einer breiteren Öffentlichkeit zugänglich. Während das Grünbuch recht detailliert auf die bestehenden Gefahren für die Umwelt einging (in bezug auf die CO_2-Emissionen betrugen die zitierten Werte für 1986: 22,5% der Gesamtmenge der CO_2-Emissionen in der EU, wovon 79,7% auf den Straßenverkehr und davon 55,4% auf Pkw und 22,7% auf Lkw entfielen), blieben die Handlungsvorschläge breitgefächert und relativ unspezifisch, also offen im Hinblick auf die Debatte der „stakeholders" (CEC, 1992f: 16). Die 66 Organisationen und Gruppen (aus Verkehr, Industrie, Umweltschutz, Landes-, Orts- und Regionalvertretungen), die zu dem Grünbuch Stellung nahmen, teilten sich in ihrer Reaktion in zwei Gruppen, von denen eine (Straßenverkehr, Industrie) die Ansicht vertrat, daß das Problem durch technologischen Fortschritt in den Griff zu bekommen sei, wohingegen die andere Gruppe (Umweltorganisationen, Verbraucher, Bahn- und Schiffsverkehr, Orts- und Regionalvertretungen) einen politischen Ansatz befürwortete, der sich auf das Verkehrsvolumen konzentrierte und damit der Expertenmeinung näherstand (CEC, 1993b; IRU, 1992; T&E, 1992; WGES-EUI, 1992).

Das auf das Grünbuch folgende Weißbuch (CEC, 1993c) war für die Vertreter einer auf Verkehrsstruktur und -verhalten ausgerichteten Politik eine Enttäuschung. Der Liberalisierung des Verkehrssektors und dem Ausbau der Infrastruktur wurde klarer Vorrang vor Maßnahmen zur Reduzierung des Verkehrsvolumens eingeräumt. Den sozialen und ökologischen Externalitäten eines deregulierten Verkehrssystems wurde kaum Rechnung getragen, sondern die auch für die Umwelt positiven Auswirkungen größerer Effizienz angepriesen. Es wurden keinerlei Leistungsziele gesetzt, an denen die Effektivität der vorgeschlagenen Maßnahmen gemessen werden könnte. Das umweltpolitisch größte Problem bestand allerdings in den Plänen für ein transeuropäisches Verkehrsnetz (TEN), das 58 000 zusätzliche Straßenkilometer erfordern würde (CEC, 1994c; EE, 31.3.1994: 10-11).[10]

Obwohl es ökonomisch keinesfalls geklärt ist, daß ein breiteres und schnelleres Straßennetz zu größerer Kohäsion in Europa führen wird,[11] ist das Netz zum zentralen Element der EU-Kohäsionspolitik geworden (CEC, 1994c, 1994d), in der Umweltgesichtspunkte weit in den Hintergrund gedrängt wurden (Lenschow, 1995a, 1996). Die ursprüngliche Ankündigung, daß Umweltaspekten bei der Erstellung des Straßennetzes besondere Aufmerksamkeit geschenkt werden solle (CEC, 1993c: 64), ist dabei schnell in Vergessenheit geraten. Die Planung des

---

10 Die Ausweitung des europäischen Schnellbahnnetzes ist dagegen aus ökologischer Warte eine positive Entwicklung.
11 Es ist anzunehmen, daß die neuen Verkehrswege eher von den Industrien und Speditionen des Nordens ausgenutzt werden, als daß sie zum wirtschaftlichen Aufbau der „Peripherie" beitragen.

Netzes degradierte rasch zu einem „Monopolyspiel", in dem die persönlichen Anliegen der jeweiligen Regierungschefs wichtiger als das gemeinschaftliche Ziel waren. Da es der Union bisher nicht gelang, die Parameter einer programmorientierten, strategischen Umweltverträglichkeitsprüfung zu erarbeiten, konnten diese Geschäfte durch keinen wirksamen umweltpolitischen Rahmen eingegrenzt werden. Die Kommission hat inzwischen zugegeben, daß Umweltgesichtspunkte in der Planung des TEN vernachlässigt wurden (IER, 15.6.1994: 506). Sie hat damit zahlreiche Beschwerden von Umweltorganisationen bestätigt.

Trotz dieser Zugeständnisse zeigen derzeitige Genehmigungsverfahren, daß Umweltgesichtspunkte weiterhin besonders hinter wirtschafts- und sozialen Kriterien zurückstehen müssen (EE, 27.6.1995: 20-21). Während ihres letzten Treffens im Juli 1995 beschlossen die Verkehrsminister, den Gesetzestext zur Entwicklung des TEN völlig seines umweltorientierten Inhaltes zu berauben, auf den sich die Kommission und das Parlament nach langen Streitereien geeinigt hatten (EWWE, 21.7.1994: 4). Mit anderen Worten, wenn schon eine minimale Berücksichtigung von Umweltaspekten im Verkehrsbereich in der Kommission und im Parlament schwierig ist, auf Ministerebene bleibt sie schlicht unmöglich.

7.4 Suche nach Erklärungen

7.4.1 „Intergovernmentalism" und Interessenasymmetrie in der EU

Es ist hier nicht das Ziel, die politikwissenschaftliche Literatur zur europäischen Integration zusammenzufassen und zu diskutieren.[12] Eine der einflußreichsten Theorien des europäischen Entscheidungsprozesses beruht auf der Annahme, daß sich die Europapolitik vom Inhalt und der Verteilung nationaler Interessen ableiten läßt. Nur wenn die Interessen aller EU-Mitgliedstaaten konvergieren, ist die EU entscheidungsfähig, was normalerweise dem kleinsten gemeinsamen Nenner entspricht (es sei denn, es kommt zu Nebenabsprachen oder einem sogenannten „issue-linkage"). Generell geht man davon aus, daß der Erhalt nationaler Souveränität ein Hauptziel bei den Verhandlungen über EU-Richtlinien und Verordnungen darstellt.

Die europäische Klimapolitik stimmt mit einer solchen Erklärung weitgehend überein. Im Fall der CO_2-/Energiesteuer hat es bisher keine „europäische" Entscheidung gegeben, und die Mitgliedstaaten haben ihre Steuersouveränität erfolgreich verteidigt. Die Beibehaltung nationaler Kontrolle stand im Mittelpunkt der Verhandlungen über die EU-Richtlinien zu SAVE und ALTENER, die beide in Rahmenprogramme weiterentwickelt wurden, womit die von der Kommission

---
12 Für verschiedene theoretische Analysen des EU-Entscheidungsprozesses: vgl. Burley/Mattli, 1993; Garrett, 1992; Moravcsik, 1993; Pierson, 1992; Scharpf, 1988; 1994b; Tranholm-Mikkelsen, 1991; Tsebelis, 1994; Wessels, 1992.

erhoffte supranationale Komponente schrumpfte. Im Verkehrsbereich liegt der kleinste gemeinsame Nenner bezüglich der Integration von Umweltgesichtspunkten im Ignorieren dieser Verpflichtung.

Trotzdem ist diese Erklärung nicht völlig befriedigend. So bedarf es z.B. eines detaillierten theoretischen Modells, um zu erklären, warum es vor der endgültigen Ablehnung einer CO_2-/Energiesteuer zu einer Einigung bezüglich des europäischen CO_2-Stabilisierungsziels und sogar der Notwendigkeit einer europäischen Steuer gekommen war. Im breiteren Rahmen der europäischen Umweltpolitik fällt auf, daß die Mitgliedstaaten der EU durchaus bereit zu sein scheinen, einen Teil ihrer Souveränität abzugeben. Dies wird hinsichtlich der Integration von Umweltgesichtspunkten in andere Politikbereiche (z.B. in die europäische Regionalpolitik) bestätigt (Lenschow 1995a, 1996). Selbst im Energie- (THERMIE und diverse andere Forschungsprogramme) und Verkehrsbereich (Emissionen von Automobilen; die sogenannte EPEFE-Initiative) sind europäische Umweltaktionen auf einem Niveau möglich, das über dem kleinsten gemeinsamen Nenner liegt.

Ohne Zweifel sind es am Ende die Regierungsvertreter, die sich auf eine EU-Politik mitsamt spezieller Maßnahmen verständigen müssen. Die Erfahrungen in der europäischen Umweltpolitik zeigen allerdings, daß sich die Interessen der Mitgliedstaaten nicht immer auf nationale Sicherheit und Souveränität reduzieren lassen. Die folgenden Ausführungen werden darlegen, daß neben anderen innenpolitischen Faktoren (Moravcsik, 1993) auch die institutionellen und historischen Rahmenbedingungen in der EU Einfluß auf die politischen Positionen in Brüssel ausüben und welche Entwicklung diese bei den Verhandlungen durchlaufen.

7.4.2 Institutionelle Faktoren

Entscheidungsprozeduren. Es gibt verschiedene institutionelle Faktoren und Ebenen, die im EU-Entscheidungsprozeß eine Rolle spielen: Entscheidungsprozeduren, Zuordnung von Sachkompetenzen und informelle Beziehungen zwischen EU-Institutionen sowie mit außenstehenden Akteuren. Entscheidungsprozeduren sind weitgehend im EU-Vertragswerk festgelegt. Sie bestimmen die genaue Rolle des EP (Konsultation versus Kooperationsverfahren, Anzahl der Lesungen) sowie die Mehrheiten, die im Ministerrat zur Verabschiedung eines Gesetzesvorschlags nötig sind. In Abschnitt 7.2 wurde dargelegt, daß sich die prozeduralen Aspekte zugunsten einer fortschrittlichen europäischen Umweltpolitik geändert haben. In bezug auf die Klimapolitik muß die Beschreibung der legalen und prozeduralen Entwicklungen allerdings weiter differenziert werden. Obwohl die meisten Umweltmaßnahmen seit 1993 mit qualifizierter Mehrheit und größerer Einbeziehung des EP beschlossen werden, sind einige Bereiche von dieser Erleichterung des Entscheidungsprozesses ausgenommen: Sowohl fiskalische Bestimmungen als auch solche, die die Freiheit der Mitgliedstaaten bezüglich der Struktur und der Zusammensetzung ihres Energiesektors einschränken, bedürfen weiterhin der *Einstimmigkeit* im Ministerrat und sind damit mit einer enormen Hürde im Entscheidungsprozeß konfrontiert.

Mit anderen Worten, weder der Vorschlag einer CO_2-/Energiesteuer noch einer von der EU gesteuerten, umweltorientierten Umstrukturierung des Energiemarkts können bisher von der Öffnung des europäischen Entscheidungsprozesses profitieren; d.h. eine Entscheidung auf europäischer Ebene ist nur dann zu erwarten, wenn die Interessen aller Mitgliedstaaten konvergieren oder wenn ein kompliziertes „Paket" voller Ausnahmen und Ausgleichszahlungen geschnürt werden kann. Konvergenz in der Steuerproblematik bedeutete bisher Nicht-Handlung; in bezug auf die ordnungs- und strukturpolitischen Änderungen, die mit den SAVE- und ALTENER-Programmen angestrebt wurden, hat es immerhin zu einem Rahmenprogramm gereicht, was unter den gegebenen Entscheidungsregeln durchaus bemerkenswert ist.

Zuordnung von Fachkompetenz. Sowohl die Kommission als auch der Ministerrat sind vertikal, d.h. nach Politikfachbereichen, organisiert. Besonders auf Ministerratsebene findet nur eine sehr unzureichende Koordination zwischen den jeweiligen Fachministern statt, was dem Ziel der Integration von Umweltgesichtspunkten in andere Politikbereiche nicht zuträglich ist (Lenschow, 1996: Kap. 5). Sowohl die Energie- als auch die Verkehrspolitik haben darunter auf verschiedene Weise gelitten.

Wie erwähnt lag die Hauptverantwortung für die Erarbeitung einer gemeinsamen CO_2-/Energiesteuer in den Händen des Ecofin-Ministerrats, der an Umweltüberlegungen sowie an dem vom Umwelt/Energie-Ministerrat vereinbarten CO_2-Stabilisierungsziel nur peripher interessiert war. Nicht-fiskalische Energiemaßnahmen dagegen profitierten bisher von der ungewöhnlich engen Zusammenarbeit zwischen Umwelt- und Energieministern sowie zwischen GD XI und GD XVII in der Kommission. Diese Kooperation liegt neben der Überschneidung der Energie- und Umweltproblematik darin begründet, daß die Energiepolitik keine europäische Gesetzesgrundlage hat, europäische Energieinitiativen also auf „fachfremde" Artikel des EUV - wie den Umweltartikel 130r-t - gestützt werden müssen. Auf der anderen Seite hat diese mangelnde Gesetzesgrundlage allerdings auch zur Folge, daß die *europäische Kompetenz* im Rahmen der Energiepolitik im Ministerrat leicht angefochten werden konnte (Collier, 1996). Unter diesen gegensätzlichen institutionellen Umständen kamen die umweltbewußten SAVE- und ALTENER-Rahmenprogramme zustande.

Im Verkehrsbereich steht die europäische Kompetenz außer Frage. Aber es scheinen - möglicherweise als Konsequenz der langen Etablierung des Verkehrssektors in der Union - keine effektiven Kommunikationskanäle zwischen GD VII (Verkehr) und GD XI (Umwelt) in der Kommission sowie zwischen Verkehrs- und Umweltministern zu bestehen, was die Abwesenheit integrierter Richtlinienvorschläge und -entscheidungen erklären mag. Emissions- und Immissionsrichtlinien dagegen werden entweder in der GD XI oder III vorbereitet, die sich zwar nicht immer einig sind, aber weit enger zusammenarbeiten.

Informelle Kontakte. Die institutionellen Strukturen innerhalb der Kommission und auf interministerieller Ebene beeinflussen auch die relative Einflußnahme konkurrierender Interessenverbände im europäischen Entscheidungsprozeß. Ihr Zugang hängt von der Aufgabenverteilung innerhalb der Kommission und den Ministerräten ab, und hier von den jeweiligen bürokratischen und politischen Kulturen.[13] Während man den Unterschied zwischen der CO_2-/Energiesteuer und den Energierahmenprogrammen auch auf unterschiedliche Lobbystrukturen zurückführen könnte (der Widerstand der Lobby gegen die CO_2-/Energiesteuer war erheblich), scheint eine Erklärung, die hauptsächlich auf informellen institutionellen Faktoren und den Kapazitäten der entsprechenden Interessenvertretungen beruht, im Fall der Verkehrspolitik allerdings zu scheitern. Der Zugang zur Politikformulierungsphase (Grünbuch) war für alle Interessenvertretungen offen; zudem hat die Umweltgruppe T&E durch ihre Studie „Getting the prices right" (T&E, 1993) auch auf fachlicher Ebene sich mehr Respekt verschafft als die International Road Transport Union durch den sogenannten Aberle Report (1993). Und dennoch bestehen bisher kaum Anzeichen einer ökologischen Umstrukturierung des Straßenverkehrs. Der nächste Abschnitt wird zeigen, daß neben den schon besprochenen formalen institutionellen Faktoren auch der historische Kontext hierfür verantwortlich war.

7.4.3 Historischer Kontext

Die Subsidiaritätsdebatte nach Maastricht. Es wurde schon anderweitig argumentiert, daß die Subsidiaritätsdebatte, die während der Ratifizierungsphase des EUV ins Rollen kam, für den relativen Stillstand der europäischen Klimapolitik verantwortlich ist (Collier, 1996). Subsidiarität bedeutet laut EUV, daß die EU nur dann politisch aktiv werden soll, wenn die angestrebten Ziele nicht angemessen im nationalen Rahmen erreicht werden können. Dem Subsidiaritätsprinzip fehlt allerdings eine unzweideutige Definition mit der Konsequenz, daß die Kommission darunter „geteilte Verantwortung" und einige Mitgliedstaaten dagegen (unter der Führung Großbritanniens) „Renationalisierung" verstehen. Die europäische Energiepolitik ist ein leichtes Opfer in einer Renationalisierungskampagne, da sie keine vertragliche Legitimationsgrundlage besitzt.

Das SAVE-Programm kam mit der Änderung in ein Rahmenprogramm noch gut davon; diese Entwicklung hat es Großbritannien allerdings ermöglicht, jegliche gesetzliche Handlung zu verweigern. Dagegen beruhte das Scheitern der CO_2/-Energiesteuer am Ende allein auf britischer Opposition gegen europäische Aktivitäten auf fiskalischer Ebene. Die globale Rechtfertigung einer europäischen Klimapolitik, die ja in der Verhandlungsphase der Steuer mehrfach von

---

13 Zum Einfluß von Interessenverbänden auf den Politikformulierungs- und Entscheidungsprozeß in der EU: vgl. Gardner, 1991; Greenwood et al., 1992; Greenwood/Ronit, 1994; Mazey/Richardson, 1993 sowie Pedler/Van Schendelen, 1994.

allen Teilnehmern erkannt und auch durch letzte CO_2-Prognosen, die auf der Grundlage von ausschließlich nationaler (Nicht-) Handlung beruhten, belegt wurde, verdeutlicht, daß nicht die Überzeugung, das Problem auf nationaler Ebene angemessen bewältigen zu können, sondern das Prinzip der Steuersouveränität der Einigung im Wege stand. Seit 1992, also nachdem sich breite Teile der europäischen Öffentlichkeit sowie ihrer Regierungsvertreter des Demokratiedefizits in der EU bewußt wurden und die Überzeugung gewannen, daß die Kompetenzen der EU eingeschränkt werden müssen, hat es sich als relativ unproblematisch erwiesen, das Subsidiaritätsprinzip im Zusammenhang ganz anders begründeter politischer Opposition anzuwenden und kategorisch jegliche Vorhaben auf europäischer Ebene abzulehnen, ganz besonders im Energie- und Umweltbereich.

Binnenmarkt und Kohäsion. Obwohl auch die Verkehrspolitik von der Subsidiaritätswelle betroffen ist, z.B. in bezug auf einen europäischen Rahmen für die Organisation des Stadtverkehrs, die im Ministerrat (vielleicht berechtigterweise) abgelehnt wird, spielt ein zweiter historisch bedingter Faktor eine wichtigere Rolle. Die europäische Idee wurde 1986 durch die EEA und das Binnenmarktprojekt wiedererweckt und nach 1992 durch das Kohäsionskonzept am Leben erhalten (Ross, 1995). Die Vertreter einer europäischen Verkehrspolitik - in der Kommission und im Ministerrat - sind auf diesen Zug aufgesprungen, der es ihnen ermöglichte, eine langgesuchte politische Identität zu erlangen. Da besonders die Zustimmung der südlichen Mitgliedstaaten zum EUV und zur Wirtschafts- und Währungsunion auf finanziellen Ausgleichszahlungen und Unterstützungsleistungen beruhte, haben die Verfechter einer vertieften Union relativ unkritisch dem TEN-Projekt zugestimmt, von dem sie ja auch selbst profitierten, und die ökologischen Konsequenzen aus den Augen verloren. Es erscheint unwahrscheinlich, daß sich die GD XI gegen den Rest der Kommission (deren Existenz auf der von der Subsidiaritätsdiskussion unangefochtenen Vision eines europäischen Binnenmarkts und einem Kohäsionssystem beruht) oder Umweltminister gegen ihre Kollegen im Verkehrsbereich durchsetzen werden. Das bestehende Weltbild in bezug auf die Rolle des Verkehrssektors ist zutiefst unökologisch; institutionelle Interessen haben sich um dieses Weltbild gruppiert, so daß entgegengesetzte Expertenmeinungen selbst in einer recht offenen Debatte bisher kaum echtes Gehör fanden.

7.5 Fazit

Auf der Grundlage der hier besprochenen Fallstudien, die einen großen, wenn auch nicht vollständigen Teil der europäischen Klimapolitik abdecken, bietet sich kein besonders optimistischer Ausblick auf die nächste Vertragsstaatenkonferenz (1996) zur Klimarahmenkonvention. Nach einem vielversprechenden Beginn

Anfang der neunziger Jahre ist die Klimapolitik der EU in den Startlöchern stekkengeblieben. In bezug auf klimapolitische Maßnahmen im Energiebereich sind etliche institutionelle und politische Hürden zu überspringen. Zum einen muß die Kompetenz der EU in der Energiepolitik gestärkt werden, zum anderen müssen die Umweltvertreter besser in den Entscheidungsprozeß integriert werden. Die Ergebnisse der EU-Regierungskonferenz (1996) werden die Auswirkungen derzeitiger Bemühungen in diesem Zusammenhang zeigen und eine zentrale Rolle für die zukünftige europäische Klimapolitik spielen.

Das Problem im Verkehrsbereich liegt tiefer, da eine ökologisch verantwortliche Politik dem derzeitigen Weltbild widerspricht (wirtschaftliche Kohärenz, Binnenmarkt versus Umweltschutz), wohingegen im Energiebereich eine gewisse Konvergenz der Interessen (Energiesicherheit und Umweltschutz) schon besteht. Unter diesen Bedingungen ist die EU gut beraten, ihre Förderung lokaler und regionaler Aktivitäten zur Verkehrsreduzierung und -umstrukturierung wie die Vereinigung „autofreier" und „nachhaltiger" Städte zu intensivieren und so ein Umdenken von der lokalen zur nationalen und schließlich europäischen Ebene in Gang zu setzen.

Abschließend scheint es angebracht, noch einmal auf den Beginn der Klimadebatte hinzuweisen, der zeigte, daß selbst unter konstanten institutionellen und politischen Bedingungen die EU oft zu erstaunlichen Leistungen in der Lage ist, wenn sie internationalem Druck ausgesetzt wird. In einem solchen Zusammenhang kann der Wunsch, eine internationale Führungsrolle zu spielen, möglicherweise gegenüber intern bestehenden Meinungsverschiedenheiten zeitweise dominieren. Bisher hat der internationale Kontext zu akzeptablen Zielsetzungen der EU beigetragen; um allerdings einen vollständigen Ansehensverlust bei ihren internationalen Verhandlungspartnern zu vermeiden, sind jetzt politische Aktivitäten notwendig.

8 Die Europäische Union als Akteur in der internationalen Umweltpolitik am Beispiel des Klimaregimes

Sylvia Schumer

8.1 Einleitung

Die Europäische Union (EU) ist mit ihrer Entwicklung von einer reinen Wirtschaftsgemeinschaft hin zu einer supranationalen Organisation in der internationalen Politik zu einem wichtigen Akteur geworden. Dies gilt auch für die internationale Umweltpolitik. In diesem Kapitel sollen die rechtlichen Grundlagen einer europäischen Umweltaußenpolitik sowie die Praxis am Beispiel des Klimaregimes untersucht werden.

8.1.1 Problemstellung

Im Gegensatz zu den Nationalstaaten stellt sich die EU in ihren Außenbeziehungen nicht als kohärenter Akteur dar, sondern vielmehr als eine supranationale Organisation, deren hervorstechendes Merkmal die Verflechtung unterschiedlicher Ebenen politischen Handelns ist. Damit bildet sie zumindest formal einen neuen Akteurtypus. Es stellt sich die Frage, ob dies Konsequenzen für das System der internationalen Beziehungen oder für den politischen Prozeß und die damit verbundenen Politikergebnisse mit sich bringt. Dabei ist zu berücksichtigen, daß die Form und die Effizienz der Außenpolitik wiederum Auswirkungen auf den internen Prozeß der Integration haben, da eine gemeinschaftliche Außenpolitik als wichtiger und unerläßlicher Schritt auf dem Weg zur angestrebten „Politischen Union" betrachtet wird. Die betroffenen Bereiche sind also gleich mehrere: Einerseits die internen Voraussetzungen rechtlicher und politischer Natur, andererseits die Ebene der internationalen Beziehungen und die damit verbundene Frage nach dem Status und der Rolle dieses neuartigen Akteurs. Darüber hinaus ergibt sich aus der Wechselwirkung dieser Ebenen ein Rückkopplungseffekt. Neben diese Verflechtung der Ebenen tritt noch die eigentliche interne, die daraus resultiert, daß innerhalb der EU neben die Gemeinschaftsebene noch die Ebene der Mitgliedstaaten tritt, die in Teilbereichen wiederum als eigenständige Akteure in der internationalen Politik auftreten (Die Problematik des internen Entscheidungsprozesses wird in Kap. 7 ausführlich erörtert).

8.1.2 Fragestellung und theoretische Ansätze

Die empirische und normative Analyse der EU wird dadurch erschwert, daß ein vergleichbares Bezugsobjekt fehlt. Auch gibt es bisher keine spezifische, auf die EU ausgerichtete Theorie, die den Aspekt der Außenbeziehungen miteinbezieht. Zur Analyse der verschiedenen Ebenen und ihrer Verflechtung müssen daher unterschiedliche Theorieansätze miteinander kombiniert werden.

Bei der Charakterisierung des Akteurs EU stellt sich die Frage, ob es sich hier um einen neuartigen Akteur oder eine besonders intensive Kooperation von Staaten handelt. Daher werde ich bei der Analyse der Form der Politik und der politischen Willensbildung auf zwei theoretische Konzepte zurückgreifen, die sich eigentlich mit internen Prozessen befassen, nämlich auf die neofunktionalistische Integrationstheorie (Welz/Engel, 1993) und einen neueren Ansatz des Intergouvernementalismus (Moravcsik, 1993). Die Problematik der Verflechtungen der Ebenen läßt sich mit Hilfe des Ansatzes von Scharpf (1994a) untersuchen, der auch die Implementation und die Effizienz einer solchen Konstellation miteinbezieht.

8.2 Rechtliche Grundlagen

Die rechtlichen Grundlagen, die der Maastrichter Vertrag (EGV) für die Umweltaußenpolitik bereitstellt, entsprechen im wesentlichen denen der Einheitlichen Europäischen Akte und sind daher auch schon in der Praxis umgesetzt worden. Allerdings stellt sich das Recht der EU weniger statisch dar als nationales, weshalb der Praxis und auch der Rechtsprechung des Europäischen Gerichtshofes (EuGH) eine große Bedeutung, vor allem im Hinblick auf künftige Entwicklungen, zukommt.[1]

Die wichtigsten Normen des EGV finden sich in Artikel 130r, 130s und 130t. Unter den Zielen der Umweltpolitik wird auch die internationale Kooperation aufgeführt (Art. 130r Abs. 1 EGV). Damit bildet internationale Umweltpolitik einen Bestandteil der gemeinschaftlichen Umweltpolitik. Die Kompetenzen für diesen Politikbereich sind in Art. 130r Abs. 4 EGV geregelt, nach dem die Gemeinschaft und die Mitgliedstaaten „im Rahmen ihrer jeweiligen Befugnisse" tätig werden, wobei die Gemeinschaft auch Abkommen mit dritten Ländern und internationalen Organisationen abschließen kann. Grundsätzlich wird dadurch für die Umweltaußenpolitik das Prinzip der konkurrierenden Kompetenzen gewählt, wobei die Befugnisse je nach Materie entweder bei der Gemeinschaft oder bei den Mitgliedstaaten liegen. Diejenigen Politikbereiche, in denen die Gemein-

---

[1] Die Rechtsgrundlagen der EU-Umweltpolitik werden in der deutschen Literatur ausführlich nur in den juristischen Kommentaren zum EGV dargestellt. Ich beziehe mich in diesem Abschnitt auf: Pillitu, 1992 und Oppermann, 1991.

schaft über exklusive Kompetenzen verfügt, also nach dem Vertrag allein handlungsbefugt ist, sind einerseits die, in denen sie nach dem Primärrecht, d.h. dem Vertragsrecht, über exklusive Kompetenzen wie in der Handelspolitik verfügt. Dies schließt auch die Außenkompetenz mit ein, die Mitgliedstaaten dürfen nach dem Vertrag hier nicht mehr tätig werden. Dasselbe gilt für Politikbereiche, die durch Sekundärrecht, also die Gesetzgebung der Gemeinschaft, umfassend geregelt worden sind oder solche Bereiche, in denen es zu einem Konflikt zwischen internationalem Abkommen und bereits bestehendem oder geplantem Binnenrecht der Gemeinschaft kommen kann.

Auch die Mitgliedstaaten verfügen in Bereichen über exklusive Kompetenzen, z.B. bei der Finanzierung von Abkommen[2] und Maßnahmen zum Umweltschutz (Art. 130s Abs. 4 EGV). Dann müssen auch sie beteiligt werden, so daß in denjenigen umweltpolitischen Abkommen, die einen Finanzierungs-Mechanismus beinhalten, sowohl die Gemeinschaft als auch die Mitgliedstaaten Vertragsparteien werden, wobei die Form des „Gemischten Vertrages" gewählt wird (vgl. ausführlich O'Keeffe/Schermers, 1983). Die Abkommen, die in dieser Form geschlossen werden, sind dann für beide Seiten verbindlich. Dadurch werden eventuelle Rechtsunsicherheiten, vor allem bei Ansprüchen dritter Staaten, beseitigt, die bei einer Trennung der Kompetenzen auftreten könnten. Aber auch Abkommen, die nur von der Gemeinschaft geschlossen werden, sind für alle Mitgliedstaaten verbindlich, wenngleich in indirekter Weise, da das völkerrechtliche Abkommen durch die Ratifikation seitens der Gemeinschaft Teil des Europarechtes wird, welches wiederum Vorrang vor nationalem Recht besitzt (Oppermann, 1991: RZ 1671-1675). Daher besitzt die Gemeinschaft auch bei der Implementation solcher Abkommen nach außen die Verpflichtung für die Umsetzung, selbst wenn sie sich aufgrund der internen Struktur bei der Durchführung auf die nationalen Verwaltungen stützt und selbst über keinerlei Mittel zur Implementation verfügt.

Nach Art. 130t EGV und dem Subsidiaritätsprinzip (Art. 3b EGV) bestehen für die Mitgliedstaaten weitere Möglichkeiten, umweltpolitische Kompetenzen wahrzunehmen, obwohl die Gemeinschaft bereits tätig geworden ist und daher nach dem Prinzip der konkurrierenden Kompetenzen zuständig wäre. Dabei regelt Art. 130t die sogenannten „residualen Kompetenzen", wobei die Mitgliedstaaten in bereits verregelten Bereichen national tätig werden können, sofern sie strengere Maßnahmen ergreifen als die Gemeinschaft. Das Subsidiaritätsprinzip hingegen sieht vor, daß Maßnahmen der Gemeinschaft einen höheren Schutzgrad erreichen müssen als nationale, um legitimiert zu werden. Da dieses Prinzip aber eher politischen Charakter besitzt, hat es sich bisher nur wenig auf die Praxis ausgewirkt. Dem Charakter nach politisch sind auch die Umweltaktionsprogramme der EG-Kommission, die alle fünf Jahre veröffentlicht werden und die Ziele und Schwerpunkte der umweltpolitischen Aktivitäten beinhalten, ebenso wie die Gipfelerklärungen des Europäischen Rates. An ihnen läßt sich die

---

2 Gutachten 1/78 „Naturkautschuk", EuGHE 1979,2871.

Politik hinsichtlich Anspruch und Realisierung messen und ablesen, welche Differenzen zwischen den programmatischen Institutionen und dem praxisorientierten Ministerrat bestehen.

8.3 Die Praxis der europäischen Umweltaußenpolitik

Anhand des Beispiels Klima sollen nun die Formen und Ebenen der europäischen Umweltaußenpolitik aufgezeigt werden, die sich zu Strukturen verdichten, die auch auf andere Bereiche der Umweltpolitik übertragbar sind. Da die Gemeinschaft im Bereich der Luftreinhaltung schon sehr lange aktiv ist, auch auf der Ebene der internationalen Politik, können Analysen in diesem Politikfeld aufgrund des vorhandenen empirischen Materials einen relativ hohen Aussage- und Prognosewert erreichen. Da sich die internationale Verregelung des Klimaregimes bisher auf die Klimarahmenkonvention (KRK) beschränkt, befindet sich das Regime noch in der Genese und entzieht sich der Beurteilung hinsichtlich Effizienz und Implementation, so daß sich auch die Rolle der EU nur für diese Phase untersuchen läßt. Die Rolle der EU in der internationalen Politik zum Schutz des Klimas umfaßt neben dem Klimaregime auch den Status der Union im System der UN, die gemeinschaftspolitischen Maßnahmen zum Schutz des Klimas im Rahmen der Selbstverpflichtung, den CO_2-Ausstoß bis zum Jahr 2000 auf dem Niveau von 1990 einzufrieren (Fischer, 1992: 89-90), sowie die Rolle in der informellen internationalen Klimapolitik.[3]

8.3.1 Der Status der Europäischen Union im System der UN

Die UN spielen in der internationalen Klimapolitik vor allem durch ihr Umweltprogramm UNEP eine wichtige Rolle, die im wesentlichen darin besteht, daß dadurch ein Forum für globale Verhandlungen bereitgestellt wird. Da die UN von Staaten gebildet werden, ist es für eine supranationale Organisation wie die EU schwierig, entsprechend ihrer Kompetenzen an deren Aktivitäten beteiligt zu werden.[4] Mitglied der UN können nur Staaten werden, für die EU kommen daher nur Sonderregelungen in Betracht, keine Vollmitgliedschaft. Die EU wird auch nicht automatisch zu Konferenzen im Rahmen der UN zugelassen, sie erhält erst nach einer Abstimmung den Teilnehmerstatus, in der Regel als Beobachter mit eigener Delegation, manchmal auch ausgestattet mit einem alternie-

---

[3] Unter informeller Umweltpolitik fasse ich Aktivitäten und Maßnahmen zusammen, die nicht auf rechtlich verbindliche Ergebnisse ausgerichtet sind, wie z.B. Tagungen und Konferenzen, Expertenforen und technische Kooperation.

[4] Ich beziehe mich im folgenden auf: Leurdijk, 1991: 157-163 und Oppermann, 1991: RZ 1608-1682.

renden Stimmrecht.[5] Ihr Status muß im Vorfeld von Konferenzen und Abkommen stets neu ausgehandelt werden und gestaltet sich je nach Materie unterschiedlich. Die Union verfügt über die grundsätzliche Kompetenz, Mitglied internationaler Organisationen zu werden und ist nach dem EGV auch allein berechtigt, ihre exklusiven Kompetenzen dort wahrzunehmen. Die Mitgliedstaaten sind dazu verpflichtet, im Vorfeld einen entsprechenden Status oder zumindest eine angemessene Form der Beteiligung für die Union zu erreichen.[6] Sie dürfen diese Kompetenzen nicht mehr souverän ausüben. Da die Union in der Regel nur Beobachterstatus besitzt (Oppermann, 1991: RZ 1638), werden in der Praxis verschiedene Modalitäten angewandt, um ihre Interessen angemessen repräsentieren zu können. Es gibt deshalb unterschiedliche Delegationsformen, wie die „duale Vertretung" oder die „Troika". Die duale Vertretung wird vor allem bei Stellungnahmen und Erklärungen angewandt, da hier auch die EU als Beobachter aktiv werden kann und zu den in die Gemeinschaftskompetenz fallenden Themen das Wort ergreift, während der Präsidialstaat des Rates zu den übrigen Themen spricht und die gemeinsame Haltung der Mitgliedstaaten, die sich um eine solche nach dem EGV bemühen müssen, darlegt. Da die EU über kein Stimmrecht verfügt und ihr auch manche anderen Mitwirkungsrechte nicht zur Verfügung stehen, wird in solchen Fällen die Troika aktiv, d.h. die Vertreter des amtierenden, des vorausgegangenen und des nachfolgenden Präsidialstaates. Das bedeutet für die Praxis, daß ein permanenter Koordinationsprozeß durchgeführt werden muß, um den Anforderungen des EG-Rechtes zu genügen. Treten die Mitgliedstaaten trotzdem einzeln auf, so wird die Position der EU weiter geschwächt.

8.3.2 Der Status der Europäischen Union bei der Klimakonvention

Die Europäische Gemeinschaft verfügt aufgrund von bereits erlassenen Richtlinien und Richtlinienvorschlägen in Teilbereichen der Klimapolitik über entsprechende Kompetenzen, zusätzlich zu der vom EGV vorgesehenen generellen konkurrierenden Kompetenz im Umweltbereich. Für die von einer solchen Konvention eventuell ebenfalls betroffenen Politiken wie Verkehr, Handel oder Steuern gilt dies entsprechend, wobei im Falle der Handelspolitik exklusive EG-Kompetenzen betroffen wären, so daß nach internen Rechtsgrundsätzen nur die Gemeinschaft tätig werden könnte. In jedem Fall erfordert der EGV eine angemessene Beteiligung der Gemeinschaft, um die jeweiligen internen Kompetenzen auch nach außen ausüben zu können. Dem stehen jedoch die Verfahren der UN entgegen, die grundsätzlich nur Staaten als Teilnehmer mit dem Status des „full participant" zulassen. Für die Gemeinschaft wurde daher im Vorfeld der Konferenz eine Kompromißregelung getroffen, nach der ihr ein erweiterter Beobach-

---

5 Alternierendes Stimmrecht bedeutet, daß entweder die EG oder die Mitgliedstaaten abstimmen, wobei die EG über die Anzahl der Stimmen ihrer Mitglieder verfügt.
6 RS 3,4,6/76 „Kramer", EuGHE 1976, 1279ff.

terstatus zugebilligt wurde, der das Rederecht miteinschloß sowie die Möglichkeit, alternierend mit den Mitgliedstaaten in den Ausschüssen und Organen der Konferenz mitzuwirken;[7] das Stimmrecht blieb ihr jedoch verwehrt, ebenso wie das passive Wahlrecht und die Mitwirkung bei Fragen der Finanzierung. Die Finanzierung erfolgt prinzipiell nach dem allgemeinen UN-Schlüssel, der nur Staaten berücksichtigt, und sieht für supranationale Organisationen nur die Möglichkeit freiwilliger Beiträge vor, die aber keine Mitspracherechte bei der Vergabe der Mittel beinhaltet.

8.3.3 Die Rolle der EU bei der Genese des Klimaregimes

Der Schutz des Klimas ist schon lange Bestandteil der internationalen Agenda, aber trotzdem hat es Jahrzehnte gedauert, bis mit der KRK auch der Schritt von der informellen hin zur formalisierten Politik vollzogen wurde. Dies liegt neben der Konfliktstruktur dieses Regimes an den zahlreichen betroffenen Politikfeldern, auf die Maßnahmen zum Schutz des Klimas eine Auswirkung haben, wie z.B. Verkehr, Industrie, Energie, Landwirtschaft und Steuern. Hinzu kommt die interne Koordinations-Problematik, die bereits die Kompetenzverteilung in Frage stellt (vgl. Kap. 7).

Trotzdem hat die Gemeinschaft bis zum Jahr 1991 einige Vorschläge zum Klimaschutz vorgelegt und teilweise umgesetzt, auch für die Außenpolitik. So hat die Gemeinschaft seit den siebziger Jahren Maßnahmen auf diesem Gebiet ergriffen, deren Ziel die Verbesserung der Luftqualität in Europa war, z.B. im Bereich der Autoabgase, der Industrieemissionen
und der Müllverbrennung. Auch im Bereich der Energiepolitik wurden einige Richtlinien, allerdings mit vornehmlich ökonomischer Zielsetzung, erlassen, die quasi als Nebeneffekt auch zum Schutz des Klimas beitragen. Aufgrund dieser Richtlinien liegt die Kompetenz in diesen Feldern nach dem Prinzip der konkurrierenden Kompetenzen jetzt bei der Gemeinschaft, so daß nationale Klimapolitik sich auf diejenigen Bereiche beschränken müßte, in denen die EU noch nicht tätig geworden ist. Die Kompetenzen für eine umfassende Klimapolitik liegen jedoch bei der Gemeinschaft.

Auf dieser Grundlage verabschiedete der Rat am 29.10.1990 die Grundzüge einer gemeinschaftlichen Klimapolitik, wobei eine globale Lösung der Klimaproblematik gefordert wurde (vgl. Fischer, 1992: 89; Paterson, 1994). Neben dem globalen Aspekt wurden auch die Eckpunkte der internen Klimapolitik festgelegt, denen eine Erklärung im Vorfeld der zweiten Weltklimakonferenz folgte, in der sich die Gemeinschaft einseitig dazu verpflichtete, die CO_2-Emissionen bis zum

---

7 Der Modus der alternierenden Wahrnehmung von Mitwirkungsrechten bedeutet, daß die Gemeinschaft als eine andere Modalität zur Ausübung der Rechte und Pflichten eines Vertrages gesehen wird (Pernice, 1991: 279) und anstelle ihrer Mitgliedstaaten auftritt, obwohl sie nach dem Gemeinschaftsrecht aufgrund ihrer Kompetenzen als eigentlich zuständiger Akteur gilt.

Jahr 2000 auf dem Niveau von 1990 einzufrieren. Damit wollte die EU auch andere Staaten zu ähnlichen Schritten bewegen und so eine Verhandlungsgrundlage für weitere konkrete und möglichst globale Maßnahmen schaffen.

Zur Umsetzung dieser Erklärungen erarbeitete die Kommission einen Maßnahmenkatalog, den sie am 25.9.1991 als Klimastrategie präsentierte und in dem vorhandene Ansätze eingebunden und verstärkt werden sollten mit dem Ziel einer umfassenden Klimapolitik. Das Konzept sah Maßnahmen in den Bereichen Verkehr, Wiederaufforstung und vor allem Energie vor. Kernstück der Strategie war die geplante Einführung einer CO_2-/Energiesteuer, flankiert von nationalen Maßnahmen und Forschungs- und Technologieprogrammen im Bereich der Energiepolitik. Nach der Billigung dieser Strategie durch die Beschlüsse des Rates vom 13.12.1991 wurde die Kommission mit der Ausarbeitung konkreter Richtlinien beauftragt, die diese 1992 vorlegte.[8]

Allerdings gestaltete sich die Konsensfindung des Rates äußerst schwierig, vor allem in bezug auf die geplante Steuer, so daß nur wenige der Vorschläge auch in EU-Recht umgesetzt wurden. Aufgrund externer und interner Faktoren vorwiegend ökonomischer und institutioneller Art wurde ein deutlicher Wandel in der Klimapolitik vollzogen, der Klimaschutz verlor seine Priorität. Mit den Beschlüssen des Europäischen Rates in Essen vom 9.-11.12.1994 war das Thema gemeinschaftliche Energiesteuer vorläufig vom Tisch. Die Kommission erarbeitete eine Richtlinie, mit der die rechtlichen Rahmenbedingungen für nationale Steuern geregelt wurden, da im Rat für eine Gemeinschaftsregelung kein Konsens zu finden war. Im Mai 1995 hat die Kommission einen neuen Anlauf für eine Richtlinie unternommen, die bisher allerdings über das Stadium eines Vorschlages nicht hinausgekommen ist, ein Beschluß des Rates liegt nicht vor. Dies hatte Auswirkungen auf die internationale Klimapolitik, in der im Rahmen der UNCED 1992 der Schritt zu einem formalisierten und verregelten Politikfeld vollzogen werden sollte. Zwar wurde die Rahmenkonvention verabschiedet, aber konkrete Maßnahmen zum Klimaschutz wurden aufgeschoben.

Auch nationale Alleingänge blieben weitgehend aus, während die EU die Einführung der Energiesteuer davon abhängig machte, daß auch andere OECD-Staaten ähnliche Maßnahmen ergriffen, die der damit verbundenen finanziellen Belastung für die Industrie entsprechen sollten.[9] Der Versuch, durch dieses Junktim eine Basis für internationale Maßnahmen zu schaffen, scheiterte. Da zugleich auch die internen Maßnahmen der Klimastrategie keine Mehrheit im Rat fanden, ist es sehr zweifelhaft, ob die EU die einseitige Erklärung, die Emissionen einzufrieren, überhaupt erfüllen kann.

Im Vorfeld der Staatenkonferenz zur KRK in Berlin im März 1995 war mit der Richtlinie für nationale Energiesteuern ein Schritt hin zu einer „Renationa-

---

8 „A Community Strategy to Limit Carbon Dioxide and to Improve Energy Efficiency" vom 1. 6. 1992; COM (92) 246 final.
9 „Proposal for a Council Directive Introducing a Tax on Carbon Dioxide Emissions and Energy" vom 30. 6. 1992; COM (92) 226.

lisierung" dieses Politikfeldes vollzogen worden, der noch verstärkt wurde durch das Auftreten der EU-Mitgliedstaaten, die sich nicht auf eine gemeinsame Haltung und schon gar nicht auf ein gemeinsames Programm einigen konnten, so daß die Gemeinschaft als Akteur praktisch handlungsunfähig wurde. Da die Industriestaaten insgesamt aufgrund ihres Verschmutzerpotentials und ihrer ökonomischen und technologischen Kapazitäten eine zentrale Rolle im Klimaregime spielen, hat der Ausfall eines der wichtigsten Akteure dieser Gruppe, der zumindest konzeptionell eine progressive Haltung vertreten hatte, auch negative Konsequenzen für die globale Klimapolitik. Dies wird durch zwei Faktoren noch verstärkt: Erstens bildet ein Kompromiß, der innerhalb der EU erzielt werden konnte, häufig die Verhandlungsgrundlage für einen internationalen Konsens, da viele Konflikte schon EU-intern gelöst werden konnten und die gemeinsame Position damit auch für andere Industriestaaten akzeptabel ist. Zweitens verfügt die Gemeinschaft aufgrund ihrer internen Strukturen über ein großes Potential als Mediator, nicht nur gegenüber anderen Industriestaaten, sondern auch gegenüber den Entwicklungsländern, die sie als weniger parteiisch als die USA einschätzen. Dies wird gestützt von den zahlreichen globalen und vor allem den überregionalen umweltpolitischen Aktivitäten der EU.

8.3.4 Die Rolle der Gemeinschaft in der informellen Klimapolitik

Die informelle internationale Umweltpolitik umfaßt Aktivitäten, die nicht auf ein rechtlich verbindliches Ergebnis ausgerichtet sind, sondern vor allem den Charakter eines Forums besitzen, wie Konferenzen und Tagungen, Expertenforen und technische Kooperation. Dieses Instrument der Umweltpolitik dient dazu, Wissenschaftler und Experten in den politischen Willensbildungsprozeß einzubeziehen und einen Austausch der Positionen zu ermöglichen. Diese Forumsfunktion hat aber durchaus Auswirkungen auf die politische Praxis, da hier die Themen der internationalen Agenda sowie Schwerpunkte der langfristigen Konzeptionen vorgedacht und teilweise initiiert werden. Die Gemeinschaft spielt hier eine wichtige Rolle, da sie wegen ihres Potentials an Expertenwissen und Technologie Impulse setzen kann. Da es sich hierbei um eine Gemeinschaftspolitik handelt, tritt als Akteur meist die Kommission auf, die sich ihrerseits bei der Ausarbeitung von Richtlinien und Programmen auf die Ergebnisse solcher Foren stützen kann, so daß sich ihre Beteiligung häufig in der konzeptionellen Planung, vor allem der langfristigen, niederschlägt, und so Politik und Wissenschaft gleichermaßen profitieren können. Ob der Konzeption auch eine politisch und rechtlich relevante Umsetzung folgt, liegt dann aber wesentlich in der Hand des Ministerrates.

8.4 Zusammenfassung und theoretische Bewertung

Mit Hilfe verschiedener politikwissenschaftlicher Theorie-Ansätze soll nun versucht werden, die empirischen Ergebnisse einer Bewertung zu unterziehen, um die zugrundeliegenden Strukturen und Verhaltensmuster zumindest teilweise zu erklären und in einen übergeordneten theoretischen Rahmen einzuordnen. Da es sich bei der EU juristisch gesehen um ein eigenständiges Völkerrechtssubjekt handelt, beschränkt sich ihre Umweltaußenpolitik nicht auf die Kooperation ihrer Mitgliedstaaten - diese findet vor allem im Rahmen der UN statt und manifestiert sich durch die Gemeinsame Außen- und Sicherheitspolitik (GASP) und bedient sich der oben ausgeführten Kooperationsmechanismen -, sondern umfaßt auch eine originäre Gemeinschaftspolitik, die jedoch davon abhängig ist, daß die Gemeinschaft als Akteur von dritter Seite anerkannt und im Bereich ihrer Kompetenzen als Partner einbezogen wird. Die äußeren Bedingungen spielen also bei der Bewertung der Form der EU-Umweltaußenpolitik eine wichtige Rolle, da interne Strukturen mangels Anerkennung durch Dritte hier nicht angewandt werden können.

Es stellt sich die Frage, ob die EU lediglich eine besonders intensive Form der politischen Kooperation zwischen ihren Mitgliedstaaten darstellt, wie sie von Vertretern des *Intergouvernementalismus* gesehen wird (Moravcsik, 1993: Kap. II u. III), die sich aus der engen ökonomischen Interdependenz der Mitgliedstaaten ergibt und die sich klassischer diplomatischer Mittel wie des *Bargaining* bedient. Dagegen steht die These der *neofunktionalistischen Integrationstheorie* (zusammenfassend: Welz/Engel, 1993: 162-169), daß die Integration sich zielgerichtet vollzieht und Prozeßcharakter besitzt und die Impulse der Integration der inneren Dynamik des Prozesses entspringen.

In der Umweltaußenpolitik kommen beide Ansätze zum Tragen. Die Außenpolitik vollzieht sich, auch aufgrund der äußeren Bedingungen, häufig auf intergouvernementaler Ebene, während die Umweltpolitik eine Gemeinschaftspolitik darstellt, die sich aus der Dynamik der Integration entwickelt hat. Letztere hat besonders im Bereich der politischen Konzeption, die eine Aufgabe und auch ein Anliegen der Kommission ist, ihren Geltungsbereich, d.h. in der *informellen* Umweltpolitik und der Konzeption und Vorbereitung von Konferenzen und Abkommen. Die Realisierung und rechtliche Ausformung vollzieht sich eher intergouvernemental, als Ausgleich umweltpolitischer und ökonomischer Interessen. Diese Konfliktlinie zieht sich allerdings auch durch die Mitgliedstaaten selbst.

Neben der Form der Umweltaußenpolitik spielt auch der Grad der Effizienz eine wichtige Rolle bei der Bewertung. Dabei stellt sich das Problem, daß für die EU keine Vergleichsgrößen existieren; auch der Vergleich mit der Politik der einzelnen Mitgliedstaaten muß sich auf einer hypothetischen Ebene bewegen. Die Bewertung kann sich deshalb nur auf strukturelle Kriterien stützen, die für die Gemeinschaftspolitik typisch sind. Ich beziehe mich dabei auf den Ansatz der *Politikverflechtung* von Scharpf (1994a: Kap. 1, 5, 6), der die strukturellen Bedingungen des politischen Prozesses analysiert, und erweitere ihn um einige Aspekte, die sich aus der Rolle der EU als internationaler Akteur ergeben. So werden die Politikergebnisse aufgrund der institutionellen Strukturen der EU suboptimal sein und damit weniger effizient als nationale Maßnahmen, die dadurch verhindert werden. Gleichzeitig wird durch die strukturellen Bedingungen aber auch die Desintegration und Renationalisierung der Politik verhindert (Scharpf, 1994a: 12). Die Defizite der Verflechtung sind begründet in der Tatsache, daß die höhere Ebene, also die EU, bei Entscheidungen der Zustimmung der unteren Ebene, der Mitgliedstaaten, bedarf, die einstimmig oder fast einstimmig erteilt werden muß (Scharpf, 1994a: 25).

In der Umweltpolitik beschließt der Rat - auch bei internationalen Abkommen - mit qualifizierter Mehrheit oder, falls er vom Vorschlag der Kommission abweicht, einstimmig. Der Konsensbedarf ist also hoch und damit auch die Transaktionskosten; vor allem der Zeitfaktor spielt eine wichtige Rolle. Das Ergebnis einer solchen Konsensbildung orientiert sich am kleinsten gemeinsamen Nenner und ist daher selten strategisch und langfristig ausgerichtet und im umweltpolitischen Sinn wenig effizient. Auf der internationalen Ebene ist ein solcher Akteur schwerfällig und unflexibel, ohne internen Konsens sogar handlungsunfähig.

Diese internen Strukturen sind der Grund, weshalb sich die EU auf den unterschiedlichen Ebenen der internationalen Politik nicht einheitlich präsentiert. Während sich auf der Ebene der informellen Umweltpolitik und bei der konzeptionellen Vorbereitung von Abkommen, wo die Kommission über exklusive Kompetenzen verfügt, die EU häufig positiv von anderen Akteuren aufgrund ihrer größeren Ressourcen abhebt, stellt sie auf der Ebene der Abkommen und Organisationen einen schwerfälligen Akteur mit einem ineffizienten Willensbildungsprozeß dar, der das Politikergebnis nur dann positiv beeinflussen kann, wenn auf der Grundlage des EU-internen Konsenses ein Verhandlungsergebnis angestrebt wird. Denn die interne Konsensbildung, die oftmals einen internen Interessensausgleich in anderen Politikbereichen umfaßt, bringt in der Regel gemäßigte, für eine große Gruppe von Staaten akzeptable Ergebnisse hervor, die sich weniger an den umweltpolitischen Erfordernissen als an der Praktikabilität und den Kosten umweltpolitischer Maßnahmen orientieren.

9 Klimawandel und Gerechtigkeit zwischen Nord und Süd: Schlechtes Gewissen der Industrieländer - Ruhekissen für die Dritte Welt?

Helmut Breitmeier

Wie niemals zuvor wurde durch die UNCED-Konferenz von 1992 in Rio de Janeiro auf den untrennbaren Zusammenhang zwischen dem Schutz globaler Umweltgüter und dem Entwicklungsproblem aufmerksam gemacht.[1] Die wachsende Bedeutung des Problemfelds „Umwelt" hat auch in der Analyse der internationalen Beziehungen zu einer bemerkenswerten Ausweitung der Umweltforschung geführt, wie die stark gewachsene Anzahl bedeutsamer Arbeiten über Probleme der internationalen Umweltpolitik zeigt.[2] Die Forschung hat sich vermehrt auf die Frage konzentriert, wie die kooperative Bearbeitung internationaler Umweltkonflikte durch die Schaffung von normativen Institutionen in Form von „internationalen Regimen", die Prinzipien, Normen, Regeln und Entscheidungsprozeduren zwischen Staaten (z.B. in Form einer internationalen Konvention, von Schadstoffprotokollen oder „soft law"-Vereinbarungen) in einem Problemfeld errichten, möglich wird.[3] Einen zentralen Stellenwert innerhalb der politikwissenschaftlichen Beschäftigung mit umweltpolitischen Problemen nahm seit dem Ende der achtziger Jahre die Klimaproblematik ein. Die internationale Klimapolitik ist nicht nur in der internationalen, sondern auch in der deutschen Forschung auf großes Interesse gestoßen, wie die breite Literatur über den politischen Prozeß auf nationaler und internationaler Ebene und zu einer Vielzahl wichtiger Einzelprobleme, die mit der Klimaproblematik verknüpft sind, zeigt.[4]

---

1 Vgl. Johnson, 1993; Spector/Sjöstedt/Zartman, 1994.
2 Zu einer Gesamtschau der Entwicklung der internationalen Umweltpolitik vgl. u.a. Caldwell, 1990; Sands, 1995. Einen Überblick zur regimeanalytischen Bearbeitung internationaler Umweltprobleme bieten u.a. Young/Osherenko, 1993; Haas/Keohane/ Levy, 1993; Young, 1994. Eine instruktive Bestandsaufnahme der regimeanalytischen Analyse internationaler Umweltpolitik bieten Levy/Young/Zürn, 1995.
3 Zur frühen regimeanalytischen Literatur vgl. u.a. Krasner, 1983; Keohane, 1984; Efinger/Rittberger/Zürn, 1988; Kohler-Koch, 1989. Einen guten Überblick über die neuere Forschung bieten Zürn, 1992; Rittberger/Mayer, 1993.
4 Zum bisherigen klimapolitischen Prozeß vgl. u.a. Bodansky, 1993; 1995; Breitmeier, 1996; Grubb/Anderson, 1995; Oberthür, 1993; Victor/Salt, 1996.

Der UNCED-Prozeß hat zweifellos dazu beigetragen, daß die Dritte Welt stärker als jemals zuvor als wichtiger Schlüssel für die langfristige Bewältigung des Klimaproblems angesehen wird. Die in Rio de Janeiro verabschiedeten Hauptdokumente verweisen dabei nicht nur auf die Notwendigkeit nachhaltiger Entwicklung, sondern auch auf das Prinzip der Gerechtigkeit, das eine wichtige Grundlage bei der weiteren politischen Bearbeitung internationaler Umweltprobleme zwischen den Industrie- und den Entwicklungsländern bilden soll. Die Verwirklichung von Gerechtigkeit beim Schutz des globalen Klimas hat verschiedene Dimensionen.[5]

Die Entwicklungsländer betonen vor allem die *erste* Dimension der Gerechtigkeit auf zwischenstaatlicher Ebene. Maßnahmen zur Begrenzung der Emissionen von Treibhausgasen sollen demzufolge ausschließlich von den Industrieländern getroffen bzw. finanziert werden. Die Entwicklungsländer wollen vermeiden, daß der weitere klimapolitische Prozeß auch die Entwicklungsländer langfristig zur Emissionskontrolle verpflichtet. Die Entwicklungsländer betrachten es außerdem als unabdingbar, daß die Industrieländer zusätzliche finanzielle und technologische Mittel bereitstellen, um in den Entwicklungsländern die Verwirklichung eines ökologisch verträglichen, „nachhaltigen" wirtschaftlichen Wachstums zu ermöglichen.

Eine *zweite* Dimension, der im Umweltvölkerrecht bisher erheblich weniger Bedeutung gewidmet wurde, betrifft die Dimension der innerstaatlichen Gerechtigkeit. Bei der politischen Bearbeitung des Klimaproblems muß auch darauf geachtet werden, daß die Auswirkungen des Klimawandels und der Maßnahmen zum Klimaschutz vor allem in den Entwicklungsgesellschaften nicht zu einer weiteren Benachteiligung marginalisierter Gruppen führt. Die ökonomische Entwicklung in der Dritten Welt führt u.a. zu einer starken innergesellschaftlichen Diversifizierung, die die Schere zwischen armen und reichen Bevölkerungsgruppen weiter vergrößert. Klimapolitische Maßnahmen, die in den Entwicklungsländern durchgeführt werden, sollten daher vor allem auch die Bedürfnisse jener marginalisierter Gruppen berücksichtigen, die am meisten von den Folgen des Klimawandels betroffen sind (z.B. durch einen von Dürreperioden hervorgerufenen Wassermangel, die Zerstörung von Wohnungen durch Sturmfluten usw.), ohne sich politisch ausreichend artikulieren zu können.

Eine *dritte* Dimension der Gerechtigkeit beschäftigt sich mit dem Aspekt der langfristigen Verantwortung der jetzigen Generation für zukünftige Generationen. Sie behandelt vor allem die langfristigen Auswirkungen möglicher politischer Strategien zum Schutz des Klimas. Im Mittelpunkt der folgenden Darstellung stehen vor allem die beiden akteursbezogenen Dimensionen von Gerechtigkeit, die sich auf die Analyse des Gerechtigkeitsproblems zwischen Staaten und zwischen innergesellschaftlichen Gruppen konzentriert. Dabei werden jedoch auch solche Dimensionen der Gerechtigkeit zwischen den Generationen

---

5 Vgl. u.a. Brown Weiss, 1995; Grubb, 1995c.

einbezogen, die für die jeweilige Wertezuweisung zwischen diesen Akteuren relevant sind.

9.1 Gerechtigkeit zwischen Nord und Süd

Der UNCED-Prozeß hat verschiedene Lösungsansätze in der politischen und wissenschaftlichen Debatte etabliert, die *erstens* auf der generellen Einsicht beruhen, daß die Industrieländer für die effektive Bearbeitung solch grundlegender Probleme wie der Klimaproblematik die Hauptverantwortung tragen. Berechnungen für den Zeitraum zwischen 1800 und 1988 ergeben, daß die Länder aus Nordamerika, West- und Osteuropa (einschließlich der früheren UdSSR), Japan, Australien und Neuseeland für mehr als 80% der globalen energiebedingten CO_2-Emissionen verantwortlich sind (vgl. Grübler/Nakicenovic, 1992: 17). Den Entwicklungsländern ist es somit auch gelungen, in Artikel 3 (1) der in Rio de Janeiro 1992 unterzeichneten Klimakonvention das Prinzip der „gemeinsamen, aber unterschiedlichen Verantwortlichkeiten" zu verankern, das den Industrieländern die Hauptverantwortung nicht nur für die Verursachung des Problems, sondern auch für die notwendigen Maßnahmen zur mittelfristigen Stabilisierung und zur langfristigen Verminderung der Emissionen klimarelevanter Spurengase zuweist.

Das auf der ersten Konferenz der Vertragsstaaten der Klimakonferenz verabschiedete „Berliner Mandat" vom April 1995 bekräftigt erneut, daß die Industrieländer eine Führungsrolle bei der Bekämpfung des Klimawandels spielen sollen. Ein neuer Verhandlungsprozeß soll daher bis zum Jahr 1997 zur Vereinbarung von konkreten Maßnahmen führen, die allerdings nur Verpflichtungen für die Industrieländer, aber nicht für die Entwicklungsländer enthalten sollen.[6]

Der UNCED-Prozeß hat *zweitens* auch dazu geführt, daß die Notwendigkeit eines Finanz- und Technologietransfers vom reichen Norden in die Entwicklungsländer von den Industrieländern anerkannt wird. Die erste Konferenz der Vertragsstaaten der Klimakonvention in Berlin im Frühjahr 1995 beschloß, daß diese zusätzlichen Finanzmittel für Maßnahmen in den Entwicklungsländern zunächst für eine Interimsphase unter dem Dach der globalen Umweltfazilität der Weltbank verwaltet werden. Die nach den Artikeln 3 (3) und 4 (2a) der Klimakonvention mögliche gemeinsame Umsetzung („joint implementation") von Maßnahmen zur Eindämmung von Treibhausgasemissionen zwischen Industrieländern und Entwicklungsländern soll nach dem Beschluß der Berliner Konferenz zunächst in begrenztem Umfang im Rahmen einer Pilotphase erfolgen. Einem Industrieland werden jedoch die in den Entwicklungsländern durch finanzielle

---

6 Zur Übersicht der in der Klimakonvention enthaltenen Regelungen vgl. Bodansky, 1993, 1995; Oberthür, 1993; Breitmeier, 1996.

Unterstützung eines Industrielands erzielten Emissionsverminderungen nicht angerechnet.[7]

Abgesehen von der unbestrittenen Verantwortung der Industrieländer für Maßnahmen zum Klimaschutz besitzen indessen auch die Entwicklungsländer langfristig eine wachsende Verantwortung, die in der bisherigen Debatte einen geringen Stellenwert erfährt. Neben der bisherigen Konzentration der Diskussion auf die zweifellos unabdingbar notwendigen Maßnahmen zur CO_2-Verminderung in den Industrieländern mag ein weiterer Grund für die mangelnde Betonung der langfristigen Verantwortung der Entwicklungsländer darin bestehen, daß die Vorreiter unter den Industrieländern für eine CO_2-Verminderung eine Verschärfung des Nord-Süd-Konflikts innerhalb des Problemfelds zunächst vermeiden wollen, da das Problem der steigenden Emissionen aus den Entwicklungsländern erst in den nächsten Jahrzehnten an Bedeutung gewinnt.

Zweifellos birgt eine stärkere Ideologisierung des Nord-Süd-Konflikts im Problemfeld die Gefahr einer weiteren Verzögerung der Verminderung von Treibhausgasemissionen in sich, wovon vor allem jene Akteure unter den Industrieländern wie die „JUSCANZ-Gruppe" (Japan, USA, Kanada, Australien und Neuseeland), die sich gegen eine bedeutende Verminderung der Emissionen von klimarelevanten Spurengasen aussprechen, profitieren. Die von der Dritten Welt berechtigterweise eingeforderten zusätzlichen Mittel für einen Finanz- und Technologietransfer stellen allerdings keineswegs den ausschließlichen Weg zum Klimaschutz dar. Vielmehr existieren auch in den Entwicklungsländern selbst Potentiale zum Klimaschutz, die zu einem gewissen Grad auch ohne starke finanzielle und technologische Unterstützung aus den Industrieländern freigemacht werden können. Besondere Verantwortung besitzen die Entwicklungsländer vor allem bei solchen Entscheidungen, die nationale Regierungen in diesen Ländern im Rahmen der Wirtschafts- und Strukturpolitik fällen müssen.

9.1.1 Die zögerliche Umsetzung in den Industrieländern

Die Industrieländer haben die hohen Erwartungen, die von den Entwicklungsländern anläßlich von UNCED geäußert worden sind, nur teilweise erfüllt. Nach Artikel 4 (2b) der Klimakonvention sollen die OECD-Staaten und die Länder Osteuropas Maßnahmen zur Stabilisierung der Treibhausgasemissionen auf dem Niveau des Jahres 1990 ergreifen. Allerdings enthält die Konvention bisher kein explizit formuliertes Ziel, bis zu welchem Jahr diese Stabilisierung der Emissionen erreicht werden soll. In Artikel 4 (2a) wird nur die Feststellung getroffen, daß eine Verminderung der anthropogenen Emissionen bis zum Ende dieses Jahrzehnts zu einer Abschwächung der Klimaänderungen beitragen würde.

Die Industrieländer zeigen nur sehr zögerliche Bereitschaft zur Umsetzung des in der Klimakonvention formulierten Ziels der Stabilisierung der Treibhausgas-

---

7 Zum Problem der „joint implementation" vgl. Loske/Oberthür, 1994; Jepma, 1995.

emissionen, und nur wenige Länder wie die Bundesrepublik werden innerhalb des nächsten Jahrzehnts gar eine Reduzierung der Emissionen erreichen. Die Verminderung der Emissionen in vielen osteuropäischen Staaten (und in der ehemaligen DDR) ist zum großen Teil auf den Rückgang der wirtschaftlichen Produktion als Folge des Übergangs von der Planwirtschaft auf die Marktwirtschaft zurückzuführen. Der strukturelle wirtschaftliche Wandel in den früheren planwirtschaftlich organisierten Ökonomien Osteuropas dürfte zwar auch zu einem erheblich rationelleren Umgang mit fossilen Energieträgern führen. Das langfristig erhoffte wirtschaftliche Wachstum dürfte in Osteuropa indessen auch mit einem veränderten Konsumverhalten verbunden sein, das u.a. durch den Anstieg des Individualverkehrs auch zu einem verstärkten Anstieg der Treibhausgasemissionen in einzelnen gesellschaftlichen Sektoren führen könnte.

Die seit Jahren innerhalb der Europäischen Union vertagte Einführung einer kombinierten CO_2-/Energiesteuer zeigt, daß selbst bei den vermeintlichen Vorreitern für eine aktive Klimapolitik nach wie vor nur eine begrenzte Bereitschaft zur Umsetzung der politisch formulierten Ziele in konkrete Maßnahmen vorhanden ist (vgl. Kap. 7). Auch der während der Klimaverhandlungen zwischen 1990 und 1992 wahrnehmbare politische Druck der Europäischen Union auf die USA, effektive Maßnahmen zum Klimaschutz zu ergreifen, hat sich in den letzten Jahren wieder verringert. Die Implementation von Maßnahmen zur Emissionsverminderung stößt in einzelnen Industrieländern auf den Widerstand von betroffenen Interessengruppen. Die U.S.-Regierung unter Präsident Clinton scheiterte im Jahr 1993 mit ihrem vorgesehenen Plan der Einführung einer Energiesteuer, der auf zu großen Widerstand des amerikanischen Kongresses und verschiedener Interessengruppen stieß.

Selbst in der Bundesrepublik, die auf internationaler Ebene als einer der wichtigen Vorreiter für umfassende Maßnahmen zum Klimaschutz gilt, stoßen Maßnahmen zur Senkung der Treibhausgasemissionen im Verkehrsbereich nach wie vor auf unzureichende gesellschaftliche Akzeptanz. Die Autofahrerlobby konnte bis heute mit dem Slogan „freie Fahrt für freie Bürger" die Einführung eines Tempolimits verhindern. Die in Deutschland intensiv geführte Diskussion um die Einführung von Ökosteuern hat bisher nicht zu gesetzlichen Maßnahmen geführt, die eine höhere Besteuerung von fossilen Energieträgern zum Ziel haben. Die politischen Entscheidungsträger fürchten nicht nur den Widerstand der Bevölkerung gegen steigende Kosten für Benzin, Heizöl, Gas oder Strom. Die Vorreiterstaaten für den Klimaschutz sind bisher nicht dazu bereit, einseitige Maßnahmen zu treffen, die kurzfristig zu einer höheren Kostenbelastung für die nationale Industrie führen könnten.

Im Zeitalter einer Globalisierung des wirtschaftlichen Wettbewerbs befürchten besonders solche Länder wie die Bundesrepublik, die im Vergleich zu anderen Wettbewerbern höhere Produktionskosten (hohe Löhne, hohe Kosten für die soziale Sicherung, Besteuerung) aufweisen, daß weitere steuerliche Belastungen zu Nachteilen im wirtschaftlichen Wettbewerb mit anderen Nationen führen. Allerdings ist diesen Ländern bisher zu wenig bewußt geworden, daß selbst einseitige nationale Maßnahmen zum Klimaschutz mittel- und langfristig eine verstärkte technologische Modernisierung in verschiedenen nationalen Wirtschaftszweigen bewirken können und daß dadurch auch Anreize zur Verminderung des Energieeinsatzes in der Produktion geschaffen werden, die langfristig einen Rückgang der Produktionskosten bewirken können. Einen Ausweg aus dieser Blockadesituation zwischen den Industrieländern stellt vor allem gemeinsames Handeln zwischen den OECD-Ländern über gemeinsame Maßnahmen zum Klimaschutz dar.

Der von der ersten Vertragsstaatenkonferenz in Berlin 1995 eingesetzte Verhandlungsprozeß wird nur dann zu einem greifbaren Ergebnis führen, wenn sich die Europäische Union und die JUSCANZ-Gruppe auf gemeinsame Maßnahmen verständigen. Die bisher nur sehr geringe Effektivität der Klimakonvention im Sinne einer wahrnehmbaren ökologischen Problemlösung bietet zweifellos Anlaß für berechtigte Kritik. Allerdings nimmt die Effektivität von internationalen Regimen zum Schutz von Umweltgütern zumeist erst mittel- und langfristig zu. Oftmals handelt es sich dabei um eine langfristige Entwicklung, die zunächst mit dem Abschluß einer eher vage gehaltenen Rahmenkonvention beginnt, bevor weitere konkretere Maßnahmen in Form von verbindlichen Schadstoffprotokollen verabschiedet werden. Relativ erfolgreiche Beispiele hierfür stellen die Regime über weiträumige grenzüberschreitende Luftverschmutzung in Europa oder zum Schutz der Ozonschicht dar, die einen evolutionären Prozeß erfuhren, der nicht nur vom Abschluß einer Rahmenkonvention zur Verabschiedung von weiteren Schadstoffprotokollen, sondern im Laufe des weiteren politischen Prozesses auch zu einer Verschärfung der in den Protokollen getroffenen Regelungen geführt hat.[8]

9.1.2 Die zunehmende Verantwortung der Entwicklungsländer

Während viele Industrieländer noch weit von der Verwirklichung ihres gesteckten Zieles einer Stabilisierung und Verminderung der Treibhausgasemissionen entfernt sind und diese somit ihrer Hauptverantwortung bisher nicht völlig gerecht geworden sind, ist es ein wichtiges politisches Ziel der Entwicklungsländer, daß die umweltverträgliche wirtschaftliche Entwicklung nicht durch Umweltschutzkosten gehemmt werden soll, die sich aus internationalen Verpflichtungen ergeben. Trotz der unbestrittenen Verantwortung der Industrieländer für die in der Vergangenheit in der Atmosphäre angehäuften Treibhausgase sollten die langfristigen Emissionspotentiale, die sich aus der wirtschaftlichen und sozialen Entwicklung der Entwicklungsländer ergeben, nicht außer acht gelassen werden. Nur 21% (1,2 Mrd. Menschen) der Erdbevölkerung, die im Jahr 1994 ca. 5,6 Mrd. Menschen betrug, leben derzeit in den Industrieländern. Umgekehrt leben 79% (4,4 Mrd. Menschen) der Erdbevölkerung in den Entwicklungs-

---

8 Vgl. Gehring, 1994b; Breitmeier, 1996; Breitmeier/Gehring/List/Zürn, 1993.

ländern. Das jährliche Bevölkerungswachstum in den Entwicklungsländern beträgt derzeit ca. 1,9%, während die Bevölkerung in den Industrieländern nur noch um ca. 0,3% wächst. Die Entwicklungsländer tragen somit den überwiegenden Anteil zum weltweiten Bevölkerungswachstum von derzeit jährlich 1,6% bei. Berechnungen über das zukünftige Bevölkerungswachstum sagen bis zum Jahr 2030 den Anstieg der Weltbevölkerung auf eine Zahl zwischen mehr als 8 und 11 Mrd. Menschen voraus, wovon die jetzigen Entwicklungsländer wiederum den Hauptanteil einnehmen.[9]

Im Vergleich zum Jahr 1850 hat sich der globale Energieverbrauch bis zum Jahr 1990 versechzehnfacht. Diese Entwicklung kann als ein Produkt der rasanten Bevölkerungsentwicklung und des steigenden Energieverbrauchs pro-Kopf betrachtet werden, bei dem die Bevölkerungsentwicklung um das Fünffache und der Energieverbrauch pro-Kopf um das Dreieinhalbfache angewachsen ist. Eine Verdoppelung der Weltbevölkerung bis zum Jahr 2050 wird im gleichen Zeitraum zu einer weiteren Steigerung der globalen Produktion um das Drei- bis Fünffache führen. Die Steigerung der globalen Produktion wird sich vor allem in den jetzigen Entwicklungsländern vollziehen. Schon heute verzeichnen einige große Entwicklungsländer wirtschaftliche Wachstumsraten, die ein mehrfaches über jenen in den Industrieländern liegen, wie das Beispiel der Volksrepublik China mit einer derzeitigen jährlichen Wachstumsrate zwischen 9 und 10% beweist.

Selbst wenn ein weiterhin anhaltender Rückgang der Energieintensität verzeichnet werden kann, der durch effizienteren Energieeinsatz und den strukturellen Wandel zu einer weniger energieintensiven Produktionsweise verursacht wird, dürfte die globale Nachfrage nach Primärenergieträgern bis zum Jahr 2050 um das Anderthalb- bis Dreifache ansteigen.[10] Trotz des langfristig anhaltenden Trends einer Verringerung der Energieintensität und eines strukturellen Wandels bei den eingesetzten Energieträgern, der in der Verwendung von höherwertigen fossilen Energieträgern besteht, werden somit umfangreiche politische Maßnahmen auf nationaler und internationaler Ebene erforderlich sein, um den Anstieg der globalen CO_2-Emissionen zu bremsen. Neben den erforderlichen Maßnahmen in den Industrieländern zeigen die angeführten langfristigen Entwicklungen (Bevölkerungswachstum, wirtschaftliche Entwicklung), daß langfristig auch Maßnahmen zur Emissionsverminderung in den Entwicklungsländern einen wichtigen Schlüssel zur Bewältigung des Klimaproblems darstellen.

---

9 Vgl. Lutz, 1994a: 26-27 und die Beiträge in dem Sammelband von Lutz, 1994b.
10 Zur langfristigen Entwicklung des globalen Energieverbrauchs vgl. World Energy Council/IIASA, 1995.

9.1.3 Ressourcentransfer von Nord nach Süd: Der einzige Ausweg?

Auf internationaler Ebene wurden bisher nur in begrenztem Umfang zusätzliche Mittel bereitgestellt, um die Entwicklungsländer - abgesehen von der regulären staatlichen Entwicklungshilfe - bei der innerstaatlichen Umsetzung internationaler Umweltabkommen zu unterstützen.[11] Ein besonders erfolgreiches Beispiel stellt der von den Industrieländern im Jahr 1990 errichtete multilaterale Fonds dar, der die Entwicklungsländer beim Ausstieg aus der Produktion von FCKW, H-FCKW und Halonen unterstützt. Nach wie vor zeigen die Industrieländer eine zu geringe Bereitschaft, einen größeren finanziellen Beitrag zu leisten, damit verstärktes wirtschaftliches Wachstum in den Entwicklungsländern mit umweltverträglichen Technologien erzielt und von einem ökologisch verträglichen strukturellen Wandel begleitet wird.

In der ersten Pilotphase der bei der Weltbank angesiedelten globalen Umweltfazilität haben die Industrieländer bis 1993 zunächst rund eine Mrd. US-Dollar für Projekte in Entwicklungsländern bewilligt, und auch für die von 1994-1997 reichende operationale Phase der globalen Umweltfazilität stellen die Industrieländer weitere 2 Mrd. US Dollar an zusätzlichen Finanzmitteln zur Verfügung, die einen Beitrag zur Linderung globaler Umweltprobleme wie des Klimaproblems oder des Schutzes der Biodiversität leisten sollen.

In ihrem 1995 vorgelegten Bericht verweist die „Commission on Global Governance" allerdings darauf, daß ein großer Teil der in Rio de Janeiro von den Industrieländern für die globale Umweltfazilität versprochenen Mittel keine "zusätzlichen" Mittel sind, sondern nur aus den klassischen Etats der öffentlichen Entwicklungshilfe umgeschichtet wurden. Die Kommission beklagt u.a. auch, daß die Industrieländer derzeit nicht einmal die Hälfte des ursprünglich formulierten Zieles erreichen, wonach 0,7% des jeweiligen nationalen Bruttosozialprodukts für die öffentliche Entwicklungshilfe bereitgestellt werden sollen. Bis zum Jahr 1993 war die durchschnittliche Unterstützung für die Entwicklungsländer auf 0,29% des nationalen Bruttosozialprodukts gesunken, was die niedrigste Rate seit der Einführung des 0,7%-Ziels darstellt.[12]

Das starke wirtschaftliche Wachstum basiert in einigen großen Entwicklungsländern wie der Volksrepublik China vor allem auf dem massiven Einsatz von traditionellen fossilen Energieträgern wie Kohle, wodurch langfristig die Weichen für einen wirtschaftlichen Wachstumspfad gestellt werden, der zu einem besonders starken Wachstum der Emissionen von klimarelevanten Spurengasen führt. Ein umfangreicher Ressourcentransfer von Nord nach Süd könnte daher dazu beitragen, das starke Wachstum der Emissionen klimarelevanter Spurengase in diesen Ländern zu begrenzen. Allerdings bedarf es dazu nicht nur der Finanzierung von Technologien und Infrastrukturmaßnahmen, die den rationelleren

---

11 Zur Existenz von internationalen Fonds in verschiedenen Problemfeldern der internationalen Umweltpolitik vgl. Sand, 1995.
12 Vgl. The Commission on Global Governance, 1995: 190.

Energieeinsatz in diesen Ländern ermöglichen, sondern auch der Erleichterung des kostengünstigen Zugangs zu Patenten für umweltschonende Produktionsanlagen, die in überwiegender Anzahl vor allem im Besitz von Firmen in den westlichen Industrieländern sind. Da Produktionsanlagen und Kraftwerke in Entwicklungsländern lange Laufzeiten haben, erscheint es notwendig, daß die Industrieländer bereits jetzt die Investitionen, die in der Dritten Welt getroffen werden, durch die Bereitstellung von Finanzmitteln und Technologien dahingehend beeinflussen, daß das auf der Umweltkonferenz von Rio de Janeiro 1992 und in der Klimakonvention formulierte Ziel einer "nachhaltigen" Entwicklung in diesen Ländern verwirklicht werden kann.

Vor dem Hintergrund des starken wirtschaftlichen Wachstums in der Dritten Welt besteht ein hoher Kapitalbedarf in diesen Ländern zur Finanzierung eines ökologisch verträglichen Wachstumspfads, der durch den Umfang der bisher angekündigten Mittel allein nicht befriedigt werden kann. Neben der Bezuschussung von Investitionen sollten die Industrieländer daher auch verstärkt dazu übergehen, zinsgünstige Kredite für Umweltinvestitionen in der Dritten Welt zur Verfügung zu stellen. Allerdings sollten langfristig garantierte niedrige Zinsen sicherstellen, daß kein neuer Nettokapitaltransfer von den Entwicklungsländern in die Industrieländer entsteht.

Neben den zweifellos für die Industrieländer entstehenden Kosten für solche Maßnahmen dürfte eine stärkere finanzielle Beteiligung dieser Länder an Klimaschutzmaßnahmen in der Dritten Welt auch zu positiven wirtschaftlichen Effekten in den Industrieländern selbst führen, da die erforderlichen Anlagen vor allem von Unternehmen aus den Industrieländern hergestellt und exportiert werden, wodurch bestehende Arbeitsplätze gesichert und mittelfristig neue Arbeitsplätze geschaffen werden könnten. Obwohl die Forderung nach einem umfassenden Finanz- und Technologietransfer von Nord nach Süd berechtigt ist, sollte andererseits nicht verkannt werden, daß auch die Entwicklungsländer eine Verantwortung für den Klimaschutz haben. Mit der Vergrößerung des Anteils dieser Länder an der globalen Wirtschaftsproduktion steigt auch deren Anteil an den globalen Emissionen klimarelevanter Spurengase.

9.1.4 Emissionsverminderung, Ressourcentransfer und globaler Wettbewerb - ein Konflikt?

Langfristig könnten sich die Industrieländer einem „Finanzierungsdilemma" ausgesetzt sehen, da sie durch einen umfassenden Ressourcentransfer zur weiteren wirtschaftlichen Modernisierung und zur indirekten wirtschaftlichen Aufrüstung neuer Wettbewerber aus der Dritten Welt beitragen. Eine solche Sichtweise eines kompetitiven Nord-Süd-Verhältnisses könnte vor allem dann negative Auswirkungen auf die globale Klimapolitik haben, wenn einzelne mächtige Industriestaaten die Bereitstellung von zusätzlichen Ressourcen für die Entwicklungsländer von der Beurteilung des „relativen Gewinns" abhängig machen. Staaten machen in der Regel solche finanziellen Zusagen gegenüber anderen Staaten im internationalen System auch davon abhängig, inwiefern diese ihre eigenen wirtschaftlichen oder politischen Fähigkeiten (z.B. im wirtschaftlichen Wettbewerb mit anderen Ländern) beeinträchtigen. Die Alternative zu der Sichtweise des „relativen Gewinns" stellt die Frage nach dem „absoluten Gewinn" dar, also danach, ob alle aus der Bildung eines internationalen Regimes einen Nutzen ziehen.[13]

Vor allem Bremserstaaten wie die USA fürchten, daß jene nationalen Implementationskosten, die durch eine internationale Verpflichtung zur Treibhausgasreduzierung entstehen, anderen Industrieländern wirtschaftliche Vorteile verschaffen könnten, da für diese geringere wirtschaftliche und politische Kosten bei der Implementation solcher Maßnahmen entstehen. Es darf allerdings bezweifelt werden, ob die USA langfristig gegenüber anderen Industrieländern wie Deutschland ökonomisch einen relativen Nachteil zu verkraften hätten, da die positiven Auswirkungen der Emissionskontrolle (z.B. niedrigerer Energieverbrauch, technologische Innovation) bei den wirtschaftlichen und politischen Entscheidungseliten in den USA bisher wenig berücksichtigt werden. Die Aufrechterhaltung der wirtschaftlichen Wettbewerbsfähigkeit wird somit vor allem zwischen den Industrieländern selbst als Begründung dafür angeführt, warum einzelne mächtige Industriestaaten sich bisher gegen eine gemeinsame Verminderung der Treibhausgasemissionen sperren. Hierfür mögen indessen - wie im Fall der USA - eher innenpolitische Interessengruppen, als objektiv prognostizierbare wirtschaftliche Nachteile verantwortlich sein.

Im Nord-Süd-Verhältnis sind Befürchtungen, wonach ein verstärkter Ressourcentransfer von Nord nach Süd vermehrt wirtschaftliche Wettbewerber in den Entwicklungsländern aufrüstet, unbegründet, denn nach wie vor nehmen die Industrieländer den Hauptanteil an der globalen Wirtschaftsproduktion ein. Die Finanzierung von nachhaltiger Entwicklung in den Entwicklungsländern stellt für die Industrieländer einen „absoluten Gewinn" dar, da nicht nur die globale Umweltsituation verbessert, sondern auch der Handel mit diesen Ländern intensiviert werden kann.

Eine viel realistischere Gefahr für einen umfassenderen Ressourcentransfer stellt die vorhandene Abneigung einiger Industrieländer gegen internationale Finanzierungsmechanismen und gegen wachsende Kompetenzen von Entscheidungsgremien auf internationaler Ebene dar. Insbesondere die USA haben sich im vergangenen Jahrzehnt gegen die weitere Verlagerung von nationalen Kompetenzen und Finanzmitteln auf die internationale Ebene gewehrt. Zudem liegen bisher noch wenig Erfahrungen mit umfassenden globalen Finanzierungsmechanismen vor, da die Mittel der bisher existierenden internationalen Fonds sehr begrenzt sind. Bisher existiert ein großes Potential für solche Maßnahmen in den Entwicklungsländern, durch die mit relativ niedrigen Kosten bedeutende Einsparungen des Energieeinsatzes pro Einheit des erzeugten Bruttosozialprodukts er-

---

13 Vgl. Waltz, 1979: 105; Grieco, 1990: 39-40.

reicht werden können. Der Finanzbedarf für Transferleistungen von Nord nach Süd steigt vor allem langfristig, wenn das Potential der mit relativ niedrigen Kosten zu erreichenden Einsparungen in der Dritten Welt ausgereizt ist und weitere Maßnahmen nur mit bedeutend höheren Kosten zu erzielen sind. Auch in der Zukunft dürfte daher ein zentraler Konfliktgegenstand zwischen den Industrie- und den Entwicklungsländern darin bestehen, in welchem Umfang die Industrieländer solche Mittel zur Verfügung stellen.

Eine Schwierigkeit stellt die Beantwortung der Frage dar, aus welchen innerstaatlichen Ressourcen diese finanziellen Mittel in den Industrieländern aufgebracht werden sollen. Die politische Durchsetzung von Finanzmitteln für klimapolitische Maßnahmen konkurriert in Zeiten sehr knapper öffentlicher Finanzmittel in der Regel in allen Industrieländern mit anderen wichtigen politischen Maßnahmen, die von den jeweiligen Interessengruppen innerhalb des politischen Systems als vorrangig erachtet werden.

In vielen liberal-demokratischen Industriestaaten ist nur eine geringe politische Akzeptanz für weitere steuerliche Belastungen vorhanden, die den Verbraucher und die Wirtschaft betreffen. Die Einführung umfassender Umweltsteuern stößt an ihre Grenzen, weil die wachsende soziale Abgabenlast zu steigenden Belastungen für den Einzelnen und für die Unternehmen (z.B. hohe Gesundheitskosten, steigende Kosten für die Altersversorgung) führt. Trotz der vermeintlichen politischen Anziehungskraft der Forderung nach der Einführung von Umweltsteuern zögert auch die deutsche Bundesregierung bisher, eine höhere Besteuerung des Energieverbrauchs vorzunehmen, da Befürchtungen über die bisher nicht in ausreichendem Maße vorhandene Akzeptanz für solche Maßnahmen in der Bevölkerung bestehen. Größere Akzeptanz für die nationale Einführung von Energiesteuern ließe sich neben besserer Aufklärung auch durch gemeinsame Maßnahmen erreichen, die von den Industrieländern auf internationaler Ebene vereinbart werden. Nur ein Durchbruch bei der gegenwärtig zwischen den USA, der Europäischen Union und anderen OECD-Ländern (z.B. Japan, Kanada, Australien) strittigen Frage der gemeinsamen Einführung einer CO_2-/Energiesteuer könnte zusätzliche neue Finanzmittel für einen Nord-Süd-Ressourcentransfer und für einen rationelleren Umgang mit Energie in den OECD-Ländern erbringen.

Die Chancen für die schnelle Verwirklichung von anderen Vorschlägen zur Emissionskontrolle, wie sie etwa die Einführung eines globalen Systems mit handelbaren Emissionsrechten darstellt, müssen zum derzeitigen Zeitpunkt eher als skeptisch beurteilt werden. Dieses Konzept beruht weitgehend auf einem in den USA unter dem „Clean Air Act" eingeführten System.[14] Demnach müßten Staaten beim Überschreiten eines vereinbarten Emissionsbudgets weitere Emissionsrechte von anderen Staaten erwerben, die ihr Emissionsbudget nicht ausgenutzt haben. Der Einführung eines solchen komplizierten Systems stehen bisher neben der politischen Ablehnung durch einzelne Staaten die mangelnde Über-

---

14 Vgl. Tietenberg, 1995 und die Beiträge in United Nations, 1992.

tragbarkeit des Systems auf die internationale Ebene dar. Da ein Übersteigen des jeweiligen nationalen Emissionsbudgets mit finanziellen Konsequenzen verbunden wäre, müßten die von den Staaten angegebenen Emissionsmengen sehr genau kontrolliert werden. Ein hoher Verifikationsbedarf reduziert allerdings in der Regel die Neigung von Staaten, der Einführung solcher Maßnahmen zuzustimmen, da damit neben den hohen finanziellen Kosten zur Kontrolle der Einhaltung der vertraglichen Bestimmungen auch ein erheblicher Eingriff in souveräne Kompetenzen des Nationalstaats verbunden ist.[15]

9.2 Die zunehmende Fragmentierung in der Dritten Welt: Gerechtigkeit zwischen und innerhalb der Entwicklungsländer

Wie die Klimaverhandlungen der letzten Jahre gezeigt haben, gelingt es den in der Gruppe der 77 vereinigten Entwicklungsländern nur mühsam, sich als einheitlicher Akteur mit gemeinsamer Interessenlage darzustellen. Jene Staaten, die sich in der Gruppe der tiefliegenden Küstenstaaten (Alliance of Small Island States) AOSIS zusammengeschlossen haben, sprechen sich aufgrund ihrer besonderen Situation als von einem steigenden Meeresspiegel betroffene Staaten für rasche und umfangreiche Maßnahmen zum Klimaschutz aus. Andere Entwicklungsländer hingegen befürchten vor allem, daß ein für die Industrieländer formuliertes verbindliches Ziel zur Stabilisierung oder gar zur Verminderung treibhausrelevanter Spurengase langfristig auch für die Entwicklungsländer gelten und somit deren wirtschaftliche Entwicklung bremsen könnte. Langfristig muß allerdings auch die Bereitschaft der Entwicklungsländer wachsen, eigene Maßnahmen zum globalen Klimaschutz zu ergreifen. Aus der Sicht der Industrieländer stellt sich dabei die Frage, wie in den Entwicklungsgesellschaften die Einsicht gestärkt werden kann, daß neben den wichtigen sozialen Grundbedürfnissen wie Nahrung, Gesundheit, Unterkunft, Bildung oder Arbeit auch der Schutz der Umwelt ein wichtiges Gut ist, das die Lebensbedingungen der Menschen in den Entwicklungsgesellschaften beeinflußt (vgl. Sagasti/Colby, 1993).

Seit der ersten Umweltkonferenz der Vereinten Nationen von 1972 in Stockholm wurden diesbezüglich zweifellos auch in den Entwicklungsländern wichtige Fortschritte erzielt. Nahezu jedes Land in der Dritten Welt verfügt heute über ein eigenes Umweltministerium, über eine für Umweltfragen empfänglichere öffentliche Meinung und über eine wachsende Umweltgesetzgebung (vgl. Brenton, 1994: 70-71). Die Abkehr von dem einseitigen Denkmuster, wonach einzig und allein ein Nord-Süd-Ressourcentransfer einen effektiven Beitrag der Entwicklungsländer zum Klimaschutz bewirkt, läßt sich bereits dadurch begründen,

---

15 Zum Problem der Verifikation von globalen Maßnahmen zur Kontrolle der Emissionen von Treibhausgasen vgl. Efinger/Breitmeier, 1992a.

daß die Lebensverhältnisse in der Dritten Welt auch durch solche Maßnahmen verbessert werden können, die nicht zwangsläufig durch einen Ressourcentransfer finanziert werden müssen.

Erstens könnten durch verstärkte eigene umweltpolitische Maßnahmen in den Entwicklungsländern jene volkswirtschaftlichen Kosten vermindert werden, die durch die teilweise bereits vorfindbaren massiven Umweltschäden in den wirtschaftlichen Ballungszentren der Dritten Welt hervorgerufen werden. Die ständig ansteigende Luftverschmutzung in den wirtschaftlichen Ballungszentren Südostasiens führt langfristig zu spürbaren Kosten für die Behandlung umweltbedingter Gesundheitsschäden (vgl. Smil, 1992). Investitionen in sauberere Technologien zur Energieerzeugung würden daher nicht nur zu einer Verringerung der Luftverschmutzung, sondern auch zu einer Verringerung der Folgekosten zur Behandlung von Atemwegserkrankungen, Krebs usw. führen. Wirtschaftliche Billigproduktion unter Einsatz umweltzerstörender Technologien mag in den Entwicklungsländern zwar kurzfristig schnellere Wachstumsraten zur Folge haben. Mittel- und langfristig dürften jedoch die Folgekosten dieser auf Kosten der Umwelt und der ökologischen Lebensbedingungen der Bevölkerung vorgenommenen wirtschaftlichen Entwicklung die kurzfristig höheren Investitionskosten für sauberere Technologien übersteigen, die zudem einen Beitrag aus den Entwicklungsländern zum Klimaschutz darstellen würden.

Zweitens besitzen die Entwicklungsländer auch die Chance, nicht jene Fehler beim Aufbau ihrer Volkswirtschaft zu wiederholen, die von den Industrieländern gemacht wurden. Die auch in diesen Ländern zu erwartenden langfristigen Trends einer immer größeren Mobilität des Individuums und von Gütern, die in den westlichen Industrieländern zu einer Verkehrslawine geführt hat, kann mit Infrastrukturmaßnahmen gebremst werden, die öffentlichen Transportsystemen einen höheren Stellenwert als in vielen westeuropäischen Ländern einräumen könnten. Viele Entwicklungsländer stehen beim Ausbau ihrer Verkehrsinfrastruktur vor ähnlichen Entscheidungen, die von den Industrieländern in den vergangenen Jahrzehnten getroffen werden mußten. Gerade bezüglich verschiedener Grundsatzentscheidungen, wie sie die Planung von Verkehrssystemen oder die Ausarbeitung langfristiger Pläne für den Ausbau des Energiesystems darstellen, besitzen auch Entwicklungsländer Möglichkeiten, den zukünftigen Beitrag ihres Landes zu den globalen Treibhausgasemissionen zu beeinflussen.

Weiterhin stellt sich *drittens* die Frage, in welchem Ausmaß der Staat in den Entwicklungsgesellschaften zukünftig dazu fähig ist, den Prozeß einer verstärkten Ausrichtung der wirtschaftlichen Entwicklung an ökologischen Kriterien zu beeinflussen. Ökologische Interessen sind gegenüber wirtschaftlichen Interessen oftmals benachteiligt. Die Verabschiedung von gesetzlichen Maßnahmen zum Klimaschutz dürfte in Entwicklungsländern nur dann zu greifbaren Ergebnissen führen, wenn nicht nur deren Umsetzung durch eine effektive Verwaltung garantiert ist, sondern wenn das nationale Rechtssystem auch über Mechanismen zur Durchsetzung solcher Maßnahmen verfügt.

Es besteht *viertens* auch die Notwendigkeit, das weitere Anwachsen der Weltbevölkerung, das sich weitgehend in den Entwicklungsländern vollzieht, zu bremsen. Die Weltbevölkerungskonferenz von Kairo 1995 zeigte allerdings erneut, daß viele Entwicklungsländer die auf internationaler Ebene geäußerten Forderungen nach Maßnahmen zur Eindämmung des Bevölkerungswachstums als einen Eingriff in ihre nationale Souveränität betrachten.

Die Entwicklungsländer sollten *fünftens* auch überprüfen, inwiefern nicht in begrenztem Umfang auch innerstaatliche Ressourcen aus anderen Bereichen für umweltpolitische Maßnahmen umgeschichtet werden können. Der von den Entwicklungsländern oftmals zurecht beklagte Mangel an Finanzmitteln zur Verwirklichung von „nachhaltiger" Entwicklung hat häufig unter anderem auch hausgemachte Ursachen. Die in der Dritten Welt nur in begrenztem Umfang vorhandenen Ressourcen werden teilweise immer noch in unvertretbar hohem Maße für Militärausgaben verwendet. Während in den letzten Jahren weltweit ein genereller Rückgang der Rüstungsausgaben verzeichnet werden konnte, stagnierten die Militärausgaben in einigen Regionen wie dem Nahen Osten und in Südasien auf einem relativ hohen Niveau oder stiegen gar weiter an. Die Militärausgaben Indiens und Pakistans sind seit 1992 um 12% bzw. 19,5% gewachsen.[16] Viele Entwicklungsländer werden daher nur dann dazu in der Lage sein, ihre eigenen finanziellen Ressourcen verstärkt in den Klimaschutz zu investieren, wenn bei der Bearbeitung sicherheitspolitischer Konflikte mit Nachbarstaaten friedliche politische Lösungen der Option militärischer Drohpolitik und dem Wettrüsten vorgezogen werden.

---

16 Diese inflationsbereinigten Zahlen finden sich im SIPRI-Yearbook, 1995: 390.

# 10 Konflikte der internationalen Klimapolitik. „Klimaspiel" und die USA als Spielverderber?

Hilmar Schmidt

10.1 Einleitung

Aus der Perspektive der politikwissenschaftlichen Teildisziplin der Internationalen Beziehungen stellen sich im Zusammenhang grenzüberschreitender ökologischer Gefährdungslagen eine Reihe von analytischen Problemen. Im Kern steht hierbei die effektive Problembearbeitung, deren Chancen des Zustandekommens und deren Wirkung auf das Miteinander im internationalen System. Die Folgen der anthropogenen Veränderungen des Weltklimas stellen eine Herausforderung an die Akteure der internationalen Beziehungen dar, eine Herausforderung, der die verschiedenen Staaten und nichtstaatlichen Akteure auf recht unterschiedliche Weise entgegentreten. Die Konflikte, die die internationale Klimapolitik dominieren, manifestieren sich durch die verschiedenen Interessenlagen des weiten Spektrums von staatlichen und nichtstaatlichen Akteuren bei der Einsetzung und Ausgestaltung einer internationalen Vereinbarung zum Schutz des Weltklimas. Die Konfliktlinien, die seit dem Sprung der Klimaproblematik auf die globale politische Agenda (Breitmeier, 1992) bestehen und auch den Verhandlungsverlauf bis über Berlin 1995 hinaus bestimmen, sollen im folgenden anhand des situationsstrukturellen Ansatzes dargestellt werden (Zürn, 1992). Im Verlauf der Ausführungen werden Faktoren beschrieben, die den Ursachen dieser Konflikte auf den Grund gehen. Daran anschließend werden die Auswirkungen dieser Konfliktlinien auf den bisherigen Verhandlungsverlauf dargestellt und ein Versuch unternommen, die Chancen einer effektiveren kooperativen Problembearbeitung durch die Weiterentwicklung des „Klimaregimes" zu beurteilen. Exemplarisch werden die Ursachen des Konflikts um die Verankerung von Reduzierungs- bzw. Zeitvorgaben in der Klimakonvention zwischen der Europäischen Union und den Vereinigten Staaten von Amerika dargestellt. Hier wird vor allem auf die Blockadehaltung der amerikanischen Verhandlungsdelegation eingegangen.

10.2 Die Hauptkonfliktlinien

Konflikte in der internationalen Umweltpolitik spielen sich in der Regel zwischen den Verursachern einer Umweltzerstörung und den davon Betroffenen sowie Helferinteressen (Interessen nicht direkt beteiligter Akteure) ab (Prittwitz, 1990: 116). In diesem Schema stellt die Erwärmung des Weltklimas eine komplexe Vernetzung der Umweltbelastung dar, da sich die Verursacher der grenzüberschreitenden Umweltbelastung auch selbst schädigen (Prittwitz, 1990: 223). Eine Konfliktlinie der internationalen Klimapolitik, an der sich die Interessen der beteiligten Staaten systematisieren lassen, bewegt sich einerseits zwischen den Forderungen bzw. Selbstverpflichtungen von Abwehrmaßnahmen als Reaktion der Gefährdungslage und der Abwehr dieser Forderungen bzw. der Ablehnung von Verpflichtungen andererseits (Oberthür, 1992: 46). Hier läßt sich die Ländergruppe, die sich in der Alliance of Small Islands States (AOSIS) organisiert hat, eindeutig den Betroffeneninteressen und somit den Befürwortern einer Reduktionsverpflichtung zuordnen, die OPEC-Staaten zu den Verursachern und somit den Gegnern einer solchen Vereinbarung.

Bei den Verursacherstaaten innerhalb der OECD zeigt sich hingegen ein ambivalentes Bild: Während die USA ein Abkommen mit zeitlich fixierten Reduzierungszielen ablehnen, zeigt sich beispielsweise die Europäische Union einer stufenweisen Stabilisierung bzw. Reduzierung eher aufgeschlossen. Ein ähnliches Bild wird in der Bereitschaft sichtbar, den Ressourcentransfer mit in der Konvention zu verankern - auch hier blocken die USA ab und bilden wiederum den Extrempol dieser zweiten Konfliktlinie. Analog zur Reduzierung der THG liegt die Konfliktlinie nicht einfach zwischen Ressourcengeber (Nord) und Ressourcennehmer (Süd).

Im Gegensatz zur Europäischen Union bestanden die USA bis zur Staatenkonferenz der Klimarahmenkonvention (KRK) in Berlin auf einen kommerziellen Technologietransfer und lehnten lange Zeit einen zusätzlichen Ressourcentransfer, vor allem aber dessen Institutionalisierung, ab. Auch hier haben sich die Verhandlungen vor und nach Berlin kaum bewegt, obwohl sich die Industrienationen in der KRK (Art. 4.1, 4.3, 4.5, 4.7) verpflichtet haben, Technologie und finanzielle Mittel für die Entwicklungsländer bereitzustellen.

Eine weitere Konfliktlinie besteht zwischen den verschiedenen Industrie- und Entwicklungsländern und den Nichtregierungsorganisationen um die Durchführung des Konzepts der gemeinsamen Umsetzung von Reduktionsverpflichtungen (*joint implementation*). Industrienationen könnte so die Möglichkeit geboten werden, ihre Klimaschutzinvestitionen in Ländern der Dritten Welt oder Osteuropas kostengünstiger durchzuführen und sie dann auf ihr nationales Reduzierungsbudget gutschreiben zu lassen.[1] Hier besteht natürlich ein finanzieller An-

---

[1] Einen guten Überblick über die jeweiligen Stellungnahmen der einzelnen Regierungen zu „joint implementation", aber auch zu den einzelnen Klimapolitiken der Staaten so-

reiz, aber auch die Gefahr, daß in den Industrienationen notwendige Modernisierungsschritte unterlassen werden.

In zweifacher Hinsicht ergibt sich hier ein Rätsel. Warum stellt sich ein Staat mit großen umweltpolitischen Handlungskapazitäten und zu erwartenden Schäden aufgrund prophezeiter Klimaveränderungen gegen eine Problembearbeitung, die vergleichbar betroffene Staaten mit ähnlicher Handlungskapazität initiieren? Warum blockiert ein Staat (wie die USA) den Fortgang der Klimapolitik, der in den Verhandlungen über eine Konvention zum Schutz der Ozonschicht die führende Rolle übernommen hatte?

Diese Fragen sind deshalb so entscheidend, weil ihre Beantwortung Aufschluß über eine Änderung der amerikanischen Verhandlungsposition geben kann, die eine wesentliche Determinante für die effektivere Problembearbeitung, d.h. für die verbindlichere Ausgestaltung der Klimarahmenkonvention, darstellt.

Im folgenden wird exemplarisch der Konflikt über die Reduzierungsziele der Klimapolitik zwischen den USA und der EG/EU dargestellt und die blockierende Haltung der USA erläutert.

10.3 Die Situationsstruktur des Reduzierungskonfliktes zwischen den EG/EU-Staaten und den USA

10.3.1 Der situationsstrukturelle Ansatz

Die grundlegende Idee des situationsstrukturellen Ansatzes, der in den Internationalen Beziehungen zur Erklärung von Entstehung bzw. Nichtzustandekommen von Kooperation verwendet wird, ist die Darstellung von realen politischen Situationen mit Hilfe der Spieltheorie.[2] „Was die Spieltheorie in jedem Fall leistet, ist die formalisierte Modellierung einer interdependenten Entscheidungsstruktur" (Zürn, 1992: 323) in Form von Auszählungsmatrizen. Dies bedeutet, daß man komplexe Akteursbeziehungen und hier vor allem Abhängigkeiten der Akteure untereinander reduziert, um sie besser verstehen und analysieren zu können. Durch die Typisierung verschiedener Entscheidungsstrukturen als unterscheidbare Spiele werden Situationen identifiziert, „die regimeanalytisch von besonderem Interesse sind". Diesen verschiedenen Situationen werden unterschiedliche Chancen zur Verregelung durch ein Regime zugeteilt. Eine Situationsstruktur setzt sich aus folgenden drei Elementen zusammen: 1. den beteiligten Akteuren, 2. deren Handlungsoptionen und 3. deren Interessenprofilen ausgedrückt als Prä-

---

wie dem Stand der Umsetzung der eigenen Zielvorgaben vgl. OECD/IEA, 1994a sowie US Climate Action Network/Climate Network Europe, 1995.

2 Vgl. hierzu vor allem Zürn, 1992; Zürn/Wolf/Efinger, 1990; Stein, 1983; Snidal, 1986; Zangl, 1994; angewendet auf die internationale Klimapolitik: Efinger/Breitmeier, 1992b.

ferenzordnung in bezug auf die unterschiedlichen Interaktionsergebnisse (Zürn, 1992: 137; Zürn/Wolf/Efinger, 1990: 161).

Die Interessenprofile werden nun mit Hilfe von Kennziffern gewertet, d.h. sie werden für die einzelnen Akteure gewichtet. In den folgenden Beispielen ist die „Lieblingspräferenz" der Akteure mit einer 4 gekennzeichnet, die unbeliebteste hingegen mit einer 1. An der Kombination der Präferenzen beider Spieler kann man die Spielstruktur ablesen.

Interessant und theoretisch relevant sind die 2 x 2 Spiele, die sich zwischen völliger Übereinstimmung und totalem Widerspruch der Parteien befinden, sogenannte mixed-motive-games. Diese Situationen werden auch problematische Situationen genannt. Die grundlegende Hypothese des situationsstrukturellen Ansatzes lautet nun folgendermaßen:

> Normative Institutionen entstehen in sich wiederholenden problematischen Situationen, damit die Akteure das kooperative Interaktionsergebnis erreichen können. Das kooperative Ergebnis wird dann erreicht, wenn es eine Annäherung an das qualifizierte Pareto-Optimum darstellt (Zürn, 1992: 156).

Ein Pareto-Optimum (P) benennt den Zustand eines Spiels, bei dem sich kein Spieler verbessern kann, ohne daß dies auf Kosten eines anderen Spielers geht. Ein qualifiziertes Pareto-Optimum (P+) weist den höchsten Nutzen für beide Akteure auf. Beide Interaktionsergebnisse sind als kollektiv rationale Interaktionsergebnisse zu verstehen. Das Nash-Equilibrium (N) und die Maximin-Lösung (M) bezeichnen hingegen individuell rationale Interaktionsergebnisse. In Interaktionsstrukturen, in denen das individuell rationale und das kollektiv rationale Interaktionsergebnis auseinanderfallen, (problematische Situation) müssen die Interaktionspartner gemeinsam handeln, um sowohl individuell als auch kollektiv wünschenswerte Ergebnisse zu erzielen (Zangl, 1994: 290).

Verschiedenen Spielen werden nun bestimmte Chancen zur Entstehung von Kooperation zugeteilt, d.h. die Spieltheorie bietet hier nicht nur eine Möglichkeit der formalisierten Darstellung einer Konfliktsituation, sondern auch (durch die Ergänzung von Rahmenbedingungen) die Erklärung des Interaktionsergebnisses (Zürn/Wolf/ Efinger, 1990: 162). Hier wird auf eine detaillierte Darstellung der relevanten spieltheoretischen Situationen (vgl. Zürn, 1992) verzichtet und nur die sich gewandelte Struktur der Verhandlungen zur Reduzierungsproblematik zwischen den Hauptakteursgruppen dargestellt.

10.3.2 Wandel der Strukturen: Das „Klimaspiel"

Die Ausgangsstruktur der Klimaverhandlungen entspricht einer Dilemmasituation. Das Weltklima wird als Allmende- bzw. Kollektivgut angesehen. Kollektivgüter zeichnen sich dadurch aus, daß praktisch niemand von der Nutzung dieser Güter ausgeschlossen werden kann. Als Kollektivgüter werden z.B. öffentliche Infrastrukturmaßnahmen und Sicherheit, aber auch natürliche Lebensgrundlagen bezeichnet. Das Problem bei der *Nutzung* globaler Naturressourcen ist ihre *Übernutzung*, die sich bei der Ausdünnung der stratosphärischen Ozonschicht sowie der Überwärmung des Weltklimas zeigt. Bei der Lösung dieses Umweltproblems tritt das auf, was Hardin (1968) die „Tragedy of the commons" genannt hat: Obwohl sich ein Akteur nicht an den Kosten für die Aufrechterhaltung eines Kollektivgutes beteiligt, zieht er durch die Kostenaufwendungen der anderen Akteure einen Nutzen (free-rider). Dieser Sachverhalt ermutigt natürlich alle Akteure, ihre Beteiligung an den Kosten zu verweigern; die „Tragödie" endet mit der Zerstörung des Kollektivguts. Die Dilemmasituation der Klimapolitik läßt sich im situationsstrukturellen Ansatz als „unproblematische Situation" bezeichnen: Hier wird kein Regime entstehen, weil zwar eine Positionsdifferenz vorliegt, aber auch eine prinzipielle Übereinstimmung der „großen Spieler" über Nichthandeln besteht, es also „keine Divergenz zwischen individueller und kollektiver Rationalität gibt" (Zürn 1992: 159).

Tabelle 10.1. Unproblematische Situation

Spieler B Spieler A	THG reduzieren	THG nicht reduzieren
THG reduzieren	2/2	1/4
THG nicht reduzieren	4/1	3/3 M,N,P,P+

Diese Spielstruktur ist nun folgendermaßen zu lesen und gilt als „Leseprinzip" auch für die anderen Situationen: Beiden Akteuren bzw. Akteursgruppen werden zwei Handlungsoptionen zugeschrieben: „Treibhausgase reduzieren" oder „Treibhausgase nicht reduzieren". So ergeben sich 2 x 2 = 4 mögliche Interaktionsergebnisse. Die Präferenzen des Spielers A werden hierbei zuerst genannt. In diesem Spiel haben beide Spieler die gleiche Präferenzordnung: 4 = selbst nicht reduzieren, während der andere reduziert (free-riding) > 3 = beide nicht reduzieren > 2 = beide reduzieren > 1 reduzieren, wenn der andere nicht reduziert. Diese Situation galt für die in den Kinderschuhen steckende Klimapolitik der siebziger und frühen achtziger Jahre. Vor allem war bislang unklar, wie sich die Schäden regional auswirken werden (Grubb, 1995c: 467ff). Die Hauptverlierer des Klimawandels begannen sich erst herauszukristallisieren und sich zu organisieren (Meyer-Abich, 1993). Kein größerer Industriestaat war zu dieser Zeit bereit, auf Grundlage der ersten von der internationalen scientific community angefertigten Berichte sein Verhalten zu ändern. Der Problemdruck auf die Staaten war einfach noch zu gering und wurde nicht innerhalb der Nationalstaaten verstärkt. Auf den Klimakonferenzen von Villach 1985, Bellagio 1987 und Toronto 1988 gelang es den Klimaexperten, einen internationalen wissenschaftlichen Konsens in eine Empfehlung an die Staaten umzuwandeln. Die Regierungsvertreter sahen sich nun einer konkreten, wissenschaftlich fundierten Forderung gegenüber, die eine Reduzierung der 1988er Emissionen um 20% bis zum Jahre

2005 und um 50% bis zum Jahre 2050 sowie eine Steigerung der Energieeffizienz um 10% bis 2005 vorsahen (WMO/UNEP, 1988: 296). Die Staatengemeinschaft reagierte auf ihre kollektiv gemeinte Verhaltensaufforderung jedoch sehr gespalten. Auf der „Internationalen Konferenz über Atmosphärenverschmutzung und Klimaveränderungen" in Noordwijk (Niederlande) spalteten sich 1989 die USA, die UdSSR, Japan und Großbritannien mit der absoluten Weigerung ab, sich an internationalen Klimaschutzmaßnahmen zu beteiligen (Oberthür, 1993). Diese Staatengruppe, die noch von einigen erdölexportierenden Staaten komplettiert wurde, läßt sich im situationsstrukturellen Ansatz durch den Terminus „Rambo" klassifizieren. Diese Rambogruppe stand den Staaten mit extremen Schadenserwartungen (AOSIS) und den Helferstaaten (Deutschland, Niederlande, Schweden) diametral gegenüber. Tabelle 10.2 zeigt die Situationsstruktur der Klimapolitik Ende der achtziger Jahre.

Tabelle 10.2. Rambospiel

B (BRD) A (USA)	THG reduzieren	THG nicht reduzieren
THG reduzieren	2/4 P	1/2
THG nicht reduzieren	3/1	4/3 P+,P,M,N

In der dargestellten Situationsstruktur „Rambospiel" hat die USA die dominante Strategie „nicht reduzieren", d.h. eine Verpflichtung einzugehen, und erreicht hier ein Ergebnis, das sie gegenüber der Bundesrepublik bzw. der EG/EU begünstigt. Die Bundesrepublik bzw. EG/EU muß ihre Strategie ändern, um das für sie „schlimmste" Ergebnis zu verhindern. Obwohl hierbei P+, P, M und N in einem Feld zusammenfallen, handelt es sich wegen der Existenz eines zweiten Pareto-Optimums um eine problematische Situation (Zürn, 1992: 210). Die Chance zur Entstehung einer international verpflichtenden Norm ist hierbei als gering anzusehen (Zürn, 1992: 218; Breitmeier, 1994b; Efinger/Breitmeier, 1992b).

Auch die Einsetzung des Intergovernmental Panel on Climate Change 1988 durch die WMO und UNEP konnte zwar einen Konsens der meisten Industrie- und Entwicklungsländer über die Dringlichkeit von Klimaschutzmaßnahmen herbeiführen, die Hauptblockierer USA und UdSSR (die aufgrund des innenpolitischen Zerfalls eine zunehmend schwache Rolle spielte) und Japan (Strübel, 1992: 223) konnte sie jedoch nicht zu einem Kurswechsel veranlassen. Die USA isolierten sich zunehmend, was vor allem auf dem G 7-Gipfel in Houston 1990 und auf der 2. Weltklimakonferenz in Genf deutlich wurde. Bis dahin hatten sich auch die britische Regierung unter Margaret Thatcher zu einem von der EG koordinierten Stabilisierungsziel bekannt, andere Staaten wie die Niederlande, Neuseeland, die Bundesrepublik und Dänemark hatten ihre Bereitschaft für weitergehende Reduzierungen bekanntgegeben. Die Verhandlungsdelegation der

USA versuchte jedoch massiv, diese Vorreitergruppe von der Etablierung einer internationalen Klimaschutzvereinbarung abzuhalten, die eine Reduktionspflicht beinhaltet hätte. Dieser Druck der USA machte indes deutlich, daß die Bush-Administration verhindern wollte, vor der Entscheidung zu stehen, als einziger großer Industriestaat eine Klimakonvention nicht unterzeichnen zu können. Auf der anderen Seite hätten die meisten Entwicklungsländer, aber auch die EG und ihre Unterstützerstaaten zwar gerne eine Verankerung der CO_2-Limitierungen festgeschrieben, erachteten eine Vereinbarung ohne den größten Kohlendioxidemittenten jedoch als widersinnig. Auch das in Genf arbeitende Intergovernmental Negotiation Committee (INC) unterstützte durch eine Informationskanalisierung und Abgleichung der Konventionsentwürfe der Staaten diesen scheinbaren Konsenszwang, der den Konflikt zwischen den Verhandlungsparteien begleitete. Diese Konsenssuche verschärfte indes den Konflikt der Hauptbetroffenen (AOSIS) mit dem Gros der Industrieländer. Der Versuch der EG und der USA, zu einem gemeinsamen Ergebnis zu kommen, erklärt den Beginn der Ausarbeitung einer Vereinbarung, die den kleinsten gemeinsamen Nenner beinhaltet, aber keine wirksamen klimapolitischen Verhaltensänderungen impliziert.

Während der letzten Sitzungen des INC im Vorfeld der Konferenz für Umwelt und Entwicklung in Rio (UNCED) wurde jedoch deutlich, daß die USA viel eher bereit waren, die Konferenz ergebnislos zu verlassen als die restlichen Industrieländer und die Vertreter der „Dritten Welt". Die Verhinderungsmacht der USA als größter Verursacher des anthropogenen Treibhauseffekts aufgrund energiebedingter Emissionen gab letztendlich den Ausschlag für die Einwilligung der anderen Akteure, eine Konvention zu unterzeichnen, die eigentlich gegen ihre Präferenzen sprach. Die Regierung Kohl/Töpfer konnte trotz der vehementen Kritik der NGO und verschiedener Entwicklungsländer die Zeichnung des Rahmenabkommens als Start für einen Rio-Prozeß ohne große gesellschaftliche Kosten tragen und international den Ruf einer neuen „ökologischen Großmacht" für sich verbuchen. Die blockierende Haltung der USA, die letztendlich für die fehlende Fixierung fester Stabilisierungsziele auf der Regelebene der Konvention verantwortlich gemacht werden kann, soll im folgenden genauer analysiert werden, um die Verhaltensänderung der Clinton-Administration beurteilen zu können.

10.3.3 Erklärung der Blockadeposition der USA unter Bush

Im Gegensatz zu der Klimadiskussion in der Bundesrepublik Deutschland folgten die Konfliktlinien in den USA viel stärker den wissenschaftlichen Abwägungen über die Folgen des Treibhauseffektes, wobei eine Gruppe die These vertrat, die amerikanische Gesellschaft solle sich einfach an den Klimawandel anpassen und sich dabei auf den menschlichen Erfinderreichtum und die Gesetze des Marktes verlassen, während die Gegenposition behauptete, der Klimawandel stelle eine gefährliche Einmischung in die Natur dar und müsse deshalb gestoppt werden (Grubb et al., 1991: 913).

Diese Diskussion spiegelt sich in der amerikanischen Klimapolitik wider. Präsident Bush argumentierte gegen international bindende Verpflichtungen mit dem Argument der wissenschaftlichen Unsicherheit. Diese Argumentation hatte aber auch strategische Züge. In einem internen Diskussionspapier für die amerikanischen Kabinettsmitglieder wurde die Strategie für die US-Verhandlungsdelegation festgelegt. Demnach sollte diese nicht darüber diskutieren, ob und wieviel Erwärmung stattfindet - diese Diskussion würde man in den Augen der Öffentlichkeit verlieren -, sondern nur auf die vielen wissenschaftlichen Unsicherheiten hinweisen, die konkretes Handeln noch so gut wie unmöglich machen (Breitmeier, 1994b: 198).

Jegliche gesellschaftliche Anforderungen und Wertehaltungen auszublenden, die einen gewissen Druck auf die politischen Entscheidungsträger ausüben, verzerrt jedoch das politische Klima in den USA, einem Land mit den größten Umweltschutzbewegungen der westlichen Welt. In den Verhandlungen zur Reduzierung der FCKW zum Schutz der Ozonschicht hatten gerade das öffentliche Interesse und die Umweltverbände einen entscheidenden Einfluß auf die damalige Vorreiterrolle der USA, die sich damals allerdings einer „Rambohaltung" der EG-Staaten gegenübersahen (Benedick, 1991).

Die gesellschaftliche Anforderung nach Klimaschutz an die politischen Entscheidungsträger in diesem Politikfeld wird neben den verschiedenen Unsicherheiten aber zudem von grundlegenden individualistischen Werten abgeschwächt. Wenn man klimaschutzpolitische Anforderungen ins Verhältnis zu anderen politischen Themen setzt, verlieren diese im Gegensatz zu den westeuropäischen Verhältnissen noch mehr an Gewicht, dies zeigt vor allem eine internationale Studie des amerikanischen Gallup-Instituts von 1992 (Saad, 1992: 11). Aktien-, Renten- und Haushaltsbudget sind eindeutig wichtiger als das nationale Emissionsbudget.

Dieses pluralistische Interesse der amerikanischen Öffentlichkeit zwischen wirtschaftlichen Belangen und Umweltschutzanliegen (Dunlap, 1995: 106) beeinflußte die Wahlkampfthemen der Präsidentschaftswahlen 1992. Präsident Bush mußte sich dabei einer wirtschaftspolitischen Diskussion stellen, die keinen Platz für Umweltthemen - schon gar nicht für internationale - erübrigte.

Hier stellt sich jedoch eine entscheidende Frage: Warum konnten sich im Wahlkampfjahr 1992 - und somit im Vorfeld der Rio-Konferenz - umweltpolitische Sachfragen auf der amerikanischen Agenda *überhaupt* nicht behaupten, was durchaus zum klimapolitischen Einlenken der USA (Zustimmung von zeitlich fixierten Zeitzielen) hätte führen können?

In diesem Zusammenhang muß der amerikanische politische Entscheidungsprozeß genauer betrachtet werden. Dieser Entscheidungsprozeß gilt als stark fragmentiert und zeichnet sich durch die Notwendigkeit des „bargaining" zwischen den Eliten aus (vgl. Ingram et al., 1995). Die Elitenstruktur gilt wiederum als pluralistisch und heterogen. Den Rahmen für den politischen Prozeß bildet das Dreieck zwischen der Verwaltung, dem Kongreß und den Interessenorganisationen[3] (Switzer, 1994: 54). In diesem Entscheidungsdreieck hat die oberste Umweltbehörde (EPA) aufgrund des fehlenden Kabinettsrangs einen vergleichsweise geringen Einfluß. Zudem bestehen „issue-networks", in die beispielsweise Wissenschaftler und Journalisten miteinbezogen werden. Der politische Prozeß sowie das amerikanische politische System gelten als „offen" sowie transparent und werden dadurch stark von der Gesellschaft kontrolliert. Diese Merkmale des politischen Systemrahmens (polity) und des Entscheidungsprozesses (politics) begrenzen den Entscheidungsspielraum der amerikanischen Regierung - auch bei der Klimapolitik - einschneidend. Den dominierenden Einfluß auf die Klimapolitik der USA hatten auch im Wahljahr die organisierten Verursacherinteressen.[4]

Aufgrund des relativ langwierigen und regional geprägten Vorwahlsystems werden politische Themen in hohem Maße von ökonomischen Interessen innerhalb der einzelnen Bundesstaaten beeinflußt und weniger von Faktoren aus dem internationalen Umfeld.[5]

Im nachhinein könnte man argumentieren, daß George Bush einfach nur schlecht beraten war, daß er eher den Stimmen in der Wähleröffentlichkeit mehr Gehör hätte schenken sollen als den Stimmen seines Stabes im Weißen Haus (Switzer, 1994: 62). Für Mark Dowie (1995: 196) war die Ignoranz gegenüber öffentlichen Umweltschutzinteressen ein Grund für starke Stimmenverluste in einigen westlichen Bundesstaaten. Dennoch konnten die organisierten Umweltverbände, denen bei der Debatte um den Schutz der Ozonschicht entscheidender Einfluß beigemessen wurde (Benedick, 1991), weder die breite Öffentlichkeit sensibilisieren noch ihre Inhalte mit den politischen Entscheidungsträgern koordinieren. So beklagten Vertreter der amerikanischen Klimakoalition von über 200 Nichtregierungsorganisationen (des U.S. Citizens Network on UNCED) die fehlende Aufmerksamkeit der US-Bürger und die Ignoranz der amerikanischen Administration gegenüber ihren Positionen (Kane, 1992: xi). Präsident Bush wies in einer Wahlkampfrede die Kritik der Umweltschutzgruppen zurück und

---

3 Unter Interessengruppen werden hier gesellschaftliche Akteure verstanden, d.h. Umweltschutzgruppen („greens"), aber auch Wirtschaftsverbände („greys"). Zu den Umweltschutzorganisationen im Bereich der Klimapolitik; vgl. Climate Action Network, 1994.

4 „The US coal and oil industry claims that conservation measures will deepen the recession by preventing economic growth and will cause huge job losses in manufacturing industry. This kind of propaganda has had a great impact on US policymakers, because in an election year President George Bush cannot afford to put the environment before jobs." Leonard Doyle: „US 'sold out' to coal and oil industry", *The Independent* (25.5.1992): 8.

5 So der Sprecher des Secretary of Interior, Stephen Goldstein, in einem Interview der New York Times: „The issue is whether George Bush will insure that economic factors are taken into account in these environmental decisions. And that may not play well in Managua, but it plays extremely well in Odgen, Utah." Michael Winers: „Bush and Rio", *New York Times* (11.6.1992): 12.

warf ihnen vor, die amerikanische Gesellschaft stillegen zu wollen. Dies gewinnt an Härte, wenn man die Diskussion über die Beteiligung der Nichtregierungsorganisationen, zumindest die Rhetorik der Regierungen, mit der Diskussion in der Bundesrepublik Deutschland oder in den Niederlanden vergleicht.

Der klimapolitische Prozeß in den USA muß als stark fragmentiert eingestuft werden. Ein Konsens über die Bearbeitung des globalen Klimaproblems ist nicht zu finden. Dies gilt auch zwischen und innerhalb der beiden großen amerikanischen Parteien. Selbst der damalige Senator Al Gore (1992: 267), der die Rettung der Umwelt zum zentralen Organisationsprinzip unserer Kultur machen wollte, vermochte sich nicht innerhalb der Demokraten durchzusetzen und die amerikanische UNCED-Position zu einem zentralen Wahlkampfthema zu machen.

10.3.4 Die Verhandlungsposition der USA vor Berlin

Als Präsident Clinton und Vizepräsident Gore 1993 die Regierungsgeschäfte in Washington übernahmen, hatten amerikanische und internationale NGOs im Politikfeld Umweltschutz eine hohe Erwartung an einen umweltpolitischen Kurswechsel (Switzer, 1994: 51). Auf dem „earth day" 1993 bekannte sich Clinton zu einer Änderung der amerikanischen Verhandlungsposition und kündigte eine Reduzierung der Treibhausgase bis zum Jahr 2000 auf das Niveau von 1990 an.[6]

Auf den ersten Blick erschien dies zwar für Berlin hoffnungsvoll, aber bei näherer Betrachtung schien jedoch wieder alles beim alten zu bleiben. Auf eine Stabilisierung der THG-Emissionen in dieser Höhe über das Jahr 2000 hinaus wollte sich auch die Regierung Clinton noch nicht festlegen. Selbst die Präsidenteninitiative der Emissionsrückführung mußte erst einmal von den beiden Häusern des Kongresses gebilligt werden. Die Positionsneubestimmung der USA zeigte jedoch eine Abweichung von der absoluten Blockadehaltung unter Bush. Zudem offenbarten sich auch bei den EU-Staaten und in anderen Ländern die Schwierigkeiten der Implementierung von Stabilisierungszielen (Klimaforum 1995,: 1; Climate Action Network, 1995a: 1). Diese Probleme und die veränderte Haltung der USA führten zur Änderung der Präferenzen und somit zu einer Transformation der Situationsstruktur des Klimaspiels von einem Rambospiel in ein Koordinationsspiel mit Verteilungskonflikt. Koordinationsspiele mit Verteilungskonflikt zeichnen sich dadurch aus, daß sich die Konfliktpartner prinzipiell

---

6 „We must take lead in addressing the challenge of global warming that could make our planet and its climate less hospitable and more hostile to human life. Today I reaffirm my personal and announce our nation's commitment to reducing our ̇emissions of greenhouse gases to their 1990 levels by the year 2000. I am instructing my Administration to produce a cost effective plan ... that can continue the trend of reduced emissions. This must be a clarion call, not for more bureaucracy or regulation or unnecessary costs, but instead for American ingenuity and creativity to produce the best and most cost-efficient technology" (zitiert nach: Climate Action Report, 1994: 4).

Die Konflikte der internationalen Klimapolitik. Das „Klimaspiel" und die USA

über eine Kooperation einig sind, die Kosten der Kooperation jedoch noch zur Verteilung anstehen. Auch Abweichungen von der eigenen Präferenz werden als Kosten verstanden.

Tabelle 10.3. Koordinationsspiel mit Verteilungskonflikt

B (BRD) A (USA)	THG nach 2000 stabilisieren	THG bis 2000 stabilisieren
THG nach 2000 stabilisieren	3/4 P+,P,N	1/1
THG bis 2000 stabilisieren	2/2 M	4/3 P+,P,N

Die Veränderung der Situationsstruktur impliziert zwar eine höhere Verregelungschance, aber noch lange keine Garantie für eine effektivere Problembearbeitung. Aufgrund der hohen Verhinderungsmacht der USA („keine wirksame Vereinbarung ohne den größten Verursacher") und einer bröckelnden und passiven gemeinsamen Politik der Europäer scheint es bei dieser Situationsstruktur kaum möglich, die USA zu einem strikteren und länger perspektivischen Handeln zu bewegen. Zudem birgt der Verteilungskonflikt um die Ausgestaltung und Implementierung der Stabilisierungsmaßnahmen vor allem aufgrund innenpolitischer Begleitumstände ein sehr hohes Konfliktpotential in sich. Zum ersten Mal seit 40 Jahren sieht sich ein Präsident der USA aus dem Lager der Demokraten republikanischen Mehrheiten in beiden Parlamenten gegenüber. Wie verschiedene Diskussionen im Senat und Kongreß zeigen, treten die Parlamentarier größtenteils als Vertreter wirtschaftlicher Teilinteressen auf. Diese Tatsache wiegt genauso viel wie die eher restriktive Klimapolitik der republikanischen Fraktionen. Zentrales Argument der Gegner einer aktiveren US-Klimapolitik sind wiederum die Hinweise auf wissenschaftliche Unsicherheiten.[7]
Ein anderer hemmender Faktor für eine klimafreundlichere Umweltaußenpolitik der USA ist die Meinung einiger Abgeordneter, daß zum heutigen Zeit-

---

7 Vgl. beispielsweise die unterschiedlichen Standpunkte von William K. Stevens, „Experts Confirm Human Role in Global Warming", *New York Times* (9.10.1995) und Richard Greiner, „Al Gores global goofines", *Washington Times* (22.9.1995). Während die New York Times deutlich auf die Gefahren des Treibhauseffektes hinweist, nimmt Grenier einen völligen Gegenpol ein: „There simply is no Global Warming." Stellvertretend äußerte hierzu Senator Faircloth: „I don't think the scientists are sure either. They are less than pretty sure. I read that it is getting hotter, then I read it is getting colder. (...) I'm not pretty sure about this, I'm absolutely sure. What we do, we throw money at it, vast amounts of money. Somebody creates a problem and then we create a bureaucracy to look after the problem, so we have to create more problems to make sure the bureaucracy keeps going. That's exactly what we have done over and over and over. Maybe the temperature is rising, but it is rising a lot slower than the Federal debt" (U.S. Congress, Senate, Committee on Environment and Public Works, 1994: 25).

punkt die Vermehrung von Wissen und die Umsetzung der Nationalpläne die adäquate Strategie der Klimapolitik sein müsse, wobei die USA schließlich international führend sei.

10.4 Ausblick

Auf der ersten Vertragsstaatenkonferenz der Klimakonvention einigten sich die Parteien nach anfänglichen Schwierigkeiten zwar auf ein Berliner Mandat mit der Feststellung, daß die bisherigen Klimaschutzvereinbarungen ungenügend seien, sie sind aber keine weitergehenden völkerrechtlichen Verpflichtungen eingegangen (Oberthür/Ott, 1995b: 409). Für die zukünftigen Verhandlungen wird entscheidend sein, wie die Staaten der EU sich als Vorreiter betätigen und sich die Position der USA verändert. Die amerikanische Regierungsdelegation steht im „Klimaspiel" in einer gewaltigen Zwickmühle. Zum einen geht der schleichende Verhandlungsgang mit einem Reputationsverlust auf internationaler Ebene einher, zum anderen ist eine - offensichtlich von Clinton und Gore gewollte - Neubestimmung der Verhandlungsposition kaum möglich. Zentrale Hemmschwellen liegen hierbei bei großen Teilen der amerikanischen Industrieeliten und in den beiden Häusern des Kongresses, die scheinbar aber nicht im Einklang mit der öffentlichen Meinung stehen (Mc Kibben, 1995: 25; Benenson, 1995: 1693). Jüngstes Beispiel ist die Debatte um die Rolle der Klimapolitik im Kontext des Haushaltes für die Umweltagentur EPA, die zugleich auch eine Debatte um den generellen Stellenwert der amerikanischen Umweltpolitik darstellt. Vizepräsident Al Gore (1995: 1) umreißt diese Situation folgendermaßen: „Es steht außer Frage, daß wir Zeuge des systematischen Angriffs auf die Umweltprioritäten, die von der großen Mehrheit der Amerikaner geteilt werden, sind - eines Angriffs sowohl im Repräsentantenhaus als auch im Senat." Ob sich eine innenpolitische Haltungsänderung und damit die Chance auf die Verschärfung der Klimakonvention vollzieht, ist im 104. Kongreß kaum absehbar, denn selbst wenn sich der öffentliche Druck verstärken sollte, bleibt abzuwarten, ob sich der Kongreß bewegt. Und ob sich die Länder der EU als Vorbilder präsentieren werden, um den Druck auf Amerikas „politisches Klima" zu verstärken, scheint ebenso fraglich. Am Ende könnte es nicht nur den Spielverderber auf der anderen Atlantikseite geben.

11 Klimapolitik und Umweltsicherheit: Eine interdisziplinäre Konzeption[1]

Detlef F. Sprinz

11.1 Was ist internationale Umweltsicherheit?

Mit dem Ende des für mehrere Jahrzehnte nach dem Ende des Zweiten Weltkriegs bedeutsamen sog. „Kalten Krieges" gewinnen Erweiterungen des Sicherheitsbegriffes um ökonomische und umweltpolitische Aspekte immer mehr Gewicht. Insbesondere konzentriert sich die Literatur auf den Begriff der „ökologischen Sicherheit" oder „Umweltsicherheit, der z.B. von Görrissen als „Abwesenheit und Schutz vor extremen Umweltbelastungen und umweltschädigenden Einflüssen" definiert wird. Umgekehrt gilt:

> [E]in Zustand ökologischer Unsicherheit ist danach dann gegeben, wenn umweltschädigende Einflüsse bzw. Umweltbelastungen, deren Ursprung innerhalb eines politischen Systems liegt, über dessen Grenzen hinaus wirken und ökologische (...) Wirkungen auf oder in einem anderen politischen System hervorrufen (Görrissen, 1990/91: 397).

Wenngleich Görrissen die Erweiterung des Begriffes auf militärische Mittel vermeidet, gehen Bächler et al. (1993) im Zusammenhang mit der aktuellen Diskussion um die potentiell neuen Aufgabenfelder von Streitkräften einen Schritt weiter und verstehen unter ökologischer Sicherheit auch den

> Schutz vor dem Eindringen ökologischer Schädigungen von außen über die Staatsgrenze hinweg auf das eigene Territorium durch militärische Ausschaltung der Schadensquelle bzw. Bekämpfung der Verursacher oder Schutz der eigenen Ressourcen und Umwelt vor militärischen Angriffen eines Gegners oder schließlich auch Schutz vor gewaltsamen Konflikten, die in der Folge ökologischer Degradation entstehen (Bächler et. al., 1993: 75).

Bedauerlicherweise konzentrierte sich ein großer Teil der Diskussion um Umweltsicherheit auf die gewaltsame Austragung von Konflikten (Durham, 1979; Homer-Dixon, 1990; 1991; Homer-Dixon et. al., 1994), die jedoch den Blick auf die weit bedeutsamere Seite des Problems verstellt, nämlich die Erreichung umweltpolitischer Ziele im Zeichen grenzüberschreitender und globaler Umwelt-

---

[1] Dieses Kapitel ist eine stark verkürzte Fassung eines Vortrages, der sich mit Umwelt und Sicherheit unter dem Blickwinkel verschiedener Arten internationaler Umweltprobleme auseinandersetzt (vgl. Sprinz, 1995).

probleme durch den Einsatz des *wirtschaftspolitischen* und *umweltpolitischen* Instrumentariums. Ziel dieses Beitrages ist die Beleuchtung dieser Aspekte auf der Basis eines Konzeptes, welches sich in seinen Grundbestandteilen sowohl auf rein innerstaatliche als auch globale Umweltprobleme anwenden läßt und eine Ableitung der nicht-militärischen Instrumente für Politikinterventionen erlaubt. Besonderes Augenmerk wird dabei auf die mögliche anthropogen verursachte Änderung des globalen Klimas gelegt.

11.2 Das Grundmodell - veranschaulicht am Beispiel innerstaatlicher Umweltprobleme

Das hier vorzustellende Konzept beschreibt in vereinfachter Weise den Zusammenhang zwischen menschlichen Antriebskräften des globalen Wandels (Stern et al., 1992), ökologischen Prozessen der Umwandlung, Wirkungen auf Menschen sowie die möglichen Reaktionen von politischen Akteuren mit Hilfe von Umweltpolitiken. Veranschaulicht am Beispiel des sog. Klimawandels führen menschliche Produktion und Konsumtion zu Emissionen von Treibhausgasen (THG), die zusammen mit natürlichen Schwankungen der Natur (z.B. vulkanisch bedingte Emissionen von Schwefelpartikeln) auf globale Umweltprozesse einwirken, wie die Änderung der chemischen Zusammensetzung der Atmosphäre (vgl. Abb. 11.1). Jene Änderungen von ökologischen Prozessen führen langfristig zu

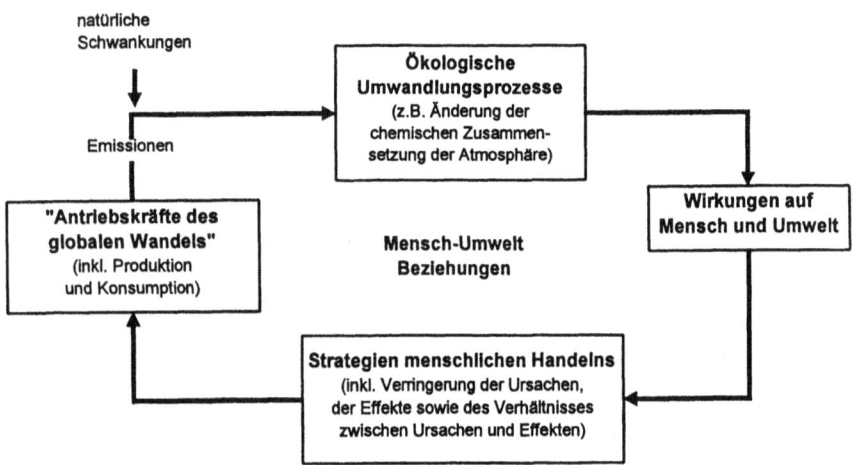

Abb. 11.1. Zusammenhang Mensch-Umwelt-Beziehungen (Quelle: Sprinz, 1995 vereinfachte Darstellung)

Wirkungen auf Ökosysteme und Menschen, z.B. Schäden an küstennahen Gebäuden und Nutzflächen infolge von vermehrt auftretenden Stürmen oder verringerter bzw. *erhöhter* Ertragskraft von Nutzpflanzen im Bereich der Landwirtschaft als Folge des Düngungseffektes der Erhöhung des CO_2-Gehaltes der Luft. Je nach Einschätzung dieser Wirkungen auf Mensch und Umwelt können Umweltpolitiken als Antwort auf solche Umweltwirkungen formuliert und umgesetzt werden, die damit die anthropogenen Antriebskräfte des globalen Wandels wiederum modifizieren.

In diesem Beitrag nutze ich den Begriff der Externalität als (positives bzw. negatives) Nebenprodukt von ansonsten als legitim angesehenen ökonomischen Aktivitäten, die jedoch traditionell nicht in die Messung des Sozialproduktes eingehen. Das Augenmerk wird in dem skizzierten Modell lediglich auf *negative* Externalitäten angewandt, nämlich auf die bei der Produktion von Gütern und Dienstleistungen anfallenden (hauptsächlich nutzenmindernden) Emissionen.[2]

Folgende Annahmen müssen getroffen werden:
1. Lediglich zwei Volkswirtschaften existieren, nämlich jene des Landes „d" (einheimisch) sowie das Ausland „i".[3]
2. Die beiden Volkswirtschaften produzieren ausschließlich das homogene Gut (bzw. Dienstleistung) „Y", obgleich die Angebotskurven („AS") als Funktionsverlauf von angebotener Menge zu jeweiligen Preisen in beiden Ländern nicht identisch verlaufen müssen. Die aggregierten Angebotskurven in beiden Ländern verlaufen monoton steigend wegen sich verringernder Skalenerträge sowie zunehmender Knappheit (und damit steigender Kosten) für Faktorinputs (Arbeit, Boden, Kapital, Technologie).
3. Jedes Land hat eine aggregierte Nachfragefunktion („AD") für Y, welches als „normales" Gut angesehen wird, d.h. Verbraucher reagieren auf Preissenkungen mit einer Erhöhung der nachgefragten Menge. Desweiteren sinkt der Grenznutzen für zusätzlichen Verbrauch von Y. Aus beiden Gründen ist es plausibel, daß die aggregierte Nachfragefunktion in beiden Ländern monoton fallend ausfällt.
4. Volkswirtschaften befinden sich im Gleichgewicht für Güter- und Dienstleistungsmärkte, Geld- und andere Finanzmärkte sowie Faktormärkte (insbesondere für den Arbeitsmarkt).

---

[2] Das Modell kann auch an Verschmutzungen als Resultat der Konsumtion von Gütern und Dienstleistungen anknüpfen oder an eine Mischung von Produktion und Konsumtion. Aus Präsentationsgründen wird jedoch angenommen, daß alle Emissionen lediglich im Stadium der Produktion anfallen.
[3] Das Land „i" kann auch als der „Rest der Welt" aus der Sicht des Landes d angesehen werden.

5. Das Verschmutzungsniveau „E" ist mit dem Niveau von Y durch den marginalen Externalitätenkoeffizienten „e" gekoppelt,[4] d.h.

$$E(Y) = e * Y \qquad (2.1)$$

mit

$$(d\,E/d\,Y) > 0 \qquad (2.2)$$

6. Für die Länder d und i kann die maximale ökologische assimilative Kapazität („MAC") zweifelsfrei bestimmt werden, und Produktionsniveaus, die zum Überschreiten von MAC führen, gehen mit massiven Umweltschäden einher, die für die Regierungen in jenen Ländern unakzeptabel sind.[5]
7. Regierungen maximieren das Sozialprodukt Y bei gleichzeitiger Beachtung des Externalitätenmaximums MAC. Regierungen intervenieren, wenn es zu einer tatsächlichen oder antizipierten Überschreitung von MAC kommt. Im Zweifelsfalle werden Umweltziele der Maximierung des Sozialproduktes vorgezogen. Nur Regierungen (und nicht andere Akteure) verfolgen Umweltziele.
8. Wir betrachten lediglich ein Einperiodenmodell, d.h. das Modell ist statisch.[6] Annahmen (1) bis (5) sind in graphischer Form für Land d in Abb. 11.2 zusammengefaßt.[7]

In einer Volkswirtschaft ohne internationalen Handel mit Gütern und Dienstleistungen wird Land d das statische Gleichgewicht (Y^{d*}, p^{d*}, E^{d*}) erreichen, d.h. es wird die Gleichgewichtsmenge Y^{d*} zum Preis p^{d*} produzieren, wobei Verschmutzung im Ausmaß E^{d*} anfällt.

Produktion von Gütern und Dienstleistungen führen nicht *notwendigerweise* zu einer Überschreitung des Externalitätenmaximums, zumindest solange $E^{d*} \leq$ MAC in jeder Zeitperiode gilt (z.B. wenn MAC = $E^{d'}$ in Abb. 11.2). Wenn jedoch $E^{d*} >$ MAC (z.B. MAC = $E^{d''}$), so muß eine Regierung nach Annahme (7) intervenieren, um ungewollte Umweltschäden zu verhindern oder schnellstmöglich abzubauen.

---

[4] Der in Gleichung (2.1) postulierte lineare Zusammenhang ist nicht zwingend notwendig für das Konzept. Es sind sowohl expotentiell steigende (E = e * exp(Y), d.h. ($d^2 E/d^2 Y$) > 0)) oder asymptotisch sich verlangsamende Verläufe (E = e * ln(Y), d.h. ($d^2 E/d^2 Y$) < 0)) des Zusammenhanges von E und Y denkbar. Der Funktionsverlauf hat keinen substantiellen Einfluß auf die weiter unten aufgezeigten Schlußfolgerungen.

[5] Diese Annahme gleicht dem Gebrauch von Schwellenwerten in der Epidemiologie. Analog könnten Schadenfunktionen für den Zusammenhang zwischen Produktionsniveau und MAC beschrieben werden, die in der Höhe von 0 für E(Y) < MAC verlaufen und einen Wert von $+\infty$ für E(Y) > MAC annehmen.

[6] Für Überlegungen zur Dynamisierung des Modelles, vgl. Abschnitt 11.4 sowie in detaillierterer Form in Sprinz (1995, Abschnitt 7).

[7] Ähnliches gilt für Land i, wenngleich die Funktionsverläufe von AD und AS sowie der Verschmutzungskoeffizient e substantiell verschieden von jenen für Land d ausfallen können.

Klimapolitik und Umweltsicherheit: Eine interdisziplinäre Konzeption 145

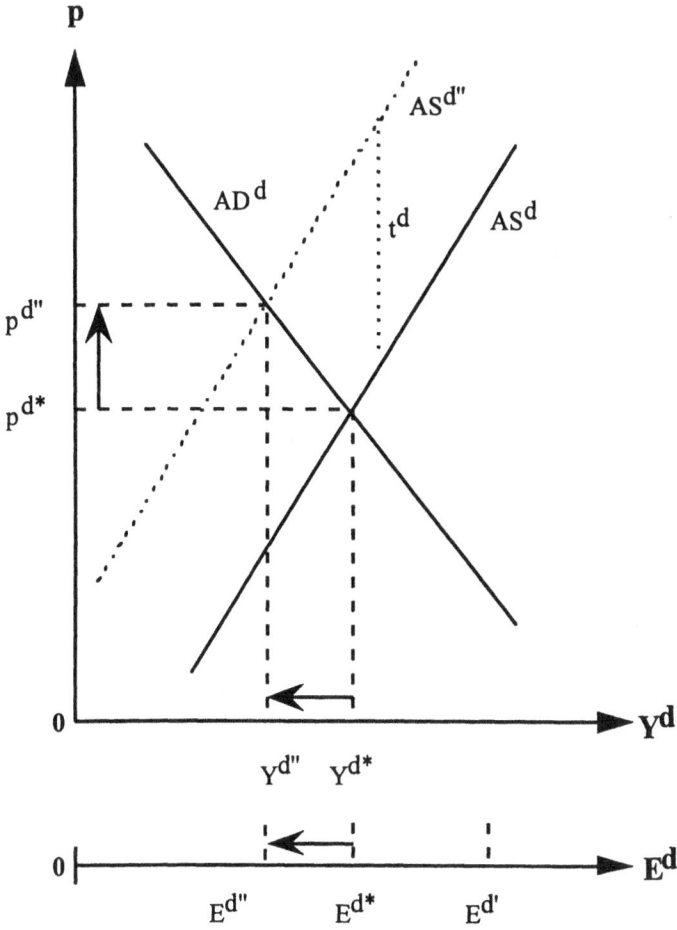

Abb. 11.2. Das Grundmodell der Koppelung von ökonomischer Aktivität und Verschmutzungsniveau (innerstaatliche Umweltprobleme); Quelle: Sprinz, 1995

Das hier skizzierte Konzept erlaubt uns eine relativ einfache Definition von Umweltsicherheit für ein Land. Unter den Bedingungen rein innerstaatlicher Umweltprobleme befindet sich ein Land d im Zustand der Umweltsicherheit genau dann, wenn gilt

$$E^{d^*} \leq MAC. \tag{2.3}$$

Kontroversen um umweltpolitische Ziele gehen oft von der Annahme aus, daß Ungleichung (2.3) bereits verletzt ist oder dieser Zustand in naher Zukunft eintritt.[8] Eine Regierung muß gemäß der gemachten Annahmen intervenieren, wenn z.B. $E^{d''}$ die maximale assimilative Kapazität des Umweltmediums darstellt. Abgesehen von Änderungen der Neigung der aggregierten Nachfragefunktion (als Folge eines umweltbewußten Konsumverhaltens) oder der aggregierten Angebotsfunktion (als Folge der höheren Bewertung von natürlichen Ressourcen, die in die Produktion eingehen), bleibt einer Regierung lediglich die Möglichkeit der Intervention mit den folgenden vier Instrumenten:

(I 1) Einführung einer sog. Pigou- oder Stücksteuer im Ausmaß „t^d" pro Einheit des Gutes Y (Parallelverschiebung der aggregierten Angebotsfunktion von AD^d nach $AS^{d''}$), so daß das Verschmutzungsniveau auf $E^{d''}$ sinkt.[9] Eine Alternative zur Besteuerung des Güterangebotes besteht in der Besteuerung des Konsums. In beiden Fällen führt die staatliche Intervention zu einer Reduktion der produzierten und konsumierten Menge von Y sowie einer Erhöhung des Gleichgewichtspreises von p^{d*} auf $p^{d''}$.

(I 2) Mengenmäßige Begrenzung der Gütermenge Y, so daß E^{d*} = MAC gilt. Dies kann durch Produktionsquoten sowie die Zuteilung von Verschmutzungsrechten geschehen.

(I 3) Verringerung von e^d durch ökologisch-technischen Fortschritt, z.B. als Folge der Förderung ökologisch weniger bedenklicher Produktionstechniken (Beispiel: FCKW-freier Kühlschrank).

(I 4) Vergrößerung von MAC durch teilweise Wiederverwendung der Externalität im Produktionsprozeß (z.B. der bei der Rauchgasentschwefelung anfallende Gips kann als Baustoff eingesetzt werden), Reduzierung der Toxidität von E, Kompaktlagerung etc.

Mit diesem relativ einfachen Modell rein innerstaatlicher Umweltprobleme kann gezeigt werden, wie Regierungen mit Bedrohungen ihrer Umweltsicherheit konfrontiert werden können. Desweiteren wurden vier Instrumente abgeleitet, die es Regierungen erlauben, zum Schutze der Gesellschaft zu intervenieren.

Wenige Umweltprobleme sind rein innerstaatlicher Natur. Grenzüberschreitende Luft- und Wasserverschmutzung führen zu wissenschaftlich wesentlich interessanteren Herausforderungen für die internationale Umweltpolitik. Desweiteren führt internationaler Handel für Güter und Dienstleistungen zu einer internationalen Produktionsspezialisierung, die - selbst ohne *grenzüberschreitende* Verschmutzung - zu Gefährdungen der Umweltsicherheit der Länder d und i führen können. Aus Platzgründen können beide Falltypen sowie ihre Kombination hier nicht weiter ausgeführt werden (vgl. Sprinz, 1995 für eine detaillierte konzeptionelle Darstellung). Das hier aufgezeigte Konzept eignet sich jedoch

---

8 „Wachstum ist unwirtschaftlich" [Interview mit Herman E. Daly], in: *Die Zeit*, 13. Oktober 1995: 29.

9 Es wird angenommen, daß die Steuereinnahmen gänzlich der Tilgung von Staatsschulden zugute kommen und keinerlei Effekte auf die Neigung der Angebots- bzw. Nachfragekurven haben.

auch zur Anwendung auf globale Umweltprobleme, wie im folgenden Abschnitt anhand des globalen Klimawandels gezeigt wird.

11.3 Die Regulierung globaler Umweltprobleme am Beispiel des anthropogen verursachten Klimawandels

Wie in Kap. 1-3 ausgeführt, haben Emissionen von Treibhausgasen (THG) möglicherweise eine weltweite Wirkung, die jedoch von Region zu Region verschiedenartig und in unterschiedlicher Intensität ausfallen kann. Das in Abschnitt 11.2. erarbeitete Instrumentarium wird deshalb auf die Länder d und i zugleich angewendet, die innerstaatlich jeweils als homogen bez. der Emissionen wie auch der Wirkungen angenommen werden. In Abwandlung des Falles eines innerstaatlichen Umweltproblems muß die Verschmutzung (oder Externalität) differenzierter behandelt werden, d.h. sie wird nach verursachenden Externalitäten (THG) und Effekten (s.o.) aufgegliedert. Im Sinne von Regulation zielt deshalb staatliches Handeln auf das Nichtüberschreiten eines Externalitätenmaximums der *Effekte* ab. Die Logik des Konzeptes wird in Anlehnung an Abb.11.1 in einzelnen Schritten zuerst verbal und dann formal präsentiert.

Erstens, Emissionen von THG (z.B. CO_2, Methan usw.) werden durch die Länder d und i verursacht, deren *Summe* die sog. Ursachenexternalität („$E^{Ursache}$") bildet. Jene THG-Emissionen führen zum sog. anthropogen verursachten untransformierten Umweltwandel („$GUW^{untransformiert}$"). Jene Treibhausgase verteilen sich nach einiger Zeit relativ homogen in der äußeren Atmosphäre und ändern damit die Reflexion von Wärmestrahlen. Wir wollen dies als den transformierten globalen Umweltwandel („$GUW^{transformiert}$") bezeichnen, da erst in diesem Schritt eine Änderung von Umweltzuständen eintritt. Aus der Sicht der Regierungen in den Ländern d und i kommt es nun darauf an, welche Effekte („E^{Effekt}") durch den globalen Umweltwandel auf sie jeweils zukommen. Da diese Effekte von Region zu Region variieren können, führen wir den Koeffizienten „g" ein, der das Ausmaß der *regionenspezifischen* Wirkungen des transformierten GUW abbildet (z.B. unterschiedliche Wirkungen von Stürmen oder unterschiedliche Änderungen der regionalen Temperaturmittelwerte). Desweiteren werden i.d.R. auch die maximale ökologische assimilative Kapazität für Effekte (MAC^{Effekt}), z.B. die Reaktion von Nutzpflanzen auf verringerte Niederschlagsmengen, von Land zu Land (und bei geographisch großen Ländern wohl auch zwischen Landesteilen) variieren.

Diese Zusammenhänge lassen sich wie folgt formal zusammenfassen:

$$GUW^{untransformiert} = \sum_{i,d} E^{Ursache}, \quad (3.1)$$
$$GUW^{transformiert} = f(GUW^{untransformiert}), \quad (3.2)$$
$$\text{mit } (d\, GUW^{transformiert}/d\, GUW^{untransformiert}) > 0. \quad (3.3)$$

Aus Vereinfachungsgründen nehmen wir an, daß folgendes gilt:

$$E^{d\ \text{Effekt}} = g^{\text{GUW->d}} * \sum_{i,d} E^{\text{Ursache}}, \text{d.h.}$$
$$E^{d\ \text{Effekt}} = g^{\text{GUW->d}} * (e^d * Y^d + e^i * Y^i), \quad (3.4)$$
$$E^{i\ \text{Effekt}} = g^{\text{GUW->i}} * (e^d * Y^d + e^i * Y^i), \quad (3.5)$$

sowie

$$(d\ E^{d\ \text{Effekt}} / d \sum_{i,d} E^{\text{Ursache}}) > 0, (d\ E^{i\ \text{Effekt}} / d \sum_{i,d} E^{\text{Ursache}}) > 0 \quad (3.6)$$

und

$$g^{\text{GUW->d}} > 0, g^{\text{GUW->i}} > 0. \quad (3.7)$$

wobei „$g^{\text{GUW->d}}$" und „$g^{\text{GUW->i}}$" den landesspezifischen Koeffizient für Wirkungen der transformierten Externalität bezeichnen.

Die in Abschnitt 11.2 eingeführten Annahmen ergänzen wir derart, daß die Regierungen anstreben, ihre jeweilige maximale assimilative Kapazität nicht zu überschreiten:

$$E^{d\ \text{Effekt}} \leq MAC^{d\ \text{Effekt}} \quad (3.8)$$

und

$$E^{i\ \text{Effekt}} \leq MAC^{i\ \text{Effekt}}. \quad (3.9)$$

Im Hinblick auf die Definition von Umweltsicherheit unter den Bedingungen des globalen Umweltwandels bedeutet dies, daß die Umweltsicherheit eines jeden Landes unter den Bedingungen von Ungleichung (3.8) bzw. (3.9) erreicht ist, während die Erreichung *globaler* Umweltsicherheit an die gleichzeitige Erfüllung *beider* Ungleichungen geknüpft ist.

Neben den bereits in 11.2. aufgezeigten Instrumentarien tritt ferner die
(I5) Modifikation des landesspezifischen Koeffizienten für GUW, nämlich $g^{\text{GUW->d}}$ und $g^{\text{GUW->i}}$ für die jeweiligen Volkswirtschaften.

Das wohl prominenteste Beispiel der Umweltmodifikation im Hinblick auf die globalen Klimawirkungen besteht in der Emission von Schwefelpartikeln, die zu einer Verlangsamung der Erwärmung der Erdatmosphäre führen. In dem Anbau von weniger klimaempfindlichen Nutzpflanzen besteht eine weitere Möglichkeit, die regionenspezifischen Effekte zu beeinflussen. Künstliche Modifikationen der Reflektivität der äußeren Atmosphäre durch sog. „geoengineering" stellen eine weitere, wenngleich weniger wahrscheinliche, Beeinflussungsmöglichkeit der regionenspezifischen Effekte dar.

Um Umweltsicherheit bei globalen - im Gegensatz zu innerstaatlichen - Umweltproblemen zu erreichen, muß ein Land ggf. sehr hohe Aufwendungen unternehmen, da nicht nur die eigene Volkswirtschaft beeinflußt werden muß, sondern die aller anderen Hauptemittenten. Dies führt jedoch zu dem bekannten „Trittbrettfahrerproblem", weil einige Länder zwar gerne mehr Umweltsicherheit erreichen und von den Aufwendungen der *anderen* Staaten profitieren wollen, *ohne* jedoch selbst in die Erreichung des Zieles zu investieren (für Darstellungen zur Problematik der Bereitstellung sog. „öffentlicher Güter", vgl. Helm,

1995; Mueller, 1989; Olson, 1971; Sprinz, 1992: Kap. 3). So sind z.B. gegenwärtig die weniger industrialisierten Staaten der Erde i.d.R. wenig gewillt, ihre eigenen CO_2-Emissionen zu reduzieren, wenngleich sie dies (auch aus anderen Gründen) von den industrialisierten Staaten fordern (Sprinz/Luterbacher, 1995: Kap. 4). Dies eröffnet insbesondere Analysen des Verhandlungsprozesses (Sebenius, 1991; 1995) sowie spieltheoretischen Ansätzen (Morrow, 1994; Sprinz/Luterbacher, 1995: Kap. 5) ein fruchtbares Erklärungsfeld.

11.4 Schlußbetrachtung: Klimawandel und Umweltsicherheit

Das in diesem Beitrag entwickelte Konzept ermöglicht eine relativ einfache Definition von Umweltsicherheit unter den Bedingungen innerstaatlicher sowie globaler Umweltprobleme. Desweiteren kann aus dem Konzept ein Vektor von Instrumenten abgeleitet werden, der der Zielerreichung bei drohender Überschreitung der maximalen Aufnahmekapazität des Umweltmediums bzw. der tolerierbaren Effekte dient. Außerdem lassen sich auf recht einfache Weise die wesentlichen Kontroversen um angemessene Maßnahmen ableiten (z.B. die Implikationen des wirtschaftlichen Wachstums (s.u.) sowie des ökologisch-technischen Fortschritts). Somit leistet das Konzept durch seine *integrierte* - statt fragmentierte - Perspektive einen Beitrag zur Versachlichung einer sonst leicht unfokussierten Diskussion um Umweltgefahren und gesellschaftliche Intervention.

Aus Platzgründen mußte von einer Erweiterung des Konzeptes um eine dynamische Betrachtung abgesehen werden. Dennoch sollte in intuitiver Weise kurz umrissen werden, wie eine solche Mehrperiodenbetrachtung aussehen könnte. Treibhausgase (wie auch FCKW) haben eine mehrjährige Verweildauer und können in längeren Zeiträumen abgebaut werden. Daraus ergibt sich ein kumulativer Prozeß, der zu einem gegenüber der Emission verzögerten Eintritt der Effekte führt. Um letztere zu lindern, kann neben den bereits weiter oben ausgeführten fünf Instrumenten eine Erhöhung der Abbaurate der THG angestrebt werden. Desweiteren führen wirtschaftliches Wachstum (Steigerungen von Y), ceteris paribus, zu Emissionserhöhungen, so daß eine Beeinflussung des Expansionspfades des Sozialproduktes, neben den bereits erwähnten Instrumenten, von manchen Autoren in Betracht gezogen wird.

Viele der in diesem Beitrag gemachten Annahmen mögen noch vereinfachend vorkommen, wenngleich dies nötig war, um die entsprechenden Schlußfolgerungen analytisch ableiten zu können. In der Realität wissen wir oft nicht genau, wo das Externalitätenmaximum liegt, und neben den Beiträgen der Naturwissenschaften übernehmen *politische* Auseinandersetzungen die Funktion der Festlegung von MAC. Desweiteren beeinflußt gerade auch die Politik die Wahl zwischen den verschiedenen Instrumenten zur Erreichung von Umweltsicherheit.

Ob jedoch Umweltsicherheit je erreicht wird, läßt sich oft erst ex post feststellen, wenn unser Wissen um Umweltgefahren ein hohes Maß an Zuverlässigkeit

keit gewonnen hat. Auf jeden Fall werden aussagekräftige Indikatoren für das MAC durch die empirische Forschung noch zu entwickeln sein. Im Hinblick auf das Problem von praktisch nicht mehr reversiblen Umweltänderungen - wie sie im Bereich des anthropogen verursachten Klimawandels als Folge der Umdrehung des Golfstromes eintreten könnten - ist jedoch eine vorausschauende Politik gefragt, die potentielle Risiken unterlassener Interventionen sowie Kosten der Vermeidung in ein für Konsumenten und Steuerzahler akzeptables Verhältnis bringt. Auf jeden Fall sind die Instrumentarien, die zu einer Verhinderung allzu starker Umwelteffekte eingesetzt werden können, leidlich bekannt (vgl. oben). Ungleich schwerer wird es sein, heute Maßnahmen zu treffen, die im Lichte des Wissens zukünftiger Generationen als weise gelten mögen.

Teil IV
Ökonomische Analysen zum Klimaschutz

12 Ökonomie und Klimawandel: Kann sich die Klimapolitik auf die Nutzen-Kosten-Analyse verlassen?

Meinrad Rohner und Ottmar Edenhofer

„Our future lies not in the stars, but in our models." (Nordhaus, 1994: 6)

12.1 Neue „Grenzen des Wachstums"

Die Diskussion über die Natur- und Sozialverträglichkeit unterschiedlicher Energiesysteme drehte sich in den 70er Jahren um die Erschöpfbarkeit der fossilen Brennstoffvorräte und die Risiken der zivilen Atomenergie. Diese Diskussion hat in den vergangenen Jahren durch die intensivierte Aufmerksamkeit für den menschlich verursachten Klimawandel eine Neuauflage in veränderter Perspektive erlebt (Boehmer-Christiansen, 1994). In den Vordergrund sind Belastungsgrenzen der Atmosphäre für wirtschaftlich bedingte Emissionen getreten.

In den 70er Jahren hatte die Nationalökonomie den Anschein erweckt, sie habe mit der *Theorie der erschöpfbaren Ressourcen* abschließend auf die Warnungen des Club of Rome geantwortet (Symposium, 1974). Getragen von einem vielleicht nicht völlig unberechtigten Vertrauen in den technischen Fortschritt, wurden erschöpfbare Brenn- oder Rohstoffe als im Prinzip durch andere Stoffe oder Produktionsprozesse ersetzbar behandelt. Anders gelagerte Restriktionen des wirtschaftlichen Wachstums, wie insbesondere die begrenzten Aufnahmekapazitäten der Umweltmedien Boden, Luft und Wasser, wurden in verschiedenen Wachstumsmodellen zwar berücksichtigt, blieben aber ohne nachhaltigen Einfluß auf das ökonomische Denken. Das *Verhältnis von Weltwirtschaft und Klimawandel* wirft nun aber Problemdimensionen auf, die zur Weiterentwicklung der ökonomischen Denkansätze und Modellierungen geradezu herausfordern.

In diesem Aufsatz soll an einem prominenten Beispiel aus der neueren klimaökonomischen Literatur geprüft werden, inwieweit sich die Ökonomie dieser Herausforderung stellt. Der Beitrag von Nordhaus (1994) zeichnet sich durch die integrierte Modellierung von ökonomischen und klimatischen Zusammenhängen aus; daher eignet er sich besonders, sowohl einige Grundlagenprobleme der heutigen Ökonomie im Umgang mit der Umwelt zu diskutieren, als auch den spezifischen Beitrag der Ökonomie zur Erforschung des anthropogen verursachten Klimawandels zu beleuchten. Insofern das Modell von Nordhaus in umfassender Weise das Verhältnis von Wirtschaftswachstum und Umwelt thematisiert, läßt es sich als späte Antwort auf die 1972-Prognosen des Club of Rome (Meadows, 1972) lesen. Mit unserem Beitrag hoffen wir, die Diskussion innerhalb der Ökonomie auch anderen sozialwissenschaftlichen Disziplinen verständlicher zu machen.

12.2 Klimawandel und Ökonomie

Die Lufthülle um die Erde erfüllt für die Biosphäre und die wirtschaftlichen Aktivitäten der Menschen eine Vielzahl von Funktionen. Aus ökonomischer Sicht ist die Luftqualität und die Atmosphäre eine *natürliche Ressource*, deren Nutzung erst teilweise staatlichen Regelungen unterliegt, etwa im *Bundes-Immissionsschutzgesetz*. Diese Vorschriften beziehen sich jedoch auf die Qualität der Luft in Bodennähe, ohne klimarelevante Gesichtspunkte, die aus anderen Aspekten der Luftzusammensetzung herrühren, zu berücksichtigen.

Der vom Menschen verursachte Klimawandel, den wir für unsere Zwecke als gegeben annehmen, ist erst seit den 80er Jahren ins öffentliche Bewußtsein gedrungen.[1] Seither wurde versucht, klimapolitische Ziele und Instrumente sowohl auf internationaler als auch auf nationaler Ebene zu bestimmen. Eine Wegmarke bildet das *Rahmenübereinkommen über Klimaänderungen*, das am 21. März 1994 in Kraft trat. Der Ausgang dieses Prozesses, an dessen Ende Regelungen stehen sollten, welche die Ressource Luft auch in klimatischer Hinsicht vor Übernutzung schützen, erscheint zur Zeit noch offen.

Die Schwierigkeiten des klimapolitischen Prozesses sind eine Folge der *Komplexität* und *Globalität* der aufgeworfenen Fragen, die wissenschaftlich nur durch interdisziplinäres Vorgehen untersucht und beurteilt werden können. Gleichzeitig sind die *Ursachen* und *Folgen* des Klimawandels *regional stark differenziert*, während insbesondere die Abschätzung der Klimafolgen durch hohe *Unsicherheiten* und *Diffusität* erschwert wird. Schließlich überschreitet der *Zeithorizont*, in den soziale und gesellschaftliche Aktionsentwürfe eingeordnet sein müssen, normale politische Planungshorizonte bei weitem.

Der Klimawandel ist ein inhärent globales Problem, da die klimarelevanten Bestandteile der Atmosphäre *Globalschadstoffe* sind, die ihre Wirkungen unabhängig vom Ort der Emissionen zeitigten; internationale Vereinbarungen zum Schutz der Atmosphäre sind daher Voraussetzung einer erfolgreichen nationalen Klimaschutzpolitik. Die Vereinbarungen über die Einschränkung von Stoffen, die zur Zerstörung des stratosphärischen Ozonschildes beitragen, können in ge-

---

1 Daß die wirtschaftliche Entwicklung einen Klimawandel verursachen wird, steht außer Frage. Das verfügbare Beobachtungsmaterial läßt allerdings nur vorsichtige und vorläufige Aussagen über das bereits eingetretene Ausmaß dieser anthropogenen Klimabeeinflussung zu. Zu den naturwissenschaftlichen Grundlagen des Klimawandels vgl. IPCC, 1990; EK II, 1995; Schönwiese, 1994c; vgl. Kap 1-3 in diesem Band.

wisser Weise als Vorbild für die erforderlichen Vereinbarungen über die Treibhausgase (THG) dienen. Allerdings greift eine Kontrolle und Verminderung der Treibhausgase sehr viel umfassender in die heutige *Wirtschafts- und Lebensweise* ein als das Verbot von ozonzerstörenden Stoffen. Über die Emissionen der Elektrizitätswirtschaft, der Klimatisierung und Beheizung von Häusern, des Verkehrs und der Landwirtschaft tragen viele, wenn nicht die meisten wirtschaftlichen Aktivitäten zur Klimabelastung bei. Die Konsensfindung in der Klimapolitik steht daher in enger Beziehung zu Auseinandersetzungen um die Richtung der gesellschaftlichen Entwicklung und um angestammte Vorstellungen von Wohlfahrt und Lebensqualität.

Während Meteorologen, Atmosphärenphysiker und andere Naturwissenschaftler schon länger in der Erforschung des anthropogen verursachten Klimawandels aktiv sind, ist die Volkswirtschaftslehre deutlicher erst in den 90er Jahren mit eigenen Beiträgen hervorgetreten, wie überhaupt die *sozialen und wirtschaftlichen Dimensionen des Klimawandels* erst mit einiger Verzögerung genauer untersucht werden. So wird Working Group III des *International Panel on Climate Change (IPCC)*, die für die Beurteilung der menschlichen Dimension des Klimawandels zuständig ist, erstmals im Rahmen des *Second Assessment* mit Beiträgen präsent sein, die den aufgeworfenen Fragen angemessen sind.[2]

Die mittlerweile zugänglichen Beiträge aus der Volkswirtschaftslehre versuchen Antwort zu geben auf Fragen wie: Welche ökonomischen Folgen sind von einem Klimawandel zu erwarten? Wie hoch sind die Kosten, um ihn zu vermeiden? Welche wirtschaftspolitischen Instrumente versprechen die Erreichung von Klimaschutzzielen mit den geringstmöglichen volkswirtschaftlichen Negativwirkungen? Bei der Beantwortung dieser Fragen konnte an Denkansätze und Modelle aus der energiewirtschaftlichen und umweltökonomischen Forschung angeknüpft werden.[3]

In der klimaökonomischen Forschung können zur groben Orientierung zwei Richtungen unterschieden werden: Die eine Richtung, angeleitet durch die Wohlfahrtstheorie, fragt ganz grundsätzlich, welche volkswirtschaftliche Bedeutung dem Klimawandel zukomme und welche Klimaschutzziele rational zu vertreten seien. Rational heißt dabei, daß die Gesellschaft die ihr zur Verfügung stehenden Ressourcen in einer Weise einsetzt, daß sie daraus den größtmöglichen Nutzen zieht. Nicht nur die Instrumente, auch die Ziele des Klimaschutzes sollen also mit Methoden der ökonomischen Rationalität bestimmt werden.[4] Die zweite

---

2 Dieser Bericht wurde auf der IPCC-Konferenz vom 11.-15. Dezember in Rom verabschiedet. Er erscheint 1996 zusammen mit neuen Dokumenten der Working Groups I und II bei Cambridge UP.

3 Aus der Vielzahl der Beiträge sollen hier nur die folgenden erwähnt werden: Nordhaus, 1991a-d; Cline, 1992; Cansier, 1991; Schelling, 1992; Green, 1992; Bauer, 1993; Fankhauser, 1995.

4 Vertreter dieser Richtung sind Nordhaus und Cline. Zur Wohlfahrtstheorie Broadway/Bruce, 1984 und zur Anwendung der Wohlfahrtstheorie auf die Umweltpolitik Weimann, 1991; Siebert, 1995.

Richtung dagegen übernimmt die klimapolitischen Zielsetzungen aus der naturwissenschaftlich geprüften Diskussion und untersucht, mit welchen Instrumenten diese Ziele ökonomisch *effizient*, d.h. mit *minimalen volkswirtschaftlichen Kosten*, verwirklicht werden können.[5] Diese Einschränkung der Rationalitätsansprüche an die Klimapolitik hat den Vorteil der größeren Offenheit gegenüber verschiedenen methodischen und theoretischen Ansätzen. Das Ziel kostenminimaler Lösungen läßt sich sowohl mit individualistisch als auch mit historisch-institutionell orientierten Theorien verknüpfen.

Es muß gefragt werden, inwieweit eine auf dem Modell des rationalen Akteurs basierende Klimaökonomie in der Lage ist, die Fragen, die die globalen Veränderungen der Lebensbedingungen auf der Erde aufwerfen, zu beantworten. Es muß allerdings auch anerkannt werden, daß Alternativen, etwa eine sozialwissenschaftlich oder evolutionstheoretisch orientierte Ökonomie, heute allenfalls in Umrissen zu erkennen sind.[6] In jedem Fall ist eine Auseinandersetzung mit der mainstream-Ökonomie unerläßlich. In diesem Sinne setzt sich der vorliegende Aufsatz hauptsächlich mit der Vorgehensweise der ersten der genannten Richtungen in der Klimaökonomie auseinander und räumt dabei den Untersuchungen von Nordhaus besondere Aufmerksamkeit ein. Im Kern handelt es sich um eine Darstellung und kritische Beleuchtung der Anwendung der *Nutzen-Kosten-Analyse (NKA)* auf den Klimaschutz.

12.3 Politikoptionen und Klimaschutzziele

Angesichts einer zu erwartenden globalen Erwärmung gibt es im Grunde nur zwei politische Optionen: Auf der einen Seite die fortlaufende Anpassung der wirtschaftlichen Verhältnisse und gesellschaftlichen Lebensweisen an eine sich verändernde Umwelt, ohne zu versuchen, die Ursachen des menschlich verursachten Klimawandels zu bekämpfen, und auf der anderen Seite eine aktive Politik, um die Treibhausgas-Emissionen zu vermindern und damit einen Wandel des Klimas zumindest teilweise zu vermeiden. Sowohl die *Anpassungs-* als auch die *Vermeidungsstrategie* können in je unterschiedlicher Intensität und Reichweite verfolgt werden. Völlige Untätigkeit wird jedoch keine gangbare Politikoption sein, wenn die Voraussagen über die zu erwartenden Folgen einer globalen Erwärmung nicht völlig falsch sind.

---

5 Vgl. Cansier, 1991 sowie eine Vielzahl von Untersuchungen zu kosteneffizienten Energiebesteuerungs- oder Zertifikatssystemen. Ein Überblick findet sich in OECD, 1993.
6 Vgl. Truffer et al., 1996. Die Kritik an der neoklassischen Gleichgewichtsökonomie ist so alt wie diese selbst. Sie hat sie bisher aber nicht entthronen können. Als wichtige Gegenströmungen können klassische (ricardianische und marxistische), historische, institutionalistische, sozialwissenschaftliche und evolutionstheoretische Schulen genannt werden.

Auf die grundsätzlichen Politikoptionen sind ganz verschiedene Antworten gegeben worden. Einer weitverbreiteten Ansicht in der Klimaforschung zufolge (IPCC, 1990) können sich wichtige Bestandteile der Vegetation (z.B. der Wald) an eine Erwärmung um 0,1°C pro Jahrzehnt gerade noch anpassen. Im Vergleich zum heutigen Ausgangsniveau wäre daher bis zum Ende des nächsten Jahrhunderts eine Erwärmung von kaum mehr als 1°C zu tolerieren. Das Kriterium, das in dieser Argumentation angesetzt wird, um der Klimaschutzpolitik Ziele vorzugeben, ist die *Anpassungsfähigkeit der Biosphäre* an eine Erwärmung. Eine gewisse Anpassung an ein sich veränderndes Klima wird offenbar auch in dieser Sicht als unvermeidlich angesehen und somit nicht angestrebt, die klimatischen Verhältnisse des 20. Jahrhunderts zu erhalten bzw. wieder herzustellen.

Zu einer solchen Zielbestimmung steht die *wohlfahrtstheoretische*, oder wie wir im folgenden vereinfachend sagen werden, die „ökonomische" Beurteilung des Klimawandels in offenem Widerspruch. In Anknüpfung an die utilitaristische Ethik besteht das grundlegende Ziel der Wirtschaftspolitik in dieser Sicht vielmehr in der *höchstmöglichen Wohlfahrt für die größtmögliche Zahl*. Ob eine Begrenzung der globalen Erwärmung auf einen bestimmten Celsiuswert einem Optimum gesellschaftlicher Wohlfahrt entspricht oder nicht, muß hiernach erst mit geeigneten Methoden geprüft werden. Ermittelt werden muß zum einen der *Nutzen der Klimapolitik*, gemessen durch die volkswirtschaftlichen Schäden, die eine ungehinderte Erwärmung mit sich bringen würden und die aktive Vermeidungsmaßnahmen zu verhindern trachten. Solche Schäden sind in vielen Wirtschaftsbereichen zu erwarten. Von der Veränderung der Temperaturen und Niederschlagsmengen sind besonders Land- und Forstwirtschaft, Energie- und Wasserversorgung, Gesundheit und Freizeitaktivitäten betroffen. Die Erhöhung des Meeresspiegels bedroht Leben und Wirtschaft in Küstengebieten. Weitere Gefahren gehen von häufigeren oder verstärkten Stürmen aus. Neben dem Ausmaß der zu erwartenden Schäden müssen aber auch die *Kosten von Vermeidungsmaßnahmen* ermittelt werden, die sich in makroökonomischer Perspektive als Sozialproduktsminderungen darstellen lassen. Ziel der Klimapolitik ist sodann die *Maximierung des Nettonutzens*, der sich aus der Differenz von Nutzen und Kosten ergibt. Dieser Ansatz soll im folgenden an einem Beispiel dargestellt und diskutiert werden.

12.4 Das Wirtschaft-Klima-Modell von Nordhaus

Das von Nordhaus (1994) unter dem Titel *Managing the Global Commons* vorgestellte DICE-Modell[7] hat in der Klimaschutz-Diskussion ähnlich wie bereits frühere Arbeiten des Autors teilweise heftigen Widerstand provoziert (Daily et

---

7 DICE ist die Abkürzung für *Dynamic Integrated Model of Climate and the Economy*.

al., 1991; Cline, 1992; Rothen, 1995). Nordhaus kommt in seiner Modellauswertung nämlich zu dem Ergebnis, daß die Wohlfahrt der Menschen durch aktiven Klimaschutz kaum zu erhöhen sei. So reduziert eine *ökonomisch optimale Klimaschutzpolitik* in seinem Modell die THG-Emission im Vergleich zur *Basisprojektion* (d.h. im Szenario ohne aktive Klimaschutzmaßnahmen) bis zum Jahre 2100 nur um 15%. Gegenüber dem Niveau von 1990 steigen die Emissionen dabei nur um das zweieinhalbfache. Damit ginge eine globale Erwärmung um 3,2°C gegenüber vorindustriellen Verhältnissen einher. Andererseits wäre eine Klimapolitik, welche die globale Erwärmung auf 1,5°C begrenzte („Stabilisierungsszenario"), bis zum Ende des 21. Jahrhunderts mit einer Verminderung des Bruttosozialprodukts um 7% verbunden, also äußerst kostspielig. Solche Ergebnisse wirken gegenüber Forderungen von Gremien wie dem IPCC oder der deutschen Klima-Enquête-Kommission herausfordernd.

Wie fundiert sind diese Modellrechnungen? Nordhaus kann für sich beanspruchen, mit Konzepten zu arbeiten, die in der Volkswirtschaftslehre, aber auch in der Klimatologie weithin akzeptiert sind. In ökonomischer Hinsicht hat er das *wohlfahrtstheoretisch orientierte Wachstumsmodell* von Ramsey (1928) zugrunde gelegt, ein Modell, das sich in der mainstream-Ökonomie größter Beliebtheit erfreut (Blanchard/Fischer, 1989). Es besteht im wesentlichen aus einer *intertemporalen Wohlfahrtsfunktion* mit unendlichem Horizont und einer *gesamtwirtschaftlichen Produktionsfunktion*. Durch die geeignete Aufteilung des Sozialprodukts auf Konsum und Ersparnis wird ein *Wachstumspfad* ermittelt, der den Gegenwartswert des gesellschaftlichen Nutzens maximiert.

Die *Nutzen-Kosten-Analyse* (NKA) ist ebenfalls ein wohlfahrtstheoretisch fundiertes Verfahren, um öffentliche Investitions- und andere Projekte zu beurteilen. Sie beruht auf der Gegenüberstellung der monetär bezifferten Kosten und Nutzen eines Projektes für die Gesellschaft. Angewandt wird sie insbesondere dann, wenn wesentliche Posten des Projekts nicht auf marktmäßigen Transaktionen beruhen. Seit den 60er Jahren wird die NKA in zunehmendem Maß auch auf umweltpolitische Projekte angewandt, allerdings hat sie sich in den angelsächsischen Ländern stärker verbreitet als in Deutschland (Hanley/Spash, 1993; Johansson, 1993). Eine frühe Anwendung auf die Klimaproblematik legte Nordhaus (1991d) vor.

Ramsey-Modelle (und somit DICE) sind insofern mit der Nutzen-Kosten-Analyse verwandt, als in beiden Fällen ein kardinaler und damit aufsummierbarer Nutzenindex als Wohlfahrtsmaß maximiert wird. Während in der NKA jedoch direkt monetär bewertete Vorteile mit monetär bewerteten Kosten verrechnet werden, besteht in einem Ramsey-Modell keine Notwendigkeit, den Nutzenindex monetär auszudrücken. Außerdem führen Ramsey-Modelle auf ein *dynamisches Optimierungsproblem*, während der Zeitbezug in der NKA nur über die Diskontierung hergestellt wird. Die Verwandtschaft beider Modelltypen ist jedenfalls eng genug, um sie unter der Überschrift *Nutzen-Kosten-Analyse* zu behandeln.

Ökonomie und Klimawandel: Klimapolitik und Nutzen-Kosten-Analyse 159

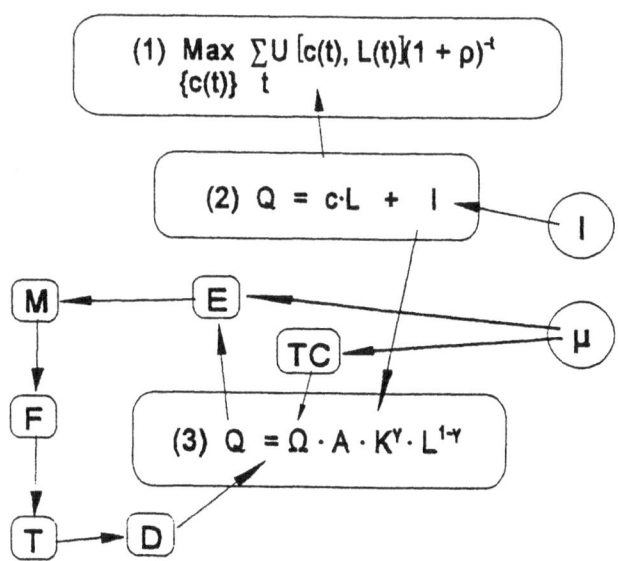

Abb. 12.1. Wirkungszusammenhänge des Nordhaus-Modells

Das DICE-Modell zeichnet sich nun aber dadurch aus, daß es ein Modell der optimalen Kapitalbildung mit einem Modell der Kohlenstoff-Akkumulation in der Atmosphäre und der daraus zu erwartenden globalen Erwärmung verbindet. Es vermag somit die Wechselbeziehung zwischen wirtschaftlichem Wachstum und Klimawandel abzubilden. Die Modellzusammenhänge lassen sich anhand von Abb. 12.1. skizzieren. Die Variablen sind in Tabelle 12.1. aufgelistet.

Die gesellschaftliche Nutzenfunktion U (Gleichung 1) hat man sich als die Präferenzen eines wohlmeinenden Planers vorzustellen, der mit unendlicher Weitsicht in die Zukunft ausgestattet ist. Der Nutzen U steigt mit wachsendem Pro-Kopf-Konsum c und steigender Bevölkerung L. Das Wachstum der Bevölkerung ist im Modell jedoch exogen gegeben. Das Sozialprodukt Q wird aufgeteilt auf den Konsum $c \cdot L$ und die Bruttoinvestition I (Gleichung 2). Die Nettoinvestitionen erhöhen den Kapitalstock K. Kapital K und Arbeit L produzieren das Sozialprodukt Q. Die Arbeitsproduktivität steigt mit dem Faktor A.

Der *ökonomische Sektor* hängt über drei Schnittstellen mit dem *Klimasektor* zusammen. Zum einen entstehen bei der Produktion THG-Emissionen E. Dann wirkt der Klimawandel über die volkswirtschaftlichen Schäden D auf die Ökonomie zurück, und schließlich wird die Volkswirtschaft durch Maßnahmen zum Klimaschutz TC mit Kosten belastet. Klimaschutzkosten TC und Klimaschäden D vermindern das Sozialprodukt (Ω; Gleichung 3). Der Klimawandel selbst wird

Tabelle 12.1. Variablen in Abb. 12.1

U: gesellschaftliche Wohlfahrt	E: THG-Emisssionen
c: Pro-Kopf-Konsum	M: Kohlenstoff in Atmosphäre
L: Bevölkerung/Arbeit	F: erhöhte Strahlung
ρ: Rate der Zeitpräferenz	T: globaler Temperaturanstieg
Q: Sozialprodukt	D: Schäden durch Klimawandel
K: Kapitalstock	TC: Kosten des Klimaschutzes
I: Investition (1. Politikvariable)	A: Produktivitätsfortschritt
μ: Emissionsverminderung durch Klimapolitik (2. Politikvariable)	Ω: Abzüge vom Sozialprodukt als Folge von Klimaschutz und Klimaschäden (D)
t: Zeit	

durch die Kette THG-Emissionen → Erhöhung des atmosphärischen Kohlenstoffs M → verstärkte Strahlung F → globale Erwärmung T dargestellt.[8]

Der Parameter μ (prozentuale Reduktion der Emissionen gegenüber der Basisprojektion) ermöglicht dem Planer, zusätzlich zu den Investitionen I, die Steuerung des Modells und damit die eigentliche Optimierung. Erreicht werden könnte die Emissionsreduktion durch eine CO_2-Besteuerung. Jedem Wert von μ entspricht ein optimaler Steuersatz. Also sind μ und I die Steuer- bzw. Politikvariablen des Modells

DICE ist ein empirisch orientiertes Modell, das sich in den Ausgangsperioden auf die beobachtbaren Größenordnungen abstützt. Nordhaus (1994) dokumentiert Modellrechnungen für den Zeitraum von 1965 bis 2105. Die Periodizität beträgt zehn Jahre. Für die Simulationsergebnisse entscheidend sind nicht nur die einzelnen Funktionsparameter, sondern im besonderen Maße auch die Annahmen über die Entwicklung der *Bevölkerung*, der *Produktivität* und der *Energieeffizienz*. In allen drei Fällen wird angenommen, daß das Wachstum zum Erliegen kommt, was zur Folge hat, daß sich das Modell einem stationären Zustand annähert.

Die Stärke des Modells liegt in seiner Überschaubarkeit, Geschlossenheit. Eine gewisse Eleganz ist ihm nicht abzusprechen. Einige wesentliche Zusammenhänge sind berücksichtigt. Andererseits wird von regionalen Unterschieden und der wirtschaftlichen Strukturdynamik vollständig abstrahiert. Im folgenden soll auf einige grundsätzliche Konsistenzprobleme des betrachteten Modelltyps eingegangen werden (12.5). Dem folgt eine stärker empirisch orientierte Diskussion der Nutzen- und Schadensabschätzungen (12.6 und 12.7). Schließlich wird das Diskontierungsproblem näher betrachtet (12.8).

---

8 Sowohl der Diffusion des Kohlenstoffs in Atmosphäre und Ozean (Kohlenstoffzyklus) als auch dem Wärmetransfer liegen Mehr-Schichten-Modelle zugrunde. Rückkopplungsprozesse werden parametrisch erfaßt.

12.5 Wohlfahrtsökonomie: Illusionäre Eindeutigkeit?

Mit seinem Modell sucht Nordhaus angesichts globaler Klimaänderungen wissenschaftlich begründete Aussagen über mögliche Entwicklungsszenarien der Weltwirtschaft zu gewinnen. An solchen *Simulationsszenarien* besteht zweifelsohne berechtigtes Interesse, können sie durch den Entwurf möglicher Wege in die Zukunft doch gesellschaftliches Lernen und politisches Entscheiden unterstützen. Es kann auch nicht grundsätzlich falsch sein, ein Kriterium vorzuschlagen, nach dem aus einer Vielzahl möglicher Entwicklungspfade ein bester ausgewählt wird. Allerdings muß das verwendete Kriterium und seine Plausibilität begründet werden.

Das von Nordhaus verwandte *Optimalitätskriterium* entstammt der utilitaristischen Ethik, basiert auf der Summierung der Periodennutzen über die Zeit und wird repräsentiert durch die Präferenzen eines Planers. Im Rahmen der individualistischen Methodologie der neoklassischen Ökonomie macht der Gebrauch von sozialen Wohlfahrtsfunktionen nur Sinn, wenn diese - zumindest im Prinzip - als Aggregation individueller Präferenzen aufgefaßt werden können. Die wichtigsten zwei Methoden, um eine solche Aggregation zu begründen, bestehen (1) in der Annahme, daß die *individuellen Nutzen interpersonell vergleichbar* und *kardinal meßbar* sind oder (2) in der Annahme, daß es sich bei dem Planer um ein *repräsentatives Individuum* handelt. Beide Methoden finden in der Wirtschaftstheorie zwar breite Anwendung, sind jedoch äußerst umstritten.

Die *interpersonelle Vergleichbarkeit* und *kardinale Meßbarkeit* der Einzelnutzen wurde in der älteren Wohlfahrtstheorie von Marshall und Pigou selbstverständlich angenommen, im Anschluß an Pareto und Robbins jedoch mit dem Argument aufgegeben, daß es keine objektiv überprüfbaren Kriterien für Nutzenmessung und -vergleich gebe und sie für die Preistheorie auch nicht erforderlich seien. Auf dieser methodischen Grundlage gelang es, die wichtigste Referenztheorie der heutigen Volkswirtschaftslehre, die *Theorie des allgemeinen Marktgleichgewichts unter Konkurrenzbedingungen* und die *Pareto-Optimalität* solcher Gleichgewichte unter völligem Verzicht auf interpersonellen Nutzenvergleich und kardinale Meßbarkeit zu begründen. Dieser Bezugspunkt trägt freilich nicht weit, da es im allgemeinen sehr viele verschiedene pareto-optimale Konstellationen gibt, so daß deren Wohlfahrtsbeurteilung nur möglich ist, wenn weiterreichendere Entscheidungskriterien als das Pareto-Kriterium zur Verfügung stehen. Eine *soziale Wohlfahrtsfunktion*, wie sie im DICE verwendet wird, versucht die Basis für eine solche umfassendere Bewertung zu legen. Unter Zugrundelegung einiger nicht unplausibler Aggregationsregeln hat Arrow jedoch gezeigt, daß eine soziale Wohlfahrtsfunktion nur konsistent ableitbar ist, wenn ein einzelnes Individuum über diktatorische Bestimmungsmacht verfügt (Arrow, 1951). Kommen dagegen Aggregationsregeln zum Zuge, die mit demokratischen Traditionen verträglich sind, so sind erstens ethische Entscheidungen erforderlich, die einen Nutzenvergleich zwischen den Individuen ermöglichen, und zweitens Kenntnisse der individuellen Präferenzintensitäten (Broadway/Bruce, 1984).

In pragmatisch vorgehenden Untersuchungen wird zur kardinalen Nutzenmessung üblicherweise auf die Ermittlung der *Zahlungsbereitschaft* der betroffenen Individuen zurückgegriffen, was heißt, daß der Nutzen in *monetären Größen* ausgedrückt wird (Hanley/Spash, 1993). Häufig wird dabei vergessen, daß diese Art der „Objektivierung" von subjektiven Empfindungen letztlich willkürlich ist. Konsistente Aggregationsvorschriften stellen den Planer somit vor ein kaum befriedigend lösbares Informationsbeschaffungsproblem.

Die zweite Methode, um soziale Wohlfahrtsfunktionen zu rechtfertigen, erklärt den einzigen Konsumenten im Modell zum *repräsentativen Individuum*. So interpretiert auch Nordhaus sein Modell dahingehend, daß es im Ergebnis mit einer dezentralisierten Ökonomie, also einem Marktprozeß mit sehr vielen Akteuren, übereinstimme. Vorausgesetzt werden muß dann aber, daß die Akteure identisch sind (Blanchard/Fischer, 1989), eine Annahme, die sowohl in krassem Gegensatz zur individualistischen Programmatik der Wohlfahrtstheorie als auch zur Realität steht. Diese Interpretation spiegelt darüber hinaus ein eindeutiges und gleichzeitig stabiles Gleichgewicht der betrachteten Ökonomie vor, das sofort verloren geht, sobald im Modell ein zweites, jedoch nicht mehr identisches Individuum hinzutritt.[9]

Aber auch was die innere Konsistenz von *neoklassischen Ein-Gut-Produktionsfunktionen* angeht (Gleichung 3), so wird heute ebenfalls nicht mehr bestritten, daß die in ihnen implizierte und für den Gleichgewichtspfad unerläßliche inverse Beziehung von Kapital und Profitrate gegenüber Eigenschaften von Viel-Güter-Modellen nicht robust ist und ebenfalls nur durch willkürliche Regularitätsbedingungen aufrechterhalten werden kann (Burmeister, 1980).

Die Einwände in diesem Abschnitt lassen sich so zusammenfassen: Durch die Wahl des Modelltyps wird eine gleichgewichtige Welt mit einem eindeutig bestimmbaren Optimalpfad vorausgesetzt, und die wirtschaftspolitischen Optionen werden auch in dieser Weise strukturiert, während doch vieles dafür spricht, daß es den *einen* Optimalpfad gar nicht geben kann, sondern im günstigsten Fall einige wenige realisierbare und möglicherweise kosteneffiziente Pfade.

12.6 Nutzen der Klimapolitik

Die rechnerischen Ergebnisse des DICE-Modells von Nordhaus hängen selbstverständlich wesentlich davon ab, wie die volkswirtschaftlichen Schäden des Klimawandels, aber auch die Kosten der Klimaschutzpolitik veranschlagt wer-

---

9 Vgl. Kirman, 1992; zu multiplen Gleichgewichten in der NKA auch Jaeger/Kasemir, 1996.

den. Zuerst wenden wir uns den zu vermeidenden Schäden, also dem *Nutzen des Klimaschutzes,* zu.

Obwohl es mittlerweile eine wachsende Zahl von Einzeluntersuchungen gibt, welche die bei einer Erwärmung zu erwartenden Schäden für Sektoren wie die Landwirtschaft oder Regionen an Meeresküsten monetär zu bewerten suchen, verbleibt eine sehr große Unsicherheit über die zu erwartenden Schadenssummen (Cline, 1992; OECD, 1992; Fankhauser, 1994). Weitere Forschung kann durchaus dazu führen, daß die Unsicherheiten zu- und nicht abnehmen (OECD, 1995). Nordhaus beruft sich darauf, daß seine eigenen, schon früher vorgelegten Schätzungen (Nordhaus, 1994c), die auch der Schadensfunktion im DICE zugrunde liegen, im wesentlichen mit den Ergebnissen von Fankhauser und Cline übereinstimmen. Diese Aussage bezieht sich auf die Bezugsgröße „Verdoppelung der CO_2-Konzentration" bzw. „Bestschätzung der globalen Erwärmung um 2,5- 3°C". Eine solche Projektion gelangt zu dem Ergebnis, daß die Weltwirtschaft mit einem Verlust zwischen 1 und 2% des heutigen Bruttoinlandsprodukts rechnen müßte. Diese Prozentzahl kommt so zustande: Die monetär bezifferten Schäden in zukünftigen Jahren werden auf den Gegenwartszeitraum diskontiert, und die so ermittelte Zahl wird als Prozentsatz des Bruttoinlandsprodukts ausgedrückt.

Die meisten der zugrundegelegten Einzelstudien beziehen sich immer noch auf die USA und einige andere industrialisierte Länder. Aus den Entwicklungsländern liegen sehr wenige Studien vor. Häufig wird jedoch angenommen, daß sie vom Klimawandel stärker in Mitleidenschaft gezogen werden als die industrialisierten Länder der nördlichen Breitengrade. Sollen weltwirtschaftliche Szenarien entwickelt werden, so müssen die Erkenntnisse aus der industrialisierten Welt durch geeignete Korrekturen auf die Weltwirtschaft übertragen werden.

Im Unterschied zu früheren linearen Ansätzen nimmt Nordhaus in DICE einen quadratischen *Verlauf der Globalschadensfunktion* an, was die Annahme reflektiert, daß die Schäden bei THG-Konzentrationen über die CO_2-Verdoppelung hinaus überproportional zunehmen werden. Trotzdem bleibt der Vorwurf bestehen, daß diese Funktion letztlich aus einem einzigen Datenpunkt konstruiert wurde, nämlich den erwarteten Schäden bei einer CO_2-Verdoppelung (Rothen, 1995).

Schadensfunktionen, wie die von Nordhaus verwandte, werfen über die problematische Datengrundlage hinaus eine Reihe weiterer Fragen auf. So unterstellen sie insbesondere einen *stetig ansteigenden Verlauf* der Schadensentwicklung. Es ist aber keineswegs gesagt, daß das Klima in dieser Weise stetig auf die Erhöhung der CO_2-Konzentration reagieren wird. Vielmehr weisen gerade neuere Ergebnisse aus der Klimaforschung darauf hin, daß sich das Klima in Sprüngen verändern kann. Für den Wechsel von Warm- zu Kaltphasen vor etwa 125 000 Jahren wurde gefunden, daß sich die Temperaturen innerhalb von einem bis wenigen Jahrzehnten wiederholt um mehrere Grade verändert haben (Bach, 1995d). Im Grundmodell berücksichtigt Nordhaus diese Risiken nicht.

Vielmehr wählt Nordhaus ein zweistufiges Verfahren und setzt sich erst in der zweiten Stufe mit *Risiko und Unsicherheit* auseinander, und zwar in der Form einer *Sensitivitätsanalyse* seines Modells. Dabei werden solche Modellparameter ausgewählt, deren Variation die Modellergebnisse überdurchschnittlich beeinflußt, um dann die Konsequenzen von Wissensunsicherheiten quantitativ abzuschätzen. Als besonders sensitive Parameter erweisen sich die Entwicklung der Weltbevölkerung, der Produktivität und der autonomen Energieeffizienz, die soziale Präferenzrate, die Klimasensitivität, die atmosphärische CO_2-Absorption sowie die Niveauparameter der Schadens- und der Vermeidungsfunktion. Die Spezifikation der Funktionen selbst wird nicht getestet. Das zusammenfassende Ergebnis dieser Analysen ist, daß die Extremwerte zwar eine relativ geringe Wahrscheinlichkeit, jedoch Konsequenzen von größter Tragweite haben können. Eine Politik, die diese Risiken berücksichtigt, müßte daher eine radikalere THG-Reduktion anstreben.

In der Analyse von Nordhaus werden mögliche Klimasprünge außerdem nicht als Sprünge, sondern als steilerer Anstieg (höherer Exponent) der Schadensfunktion spezifiziert, was einen Temperaturanstieg auf 3,5°C praktisch als *Schwellenwert* erscheinen läßt, weil die Kosten des Klimawandels den konsumierbaren Teil des Sozialprodukts bei dieser Erwärmung aufzuzehren beginnen. Bedenkt man, daß der Optimalpfad im Grundmodell (bei vollkommener Voraussicht) einen Temperaturanstieg prognostiziert, der nur wenig darunter liegt, dann drängt sich allerdings der Schluß auf, daß ein Modell, das sich nur auf mittlere Abschätzungen stützt, zu schwerwiegenden Fehleinschätzungen verleitet.

12.7 Die Kosten des Klimaschutzes

Im Unterschied zur volkswirtschaftlichen Klimaschadensforschung gibt es sehr viel mehr Studien zu den *volkswirtschaftlichen Kosten von Klimaschutzstrategien* Unter Klimaschutzpolitik wird dabei im allgemeinen eine die Energiepreise verteuernde CO_2-Steuer verstanden. In einem Überblick über dieses Forschungsfeld kommt Weyant (1993) zum Ergebnis, daß eine weltweite Stabilisierung der Emissionen auf dem Niveau von 1990 das Welt-BIP im Jahre 2100 um etwa 4% vermindern würde. Unter solchen Umständen wird aus globalen Nutzen-Kosten-Analysen gefolgert, daß sich eine Klimapolitik, die die Emissionen im Verhältnis zum Stand von 1990 nicht nur stabilisieren, sondern zu reduzieren trachtet, keinen volkswirtschaftlichen Nettonutzen, sondern einen Verlust mit sich bringen würde. So auch im Modell von Nordhaus.

Wie weit tragen diese Ergebnisse? Als erstes ist es wichtig zu erkennen, daß es sich hier wiederum um eine äußerst langfristige Projektion (über 100 Jahre) handelt. Es ist in diesem Zusammenhang manchmal hilfreich, sich daran zu erinnern, wie hoch manche Prognosen in den 70er und 80er Jahren den zukünftigen Energiebedarf überschätzten, obwohl sie sich auf sehr viel kürzere Zeiträume bezogen.

Die makroökonomische Modellierung von Emissionsvermeidungsstrategien wird häufig als *top-down-Methode* bezeichnet, während für die detaillierte Ermittlung der wirtschaftlichen Energiesparpotentiale und -technologien in den einzelnen Sektoren und deren Aufaddierung zu gesamtwirtschaftlichen Prognosen die Bezeichnung *bottom-up-Verfahren* verbreitet ist. Fast systematisch ermitteln Studien nach dem bottom-up-Verfahren ein höheres wirtschaftlich realisierbares Energiesparpotential und damit kostengünstigere Klimaschutzstrategien als top-down-Studien. Solche Ergebnisse kommen regelmäßig zustande, wenn das Energieverbrauchsverhalten nicht nur in seiner Preis- und Einkommensabhängigkeit zugrunde gelegt wird, sondern Fragen des Informationsstandes oder der Eigentumsrechte mitberücksichtigt werden.[10] Auch für die Bundesrepublik Deutschland hat eine im Auftrag der 2. Klima-Enquête-Kommission erstellte Studie erbracht, daß ein im Jahre 2020 gegenüber 1987 um 45% verringerter CO_2-Ausstoß das Wachstum des BSP nicht verringern, sondern leicht erhöhen, und daß zusätzlich die Beschäftigung ansteigen würde (FhG-ISI/DIW, 1995). Das spricht dafür, daß es - zumindest über die nächsten Jahrzehnte - ein Spektrum an Klimaschutzmaßnahmen gibt, dessen Realisierung die heutigen Emissionen ohne volkswirtschaftliche Einbußen beträchtlich senken könnte (sog. „no-regret"-Politik). Offenbar ist der Energieverbrauch in der wirtschaftlichen Realität weniger effizient als im Idealmodell von Nordhaus angenommen. Darüber hinaus wären in einer NKA auch die zusätzlichen positiven Effekte von Energieverbrauchsminderungen auf die Luftqualität zu berücksichtigen.

Ein wichtiger Grund dafür, daß die längerfristigen Weltszenarien weniger optimistische Ergebnisse erbringen, liegt im Nachholbedarf und der Bevölkerungsdynamik in den Entwicklungsländern. Das größte Problem dieser Projektionen aber liegt in den Annahmen über den *technischen Fortschritt*. Auch bei Nordhaus ist dieser exogen. Es gibt im Modell keinen Anreizmechanismus, um den technischen Fortschritt zu verstärken. Goulder und Schneider (1995) legen daher erste Berechnungen vor, die die Vermutung stützen, daß Modelle mit *endogenisiertem technischen Fortschritt* zu spürbar niedrigeren Kostenschätzungen gelangen würden.

Cline (1992) hat gegen frühere Studien von Nordhaus den Einwand vorgebracht, daß sich das Verhältnis von Nutzen und Kosten der Klimapolitik zugunsten eines höheren volkswirtschaftlichen Gewinns der Klimastabilisierung verschieben würde, wenn man den *Zeithorizont* weiter in die Zukunft verlängern würde, nämlich auf 250 Jahre statt „nur" auf 100 Jahre. Darauf antwortet Nordhaus (1994), daß sich in seinem Modell kaum relevante Fehler nachweisen ließen, wenn die Simulation 2100 abgebrochen, statt bis 2250 ausgedehnt wird. Es bereitet Schwierigkeiten, Clines Argumentation angesichts der typischen Kurz-

---

10 Vgl. Wilson/Swisher, 1993; Mills/Wilson/Johansson, 1991, auch einige Beiträge in OECD/ IEA, 1994b.

sichtigkeit der heutigen politischen Diskussion mehr Überzeugungskraft abzugewinnen. Die Dynamik des Klimasystems allerdings spricht eher für die Wahl eines längeren Zeithorizonts. So verweist Schlumpf (1995) darauf, daß Nordhaus den tiefen Ozean als eine nicht begrenzte CO_2-Senke modelliert. Wird demgegenüber die Aufnahmekapazität des Ozeans für Kohlenstoff begrenzt, so steigt die atmosphärische CO_2-Konzentration nach 2100 bedeutend schneller an.

12.8 Gerechtigkeit in einer globalen Nutzen-Kosten-Analyse

Eine weltwirtschaftliche Nutzen-Kosten-Analyse über die Zeiträume von Jahrzehnten wirft grundsätzliche Fragen der *Gerechtigkeit zwischen Regionen und Generationen* auf. Regionale Disparitäten werden in einem Ein-Region-Modell allenfalls implizit behandelt, indem Verluste der einen Region mit Gewinnen einer anderen verrechnet werden. So bedeutende Vorgänge wie die Bedrohung von Insel- oder Küstengesellschaften verschwinden in der globalen Modellierung vollständig - zweifelsohne ein gravierender Mangel. Demgegenüber macht sich die intergenerationelle Gerechtigkeit in einem Modell der hier betrachteten Art hauptsächlich an der *Wahl der Diskontrate* fest.

Den Einfluß der *Diskontrate* auf die Modellergebnisse kann man sich an einem kleinen Rechenbeispiel verdeutlichen: Ein Schaden, der in 100 Jahren auftritt und eine Mio. Dollar beträgt, würde bei einer Diskontierung von 5 % heute nur noch mit 7 600 Dollar verbucht, während er bei einer Rate von 1 % mit immerhin noch 370 000 Dollar verrechnet werden müßte. Je höher also die Diskontrate, um so größer der Anreiz, zukünftige Schäden in Kauf zu nehmen. Die für die Klimaökonomie charakteristische Ungleichzeitigkeit von Ursachen und Folgen verstärkt darüber hinaus den Diskontierungseffekt, da die Vermeidungskosten viel früher anfallen als die Schadenskosten.

Um die Wahl der Diskontrate in der Beurteilung öffentlicher Investitionen und wirtschaftspolitischer Maßnahmen hat sich unter Ökonomen eine weitläufige Debatte entspannt, die ebenso für die Klimapolitik relevant ist (Cline, 1992; Nakicenovic et al., 1994). Sie kann hier jedoch nur gestreift werden. Um monetäre Größen wie eine Schadenssumme oder den Wert des gesellschaftlichen Konsums zu diskontieren, wird häufig die *Kapitalverzinsung* verwendet. In einem Ramsey-Modell setzt sich diese Größe aus der Zeitpräferenzrate (ρ in Gleichung 1) und einem weiteren Faktor zusammen, der das Wachstum der Produktionsmöglichkeiten und die Grenznutzen-Elastizität des Konsums ausdrückt. Unter *Zeitpräferenzrate* (auch Gegenwartspräferenz) versteht man die Neigung, Konsummöglichkeiten in der Gegenwart solchen in der Zukunft vorzuziehen. Eine positive Zeitpräferenzrate bei der Bewertung von gesellschaftlichen Projekten wird weithin abgelehnt, da sie mit einer Diskriminierung von Spätergeborenen einhergeht und gegen den Gerechtigkeitsgedanken verstößt. Eine, wenn auch geringe Berücksichtigung des Wachstumsfaktors wird dagegen häufig als legitim erachtet.

Diesen Einwänden steht entgegen, daß in der wirtschaftlichen Realität eine Gegenwartspräferenz der Wirtschaftsakteure nicht geleugnet werden kann. Nordhaus, der aus methodischen Gründen die Modellparameter in der beobachtbaren Realität verankern will, wählt für die ersten Simulationsperioden eine Diskontrate von 6%, da nur diese mit den historischen Kapitalverzinsungen kompatibel sei. Die soziale Zeitpräferenzrate wird konstant mit 3% veranschlagt, die Wachstumskomponente dagegen nimmt im Laufe der Simulationsjahrzehnte ab, da auch die Bevölkerungs- und Produktivitätsdynamik zum Erliegen kommt.

Lehnt ein Planer im Modellrahmen von DICE eine positive soziale Zeitpräferenzrate ab, so kann die Datenkompatibilität nur erhalten bleiben, wenn gleichzeitig die Grenznutzen-Elastizität angepaßt wird. Auch wenn diese Größe als Egalitätsneigung interpretiert wird, handelt es sich nicht um ein überzeugendes Vorgehen, da es wiederum in Konflikt mit dem beobachtbaren Verhalten steht. Außerdem ist die Form der Wohlfahrtsfunktion empirisch kaum überprüfbar, und die Modifikation bleibt daher weitgehend inhaltsleer. Ohne kompensierende Anpassungen erhöht sich die Sparneigung im Modell jedoch weit über die historisch beobachteten Quoten hinaus.

Was sich hier im Modell manifestiert, ist ein Konflikt zwischen wirtschaftlicher Realität und ethischen Imperativen, der nicht einfach aus der Welt geschaffen werden kann. Positive Kapitalverzinsungen sind eine nicht zu leugnende Realität und in einem empirisch orientierten, intertemporalen Modell erzwingen sie positive Diskontraten. Denkbar sind jedoch gesellschaftliche Lernprozesse, in denen positive Zinssätze und damit positive Diskontraten auch im wirtschaftlichen Verhalten und nicht nur in Planspielen an Gewicht verlieren (vgl. Jaeger, 1994).

12.9 Robuste Klimapolitik: Erhaltung von Handlungsspielräumen

Unsere Argumente sollten gezeigt haben: Die Klimapolitik kann sich auf die Nutzen-Kosten-Analyse nicht verlassen. Erstens werfen optimierende Wachstumsmodelle Konsistenzprobleme bezüglich der Präferenz- und Kapitalaggregation auf, die die Aussagekraft des einen Optimalpfads grundsätzlich in Zweifel ziehen. Zweitens können Schwellenwerte für die THG-Emissionen brauchbarere Orientierungen abgeben als Klimaschadensfunktionen; sie würden den Klimarisiken jedenfalls gerechter. Drittens bieten sich gerade über die kürzere Frist der nächsten Jahrzehnte Klimaschutzoptionen an, die die Emissionen beträchtlich zu reduzieren versprechen, ohne der Volkswirtschaft zur Last zu fallen. Angesichts der Irreversibilität von globalen Klimaveränderungen bedeutet dies die Chance zur *Erhaltung von Handlungsspielräumen*. Die Erhaltung von Flexibilität aber ist ein Kennzeichen einer *robusten Umweltpolitik*. Für die lange Frist jedoch kann sich das Bild im Laufe der Zeit aufgrund des technischen Wandels noch erheblich verändern. Schließlich sind viertens gesellschaftliche Lernprozesse denkbar, welche die empirischen Grundlagen für Planungsmodelle selbst verändern. Ihre Förderung kann als zentrales Element der Klimaschutzpolitik gesehen werden (Truffer et al., 1996)

Die Klimaschutzpolitik kann die Nutzen-Kosten-Analyse auch nicht ignorieren. Ihre Stärke liegt in der Aufklärung von Zielkonflikten, und ihre Anziehungskraft rührt aus dem Gebrauch eines geschlossenen Entscheidungsmodells. Gleichzeitig erschwert die Unterordnung aller Gesichtspunkte unter dem der Wohlfahrtsmaximierung das Gespräch mit den anderen Sozialwissenschaftlern, aber auch mit den Naturwissenschaften. Die Frage wird daher auch für die Klimaökonomie wesentlich, ob die Wirtschaftswissenschaften sich gegenüber anderen Zielsystemen öffnen kann und die ökonomische Dimension der Beurteilung als eine neben anderen sehen lernt (Funtowicz/Ravetz, 1994). Das aber erscheint notwendig, wenn sie dazu beitragen will, daß der klimapolitische Prozeß zu Institutionen findet, die soziales Lernen und einen klimaschützenden technischen Wandel fördern.

13 Klimaschutz und die Ökonomie des Vermeidens

Peter Hennicke

Im folgenden stehen die längerfristige Analyse des Energiesystems im engeren Sinne (ohne Verkehr und nichtenergetischen Energieverbrauch) und die CO_2-Reduktionsmöglichkeiten im Mittelpunkt. Drei grundsätzliche Fragen sollen dabei behandelt werden: 1. Welche technischen Optionen für die Klimaschutzpolitik sind verfügbar? 2. Ist Klimaschutz nur durch Risikostreuung, z.B. durch Inkaufnahme von mehr nuklearen Risiken, möglich? 3. Ist eine risikominimierende Energiestrategie finanzierbar, die sowohl die Risiken der Atomenergie als auch die von Klimaänderungen vermeidet?

Auf diese Fragen soll - gestützt auf Szenarien - auf der Ebene der Welt, der Europäischen Union und der Bundesrepublik eine Antwort gegeben werden. Es zeigt sich, daß Klimaschutzpolitik in weiten Bereichen deckungsgleich ist mit vorsorgender Industriepolitik. Mit anderen Worten: Selbst wenn die Dringlichkeit umfassender Klimaschutzmaßnahmen von Politik und Wirtschaft nicht akzeptiert würde, kann eine aktive Klimaschutzpolitik sowohl mit volkswirtschaftlichen Argumenten als auch mit dem Vorsorgeprinzip begründet werden. Gemessen an den potentiellen klimabedingten Schäden einer Trend-Energiepolitik, sind die Zusatzkosten einer forcierten Klimaschutzpolitik weit geringer. Es kommt vor allem darauf an, die heutige perverse Anreizstruktur im Energiesystem durch einen Instrumentenmix umzukehren: Nicht Energiemehrverbrauch und steigende Schadstoffemissionen, sondern die Bereitstellung zusätzlicher Energiedienstleistungen mit weniger (nicht erneuerbarer) Energie muß sich für Anbieter und Verbraucher lohnen. Ich nenne dies die „Ökonomie des Vermeidens".

13.1 Weltweite Szenarien: Große Bandbreite der möglichen „Energiezukünfte"

Energieszenarien sind vereinfachte, möglichst widerspruchsfrei konstruierte, modellhafte Bilder technisch möglicher zukünftiger Energiesysteme. Sie dienen der Veranschaulichung und besseren Transparenz der Wechselwirkungen in komplexen Systemen und zeigen - mit unterschiedlichen Annahmen und Zielsetzungen - Strategiealternativen und Handlungsspielräume auf.

Mit Prognosen wird dagegen versucht, eine Aussage über die voraussichtliche tatsächliche Entwicklung zu machen. Szenarien können als Grundlage für Prognosen dienen, sie beanspruchen aber in der Regel nicht, die reale Entwicklung zu antizipieren. Diese Unterscheidung zwischen Szenarien („mögliche alternative Zukunftspfade") und Prognosen („Vorhersage über die wahrscheinliche Entwicklung") erscheint insbesondere im Hinblick auf die bisherige „Treffsicherheit" von Energieprognosen notwendig.

Die Geschichte „offizieller" Energieprognosen ist durch eine systematische und - mitunter - maßlose Überschätzung des zukünftigen Energieverbrauchs gekennzeichnet (Müller/Hennicke, 1995). Dies hat zwei Hauptursachen: *Zum einen* dienen Energieprognosen „am oberen Rand" der Überzeugungsarbeit von Konzernvorständen gegenüber Staat, Aktionären und Aufsichtsorganen, um öffentliche Subventionen bzw. Investitionsbudgets für neues Energieangebot und Großtechniken (z.B. Brüter, Fusion) gefördert bzw. genehmigt zu bekommen. So entstehen Energiezukünfte aus der „Verkäuferperspektive". Auf den hochzentralisierten und vermachteten Energiemärkten besteht unter derzeitigen Rahmenbedingungen ein direkter betriebswirtschaftlicher Anreiz, an der Oberkante des denkbaren Energieverbrauchs zu planen. Die Kosten der dadurch geschaffenen Überkapazitäten konnten bisher - insbesondere im Strombereich innerhalb von Gebietskartellen - an die Verbraucher weitergegeben werden.

Zum anderen erschien es Energieexperten jahrzehntelang als ein ungeschriebenes Gesetz, daß der Energieverbrauch zumindest proportional mit dem Wirtschaftswachstum steigt. Energieprognosen untersuchten bis in die 70er Jahre kaum, für welche (Energie-) Dienstleistungen Energie eigentlich benötigt und wie effizient sie umgewandelt wird. Die Ölkonzerne überschwemmten die OECD-Staaten mit billigem Nahost-Öl und aufgrund des geringen realen Energiepreisniveaus haben sich in allen Industriestaaten Energieverschwendungsstrukturen herausgebildet. Zur Überraschung der Fachwelt trat nach den „Ölpreiskrisen" der 70er Jahre eine „Entkoppelung" von Wirtschaftswachstum und Energieverbrauch auf. Zwar wird seitdem anerkannt, daß der Energieverbrauch trotz Wirtschaftswachstum zumindest konstant bleiben oder auch sinken kann; häufig wird jedoch weiter behauptet, eine längerfristige Entkoppelung sei unmöglich (die Einsparpotentiale seien bald aufgezehrt) und zumindest der Stromverbrauch werde auch in Zukunft mit dem Wirtschaftswachstum weiter steigen.

Ende der 70er Jahre begannen sich die Schulen der Energie-Prognostiker zunächst schroff zu polarisieren. Die Rede war von „harten" versus „sanften" oder auch von „angebotsorientierten" versus „nutzungsorientierten" Energiepfaden. Auch die Unterscheidung zwischen Szenarien und Prognosen wurde nun genauer beachtet. Amory Lovins (1978) These von der „Effizienzrevolution" machte die Runde und sein programmatisches Buch, „Sanfte Energie - Für einen dauerhaften Frieden," gab weltweit den Anstoß für eine ganze Reihe „alternativer" nutzungsorientierter Energieszenarien. Aber erst seit den 90er Jahren wurde auch von der etablierten Energiewissenschaft nicht mehr in Frage gestellt, daß noch umfangreiche technische Potentiale der rationelleren Energienutzung in allen

Ländern erschlossen werden können. Nach wie vor gilt jedoch für die herrschende Energiepolitik ein forciertes Energiesparen als eine technisch wenig attraktive, unzuverlässige und vor allem unbezahlbare Ressource. Auch dieses wohl hartnäckigste Vorurteil erweist sich jedoch zunehmend als Legende.

13.1.1 Steigender Energieverbrauch ist kein Schicksal, sondern politische Entscheidung

Die von den Experten für technisch möglich gehaltenen weltweiten „Energiezukünfte" entwickelten sich seit Anfang der 80er Jahre in erstaunlicher Weise auseinander. Heute herrscht auf der Ebene von Szenarienanalysen eine verblüffende „friedliche Koexistenz" zwischen traditionellen „harten, angebotsorientierten" und innovativen „sanften, nutzungsorientierten" Strategien. Auch die Energiepolitik hat aus dieser Auseinanderentwicklung bisher wenig Konsequenzen gezogen. Dies ist um so erstaunlicher, weil mit den nüchternen Mengengerüsten der Szenarien sowohl erschreckende Katastrophenpfade als auch risikomindernde Übergänge in eine „dauerhafte Entwicklung" (sustainability) abgebildet werden.

Ein Blick auf repräsentative Welt-Energieszenarien seit den 80er Jahren ergibt folgendes Ergebnis (vgl. Abb. 13.1; Schüssler/Hennicke, 1994). Die Bandbreite der technisch möglichen Energiezukünfte zeigt einen um den Faktor 7 unterschiedlichen Energieverbrauch für das Jahr 2030 - trotz vergleichbarer Annahmen über das Wirtschafts- und Bevölkerungswachstum! Energieverbrauch ist offensichtlich kein Schicksal, sondern weitgehend politische Entscheidung. Oder anders ausgedrückt: In der Energiepolitik besteht weniger ein Technik-, sondern vor allem ein Politik- und Umsetzungsdefizit. Die Energiepolitik nutzt die bestehenden technisch-wirtschaftlichen Wahlmöglichkeiten und Entscheidungsspielräume nicht aus. Obwohl gravierende Risiken vermieden werden könnten, geschieht zu wenig.

Der Primärenergiebedarf wächst z.B. selbst nach dem seinerzeit von der offiziellen Energiepolitik als moderat eingeschätzten IIASA-Szenario (low) bis zum Jahr 2030 auf 22,4 TW; die Atomenergie steigt auf 5,17 TW (=23%) und die Regenerativen auf 2,28 TW (=10%). 67% des Primärenergiebedarfs müßten dann immer noch fossil gedeckt werden - mit der Folge, daß die CO_2-Emissionen gegenüber 1985 auf fast das Doppelte (9,4 Mrd. t C) anwachsen würden. Hieraus wird deutlich, daß die für die damalige Zeit typischen IIASA-Szenarien der 80er Jahre (insbesondere das high-Szenario mit 35,6 TW, davon 8,1 TW Atomenergie in 2030) einen *risikokumulierenden Effekt* haben: Trotz eines exorbitanten Zuwachses der Atomenergie steigen in beiden Szenarien die CO_2-Emissionen dramatisch an (im Szenario (high) gegenüber 1985 auf das Dreifache, d.h. auf 15,8 Mrd. t C).

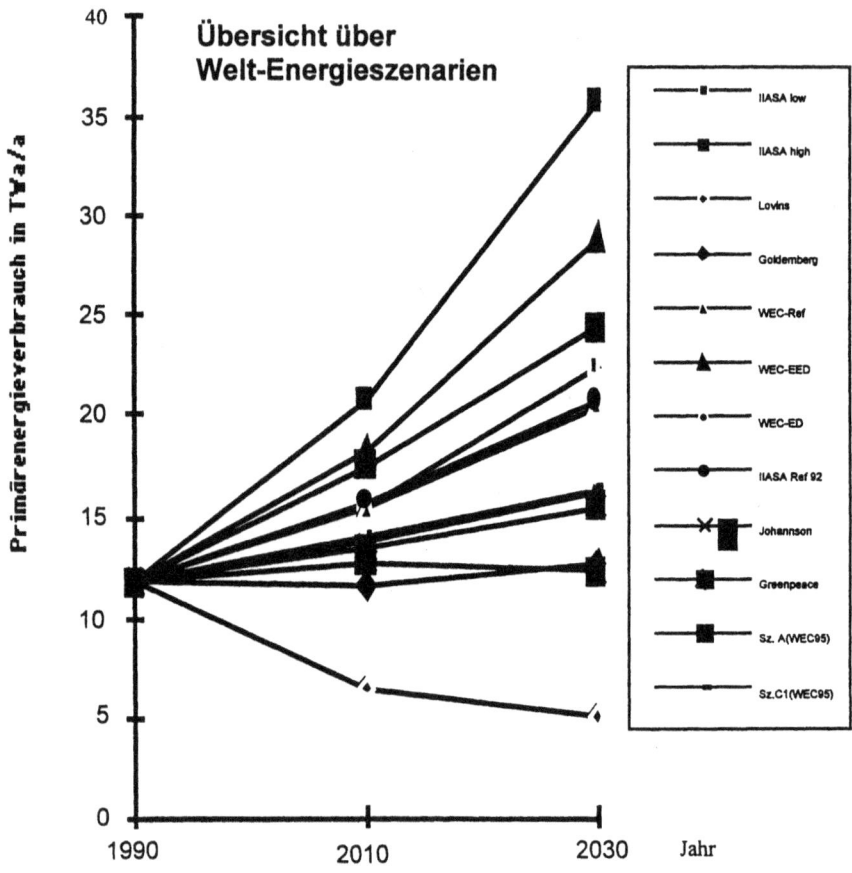

Abb. 13.1. Übersicht über Energieszenarien (Schüssler/Hennicke, 1994)

Diese Aussage kann generalisiert werden: Alle angebotsorientierten Welt-Energieszenarien - einschließlich der Szenarien der Welt-Energiekonferenzen von Montreal (1989), Madrid (1992) und Tokyo (1995; zur Ausnahme vgl. weiter unten) weisen risikokumulierende Effekte auf: Mehr CO_2-Emissionen („Treibhauseffekt"), mehr Atomenergie („Supergau") und mehr Ölverbrauch („Krieg um Öl")! Heute wissen wir: Strategien, die die Welt-Energieprobleme durch ein steigendes fossiles bzw. nukleares Energieangebot und eine immer aufwendigere Diversifizierung des Angebotsmix zu lösen versuchen, sind mit den Zielen einer Klimastabilisierungs- und Risikominimierungspolitik prinzipiell nicht vereinbar.

Der grundlegende Fehlschluß angebotsorientierter Welt-Energieszenarien liegt darin, daß sie im Kern durch die Verknüpfung von *zwei Schlüsselgrößen* - dem Welt-Bevölkerungswachstum und einem hohen Pro-Kopf-Energieverbrauch - rechnerisch einen erheblichen Primärenergieverbrauchszuwachs extrapolieren, statt die Möglichkeiten rationellerer Energienutzung bei der Energieerzeugung und Endenergieumwandlung genau zu untersuchen. Angesichts des unumgänglichen Nachholbedarfs pro Kopf und des Bevölkerungswachstums in den Entwicklungsländern *ist das Weltenergieproblem jedoch in erster Linie ein Effizienz- und in zweiter Linie ein Verteilungsproblem.* Die grundlegende Strategie muß daher lauten: Den Pro-Kopf-Verbrauch in den Industrieländern (durch effizientere Nutzung) drastisch senken (mindestens halbieren) und die notwendige entwicklungsbedingte Steigerung des Pro-Kopf-Verbrauchs in den Entwicklungsländern bei wachsendem Lebensstandard durch Einsatz der modernsten Energieumwandlungstechnologie von Anfang an möglichst gering halten. Heute kann definitiv festgestellt werden: Ohne eine wesentlich effizientere Nutzung jeder „verbrauchten" Kilowattstunde Energie - E.U. v. Weizsäcker spricht von einer möglichen Steigerung der Energieproduktivität mindestens um den Faktor 4 (v. Weiszäcker/A. Lovins/H. Lovins, 1995) - können weder die globalen Risiken einer Klimaveränderung noch die der Atomenergie eingedämmt oder die Verteilungsprobleme knapper Öl- und Gasressourcen friedlich gelöst werden.

Diese Grunderkenntnis hat nun auch die weltgrößte Energieanbieter-Konferenz, den „World Energy Council" (WEC), erreicht. Auf der letzten WEC-Konferenz in Tokyo (Oktober 1995) wurde ein langfristiges Szenario (bis 2050 bzw. 2100) vorgelegt, das erstmalig im Rahmen der WEC der Frage intensiv nachgeht, ob eine risikominimierende „dauerhafte" Energiestrategie weltweit möglich ist (WEC/IIASA, 1995). Das Ergebnis ist für die WEC sensationell: Im 21. Jahrhundert können die anspruchsvollen Ziele einer Weltklimaschutzpolitik im wesentlichen erreicht (Anstieg der CO_2-Konzentration unter 450 ppm, globaler Temperaturanstieg unter 2°C gegenüber dem vorindustriellen Stand) und gleichzeitig kann weltweit aus der Atomenergie ausgestiegen werden. Allerdings wird eine ausreichende CO_2-Reduktion (um rd. zwei Drittel gegenüber 1990) erst erheblich nach 2050 erreicht; die deutsche Klima-Enquête-Kommission und das IPCC fordern dagegen bis 2050 eine weltweite CO_2-Reduktion um 50% (EK II, 1995; IPCC, 1994c). Das langsamere Umsteuern im WEC-Szenario C1 resultiert vor allem aus dem angenommenen moderaten Anstieg der Energieproduktivität von durchschnittlich 1,4% p.a., wohingegen die WEC 1992 noch bis zu 2,4% p.a. für möglich gehalten hat.

Das risikoabbauende WEC-Szenario C1 „koexistiert" bei den neuen WEC/IIASA-Analysen mit fünf weiteren Varianten (A, B, C2), die mehr oder weniger risikokumulierende Effekte aufweisen. So steigen z.B. im Szenario A 2 (bzw. A 1) bis zum Jahr 2050, die CO_2-Emissionen um den Faktor 2,5 (bzw. Faktor 2) und die Kernenergiekapazität wird mehr als verdoppelt (bzw. mehr als vervierfacht). Die wichtigsten neuen Erkenntnisse der WEC liegen jedoch in der Bewertung der Investitionskosten und der Realisierungschancen der Szenarien:

- Die kumulierten Investitionskosten des C1-Szenarios liegen für den Zeitraum 1990 - 2050 um 33% bzw. um 43% unter den entsprechenden Investitionskosten der übrigen risikokumulierenden Szenarien (z.B. Szenarien B und A1). Die Investitionen auf der Verbrauchsseite sind allerdings bei keinem

Szenario berücksichtigt worden und werden aufgrund des relativ höheren Effizienzwachstums in C1 über denen der anderen Szenarien liegen. Andererseits werden dadurch beim Verbraucher auch mehr laufende Energiekosten vermieden. Die These erscheint daher gerechtfertigt, daß das risikoärmere C1-Szenario auch in wirtschaftlicher Hinsicht das vorteilhaftere bleiben wird.

- Die Autoren betonen, daß trotz des langen Zeithorizonts die Richtungsentscheidungen für den einzuschlagenden Zukunftspfad heute notwendig sind, weil sich die in den Szenarien abgebildeten Strategien in wenigen Jahrzehnten wechselseitig ausschließen und die Kapitalbindungszeiten im Energiesystem in der Regel mehrere Jahrzehnte betragen. Hinsichtlich der Realitätsnähe der sechs Szenarien wird ausdrücklich betont: „Alle werden für durchführbar gehalten. Aber keines geht davon aus, daß die Entwicklungen selbstverständlich eintreten werden" (WEC/IIASA, 1995: 2). Energiepolitischer Handlungsbedarf besteht also in jedem Fall. Risikominimierung ist möglich und finanzierbar, nur: Energiemanager, Politiker und wir alle müssen uns bald entscheiden.

13.1.2 Mit kostensparender Klimaschutzpolitik hohe Zukunftsrisiken vermeiden

Auf die Problematik von globalen Nutzen-Kosten-Analysen des Klimaschutzes (vgl. Kap. 12) braucht an dieser Stelle nicht detailliert eingegangen zu werden. Um jedoch das hier vorgetragene Konzept der „Ökonomie des Vermeidens" abzurunden, muß das Ergebnis aus dem vorangegangenen Kapitel noch um die Schadensdimension von Klimaänderungen erweitert werden. Wir haben am Beispiel des C1-WEC-Szenarios gezeigt, daß eine risikoärmere Strategie (Klimaschutz plus Ausstieg aus der Atomenergie) bereits ohne die Berücksichtigung der hierdurch vermiedenen Schäden kostengünstiger ist als traditionelle angebotsorientierte Strategien, die zusätzlich noch mit mehr Risiken und höheren Schadenspotentialen verbunden sind. Diese Aussage steht im diametralen Gegensatz zu einer Schule globaler Nutzen-Kosten-Analysen (vgl. Nordhaus, 1993). Auf die grundsätzliche Kritik der von Nordhaus und anderen benutzten allgemeinen neoklassischen Gleichgewichtsmodelle kann hier nicht eingegangen werden (Hennicke/Becker, 1995). Allerdings soll die Fragwürdigkeit der Nordhausschen Politikempfehlungen - gestützt auf Sensitivitätsanalysen mit dem DICE-Modell - kurz andiskutiert werden. Nordhaus begründet mit diesem Modell, daß höchstens eine moderate Steuer (7$/t C) und eine geringe langfristige CO_2-Reduktionsquote (ca. 15%) einer „optimalen Klimaschutzpolitik" entsprechen würde. Letztlich läuft dies auf die Empfehlung hinaus, daß eine weitgehende „Anpassung" an die Klimaänderungen volkswirtschaftlich die kostengünstigere Langfriststrategie sei. Dieses Ergebnis steht in wirtschaftlicher Hinsicht, wie gezeigt, im direkten Gegensatz zum C1-WEC-Szenario. Aber auch mit Nordhaus eigenem (höchst fragwürdigen) hochaggregierten neoklassischen Modellansatz kann - mit plausibleren

Annahmen als sie Nordhaus benutzt hat - das entgegengesetzte Ergebnis „bewiesen" werden. Rechnet man mit einer anfänglichen Steigerungsrate der Energieproduktivität von zunächst 3% p.a. (die pro Jahrzehnt um 11% reduziert wird; bei Nordhaus anfänglich 1,25%) und zudem bis 2100 mit einer - durch mehr regenerative Energien möglichen - Halbierung der CO_2-Intensität des Energiesystems, dann ergibt sich mit dem DICE-Modell das folgende Ergebnis: Statt des von Nordhaus als „optimal" und für akzeptabel gehaltenen langfristigen Temperaturanstiegs um fast 6°C wird der empfohlene Schwellenwert einer Klimaschutzpolitik (max. 2°C) nicht überschritten. Auch bei anderen sinnvollen Parametervariationen (z.B. geringe oder keine langfristige Abdiskontierung von Klimaschäden und einer auch von immateriellen Klimaschäden abhängigen Nutzenfunktion) kann mit dem DICE-Modell - im Gegensatz zu Nordhaus - eine den IPCC-Forderungen entsprechende forcierte („optimale") CO_2-Reduktionsrate begründet werden. Kosten-Nutzen-Rechnungen nach Art von Nordhaus und die Berücksichtigung von Klimaschäden stellen also eine Empfehlung für eine forcierte Klimaschutzpolitik nicht in Frage, sondern bestätigen sie.

13.2 Europäische Union: Risikominimierung ist finanzierbar

Für die fünf größten europäischen Länder liegt mit der IPSEP-Studie (Krause et al., 1995) eine der umfassendsten Szenarienanalysen und eine Bewertung der relativen Investitionskosten einer Klimaschutzstrategie vor. Da sich diese Ergebnisse weitgehend mit dem WEC-C1-Szenario und Untersuchungen zur Bundesrepublik decken, brauchen sie hier nur kurz referiert zu werden.

Tabelle 13.1 und Abb. 13.2 geben einen Überblick über die Szenarienergebnisse und die unterstellten Rahmendaten. In beiden Zielszenarien wird bis zum Jahr 2020 eine CO_2-Reduktion von fast 40% („minimale Kosten") bzw. fast 60% („minimales Risiko") erreicht. Im Szenario „minimales Risiko" wird unterstellt, daß die verfügbaren CO_2-Reduktionstechnologien bei REN und REG weitgehend ausgeschöpft werden. Beide Klimaschutzstrategien verursachen - getestet durch ausführliche Sensitivitätsanalysen - im Regelfall geringere Investitionskosten als das Referenzszenario („Conventional Wisdom"-Szenario der Europäischen Kommission).

Tabelle 13.1. CO_2-Emissionen für fünf europäische Länder im Jahr 2020

	1985	Referenz	2020 Min. Kosten	Min. Risiko
Kohle	251,0	309,0	137,0	26,0
Öl	500,0	481,0	210,0	177,0
Gas	232,0	287,0	241,0	220,0
Summe fossil	983,0	1077,0	588,0	423,0
Nuklear	124,0	185,0	3,0	0,0
Wasser	45,0	37,0	50,0	50,0
Wind und Solar	0,0	0,0	5,0	40,0
Biomasse	6,0	4,0	13,0	93,0
Summe regenerativ	51,0	41,0	68,0	183,0
Gesamt	1158,0	1303,0	659,0	606,0
% des Basisjahres	100	113	57	52
CO_2-Emission (Mio. t)	2297,0	2521,0	1307,0	865,0
% des Basisjahres	100	110	38	57

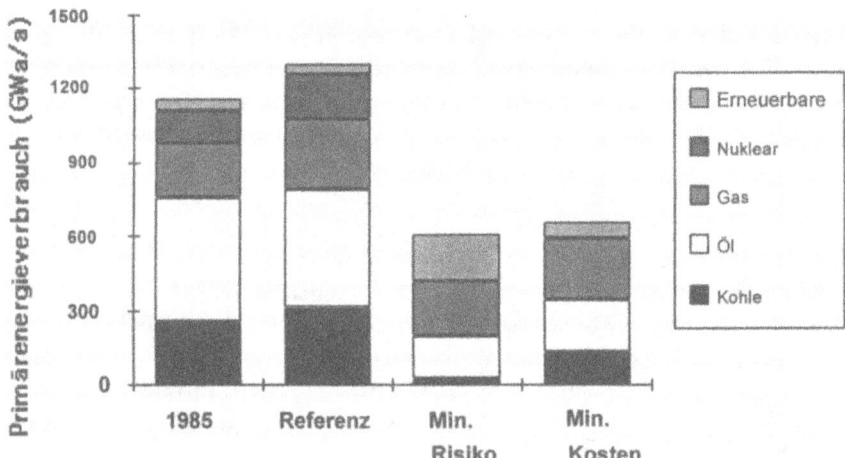

Abb. 13.2. Primärenergieverbrauch

Unterstellte Rahmendaten:
Szenariozeitraum: 1985 bis 2020
Wirtschaftswachstum: 2,7% pro Jahr (1985 -2020)

13.3 Bundesrepublik Deutschland: Handlungsspielräume und Umsetzungsdefizite

13.3.1 Trend versus Klimaschutz und Risikominimierung: Szenarien der Klima-Enquête-Kommission

Die Enquête-Kommission „Schutz der Erdatmosphäre" (EK II)[1] hat verschiedene zukünftige Entwicklungspfade mit Hilfe der Szenarioanalyse untersuchen lassen. Die Ergebnisse dieser Szenarienanalysen konnten in der Enquête-Kommission nicht mehr eingehend diskutiert werden und müssen daher als noch nicht abgeschlossen gelten (vgl. SPD-Sondervotum der Enquête-Kommission 1994). Trotz einer Vielzahl offener Fragen und methodischer Ungereimtheiten bieten die Szenarien jedoch eine umfassendere energiewirtschaftliche Grundlage als sie bisher vorlag und damit eine bessere Orientierung für eine mittelfristige Klimaschutzpolitik.[2]

In den Enquête-Szenarien wurde zunächst aufgezeigt, welche Entwicklung zu erwarten ist, wenn sich die derzeitigen Trends fortsetzen (*Referenzszenario*). Durch das Referenzszenario wurde deutlich, daß bei einer Trendpolitik die umwelt- und klimapolitischen Ziele weit verfehlt werden. Dementsprechend wurden neben der Referenzentwicklung zwei Szenarien entwickelt, die bis zum Jahr 2020 zu einer Minderung des CO_2-Ausstoßes um 45% gegenüber 1987 führen. Dabei wurden die Diskussionen über das Für und Wider der weiteren Nutzung der Kernenergie in der Form dargestellt, daß zum einen ein Entwicklungspfad beschrieben wurde, der von einer mittelfristig konstanten Kernenergiekapazität (also nur Ersatzinvestitionen) ausgeht. Zum anderen wurde eine Entwicklungslinie skizziert, nach der bis zum Jahr 2005 ein Ausstieg aus der Kernenergie realisiert werden soll. Im folgenden werden diese Szenarien mit „Klimaschutz" bzw. „Klimaschutz und Risikominimierung" bezeichnet.

Szenariodefinition. Bis zum Jahr 2005 bzw. 2020 soll der CO_2-Ausstoß in den Klimaschutzszenarien gegenüber dem Jahr 1987 um 27% bzw. 45% vermindert werden. Wegen des Zeitdrucks bei der Erstellung war der Verkehrssektor nicht Untersuchungsgegenstand der Studie, was eine der größten Schwachstellen der Enquête-Szenarien darstellt. Dennoch wurden in Abweichung zu den beiden ursprünglichen Klimaschutzszenarien (R1 und R2) in den hier vorgelegten Szenarien (R1V und R2V) vom Trend nur moderat abweichende Maßnahmen im Verkehr unterstellt (Veränderung des modal splits, Reduzierung des Durchschnittsverbrauchs für neue PKW bis zum Jahr 2020 auf 5 l/100 km). Diese verkehrspolitischen Maßnahmen reichen jedoch für den erforderlichen Beitrag

---

[1] EK II, 1995. Der folgende Abschnitt basiert auf dem Artikel von Fischedick/Hennicke, 1995.
[2] Vgl. EK, 1990; Masuhr et al., 1991; Traube, 1992; Hennicke, 1995.

des Verkehrssektors zu den nationalen CO_2-Reduktionszielen bei weitem nicht aus, so daß in allen Enquête-Szenarien dem Energiesektor eine überproportionale und damit auch deutlich teurere CO_2-Reduktionspflicht zugeordnet wurde. Darüber hinaus wird in den Szenarien ein Mindesteinsatz deutscher Steinkohle sowie ost- und westdeutscher Braunkohle vorgegeben.

Tabelle 13.2. Szenariodefinitionen und bestimmende Randbedingungen der Szenarien der Enquête-Kommission

Szenario	Referenz	Klimaschutz	Klimaschutz und Risikominimierung
Bevölkerungsentwicklung (Mio.) 1990: 79,8 2005: 81,1 (+ 0,1%/a) 2020: 79,1 (± 0,0%/a)			
Bruttoinlandsprodukt (Mrd. DM 91) 1990: 2 788,5 2005: 4 012,0 (+ 2,5%/a) 2020: 5 480,0 (+ 2,3%/a)			
Mindesteinsatz dt. Steinkohle (Mio. t SKE)	50 (2005) 30 (2020)	45 (2005) 25 (2020)	45 (2005) 25 (2020)
Mindesteinsatz ostdt. Braunkohle (Mio. t)	80 (2005) 80 (2020)	72 (2005) 40 (2020)	72 (2005) 40 (2020)
Mindesteinsatz westdt. Braunkohle (Mio. t)	106 (2005) 106 (2020)	95 (2005) 53 (2020)	95 (2005) 53 (2020)
Kernenergie	konstante Kapazität	konstante Kapazität	Ausstieg bis 2005
Verkehrssektor	Trend	Maßnahmenmix	Maßnahmenmix
CO_2-Reduktionsziel gg. 1987	keine Vorgabe	27% (2005) 45% (2020)	27% (2005) 45% (2020)
Das Klimaschutz-Szenario entspricht in der Notation der Enquête-Kommission dem Szenario R1V und das Szenario Klimaschutz und Risikominimierung dem Szenario R2V			

Ergebnisanalyse. Der ermittelte Endenergieverbrauch für die verschiedenen Szenarien ist in Abb. 13.3 dargestellt.

Klimaschutz und die Ökonomie des Vermeidens 179

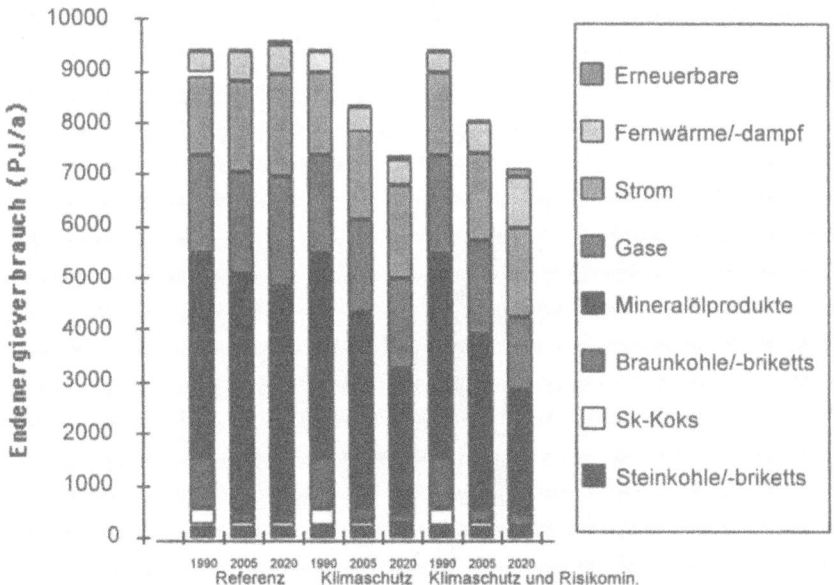

Abb. 13.3. Endenergieverbrauch der verschiedenen Enquête-Szenarien

Demnach kommt es im Rahmen der skizzierten Referenzentwicklung zu einer geringfügigen Erhöhung der Endenergienachfrage bis zum Jahr 2020. Die festen Brennstoffe verlieren dabei zunehmend an Bedeutung. Hier erfolgt eine Kompensation durch Gas und Öl, deren Gesamtverbrauch insgesamt zunimmt. Ebenso erhöht sich die Nachfrage nach elektrischer Energie um durchschnittlich 0,6%/a. Gegenüber dem Referenzszenario weisen die Klimaschutzszenarien eine deutliche Minderung der Endenergienachfrage aus. Dabei wird - entgegen theoretischer und empirischer Argumente - unterstellt, daß die systemimmanente Angebotsorientierung eines Großkraftwerks- und Verbundsystems mit Kernenergie für die Ausschöpfung der bestehenden Einsparpotentiale kein Hemmnis darstellt. Dementsprechend reduziert sich die Endenergienachfrage bis zum Jahr 2020 unter Beibehaltung der derzeitigen Kernenergiekapazität im Vergleich zum Jahr 1990 um rund 22% und im Vergleich zur Referenzentwicklung um etwa 24%. Auch bei einem gleichzeitigen Kernenergieausstieg liegen die Endenergieverbrauchsminderungen nur in vergleichbarer Größenordnung. Der durch den Ausstieg induzierte Innovations- und Investitionsschub, wie er beispielsweise in der dynamischen Input-Output-Analyse der ISI/DIW - Studie für die Enquête-Kommission (1995) zum Ausdruck kommt, wird bei der gewählten Modellstruktur (lineares Programmierungsmodell) und den angenommenen überhöhten Kosten für Stromspartechniken ausgeblendet.

Der wesentliche Anteil der Einsparungen geht zu Lasten des Gas- und Mineralölverbrauchs. Demgegenüber steigt die Stromnachfrage auch hier im Vergleich zu 1990 leicht an. Auch kommt es zu einer verstärkten Nutzung erneuerbarer Energien für die Deckung der Endenergienachfrage. Dabei kommen insbesondere im Verkehr alternative Treibstoffe zum Einsatz.

Ausgehend von der skizzierten Entwicklung der Endenergienachfrage stellt sich der hiermit verbundene Primärenergieverbrauch gemäß Abb. 13.4 dar.

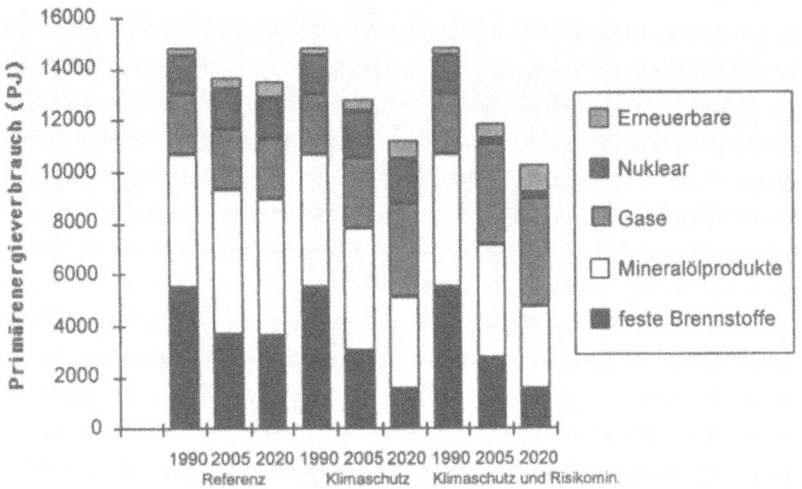

Abb. 13.4. Primärenergieverbrauch der verschiedenen Enquête-Szenarien

Bis zum Jahr 2020 ist im Rahmen der Referenzentwicklung eine Verbrauchsreduzierung um 8,7% gegenüber dem Jahr 1990 zu verzeichnen. Dies führt zu einer Minderung der CO_2-Emissionen um 14% bis 2005 und 16% bis 2020. Dementsprechend werden die gesetzten Reduktionsziele mit einer trendgemäßen Entwicklung deutlich verfehlt; die Reduktion geht vor allem auf die Umstrukturierung des (Braunkohle)-Energiesystems und den industriellen Umbau in den neuen Bundesländern zurück und kann nur marginal als Erfolg einer Klimaschutzpolitik gewertet werden.

Die Klimaschutzszenarien erreichen ausgehend von der Energieverbrauchsminderung auf der Nachfrageseite und einer effizienteren Energiebereitstellung auf der Angebotsseite (z.B. durch eine Erhöhung der durchschnittlichen Umwandlungswirkungsgrade und eine verstärkte Nutzung der Kraft-Wärme-Kopplung) mit 24,3 bzw. 30,6% demgegenüber eine deutlich höhere Reduzierung des Primärenergieeinsatzes. In allen Szenarien kommt es dabei zu einem Minderverbrauch an festen Brennstoffen. Der Mineralölverbrauch bleibt im Referenzszenario im wesentlichen konstant, geht aber in den Klimaschutzszenarien deutlich zurück. Demgegenüber erhöht sich in letzteren der Gasverbrauch in nennenswertem Umfang.

Die Untersuchungen zeigen, daß eine Klimaschutzstrategie im wesentlichen auf der Ausschöpfung der bestehenden Einspar- und Substitutionspotentiale aufbaut. Annahmegemäß und modellbedingt gilt dies unabhängig von der weiteren

Nutzung der Kernenergie. Beide Klimaschutzszenarien sind im Zeitraum von 1990 bis 2020 durch eine endenergieseitige Effizienzsteigerung von durchschnittlich 3,1% p.a. gekennzeichnet. Demgegenüber kommt es im Rahmen der Referenzentwicklung nur zu einer jährlichen Verbesserung der Energienutzung von rund 2,2% p.a. Im Vergleich zu den letzten 20 Jahren, in denen beispielsweise in den alten Bundesländern durchschnittliche Effizienzsteigerungen von 1,75% p.a. gegeben waren, bedeutet dies wesentlich stärkere Anstrengungen bezüglich der Energieeinsparung. Die Kompensation des atomaren Stromerzeugungsanteils erfolgt im risikominimierten Szenario durch einen vorübergehend verstärkten Gaseinsatz im Umwandlungsbereich, eine Ausschöpfung der primärseitigen Einsparpotentiale durch die verstärkte Nutzung der Kraft-Wärme-Kopplung und durch einen verstärkten Einsatz erneuerbarer Energien. Letzterer fällt jedoch vergleichsweise moderat aus. Mit rund 10,5% tragen die erneuerbaren Energien im Jahr 2020 dann zwar im deutlich größeren Umfang als heute (rund 2% in 1990) zur Energieversorgung bei, jedoch kommt es gegenüber der Referenzentwicklung (etwa 5%) oder dem Klimaschutzszenario bei konstanter Kernenergiekapazität (etwa 6,3%) allenfalls zu einer Verdoppelung des erneuerbaren Deckungsanteils. Dabei werden neben der Wasserkraft im wesentlichen die verfügbaren Windenergie- und Biomassepotentiale z.T. ausgeschöpft.

Die beiden Klimaschutzszenarien erreichen die gesetzten Zielwerte des CO_2-Ausstoßes, d.h. es kommt zu einer Reduzierung der CO_2-Emissionen um 27% bis 2005 und um 45% bis 2020. Aufgrund der gewählten Annahmen (geringer CO_2-Reduktionsbeitrag des Verkehrs; überhöhte Kosten der Energieeinsparung; relativ günstige Kosten für Atomenergie) ergeben sich im Fall der Beibehaltung der derzeitigen Kernenergiekapazität geringere volkswirtschaftliche Aufwendungen gegenüber der Referenzentwicklung. Hingegen führt - gemäß dieser Annahmen - ein gleichzeitiger Kernenergieausstieg im Betrachtungszeitraum von 1990 bis 2020 zu kumulierten, abdiskontierten Differenzkosten von rund 150 Mrd. DM (bzw. 5 Mrd. DM/a, d.h. rd. 60 DM pro Kopf und Jahr) im Vergleich zu einer den derzeitigen Trends folgenden Entwicklung. Gegenüber dem Klimaschutzszenario mit weiterer Nutzung der Kernenergie ergeben sich rechnerisch - wegen der die Kernenergie favorisierenden Annahmen - Zusatzkosten von rund 180 Mrd. DM bzw. eine durchschnittliche Pro-Kopf-Belastung von etwa 75 DM/a. Es kann zwar zum einen davon ausgegangen werden, daß eine derartige Pro-Kopf-Belastung für den Großteil der Bevölkerung als „Versicherungsprämie" gegen die Vermeidung der Risiken der Kernenergie akzeptabel erscheint. Zum anderen würde eine genauere Analyse der Ergebnisse unter Berücksichtigung der methodenimmanenten und annahmespezifischen Ungereimtheiten, der nur unzureichenden Erfassung der CO_2-Minderungsmöglichkeiten im Verkehrssektor sowie der Ungewißheit der Energieträgerpreisentwicklung zu dem Ergebnis kommen, daß ein Ausstieg aus der Kernenergie bei gleichzeitiger Einhaltung der CO_2-Minderungsziele ohne zusätzliche volkswirtschaftliche Belastungen erreicht werden kann.³ So kommen vergleichbar detaillierte Untersuchungen, in denen innerhalb einer integrierten Betrachtung von Energieangebot und -nachfrage umfassende Vergleichsrechnungen zwischen Angebots- und Nachfrageressourcen durchgeführt wurden, für Deutschland zu dem Schluß, daß ein Ausstieg aus der Kernenergie im Rahmen eines effektiven Klimaschutzes nicht zu einer Mehrbelastung führen muß, sondern z.T. sogar eine Minderbelastung und damit positive gesamtwirtschaftliche Effekte zur Folge haben kann.⁴

13.3.2 Instrumente einer Klimaschutz- und Risikominimierungspolitik

Die dargestellten Szenarien haben - trotz aller methodischer Unzulänglichkeiten - gezeigt, daß in ausreichendem Maße technische Optionen bereitstehen, die zur Erreichung einer klimaverträglichen und risikominimalen Energieversorgung beitragen können. Von entscheidender Bedeutung ist aber die Frage, mit welchen Instrumenten die einer Klimaschutz- und Risikominimierungspolitik entgegenstehenden Hemmnisse abgebaut werden können und ob damit die seit einigen Jahren bestehende Innovations- und Investitionsblockade für eine Energiewende aufgehoben wird. Notwendig ist ein klimaschutzadäquater sektor- und zielgruppenspezifischer Instrumentenmix.

Marktwirtschaftliche Allokation durch Konkurrenz und private Kapitalverwertung haben bislang eine erstaunliche wirtschaftliche Dynamik sowie - bei *wachsenden* Wirtschaften und Märkten - eine gewisse Effizienz erzwungen. Aber durch diese „Entdeckungsverfahren des Marktes" können weder globale Qualitäts- und Mengenreduktionsziele gesetzt noch Verteilungsfragen zwischen Reich und Arm, zwischen Ländern und zwischen Generationen im Selbstregulierungsmechanismus gelöst werden. Die Klima-Enquête-Kommissionen haben zweifelsfrei gezeigt, daß die anspruchsvollen CO_2-Minderungsziele für Deutschland (30% bis 2005, 80% bis 2050) nur durch ein *umfassendes und differenziertes Instrumentenbündel („Policy-Mix")* erreichbar sind. Politische Führungskraft und Richtungsentscheidungen sind zwingende Voraussetzungen dafür, daß klimaverträgliche Zukunftsmärkte noch rechtzeitig und im erforderlichen Umfang erschlossen werden. Das *simultane Zurückschrumpfen von Risikomärkten* (für fossile oder für nicht akzeptanzfähige nukleare Energieträger) *und die politisch induzierte Herausbildung von „sanften" Märkten* (z.B. für energieeffiziente Querschnittstechnologien der rationellen Energienutzung (REN) bei elektrischen Antriebssystemen, Lüftung/Klimatisierung, Druckluft, Beleuchtung und für regenerative Energiequellen (REG), Niedrigenergie-Häuser sowie für Kraft-Wärme-Kopplung) verlangen - nur über staatliche Rahmenvorgaben herstellbare - langfristige Planungssicherheit für die Investoren. Die wirtschaftspolitischen Leitideen für ein neues *kombiniertes Selbststeuerungs- und Regulierungskonzept*

---

3 Vgl. Minderheitsvotum, in: EK II, 1995: 919ff.
4 Vgl. Minderheitsvotum, in: ebenda: 919ff.

im Energiesystem lauten: „Ökonomie des Vermeidens", „Effizienzrevolution" und „Neue Wohlstandsmodelle". Die Grundidee für eine gewinngesteuerte Energiesparwirtschaft ist dabei: Das Vermeiden von unnötigem Energie- und Ressourcenverbrauch muß sich nicht nur für die Verbraucher, sondern auch für die Anbieter mindestens so lohnen wie zusätzlicher Energie- und Ressourceneinsatz. Gelingt es nicht, dem einzelwirtschaftlichen Rentabilitätskalkül eine neue ökologische Markt- und Entwicklungsperspektive zu geben, sind Ökologie und Ökonomie in einer profitgesteuerten Marktwirtschaft unvereinbar, und Ziele wie Klimaschutz und Dauerhaftigkeit wären in marktwirtschaftlichen Systemen nicht erreichbar.

Beispiel Energiesteuer (als Einstieg in eine Öko-Steuerreform): Mit der Globalsteuerung über die relativen Preise (Verteuerung von „Bads" und gleichzeitige Verbilligung von „Goods") kann bei kluger Ausgestaltung der ökologisch notwendige Strukturwandel beschleunigt und wirtschafts- und sozialverträglicher als bei „Laissez-faire-"Politik gestaltet werden. Alle vorliegenden *gesamtwirtschaftlichen* Studien belegen, daß eine behutsam real ansteigende Energiesteuer - bei aufkommensneutraler Ausgestaltung - tendenziell positive volkswirtschaftliche Effekte (mehr Beschäftigung, mehr qualitatives Wachstum) auslöst. Gegenteilige gesamtwirtschaftliche Studienergebnisse gibt es bisher (Stand November 1995) nicht, wohl aber lautstarke Branchenstimmen aus dem kleinen Lager der „Verlierer" und zu wenig politische Unterstützung aus dem überwiegenden Lager der „Gewinner". Deshalb auf die Einführung einer Energiesteuer zu verzichten, wäre volkswirtschaftlich irrational. Sinnvoll ist allerdings, die bei jedem Strukturwandel unvermeidlichen Anpassungsverluste bei einzelnen Branchen durch begrenzte Ausnahmen bzw. Übergangsregelungen abzufedern, solange keine OECD-weite Steuereinführung in Sicht ist.[5]

Daß diese volkswirtschaftlich positiven Modellergebnisse richtungssicher sind, ergibt sich zum einen aus der Empirie und zum anderen aus der überwältigenden Evidenz von Potentialstudien: Empirisch ist gesichert, daß seit 10 Jahren die Zuwachsraten bei der Produktion von REN- und REG-Produkten etwa doppelt so hoch liegen wie beim verarbeitenden Gewerbe (Schmidt, 1995). In den 90er Jahren hat sich dieser Abstand weiter vergrößert. Auf 420 Mrd. DM schätzt das UBA die von 1975 bis 1991 getätigten allgemeinen Ausgaben für den Umweltschutz. Die durch Umweltschutz Beschäftigten werden auf 680 000 (1990) beziffert, und das UBA hält eine Steigerung auf 1,1 Mio. bis 2000 für möglich. „Hohe Umweltschutzstandards sind die Standortvorteile von morgen", urteilt das UBA zu Recht. Ohne vorsorgende umweltpolitische Eingriffe in die Märkte wären diese Wachstumsmärkte nicht entstanden, und Deutschland wäre mit einem Weltmarktanteil von 21% (1990) nicht das mit Abstand größte Exportland für umweltschutzrelevante Güter.

---

5 Vgl. Görres/Ehringhaus/Weizsäcker, 1994 sowie Wuppertal-Institut: *Wuppertal Bulletin zur Ökologischen Steuerreform*, verschiedene Ausgaben.

Dennoch handelt es sich bei den heute etwa 44 Mrd. DM Umweltschutzausgaben (1993) noch weitgehend um „End-of-Pipe-Technologien", die zwar für die Hersteller neue Märkte und Renditen, für die Anwender aber im Regelfall Zusatzkosten bedeuten (z.B. Rauchgasreinigungsanlagen bei Kraftwerken). Eine „Ökonomie des Vermeidens" setzt jedoch vorrangig auf „integrierten Umweltschutz", also auf technische Innovationen, die Prozesse und Produkte so dimensionieren und steuern, daß gerade auch für den Anwender Stoff-, Material-, Energie- sowie generell Kosteneinsparungen entstehen und damit eine verbesserte Wettbewerbsposition ermöglicht werden kann.

Daher auch die überragende wirtschaftspolitische Bedeutung der rationelleren Energieumwandlung und -nutzung. Stand des Wissens ist: Fast 50% des Energieverbrauchs können in Deutschland mit heute bekannter Technik eingespart werden. Dadurch könnten bei derzeitigem Energiepreisniveau etwa 100 Mrd. DM der volkswirtschaftlichen Energierechnung pro Jahr vermieden werden. Eine halbe Million Dauerarbeitsplätze könnten netto (nach Abzug der Verluste im Energieangebotssektor) durch Erschließung dieses Einsparpotentials geschaffen werden. Die technische Machbarkeit dieser veritablen „Effizienzrevolution" ist zwischen Energieexperten unstrittig.

Aber nur eine vorsorgende Politik, d.h. die Wiederentdeckung und aktive Wahrnehmung des Primats der Energiepolitik, kann die wachsende Kluft zwischen Wissen und Handeln abbauen. Anders als beim Energieangebot bedarf es der gezielten Rahmensetzung und der energischen Unterstützung durch alle staatlichen Ebenen, damit die Energieverbraucher nicht täglich durch die Vornahme von Tausenden von energieineffizienten Investitionen über einen viel zu hohen zukünftigen Energieverbrauch entscheiden (Hennicke/Richter/Schlegelmilch, 1994).

Im Gegensatz zum machtvollen Energieangebot hat das Energiesparen keine Lobby. Effizienzhersteller, Umweltorganisationen und Politik bilden bisher nur eine marginale Gegenmacht auf dem Markt für Energiedienstleistungen. Da Investoren in mehr Energieangebot mit Amortisationserwartungen von fünfzehn und mehr Jahren kalkulieren, Energiesparinvestitionen aus Sicht der Anwender sich aber maximal in fünf Jahren amortisieren müssen, fließt ohne staatliche Intervention ständig zu viel volkswirtschaftliches Kapital in die Ausweitung des Energieangebots. Eine für die Stadtwerke Hannover (1995) erstellte Studie von Öko-Institut/Wuppertal-Institut belegt exemplarisch, daß auch in der Bundesrepublik etwa 30% des Stromverbrauchs prinzipiell wirtschaftlich eingespart werden könnten, wenn die Hemmnisse für einen funktionsfähigen „Substitutionswettbewerb" zwischen Energie (Strom) und Kapital (REN-Techniken) abgebaut würden. Hierzu muß das Konzept des „Least-Cost-Planning" (LCP) konsequent angewandt werden, d.h. neue Kraftwerke dürfen nur noch gebaut werden, wenn keine billigeren Stromsparpotentiale mehr erschlossen werden können. Hochgerechnet für die Bundesrepublik könnten in zehn Jahren durch LCP-Stromsparprogramme gut 20% (etwa 18000 MW) der Kraftwerkskapazität eingespart und mit einer moderaten Preiserhöhung von 1-2 Pf/kWh (incl. Zusatzgewinn als Anreiz für die EVU) finanziert werden - trotzdem würde die volkswirtschaftliche Stromrechnung im Jahr um 10 Mrd. DM sinken (Hennicke/Seifried, 1994). Trotz leicht steigender Preise zur Umlagefinanzierung der Stromsparprogramme sinkt die Gesamtrechnung für die Kunden für Strom und Effizienztechniken. Und Energierechnungen zählen letztlich für die Wettbewerbsfähigkeit der Industrie und den Geldbeutel der Bürger - nicht die Energiepreise!

Der Bau von „Einsparkraftwerken" durch Energiespar-Programme von EVU (im Sinne von LCP) hat also einen hohen ökonomischen und ökologischen Nutzen. Aber ohne eine flankierende Regulierungspolitik haben solche „Einsparkraftwerke" gegen die vorherrschende perverse Anreizstruktur eine geringe Chance: Je mehr Energie ein EVU verkauft und damit auch die Umwelt schädigt, desto höher ist heute sein Gewinn. Genau umgekehrt muß und kann es sein: Mit weniger Energie mehr verdienen. Dies ist angewandte „Ökonomie des Vermeidens". Durch einen gezielten Hemmnisabbau und einen Politik-Mix aus Energiesteuern, dem Ersatz des uralten Energiewirtschaftsgesetzes (EnWG von 1935) durch ein modernes Energiespargesetz, durch eine Anreizregulierung auf der Grundlage von LCP/IRP, Contracting, Standards (wie z.B. die Wärmenutzungsverordnung) und Förderprogramme kann Energiesparen nicht nur für Effizienzhersteller und Verbraucher, sondern auch für „Energiedienstleistungsunternehmen der Zukunft" und neue Akteure auf dem NEGA Watt-Märkten (z.B. Energieagenturen) profitabel gemacht werden.

Prinzipiell funktioniert die „Ökonomie des Vermeidens" auch auf den Wärme- und den Primärenergiemärkten sowie zur Unterstützung des Strukturwandels. Gerade hier bedarf es aber der wirtschaftspolitischen Steuerung und Flankierung, um den forcierten ökologischen Strukturwandel abzufedern. Das Marktvolumen allein für die energetische Sanierung des Gebäudebestandes in der Bundesrepublik beträgt rd. 200 Mrd. DM, hinzu kommen „ohnehin" notwendige Erneuerungsinvestitionen in Höhe von 400 Mrd. DM. Ein Mischkonzern wie die Ruhrkohle AG mit bereits umfangreichen Erfahrungen im Gebäudemanagement könnte in Kooperation mit Partnern auf diesem Markt eine führende Rolle spielen. Durch diese vertiefte Diversifizierungsaktivität eines ehemals reinen Bergbauunternehmens könnte ein Teil der Arbeitsplätze kompensiert werden, die im Bergbau aus Gründen des Klimaschutzes nicht mehr gehalten werden können.

Die Umsetzung der „Ökonomie des Vermeidens" und eine risikominimierende Energiepolitik muß mit hemmnisabbauenden Maßnahmen und einem sektor- und zielgruppenspezifischen Instrumentenmix verknüpft werden. Aus der Vielzahl der vorgeschlagenen Maßnahmen bzw. Instrumente werden im folgenden einige wesentliche zusammengefaßt (vgl. Minderheitsvotum, a.a.O.; vgl. Kap. 16):
- Beschleunigter Wandel vom Energieversorgungsunternehmen zum Energiedienstleistungsunternehmen;
- Impulsprogramm zur Schaffung einer Stromsparinfrastruktur nach Schweizer Vorbild („Rationelle und wirtschaftliche Nutzung von Elektrizität"/RAWINE);
- Effizienzstandards und Kennzeichnungspflicht beim Stromverbrauch;

- Ausweitung der Energieberatung und Förderung der Gründung von Energieagenturen;
- Einrichtung von „Runden Tischen" und „Energiebeiräten";
- Koordinierung der Arbeiten bei Einsparprogrammen;
- Einbeziehung von dezentralen KWK-Anlagen in eine Einspeiseordnung;
- Förderung und Markteinführung von erneuerbaren Energien (Ausschöpfung von Pilotmärkten) sowie verstärkte Forschungs- und Entwicklungsanstrengungen;
- Ersatz der Bundestarifordnung Elektrizität durch eine allgemeine Strompreisordnung;
- Änderung der Konzessionsabgabenverordnung und Entkopplung der Gemeindefinanzen und der Finanzierung des Öffentlichen Personennahverkehrs von den Energieerlösen;
- Verabschiedung und rasche Umsetzung der Wärmenutzungsverordnung;
- Erstellung und Umsetzung von betrieblichen Einsparkonzepten;
- Förderung von Angebots- und Einspar-Contracting.

13.4 Ausblick

Die vorangegangene Szenarioanalyse bezieht sich auf einen Zeitraum bis zum Jahr 2020. Die Auswahl der angesprochenen Instrumente zielt eher auf einen noch kürzeren mittelfristigen Zeithorizont. Dementsprechend können die im Rahmen der skizzierten Entwicklungspfade unterstellten Maßnahmen für weitergehende Minderungen von Energieverbrauch und korrespondierenden Umweltbelastungen, wie sie bis zur Mitte des nächsten Jahrhunderts nötig sind, nur als Wegbereiter verstanden werden. Nimmt man die heute erkennbaren Risiken des weltweiten Energiesystems ernst, ergibt sich für die Zukunft nicht nur die Notwendigkeit der weitergehenden Reduktion der CO_2-Emissionen, sondern generell der Übergang auf ein „dauerhaftes" (sustainable) Energiesystem. Für die Zukunft bedeutet dies neben der vollständigen Ausschöpfung der vorhandenen Energieeinsparpotentiale und neben der Suche nach neuen umweltverträglicheren Produktions- und Lebensstilen, vor allem auch eine verstärkte Nutzung erneuerbarer Energien zur Deckung des Verbleibens des Restenergiebedarfs.

Aus heutiger Sicht noch ungeklärt ist, ob hierzu im wesentlichen auf die in Deutschland vorliegenden Potentiale zurückgegriffen werden kann oder ob ein Import von z.B. Solarstrom aus den südlichen Ländern Europas, die durch ein deutlich höheres solares Strahlungsangebot gekennzeichnet sind und damit die Anwendung solarthermischer Kraftwerke möglich machen, aus volkswirtschaftlicher Sicht die effizientere bzw. für das Energiesystem der Zukunft unvermeidliche Alternative ist. Die mitunter weit überbetonte Vision einer „Wasserstoffwirtschaft" rückt vor diesem Hintergrund in weite Ferne. Wasserstoff wird zukünftig vor allem eine Bedeutung als Speichermedium für den Ausgleich zwischen Energieangebot und -nachfrage auf regionaler Ebene zugewiesen werden, ein Wasserstofftransport über weite Entfernungen (z.B. aus den nordafrikanischen Ländern) wird heute bereits weitgehend ausgeschlossen (Hennicke, 1995). Verschiedene für die alten Bundesländer durchgeführte Langfriststudien haben gezeigt, daß eine Minderung des CO_2-Ausstoßes um 70 bis 80% bis zur Mitte des nächsten Jahrhunderts möglich erscheint.[6] Aufgrund der Begrenztheit der volkswirtschaftlichen Ressourcen ist dafür ein sorgfältiger Auswahlprozeß zwischen den verschiedenen technischen Optionen notwendig. Auch dürfen heute keine investiven Großvorhaben (z.B. Neuerschließung von Stein- und Braunkohlefeldern) mehr getroffen werden, die das Erreichen der Klimaschutzziele zukünftig erschweren oder gar unmöglich machen.

Das Energiesystem kann bei einer langfristigen Systemanalyse nicht isoliert von den anderen Wirtschaftssektoren betrachtet werden. Vielmehr ist eine gesamtsystemare Untersuchung unter Einbeziehung aller Wirtschafts- und Verbrauchssektoren erforderlich. Dabei sind auch die verschiedenen positiven und negativen sektoralen Wechselwirkungen zu identifizieren und zu bewerten. Dies erfüllen die bisher vorliegenden Langfristuntersuchungen nur im eingeschränkten Maße. Letztendlich ist auf dieser Basis für die Ausgestaltung eines zukunftsfähigen Wirtschaftssystems ein Maßnahmenmix zu erstellen, der neben den für das Energiesystem aus heutiger Sicht maßgeblichen Reduktionserfordernissen insgesamt die Minderung des Umweltverbrauchs (Verminderung von Energie, Flächen- und Materialverbrauch sowie den sich hieraus ableitenden Umweltbelastungen) und aller mit dem Energieverbrauch verbundenen Risiken zum Ziel hat (vgl. BUND/Misereor, 1996). Die zwischen den einzelnen Maßnahmen zur Erreichung der verschiedenen Reduktionsziele- bzw. - erfordernisse auftretenden Wechselwirkungen sind vielfältig. So führt z.B. eine Verringerung des Wärmeverbrauchs durch die energetische Sanierung von Gebäuden zu einer Erhöhung des Materialverbrauchs. Ebenso führt die verstärkte Nutzung erneuerbarer Energien (z.B. die Photovoltaik zur Stromversorgung) zu einem steigenden Material- und Flächenverbrauch. Darüber hinaus zeigen sich vielfältige konkurrierende Nutzungsmöglichkeiten (z.B. Energiepflanzenanbau zur energetischen Nutzung oder für die Rohstoffproduktion).

Insbesondere vor diesem Hintergrund kann ein Entwicklungspfad, der zu einer weitgehenden Minderung der mit der Energieversorgung verbundenen Umweltbelastungen führen soll, bei wachsendem Wohlstandsanspruch langfristig nicht ausschließlich auf rein technischen Maßnahmen, d.h. allein auf der Ausschöpfung von Einsparpotentialen und der verstärkten Nutzung erneuerbarer Energien basieren. Er muß statt dessen mit sozialen Innovationen und gesellschaftlichen Strukturänderungen verbunden sein, die in den Industrieländern zumindest zu einem erheblich gebremsten Zuwachs der Nachfrage nach Energiedienstleistung führen. So kommen Norgard/Viegand (1992) in Untersuchungen zu fünfzehn europäischen Ländern zu dem Schluß, daß die Ausschöpfung aller kosteneffek-

---

6 vgl. EK, 1990; Masuhr et al., 1991; Traube, 1992.

tiven Effizienzsteigerungen auf der Nachfrageseite bis zum Jahr 2010 zwar zu einer Halbierung des Strombedarfs gegenüber 1988 führen kann, die Nachfrage nach elektrischer Energie nach 2010 aber dennoch wieder ansteigen wird, wenn das Wachstum der Pro-Kopf-Nachfrage nach stromspezifischer Energiedienstleistung nicht gestoppt werden kann. Falls dies aber gelingen sollte, wird gezeigt, daß der verbleibende Strombedarf in Westeuropa vollständig durch erneuerbare Energien gedeckt werden kann.

Angesichts neuer Formen von Armut und wachsender Verteilungsprobleme auch in den Industrieländern kann es nicht darum gehen, normativ bestimmte „dauerhafte" Pro-Kopf-Verbrauchsniveaus vorzugeben. Neue Formen von entmaterialisierten bzw. entenergetisierten Dienstleistungen und neue Wohlstandsmodelle müssen vielmehr in einem langfristigen gesellschaftlichen Diskurs und Suchprozeß aufgespürt und umgesetzt werden, so daß es zu einem sozial akzeptierten Verzicht auf unnötigen und umweltschädigenden Wegwerf-Konsum kommt (BUND/Misereor, 1996). Heute schon keimhaft wirksame Beispiele für solche Ansätze sind u.a. Kreislaufwirtschaft und Recycling, Leasing („Nutzen, statt besitzen"), Langlebigkeit, Mehrfachnutzung und Reparaturfreundlichkeit von Produkten, Tauschgemeinschaften, Mitwohnbörsen, Car Sharing, Nachbarschaftshilfe, neue Lebensgemeinschaften, gemeinschaftliche Kinderkrippen und Waschsalons. Darüber hinaus kann auch eine verstärkte Kommunalisierung und Dezentralisierung der Wirtschafts- und Infrastruktur sowie des gesellschaftlichen Zusammenlebens zu einer wesentlichen Energie- und Ressourceneinsparung beitragen (z.B. durch Verkehrsvermeidung).

14 Auswirkungen von Klimaschutz auf die Volkswirtschaft

Rainer Walz

14.1 Einleitung

In der politischen Diskussion kommt den gesamtwirtschaftlichen Auswirkungen klimapolitischer Maßnahmen eine erhebliche Bedeutung zu. Gefragt wird, welchen Einfluß die Maßnahmen der Klimaschutzpolitik auf die makroökonomischen Größen, also insbesondere auf die Entwicklung des realen Sozialprodukts, die Zahl der Beschäftigten, das Preisniveau und auf den realen privaten Verbrauch haben. Darüber hinaus interessieren die strukturellen Auswirkungen auf die einzelnen Wirtschaftsbranchen. Im folgenden geht dieser Beitrag zuerst auf die Wirkungszusammenhänge ein, die zwischen den klimapolitischen Maßnahmen und den volkswirtschaftlichen Folgewirkungen bestehen. Daran anschließend werden die volkswirtschaftlichen Auswirkungen einer Reduktion der westdeutschen CO_2-Emissionen bis zum Jahr 2020 um 40% gegenüber 1987 untersucht. Nach einer knappen Beschreibung der für die Berechnung der makroökonomischen Auswirkungen von Klimaschutzmaßnahmen zur Verfügung stehenden Analysemethoden werden die entsprechenden empirischen Ergebnisse einer umfassenden Untersuchung (Walz/Schön et al., 1995) vorgestellt. Hieran knüpft eine - auf der gleichen Studie beruhende - Präsentation der sektoralen Effekte an. Der Beitrag schließt mit einer Bestandsaufnahme, welche Schlußfolgerungen für die Klimapolitik aus den bestehenden Analysen gezogen werden können.

14.2 Wirkungszusammenhänge zwischen Klimaschutz und Volkswirtschaft

Klimapolitische Maßnahmen zielen vorrangig darauf ab, den zur Bereitstellung der Produktions- und Dienstleistungsniveaus notwendigen Energieverbrauch zu reduzieren (rationelle Energienutzung und -umwandlung) oder kohlenstoffreiche durch kohlenstoffarme Energieträger zu ersetzen. Hierzu wird ein Mix aus unterschiedlichen Instrumenten eingesetzt, der von Verordnungen und Maßnahmen zur Verbesserung der Information und Motivation bis hin zur finanziellen Förderung klimafreundlicher Technologien bzw. der Verteuerung des Energieverbrauchs durch die Erhebung einer CO_2-/Energiesteuer reicht (vgl. EK I, 1990c). Diese Maßnahmen lösen vielfältige Anpassungsreaktionen bei den einzelnen Unternehmen und privaten Haushalten aus, die sich auf der sektoralen und regionalen Ebene als Strukturwirkungen niederschlagen (Walz/Schön et al., 1995). Durch die Summe dieser Anpassungsreaktionen und den hierdurch wiederum ausgelösten Folgewirkungen kommt es dann auf makroökonomischer Ebene zu Veränderungen der gesamtwirtschaftlichen Zielgrößen. Allerdings ist eine konsistente Abbildung zwischen mikroökonomischen Anpassungsprozessen und strukturellen und makroökonomischen Folgewirkungen nicht möglich. Je nach Sichtweise werden dieselben Phänomene auf unterschiedlicher Ebene erfaßt.

In einer makroökonomischen Betrachtung führen die unterschiedlichen Wirkungszusammenhänge zu Auswirkungen auf die Angebots- und Nachfrageseite sowie auf den öffentlichen Finanzierungssaldo. Hierbei können drei große Klassen von Effekten unterschieden werden, nämlich Preis- und Kosteneffekte, Nachfrageeffekte und technologische Wettbewerbseffekte.

14.2.1 Preis- und Kosteneffekte

Klimaschutzpolitische Maßnahmen können einmal zu *Preis- und Kosteneffekten* auf der Angebotsseite führen. Dieser Effekt steht im Vordergrund der neoklassischen Theorie. Geht man entsprechend ihren Annahmen davon aus, daß die Unternehmen im Gleichgewicht, d.h. effizient produzieren, führt die Durchführung von klimapolitischen Maßnahmen *ceteris paribus* zunächst zu Mehrkosten. Kommt es zu einer Kompensation dieser Kostensteigerung durch Reduktion der Reallöhne, bleibt die Vollbeschäftigung erhalten. Der Reallohnsenkung entspricht jedoch eine Einschränkung der materiellen Güterversorgung, der aber der verbesserte Klimaschutz gegenübersteht. Werden die Mehrkosten nicht kompensiert, kommt es zu Beschäftigungsverlusten, die durch die im internationalen Preiswettbewerb verschlechterte Wettbewerbssituation noch verstärkt werden (vgl. Lintz, 1992; Blazejczak et al., 1993).

Bestandteil von Klimaschutzstrategien ist i.d.R. auch die Erhöhung der Energiepreise durch eine *CO_2-/Energiesteuer*. In isolierter Betrachtung kommt es hierbei zunächst ebenfalls zu einer *zusätzlichen Kostenbelastung* der Unternehmer, der allerdings auch die Effekte der Verwendung der zusätzlichen Steuereinnahmen gegenübergestellt werden müssen. Werden andere Steuern in gleicher Höhe gesenkt, kann nach dem „double dividend" Argument sogar eine *gesamtwirtschaftliche Kostenentlastung* erfolgen: Hintergrund hierfür ist die Annahme, daß eine Steuererhebung immer zu unerwünschten, die Ressourcenallokation verzerrenden Wirkungen führt. Werden diese verzerrenden Steuern zugunsten von Steuern mit erwünschter Lenkungswirkung (Umweltverbesserung) abgebaut, verbessert sich damit die gesamtwirtschaftliche Ressourcenallokation (vgl. Schöb, 1995). Aber auch bei einer Verwendung der zusätzlichen Steuereinnahmen zur Reduktion des Staatsdefizits sind kompensierende Wirkungen denkbar: Denn durch die dann verminderte staatliche Nachfrage auf dem Kapitalmarkt kann es zu Zinssenkungen kommen, die die Finanzierungskosten der Unternehmensinvestitionen senken und zu einem zinsbedingten crowding-in führen.

Die diesen Analysen zugrundeliegende Annahme eines vollkommenen Wettbewerbs trifft in der Realität aber nicht zu. Gerade im Energiebereich zeigen zahlreiche empirische Untersuchungen, daß ein erhebliches Potential von *einzelwirtschaftlich rentablen Energieeinsparpotentialen* besteht. Grubb et al. (1993) beziffern das für die westlichen Industrieländer durch kostengünstige Energieeinsparungen zu realisierende CO_2-Reduktionspotential auf ca. 20%. Zu einer ähnlichen Größenordnung für Deutschland kommen auch die Arbeiten für die Enquête-Kommission „Schutz der Erdatmosphäre" des Deutschen Bundestags (EK I, 1990c; EK II, 1995; Walz, 1996). Die Realisierung dieses kostengünstigen CO_2-Reduktionspotentials durch die Klimaschutzpolitik bewirkt insgesamt eine *Kostenentlastung der Volkswirtschaft*, was entsprechend den oben skizzierten Wirkungszusammenhängen zu positiven Effekten auf Beschäftigung bzw. die materielle Güterversorgung führt.

Insgesamt zeigt sich, daß die tatsächlichen Kosten- und Preiseffekte aus unterschiedlichen, z.T. gegenläufigen Teileffekten bestehen, die in ihrer Ausprägung von der betrachteten Situation abhängen. Wichtige zu berücksichtigende Parameter sind neben dem angestrebten Reduktionsziel das durch Marktmängel gehemmte, einzelwirtschaftlich rentable Einsparpotential und die finanzpolitische Ausgestaltung einer CO_2-/Energiesteuer.

14.2.2 Nachfrageeffekte

Die *Nachfrageeffekte* stehen im Zentrum des keynesianischen Unterbeschäftigungsmodells, in dem ein wesentlicher Grund für eine Unterbeschäftigung eine zu geringe gesamtwirtschaftliche Nachfrage ist. Kommt es durch die klimapolitischen Maßnahmen zu einer Erhöhung der effektiven Gesamtnachfrage nach Gütern, sind insgesamt positive Wachstums- und Beschäftigungseffekte zu erwarten. Bei den Auswirkungen klimapolitischer Maßnahmen auf die Gesamtnachfrage sind wiederum verschiedene Teileffekte zu unterscheiden: Bei den *direkten Nachfrageeffekten* treten sowohl positive als auch negative Effekte auf. So erfordert die Durchführung einer rationelleren Energienutzung und - umwandlung (Substitution von Energie durch Kapital) zusätzliche Investitionen (Nachfrageerhöhung), gleichzeitig sinkt aber die Nachfrage nach Energieträgern. Bei einer Substitution der Energieträger untereinander verschiebt sich die Nachfrage zwischen den einzelnen Energieträgern. Da zur Bereitstellung der jeweiligen Nachfragen zahlreiche Vorleistungen aus anderen Branchen notwendig sind, setzen sich die direkten Nachfrageeffekte entsprechend der Produktionsverflechtung der betroffenen Wirtschaftszweige als positive und negative *indirekte Effekte* fort. Hierbei ist für ein energieimportierendes Land wie Deutschland von Bedeutung, daß ein erheblicher Teil der negativen Nachfrageeffekte - nämlich die Nachfragereduktion nach importierten Energieträgern wie Öl, Gas und Uran - nicht im eigenen Land, sondern bei den energieerzeugenden Ländern wirksam wird. Neben diesen, den Klimaschutzmaßnahmen direkt zurechenbaren Nachfrageeffekten sind darüber hinaus die durch die *Einkommenskreislaufeffekte* - z.b. verändertes Spar- und Investitionsverhalten infolge der Klimaschutzmaßnahmen - ausgelösten Nachfrageeffekte von Bedeutung. Hierbei können sich entsprechend den wirtschaftlichen Rahmenbedingungen - z.b. Reaktionen der Bundesbank oder verändertes Verhalten der Tarifparteien - unterschiedliche Wirkungen ergeben.

Tabelle 14.1. Überblick über die Wirkungsmechanismen klimapolitischer Maßnahmen auf die Volkswirtschaft

---

Preis- und Kosteneffekte:
- Mehrkosten bei vollkommenem Wettbewerb, die entweder durch Reallohnsenkung kompensiert werden oder zu Beschäftigungsrückgang führen;
- gesamtwirtschaftliche Kostenreduktion, falls Energiesteuerbelastung durch Senkung anderer Steuern (double dividend) oder Zinssenkung (zinsbedingtes crowding-in) (über)kompensiert wird;
- gesamtwirtschaftliche Kostenreduktion, falls Klimaschutz einzelwirtschaftlich rentable Maßnahmen induziert (Abbau von Markthemmnissen).

Nachfrageeffekte:
- direkte Nachfrageeffekte (positiv und negativ);
- indirekte Nachfrageeffekte durch Vorleistungsbeziehungen (positiv und negativ);
- positive oder negative Einkommenskreislaufeffekte.

technologische Wettbewerbseffekte:
- Verdrängung produktiver Investitionen durch Klimaschutzinvestitionen (technologisches crowding-out);
- Modernisierung des Produktionsapparates durch Klimaschutzinvestitionen (technologisches crowding-in);
- Verbesserung der technologischen Wettbewerbsposition auf dem internationalen Klimaschutzgütermarkt (first mover advantage).

14.2.3 Technologische Wettbewerbseffekte

Neben Kosten- und Nachfrageeffekten können darüber hinaus klimapolitische Maßnahmen auch vielfältige *technologische Wettbewerbseffekte* auslösen. Zu beachten sind die Auswirkungen auf die *Modernisierung des Produktionsapparates* der Gesamtwirtschaft und damit auf die Produktivitätsentwicklung. Hierbei gibt es zwei entgegengesetzte Wirkungshypothesen: Die erste geht davon aus, daß die betrieblichen Klimaschutzinvestitionen selbst keine produktiven Wirkungen besitzen und sogar produktive Investitionen der Unternehmen verdrängen. Durch ein derartiges „technologisches crowding-out" würde die Produktivitätsentwicklung gemindert. Die zweite Wirkungshypothese geht hingegen davon aus, daß die Klimaschutzinvestitionen selbst Bestandteil von produktiven Investitionen sind, d.h. produktivitätssteigernde Wirkung aufweisen. Eine forcierte

Vornahme von Klimaschutzinvestitionen wäre damit gleichbedeutend mit einem „technologischen crowding-in" und würde eine verstärkte Modernisierung der Volkswirtschaft nach sich ziehen. Welcher dieser beiden Hypothesen höheres Gewicht zuzumessen ist, hängt von der Spezifikation der betrachteten Investitionen ab. Allgemein läßt sich die Vermutung äußern, daß insbesondere diejenigen - an Bedeutung gewinnenden - Umweltschutzinvestitionen, die direkt den Produktionsbereich betreffen (produktionsintegrierter Umweltschutz), eher produktivitätssteigernde Wirkungen aufweisen als nachgeschaltete Anlagen (additiver Umweltschutz).

Neben der preislichen Wettbewerbsfähigkeit werden Außenhandelserfolge auch durch den Qualitätswettbewerb bestimmt. Insbesondere bei technologieintensiven Gütern hängen hohe Marktanteile von der Innovationsfähigkeit einer Volkswirtschaft und der frühzeitigen Marktpräsenz ab (first mover advantage). Eine forcierte nationale, klimapolitische Strategie bewirkt tendenziell, daß sich die betreffenden Länder frühzeitig auf die Bereitstellung der hierzu erforderlichen Güter spezialisieren. Bei einer nachfolgenden Ausweitung der internationalen Nachfrage nach Klimaschutzgütern sind diese Länder dann aufgrund ihrer frühzeitigen Spezialisierung in der Lage, sich im internationalen Wettbewerb durchzusetzen.

14.3 Empirische Ergebnisse

14.3.1 Analysemethoden

Wie in Abschnitt 14.2 gezeigt, müssen bei der Analyse gesamtwirtschaftlicher Auswirkungen von Klimaschutzmaßnahmen vielfältige Wirkungsmechanismen beachtet werden. Entsprechend ist ein Analyseinstrumentarium zu verwenden, das möglichst viele dieser Effekte berücksichtigt. Im Energiebereich werden oftmals zwei Modellierungsansätze verwendet, die sich lediglich auf Teileffekte der zahlreichen Wirkungsmechanismen konzentrieren und unter dem Begriffspaar „top-down"- und „bottom-up"-Analyse Eingang in die Literatur gefunden haben (Wilson/Swisher, 1993). Der erste Modellierungsansatz - die Verwendung von makroökonomischen Modellen ohne detaillierte Energieszenarien (top-down-Analyse) - konzentriert sich auf die makroökonomischen Auswirkungen von Kosten- und Preiseffekten. Da bei diesem Ansatz wegen der fehlenden Energieszenarien keine detaillierten Kostenangaben zu den Klimaschutzmaßnahmen vorliegen, wird dieser Ansatz typischerweise dazu verwendet, um die Effekte von Preiserhöhungen (z.B. durch eine Energiebesteuerung) zu simulieren. Damit wird aber nur ein Teil der Klimaschutzmaßnahmen, nämlich die relativ kostenintensiven Maßnahmen, analysiert, während die kostensenkenden Möglichkeiten der Energieeinsparung (vgl. oben) aufgrund der fehlenden Energieszenarien ausgeblendet bleiben (Wilson/Swisher, 1993; Krause, 1993). Zugleich können diese Modelle die technischen und organisatorischen Anpassungsreaktionen einzelner Verbrauchergruppen sowie neue technische und unternehmerische Innovationen nicht abbilden und vernachlässigen mögliche Wirkungsmechanismen, die die technologische Wettbewerbsfähigkeit erhöhen. Entsprechend kommen einige der mit diesem Modellierungsansatz durchgeführten Studien zu (geringfügig) negativen gesamtwirtschaftlichen Auswirkungen des Klimaschutzes.[1] Dies gilt vor allem, wenn zugleich stark neoklassisch ausgerichtete Modelle verwendet werden, die darüber hinaus auch die Nachfrageeffekte unberücksichtigt lassen.

Der zweite Modellierungsansatz (bottom-up) geht im Unterschied zum ersten von detaillierten Energieszenarien aus, die auch die gehemmten Energieeinsparpotentiale erfassen. Aus den Szenarienergebnissen werden die direkten positiven und negativen Nachfrageeffekte der Klimaschutzmaßnahmen abgeleitet. Diese Ergebnisse werden als Dateninput für eine statische Input-Output Analyse herangezogen, mit der sich sowohl die durch die Produktionsverflechtungen induzierten indirekten Nachfrageeffekte als auch die zugehörigen makroökonomischen Auswirkungen errechnen lassen. Derartige Untersuchungen kommen zu Aussagen, daß für die Verhältnisse der alten Bundesrepublik die Beschäftigungswirkungen netto (d.h. unter Abzug der kontraktiven Effekte bei Energieproduktion und -umwandlung) bei 100 Arbeitsplätzen je eingesparte Petajoule Energie liegen (Jochem/Schön, 1994). Diese methodische Vorgehensweise kann aber die durch die Einkommenskreislaufeffekte hervorgerufenen Rückwirkungen auf die Nachfrage genausowenig abbilden wie die Auswirkungen auf die Angebotsseite (Preis- und Kosteneffekte) und auf die technologische Wettbewerbsfähigkeit. Derartige Analysen sind daher vor allem für mesoökonomische Fragestellungen (z.B. den Einsatz einzelner Technologien) von Aussagewert, bei denen angenommen werden kann, daß aufgrund ihrer begrenzten Größenordnung die Entscheidung über ihre Verwendung keine Auswirkungen auf der Makroebene hat.

Eine möglichst viele Wirkungsmechanismen berücksichtigende Abschätzung der gesamtwirtschaftlichen Auswirkungen von Klimaschutzmaßnahmen erfordert daher die Kopplung der technisch fundierten Energieszenarien mit makroökonomischen Modellen, d.h. eine Kopplung von bottom-up- mit top-down-Analyse. Insgesamt müssen diese Abschätzungen damit beruhen auf
- einer detaillierten, technisch fundierten Entwicklung von Energieszenarien,
- der Ermittlung der durch die Verwirklichung der Energieszenarien ausgelösten wirtschaftlichen Impulse und
- der Analyse der gesamtwirtschaftlichen Folgewirkungen dieser Impulse mit Hilfe eines empirisch getesteten, makroökonomischen Modells.

---

1 Z.B. Manne/Richels, 1990; Marks et al., 1991; Proost/Van Regemorter, 1992; Yamaji et al, 1993; vgl. hierzu Hoeller et al., 1991; Boreo et al., 1991; EG-Kommission, 1992.

14.3.2 Auswirkungen einer CO_2-Reduktion um 40% in Deutschland auf die makroökonomischen Zielgrößen

Eine Kopplung von makroökonomischen Modellen mit detaillierten Energieszenarien wurde zur Abschätzung der makroökonomischen Folgewirkungen von Klimaschutzmaßnahmen in der Untersuchung für die Enquête-Kommission verwendet (vgl. Walz, 1995a). Aufbauend auf der absehbaren Entwicklung und den technisch ökonomischen Minderungspotentialen wurden drei Energieszenarien gebildet: Neben einem Referenzszenario, ein Reduktionsszenario R 1 mit konstanter Kernenergiekapazität wie im Referenzszenario und ein Reduktionsszenario R 2, bei dem von einem Kernenergieausstieg bis zum Jahre 2005 ausgegangen wurde (Walz/Schön et al., 1995; EK II, 1995). Beide Reduktionsszenarien vermindern bis 2020 die CO_2-Emissionen in Westdeutschland um 40% gegenüber 1987. Die sich aus diesen Energieszenarien ergebenden unmittelbaren ökonomischen Impulse, d.h. Investitionsvolumina, Veränderung der Energiekosten und des Energiesteueraufkommens, gehen in die makroökonomischen Modelle ein und werden dort weiterverarbeitet. Bei der Untersuchung der makroökonomischen Auswirkungen von Klimaschutzmaßnahmen wurde das gesamtwirtschaftlich ausgerichtete ökonometrische DIW-Langfristmodell angewendet, in dem sämtliche volkswirtschaftlichen Kreislaufzusammenhänge erfaßt werden (vgl. Blazejczak, 1987). Dieses Modell ist nicht nur nachfrageorientiert, sondern berücksichtigt auch Angebotselemente. Mit seiner Hilfe können in sich konsistente, quantitative gesamtwirtschaftliche Szenarien entwickelt werden. Als Resultat der ökonomischen Simulationsrechnungen ergeben sich dann jeweils die Abweichungen in den gesamtwirtschaftlichen Größen, den die untersuchten Reduktionsszenarien gegenüber dem Referenzszenario induzieren.

Die entscheidenden *Inputgrößen* für die gesamtwirtschaftlichen Analysen stellen die *Differenzen zwischen den Reduktionsszenarien und dem Referenzszenario* dar. Gegenüber dem Referenzszenario ist sowohl das Reduktionsszenario R 1 als auch insbesondere das Reduktionsszenario R 2 mit erheblichen Mehrinvestitionen verbunden. Diese belaufen sich für R 1 kumuliert für 33 Jahre auf knapp 360 Mrd. DM, für R 2 auf rund 550 Mrd. DM. Die Differenz in den Investitionssummen zwischen R 1 und R 2 in Höhe von knapp 200 Mrd. DM spiegeln die zusätzlichen Maßnahmen in R 2 wider, die aufgrund des Kernenergieausstiegs zur zusätzlichen CO_2-Reduktion - d.h. zusätzliche Effizienzgewinne und Substitutionsprozesse - unternommen werden müssen. Die *kumulierten Mehrinvestitionen* von 360 Mrd. bzw. 550 Mrd. DM müssen den *eingesparten Energiekosten* gegenübergestellt werden, die im Jahre 2020 - ohne eingesparte Energiesteuern - 31 Mrd. DM in R 1 bzw. 49 Mrd. DM in R 2 betragen.

Bei der Diskussion der unterschiedlichen Wirkungsmechanismen wurde herausgearbeitet, daß die Folgewirkungen von CO_2-Minderungsmaßnahmen auch von den *wirtschaftlichen Rahmenbedingungen* abhängen. Dazu zählen zum einen die Verhaltensweisen der wirtschaftspolitischen Akteure, vor allem der Bundesbank und der Tarifparteien. Von entscheidender Bedeutung bei den Rahmenbedingungen sind zum anderen die Art und Weise der Rückführung des Aufkommens der Energiesteuer sowie die technologisch bedingten Wirkungen der Klimaschutzinvestitionen auf die Produktivitätsentwicklung (technologische Wettbewerbseffekte).

Tabelle 14.2. Ergebnisse der Energieszenarien für Westdeutschland

	2020 Referenz	2020 R 1	2020 R 2
Gesamtenergiebedarf (PJ) (1)	10315	8425	7074
- Steinkohle	1434	897	1132
- Braunkohle	774	340	435
- Mineralöl	3082	2291	1807
- Gas	2839	2528	2585
- regenerative Energien	444	612	1085
- Kernkraft	1727	1727	0
- Stromimportsaldo	14	30	30
CO_2-Emissionen	612	430	430
kum. Mehrinvestitionen (Mrd. DM)		357	549
Energiekostenred. in 2020 (Mrd. DM)		-31	-49
Energiesteuer in 2020 (Mrd. DM)		30	26

Bei den Modellsimulationen wurden die *Unsicherheiten* bezüglich dieser Rahmenbedingungen *durch Szenarienrechnungen berücksichtigt*. Dabei wurden zum einen die Bedingungen gebündelt, die günstige Auswirkungen auf die gesamtwirtschaftliche Zielgröße „materielle Güterversorgung" - gemessen durch den realen privaten Verbrauch - haben, zum anderen die Umstände, die sich ungünstig darauf auswirken (vgl. Tabelle 14.3). Dennoch konnten auch bei den Szenarioanalysen nicht alle Unsicherheiten - v.a. im Außenhandelsbereich - vollständig ausgelotet werden. Dies gilt zum einen für Aspekte der preislichen Wettbewerbsfähigkeit, die mit einer CO_2-Minderungsstrategie verbunden sind. Zum anderen wurde die Verbesserung der technologischen Wettbewerbsfähigkeit auf dem Markt für Klimaschutzgüter vernachlässigt.

Tabelle 14.3. Charakterisierung der Varianten „ungünstige" und „günstige Bedingungen"

ungünstige Variante:	Energiesparinvestitionen im Wohnungssektor gehen zu Lasten des privaten Verbrauchs
	Energiesparinvestitionen verdrängen produktive Investitionen
günstige Variante:	Energiesteuer dient der Konsolidierung des Staatshaushaltes
	Energiesparinvestitionen führen zur Modernisierung der Produktionsanlagen
	Energiesteueraufkommen wird zurückgeführt (Senkung der MWSt.)

Für die vier untersuchten Fälle, die sich aus der Kombination der Energieszenarien R 1 (Kernenergie-Weiterbetrieb) und R 2 (Kernenergie-Ausstieg) mit den ökonomischen Szenarien „günstige" und „ungünstige" Bedingungen ergeben, kommen die Modellsimulationen unter den unterschiedlichen Randbedingungen zu *keinen gesamtwirtschaftlichen Auswirkungen, die als gravierend anzusehen wären* (Abb. 14.1). Das Bruttosozialprodukt ist in den CO_2-Minderungsszenarien im Durchschnitt des Untersuchungszeitraums - je nach Szenario-Annahmen um bis zu 0,7% - höher als im Referenzszenario. Auch die Preise steigen gegenüber dem Referenzszenario an - im Durchschnitt um bis zu 0,7%. In allen hier gerechneten Varianten nimmt auch die Beschäftigung zu; der durchschnittliche Anstieg um bis zu 0,3% entspricht bei 30 Mio. Erwerbstätigen in Westdeutschland 90 000 Personen.

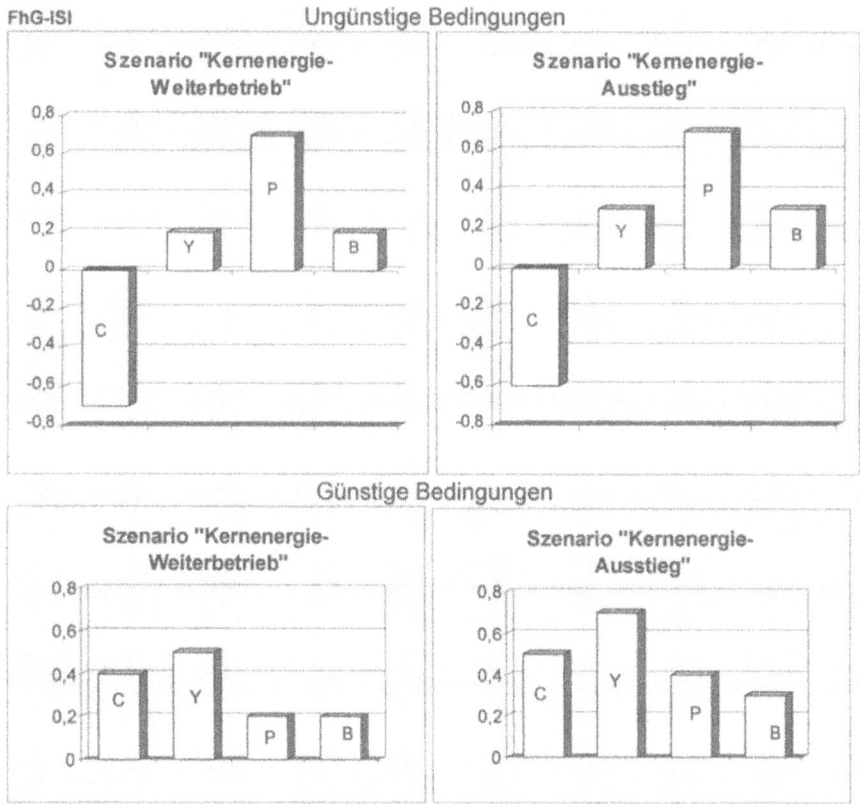

C: Privater Verbrauch, real; Y: Bruttosozialprodukt, real; P: Preisindex des Privaten Verbrauchs; B: Beschäftigung

Abb. 14.1. Größenordnung von gesamtwirtschaftlichen Auswirkungen von CO_2-Reduktionsmaßnahmen

Insgesamt zeigt sich, daß die *Unterschiede in den gesamtwirtschaftlichen Auswirkungen zwischen* den Energieszenarien, die von einem *Kernenergie-Ausstieg* ausgehen, und denen, bei denen ein *Kernenergie-Weiterbetrieb* angenommen wird, *relativ klein* sind. Diese Unterschiede sind kleiner als die Unsicherheitsgrenzen, die sich aus den Berechnungen nach günstigen und ungünstigen ökonomischen Rahmenbedingungen ergeben. Dies gilt vor allem für den realen privaten Verbrauch, der als Indikator für die materielle Güterversorgung gelten kann. Unter eher ungünstigen Umständen, wie sie oben erläutert worden sind, ist der reale private Verbrauch im Durchschnitt des Untersuchungszeitraums um bis zu 0,7% niedriger als ohne die CO_2-Minderungsmaßnahmen. Unter günstigen Bedingungen kann er dagegen um fast ein halbes Prozent höher sein. Diese prozentualen Veränderungen müssen vor dem Hintergrund der für die Energieszenarien vorgegebenen Rahmenannahmen interpretiert werden, die in etwa einer Verdoppelung des Sozialprodukts und der daraus abgeleiteten Größen zwischen 1990 und 2020 entsprechen. Im ungünstigen Fall werden also die CO_2-Minderungsmaßnahmen nicht durch eine Reduktion des heutigen Konsumniveaus, sondern durch einen geringfügigen Verzicht auf Konsumsteigerungen finanziert, im günstigen Fall durch zusätzliche Produktivitätssteigerungen.

14.3.3 Sektorale Wirkungen

Zur *Analyse der sektoralen Folgewirkungen* wurde ein dynamisches Input-Output-Modell verwendet, das geeignet ist, in konsistenter Weise die Effekte der Verflechtung der Wirtschaftssektoren zu erfassen (Edler, 1990). Soweit sich CO_2-Minderungsmaßnahmen in einer veränderten intersektoralen Verflechtungsstruktur niederschlagen, können ihre Auswirkungen damit quantifiziert werden.

Bei der *dynamischen Input-Output-Analyse* der sektoralen Folgewirkungen von CO_2-Minderungsstrategien wurden ebenfalls die oben genannten Energieszenarien analysiert. Die betrachteten Klimaschutzmaßnahmen reduzieren die Produktionsentwicklung der Energiewirtschaft. Gleichzeitig profitieren aber andere Branchen vom Klimaschutz. Dies sind in beiden hier betrachteten Energieszenarien vor allem die Bauwirtschaft und die mit dieser Branche produktionstechnisch eng verbundenen Sektoren wie Steine und Erden, Stahl- und Leichtmetallbau, EBM-Waren oder Holzbearbeitung. Positive Folgewirkungen ergeben sich auch für Investitionsgüter produzierende Sektoren, v.a. für den Maschinenbau (Walz/Schön et al., 1995). Das Muster der sektoralen Folgewirkungen ist in beiden Energieszenarien sehr ähnlich, allerdings ist das Ausmaß der ausgelösten Strukturwirkungen im Fall des Kernenergie-Ausstiegs mit meist ein bis zwei Prozent stärker ausgeprägt. Die Gewichtsverschiebungen einzelner Sektoren in bezug auf die Gesamtproduktion aller Branchen der Volkswirtschaft sind angesichts der zeitlich langen Anpassungszeiträume eher gering, können aus Sicht einzelner Branchen jedoch beachtlich sein.

14.4 Schlußfolgerungen

Die Zusammenhänge zwischen Klimaschutzmaßnahmen und gesamtwirtschaftlichen Auswirkungen sind durch zahlreiche Wirkungsmechanismen gekennzeichnet, die sich in die drei Gruppen Preis- und Kosteneffekte, Nachfrageeffekte sowie Auswirkungen auf die technologische Wettbewerbsstellung klassifizieren lassen. Von besonderer Bedeutung ist, daß bei allen drei Gruppen sowohl positive als auch negative Teileffekte auftreten können. Daraus folgt, daß es auf die Frage nach den gesamtwirtschaftlichen Auswirkungen der Klimapolitik keine einfache, allgemeingültige Antwort gibt, sondern Aussagen auf Basis einer differenzierenden und empirisch fundierten Analyse getroffen werden müssen.

Entsprechend den vielfältigen Wirkungsmechanismen ist es bei der empirischen Analyse der Auswirkungen auch erforderlich, einen Modellansatz heranzuziehen, der möglichst viele der Wirkungsbeziehungen erfaßt. Ergebnisse eines umfassenden Ansatzes, der detaillierte Energieszenarien mit makroökonomischen Modellen koppelt, zeigen, daß eine CO_2-Reduktion um 40% in Westdeutschland bis 2020 (gegenüber 1987) mit insgesamt geringen, tendenziell eher positiven gesamtwirtschaftlichen Auswirkungen verbunden ist. Hierbei zeigen unterschiedliche Szenariorechnungen, daß die Ergebnisse weniger von den Unterschieden in den Energieszenarien (Kernenergie-Weiterbetrieb oder -Ausstieg) als vielmehr von den wirtschaftlichen Rahmenbedingungen (z.B. Form der Rückführung des Aufkommens einer CO_2-/Energiesteuer in den Wirtschaftskreislauf) abhängen.

Die Analyse der sektoralen Wirkung zeigt auf, daß sich die gesamtwirtschaftlichen Wirkungen allerdings ungleichmäßig auf die einzelnen Wirtschaftsbranchen verteilen. Während die Energiewirtschaft aufgrund der Energieeinsparungen an Umsatz verlieren dürfte, gehören Branchen wie die Bauwirtschaft einschließlich der vorgelagerten Branchen sowie Teile der Investitionsgüterindustrie zu den begünstigten Wirtschaftszweigen. Aus diesen Ergebnissen lassen sich zwar unterschiedliche Anpassungsprobleme, aber keine gesamtwirtschaftlichen Nachteile ableiten.

Insgesamt ist damit festzuhalten, daß selbst unter ungünstigen wirtschaftlichen Rahmenannahmen von den zur Reduktion der CO_2-Emissionen um 40% bis 2020 notwendigen Maßnahmen keine gravierenden gesamtwirtschaftlichen Wirkungen ausgehen. Negative gesamtwirtschaftliche Wirkungen als gewichtiges Argument gegen den Klimaschutz ins Feld zu führen, ist nach diesen Ergebnissen nicht gerechtfertigt.

Teil V
Beiträge der beiden Enquête-Kommissionen des Deutschen Bundestages: „Vorsorge zum Schutz der Erdatmosphäre" (1987-1990) und „Schutz der Erdatmosphäre" (1991-1994)

15 Tätigkeit und Handlungsempfehlungen der beiden Klima-Enquête-Kommissionen des Deutschen Bundestages (1987-1994)

Udo Kords

15.1 Einleitung

Die Eindämmung des anthropogenen Treibhauseffektes und der Schutz der stratosphärischen Ozonschicht sind zweifellos keine Aufgaben, die im Rahmen politischer Routinetätigkeit bewältigt werden können. Sie stellen im Gegenteil durch ihre spezifischen Eigenschaften eine besondere Herausforderung an die politischen Institutionen dar. Als Reaktion auf diese Herausforderung hat der Deutsche Bundestag in der 11. und 12. Legislaturperiode je eine Enquête-Kommission (EK) eingesetzt, um die parlamentarischen Kapazitäten zur Bearbeitung dieses 1987 noch weitgehend unbeachteten Problemkomplexes zu erweitern. Die Arbeit dieser EK hat national wie international große Anerkennung gefunden. Die im internationalen Vergleich weitreichenden Beschlüsse der Bundesregierung zur CO_2-Reduktion werden häufig mit auf die Arbeit der EK zurückgeführt.

Im Mittelpunkt dieses Beitrages steht die Arbeit der beiden Klima-EK. Zunächst wird ein Überblick zur Entstehung des neuen Politikfeldes „Schutz der Erdatmosphäre" gegeben. Dann werden der Arbeitsverlauf und die Beratungsergebnisse der Kommission mit Blick auf den politisch-institutionellen Kontext dargestellt. Bevor abschließend der Einfluß der Klima-EK auf verschiedene Variablen des Problemverarbeitungsprozesses erörtert wird, erfolgt eine kurze Bilanz zur Umsetzung der Kommissionsempfehlungen.

15.2 Treibhauseffekt und Ozonloch als politisches Problem

Anthropogener Treibhauseffekt und stratosphärischer Ozonabbau wurden seit den siebziger Jahren wissenschaftlich erforscht (Cavender/Jäger, 1993: 6), während ihre politischen Implikationen in der Bundesrepublik Deutschland erst Mitte der achtziger Jahre erörtert wurden, wobei die politische Debatte maßgeblich durch den Verlauf der wissenschaftlichen Diskussion bestimmt wurde.

Auslöser für die erste parlamentarische Befassung und erste Maßnahmen der Bundesregierung zur Reduzierung der Verwendung von FCKW 1974 war eine Veröffentlichung zweier amerikanischer Wissenschaftler, Mario Molina und Sherwood Rowland, in der erstmals die These vertreten wurde, daß halogenierte Chlorverbindungen die stratosphärische Ozonschicht schädigen. Anfang der achtziger Jahre ließ das Interesse an der Ozonproblematik wieder nach. Als zudem 1982 noch neue wissenschaftliche Ergebnisse die Ozonabbau-These in Frage stellten, was von FCKW-Herstellern wie Regierungen gleichermaßen als Entwarnung gewertet wurde, verlor das Thema zunehmend an politischem Gewicht (EK I, 1990a: 205).

Wiederum war es dann eine wissenschaftliche Entdeckung, die international das Problembewußtsein nahezu schockartig ansteigen ließ: 1985 stellten britische Wissenschaftler über der Antarktis eine so starke Verdünnung der Ozonschicht fest, daß von einem „Ozonloch" gesprochen wurde. Damit lagen zum erstenmal Belege für die Richtigkeit der These von Molina und Rowland vor. In den folgenden Jahren wurde ein Fortschreiten der Entwicklung festgestellt - so allein 1987 eine Abnahme der Ozonkonzentration um 10% (Hennicke/Müller, 1989: 44). Für die öffentliche Debatte waren eindrucksvolle Satellitenaufnahmen des Ozonloches nicht ohne Wirkung, mit denen seit 1987 ein zuvor abstraktes Phänomen anschaulich als konkrete Gefahr präsentiert werden konnte.

Die Ozondebatte Mitte der achtziger Jahre half auch bei der Thematisierung der Treibhausproblematik. Obwohl bereits seit 1958 regelmäßig die CO_2-Konzentrationen in der Atmosphäre gemessen wurden, nahm das wissenschaftliche Interesse erst seit Ende der siebziger Jahre deutlich zu, was in einer steigenden Zahl von Konferenzen und Publikationen zu diesem Thema zum Ausdruck kam (vgl. Breitmeier, 1992). Die Aktivitäten strahlten jedoch kaum über einen engen Fachkreis hinaus. Warnungen von Wissenschaftlern fanden kaum Beachtung. Umweltpolitisch absorbierten Anfang der achtziger Jahre andere Probleme die Aufmerksamkeit der Medien und die Kapazitäten der politischen Institutionen - an erster Stelle die Fragen des Waldsterbens (Fischer, 1992: 5).

Das Zusammenwirken verschiedener Ereignisse bewirkte Mitte der achtziger Jahre einen radikalen Wandel in der politischen Problemwahrnehmung. Aus einem rein wissenschaftlichen Problem wurde in kürzester Zeit ein politisches Aufgabenfeld.

Angestoßen wurde die öffentliche Debatte in Deutschland durch einen Bericht der Deutschen Physikalischen Gesellschaft mit dem Titel: „Warnung vor einer drohenden Klimakatastrophe" (DPG, 1986), der eine *Spiegel*-Titelgeschichte auslöste. Diese Berichte trugen mit zu einer Sensibilisierung von Öffentlichkeit und Politik über die Zerstörung der Ozonschicht bei. Bundeskanzler Helmut Kohl bezeichnete in seiner Regierungserklärung vom 18. März 1987 die Klimaproblematik als das derzeit „größte Umweltproblem". Eine der ersten konkreten politischen Maßnahmen war die Einsetzung der parlamentarischen EK I „Vorsorge zum Schutz der Erdatmosphäre" im Oktober 1987.

15.3 Die Arbeit der Klima-Enquête-Kommissionen

Seit der Geschäftsordnungsreform 1969 hat der Bundestag die Möglichkeit, zur Aufarbeitung und Erhöhung des Wissensstandes sowie zur Vorbereitung von Entscheidungen zu umfangreichen und bedeutsamen Problemkomplexen EK einzurichten (vgl. Hoffmann-Riem/Ramcke, 1989). EK stellen einen Fremdkörper im parlamentarischen Organisationsgefüge dar, weil in ihnen Parlamentarier und externe Sachverständige gleichberechtigt diskutieren und Handlungsempfehlungen beschließen, die allerdings für Parlament und Bundesregierung nicht verpflichtend sind. Formaler Adressat der Empfehlungen ist der Bundestag.

15.3.1 Die 1. Klima-EK: „Vorsorge zum Schutz der Erdatmosphäre"

Auftrag und Arbeit der EK I. Eine Mischung unterschiedlicher Motive führte zur Einsetzung der EK „Vorsorge zum Schutz der Erdatmosphäre": ein parteiübergreifender Konsens über den Stellenwert der Klimaproblematik, das Problem großer Unwissenheit zu diesem neuen Thema und sicherlich auch das Bedürfnis, gegenüber der Öffentlichkeit politische Handlungsfähigkeit zu demonstrieren.

Mit dem Einsetzungsbeschluß wurde die EK I beauftragt, „eine Bestandsaufnahme über die globalen Veränderungen der Erdatmosphäre vorzunehmen und den Stand der Ursachen- und Wirkungsforschung festzustellen sowie mögliche nationale und internationale Vorsorge- und Gegenmaßnahmen zum Schutz von Mensch und Umwelt vorzuschlagen"(BT-Drs. 11/971).

Die EK I hatte 18 (später 22) Mitglieder, je zur Hälfte Abgeordnete und Sachverständige. Den Kommissionsvorsitz übernahm der damalige umweltpolitische Sprecher der CDU/CSU-Fraktion, Bernd Schmidbauer (CDU). Unterstützt wurde die EK I von einem Sekretariat bestehend aus dem Leiter und sieben wissenschaftlichen Mitarbeitern.

Die EK I nutzte verschiedene Informationsquellen. Ein Novum für die Enquête-Praxis stellte ein umfangreiches Studienprogramm dar, an dem 51 Forschungsinstitute mit 150 Einzelstudien beteiligt waren. Das zweite zentrale Instrument zur Informationssammlung waren Anhörungen. Im Rahmen von insgesamt 15 Anhörungen wurden internationale Wissenschaftler, Regierungsvertreter und Verbandsfunktionäre zu speziellen Themen befragt. Die eigentliche Beratungsarbeit fand in 117 (nichtöffentlichen) Kommissionssitzungen statt. Keine andere Kommission hat ein vergleichbares Arbeitspensum absolviert.

Der Beratungsprozeß. Der Beratungsprozeß der EK I läßt sich in Phasen einteilen, die durch die Themen und die politischen Randbedingungen geprägt waren. Im Mittelpunkt der ersten Phase, die gekennzeichnet war durch eine fraktionenübergreifende „Aufbruchstimmung", stand die Bearbeitung der Ozonproblematik. Die Arbeit wurde in der Anfangsphase von verschiedenen Faktoren stark begünstigt. Nach übereinstimmender Auskunft aller vom Autor befragten Mitglieder wurde die Arbeitsatmosphäre in der Anfangsphase bestimmt von der gemeinsamen Zielsetzung, den umweltpolitischen Entscheidungsprozeß zum Schutz des Klimas voranzutreiben. Das politische Umfeld war der Arbeit der EK I insofern förderlich, als die politischen Parteien und die Bundesministerien in diesem neuen Politikfeld noch nicht ihre Interessen und Positionen definiert hatten. Die Abgeordneten waren deshalb nicht von vornherein in ihrem Handlungsspielraum an eine „Fraktionslinie" gebunden. Durch die Neuheit des Themas fehlten zudem organisierte Gegeninteressen in den Fraktionen und Ministerien. Andere wichtige politische Akteure, wie Gewerkschaften, Umwelt- und Industrieverbände, griffen das Thema mit starker Verzögerung auf. Innerhalb des politisch-administrativen Systems nahm die EK I zumindest in der Anfangszeit deshalb eine Monopolstellung ein.

Parallel zu der Aufarbeitung des aktuellen Sachstandes in der FCKW-Ozonforschung wurden das Studienprogramm „Umwelt und Energie" konzipiert und die Forschungsaufträge vergeben. Nach der Vorlage des Zwischenberichts zur FCKW-Ozonproblematik im November 1988 (EK I, 1990a) befaßte sich die Kommission mit dem „Schutz der tropischen Wälder", dessen Bearbeitung trotz fehlender direkter nationaler Betroffenheit wesentlich konfliktreicher verlief (vgl. Vierecke, 1995: 111). Der Tropenwaldschutz war politisch bereits „belastet" mit bestehenden parteipolitischen Problemperzeptionen, Erklärungsmustern und koalitionsinternen Kompetenzverteilungen. Offen zutage traten diese, als der FDP-Fraktionsvorsitzende Graf Lambsdorff Ende 1989 Änderungen im Berichtsentwurf verlangte. Streitpunkte waren die Ursache der Tropenwaldzerstörung und kritische Anmerkungen zur Struktur der Weltwirtschaft. Während die FDP die Entwicklungsländer selbst als Schuldige sah und auf deren Eigenverantwortung hinwies, betrachteten die Kommissionsmitglieder der SPD und der Grünen die internationalen wirtschaftlichen Rahmenbedingungen als zentrale Ursache. Der Konflikt konnte nicht gelöst werden. Die Texte wurden im Sinne der FDP verändert, und die abweichenden Positionen der Oppositionsabgeordneten wurden in Form von Minderheitenvoten in den Bericht aufgenommen (EK I, 1990b).

Die Zeit für diese Auseinandersetzung fehlte beim Energiethema. Die Abschlußphase litt jedoch nicht nur unter Zeitdruck, sondern auch unter dem bereits angelaufenen Bundestagswahlkampf und dem Vorgehen der Kommission, Streitpunkte zurückzustellen. Trotzdem gelang es der EK I innerhalb von vier Monaten, das Studienprogramm auszuwerten, einen fachlich hochwertigen Sachstandsbericht zusammenzustellen und einen Teilkonsens in den Handlungsempfehlungen zu erreichen. Ein wesentlicher Grund für den Erfolg der EK I ist, daß diese sich nicht - wie so viele politische Gremien zuvor - an der Kernenergiefrage festbiß, sondern dieses Teilproblem zugunsten anderer Energiethemen an den Rand stellte, den Konflikt nicht zu überbrücken versuchte, sondern in einem gespaltenem Votum darstellte (EK I, 1990c). Ebenso wichtig war die reibungslose Zusammenarbeit zwischen den Fraktionsobleuten, dem Vorsitzenden und dem Sekretariat, die gemeinsam das Herz der Kommission bildeten.

Die Berichte der 1. Klima-Enquête. Innerhalb der dreijährigen Arbeitszeit hat die Kommission drei Berichte im Gesamtumfang von rund 3300 Seiten vorgelegt. Hinzu kommen noch zehn Anlagenbände mit dem Studienprogramm. Die Berichte bestehen aus einem Sachteil, in dem der aktuelle Wissensstand zu den Ursachen und Folgen des Treibhauseffektes sowie des Ozonabbaus in der Stratosphäre mit Vorschlägen für Maßnahmen zur Reduzierung klimarelevanter Spurengase dargestellt wird und einem relativ knapp gehaltenen Empfehlungskatalog: Erst die umfassende Diagnose, dann die politische Rezeptur.

Der erste Bericht zum Schutz der Ozonschicht ist insofern eine Besonderheit, als es der Kommission gelungen ist, diesen komplett - einschließlich der Handlungsempfehlungen - einvernehmlich zu beschließen. Tenor aller Berichte ist die Aufforderung zu sofortigem umweltpolitischen Handeln (EK I, 1990a: 64). Die zentralen Forderungen der Kommission sind

- im FCKW-Bereich die Verschärfung des Montrealer Protokolls zum Schutz der Ozonschicht und die Einbeziehung der noch nicht erfaßten teilhalogenierten FCKW sowie die Einstellung der Produktion und der Verwendung vollhalogenierter FCKW in Deutschland bis zum Jahr 1995 und weltweit bis zum Jahr 1997 (EK I, 1990a: Teil C, Kap. 5);
- im Energiebereich die Reduzierung der energiebedingten CO_2-Emissionen in Deutschland um 30% bis zum Jahr 2005 (ausgehend vom Jahr 1987), sowie um 20-25% in der EG (EK I, 1990c: 1:87).

Interaktion mit anderen Akteuren. Enquête-Kommissionen sind auf den Kontakt zu anderen Akteuren und Entscheidungsträgern angewiesen, von denen sie zum einen Informationen, zum anderen Unterstützung bei der Durchsetzung ihrer politischen Empfehlungen benötigen. Als reines Beratungsinstrument hat eine Enquête-Kommission keine politische Entscheidungskompetenz. Innerhalb des Parlaments ist vor allem die Verbindung zur Fraktionsführung und zu dem für sie federführenden Ausschuß von Bedeutung (vgl. v. Thienen, 1987: 100).

Im Falle der Klima-Enquête war eine intensive Verbindung zu dem für den Klimaschutz zuständigen Umweltausschuß des Bundestages dadurch gewährleistet, daß dessen Vorsitzender gleichzeitig Vorsitzender der EK I war. Zudem waren weitere fünf Abgeordnete der EK Mitglieder des Umweltausschusses. Durch die Doppelmitgliedschaft war die Möglichkeit gegeben, noch vor Vorlage der Berichte, Ergebnisse aus den laufenden Beratungen in den parlamentarischen Willensbildungsprozeß einzubringen (vgl. Braß, 1990: 81).

Die Rückbindung der EK I an die Fraktion variierte zwischen den Fraktionen. Während in der CDU/CSU-Fraktion ein wissenschaftlicher Mitarbeiter für Umweltfragen tätig war, dessen Aufgabenfülle sich durch die Klima-Enquête noch erweiterte, richtete die SPD-Fraktion eigens einen Arbeitskreis ein, der durch zahlreiche Aktivitäten Informationen aus der Kommission in die Fraktionsarbeitskreise trug und dort zur Beschäftigung mit der Klimaproblematik anregte. Die Abgeordneten von FDP und Grünen arbeiteten engagiert, aber weitgehend isoliert von ihren an der Kommission nicht sehr interessierten Fraktionen.

Für die Bundesministerien besteht keine Schwierigkeit, bei Interesse die Arbeit einer EK zu verfolgen, sich sogar direkt an den Beratungen zu beteiligen, weil sie ein Anwesenheitsrecht haben. Von dieser Möglichkeit machten die betroffenen Ministerien auch intensiv Gebrauch. Umwelt-, Forschungs- und Wirtschaftsministerium sowie in der Tropenwaldfrage das Landwirtschaftsministerium und das Ministerium für wirtschaftliche Zusammenarbeit erkannten sehr schnell die Bedeutung dieser neuen Enquête als Informationsquelle und politischer Akteur. Zwischen EK I und den Ressorts entwickelte sich ein reger Informationsaustausch.

Schwer zu bewerten ist der Einfluß von Wirtschafts- und Umweltverbänden sowie der Medien auf die Arbeit der EK. Auffallend war, daß die Umweltverbände - mit Ausnahme von Greenpeace - nicht den Kontakt zu der Kommission - als möglichen Verbündeten - suchten. Der von der EK I ausgehende Kontakt zu Wirtschaftsverbänden, wie im übrigen zu anderen Interessenvertretern und Wissenschaftlern auch, beschränkte sich weitgehend auf Anhörungen. Vielleicht der wichtigste externe Akteur waren die Medien, die auch aufgrund gezielter Öffentlichkeitsarbeit der EK I regelmäßig über deren Tätigkeit berichteten und dadurch öffentlichen Druck zugunsten der Kommission erzeugten.

15.3.2 Die 2. Klima-EK: „Schutz der Erdatmosphäre"

Veränderte Rahmenbedingungen für die 2. Klima-EK. Am 27. Juni 1991 konstituierte sich die Nachfolge-EK II „Schutz der Erdatmosphäre". Nach der vielbeachteten Arbeit und der Aufforderung der Vorgängerin, zur Vertiefung der bisherigen Analyse erneut eine Klima-EK einzusetzen (EK I, 1990c: 1:114), schien es auch vor dem Hintergrund der Vorbereitungen zur UN-Konferenz für „Umwelt und Entwicklung" (UNCED), die knapp ein Jahr später in Rio de Janeiro tagen sollte, eine Selbstverständlichkeit, diese EK fortzusetzen.

Im Elan und Anspruch der EK I spiegelte sich teilweise auch das umweltpolitischen Forderungen gegenüber aufgeschlossene gesellschaftliche Klima der zweiten Hälfte der achtziger Jahre wider. Umweltthemen besaßen einen hohen Stellenwert bis hinein in die Industrie, die sich um ein besseres Umweltimage zu sorgen begann (vgl. Brandt, 1995: 54). Umweltschutz wurde zunehmend als wirtschaftlicher Modernisierungs- und weniger als belastender Kostenfaktor betrachtet (vgl. Müller, 1989: 15).

Ab 1991/1992 veränderte sich die politische „Großwetterlage" in Folge zweier Entwicklungen: Durch eine weltweite Konjunkturkrise verschlechterten sich die allgemeinen Wirtschaftsbedingungen (vgl. Malunat, 1994: 10), und zudem belastete der Prozeß der deutschen Wiedervereinigung mit wachsenden finanziellen Aufwendungen für den „Aufbau Ost" die deutsche Wirtschaft. Innerhalb kurzer

Zeit wurden Umweltthemen von ökonomischen und sozialen Problemen in den Hintergrund gedrängt. „In der Diskussion wird zum Teil offen der Abbau der Umweltpolitik gefordert", stellte der Sachverständigenrat für Umweltfragen fest (SRU, 1994: 27). Größere mediale Beachtung fand die Klimaproblematik noch einmal kurz vor und während der UNCED-Konferenz. Danach verschwand das Thema schnell aus den Medien und damit auch aus der politischen Diskussion. Der interne Diskurs blieb nicht unberührt vom gesamtgesellschaftlichen Problemkontext und der öffentlichen Diskussion.

Veränderungen gegenüber der 1. Klima-Enquête. Neben den externen Bedingungen veränderten sich auch zwei wichtige interne Einflußfaktoren gegenüber der EK I. Zum einen gab es personelle Veränderungen mit der Konsequenz, daß die Vermittlungschancen verringert und das Polarisierungspotential gestärkt wurde. Die beiden politisch dominierenden Akteure der EK I, der Vorsitzende Bernd Schmidbauer (CDU) und der Obmann der SPD-Fraktion, Michael Müller, deren gute Kooperation die Basis darstellte für die konsens- und zielorientierte Arbeit der EK I, schieden aus. Mit Klaus W. Lippold (CDU) erhielt die Kommission einen Vorsitzenden, der umweltpolitisch zurückhaltender agierte, die Koalitionsseite weniger dominierte als sein Vorgänger und weniger als neutraler Vermittler denn als Vertreter der CDU-Fraktion auftrat.

Durch die Verlagerung bei den Themenschwerpunkten wurden auch einige Neubesetzungen bei den Sachverständigen notwendig. Angesichts der Tatsache, daß EK weniger dem politischen Interessenausgleich dienen, als problemadäquate Lösungswege erarbeiten sollen, wäre es bei der Besetzung - wie im Fall der EK I - zweckmäßig gewesen, darauf zu achten, keine Person zu berufen, die einen von der Kommissionsarbeit betroffenen Akteur repräsentiert oder dessen Interessen stark verbunden ist (vgl. Mayntz, 1993: 51). Zumindest bei einem von der Koalitionsseite berufenen Sachverständigen, einem Abteilungsleiter des Automobilherstellers Mercedes-Benz, war die Interessenbindung offensichtlich (vgl. Bals, 1994). Unabhängig vom Verhalten des Sachverständigen hatte diese Berufung für die Oppositionsseite symbolischen Wert und trug erheblich zur Abkühlung der Verhandlungsatmosphäre bei. Ohne auf weitere Einzelfälle einzugehen, kann gesagt werden, daß zum einen durch die Neubesetzungen das Interessenspektrum innerhalb der Koalitionsseite heterogener und dadurch schon koalitionsintern die Bedingungen für einen Konsens erschwert wurden. Zum anderen wurden bestandssichernde gegenüber reformorientierten Interessen gestärkt.

Der zweite Unterschied betraf den politisch sehr sensiblen, weil explizit maßnahmen- und umsetzungsorientierten Arbeitsauftrag. Der Auftrag war insofern politisch schwieriger zu bewältigen, als die Kommission aufgefordert war, „über die allgemeinen Maßnahmenempfehlungen ihrer Vorgängerin hinaus konkrete klimaschutzrelevante und umsetzungsorientierte Handlungsempfehlungen" zu erarbeiten (EK II, 1995: 1); und dies für die Bereiche Energie, Landwirtschaft und Wälder sowie - als Ersatz für die Ozonproblematik - für den umweltpolitisch bislang geradezu unantastbaren und äußerst politisierten Verkehrsbereich.

Der Beratungsprozeß. Das erste Jahr der neuen Enquête verlief in einer produktiv-harmonischen Atmosphäre. In dieser Phase wurde der Endbericht der ersten Kommission aktualisiert und um einen Entwurf für eine internationale Klimakonvention ergänzt. Danach begannen die Arbeiten für den Verkehrs- und den Landwirtschaftsbericht.

Während die EK II über die Kontroversen zum Verkehrsthema fast auseinanderbrach, verlief die Verabschiedung des Landwirtschaftsberichtes trotz erheblicher Interventionen des Landwirtschaftsministeriums und der Landwirtschaftsinteressen innerhalb der Koalitionsfraktionen nahezu reibungslos und führte zu einem Konsens bei den Handlungsempfehlungen (EK II, 1994b). Zusammengefaßt waren die wesentlichen Konfliktquellen: a) ungeschicktes Taktieren des Vorsitzenden, was bei der SPD Mißtrauen erzeugte, b) die mangelhafte Zusammenarbeit zwischen Vorsitzendem, Sekretariat und Sekretariatsleiter, c) die Divergenzen zwischen dem von der SPD benannten Verkehrsexperten und den SPD-Abgeordneten sowie d) die starke Polarisierung in der Verkehrsdiskussion im Vorfeld der Kommissionsarbeit.

Von der SPD-Fraktion wurde der interne Konflikt gezielt in die Medien getragen und die Person des Mercedes-Benz-Sachverständigen als Kulminationspunkt der Auseinandersetzung dargestellt. Zweifellos stand dieser Sachverständige Autoverkehrsinteressen näher als der Idee einer „Verkehrswende". Daraus darf aber nicht geschlußfolgert werden, daß ohne diesen Sachverständigen die Chancen für einen Konsens erheblich größer gewesen wären. Schließlich zeigte sich in der Wahl des Sachverständigen das verkehrspolitische Grundverständnis der benennenden Partei. Vorrangig wurde diese Personalentscheidung für die politische Konfliktaustragung und individuelle Profilierungsbedürfnisse instrumentalisiert.

Im Gegensatz dazu wurde der Landwirtschaftsbericht von einer kleinen, in ihrer Problemsicht homogenen Arbeitsgruppe innerhalb der EK II gewisserweise als Randthema behandelt. Der Zusammenhang zwischen Landwirtschaft und Klimaveränderungen fand nur wenig Interessenten in der EK II. Zudem hatte es die EK II mit einem Wirtschaftszweig zu tun, der in den vergangenen Jahren durch Agrarskandale (Hormonbehandlungen, Massentierhaltungen), die Thematisierung des Zusammenhanges zwischen Landwirtschaft und Artensterben und das Dauerthema - zunehmend kritisierter - Agrarsubventionen unter wachsenden Modernisierungsdruck geraten war.

Der Energiesektor, dem sich der Abschlußbericht widmete, stellte die Kommission vor drei besondere Probleme. Zum einen erforderte der Auftrag eine neue Qualität der Politikberatung. Problemdefinition, die Abschätzung von Auswirkungen und Kosten möglicher Klimaveränderungen sowie allgemeine Handlungsorientierungen, dies alles lag vor. Dieser Rahmen mußte nun gefüllt werden mit einem konkreten Handlungsprogramm. Mit der Nähe zur Arbeit der Exekutive und der steigenden Zahl an Detailproblemen verkomplizierte sich zwangsläufig der - schon durch den Verkehrskonflikt angespannte - Beratungsprozeß. Zweitens verblieb nicht einmal mehr ausreichend Zeit, um die Ergebnisse des

Studienprogramms auszuwerten und in der Kommission zu diskutieren. Abgesehen davon nahmen der Parteienwettbewerb mit der Nähe zur Bundestagswahl auch in der Kommission zu und der Raum und die Bereitschaft für Kompromisse und die zeitintensive Suche nach Konsensmöglichkeiten ab. Drittens gelang es der EK II - im Gegensatz zu ihrer Vorgängerin - nicht, die Kernenergieproblematik auszugrenzen, um zumindest in anderen Bereichen gemeinsame Positionen zu entwickeln. Im Ergebnis formulierten Regierungs- und Oppositionsseite getrennt voneinander umfangreiche Handlungsempfehlungen, die zwar die parteipolitischen Konfliktlinien deutlich herausarbeiten, aber in dieser Form den parlamentarischen Willensbildungs- und Entscheidungsprozeß eher lähmten als anstießen (EK II, 1995: Kap. B9).

Die Berichte der 2. Klima-EK. Auffallend beim Verkehrs- und Energiebericht sind einerseits die unvereinbar scheinenden Gegensätze der getrennten Handlungsempfehlungen, andererseits der Bruch zwischen Problemdarstellung und den daraus gezogenen Konsequenzen in Form von Handlungsempfehlungen.

Der Konsens in Kommissionsempfehlungen ist kein Selbstzweck. Einerseits ist es wenig zweckmäßig, durch leerformelhafte Kompromisse bestehende Meinungsdivergenzen zu verdecken. Andererseits wird es für Parlament und Bundesregierung in dem Maße schwieriger, die Ergebnisse einer EK zu ignorieren, wie es gelingt, gemeinsame Empfehlungen zu beschließen (vgl. v. Gayl, 1992: 86). Die Gegensätze in der Energie- und Verkehrsdebatte beschränken sich nicht auf Einzelfragen. In den getrennten Voten wird ein grundsätzlicher Konflikt über die Rolle des Staates und marktwirtschaftliche Ordnungsformen sichtbar (EK II, 1995: Kap. B10). Ungeachtet dieser Gegensätze beinhaltet der Bericht in seinem analytischen Teil zahlreiche konkrete Maßnahmen zur Verminderung treibhauswirksamer Gase, die u.U. als politischer Ideenkatalog dienen können. Der Bericht enthält außerdem einen Vergleich verschiedener Energieszenarien als Orientierungshilfe für die zukünftige Politik. Vielleicht der politisch wichtigste Abschnitt dieses Berichtes ist die Darstellung des naturwissenschaftlichen Sachstandes, denn die grundsätzliche Diskussion über Klimaveränderungen und die von ihnen ausgehenden Gefahren flammt immer wieder auf und hat in den Vereinigten Staaten die staatliche Klimapolitik zum Erliegen gebracht. Für die EK II sind die Indizien eindeutig genug, um sofortige weitreichende Maßnahmen zu rechtfertigen.

Kennzeichnend für den Verkehrsbericht ist die Divergenz zwischen Sachstandsbeschreibung und Handlungsempfehlungen der Kommissionsmehrheit (EK II, 1994a). Die EK II hat umfangreiche Daten zu den Auswirkungen des Verkehrs auf die Umwelt zusammengetragen, die den Verkehrssektor als gewaltige Schadstoffquelle identifizieren. Die am Status quo orientierten Handlungsempfehlungen der Koalitionsseite werden der geschilderten Problemdimension kaum gerecht. So wird u.a. die „beschleunigte Umsetzung" des im Bundesverkehrswegeplan vorgesehenen Ausbauprogrammes als eine Maßnahme zur CO_2-Reduzierung gefordert (EK II, 1994a: 253). Im starken Kontrast dazu stehen die anregenden Handlungsempfehlungen der Opposition, die sich bei der Ausarbeitung offensichtlich nicht von Überlegungen zur politischen Durchsetzbarkeit in ihrer Innovationsbereitschaft beengen ließ. Dort wurde versucht, die Leitlinien für eine „Verkehrswende im Sinne einer generellen Umorientierung der wirtschaftlichen und gesellschaftlichen Einordnung des Verkehrs" zu entwerfen (EK II, 1994a: 296). Aufschlußreich ist der Bericht hinsichtlich der politischen Handlungsspielräume in der Verkehrspolitik. Mit ihrem dritten Zwischenbericht legte die EK II eine umfassende und fundierte Darstellung des derzeitigen Wissensstandes über die wechselseitige Beeinflussung von Landwirtschaft/Wäldern und Klimaveränderungen vor (EK II, 1994b). Vor weitgehend leeren Bänken und zu später Stunde diskutierte der Deutsche Bundestag den Abschlußbericht der EK II am 20. Januar 1995.

Interaktion mit anderen Akteuren. Während der Tätigkeit der EK II veränderte sich das Verhältnis zu und die Zusammenarbeit mit einigen externen Akteuren. Beispielsweise führte die EK I mit den Medien einen intensiven und hauptsächlich fachbezogenen Dialog. Nach außen trat die Kommission über ihren Vorsitzenden geschlossen auf. Dagegen zerfiel die EK II in ihrem äußeren Erscheinungsbild in Parteilager. Interne Konflikte wurden über die Medien ausgetragen, wobei Personalfragen und Parteitaktik im Mittelpunkt standen.

Der Kontakt zu den Bundesministerien war in der EK II schwächer als in der Vorgängerin. Die Ministerien mit thematischem Bezug zur Kommissionsarbeit (Forschung, Verkehr, Landwirtschaft, Wirtschaft, Bau, Umwelt) verfolgten die Beratungen jedoch weiterhin sehr genau. Allerdings ließ das Interesse gerade seitens des Umweltministeriums erheblich nach, weil sich das eigentliche politische Geschehen in andere Gremien verlagert hatte. Im Juni 1990 richtete die Bundesregierung eine Interministerielle Arbeitsgruppe (IMA) „CO_2-Reduktion" ein, die der inneradministrativen Koordinierung dient. Die IMA hatte im Grunde den gleichen Arbeitsauftrag wie die EK II (BT.-Drs. 12/2081). Keines der beiden Gremien zeigte jedoch großes Interesse an der Arbeit des anderen. Die Zusammenarbeit reichte nicht über sporadische Einzelkontakte hinaus. Auch für Verbände und Interessengruppen war die IMA als direkt entscheidungsvorbereitendes Gremium von größerer Bedeutung als die Klima-EK.

15.4 Die Umsetzung der Kommissionsempfehlungen

Ergebnisse und Empfehlungen von EK führten bislang nur in Ausnahmefällen direkt zu Regierungsbeschlüssen und Gesetzgebungsaktivitäten. Insofern bildet die EK I eine Ausnahme. Von ihr gingen wesentliche Impulse für die politische Willensbildung in Legislative und Exekutive aus. Durch ihre Arbeit hat die Klima-EK das Parlament im Aufgabenfeld Klimaschutz zeitweise in die Rolle versetzt, die der Legislative nach der Vorstellung des klassischen Modells der Gewaltenteilung zugeschrieben wird: Zentrum politischer Planung und Steuerung. Nach einer langen Phase wissenschaftlicher Diskussion und politischer Ignoranz und Zurückhaltung folgte, mitausgelöst durch die Klima-EK, Anfang der 90er Jahre eine kurze Phase reger Beschlußaktivität. Dabei wurden zahlreiche Empfehlungen der Kommission von der Bundesregierung aufgegriffen (BT-Drs. 12.1136).

Zum Schutz der Ozonschicht folgte die Bundesregierung der von der Kommission vorgeschlagenen Ausstiegsstrategie, die zunächst eine Selbstverpflichtung der betroffenen Industrie vorsah, der bei Nichterfüllung ein gesetzliches Verbot folgen sollte. Aufgrund der zögerlichen Haltung der Industrie verabschiedete die Bundesregierung am 6. Mai 1991 eine FCKW-Halon-Verbots-Verordnung (BGBl. I: 1090).

Bei der Festlegung von CO_2-Minderungszielen kam es geradezu zu einem Wettbewerb zwischen der Kommission und dem Umweltministerium um die Festlegung des höchsten Minderungszieles - ein seltenes Beispiel für positive Koordination. Noch bevor die Kommission ihren Bericht vorlegen konnte, präsentierte die Bundesregierung am 13. Juni 1990 ein nationales CO_2-Minderungsprogramm, das deutlich auf der Vorarbeit der EK I aufbaute.

Aufmerksamkeit verdient aber weniger die Zeitkomponente, in der das Konkurrenzverhältnis zwischen Parlament und Bundesregierung sichtbar wird, sondern eher die in dem Beschluß enthaltenen international einmaligen Reduktionsziele von 25-30% bis zum Jahre 2005 auf der Grundlage der Werte von 1987. Von der IMA CO_2-Reduktion wurde ein Maßnahmenkatalog zur Realisierung dieses Zieles erarbeitet. Noch im gleichen Jahr 1991 und 1994 folgten Fortschreibungen des Minderungsprogrammes (BT-Drs. 12/2081 und BT-Drs. 12/8557). Allerdings geriet die Umsetzung der beschlossenen Maßnahmen zunehmend ins Stocken (vgl. Schafhausen, 1994a: 32f; SPD, 1995: 6-14). Wichtige Maßnahmen, wie die Wärmenutzungsverordnung oder eine CO_2-/Energiesteuer, wurden von Wirtschaftsinteressen verhindert.

15.5 Einfluß der Kommissionen auf Variablen des politischen Problemverarbeitungsprozesses

Die Klima-EK hat die Politik in dem neu entstandenen Politikfeld „Schutz der Erdatmosphäre" zeitweise maßgeblich mitgestaltet. In verschiedener Weise hat die Kommission politische Handlungsrestriktionen verringert und damit wesentliche Voraussetzungen dafür geschaffen, daß weitreichende Beschlüsse zum Schutz der Erdatmosphäre getroffen werden konnten.

Eine wesentliche Restriktion, die insbesondere die Arbeit des Bundestages prägt, ist die Knappheit von Zeit und personellen Ressourcen. Arbeits- und Aufnahmekapazität des Parlaments sind sehr begrenzt. Mit der Einrichtung der Klima-EK wurde der Bundestag in die Lage versetzt, sich intensiv mit dem neuen Problemkomplex zu beschäftigen.

Eine weitere restriktive Variable ist das Ausmaß wissenschaftlicher Unsicherheit. Im Unterschied zu anderen Staaten führte die wissenschaftliche Kontroverse über die Zuverlässigkeit von Klimamodellen und der zukünftigen Entwicklung des Klimas in Deutschland nicht zu einer Verzögerung umweltpolitischer Maßnahmen. Dies ist sicherlich zum Teil auch der Arbeit der Klima-EK zuzurechnen, die die Entwicklung eines wissenschaftlichen Konsens unterstützte, wodurch Wissenschaftler eine einflußreiche Rolle im politischen Prozeß einnehmen konnten (vgl. Jäger, 1994: 13).

Für die Lern- und Sensibilisierungsprozesse innerhalb der politischen Institutionen war der kontinuierliche und direkte Austausch von Wissenschaftlern und Politikern förderlich, weil dadurch permanent neue wissenschaftliche Ergebnisse direkt in den politischen Bereich transferiert wurden.

Eine zentrale Variable für den politischen Prozeß ist die politische Relevanz eines Themas, die vom Maß öffentlicher Beachtung und Wertschätzung abhängig ist. Die EK stimulierte die öffentliche Diskussion zum einen direkt durch ihre Arbeit und zum anderen indirekt dadurch, daß sie Anstöße für Medien und Wissenschaftler zur Beschäftigung mit den Themen gab. Ohne die Arbeit der EK wäre der öffentliche Druck geringer und die öffentliche Karriere des Themas vermutlich kürzer gewesen. Viele gesellschaftliche Akteure wurden zudem über Anhörungen in den Lernprozeß der EK einbezogen.

Ein wichtiger Effekt der EK war auch die Öffnung des politischen Systems für Positionen aus dem Wissenschaftsbereich, die zuvor von der Bundesregierung eher ausgegrenzt wurden. Gemeint sind alternative ökologische Institute: Von der Fraktion der Grünen wurde ein Wissenschaftler des Freiburger Öko-Instituts als Sachverständiger in die Kommission berufen.

Positiv kann also bilanziert werden, daß die Klima-EK, die erste mehr als die zweite, maßgeblich zur Steigerung der Handlungsfähigkeit des politischen Systems im Bereich des Klimaschutzes beigetragen haben und mit ihren Arbeitsergebnissen wichtige Grundlagen für die Klimapolitik in Deutschland lieferten.

16 Politische Umsetzung der Empfehlungen der beiden Klima-Enquête-Kommissionen (1987 - 1994) - eine Bewertung

Monika Ganseforth

16.1 Die erste Klima-Enquête-Kommission „Vorsorge zum Schutz der Erdatmosphäre" des 11. Deutschen Bundestages (1987 - 1990)

Im Oktober 1987 setzte der Bundestag mit einem einstimmigen Beschluß eine Enquête-Kommission „Vorsorge zum Schutz der Erdatmosphäre" (EK I) ein (BT-Drs. 11/971). Ihre Ergebnisse wurden in drei Berichten zusammengefaßt und dem Parlament vorgelegt:
- Schutz der Erdatmosphäre - eine internationale Herausforderung (EK I, 1990a);
- Schutz der tropischen Wälder (EK I, 1990b)
- Schutz der Erde - Eine Bestandsaufnahme mit Vorschlägen zu einer neuen Energiepolitik (EK I, 1990c)

Diese Berichte fanden national und international große Anerkennung, wobei die indirekte Wirkung und die Umsetzung der Empfehlungen im nichtpolitischen Bereich weitreichend waren, was dazu führte, daß die Bundesrepublik eine wichtige Rolle in der internationalen Klimadebatte einnahm.

16.1.1 Ozonabbau

Wegen der Dringlichkeit widmete sich die EK I zunächst diesem Problem. Neben der Erarbeitung der Ursachen und Auswirkungen des Ozonschwundes stand die Notwendigkeit der schnellen Beendigung der Produktion und Anwendung der ozonzerstörenden Substanzen FCKW und Halone im Vordergrund. Anwendungsfelder für FCKW sind Sprays, Kunststoffaufschäumung, Kälte- und Klimatechnik und Reinigungen. Halone werden in Feuerlöschern eingesetzt. Obwohl es dabei nur um zwei Herstellerfirmen in der alten Bundesrepublik ging, bei denen die FCKW-Produktion auch nur einen kleinen Teil der Produktpalette darstellte, gestaltete sich die Diskussion um die Produktionseinstellung sehr schwierig. Die Produzenten und der Verband der Chemischen Industrie (VCI) versuchten ein

Verwirrspiel durch unvollständige und falsche Mengenangaben über Produktion, Anwendung, Import und Export der FCKW. Dazu äußerten sie immer wieder Zweifel an der gefährlichen Wirkung dieser Substanzen.

Dieses unglaubliche „Mauern" angesichts der Gefahr, die durch die Zerstörung der Ozonschicht drohte, rief den Unmut aller Mitglieder der EK I und ihres Vorsitzenden Bernd Schmidbauer (CDU) hervor und war ein wesentlicher Grund dafür, daß die Handlungsempfehlungen von allen Parteien und allen Wissenschaftlern einstimmig getragen wurden.

Die Koalition wollte den Ausstieg aus der FCKW-Produktion und -Anwendung durch Verhandlungen mit der chemischen Industrie und mit Selbstverpflichtungen erreichen. Die SPD und die Grünen wollten ein Sofortverbot. Allerdings war zu befürchten, daß die beiden deutschen Hersteller von FCKW und Halonen ihre Produktion zu ihren Töchtern ins europäische (Spanien) oder außereuropäische (Brasilien) Ausland verlagerten. Die Vertreterinnen und Vertreter von Koalition und Opposition bewegten sich angesichts der Größe des Problems und des ungeschickten Taktierens der chemischen Industrie aufeinander zu und trugen einstimmig den Kompromiß, der Verhandlungen mit engen zeitlichen Grenzen vorsah. Am Ende stand dann die FCKW-Halon-Verbotsverordnung, die den stufenweisen Ausstieg vorsieht.

Der Bericht „Schutz der Erdatmosphäre - eine internationale Herausforderung" (EK I, 1990a) wurde als einziger einstimmig verabschiedet. Dazu trug sicher auch bei, daß mit dem von der SPD benannten Experten Paul Crutzen - ein Ozonforscher von Rang - überzeugend mitarbeitete. 1995 wurde er mit dem Nobelpreis für Chemie ausgezeichnet. Inzwischen versucht die chemische Industrie, ihr ungeschicktes und unverantwortliches Taktieren vergessen zu machen, indem sie sich als treibende Kraft beim Ausstieg aus den ozonzerstörenden Substanzen darstellt.

Allerdings werden noch nicht in allen Anwendungsbereichen in notwendigem und möglichem Umfang Ersatzstoffe und -verfahren, die weder die Ozonschicht schädigen noch das globale Klima anheizen, verwandt. Der Einstieg in die massenhafte Anwendung der klimaschädlichen FKW (Fluorkohlenwasserstoffe), vor allem FKW 134a, ist dank des Öko-Kühlschranks auf Propan-Butan-Basis, der durch eine Greenpeace-Kampagne unterstützt wurde, nicht ganz gelungen. Aber bei größeren Kälteanlagen und besonders bei Autoklimaanlagen versucht die chemische Industrie weiterhin, auf FKW 134a zu setzen, das sehr treibhauswirksam ist. Neben der Ausstiegs- und Ersatzstoffproblematik hat sich die EK I auftragsgemäß um Ursachen, Ausmaß und Wirkungen des Ozonschwunds gekümmert.

Die Arbeit der EK I wurde kontinuierlich von Vertreterinnen und Vertretern des Umweltbundesamtes und der Ministerien begleitet, so daß von Regierungsseite teilweise Maßnahmen ergriffen wurden, bevor die Kommission entsprechende Empfehlungen verabschiedete. Das traf vor allem auf die vom Bundesforschungsministerium aufgelegte Ozon-Meßkampagne zu.

16.1.2 Vernichtung der Tropenwälder

Auch bei diesem Thema sah es zunächst so aus, als könne es zu einstimmigen Empfehlungen kommen. Darüber, daß die uralten tropischen Regenwälder, ein Erbe der gesamten Menschheit, mit großer Geschwindigkeit vernichtet werden und daß diese Zerstörung, nicht nur aus Gründen des globalen Klimas, schnellstens beendet werden muß, herrschte große Einigkeit in der EK I. Je mehr sich aber herausstellte, daß die Tropenwaldvernichtung eng mit dem Weltwirtschaftssystem, der Verschuldung der Tropenländer, der Landbesitzverteilung und der sozialen und kapitalistischen Strukturen verknüpft ist, und je mehr der Einfluß der Industrieländer und der Weltbank in den Blick kam, desto weiter gingen die Auffassungen auseinander. Dazu gelang es Ministerienvertretern über eine Abgeordnete der FDP, großen Einfluß auf die EK I zu gewinnen.

So fanden beispielsweise Empfehlungen, dem internationalen Holzhandel auf die Finger zu sehen, die Forstwirtschaft zu kritisieren, sich gegen die Aufforstung mit schnell wachsendem Eukalyptus und anderen Monokulturen auszusprechen, keine Mehrheit (vom Tropenholzboykott ganz zu schweigen). Daher enthält der 2. Bericht „Schutz der tropischen Wälder" in weiten Passagen Mehrheits- und Minderheitsvoten. Allerdings bewilligte die Bundesregierung Mittel zum Schutz des Tropenwaldes (z.B. für Projekte in Brasilien), die bisher wenig Wirkung entfalteten, weil sie entweder nicht abgerufen oder für die falschen Projekte verwendet wurden. Wirksamer Schutz der Tropenwälder verlangt mehr als einen Tropenwaldfonds (EK I, 1990b). Leider ist festzustellen, daß es bisher nicht gelungen ist, die Zerstörung des Tropenwaldes zu stoppen.

16.1.3 Energie und Klima

Zu diesem Themenkomplex wurden neben großen Anhörungen rd. 150 Studien an 50 Institute vergeben. Dabei wurden jeweils mindestens zwei Institute mit unterschiedlichen Ansätzen mit einer Aufgabenstellung befaßt. Ihnen wurde abverlangt, der Kommission gemeinsam getragene Ergebnisse zur Aufgabenstellung (z.B. technisches und wirtschaftliches Potential an erneuerbaren Energien oder Möglichkeiten der Effizienzsteigerung bei der Energiebereitstellung) vorzulegen. Dadurch wurde erreicht, daß sie sich aufeinanderzubewegen und einigen mußten. So hielt sich der Expertenstreit über die Datenbasis in Grenzen (EK I, 1990d, 10 Bände).

Das technische Verminderungspotential des Treibhausgases CO_2 wurde auf 35-45% ermittelt. Die CO_2-Reduktionsziele, die die Wissenschaft vorgibt, um das dramatische Zusammenbrechen der Ökosysteme zu verhindern und die Klimaänderungen durch den anthropogenen Treibhauseffekt in erträglichen Grenzen zu halten, lassen sich also technisch realisieren: 30% Reduktion bis zum Jahr 2005 bezogen auf 1987 und 80% bis zum Jahr 2050. In Szenarien sollte nachgewiesen werden, wie die 30%ige Reduktion bis zum Jahr 2005 erreicht werden kann.

Dabei sollten die rationelle Energieverwendung, der forcierte Einsatz regenerativer Energien und Energiesparen Priorität haben.

In der EK I war bei den Parteien und Wissenschaftlern der Beitrag der Atomenergie umstritten. Daher wurden drei Szenarien mit unterschiedlichen Randbedingungen gerechnet:
- dem Ausbau der Atomenergie;
- der Beibehaltung des Anteils der Atomenergie;
- der Beendigung der Atomenergienutzung mit der Untergruppe: Sofortausstieg.

Nach den Studien war das Klimaschutzziel unter allen drei Vorgaben erreichbar. Dazu bedarf es jedoch in jedem Fall einer grundlegenden Umstrukturierung des Energieangebots und der Energienutzung. Im Vordergrund sollte dabei die rationelle Energienutzung, d.h. die Erhöhung der Wirkungsgrade vom Einsatz der Primärenergie bis zur Energiedienstleistung beim Nutzer stehen. Der forcierte Einsatz erneuerbarer Energien sollte ebenfalls Priorität erhalten. Zu ihrer Durchsetzung und zum Hemmnisabbau gegenüber einer klimaverträglichen Energienutzung schlug die EK I einvernehmlich zahlreiche Maßnahmen zur Beratung, Schließung von Wissenslücken, Anreize, Förderung, höhere Energiepreise, Gesetze und Verordnungen vor.

Daß es zu keiner einheitlichen Empfehlung bezüglich der Nutzung der Atomenergie kam, war zu erwarten, spielte aber bei den Diskussionen eine untergeordnete Rolle. Kein Mitglied der EK I votierte für den Ausbau der Atomenergie. Im Abschlußbericht „Schutz der Erde - Eine Bestandsaufnahme mit Vorschlägen zu einer neuen Energiepolitik" (EK I, 1990c) empfahl die Mehrheit die Klimapolitik unter Beibehaltung des ggw. Anteils der Atomenergie. Die Minderheit votierte für Klimaschutz verbunden mit dem Ausstieg aus der Atomenergienutzung. Der Energiebericht enthält weitgehend gemeinsam getragene Analysen und Empfehlungen zur Energiepolitik. Angesichts der Größe der Herausforderung und der Dramatik der Klimarisiken war die Arbeit getragen vom Willen nach konstruktiver Zusammenarbeit und möglichst einvernehmlichen und weitgehenden Empfehlungen. Das änderte auch der Vorwahlkampf 1990 nicht.

16.1.4 Klimaschutz - ein politisches Thema

Vor dem Hintergrund der Arbeit der EK I setzte die Bundesregierung am 13. Juni 1990 noch vor Fertigstellung des Abschlußberichts eine „Interministerielle Arbeitsgruppe (IMA) CO_2-Reduktion" ein, der unter dem Vorsitz des Bundesumweltministers (BMU) das Wirtschaftsministerium (BMWi: Schwerpunkt Energieversorgung), das Verkehrsministerium (BMV), das Bundesbauministerium (BMBau: Gebäudebereich), das Forschungsministerium (BMFT: erneuerbare Energien) und das Landwirtschaftsministerium (BML) angehörten. Die IMA bestätigte im wesentlichen die Studienergebnisse der EK I. Sie listete detailliert und konkret auf, was an ökonomischen Instrumenten, Anreizen, Verordnungen, Gesetzesnovellen (Energiewirtschaftsgesetz!) nötig und möglich sei.

Vier Wochen vor der Bundestagswahl nahm die Bundesregierung am 7. November 1990 den IMA-Bericht zustimmend zur Kenntnis und verabschiedete eine Absichtserklärung zum Klimaschutz mit einer detaillierten Auflistung von Maßnahmen und Instrumenten (vgl. Kap. 18). Der damalige Bundesumweltminister Klaus Töpfer bemerkte hierzu:

> Mit ihrem Beschluß vom 7. November 1990 hat die Bundesregierung bewiesen, wie ernst sie die globale Klimagefährdung nimmt. ... Unser Ziel ist es, die CO_2-Emissionen im bisherigen Bundesgebiet um 25%, in den neuen Bundesländern um einen deutlich höheren Prozentsatz bis zum Jahr 2005, bezogen auf das Emissionsvolumen 1987, zu verringern. (Presseerklärung BMU, November 1990)

Die SPD entwickelte das Konzept einer *Ökologischen Steuerreform*: Energie und Mineralöl sollten verteuert, Arbeit steuerlich entlastet werden. Dazu sollten der öffentliche Nahverkehr und die erneuerbaren Energien gefördert werden. Diese Themen wurden im Wahlkampf 1990 durch die Deutsche Einheit jedoch in den Hintergrund gedrängt.

Nach dem Wahlsieg der Koalitionsparteien im Dezember 1990 enthielten die Koalitionsvereinbarung vom 16. Januar 1991 und die Regierungserklärung am 30. Januar 1991 noch weitgehende, auch nationale Klimaschutzziele. Am 27. September 1991 debattierte der Bundestag den Klimabericht und beschloß auf seiner Grundlage einstimmig folgende Reduktionsziele bis zum Jahr 2005: CO_2-Emissionen ca. 30%, Methan (CH_4) mindestens 30%, Stickoxide (NO_X) mindestens 50%, Kohlenmonoxid (CO) mindestens 60%, flüchtige organische Verbindungen ohne Methan (VOC) mindestens 80%.

16.1.5 Die Kehrtwende

Während diese deklarierten Klimaschutzziele von der Bundesregierung mehrmals öffentlich wiederholt und bekräftigt wurden - z.B. in Berlin im April 1995 - stagniert deren Umsetzung. In ihrer konkreten Politik rückt die Bundesregierung nicht nur von den Maßnahmen und Instrumenten ab, sondern sie fördert Strukturen, die zwangsläufig und langfristig höhere CO_2-Emissionen nach sich ziehen (z.B. Bundesverkehrswegeplan). Klimaschutzpolitik ist zur „als-ob"-Politik verkommen.

Von den notwendigen und empfohlenen Instrumenten wurde bisher praktisch nichts umgesetzt. Die *CO_2-/Energiesteuer* rückte durch immer höhergetriebene Bedingungen in weite Ferne. Die *Wärmenutzungsverordnung*, die nach Aussage des Umweltbundesamtes etwa 30% des CO_2-Einsparpotentials (100 Mio. t CO_2 jährlich) bringen würde, wurde weiter verschoben und schließlich der „Selbstverpflichtung der Industrie" geopfert. Die *Steuerabzugsfähigkeit* für Energiesparmaßnahmen (§ 82 EStG), die noch die sozialliberale Regierung Schmidt anläßlich der Ölkrise eingeführt hatte, wurde von der Regierung *nicht* verlängert.

Das *1000-Dächer-Photovoltaikprogramm*, zu kurzatmig und suboptimal konzipiert, um wirklich erfolgreich zu sein, ist ausgelaufen. Inzwischen wird folgerichtig die Produktion von Solarzellen in Deutschland eingestellt - industrie- und klimapolitisch eine schlimme Entwicklung.

Das von einer parteiübergreifenden parlamentarischen Initiative auf den Weg gebrachte *Stromeinspeisungsgesetz* hat sich bewährt und muß auf Strom aus Kraft-Wärme-Kopplung ausgedehnt werden. Die Energieversorgungsunternehmen versuchen statt dessen, das ungeliebte Gesetz zu unterlaufen. Die *Heizungsanlagenverordnung* wurde novelliert. Sie müßte aber nachgebessert werden, weil sie kleine Heizungsanlagen ausnimmt. Dadurch werden beispielsweise 80% der Umwälzpumpen nicht erfaßt. Sie sind ineffizient und überdimensioniert.

Allein die *Wärmeschutzverordnung* ist - nach heftigen Auseinandersetzungen mit der Bayerischen Ziegelei-Industrie und der Architektenschaft - abgeschwächt und verzögert in Kraft getreten. Sie ist aber vom Niedrigenergiehausstandard weit entfernt und muß dringend nachgebessert werden. Das größte Versäumnis, den Gebäudebestand nicht einzubeziehen, ist inzwischen behoben worden.

Am problematischsten ist der *Verkehrsbereich*. Die Verkehrspolitik der Bundesregierung beschränkt sich auf die Bereitstellung der Verkehrsinfrastruktur für die prognostizierten Verkehrszuwächse. Dabei ist kein Ansatz zur Änderung der verkehrserzeugenden Strukturen zu erkennen. Der *Bundesverkehrswegeplan* ist dafür das beste Beispiel. Die unterste Schätzung von Prognos geht nach dem Bundesverkehrswegeplan von einer Zunahme der CO_2-Emissionen um 38% aus. Völlig absurd ist es, daß die Bundesregierung in den 109 Maßnahmen des CO_2-Minderungsprogramms diesen Bundesverkehrswegeplan als Klimaschutzmaßnahme auflistet. Die Qualität der übrigen „bereits beschlossenen Maßnahmen" ist nicht viel besser. Fast alle Maßnahmen, „deren Verabschiedung vorbereitet wird bzw. die vorgesehen sind", würden den Klimaschutz voranbringen (BT-Drs. 12/8557). Sie harren aber noch der Umsetzung. Ohne Veränderung der Randbedingungen werden sich die erhofften Verkehrsverlagerungen auf Bahn und Schiff nicht realisieren. Der besonders klimaschädliche *Luftverkehr* mit seinen gewaltigen Wachstumszahlen wird nicht zurückgedrängt.

Als Folge der Kluft zwischen den deklarierten Klimaschutzzielen und Implementationsdefiziten haben die CO_2-Emissionen - trotz der enormen Anstrengungen einiger Länder und Kommunen - in den alten Bundesländern seit 1987 um 3% zugenommen. In den neuen Ländern sind die CO_2-Emissionen dagegen wegen des Zusammenbruchs der DDR-Wirtschaft um fast 50% zurückgegangen.

Natürlich hat auch die Rezession in Ost und West zur Dämpfung der CO_2-Emissionen beigetragen. Daß in Gesamtdeutschland die Emissionen um 14% zurückgegangen sind, hat also mit Klimaschutz nichts zu tun. Seit 1994 steigen die CO_2-Emissionen (vor allem durch den Autoverkehr) wieder an und liegen 1995 fast 4% höher als 1990.

16.2 Die zweite Klima-Enquête-Kommission „Schutz der Erdatmosphäre" des 12. Deutschen Bundestages (1991-1994)

16.2.1 Randbedingungen

Der 12. Deutsche Bundestag setzte erneut eine EK mit dem Titel „Schutz der Erdatmosphäre" (EK II) ein, die die UNCED-Konferenz (1992) vorbereiten und die noch offenen Themen bearbeiten sollte: die Klimarelevanz des Verkehrs, der Landwirtschaft und der nördlichen Wälder sowie eine klimagerechte Energiepolitik unter Berücksichtigung des vereinten Deutschlands.

Die Arbeit erfolgte unter wesentlich ungünstigeren Bedingungen:
- *Erstens* waren im öffentlichen Bewußtsein Fragen des Umwelt- und Klimaschutzes nur noch von nachrangigem Interesse.
- *Zweitens* sind Analysen leichter zu erarbeiten, als Empfehlungen für konkrete Maßnahmen gegen Besitzstände und liebgewordene Gewohnheiten durchzusetzen.
- *Drittens* wurden von der Koalitionsseite in die EK II z.T. ausgewiesene Interessenvertreter benannt; z.B. gehörte der für den Verkehrssektor benannte Experte dem Hauptvorstand von Daimler-Benz an. Ein Wissenschaftler war der Atomindustrie als Gutachter eng verbunden.
- *Viertens* gehörten Bernd Schmidbauer (CDU), der als Vorsitzender die EK I unparteiisch und sachorientiert ohne falsche Rücksichtnahme, z.B. auf die Automobil- oder chemische Industrie, leitete, und der Umweltpolitiker Michael Müller (SPD) der neuen EK nicht mehr an. Der neue Vorsitzende Klaus Lippold (CDU) stand der Wirtschaft nahe und hatte verschiedene Ämter bei Wirtschaftsverbänden bekleidet.

Auch wenn es in der Analyse weiterhin keine unterschiedlichen Bewertungen gab, forderte es viel Kraft, zu verhindern, daß die Beschlüsse der EK I wieder relativiert wurden.

16.2.2 Die Berichte

Die EK II erarbeitete vier Berichte für den Deutschen Bundestag: Der erste Bericht zur UNCED-Konferenz *Klimaänderung gefährdet globale Entwicklung. Zukunft sichern - jetzt handeln* (EK II, 1992) enthielt im wesentlichen eine Analyse über die Klimaproblematik. Er wurde einvernehmlich verabschiedet.

Konflikte dagegen gab es bei der Abfassung des Berichts *Mobilität und Klima - Wege zu einer klimaverträglichen Verkehrspolitik* (EK II, 1994a), der eine sehr gründliche Beschreibung der verschiedenen Aspekte von Mobilität enthält. Er gelangte zu zwei völlig konträren Handlungsempfehlungen, während die Mehrheit schwerpunktmäßig auf technische Verbesserungen der Fahrzeuge, bessere Verknüpfung der Verkehrssysteme und Telematik setzte, legte die Minderheit großen Wert auf Verkehrsvermeidung, d.h. auf Maßnahmen, die bei der Entstehung von Verkehr ansetzen. Sie sollen die Verkehrswende einleiten und die Verkehrsspirale stoppen, wobei die Verkehrsverlagerung und technische Lösungen diese Maßnahmen ergänzen.

Die Politik der Bundesregierung hat bisher im Verkehrsbereich weder im Personen- noch im Güterverkehr nicht einmal ansatzweise Maßnahmen zur Verkehrsvermeidung oder -verlagerung ergriffen. Auch die Potentiale, die mit Hilfe einer besseren Technik (Flottenverbrauch reduzieren, Downsizing) zu erreichen sind, wurden bisher nicht genutzt.

Der Bericht zu den Wäldern und zur Landwirtschaft: *Schutz der Grünen Erde - Klimaschutz durch umweltgerechte Landwirtschaft und Erhalt der Wälder* (EK II, 1994b) wurde von allen Mitgliedern getragen. Das BML versuchte teilweise, sich massiv einzumischen und das „Schlimmste zu verhindern". Unter Klimagesichtspunkten ist die intensive Landwirtschaft, wie sie bei uns mit Massentierhaltung und dem Einsatz von Energie und Düngemitteln betrieben wird, sehr schädlich. Angepaßter ökologischer Landbau ist die einzig tragbare Alternative. Die Empfehlungen zu einer klimaverträglichen Landwirtschaft und für den Erhalt der Wälder sind problemadäquat, aber die politische Umsetzung steht aus.

Der Schlußbericht *Mehr Zukunft für die Erde - Nachhaltige Energiepolitik für dauerhaften Klimaschutz* (EK II, 1995) enthält zahlreiche Ansätze für eine klimaverträgliche Energiepolitik. Es ist gelungen, die Koalitionsseite durch anstrengende Diskussionen zu überzeugen und zu bewegen. Die Abgeordneten der Oppositionsparteien waren bemüht, gemeinsame Handlungsempfehlungen (unter Ausklammerung der Kernenergie) zu erarbeiten.

Kurz vor Abschluß kündigten die Vertreter der Koalitionsseite die Arbeit an den gemeinsamen Handlungsempfehlungen überraschend auf. Deshalb umfaßt der Bericht (EK II, 1995) prinzipiell drei Handlungsempfehlungen: die der Mehrheit, die der Minderheit und ein von der Minderheit eingebrachter Torso, die in Richtung auf einen Kompromiß überarbeiteten Empfehlungen der Mehrheit: Alles in allem liegt mit dem Bericht ausreichend Material für eine klimaverträgliche Energiepolitik vor. Es müßte nur endlich umgesetzt werden.

Mit dem Ende der Legislaturperiode endete die EK II. Klimaschutzpolitik findet - mit Ausnahme einiger Kommunen und partiell einiger Länder - nicht statt. Dabei wissen wir fast alles - jedenfalls genug-, um endlich zu handeln.

16.3 Alternative Perspektive für eine aktive Klimaschutzpolitik

Die SPD-Opposition hat die Arbeit der EK I und II durch viele parlamentarische und außerparlamentarische Aktivitäten begleitet. Große und Kleine Anfragen, Anträge und Gesetzentwürfe wurden erarbeitet. Der Schwerpunkt liegt auf Schritten zur Durchsetzung der Effizienzrevolution im Energiebereich, zur Förderung erneuerbarer Energien und zur Wende in der Verkehrspolitik. Dazu kommt das Drängen auf die Beendigung der Nutzung ozonzerstörender Substanzen, Maßnahmen für einen wirksamen Tropenwaldschutz und für eine klimaverträgliche Landwirtschaft. Allerdings wurde kein SPD-Antrag vom Bundestag angenommen. Aber die Debatten in den Ausschüssen und im Plenum haben vermutlich indirekte Wirkungen auf die Bundesregierung gehabt.

Exkurs: Parlamentarische Initiativen der SPD zum Klimaschutz in der 12. Legislaturperiode

- Antrag: Mehr Umweltschutz, Verkehrssicherheit und Lebensqualität durch Geschwindigkeitsbegrenzungen (BT-Drs. 12/616 v. 24.5.1991)
- Antrag: Klimaschutz durch Maßnahmen zur Tropenwalderhaltung (BT-Drs. 12/921 v. 11.7.1991)
- Kleine Anfrage: Pilotprogramm für den Schutz der brasilianischen Regenwälder (BT-Drs. 12/1111 v. 3.9.1991)
- Große Anfrage: Umwelt und Entwicklung - Politik für eine nachhaltige Entwicklung (BT-Drs. 12/1278 v. 9.10.1991)
- Kleine Anfrage: Emissionsminderung beim Flugverkehr (BT-Drs. 12/1347 v. 18.10.1991)
- Gesetzentwurf: Entwurf eines Energiegesetzes (BT-Drs. 12/1490 v. 6.11.1991)
- Antrag: Entscheidungsrichtlinie für Entwicklungsprojekte und Sektorkredite der Weltbank und anderer Entwicklungsbanken in Tropenwaldgebieten (BT-Drs. 12/1646 v. 26.11.1991)
- Entschließungsantrag zur Unterrichtung der Bundesregierung über den 2. Zwischenbericht der Interministeriellen Arbeitsgruppe „CO_2-Reduktion" (BT-Drs. 12/2081 v. 12.2.1992)
- Antrag: Aufnahme gefährdeter Tropenholzarten in das Washingtoner Artenschutzabkommen (BT-Drs. 12/2095 v. 14.2.1992)
- Antrag: Importverbot für Tropenhölzer aus Primärwäldern (BT-Drs. 12/2109 v. 17.2.1992)
- Antrag: Schutz der Ozonschicht und der Atmosphäre (BT-Drs. 12/2121 v.19.2.92)
- Kleine Anfrage: Ozonforschung (BT-Drs. 12/2136 v. 19.2.1992)
- Kleine Anfrage: FCKW für Dosieraerosole für Asthmatiker und andere lebenserhaltende medizinische Anwendungen (BT-Drs. 12/2266 v.12.3.1992)
- Große Anfrage: Chancen und Risiken nachwachsender Rohstoffe (BT-Drs. 12/2275 v. 16.3.1992)
- Antrag: Förderung des Fahrradverkehrs (BT-Drs. 12/2493 v. 29.4.1992)
- Antrag: Programm Energieeinsparung in Gebäuden - Wiedereinführung und Umgestaltung des § 82a EStDV (BT-Drs. 12/2495 v. 29.4.1992)
- Kleine Anfrage: Freisetzung von Halonen und FCKW aus technischen Anlagen und Geräten (BT-Drs. 12/2570 v. 6.5.1992)
- Antrag: Verminderung der durch den Flugverkehr verursachten ozonzerstörenden und treibhausrelevanten Emissionen (BT-Drs. 12/2633 v. 22.5.1992)
- Große Anfrage: Umsetzung der Empfehlungen der Enquête-Kommission „Vorsorge zum Schutz der Erdatmosphäre" durch die Bundesregierung (BT-Drs. 12/2669 v. 25.5.1992)
- Kleine Anfrage: Absprachen der Bundesregierung mit den Anwendern risikoreicher FCKW-Ersatzstoffe (BT-Drs. 12/3228 v.7.9.1992)
- Antrag: Übertragung der örtlichen Energieversorgungseinrichtungen an die ostdeutschen Kommunen (BT-Drs. 12/3624 v. 4.11.1992)
- Antrag: Follow-up der UNCED-Konferenz Umwelt und Entwicklung (BT-Drs. 12/3739 v. 13.11.1992)

- Kleine Anfrage: Wärmeschutzverordnung und CO_2-Minderung (BT-Drs. 12/4157 v. 19.1.1993)
- Antrag: Programm Energiesparen/erneuerbare Energien (BT-Drs. 12/5252 v. 24.6.1993)
- Antrag: Überfällige Einführung einer europäischen allgemeinen Energiesteuer aus Gründen des Klimaschutzes, der Verbesserung der Energieeffizienz und zur Ressourcenschonung (BT-Drs. 12/5254 v. 24.6.1993)
- Antrag: Internationale Konvention zum Schutz der Wälder (BT-Drs. 12/5398 v. 8.7.1993)
- Kleine Anfrage: Zukunft der Wasserstofftechnologie (BT-Drs. 12/5565 v. 17.8.1993)
- Kleine Anfrage: Kraftstoff-Verbrauchsbegrenzung für Pkw (BT-Drs. 12/5660 v. 8.9.1993)
- Kleine Anfrage: Klimawirksamkeit und zusätzlicher Energieverbrauch durch Bordanlagen von Fahrzeugen (BT-Drs. 12/5814 v. 29.9.1993)
- Große Anfrage: Umweltschutz bei der Bundeswehr (BT-Drs. 12/5817 v. 29.9.1993)
- Große Anfrage: Klimaschutz in Europa (BT-Drs. 12/5854 v. 4.10.1993)
- Antrag: Erhaltung der biologischen Vielfalt und Schutz gefährdeter Tropenholzarten (BT-Drs. 12/6420 v. 9.12.1993)
- Große Anfrage: Entwicklungs- und wirtschaftspolitische Folgerungen aus der UNCED-Konferenz in Rio de Janeiro (BT-Drs. 12/6604 v. 14.1.1994)
- Kleine Anfrage: Externe Kosten des motorisierten Straßenverkehrs (BT-Drs. 12/7038 v. 7.3.1994)

Öffentliche Anhörungen und Veranstaltungen, z.B. zur „Transnationalen Kooperation" (Joint Implementation) oder zum kommunalen Klimaschutz, wurden ebenfalls von der SPD durchgeführt. Es wurden Broschüren erarbeitet, wie „Was wir selbst gegen Treibhauseffekt und Ozonloch tun können", das „Schwarzbuch - zum Versagen der Bundesregierung beim Klimaschutz" oder „Klimaschutz konkret - ein Wegweiser für Kommunalpolitikerinnen und Kommunalpolitiker zur Umsetzung der Empfehlungen der Enquête-Kommission".

Drei wichtige Initiativen, die an die Empfehlungen der Klima-Enquête anknüpfen, wurden 1995 von der SPD-Bundestagsfraktion ergriffen:

Zu Beginn der 13. Legislaturperiode, noch vor der Berliner Klimakonferenz, wurde am 11.1.1995 ein Antrag eingebracht: „Programm für Klimaschutz, Wirtschaftsmodernisierung und Arbeitsplätze in Deutschland" (BT-Drs. 13/187), am 29.9.1995 der Antrag: „Schutz der stratosphärischen Ozonschicht und Bekämpfung des anthropogenen Treibhauseffektes durch Beendigung des Einsatzes von FCKW" (BT-Drs. 13/2489) und am 6.12.1995 der Antrag: „Arbeitsplätze schaffen, Arbeitskosten senken, die Wirtschaft ökologisch modernisieren" (BT-Drs. 13/3230). Dieser Antrag umfaßt die Reform des ordnungsrechtlichen Rahmens und den Hemmnisabbau gegenüber Energiesparmaßnahmen (Öko-Steuerreform).

Auch diese Initiativen werden vermutlich keine Mehrheit finden. Allenfalls über den Bundesrat lassen sich einzelne Elemente durchsetzen. Es ist bedauerlich, daß die Umsetzungsphase der Klimaschutzpolitik so schwierig ist. Allerdings gibt es partiell hoffnungsvolle Ansätze bei einzelnen Unternehmen und Institutionen, bei Kommunen und einzelnen Ländern.

17 Warum der Erdgipfel von Rio folgenlos blieb - Wege für eine Überlebensstrategie

Liesel Hartenstein

Im Juni 1992 haben nicht nur Politiker und Umweltschützer, Wirtschaft und Verbraucherverbände, sondern auch weite Kreise der Bevölkerung ihre Augen mit kritischem Interesse nach Rio de Janeiro gerichtet, um die große internationale UNCED-Konferenz zu verfolgen, an der 178 Staaten und 140 Staatschefs teilnahmen. Die Erwartungen waren hochgesteckt; entsprechend tief war die Enttäuschung über das - alles in allem - magere Ergebnis. Auf dem Habenkonto der Rio-Konferenz sind zu verbuchen:

- die *Rio-Deklaration* für eine gemeinsame Umwelt- und Entwicklungspolitik;
- die *Klimarahmenkonvention*, die von 154 Staaten unterzeichnet wurde, in der aber keine festen Reduktionsraten für die Verringerung der Treibhausgase und keine bindenden Fristen vorgesehen sind;
- die *Konvention zum Schutz der biologischen Vielfalt*; sie wurde von 156 Staaten unterzeichnet, nicht jedoch von den USA.

Ferner wurden verabschiedet:

- die *Agenda 21*, die auf rund 700 Seiten einen Entwicklungs- und Umweltfahrplan für das nächste Jahrhundert zu entwerfen versucht, allerdings ohne rechtsverbindlichen Charakter, und
- die *Walderklärung*, ein ebenfalls nicht rechtsverbindliches Papier, das einen Ersatz für die nicht zustandegekommene Waldkonvention darstellen sollte.

Die Bilanz mag auf den ersten Blick recht stattlich erscheinen, vor allem wenn man auf dem Negativkonto lediglich das Scheitern der Internationalen Waldkonvention verbucht, obgleich dies zu den folgenschwersten Versäumnissen von Rio gehört. Bei näherem Hinsehen zeigt sich jedoch, daß der „Erfolgskatalog" nur vordergründig eindrucksvoll ist. Fast alle Vereinbarungen stellen quasi leere Hüllen dar, die erst mit konkreten Maßnahmen und Verpflichtungen der beteiligten Länder ausgefüllt werden müssen. Der Nachfolge-Prozeß von Rio sollte diese Ausfüllung leisten und in Form von Protokollen die einzelnen Schritte festlegen. Aber in den vergangenen drei Jahren sind kaum praktische Fortschritte erfolgt; im Gegenteil: in Wirklichkeit ist eine nahezu totale Stagnation eingetreten. Diese Stagnation wurde auch durch die erste Vertragsstaatenkonferenz zur Klimarahmenkonvention in Berlin im März 1995 nicht überwunden. Berlin ist ohne konkrete Ergebnisse geblieben und hat damit die Erfüllung des Auftrags von Rio verfehlt. Es kam weder ein Protokoll mit konkreten Reduktionsverpflichtungen für den CO_2-Ausstoß und für andere Treibhausgase zustande, noch wurde eine kräftige Aufstockung des einzigen vorhandenen Finanzierungsinstruments, nämlich des GEF-Fonds[1] bei der Weltbank, erreicht. Der in Berlin vorgelegte Protokollentwurf der AOSIS-Gruppe, eines Zusammenschlusses von 40 kleinen Inselstaaten, wurde nicht einmal zur Diskussionsgrundlage der Konferenz gemacht, sondern ging als *ein* Papier im Wust vieler anderer, zum größten Teil nichtssagender, Deklarationen unter.

Die AOSIS-Staaten, die - alle im Pazifik, in der Südsee und in der Karibik liegend - schon durch ein geringfügiges Ansteigen des Meeresspiegels existentiell bedroht sind, legten der Konferenz folgende Hauptforderungen zum Beschluß vor:
1. eine 20%ige Verringerung des CO_2-Ausstoßes in den Industriestaaten bis zum Jahre 2005;
2. feste Reduktionspläne für die Treibhausgase Methan (CH_4) und Lachgas (N_2O);
3. Transfer moderner umweltverträglicher Energietechnologien in die Entwicklungsländer.

Am Beispiel der Malediven kann das Ausmaß der Gefährdung eines solchen Inselstaates verdeutlicht werden. Der Präsident der Republik Malediven, Maumoon Abdul Gayoom, führte in seiner Eingangsrede u.a. aus:

> Ein Anstieg des Meeresspiegels bis zum Jahre 2030 um 20 Zentimeter mag nach nicht besonders viel klingen, aber für eine Inselnation, deren Landfläche zu 80% weniger als zwei Meter über dem Meeresspiegel liegt, ist dies von elementarer Bedeutung. Bis zu 80% der Fläche kleinerer Inseln könnten verlorengehen und selbst die größeren Inseln könnten 20% ihrer Landfläche einbüßen. ...
> Sollten die schlimmsten Prophezeiungen bis zum Ende des nächsten Jahrhunderts tatsächlich eintreffen, dann wäre das Überleben unserer Inseln in Gefahr. Wir könnten sogar aufhören, als Nation zu existieren (zitiert nach Engelhardt/Weinzierl, 1993: 53-54).

17.1 Gute Vorbereitung und hohe Erwartungen

Im Gegensatz zum - bisher kläglichen - Nachfolgeprozeß war der Vorbereitungsprozeß für die UNCED-Konferenz eine breitangelegte internationale Aktion, die Respekt verdient. Alle teilnehmenden Staaten hatten einen Nationalen Bericht über ihre Umweltsituation vorzulegen, dessen Erstellung in vielen Fällen nicht allein Sache der Regierungen war.

So wurde in der Bundesrepublik ein Nationales Komitee berufen, das in fast zweijähriger intensiver Diskussion die Position Deutschlands mitzugestalten suchte. Dabei waren zahlreiche gesellschaftliche Gruppen, wie z.B. Umweltverbände, kommunale Vereinigungen, Vertreter der Wirtschaft, der Gewerkschaften

---
[1] GEF = Global Environment Facility; der Fonds steht nicht nur für Maßnahmen zum Klimaschutz, sondern z.B. auch zum Meeresschutz zur Verfügung.

und nicht zuletzt Vertreter der Parlamente, beteiligt. Die Enquête-Kommission „Schutz der Erdatmosphäre" des Deutschen Bundestages arbeitete in mehreren umfangreichen Berichten die aktuellen wissenschaftlichen Grundlagen auf und formulierte politische Handlungsempfehlungen zur Bekämpfung des Treibhauseffekts. Auf internationaler Ebene legte das IPCC (Intergovernmental Panel on Climate Change) Klimadaten und unterschiedliche Klimamodelle vor und gab damit weltweit eine wichtige Orientierung. Diese Aktivitäten, die sich wie ein Netzwerk über die Kontinente spannten - getragen nicht nur von offiziellen Gremien, sondern auch von international tätigen NGOs - erzeugten nicht nur hohe Erwartungen, sondern auch ein hohes Gefahrenbewußtsein bei der Bevölkerung. Dies war bereits ein Wert an sich.

Zum mindesten in den nördlichen Industrieländern konnte sich die Bewußtseinsbildung auf eine bereits zwei Jahrzehnte dauernde Diskussion stützen: sie begann 1972 mit der Publikation des Club of Rome „Grenzen des Wachstums", wurde fortgesetzt mit dem Bericht „Global 2000" an den amerikanischen Präsidenten Jimmy Carter (1980), mit dem Bericht der Nord-Süd-Kommission unter dem Vorsitz von Willy Brandt (1980) und mit der Einsetzung der World Commission for Environment and Development, der sogenannten Brundtland-Kommission, die 1987 ihre Ergebnisse in dem Werk „Our Common Future" vorlegte. Hinzu kamen die Weltklimakonferenzen von Toronto (1988) und Genf (1990), die dramatische Signale aussandten. Der Boden war also bereitet. Die Akteure konnten auftreten.

In den Eröffnungsreden von Rio wurden nicht nur die Probleme mit ungeschminkter Offenheit angesprochen, sondern auch die Forderungen mit solcher Deutlichkeit benannt, daß viele Beobachter glauben mochten, die Weltkonferenz müsse unweigerlich zu gewichtigen konkreten Beschlüssen führen. Maurice Strong, der Generalsekretär der UNCED, umriß die Aufgaben der Konferenz gleich zu Beginn mit folgenden Worten:

> Zentrale Probleme, mit denen wir uns zu befassen haben, sind: Produktionsmuster und Konsumverhalten in der industrialisierten Welt, die die lebenserhaltenden Systeme der Erde zerstören; die explosionsartige Zunahme der Bevölkerung vor allem in den Entwicklungsländern, die sich auf eine Viertelmillion Menschen täglich beläuft; die wachsende Kluft zwischen Reich und Arm - 75% der Menschheit kämpfen ums Überleben - und ein ökonomisches System, das sich nicht um ökologische Kosten oder Schäden kümmert, sondern ungebremstes Wachstum als Fortschritt betrachtet. Wir waren einmal eine höchst erfolgreiche Spezies, jetzt sind wir eine Spezies, die außer Kontrolle geraten ist.

Strong wies darauf hin, daß die Konzentration des Wirtschaftswachstums mit hohen Umweltbelastungen auf die Industrieländer und die Konzentration des Bevölkerungswachstums auf die Entwicklungsländer (in den letzten zwanzig Jahren hat die Weltbevölkerung um 1,7 Mrd. Menschen zugenommen!) ein gefährliches Ungleichgewicht geschaffen habe, das sich weiter verschärfe und das auf Dauer nicht vertretbar sei.

Jedes Kind, das in der entwickelten Welt geboren wird, verbraucht 20-30mal soviel von den Ressourcen unseres Planeten wie irgendein Kind in der Dritten Welt.... Diese Art von Wachstum ist so von den reichen Ländern nicht mehr aufrechtzuerhalten und kann von den armen Ländern auch nicht übernommen werden. Diesen Weg weiter zu beschreiten, könnte das Ende unserer Zivilisation bedeuten (Zitiert nach Engelhardt/-Weinzierl, 1993: 28-29).

Seine klare Forderung lautete daher, diese Konferenz müsse die Grundlagen für den Übergang zu einer nachhaltigen Entwicklung schaffen. Gro Harlem Brundtland, die norwegische Ministerpräsidentin und Vorsitzende der World Commission on Environment and Development, unterstützte diese Forderung und verlangte u.a. einen erleichterten Zugang der Entwicklungsländer zu umweltverträglichen Technologien, die Bereitstellung beträchtlicher Finanzmittel durch die Industrieländer (der Anfangsbetrag zur Realisierung der Agenda 21 sollte nicht unter 10 Mrd. Dollar jährlich liegen), den Abbau des Schuldenberges der Dritten Welt - die Verschuldung der Entwicklungsländer übersteige die Nettoeinnahmen aus der Entwicklungshilfe um das Vierfache -, und nicht zuletzt eine Umstellung im Produktions- und Lebensstil der Wohlstandsländer selbst, um die damit verbundenen ökologischen Belastungen drastisch zu verringern.

Daß trotz dieser Erkenntnisse und Forderungen die ursprüngliche Absicht konkreter Vereinbarungen zur Reduzierung der klimaschädlichen Emissionen scheiterte, lag nicht zuletzt an der starren Haltung führender Industrieländer, voran der USA, deren damaliger Präsident George Bush keinesfalls bereit war, verbindliche Festlegungen zum Klimaschutz zu treffen. Dennoch bleibt festzuhalten: die UNCED-Konferenz von 1992 wird ein wichtiger Markierungspunkt bleiben. Nach Rio kann keiner mehr sagen, er habe von den Gefahren und Risiken für den Planeten Erde nichts gewußt. Vor allem vier positive Wirkungen hat die Rio-Konferenz ausgeübt:

1. Rio hat die Themenfelder Umwelt und Entwicklung miteinander verknüpft und damit deutlich gemacht, daß es vom geltenden Entwicklungsmodell abhängt, wieviel Umwelt „verbraucht" wird, d.h. wie stark der eingeschlagene Entwicklungsweg in die bestehenden Ökosysteme eingreift oder wieweit eine Vereinbarkeit von menschlichen Ansprüchen und Naturressourcen möglich ist.
2. Rio hat vor aller Augen das Ausmaß der globalen Bedrohungen sichtbar gemacht und gezeigt, daß es nicht an Wissen mangelt, um Ursache und Wirkung zu erkennen.
3. Die Konferenz hat den Begriff der „nachhaltigen Entwicklung" (sustainable development) weltweit zum Leitbegriff gemacht. Er wird künftig aus der internationalen Diskussion nicht mehr wegzudenken sein, obgleich zwischen feierlichen Sonntagsreden und tatsächlicher Praxis eine riesige Kluft besteht.
4. Durch UNCED wurde der Blick dafür geschärft, daß die Rettung des Planeten nicht im internationalen Gegeneinander, sondern nur im globalen Miteinander möglich ist.

Das Wort, daß „wir alle im gleichen Boot sitzen", ist über eine bloße Redensart hinausgewachsen und als Realität offenbar geworden. „Kein Ort auf dieser Welt kann eine Insel des Überflusses bleiben, wenn sie von einem Meer des Elends umgeben ist" - mit diesem Bild hat Maurice Strong gleichzeitig die gigantische Bedrohung und die enge Verflechtung von ökologischer und sozialer Sprengmasse beschrieben (Engelhardt/Weinzierl, 1993: 31).

Beschwörende Formeln sind die eine Seite, praktische Beschlüsse und der politische Wille zu ihrer Umsetzung die andere. An letzterem hat es bereits in Rio gemangelt, daher kann es nicht verwundern, daß der Rio-Nachfolgeprozeß entscheidend darunter leidet. Zwar ist hervorzuheben, daß die Klimarahmenkonvention in Artikel 2 eine sehr weitgehende und im Prinzip auch sehr eindeutige Bestimmung enthält: Danach verpflichten sich die Unterzeichnerstaaten, „die Stabilisierung der Treibhausgaskonzentrationen auf einem Niveau zu erreichen, auf dem eine gefährliche anthropogene Störung des Klimasystems verhindert werden kann." Diese Stabilisierung muß schnell genug geschehen, „damit die Ökosysteme sich auf natürliche Weise an die Klimaveränderungen anpassen können." Würde diese Verpflichtung von den Unterzeichnerstaaten ernstgenommen, dann müßten sie unverzüglich einschneidende Maßnahmen ergreifen, um die Treibhausgase, vor allem die CO_2-Emissionen aus der Verbrennung fossiler Brennstoffe, drastisch zu reduzieren. Bis zum Jahre 2050 müßte weltweit eine Reduktion um rund 80% erfolgen, ein nicht nur ehrgeiziges, sondern aus heutiger Sicht utopisches Ziel. Bei Fortschreibung der gegenwärtigen Trends wird die globale Durchschnittstemperatur dreimal schneller ansteigen, als es unsere Vegetation verkraften kann, nämlich um mindestens 0,3°C pro Jahrzehnt. Das bedeutet, daß es zu einer Verschiebung der Klimazonen nach Norden kommt, die pro 1°C Temperaturerhöhung 400 km und mehr betragen kann. Dies hätte z.B. eine extreme Gefährdung unserer Waldökosysteme zur Folge, möglicherweise sogar deren Zusammenbruch, sowie eine Versteppung der heute fruchtbaren Getreideanbaugebiete in Europa und den USA. Es bedarf keiner ausführlichen Erläuterung, um zu erkennen, daß damit eine rapide Verschlechterung der Welternährungssituation eintreten würde, was angesichts des Bevölkerungswachstums zu größter Besorgnis Anlaß gibt.

17.2 Warum Rio die Hoffnungen nicht erfüllte

Generell muß festgehalten werden, daß es in Rio - trotz der vorliegenden umfassenden wissenschaftlichen Daten und trotz der eindeutigen Empfehlungen des IPCC - nicht gelang, einen vollen Konsens über das tatsächliche Ausmaß der Bedrohungen und den daraus resultierenden Handlungsdruck herzustellen. Die Hauptursachen für das bisherige Scheitern des Nachfolge-Prozesses von Rio sind jedoch folgende:

- die fehlende Bereitschaft der Industrieländer zur Übernahme konkreter Reduktionsverpflichtungen;
- der Mangel einer gesicherten Finanzierung für ein weltweites CO_2-Minderungskonzept und für die Durchsetzung neuer Technologien zur Energieversorgung;
- das Pochen der meisten Entwicklungs- und Schwellenländer auf „nachholende Entwicklung" im Sinne der Industrialisierung nach westlichem Vorbild;
- die nicht geleistete Korrektur des Wachstumsmodells der reichen Länder und der damit verpaßte Einstieg in eine nachhaltige Entwicklung.

Was dieses im einzelnen bedeutet, soll nachfolgend kurz erläutert werden:
1. Die Industrieländer waren und sind bis heute in ihrer Mehrheit nicht bereit, konkrete Verpflichtungen zur Reduktion der Treibhausgase, allen voran der CO_2-Emissionen, einzugehen und einen dafür erforderlichen festen Zeitplan zu akzeptieren. Und dies, obwohl unbestritten ist, daß die industrialisierten Länder, in denen nur 20% der Weltbevölkerung leben, rund 80% der gesamten Weltenergieproduktion für sich in Anspruch nehmen und zusätzlich fast drei Viertel aller auf der Erde geförderten Rohstoffe verbrauchen. Und obwohl auf derselben Konferenz die Industriestaaten erstmalig in einem offiziellen UN-Dokument ausdrücklich als Hauptverursacher der globalen Umweltzerstörung benannt wurden. Neben der Reduzierung der übrigen treibhauswirksamen Gase (Methan, FCKW, Stickoxide und bodennahes Ozon, Lachgas) bleibt eine massive Einschränkung des CO_2-Ausstoßes die Hauptaufgabe. Dies bedeutet eine einschneidende Verringerung des Energieverbrauchs in allen Bereichen: Industrie, Verkehr, Haushalte, Gewerbe und Dienstleistungen. Derzeit bestehen weltweit krasse Ungleichgewichte. Spitzenreiter im Energieverbrauch und folglich bei den CO_2-Emissionen sind die nordamerikanischen Staaten, also die USA mit 19,7 t CO_2 pro Kopf und Jahr und Kanada (17 t); die Bundesrepublik liegt im Mittelfeld mit 11 t pro Einwohner, während Entwicklungsländer wie Indien mit 0,7 t pro Kopf/Jahr an der unteren Grenze der Skala rangieren (vgl. EK I, 1990c; BT-Drs. 11/8030: 34).
2. Der Staatengemeinschaft ist es nicht gelungen, eine ausreichende Finanzierung zur Bekämpfung des Treibhauseffekts auf die Beine zu stellen. Das vorhandene Finanzierungsinstrument, der GEF-Fonds bei der Weltbank, soll zwar auf vier Mrd. US-Dollar aufgestockt werden, aber die meisten Industrieländer kommen ihren Zahlungsverpflichtungen gar nicht oder nur schleppend nach. Das Ergebnis ist, daß die tatsächlich verfügbare Summe bei weitem nicht ausreicht, um z.B. Energiespartechniken weltweit zu fördern oder eine breite Offensive zur Nutzung erneuerbarer Energien (Sonnen- und Windenergie, Biomasse etc.) in Gang zu bringen. Ein wichtiger Fortschritt wäre es bereits, wenn die Energieeffizienz etwa durch Verbesserung des Wirkungsgrades der Kraftwerke sowie durch Kraft-Wärme-Kopplung deutlich erhöht würde. Die meisten Industrieländer bleiben immer noch weit hinter dem schon 1972 in Stockholm beschlossenen Ziel zurück, 0,7% des Bruttoinlandsprodukts (BIP) für Entwicklungshilfe bereitzustellen. Statt die

Finanzierungsmittel anzuheben, werden die Entwicklungsetats in wichtigen Industriestaaten, so in Kanada, den USA und vielen europäischen Ländern, auch in Deutschland, sogar abgesenkt. Die Bundesrepublik bringt derzeit kaum 0,32% des BIP für Entwicklungshilfe auf. Eine rühmliche Ausnahme ist Norwegen, das seit 1986 1,1% seines BIP für die Entwicklungshilfe der Dritten Welt bereitstellt. Die ungesicherte Finanzierung ist ein Hauptgrund für die schleppende Umsetzung der Rio-Beschlüsse. Dies gilt nicht nur für die Klimakonvention, sondern auch für die Konvention zur biologischen Vielfalt und die Umsetzung der Agenda 21.

3. Die Entwicklungsländer haben ebenfalls ihren Teil dazu beigetragen, konkrete Beschlüsse zu verhindern: Zum einen dadurch, daß sie hartnäckig auf ihrem Recht auf „nachholende Entwicklung" bestanden, zum anderen durch die Forderung nach strikter Wahrung dessen, was sie selbst als „nationale Souveränität" definierten. Am letzteren scheiterte u.a. das Zustandekommen einer Internationalen Waldkonvention, denn wenn ein international beschlossenes und finanziertes Programm zum Schutz und zur nachhaltigen Bewirtschaftung der Wälder durchgeführt werden soll, dann müssen auch Kontrollen über die Verwendung der Mittel und die Einhaltung der vereinbarten Bedingungen möglich sein. Für viele waldbesitzende Länder, z.B. für Malaysia und Indonesien, aber auch für Kanada, stehen jedoch ausschließlich Nutzungszwecke, insbesondere die kommerzielle Holznutzung so stark im Vordergrund des Interesses, daß die Bereitschaft, ein Abkommen abzuschließen, das auch Schutz- und Kontrollmaßnahmen enthält, äußerst gering ist. Was die Vorstellung einer „nachhaltigen Entwicklung" betrifft, so beruht sie für die meisten Entwicklungs- und auch Schwellenländer darauf, daß die Industrialisierung und das Erreichen des Wohlstandsniveaus des Nordens als Vorbild betrachtet werden. Mit diesem Entwicklungsziel geht nicht zuletzt ein gewaltiger Anstieg des Energieverbrauchs einher. So beabsichtigt z.B. China seinen Energiekonsum in den nächsten fünfzehn Jahren zu verdreifachen, wobei die Energieerzeugung hauptsächlich durch Einsatz von Kohle erfolgt.

4. Das westliche Wohlstandsmodell mit seinen hohen Umweltbelastungen und seinem verschwenderischen Ressourcenverbrauch kam nicht wirklich auf den Prüfstand der Rio-Konferenz. Insofern bleiben alle beschwörenden Formeln, den Weg einer nachhaltigen bzw. dauerhaften Entwicklung einzuschlagen, auf dem Papier stehen. Solange die reichen Länder des Nordens, denen sowohl Finanzierungsmittel als auch das technische Know-how zur Verfügung stehen, nicht bereit sind, ihren Produktions- und Konsumstil auf umweltverträgliche Formen umzustellen, solange können sie dies auch nicht von den ärmeren Ländern verlangen, zumal diese nicht aus eigener Kraft dazu in der Lage sind und die Rahmenbedingungen des geltenden Weltwirtschaftssystems ihnen heute in der Regel keine andere Wahl lassen, nicht zuletzt wegen der drückenden Last des Schuldenberges.

17.3 Nachhaltige Entwicklung bleibt wichtigstes Ziel

Ein nachhaltiges Entwicklungsmodell ebnet gleichzeitig den Weg für eine Überlebensstrategie. Dazu gehören u.a.
- eine durchgreifende Reduzierung der Rohstoff- und Energieverbräuche;
- eine damit verbundene, ebenso durchgreifende Reduzierung der Umweltbelastungen, einschließlich der Treibhausgase;
- eine massive und gezielte Förderung angepaßter Technologien, insbesondere in den Bereichen Energie (Solarenergie) und Landwirtschaft;
- der schnelle Transfer umwelt- und sozialverträglicher Technologien vom Norden in die Dritte Welt;
- eine Internalisierung der externen Kosten der heutigen Produktions- und Konsumformen durch eine ökologische Steuerreform.

Ein kleiner Schritt in die richtige Richtung wurde im Nachfolgeprozeß von Rio getan, und zwar mit der Einsetzung der *Commission on Sustainable Development* (CSD). Sie hat den Auftrag, die Umsetzung der Aktionsfelder der Agenda 21 zu überprüfen und den Vereinten Nationen unmittelbar darüber zu berichten. Darin liegt eine Chance. Der erste Vorsitzende der Kommission, der ehemalige Bundesumweltminister Töpfer, forderte, daß jede im CSD vertretene Regierung ein „klares Signal" aussenden müsse, daß sie die Absichtserklärungen der Agenda 21 in konkretes Handeln umsetzen wird.

Auf der dritten CSD-Sitzung, die im April 1995 stattfand, wurde ein Arbeitsprogramm verabschiedet, das zur Festlegung eines Indikatorensystems für nachhaltige Entwicklung führen soll. Außerdem wurde mit der Empfehlung der Einbeziehung der Nichtregierungsorganisationen (NROs) ein weiterer positiver Schritt erreicht. Die nationalen Regierungen werden aufgefordert, in die Verhandlungsdelegationen jeweils auch Vertreter der NROs aufzunehmen (Forum, Umwelt & Entwicklung, 1995).

Hoffnungsvollen Ansätzen stehen jedoch wiederum negative Entwicklungen gegenüber. So wurden die bei der UNCED-Konferenz gebündelten Themenfelder, die auch inhaltlich ineinandergreifen, durch das gewählte Verfahren wieder in Sektoren auseinandergenommen. Das heißt, die umfassende Sichtweise wurde aufgegeben, die Themen werden erneut getrennt behandelt. Beispielsweise wurden die Fragen zur biologischen Vielfalt und zur Desertifikation direkt an die jeweiligen Konventionsgremien überwiesen. Zur Weiterbehandlung des Themas „Wälder" wurde ein „Zwischenstaatlicher Waldausschuß" eingerichtet (Intergovernmental Panel on Forests, IPF), der bis zur fünften CSD-Sitzung 1997 Vorschläge und Empfehlungen zum Schutz und zur Nutzung der Wälder vorlegen soll. Am Beispiel Wälder zeigt sich exemplarisch, daß die Zersplitterung der Themen eine höchst untaugliche, ja schizophrene Methode ist, die nicht zu schnellen Lösungen, sondern eher zu einem Verschiebebahnhof führt. Ein Verfahren nach der Devise „Teilen und Aufschieben" vergeudet wertvolle Zeit. Schon die Rio-Konferenz hatte mit dem Beschluß, neben der Konvention zur biologischen Vielfalt eine gesonderte Wüstenkonvention zu verabschieden (im Oktober 1994 von 103 Staaten und der Europäischen Union unterzeichnet), dafür aber die Waldkonvention auf Eis zu legen, eine fundamental falsche Entscheidung getroffen. Denn es kann kein Zweifel darüber bestehen, daß der beste Schutz gegen die Wüstenausbreitung und gegen den rasanten Artenverlust die Erhaltung der Wälder ist. In ihnen sind 70-90% aller Tier- und Pflanzenarten beheimatet, ein ungeheurer genetischer Reichtum, der zum größten Teil noch völlig unerforscht ist; die Wälder regulieren den Wasserhaushalt und das Klima und schützen den Boden vor Erosion. Die Methode, getrennte Teilaspekte zu behandeln, statt die wirklichen Zusammenhänge zu respektieren, wird nicht zum Ziel führen.

Der „Imperativ von Rio" sei, wie Ernst Ulrich von Weizsäcker sagt, die ökologisch nachhaltige Wirtschaft (Weizsäcker/Lovins/Lovins, 1995: 25). Dieser Imperativ ist bisher noch nicht einmal in kleinsten Ansätzen erfüllt. Im Gegenteil: auch nationale Regierungen, die sich fortschrittlich geben, gehen inzwischen wieder weit hinter die in Rio vertretenen Positionen zurück. So auch die deutsche Bundesregierung. Mit dem Beschluß vom 13. Juni 1990, bis zum Jahre 2005 die CO_2-Emissionen in der Bundesrepublik um 25% zu senken, hatte die Bundesrepublik Deutschland einmal eine Vorreiterrolle eingenommen. Dieser Beschluß wurde in der Folgezeit mehrfach bestätigt und präzisiert, so am 7. November 1990 und am 11. Dezember 1991. Bundeskanzler Kohl ließ sich dafür noch in Rio feiern. Aber die politische Praxis zeigt eine äußerst schleppende und in Wahrheit völlig unzureichende Umsetzung. Abgesehen von der neuen Wärmeschutzverordnung ist noch kaum eine der notwendigen Maßnahmen durch das Handeln der Exekutive oder durch Beschlüsse des Parlaments verwirklicht. So fehlt beispielsweise noch immer ein neues Energiewirtschaftsgesetz, das die Energieversorgungsunternehmen von Energieverkäufern zu Energiedienstleistern macht und das Prinzip des Least-Cost-Planning (LCP) gesetzlich verankert; es fehlt ein umfassendes Gebäudesanierungsprogramm ebenso wie eine Wärmenutzungsverordnung.

Dagegen wird von offizieller Seite ständig propagiert, die CO_2-Emissionen in der Bundesrepublik seien bereits um rund 15% zurückgegangen. In Wahrheit sind sie in den alten Bundesländern seit 1990 um 3% gestiegen, in Ostdeutschland jedoch um nahezu 50% gesunken. Der Hauptgrund dafür liegt aber im Zusammenbruch der ehemaligen DDR-Wirtschaft und nicht in der Förderung neuer klimafreundlicher Technologien; hinzu kommt der Ersatz veralteter Industriebetriebe und Kraftwerke durch moderne Anlagen. Ein praktikables Gesamtkonzept für eine bundesweite Reduzierung um 25% hat die Regierung bis heute nicht vorgelegt. Mit Rechenkünsten dieser Art läßt sich auf Dauer keine Vorreiterrolle im internationalen Klimaschutz aufrechterhalten.

Weder die Verkehrspolitik noch die Industriepolitik noch die Raumordnungspolitik orientieren sich an ökologischen Gesichtspunkten oder gar an einem neuen nachhaltigen Entwicklungsmodell. Auch die Standortdebatte wird auf der Basis überholter quantitativer Wachstumsvorstellungen geführt. Vom Einstieg in eine ökologische Steuerreform ist die Bundesrepublik noch meilenweit entfernt, während Dänemark, Schweden und Norwegen hier auf nationaler Ebene bereits vorangegangen sind.

Zwei Schlußfolgerungen sind heute klar erkennbar:
1. Die Fortsetzung der gegenwärtigen Trends führt bereits im nächsten Jahrhundert zu Katastrophen und bürdet kommenden Generationen unbezahlbare Hypotheken auf.
2. Der Umstieg auf nachhaltige Produktions- und Konsumformen muß im Norden beginnen. Die norwegische Ministerpräsidentin erklärte in Rio: „Wir können uns nicht darauf hinausreden, daß es uns an Wissen mangelt. Eine globale Partnerschaft muß mit der Verpflichtung der Industrienationen beginnen, die Belastungen, die sie dem ökologischen System der Welt durch ihr nicht nachhaltiges Produktions- und Konsumverhalten auferlegen, drastisch zu verringern (Zitiert nach Engelhardt/Weinzierl, 1993: 34).“

Die Zeit läuft ab. In der gegenwärtigen Phase der Stagnation muß ein großes Industrieland den Durchbruch wagen, wenn schon die Europäische Union als wirtschaftlich starke Staatengruppe sich dazu als nicht fähig erweist. Die Bundesrepublik könnte hier eine echte Vorreiterrolle übernehmen; die Werkzeuge zum ökologischen Umbau liegen bereit, die öffentliche Diskussion hat längst begonnen.

Teil VI
Umsetzung der Klimarahmenkonvention in der Bundesrepublik Deutschland auf der Ebene des Bundes, eines Landes und von drei Städten

18 Klimavorsorgepolitik der Bundesregierung

Franzjosef Schafhausen

18.1 Ausgangslage

Die eigenständige Umweltpolitik, die in der Bundesrepublik Deutschland - wie in den meisten Industriestaaten - Ende der sechziger Jahre eingeleitet wurde, ist seit ihrem Beginn von dem Bemühen geprägt, die Umweltbelastungen aus der Energieversorgung zu vermindern. In den siebziger und achtziger Jahren lag der Schwerpunkt bei der Reduktion der sogenannten klassischen Luftschadstoffe. Als neues Handlungsfeld ist in den neunziger Jahren der Klimaschutz hinzugekommen. Innerhalb von etwas mehr als zwei Jahrzehnten haben sich damit die Handlungsebenen deutlich verschoben. Standen Ende der sechziger bis zum Beginn der achtziger Jahre noch lokale, allenfalls aber regionale Umweltprobleme im Zentrum politischen Handelns, so wurde zu Beginn der achtziger Jahre bis zu deren Ende die Notwendigkeit für grenzüberschreitendes Handeln erkannt, während gleichzeitig vermehrt globale Umweltprobleme in den Vordergrund traten. Mit Schlagworten wie „Ozonloch" und „Treibhauseffekt" wurden die Gefahren einer globalen Umweltzerstörung aus dem wissenschaftlichen Bereich in die breite Öffentlichkeit getragen. Spätestens mit der Einrichtung der Enquête-Kommission „Vorsorge zum Schutz der Erdatmosphäre" durch den Deutschen Bundestag am 16. Oktober 1987 wurde die Diskussion über Vorsorgemaßnahmen zum Schutz der Erdatmosphäre in den politisch-parlamentarischen Raum getragen (EK I, 1990a; zitiert nach BT-Drs. 11/3264: 78ff). Entsprechend der Trennung der Ozonproblematik von der Frage des Treibhauseffekts auf internationaler Ebene entwickelten sich auch in Deutschland zwei Handlungsstränge.

Für derartige komplexe Handlungsfelder mit einer beachtlich geringen Zeitverzögerung faßte die Bundesregierung bereits am 13. Juni 1990 ihren Grundsatzbeschluß zur Verminderung der energiebedingten CO_2-Emissionen (BMU, 1994b: 153f), mit dem die später immer wieder kontrovers diskutierte Zielvorgabe (25% Minderung der CO_2-Emissionen bis zum Jahre 2005 auf der Basis des Jahres 1987) formuliert und die Interministerielle Arbeitsgruppe „CO_2-Reduktion" (IMA) unter Federführung des Bundesumweltministeriums (BMU) geschaffen wurde. Konkretisiert und operationalisiert wurde dieser Beschluß durch die Entscheidungen des Bundeskabinetts vom 7. November 1990, 11. Dezember 1991 und 29. September 1994 sowie durch die Ansprache von Bundeskanzler Helmut Kohl am 5. April 1995 vor der 1. Vertragsstaatenkonferenz zur Klimarahmenkonvention in Berlin.

Es wäre nun allerdings völlig falsch, die deutsche Klimavorsorgepolitik allein unter dem Aspekt der Minderung der energiebedingten CO_2-Emissionen zu betrachten. Vielmehr war die Bundesregierung von Beginn an bemüht, verschiedene Ziele und Handlungsmotive zu bündeln. Klimavorsorge, Ressourcenschonung und Umweltschutz sollen nach dem Willen des Bundeskabinetts simultan mit einer Strategie verwirklicht werden.

18.2 Der Treibhauseffekt[1]

Die kurzwellige Strahlung der Sonne erwärmt die Erdoberfläche, wobei der überwiegende Teil als Wärme-(Infrarot-) Strahlung wieder in den Weltraum abgegeben wird. Die klimawirksamen Gase Kohlendioxid, Methan, Fluorchlorkohlenwasserstoffe, Lachgas und Ozon, die sich in der Atmosphäre anreichern, wirken wie das gläserne Dach eines Treibhauses. Im natürlichen Gleichgewicht kommt so eine globale Durchschnittstemperatur von $+15\,°C$ zustande (ansonsten würde die globale Durchschnittstemperatur $-18\,°C$ betragen). Dieses Gleichgewicht wird künstlich durch die Anhebung der Treibhausgaskonzentrationen in der Atmosphäre durch menschliches Handeln gestört.

Den größten Anteil an diesem Aufwärmungsprozeß hat das CO_2. Vor allem durch die Verbrennung fossiler Energieträger, die Brandrodung tropischer Wälder und die Vernichtung borealer Wälder werden weltweit pro Sekunde rund 1 000 t CO_2 durch menschliche Aktivitäten zusätzlich in die Atmosphäre eingeleitet. Methan aus Rindermägen, Reisfeldern, Deponien, Kläranlagen, Erdgas-, Erdöl- und Steinkohlevorkommen, Lachgas aus industrieller Produktion und der Landwirtschaft, Stickoxide, Kohlenmonoxid und flüchtige organische Verbindungen über ihre Umwandlung zu Ozon in der Atmosphäre tragen ihren Teil zur Verstärkung dieses Prozesses bei.

Die Wirkung der Gase im Klimasystem wird wegen der langsam ablaufenden Akkumulationsprozesse nicht sofort erkennbar bzw. spürbar. Wenn die künstliche Erwärmung zu große Ausmaße angenommen hat, ist es für Gegenmaßnahmen voraussichtlich zu spät bzw. werden die dann erforderlichen Anpassungsreaktionen immense gesellschaftliche und wirtschaftliche Friktionen bzw. Kosten verursachen. Deshalb müssen heute Vorsorgemaßnahmen ergriffen werden. Damit ist zugleich das Problem und die mögliche Tragik von Vorsorgemaßnahmen beschrieben. Aufgrund der weltweit äußerst unterschiedlichen Ausgangslagen und Interessen ist zu befürchten, daß der internationale Geleitzug zu langsam in Gang kommt, heute bereits mögliche Maßnahmen unterbleiben oder doch nur halbherzig durchgeführt werden mit der Konsequenz, daß der Handlungsdruck zunehmen wird.

---

[1] Einen Überblick über den gegenwärtigen Stand der Ursachenforschung im Hinblick auf den vom Menschen verursachten Treibhauseffekt gibt : EK II, 1995: 11-60.

18.3 Struktur des umweltpolitischen Handelns

Globale Probleme können nur mit weltweit abgestimmten Strategien nachhaltig gelöst werden. Nationale Konzepte müssen deshalb in regional abgestimmte Strategien (z.B. in eine europäische Strategie) und diese wiederum in ein weltweit wirksames Regime (KRK, vgl. Kap. 5 und 6) eingebunden werden.
Die Industrieländer als Hauptverursacher (80% des jährlichen Ressourcenverbrauchs werden von 25% der Weltbevölkerung aus den industrialisierten Ländern in Anspruch genommen) müssen zuerst handeln, bevor auch die Entwicklungsländer Maßnahmen ergreifen (Anerkennung des Entwicklungsbedarfs).

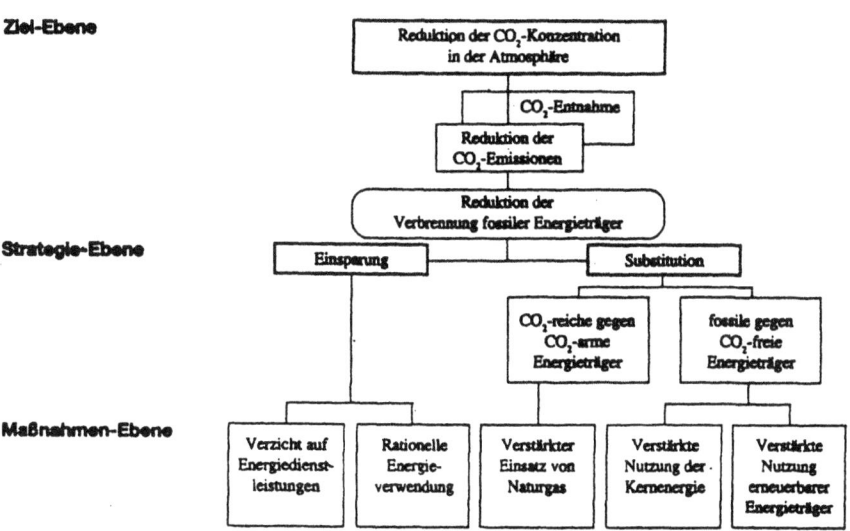

Abb. 18.1. Ansatzpunkte zur Verminderung der CO_2-Konzentration in der Atmosphäre (Quelle: BMU, 1991: 28)

Da zur Lösung des Problems nicht wie in der Umwelttechnik der siebziger und achtziger Jahre sogenannte nachgeschaltete Anlagen in Frage kommen, bieten sich lediglich zwei strategische Ansatzpunkte an:
- rationeller und sparsamer Energieeinsatz auf allen Stufen der Energieversorgung,
- Substitution von Brennstoffen mit hohen spezifischen Treibhausgasemissionen durch Brennstoffe mit niedrigen bzw. keinen Treibhausgasemissionen.

Priorität genießt dabei nach allgemeiner Auffassung der rationelle und sparsame Energieeinsatz. Gerade hier bestehen heute noch in allen energiewirtschaftlich relevanten Bereichen (private Haushalte, Kleinverbrauch, Verkehr, Industrie, Energiewirtschaft) erstaunlich hohe CO_2-Minderungspotentiale. Die Ausschöpfung dieser Potentiale anzustoßen, ist Aufgabe des CO_2-Minderungsprogramms der Bundesregierung (vgl. Abb. 18.1).

18.4 Das Klimaschutzprogramm der Bundesregierung

Die vorliegenden wissenschaftlichen Daten sind so gewichtig, daß nach Auffassung der Bundesregierung aus Gründen der Risikovorsorge umgehend innerhalb eines international abgestimmten Vorgehens wirksame Maßnahmen zur Minderung der Treibhausgasemissionen eingeleitet werden müssen.

Als eine der ersten Regierungen hat die Bundesregierung mit ihren bislang vier Beschlüssen zur Verminderung der CO_2-Emissionen auf die globale Klimagefährdung reagiert und ein umfassendes, sehr ehrgeiziges Programm eingeleitet. Mit vier aufeinander aufbauenden Entscheidungen vom 13. Juni 1990, 7. November 1990, 11. Dezember 1991 und 29. September 1994 verfügt Deutschland nicht nur über ein international beispielhaftes Ziel, sondern gleichzeitig auch über einen übergreifenden Maßnahmenkatalog, der alle Ebenen der Energieversorgung und alle Sektoren von Wirtschaft und Gesellschaft berücksichtigt.

Die Entwicklung und Umsetzung des auf alle Treibhausgase gerichteten Klimaschutzprogramms liegt in Händen der IMA „CO_2-Reduktion" unter der Federführung des Bundesumweltministeriums.

Bei der Gestaltung des Klimaschutzprogramms konnte sich das BMU auf das Studienprogramm der EK „Vorsorge zum Schutz der Erdatmosphäre" stützen (EK I, 1990d). Methodisch wurde dabei der folgende Weg beschritten:
- Ermittlung der physikalisch-theoretischen Minderungspotentiale,
- Ermittlung der technischen Minderungspotentiale,
- Identifizierung von Hemmnissen und von potentiellen Maßnahmen zu deren Abbau,
- Formulierung des Klimaschutzprogramms,
- Überprüfung und Weiterentwicklung des Konzepts.

Seit dem Jahre 1990 wird der Katalog von mittlerweile rund 110 Maßnahmen schrittweise umgesetzt. Ziel ist die Verminderung der energiebedingten CO_2-Emissionen in der Bundesrepublik Deutschland bis zum Jahre 2005 um 25% (Basis 1990).

Das eingesetzte Maßnahmenbündel setzt sich aus folgenden Kategorien von Maßnahmen zusammen:
- Ordnungsrechtliche Regelungen (wie z.B. WärmeschutzVO, KleinfeuerungsanlagenVO, HeizungsanlagenVO, Novellierung des Energiewirtschaftsgesetzes),

- Ökonomische Instrumente (wie z.B. Förderungsmaßnahmen, Selbstverpflichtungserklärungen der Wirtschaft, Einführung einer CO_2-/Energiesteuer, Honorarordnung für Architekten und Ingenieure, Umweltkennzeichnung von Produkten),
- flankierend wirksame Maßnahmen (wie z.B. Aus- und Fortbildung, Information und Beratung).

Exkurs 1:
Maßnahmen des CO_2-Minderungsprogramms der Bundesregierung
A. Bereits beschlossene Maßnahmen, die schrittweise wirksam werden
(1) *Energieversorgung*   • Bundestarifordnung Elektrizität   • Unterstützung örtlicher und regionaler Energieversorgungs- und Klimaschutzkonzepte   • Stromeinspeisungsgesetz   • Abschaffung der Leuchtmittelsteuer   • Bund-/Länder-Fernwärme-Sanierungsprogramm für die neuen Länder   • Förderung erneuerbarer Energien   • ERP-Energiesparprogramm   • Förderung von Unternehmensberatungen in kleinen und mittleren Unternehmen - Energiesparberatung   • Unterstützung des Forums für Zukunftsenergien e.V.   • Information und Beratung für den Einsatz erneuerbarer Energien   • Information über Maßnahmen für einen rationellen und sparsamen Energieeinsatz   • Novellierung der 4. BImSchV (Beseitigung der Genehmigungspflicht für Windkraftanlagen)   • Steuerbegünstigung für Kraft-Wärme-Kopplung im Rahmen des Mineralölsteuergesetzes
(2) *Verkehr*   • Erhöhung der Mineralölsteuer   • Einführung einer emissionsbezogenen Kraftfahrzeugsteuer (1. Stufe)   • Bundesverkehrswegeplan 1992   • Steigerung der Attraktivität des Öffentlichen Personennahverkehrs (ÖPNV)   • Gaspendel-Verordnung   • Forschungsprogramm Stadtverkehr (FOPS)   • Verkehrsbeeinflussung durch Verstetigung des Verkehrs   • Informationen zum energiesparenden und umweltfreundlichen Verkehrsverhalten   • Forschungsvorhaben und Information über Stadtverkehrsplanung und umweltschonenden Stadtverkehr   • Strukturreform Bahn   • Güterverkehrszentren   • Kombi-Verkehrsabwicklung über die Wasserstraßen   • Forschungsprogramm „Schadstoffe in der Luftfahrt"   • Verkehrsforschung   • Tarifaufhebungsgesetz

(3) *Gebäudebereich*
- Novelle der Wärmeschutz-Verordnung
- Novelle der Heizungsanlagen-Verordnung
- Novelle der Kleinfeuerungsanlagen-Verordnung
- Beratung zum rationellen und sparsamen Energieeinsatz in Wohngebäuden - Vor-Ort-Beratung
- Fördergebietsgesetz und Standortsicherungsgesetz
- Wohnraummodernisierungsprogramm der Kreditanstalt für Wiederaufbau (KfW) in den neuen Ländern
- Gemeinschaftswerk Aufschwung Ost
- Förderung des sozialen Wohnungsbaus
- Experimenteller Wohnungs- und Städtebau - EXWOST-Feld „Schadstoffminderung im Städtebau"
- Investitionserleichterungs- und Wohnbaulandgesetz
- Verminderung von Investitionshemmnissen im Wohnungsbau in den neuen Bundesländern bei ungeklärten Eigentumsverhältnissen
- Information für Bauherren, Architekten, Planer, Ingenieure, Handwerker
- Mit Mitteln der Bundesregierung zinsverbilligtes Kreditprogramm der KfW zur Finanzierung von Wärmeschutzmaßnahmen und zum Austausch von alten Heizkesseln durch Brennwertgeräte im Gebäudebestand der alten Bundesländer
- Einführung von Öko-Zulagen für Niedrigenergiehäuser und den Einbau von energiesparender und CO_2-mindernder Technik im Rahmen der Neuordnung der Wohnungsbauförderung

(4) *Neue Technologien*
- Fachprogramm Umweltforschung und -technologie
- Forschung und technische Weiterentwicklung der Kraftwerks- und Feuerungstechnik, insbesondere zur umweltfreundlichen Nutzung von Kohle
- Forschung und Entwicklung von Gas- und Dampfturbinenkraftwerken (GuD-Kraftwerke)
- Forschung und Entwicklung zur Nutzung erneuerbarer Energien
- Förderungsprogramm Photovoltaik
- Förderung und Erprobung von Windkraftanlagen („250 MW Windprogramm")
- Programm „Solarthermie 2000"
- Forschung und Entwicklung von Techniken zur Nutzung der Solarenergie
- Forschung und Entwicklung von Sekundärenergiesystemen, die im Systemverbund zum Einsatz kommen sollen
- Forschung und Entwicklung zur rationellen und sparsamen Energieverwendung
- Nukleare Energieforschung/Reaktorsicherheitsforschung
- Kernfusionsforschung
- Forschung zur thermischen Abfallbehandlung
- Modellversuch „Wärme- und Stromerzeugung aus nachwachsenden Rohstoffen
- Geothermie

(5) *Land- und Forstwirtschaft*
- Gemeinschaftsaufgabe „Verbesserung der Agrarstruktur und des Küstenschutzes"
- Flächenstillegungsprämie
- Verbesserung der stofflichen Verwertung in der Tierhaltung zur Minderung von Methanemissionen
- Förderung der extensiven landwirtschaftlichen Produktionsweisen

- Erhaltung bestehender Wälder
- Förderung der Erstaufforstung
- Waldbauliche Maßnahmen
- Steuerbefreiung von reinem Rapsmethylester (RME)
- Gründung der Fachagentur „Nachwachsende Rohstoffe"
- Vorlage einer Düngeverordnung

(6) *Abfallwirtschaft*
- Verpackungsverordnung
- Technische Anleitung Siedlungsabfall

(7) *Übergreifende Maßnahmen*
- Verbesserung der Aus- und Fortbildung von Architekten, Ingenieuren, Technikern und Handwerkern
- Förderungsprogramm der Deutschen Bundesstiftung Umwelt, Osnabrück (DBU)
- BMU-Investitionsprogramm zur Verminderung von Umweltbelastungen
- Umweltprogramm der KfW, Frankfurt am Main
- Umweltprogramm der Deutschen Ausgleichsbank (DAB), Bonn-Bad Godesberg
- Umweltschutzbürgschaftsprogramm - Haftungsfreistellung bei Ergänzungsdarlehen III der DAB zur Förderung von Herstellern präventiver Umwelttechnik
- Bund-Länder-Gemeinschaftsaufgabe „Verbesserung der Regionalen Wirtschaftsstruktur"
- Finanzielle Förderung wirtschaftsnaher Strukturen in den neuen Ländern - Verbesserung der regionalen Wirtschaftsstruktur bei der Förderung kommunaler Infrastruktureinrichtungen
- Beratung über sparsame und rationelle Energieverwendung durch die Arbeitsgemeinschaft der Verbraucherverbände (AgV)
- Förderung von Unternehmensberatungen für kleine und mittlere Unternehmen: Umweltschutz- und Energieberatung
- Orientierungsberatungen im Umweltschutz für Kommunen in den neuen Ländern
- Kommunalkreditprogramm für die neuen Länder
- ERP-Luftreinhaltungsprogramm
- Fachinformation für rationelle und sparsame Energieverwendung sowie für den Einsatz erneuerbarer Energien
- Studien zur Optimierung und Weiterentwicklung des Klimaschutzprogramms der Bundesregierung
- Novelle zur Honorarordnung für Architekten und Ingenieure
- Forschung zu einzelnen instrumentellen Ansatzpunkten
- Systemanalytische Arbeiten des IKARUS-Projektes
- Einsatz des deutschen Umweltzeichens „Blauer Engel"
- Selbstverpflichtungserklärungen der deutschen Wirtschaft zur Klimavorsorge vom 10. März 1995

B. Maßnahmen, deren Verabschiedung bevorsteht bzw. die vorgesehen sind

(1) *Energieversorgung*
- Novellierung des Energiewirtschaftsgesetzes (EnWG)
- Vorlage einer Wärmenutzungs-Verordnung nach dem BImSchG (derzeit wegen der Selbstverpflichtungserklärung der deutschen Wirtschaft vom 10. März 1995 zurückgestellt)

(2) *Verkehr*
- Anhebung der EU-Mindestsätze bei der Mineralölsteuer

- Emissionsbezogene Kraftfahrzeugsteuer (2.Stufe)
- Gebühren für die Benutzung bestimmter Straßen
- Begrenzung der Kohlendioxidemissionen bei neuen Fahrzeugen
- Standortkonzeption der Deutschen Bundesbahn
- gAnwendung moderner Informationstechnik zur Vermeidung und Regulierung weiteren Verkehrsaufkommens (Telematik)
- Besteuerung von Flugkraftstoffen
- Änderung der Gemeinsamen Geschäftsordnung der Bundesministerien
- Einführung einer Verkehrsauswirkungsprüfung
- Verlagerung des internationalen Transitverkehrs von der Straße auf die Schiene und das Wasser

(3) *Gebäudebereich*
- Weitere Instrumente zur energetischen Sanierung im Gebäudebestand
- Privilegierung der erneuerbaren Energien im Baugesetzbuch
- Vereinheitlichung der Genehmigungspraxis für Anlagen zur Nutzung erneuerbarer Energien

(4) *Übergreifende Maßnahmen*
- Verbesserung der Rahmenbedingungen der beruflichen Ausbildung sowie der Fort- und Weiterbildung
- Förderung von Drittfinanzierungsmodellen
- Einführung einer europaweiten CO_2-/Energiesteuer
- Verabschiedung des Energieverbrauchs-Kennzeichnungsgesetzes
- Planung des Parlaments- und Regierungsviertels in Berlin

Im Ergebnis muß ein derartiges umfassendes Programm zu einer fundamentalen Umstrukturierung von Wirtschaft und Gesellschaft beitragen. Die Vision ist die Konkretisierung, Operationalisierung und Umsetzung dessen, was mit dem schillernden Begriff des „Sustainable Development" heute in aller Munde ist (BMU, 1992b). Fundamentale Umbrüche und die Vernichtung von Kapital werden auf diesem Wege nur dann vermieden werden können, wenn langfristig verläßliche Ziele und Rahmenbedingungen gesetzt und dezentrale Optimierungsmechanismen genutzt werden.

18.5 Auswirkungen

Zwischen 1987 (ursprüngliches Basisjahr) und 1994 entwickelten sich die CO_2-Emissionen Deutschlands deutlich zurück (minus 15,8%).

Exkurs 2:
Mit 892 Millionen Tonnen Kohlendioxid trägt Deutschland ein knappes Drittel zu den CO_2-Emissionen der Europäischen Union und etwa 4% zu den weltweiten CO_2-Emissionen bei.

> Dies zeigt, daß die Rolle Deutschlands im weltweiten Klimaschutz nicht heruntergespielt werden kann. Die Zahlen machen jedoch auch deutlich, daß deutsche Entscheidungen und Konzepte zur Klimavorsorge in eine weltweite Strategie zur Verminderung der Ursachen für den Treibhauseffekt eingebunden werden müssen. Ein nationaler Alleingang wäre zu wenig, um das Problem auch nur ansatzweise zu lösen.
> Bleibt die Frage, wie die Entwicklung in Deutschland seit 1987 verlaufen ist.
> Richtig ist, daß die CO_2-Emissionen in diesem Zeitraum von 1,06 Mrd. Jahrestonnen auf 892 Mio. Jahrestonnen abgenommen haben. Falsch ist die oberflächliche Schlußfolgerung, daß dieser Rückgang allein in den neuen Bundesländern erzielt wurde und die Ursache allein im wirtschaftlichen Umbruch zu suchen sei.
> Vielmehr sind die energiebedingten CO_2-Emissionen pro Einwohner zwischen 1987 und 1994 in den alten Bundesländern um 6,0% und in den neuen Bundesländern um 46,9% gesunken. Wegen des starken Anstiegs der Bevölkerung in den alten Bundesländern (plus 4,6 Mio. Personen bzw. plus 7,5%) überdeckte diese Entwicklung den Rückgang der spezifischen Emissionen. In den neuen Bundesländern schlug sich dagegen der wirtschaftliche Zusammenbruch, der deutliche Bevölkerungsrückgang *und* die inzwischen greifenden Maßnahmen zur Modernisierung in Industrie, Gewerbe und privaten Haushalten in einer spezifischen Emissionsminderung von 50,7% nieder.
> Die Entwicklung zeigt, daß die CO_2-Entwicklung seit 1987 in Deutschland zu Unrecht als „reiner Mitnahmeeffekt des wirtschaftlichen Zusammenbruchs in den neuen Ländern" bezeichnet wird. Zum einen sind die Ursachen für die leichte absolute Zunahme der CO_2-Emissionen in den alten Bundesländern vielfältig. Eine nüchterne Analyse zeigt, daß sich hier der schon vorher bestehende Trend zum Emissionsrückgang weiter fortgesetzt hat.
> Auch die inzwischen in den neuen Bundesländern angelaufenen vielfältigen Maßnahmen verdienen es nicht, als Mitnahmeeffekte abqualifiziert zu werden. Aktive Maßnahmen zur Modernisierung werden auch in Zukunft dafür sorgen, daß sich die CO_2-Emissionen *nicht* parallel zum wirtschaftlichen Aufschwung in den neuen Bundesländern erhöhen. Die Entkopplung von Wirtschaftswachstum und Energieverbrauch ist hier, wie in den alten Bundesländern gelungen.

Die Ursachen hierfür sind vielfältig.

Ein sicherlich sehr bedeutsamer Grund - den die Bundesregierung jedoch bereits mit ihrem Beschluß vom 7. November 1990 versucht hat, zu berücksichtigen - liegt in der Modernisierung und Umstrukturierung der Energiestrukturen in den neuen Bundesländern. Der wirtschaftliche Umbruch, verbunden mit massiven Investitionen in allen Bereichen, hat dazu geführt, daß die spezifischen CO_2-Emissionen pro Kopf der Bevölkerung sich heute auf dem Stand der alten Bundesländer befindet (11,0 t/Einwohner). Die absoluten CO_2-Emissionen haben sich seit 1987 halbiert (von 345 Mio. t auf 170 Mio. t in 1994).

Aber auch in den alten Bundesländern hat sich der seit den siebziger Jahren bestehende Trend der Entkoppelung von Wirtschaftswachstum und Energieverbrauch weiter fortgesetzt. Zwischen 1987 und 1994 nahmen die spezifischen CO_2-Emissionen pro Kopf der Bevölkerung um 6,0 % ab.

Tabelle 18.1. Entwicklung der Bevölkerungszahl, des Bruttoinlandsprodukts (BIP) sowie der energiebedingten CO_2-Emissionen in den alten Bundesländern (ABL), den neuen Bundesländern (NBL) und Deutschland insgesamt (D). Quelle: 3. Bericht der IMA CO_2-Reduktion der Bundesregierung vom 29.9.1994. Umweltbundesamt, Statistisches Bundesamt, Arbeitsgemeinschaft Energiebilanzen Stand: 20.3.1995

		1987	1990	1991[a]	1992[a]	1993[a]	1994[a]
Bevölkerungszahl	ABL	61,2	63,7	64,5	65,3	65,4	65,8
	NBL	16,7	16,0	15,8	15,7	15,7	15,6
	D	77,9	79,8	80,3	81,0	81,1	81,4
BIP in Mrd. DM[b]	ABL	2 218	2 520	2 635	2 676	2 626	2 710
	NBL	[c]	[c]	181	198	211	257
	D	[c]	[c]	2 816	2 874	2 837	2 967
BIP je Einwohner, in DM/E[b]	ABL	36 248	39 567	40 853	40 980	40 153	40 876
	NBL	-	-	11 449	12 637	13 439	14 756
	D	-	-	35 067	35 482	34 982	35 892
Energiebedingte CO_2-Emissionen in Mio. t	ABL	715	705	739	728	726	722
	NBL	345	298	218	190	177	170
	D	1 060	1 003	957	918	903	892
Energiebedingte CO_2-Emissionen pro Einwohner in t/E/a	ABL	11,7	11,1	11,4	11,1	11,1	11,0
	NBL	20,7	18,6	13,8	12,1	11,3	11,0
	D	13,6	12,6	11,9	11,3	11,1	11,0

a) vorläufige Angaben
b) real in Preisen von 1991
c) Das BIP wurde in der ehemaligen DDR nicht ermittelt

Tabelle 18.2. Veränderungen der CO_2-Emissionen in Deutschland zwischen 1987 und 1994

	ABL	NBL	D
Änderungsrate der CO_2-Emissionen 1994 gegenüber 1987	+ 1% bei Bevölkerungswachstum von ca. 7%	- 50,7% bei Bevölkerungsabnahme um ca. 6%	- 15,8% bei Bevölkerungswachstum von ca. 4,5%
Absenkung der CO_2-Emissionen pro Kopf 1987-1994	von 11,7 auf 11,0 t	von 20,7 auf 11,0 t	von 13,6 auf 11,0 t

Die seit 1990 novellierten und verabschiedeten Maßnahmen zur Energieeinsparung und Brennstoffsubstitution beginnen zu greifen. Produktionsprozesse werden - im Einklang mit den Investitionszyklen - umgestellt. Neue - weniger energieintensive bzw. zur Einsparung bestimmte Produkte werden entwickelt und angeboten.

Begleitet wird das Klimaschutzprogramm der Bundesregierung mittlerweile durch zahllose Initiativen auf Länder- und Gemeindeebene (vgl. Kap. 19-24). In nahezu allen Bereichen von Wirtschaft und Gesellschaft wurde die Bedeutsamkeit der Fragestellung erkannt und werden Lösungsansätze identifiziert und umzusetzen versucht.

18.6 Zur Einbindung des nationalen Programms in supranationale Konzepte

Von Beginn an bemühte sich die Bundesregierung darum, ihr nationales Programm in die europäische Klimaschutzstrategie und - darüber hinaus - in die weltweite Klimavorsorgepolitik einzufügen. Bei einem Anteil von rund 4% an den weltweiten CO_2-Emissionen ist ein nationaler Alleingang zur Lösung eines globalen Umweltproblems völlig unzureichend. Deshalb bestand die Absicht der Bundesregierung darin, mit einer nationalen Vorreiterrolle den Anstoß für andere Länder zu geben, ebenfalls mit einer konsequenten Politik zur Lösung der anstehenden Probleme beizutragen.
Am 1. Januar 1993 wurde ein weiterer Schritt zur Vollendung des Europäischen Binnenmarktes getan. Isolierte nationale Strategien gehören damit innerhalb der EU endgültig der Vergangenheit an.
Nicht zuletzt auf Initiative Deutschlands ist es gelungen, am 29. Oktober 1990 und am 13. Dezember 1991 Grundsatzbeschlüsse des gemeinsamen Umwelt- und Energierates herbeizuführen, nach denen die CO_2-Emissionen der Europäischen Union als Ganzes bis zum Jahr 2000 auf dem Stand des Jahres 1990 stabilisiert und danach reduziert werden sollen.[2] Den Entwurf einer umfassenden „Gemeinschaftsstrategie für weniger CO_2-Emissionen und mehr Energieeffizienz" legte die Europäische Kommission am 25. September 1991 vor (Europäische Kommission, 1991).
Mittlerweile sind nicht nur einzelne Elemente dieses gemeinschaftlichen Programms wirksam (SAVE-Richtlinie, ALTENER-Programm, Beobachtungssystem für CO_2- und andere Treibhausgasemissionen, Öko-Audit-Verordnung), andere Maßnahmen wie die Einführung einer europaweiten CO_2-/Energiesteuer werden derzeit intensiv diskutiert. Schließlich hat die Europäische Kommission vor wenigen Monaten ein sogenanntes „Options Paper" mit dem Ziel vorgelegt,

---

[2] EG, Der Rat, Schlußfolgerungen betreffend die Klimaschutzpolitik im Hinblick auf die Zweite Weltklimakonferenz, DOK9471/90 ENER 69 ENV 245, Luxemburg, 29.1.1990 (1434. Tagung des Rates - gemeinsame Tagung Umwelt/Energie); EG, Der Rat, Council Conclusions, Community Strategy to limit carbon dioxide emissions and to improve energy efficiency, Brüssel; 13.12.1991; EG, Der Rat, Council Conclusions on the Framework Convention on Climate Change, Brüssel 26.5.1992; Schlußfolgerungen des Rates (Umwelt) vom 15./16.12.1994 „Vorbereitung der Ersten Konferenz der Vertragsparteien des Rahmenübereinkommens der Vereinten Nationen über Klimaänderungen; Schlußfolgerungen des Rates (Umwelt) vom 15./16.12.1994 „Gemeinschaftsstrategie zur Verminderung der Kohlendioxidemissionen und zur Verbesserung der Energieeffizienz."

die bisherige Entwicklung zu evaluieren und Vorschläge zur Weiterentwicklung des gemeinschaftlichen Konzepts vorzulegen.

Europa endet nun nicht an den östlichen Grenzen Deutschlands. Die Bundesregierung führt deshalb auf der Grundlage bilateraler Umweltabkommen und als Beitrag zur Umsetzung der Klimarahmenkonvention (KRK) mehrere Projekte zum Handlungsfeld „Umwelt und Energie" gemeinsam mit der Russischen Föderation, der Ukraine, der Volksrepublik Polen, Tschechien und Ungarn durch. Die Themen „Klimavorsorge" sowie „Umwelt und Energie" hatten einen festen Platz auf der Sofia-Konferenz im Oktober 1995. Das Bundesumweltministerium arbeitet ferner mit der Volksrepublik China intensiv zusammen.

18.7 Die Klimarahmenkonvention als weltweites Regime

Mit der KRK, die vor Rio ausgehandelt, in Rio von mehr als 150 Staaten und der EG/EU gezeichnet, am 21. März 1994 in Kraft getreten und mittlerweile von 138 Staaten und der EU ratifiziert wurde, existiert eine völkerrechtlich verbindliche Grundlage zur Umsetzung und Weiterentwicklung einer weltweiten Strategie zur Bekämpfung des Treibhauseffekts (BMU, 1992a).

Die KRK bedarf allerdings noch der Präzisierung und der Konkretisierung. Inhaltliche und verfahrensmäßige Beratungen waren Gegenstand der 1. Vertragsstaatenkonferenz, die vom 28. März bis zum 7. April 1995 in Berlin stattfand.

Nach äußerst mühsamen Verhandlungen, die durch die teilweise diametral entgegengerichteten Interessen der verschiedenen Staaten und Staatengruppen gekennzeichnet waren, gelang es in Berlin, einige für die künftigen Verhandlungen bedeutsame Beschlüsse zu fassen (Schafhausen, 1995a: 279-283). Von besonderer Bedeutung sind dabei vor allem

1. das „Berliner Mandat", mit dem eine Arbeitsgruppe eingerichtet und mit dem Auftrag versehen wurde, bis zur 3. Vertragsstaatenkonferenz, die im Jahre 1997 in Kyoto stattfinden wird, ein Protokoll vorzulegen, mit dem die Klimarahmenkonvention konkretisiert werden soll. Dieses Protokoll bzw. ein vergleichbares Rechtsinstrument soll sowohl Ziele und Zeitrahmen als auch möglichst konkrete Politiken und Maßnahmen enthalten. Die Verhandlungen auf der Basis des „Berliner Mandats" sind mittlerweile angelaufen.
2. Die Durchführung einer Pilotphase für gemeinsam umgesetzte Maßnahmen („activities implemented jointly") wurde beschlossen. Dieser in der KRK grob strukturierte Mechanismus soll dazu beitragen, daß Klimavorsorge durch Maßnahmen, die von zwei oder mehreren Vertragsparteien gemeinsam durchgeführt werden, „globalökonomisch" effizient gestaltet wird. Die beschlossene Pilotphase läuft bis zum 31. Dezember 1999. Danach soll entschieden werden, ob und unter welchen Rahmenbedingungen dieser Mechanismus völkerrechtlich verbindlich durchgeführt wird.

3. Das internationale Klimaschutzsekretariat wird seinen ständigen Sitz in Bonn haben. Damit würdigte die 1. Vertragsstaatenkonferenz die herausragenden Bemühungen der Bundesregierung um einen nachhaltigen globalen Klimaschutz sowohl auf nationaler als auch auf internationaler Ebene.

Ferner wurden Beschlüsse gefaßt, mit denen
- die mit der KRK geschaffenen Nebenorgane (für wissenschaftliche und technologische Beratung sowie für die Durchführung des Übereinkommens) mit konkreten Aufgaben und Aufträgen versehen wurden,
- Mittel zur Finanzierung der Arbeiten des Klimaschutzsekretariats bereitgestellt wurden,
- unmißverständlich festgestellt wurde, daß die bislang in der KRK enthaltenen Verpflichtungen nicht ausreichen, um die Ziele dieser Konvention zu erreichen,
- ein Verfahren zur Überwachung der von den Industriestaaten übernommenen Verpflichtungen zum Technologietransfer definiert wurde.

Zum Ergebnis der Berliner Vertragsstaatenkonferenz ist insgesamt zu sagen, daß selbst engagierteste Kritiker des Rio-follow-up anerkennen, daß das zum jetzigen Zeitpunkt maximal Mögliche erreicht wurde. Im August 1995 haben die ersten Beratungsrunden zur Umsetzung der Ergebnisse von Berlin stattgefunden.

18.8 Fazit

Nimmt man die Warnungen der Klimaforscher ernst, so reichen die auf nationaler und internationaler Ebene bislang gefaßten Beschlüsse bei weitem nicht aus, um der weltweiten Klimabedrohung wirksam begegnen zu können. Erste wichtige Schritte wurden getan. Deutschland hat eine international mittlerweile anerkannte Vorreiterrolle übernommen.

Das weitere Schicksal der weltweiten Klimaschutzstrategie wird nun davon abhängen, ob es gelingt, das Momentum in den politischen Diskussionen zu erhalten. Kritiker prophezeien bereits seit geraumer Zeit, daß sich „das Fenster für eine wirksame Klimavorsorgepolitik" angesichts der sich weltweit verschlechternden wirtschaftlichen Rahmenbedingungen schließen werde. Dem steht das engagierte Eintreten der von einer Klimakatastrophe zuerst betroffenen Gruppe der kleinen Inselstaaten (AOSIS-Gruppe) gegenüber (Schafhausen, 1995b). Hinzu kommt, daß mehr und mehr auch auf der Ebene von Unternehmen und Privatpersonen erkannt wird, daß sich zumindest bestimmte Maßnahmen zur Einsparung von Energie und zur Substitution von Brennstoffen schon heute - trotz der im letzten Jahrzehnt deutlich zurückgegangenen realen Energiepreise - betriebswirtschaftlich rechnen.

Es bleibt zu hoffen, daß die Anstrengungen nicht erlahmen, schon um zu einem späteren Zeitpunkt möglicherweise sehr viel kostenintensivere Eingriffe zu vermeiden.

19 Der Beitrag Hessens zum Klimaschutz: Politik für Energieeffizienz und regenerative Energien

Rupert von Plottnitz

19.1 Der politische Handlungsspielraum eines Bundeslandes

Der energiepolitische Handlungsspielraum eines Bundeslandes ist begrenzt. Zwar kann es mit eigenen Akzenten das unterstützen, was es an der Energiepolitik des Bundes für richtig hält, und es kann Gegenakzente zu dem setzen, was es energiepolitisch an der Haltung des Bundes für kritikwürdig hält. Im Falle Hessens handelt es sich gegenwärtig im wesentlichen um Gegenakzente.

Die Länder verfügen nicht über die Möglichkeit oder Kompetenz, aus dem energiepolitischen bzw. energierechtlichen Rahmen, den der Bund mit seiner Gesetzgebungskompetenz vorgibt, gleichsam „auszusteigen". Das ist aus hessischer Sicht deshalb ein eher trauriger Befund, weil es an der Energiepolitik der gegenwärtigen Bundesregierung gerade dort, wo es um den Klimaschutz geht, Erhebliches zu kritisieren gibt.

Dabei gibt es an der zur Frage des Klimaschutzes öffentlich bekundeten politischen Programmatik der Bundesregierung zunächst nur wenig zu bemängeln. Die Bundesumweltministerin Angela Merkel hat wiederholt die dringende Notwendigkeit unterstrichen, die Emissionen der Treibhausgase deutlich zu verringern und die fortschreitende Zerstörung der Ozonschicht zu stoppen.

Sehr viel trüber sieht es allerdings aus, wenn man die löblichen internationalen Bekenntnisse und Versprechungen der Bundesregierung und ihrer Umweltminister bzw. -ministerinnen mit ihrer politischen Praxis vergleicht.

So hat die Enquête-Kommission (EK) des Deutschen Bundestages zum Schutz der Erdatmosphäre klar herausgearbeitet (vgl. Kap. 15-17), daß zur Erreichung des Klimaschutzziels insbesondere ein geänderter ordnungspolitischer Rahmen unverzichtbar ist. Das Land Hessen hat zusammen mit der EK einen Untersuchungsauftrag vergeben, um Vorschläge für einen künftigen, die Klimaschutzziele begünstigenden Ordnungsrahmen zu erarbeiten. Dabei forderte das Energiewirtschaftliche Institut der Universität Köln, daß als bestes umweltpolitisches Instrument Steuern auf CO_2 und Methan einzuführen seien und der Wettbewerb in der Energiewirtschaft durch die funktionale Auflösung des bisherigen Systems und die Einrichtung eines bis auf die Übertragungs- und Verteilebene wettbewerblich ausgerichteten Poolsystems zu fördern sei. Auch die EU-Richtlinien zum Binnenmarkt für Strom und Gas ließen durchaus Spielräume für eine ökologische Energiewirtschaftsreform zu. Die Bundesregierung ist aber untätig und gedenkt, in dieser Untätigkeit zu verharren: Weder gibt es ernstzunehmende Pläne für die Reform des Energiewirtschaftsgesetzes noch wird über die Einführung einer Energie- oder CO_2-Steuer wirklich seriös nachgedacht.

Weitere Beispiele für ungenutzte Chancen sind die verabschiedete Wärmeschutz-Verordnung, die hinter dem Stand der Technik bleibt und vor allem keine Orientierung für die zukünftige Bauweise bietet, sowie die Wärmenutzungs-Verordnung. Dabei könnten durch eine entsprechende Vorschrift mehr als 10% der industriellen Abwärme nutzbar gemacht werden. Der Initiative verschiedener Bundesländer, die Stromerzeugung aus Kraft-Wärme-Kopplung (KWK) in das Stromeinspeisungsnetz einzubeziehen, wird hinhaltender Widerstand nicht nur von der Energiewirtschaft, sondern auch von der Bundesregierung entgegengebracht. Es wird z.B. ein Bundesverkehrswegeplan verabschiedet, ohne dadurch den umweltpolitischen dringend fälligen Umstieg auf die Schiene mit Hochdruck voranzutreiben.

Die CO_2-Emissionen in der Bundesrepublik (alte und neue Bundesländer) sind zwar von 1987 bis 1993 von 1 058 Mio. t CO_2 auf 903 Mio. t zurückgegangen. Dieser Rückgang ist praktisch ausschließlich auf die Stillegung der Braunkohle-Feuerstätten in den neuen Bundesländern zurückzuführen. In den alten Bundesländern sind die CO_2-Emissionen in diesem Zeitraum um 12 Mio. t angestiegen. Angesichts der Untätigkeit der Bundesregierung wird deutlich, daß das selbstgesteckte Ziel, den CO_2-Ausstoß bis zum Jahr 2005 - gemessen am Stand des Jahres 1987 - um 30% zu senken, in unerreichbare Ferne gerückt ist.

19.2   Die Ziele Hessens beim Klimaschutz

Die Kritik an der Bundesregierung darf kein Grund sein, aus Sicht eines Landes die Hände in den Schoß zu legen und tatenlos zu bleiben. Hessen stellt seine Energiepolitik deshalb ausdrücklich in den Dienst des Klimaschutzes. Dabei muß sich die Energiepolitik eines Bundeslandes einiger Zusammenhänge bewußt sein, um mit ihren begrenzten Mitteln eine wirklich effiziente Klimaschutzpolitik betreiben zu können.
1. Die wesentlichen Beiträge zur CO_2-Verminderung bis zum Jahr 2005 müssen über Energiesparmaßnahmen und rationelle Energienutzung erbracht werden. Die Nutzung der erneuerbaren Energien wird quantitativ dazu noch nicht viel beitragen können.
2. In den dann folgenden Jahrzehnten werden die erneuerbaren Energien einen wesentlichen Teil der Energieversorgung übernehmen müssen.

Hessen schafft heute die Voraussetzungen für diese energiepolitische Perspektive und leistet im Rahmen der Möglichkeiten eines Bundeslandes seinen Beitrag, um den Energiebedarf auf ein wesentlich vermindertes Niveau zu senken.

Der Beitrag Hessens zum Klimaschutz

Im folgenden soll exemplarisch illustriert werden, wie die hessische Energiepolitik diese Aufgaben angeht. Dabei wird zunächst auf die Energieeinsparung und rationelle Energienutzung und anschließend auf die erneuerbaren Energiequellen eingegangen.

19.2.1 Rationelle Energienutzung und Energieeinsparung

Für Energieeinsparung und rationelle Energienutzung sind ausgereifte Technologien vorhanden, die bei intelligentem Einsatz einzelwirtschaftlich und volkswirtschaftlich vorteilhaft sind.

Warum wird das erhebliche Potential nicht genutzt, das bei der Energieeinsparung für Wärme und Strom mindestens die Halbierung des jetzigen Verbrauchs gestatten würde, und wo bei der KWK, deren Anteile verdoppelt bis verdreifacht werden könnten?

Neben dem bislang politisch vernachlässigten Ordnungsrahmen und dem fehlenden ökonomischen Druck, der private und industrielle Verbraucher zwingt, in Sparmaßnahmen und/oder KWK zu investieren, gibt es aber auch Hemmnisse, die in den Köpfen liegen: nicht nur die Endverbraucher sind unzureichend über Verbräuche und Kosten, über Sparmaßnahmen und rationelle Technik informiert, sondern auch die beratenden, planenden und ausführenden Berufe sind oft nicht hinreichend ausgebildet, Sparmaßnahmen und rationelle Technik in der erforderlichen Qualität umzusetzen.

In Deutschland konnte sich bislang gesellschaftlich noch kein wirkliches „Energiebewußtsein" und somit auch keine Nachfrage nach Energiespartechnologien und -produkten entwickeln. Es fehlt der Druck auf der Energienachfragerseite, um die Unternehmen und Techniker zu veranlassen, sich damit zu beschäftigen. Hersteller, Planer und ausführende Handwerker stellen sich noch nicht den Herausforderungen, die „Intelligenz und Qualität" verlangen.

Wesentliches Ziel einer Landes-Energiepolitik muß es sein, den Markt für Sparmaßnahmen und rationelle Technik in Gang zu setzen, die Akteure auf die Potentiale und Chancen aufmerksam zu machen und sie in die Lage zu versetzen, diese Chancen auch qualifiziert wahrzunehmen.

Die finanzielle Förderung einzelner Investitionsmaßnahmen hat hierzu einen wesentlichen Beitrag geleistet. Insbesondere für KWK, Wärmedämmaßnahmen, Niedrig-Energie-Bauweise und nicht zuletzt erneuerbare Energien konnten auf diese Weise erhebliche Impulse für private und öffentliche Investoren gesetzt werden.

Im Bereich Energieeinsparung und rationelle Energieverwendung wird es in Zukunft wichtig sein, auch neue Wege zu sehen und andere Schwerpunkte zu setzen, um bei knapper werdenden öffentlichen Finanzmitteln den landespolitischen Gestaltungsspielraum optimal auszuschöpfen. Hessen sieht hierfür insbesondere folgende Ansätze:

Qualifikation. Ohne eine flächendeckende Verbreitung des Einspar-Know-hows werden auch gutwillige Akteure in der Regel überfordert sein, die Möglichkeiten der Energieeinsparung auszuschöpfen. Daher wurde in Hessen eine breit angelegte Informations-, Beratungs- und Qualifizierungsoffensive begonnen, die sich sowohl an die Verbraucher als auch an Berater, Planer, Architekten, Handwerker und Handel richtet. Diese sogenannten „weichen" Maßnahmen werden in Zukunft einen höheren Stellenwert haben müssen als die Investitionsförderung, die dafür graduell zurückgefahren werden kann.

Stellvertretend für diese Maßnahmen sollen die Übernahme der vorbildlichen Schweizer Impulsprogramme durch Hessen zusammen mit anderen Bundesländern erwähnt werden, wobei sich Hessen besonders der Bereiche „Niedrig-Energie-Bauweise" und „rationelle Elektrizitätsanwendung" annimmt. Über mehrere Jahre werden in Zusammenarbeit mit den Berufsverbänden und Kammern den betroffenen Betrieben und freien Berufen Schulungsangebote unterbreitet sowie relevante Verbrauchergruppen qualifiziert informiert. Diese Schweizer Programme sollten ursprünglich der Konjunkturbelebung dienen. Auch Hessen bewertet diese Qualifizierungsprogramme als praktische Wirtschaftsförderung.

Seit Anfang 1995 hat Hessen mit der Förderung des Personals von unabhängigen Energieberatungszentren und von kommunalen Energiesparbeauftragten begonnen. Die Landesregierung hofft, daß diese Unterstützung kommunaler Anstrengungen sich auch auf die Handlungsweisen der Bürger auswirkt.

Das Land Hessen hat sich in den „Bautechnischen Richtlinien zur Einsparung von Energie bei Bauten des Landes" verpflichtet, bei allen Neubauten im Rahmen des Planungsprozesses den Einsatz von Energie durch die Anwendung des Leitfadens „Energiebewußte Gebäudeplanung" und die Einhaltung der dort für den Heizwärmebedarf genannten Grenzwerte (zwischen 75 und 85kWh/m^2/a) zu optimieren. Dadurch kann der Heizenergiebedarf von Neubauten um rund 50% gegenüber dem Durchschnittsniveau des Gebäudebestands reduziert werden. Bei der Planung von größeren Umbauten und Gebäudesanierungen müssen überdies die bauteilbezogenen Einzelanforderungen des Leitfadens eingehalten werden. Bei der Installation von Heizungsanlagen sind ausschließlich energie- und umweltoptimierte Systeme einzusetzen. Der Anschluß von landeseigenen Liegenschaften an vorhandene oder im Aufbau befindliche Fern- und Nahwärmesysteme soll konsequent vorangetrieben werden. Hessen hat als einziges Bundesland die energiebezogenen Anforderungen konkretisiert. Der langwierige Diskussionsprozeß, bis es zu diesen Vorschriften kam, hat die vorhandenen „Hemmnisse in den Köpfen" gegen moderne und umweltfreundliche Technologien demonstriert.

Least-Cost-Planning. Im Bereich der Stromeinsparung, einem der quantitativ und qualitativ wichtigsten Bereiche der Energieeinsparung, bemüht sich die Landesregierung verstärkt darum, die Energieversorgungsunternehmen als Partner zu gewinnen. Sie will es ihnen ermöglichen, diese Dinge als originär unternehmerische Aufgabe - also durchaus verbunden mit entsprechenden Gewinnmöglichkeiten - wahrzunehmen. Dieses unter dem Namen „Least-Cost-Planning" (LCP) bekannte und aus den USA stammende Konzept hat den besonderen Charme, scheinbar gegensätzliche Interessen zu versöhnen. Nach Ansicht der Landesregierung sind die Energieunternehmen potentiell in der Lage, sich zu echten Dienstleistungsunternehmen zu entwickeln. Sie können bei entsprechenden Rahmenbedingungen einen erheblichen Beitrag zum Klimaschutz leisten. Hessen will sie dabei unterstützen.

Angesichts des Entwicklungsrückstandes der deutschen Energieversorgungsunternehmen (EVU) auf diesem Gebiet und des fast 60 Jahre alten Energiewirtschaftsgesetzes liegt hier für jeden Politiker ein Feld, das ihn reizen und herausfordern muß. Als Energieaufsichtsbehörde kann eine Landesregierung dabei durchaus einiges bewegen, wie die letzten Jahre gezeigt haben. So wurden in der Legislaturperiode von 1991-1995 im Hinblick auf die Formulierungen in den Konzessionsverträgen und bei der fast kompletten Linearisierung der Stromtarife in Hessen Erfolge zäh errungen.

Kraft-Wärme-Kopplung. Die Landesregierung hofft jedoch auch, daß künftig der KWK durch eine Novellierung des Stromeinspeisungsgesetzes ein entscheidender Schub zuteil wird. Hessen hatte im Bundesrat einen entsprechenden Antrag des Landes Brandenburg unterstützt, der leider zurückgezogen wurde. Die Landesregierung wird in der Legislaturperiode von 1995-1999 weitere Anstrengungen unternehmen, den Ausbau der KWK zu fördern, da in einer sich immer stärker wettbewerblich entwickelnden Energiewirtschaft gleiche Startchancen für KWK-Erzeuger geschaffen werden müssen, um die heutigen Erzeugerstrukturen nicht für alle Zeiten zu zementieren.

Strompreisaufsicht. Hessen ist schon jetzt bereit, seine Möglichkeiten im Rahmen der Strompreisaufsicht umfassend auszuschöpfen und Vergütungssätze für KWK-Strom aus kleinen und mittleren Anlagen, die sich an den Sätzen des Stromeinspeisungsgesetzes für erneuerbare Energien orientieren, preisrechtlich anzuerkennen. Dadurch ist es den Energieversorgern möglich, (kurzfristige) Zusatzkosten für eine angemessene Vergütung in die Strompreise einzukalkulieren und dadurch keine Gewinneinbußen hinnehmen zu müssen.

Kooperation. Die Hessische Landesregierung sucht die konkrete projektbezogene Kooperation mit der Energiewirtschaft. Begonnen wurde dabei mit dem gemeinsamen Abtragen von Hemmnissen, die dem Einsatz von KWK-Anlagen in Krankenhäusern bisher entgegenstanden. Danach wird sich zeigen, wie weit auch auf anderen Handlungsfeldern der Kooperationswille Erfolg haben wird.

Contracting. Hier ist auch auf die Modellvorhaben unserer Landes-Energie-Agentur, der hessenEnergie, auf dem Gebiet der KWK hinzuweisen (vgl. Kap. 20). Sie bemüht sich besonders um Einsatzfelder, die für die Beteiligten nicht nur technisch ungewohnt, sondern auch organisatorisch und finanziell aus ihrer Sicht nicht ohne weiteres zu bewältigen sind. Sie bietet für die Lösung dieser

Probleme Contracting-Modelle an, die auf anderen Märkten längst üblich sind (vgl. Schreiber, 1996).

Grundsätzlich ist Contracting auch für KWK und Energieeinsparung geeignet; nur ist auch hier der Markt noch nicht „entdeckt" worden. Es bedarf eines gezielten Anstoßes, potentielle Interessenten darauf aufmerksam zu machen und gewisse Anfangsrisiken auszuräumen. Diese Rolle übernimmt die Hessen-Energie zum Beispiel beim Vorhaben „Standard-Blockheizkraftwerk": Die Hessen-Energie hat eine größere Anzahl kleiner Blockheizkraftwerke zu günstigen Konditionen geordert und setzt diese mit Partnern vor Ort in relativ einfach zu standardisierenden Anwendungsfällen ein. Dem Verbraucher wird die Wärme zu einem annehmbaren Preis geliefert, ohne daß er sich um Technik, Planung, Organisation, Abrechnung usw. zu kümmern hätte.

19.2.2 Förderung der erneuerbaren Energie

Hieraus wird ersichtlich, daß sich die Energiepolitik Hessens bemüht, die Hemmnisse gegen eine rationelle Energieerzeugung und -nutzung beiseite zu räumen und intensiv auf die Beteiligten einzugehen. Dies ist auch ein Leitsatz bei den erneuerbaren Energiequellen, die differenziert gefördert werden. Selbst ein relativ potentes Bundesland wie Hessen wäre überfordert, sich allen Energiequellen und Entwicklungen gleichermaßen zu widmen.

Ohne die langfristige Bedeutung von erneuerbaren Energien und Zukunftstechnologien (z.B. den Solar- und Wasserstofftechnologien) im nächsten Jahrhundert abwerten zu wollen, konzentriert sich Hessen auf die Markteinführung derjenigen Technologien, die heute schon technisch verfügbar und ausgereift sind, die nahe der Wirtschaftlichkeitsschwelle stehen und breit einsetzbar sind.

Diese Prioritätssetzung ist die Folge einer klaren Arbeitsteilung zwischen EU, Bund und Bundesländern, damit die erforderlichen Aufgaben angegangen werden und die Maßnahmen ihre Wirkungen voll entfalten können. Danach ist es Aufgabe der EU und des Bundes, Grundlagenforschung für Technologiesysteme zu fördern, die erst in Jahrzehnten zur breiten Anwendung kommen können. Nur der Bund bzw. die EU sind in der Lage, dieser Aufgabe im finanziell erforderlichen Umfang mit der notwendigen Qualität und längerfristig nachzukommen.

Solarthermie. Technisch ausgereift sind vor allem die Nutzung der thermischen Sonnenenergie zur Brauchwassererwärmung, die Wasserkraft- und die Windkraftnutzung, wobei die letzten beiden in Hessen nur begrenzt einsetzbar sind. Um so mehr kommt es darauf an, die vorhandenen Standorte unter Beachtung ökologischer Anforderungen so optimal wie möglich zu nutzen. Für den Einsatz der thermischen Solarenergie gibt es hingegen ein breites erschließbares Potential. Das Land legt Wert darauf, daß diese drei Möglichkeiten jetzt breit genutzt werden, um vor Ort sichtbare Beispiele für die Nutzung der erneuerbaren Energien zu schaffen, die den Bürgern den sinnvollen Einsatz demonstrieren und sie mit den eventuell damit verbundenen Beeinträchtigungen vertraut machen.

Die Nutzung der thermischen Solarenergie auf möglichst breiter Front voranzubringen, ist das Ziel des „Solarthermischen Förderprogramms" des Landes Hessen, das seit 1992 alle vorangegangenen Aktivitäten gebündelt und wesentlich erweitert hat. Die Förderung umfaßt Solaranlagen in Wohngebäuden und in kommunalen, gewerblichen und sonstigen Gebäuden. Von 1992 bis 1995 wurden mit über 17 Mio. DM über 5 300 Solaranlagen in Hessen gefördert, womit ein Investitionsvolumen von 83 Mio. DM ausgelöst wurde. Dieser Markt kann sich angesichts der Millionen von Gebäuden zu einem Wachstumsmarkt entwickeln. Das Programm wurde in enger Abstimmung mit dem zuständigen Fachverband des Handwerks entwickelt und durch Begleitmaßnahmen unterstützt.

Windenergie. Die Windenergienutzung ist ein weiteres positives Beispiel. Nachdem früher kaum Interesse an der Windenergienutzung in Hessen bestand und demzufolge auch nur wenige Pilotanlagen installiert wurden, befindet sie sich seit 1992 im „Aufwind". Bis Ende 1994 wurden in Hessen 74 Windkraftanlagen an 22 Standorten mit einer Leistung von 21,8 MW installiert, die ca. 31,8 GWh elektronischer Energie pro Jahr produzieren. Allein 1994 wurden hierfür 14,1 Mio. DM aufgewendet, wodurch eine Gesamtinvestition von rund 41,6 Mio. DM initiiert wurde. Hessen nimmt mit der Förderung im Windenergiebereich einen Spitzenplatz unter den Binnenländern ein.

Dieser „Aufwind" liegt daran, daß die Hersteller inzwischen die Mittelgebirge für die Windenergienutzung entdeckt haben und die Windenergienutzung in Hessen das „Demonstrationsstadium" erfolgreich durchlaufen hat. Inzwischen stehen für das Binnenland angepaßte Windkraftanlagen auch größerer Leistungen zur Verfügung, die bei öffentlicher Förderung und unter günstigen Verhältnissen knapp wirtschaftlich sind.

Eine besondere Rolle übernahm dabei die Hessen-Wind GmbH&Co KG, die über eine Beteiligungs-Gesellschaft eine Tochter der hessenEnergie ist. Die Hessen-Wind hat bereits 14 Windkraftanlagen mit jeweils 225 kW sowie eine mit 500 kW an zwei Standorten in Mittel- und Nordhessen errichtet. An dieser Gesellschaft könnten sich Bürger mit einer Einlage von mindestens 5000 DM als Kommanditisten beteiligen. Ein zweites Windpark-Projekt mit zehn Anlagen zu je 500 kW ist in Vorbereitung.

Durch die Wahl der Gesellschaftsform hat die Hessen-Wind den Interessenten den Einstieg in die Windkraftnutzung auf einer relativ niedrigen Stufe ermöglicht, sozusagen zum Schnupperpreis. Viele Bürger konnten sich mit einer relativ kleinen Einlage beteiligen: die technische Umsetzung, der Betrieb und die kaufmännische Abwicklung mußte sie nicht kümmern und ihr Risiko blieb überschaubar. Der Erfolg des Projekts übertraf die Erwartungen. Ohne Werbung wurden die Kommanditistenanteile für die ersten beiden Windparks innerhalb kurzer Zeit gezeichnet.

Das Potential der Windenergie in Hessen beträgt etwa 150 MW an Leistung. Das ist sicher im Vergleich zu einem Block in Biblis mit 1 200 MW nicht viel. Aber man kann nicht erwarten, daß im nächsten Jahrhundert die erneuerbaren Energien mit Energieeinsparung eine wesentliche Rolle übernehmen können, wenn man sie heute nicht hierauf vorbereitet.

19.2.3 Förderung von Pilot- und Demonstrationsvorhaben

Damit wird mit der Förderung von Pilot- und Demonstrationsvorhaben von erneuerbaren Energiequellen ein weiterer wichtiger Bereich angesprochen. Hessen engagiert sich hier bei ausgewählten Technologien, die es für aussichtsreich hält und die in einigen Jahren in die Markteinführungsphase kommen, u.a. die Brennstoffzelle; Photovoltaikanlagen; Biogasanlagen und ggf. andere Anlagen zur Nutzung land- und forstwirtschaftlicher Abfälle. Diese Anlagen werden mit bis zu 50%igen Zuschüssen zu den Investitionen gefördert. Der Begriff „Pilot- und Demonstrationsanlagen" wird dabei quantitativ großzügig ausgelegt. So wurden bisher in Hessen über 300 Photovoltaikanlagen mit über 7 Mio. DM aus Landesmitteln gefördert.

Am Beispiel der Photovoltaik läßt sich gut demonstrieren, warum Hessen für diese Technologien zwar Demonstrationsvorhaben förderte, aber ein Markteinführungsprogramm für verfrüht hält. Das „Aachener Modell", das die breite Markteinführung der heutigen, technisch und wirtschaftlich noch nicht ausgereiften Photovoltaikanlagen zum Ziel hat und den Stromverbraucher für eine kostendeckende Einspeisevergütung für den Strom dieser Anlagen zur Kasse bitten will, d.h. für rund 2 DM je kWh, wird gelegentlich als ökologischer Fortschritt gepriesen. Wie steht Hessen zu solchen Ansätzen?

Nach Ansicht der Landesregierung wäre eine verfrühte und hoch subventionierte breite Markteinführung der noch nicht wettbewerbsfähigen Photovoltaik ein falsches Signal für den Klimaschutz.

Mitte der 1990er Jahre kostet die CO_2-Minderung mit Photovoltaik noch fast zwanzigmal mehr als entsprechende Stromeinsparungen. Es ist wichtig, daß die Bürger ihre eigenen Investitionsentscheidungen danach richten, um mit geringen finanziellen Beiträgen einen möglichst hohen Effekt für den Klimaschutz zu erreichen. Über seine Preisaufsicht hat Hessen im Gegenzug zum „Aachener Modell" ein differenziertes Modell entwickelt, das die unterschiedlichen Beiträge zum Klimaschutz, welche die verschiedenen Maßnahmen zur Zeit erbringen können, berücksichtigt, gleichzeitig aber auch der Photovoltaik die erforderlichen Chancen einräumt.

Hessen hat bereits seit Jahren die hessischen Energieversorgungsunternehmen (EVU) ermuntert, Programme zur Förderung der Energieeinsparung und des Klimaschutzes durchzuführen. Bei einer wachsenden Zahl von Unternehmen ist dazu auch die Bereitschaft vorhanden. Im Rahmen solcher Programme, die auf den drei Säulen Energieeinsparung, rationelle Energienutzung und erneuerbare

Energien fußen sollten, erkennt die Strompreisaufsicht bei der Genehmigung der Strompreise unter bestimmten Voraussetzungen sowohl die finanzielle Unterstützung der Kunden beim Energiesparen an als auch erhöhte Einspeisevergütungen für Stromerzeugung aus KWK oder aus erneuerbaren Energiequellen einschließlich der Photovoltaik.

Diese Einsparprogramme müssen die kostengünstig zu erschließenden Potentiale vorrangig berücksichtigen und dürfen sich nicht ausschließlich oder überwiegend auf Maßnahmen mit ungünstigem Kosten-Nutzen-Verhältnis erstrecken. Eine erhöhte Einspeisevergütung für Photovoltaik ist im skizzierten Rahmen z.B. bei Pilot- und Demonstrationsanlagen durchaus möglich.

19.3 Politische Schlußfolgerungen

Aus der Darstellung der ausgewählten Beispiele wird ersichtlich, daß die Energiepolitik eines Bundeslandes, wenn sie erfolgreich im Sinne der Umsetzung von Maßnahmen zum Klimaschutz sein will, nicht nur die richtigen inhaltlichen Schwerpunkte wählen muß, sondern ganz gezielt auf die speziellen Hemmnisse bei den Energieträgern, aber auch bei den Zielgruppen ausgerichtet sein muß. Dabei kommt es sehr auf Effizienz und Engagement an.

Die Landesregierung hat deshalb 1993 das Fraunhofer-Institut für Systemtechnik und Innovationsforschung (ISI) beauftragt, die Energiepolitik in Hessen daraufhin zu überprüfen, ob sie in effizienter Weise zum Klimaschutz beiträgt. Erfreulicherweise wurde der Energiepolitik ein gutes Zeugnis ausgestellt. Allein durch die hessische Investitionsförderung im Zeitraum von 1991 bis 1993 wird eine CO_2-Einsparung in der Größenordnung von 3,5 Mio. t (gerechnet über die Lebensdauer der Anlagen) erreicht. Aber nicht nur die quantitativen Ergebnisse zählen, auch die qualitative Einschätzung der Maßnahmenschwerpunkte wurde vom ISI ausdrücklich bestätigt und durch weitere Empfehlungen untermauert.

Der Beitrag hat vermittelt, daß es im Bundesland Hessen im Bereich der Energiepolitik und im Bemühen um den Klimaschutz an Engagement nicht mangelt. Darin will die Landesregierung auch in der neuen Legislaturperiode 1995-1999 fortfahren. Die hessische Landesregierung hofft, daß eines Tages auch auf Bundesebene die ordnungspolitischen Weichen richtig gestellt werden, wodurch die Arbeit in Hessen wesentlich erleichtert würde.

20 Monetäre Anreize für energiesparende Maßnahmen als Teil der kommunalen Energiepolitik

Horst Meixner

20.1 Welche monetären Anreize brauchen energiesparende Technologien?

Viele Einsparungstechnologien sind wirtschaftlich oder an der Grenze zur Wirtschaftlichkeit; ihre Nutzung bleibt aber weit hinter den Möglichkeiten zurück. Über diese Technikfelder wird leider wenig geredet. Die Diskussion konzentriert sich völlig zu Unrecht auf einzelne symbolträchtige Technologien, die zumeist noch weit von der Wirtschaftlichkeitsgrenze entfernt sind. Ein instruktives Beispiel ist hier etwa die mit großer öffentlicher Resonanz geführte Debatte um eine kostendeckende Vergütung von Strom aus dezentralen Photovoltaik-Anlagen („Aachener Modell"). Selbst einzelne Stromspartechnologien wie Kompakt-Leuchtstofflampen sind für den Klimaschutz in den nächsten zehn Jahren quantitativ ungleich wichtiger als die Photovoltaik. Zur Verdeutlichung: Die Zahl der weltweit verkauften Kompakt-Leuchtstofflampen lag bis 1993 bei mehr als 200 Mio. Stück. Das ersparte einen Zubau von bis zu 18 000 Megawatt (MW) Leistung. Der weltweite Aufbau von Kapazität zur Windkraftnutzung hat bis 1993 immerhin 3 000 MW erreicht. Im Vergleich zu dieser respektablen Größenordnung ist die im öffentlichen Bewußtsein so gewichtige Photovoltaik weit abgeschlagen: In 1993 wurden weltweit etwa 60 MW an Solarzellen-Leistung produziert (Flavin/Lenssen, 1994: 156).

Aus Sicht der Ökonomie wäre der zentrale Ansatz zur Verbesserung der Wirtschaftlichkeit energiesparender Technologien und regenerativer Energien - vor jeder Förderung - die Internalisierung der bislang externen Kosten der Energienutzung. Subventionen sind deshalb letztlich nur sinnvoll als Ergänzung im Rahmen einer Strategie, die primär auf Belastung der Energieträger und Technologien gemäß der von ihnen ausgehenden Schadenswirkungen und Risiken setzt. Eine finanzielle Förderung sollte zudem in eine Strategie eingebunden werden, die auch andere Instrumente einschließt, wo sie sinnvoll sind; denn monetäre Anreize allein sind sicherlich nicht hinreichend, wenn auch bestimmt in einigen Bereichen notwendig. Das heißt vor allem: Es bedarf zusätzlich der Beratung, einer einsparungsfreundlichen Regulierung auf den relevanten Märkten und einer entsprechenden Gestaltung aller sonstigen Rahmenbedingungen - z.B. auch der Vorgabe von technischen Mindest-Effizienz-Standards in einigen Technologiebereichen.

20.2 Welche monetären Anreize können Kommunen geben?

Monetäre Anreize in Form von energiebezogenen Steuern und Abgaben sind auf kommunaler Ebene kaum vorstellbar. Und auch die mehr oder weniger freiwillige Zweckbindung von Konzessionsabgaben für eine Förderung der rationellen Energienutzung dürfte kaum noch in Frage kommen, nachdem mit der Neuregelung der Konzessionsabgabe auf Bundesebene fixe Sätze je kWh an die Stelle von prozentualen Erlösanteilen getreten sind. Denn die auf dem zulässigen Höchstniveau angeglichenen Abgabensätze sind in den kommunalen Haushalten i.d.R. zur allgemeinen Ausgabendeckung fest eingeplant - was den Kommunen angesichts ihrer finanziellen Lage auch kaum zu verdenken ist.

Viele Kommunen suchen angesichts begrenzter Finanzen einerseits und dem (noch?) recht hohen politischen Aufmerksamkeitswert von Umwelt- und Klimaschutz andererseits nach Möglichkeiten, eine solche Förderung außerhalb ihres Kernhaushalts anzusiedeln. Wichtigste Möglichkeit ist dabei die Zuordnung solcher Programme auf eigene Energieversorgungsunternehmen (EVU) oder die Vereinbarung von Fördermaßnahmen mit den in den Kommunen tätigen „fremden" EVU - z.B. im Kontext der Diskussion um die Vergabe bzw. die Verlängerung von Konzessionsverträgen. Entsprechende Vereinbarungen in Konzessionsverträgen sind durchaus zulässig - entgegen manchmal zu hörenden Behauptungen. In der Konsequenz werden bei solchen Programmen die Kosten der Förderung über die Preise der Energieträger gedeckt - und damit letztlich zu Lasten der Gesamtheit der Energieabnehmer. Die Finanzierung der Fördermaßnahmen wird dadurch unabhängig von der Einnahmenseite des Kommunalhaushalts. Auf die Auswahl und Ausgestaltung der Förderung hat die Kommune bei einer solchen „Auslagerung" dann allerdings nur noch in dem Maße Einfluß, wie sie dem jeweiligen EVU Vorgaben machen kann.

Weniger häufig sind bisher kooperative Ansätze, bei denen die Kommunen sich zwar mit personeller Kapazität, aber ansonsten mit eher geringen Finanzmitteln engagieren, um Programme anzustoßen und zu koordinieren, die finanziell in weiten Teilen von Dritten getragen werden. Vorstellbar wäre das zum einen mit der Finanzierung durch andere politische Körperschaften wie Land, Bund und/oder EU, die Gelder für kommunale Programme auf Antrag zur Verfügung stellen könnten. Zum anderen wäre aber auch - als Zusatz- oder Alleinfinanzierung - die Einwerbung von Mitteln der EVU oder von privaten Firmen denkbar (Private Sponsorship). Zum Beispiel stocken einige EVU das vom Land Hessen angebotene „Solarthermische Förderprogramm" auf, für das die Kommunen bzw. die Kreise die Bearbeitung der Förderanträge übernommen haben. In anderen Fällen kommt die Zusatzförderung von den Kommunen oder den Kreisen selbst.[1] Jenseits solcher Kooperationen bleibt dann natürlich immer noch die relativ teure Möglichkeit einer selbständigen kommunalen Förderung von Dritten.

20.3 Für welche Bereiche lohnt sich ein kommunales Engagement?

Kommunalpolitiker widerstehen offenbar den Verführungen schlechter symbolischer Politik genausowenig wie ihre KollegInnen auf Landes- und Bundesebene. Es gibt leider eine hohe Präferenz für exotische Technologien und oft auch noch für wenig sinnvolle Hybridversionen sowie eine ausgeprägte Vorliebe für spektakuläre Anlagen zur Nutzung regenerativer Energien - speziell im Bereich Photovoltaik. Dies bleiben regelmäßig Solitäranlagen; Breitenwirkung im kommunalen Bereich wird damit nicht erzielt. Sie kann auch gar nicht gewollt sein, weil die Kommunen die Kosten eines flächendeckenden Einsatzes solcher Technologien in ihren Einrichtungen nicht tragen könnten. Im Hinblick auf Klimaschutzziele bleiben solche Projekte im günstigsten Fall unerheblich. Im schlimmsten Fall bestärken sie das Vorurteil, daß effektiver Klimaschutz nur um den Preis krasser Unwirtschaftlichkeit zu haben ist.

Jede Politik braucht Symbole - gerade wenn sie auf Kommunikation mit einer breiten Öffentlichkeit setzt. Aber die politische Aufgabe besteht darin, die richtigen Symbole für die wirklich wichtigen Politikfelder zu kreieren und nicht in der Reproduktion wohlfeiler Klischees von (angeblichen) ökologischen Idyllen, wo die Solarzellen auf dem (Gras)Dach den Strom für die Wasserstofferzeugung im Keller liefern, der dann im Metall-Anhydrid-Speicher drucklos zwischengelagert wird, um damit im Winter warmes Wasser von gerade mal 60°C zu fabrizieren - möglichst ergänzt durch ein mit Pflanzenöl betriebenes Blockheizkraftwerk (BHKW) und eine solar gestützte Heizung. Dies mag eine bösartige Karikatur sein; aber leider sind immer noch viele Forderungen nach der Finanzierung von „Demonstrationsobjekten" in und durch Kommunen nicht weit von solchen Lösungen entfernt, die sich bei näherem Hinsehen schnell als energietechnische Fehlorientierung, als wirtschaftlich unhaltbar und umweltpolitisch äußerst zweifelhaft erweisen.

Das Problem besteht nicht darin, daß Kommunen an der einen oder anderen Stelle - quasi aus didaktischen Gründen - eine Photovoltaik-Anlage bauen oder mitfinanzieren. Problematisch wird die Sache aber dann, wenn solche Aktionen zum zentralen Inhalt von kommunaler Energiepolitik erklärt werden und damit - gewollt oder ungewollt - die wirklich erforderlichen, quantitativ ergiebigen Maßnahmen substituieren. Daß so etwas vorkommt, zeigen Beispiele von Kom-

---
[1] Vgl. die Liste von hessischen Gemeinden und Kreisen in: HMUB, 1993.

munen, die solarbetriebene Parkscheinautomaten in großer Zahl aufstellen, während für zusätzliche, über die Mindeststandards der Wärmeschutzverordnung hinausgehende Maßnahmen zur Wärmedämmung bei kommunalen Neubauten und Sanierungsvorhaben keine Mittel zu erübrigen sind. Und selbstverständlich ist auch für stromsparende Maßnahmen in Verwaltungsgebäuden und kommunalen Einrichtungen wie Schwimmbädern kein Geld da, obwohl eine solche Modernisierung oft sowieso erforderlich und auch noch wirtschaftlich wäre.

Vorrangig sollten sich Kommunen dort energiepolitisch engagieren, wo drei Bedingungen erfüllt sind:
- Es sollten quantitativ ergiebige Technologiefelder sein, die systematisch erschlossen werden können und wo Vorhaben mit hoher Wiederholungsfrequenz möglich sind.
- Die Bereiche müssen einen Politikbedarf aufweisen, was besagen soll, daß die Markteinführung der jeweiligen Technologien nicht sowieso rasch und im Selbstlauf geschieht.
- Und schließlich sollten Kosten und Nutzen der energietechnischen Maßnahmen in einem akzeptablen Verhältnis stehen; denn das hehre Ziel des Klimaschutzes darf nicht als Entschuldigung für ineffiziente Programme dienen.

Wie wichtig letzteres ist, läßt sich aus einer Gegenüberstellung der Gesamtkosten (Investitions- und Betriebskosten) je Verminderung um eine Tonne CO_2 für verschiedene Technologien ersehen: Zwischen den Kosten bei der Photovoltaik von ca. 4 200 DM je Tonne CO_2 und den etwa 200 DM je Tonne CO_2 bei BHKW, Windkraftnutzung, der Reaktivierung von Wasserkraftanlagen und der Stromeinsparung liegen ökonomische Welten.

Die CO_2-Minderungskosten bei Niedrigenergiehäusern (NEH) liegen mit ca. 580 DM zwar noch mehr als doppelt so hoch wie bei diesen Technologien, wenn man die Ist-Kosten für die ersten realisierten Vorhaben zugrunde legt;[2] die NEH-Technik ist aber praktisch überall nutzbar - im Unterschied etwa zur Wind- und Wasserkraft - und weist zudem schon kurz- und mittelfristig erhebliche Kostensenkungspotentiale auf. Bereits für die nach der neuen Wärmeschutzverordnung ab 1995 zu errichtenden Gebäude kann eine Halbierung der Kosten erreicht werden.

Wenn man solche Effizienzüberlegungen ernst nimmt, dann kann man den Kommunen nur empfehlen, ihr Engagement auf den Bereich der Stromeinsparung und auf die wärmetechnische Optimierung von Gebäuden in Richtung des NEH-Standards zu konzentrieren. Denn die Nutzung von Wasserkraft und Windenergie gestaltet sich selbstverständlich nur bei guten lokalen Randbedingungen so günstig wie hier ausgewiesen. Somit müssen Aktivitäten in diesen Bereichen sinnvollerweise auf Standorte mit den jeweils erforderlichen besonderen Voraussetzungen beschränkt werden. Verallgemeinerungsfähig sind bei der Nutzung regenerativer Energien heute am ehesten solarthermische Anlagen, die Gesamt-

---

2 Zu den Mehrkosten von NEH-Gebäuden und der Kostendynamik vgl. Feist et al; 1994: 32ff.

kosten von etwa 1 450 DM je Tonne CO_2-Minderung aufweisen. Wenn kommunales Engagement für regenerative Quellen etwas bewirken kann, dann eher in diesem Segment als bei der Photovoltaik.

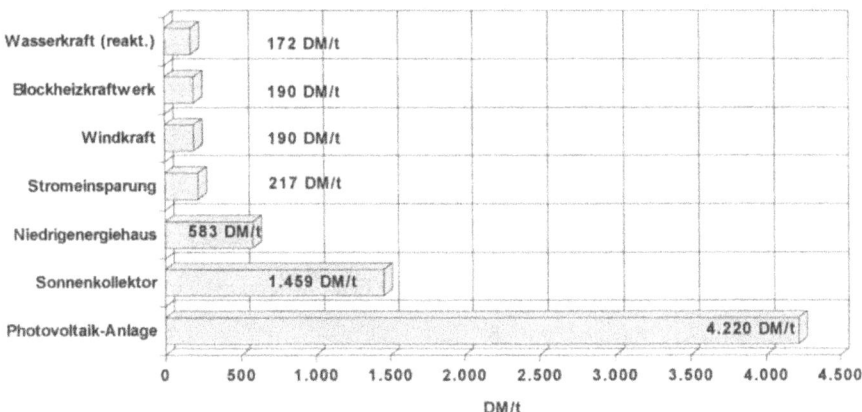

Annahmen:
Bei Strom ist angenommen, daß Elektrizität aus dem (west)deutschen Kraftwerksmix ersetzt bzw. eingespart wird;
Grundlage der Kostenberechnung waren Richtwerte für Investitionskosten sowie übliche Ansätze für betriebs- und verbrauchsgebundene Kosten:
Betrachtungszeitraum: 20 Jahre
Kalkulationszeitraum: 4% (real)

Abb. 20.1. Gesamtkosten pro reduzierter Tonne CO_2

Bei der BHKW-Technik scheinen Investitionszuschüsse von seiten der Kommunen verzichtbar - in Hessen schon wegen der Förderung durch das Land. Viel wichtiger wären hier auch klare Vorgaben der Kommunen an ihre eigenen Versorgungsunternehmen zur Verbesserung der Vergütung von Strom bei Volleinspeisung aus kleinen BHKW-Anlagen bzw. entsprechende Vereinbarungen in Konzessionsverträgen, solange diese Anlagen in die bisher auf regenerative Energien beschränkte bundesrechtliche Regelung im Stromeinspeisungsgesetz nicht einbezogen sind. So hat beispielsweise die Stadt Frankfurt am Main für ihre Stadtwerke eine an der Vergütung für Wasserkraftstrom orientierte Regelung für BHKW-Strom beschlossen, wonach eingespeister BHKW-Strom mit 14 bis 15 Pf/kWh vergütet wird. Dies findet auch bei der Energiepreisaufsicht in Hessen Zustimmung im Rahmen von Strompreis-Genehmigungsverfahren nach § 12 der Bundestarifordnung Elektrizität.

20.4 Wie können sich Kommunen in der Förderung engagieren?

Der erste und wichtigste Ansatzpunkt kommunaler Energiesparpolitik sollten die eigenen Gebäude und Einrichtungen von Kommunen sein und nicht unbedingt die Förderung. Dritte können von einer systematischen Energiesparstrategie im ureigensten Bereich kommunalen Handelns auf indirekte Weise in vielfältiger Weise profitieren. Bedauerlicherweise wird die Vorbildfunktion von solchen Maßnahmen immer noch unterschätzt und ebenso die Bedeutung der kommunalen Nachfrage für die Markteinführung von Technologien und für die Durchsetzung neuer Standards und Produkte bei der energietechnischen Planung und Ausrüstung von Gebäuden. In der Praxis der energietechnischen Modernisierung sind die Kommunen deshalb leider oft die Schlußlichter und nicht die Vorreiter für wirklich innovative Lösungen, wenn man von den „Demonstrationsvorhaben" des schon kritisierten Typs absieht.

Man darf vielleicht vermuten, daß dieser Mangel an Innovationsfähigkeit im Prozeß der „normalen" Errichtung und Unterhaltung kommunaler Bauten mit dem hohen Sicherheitsbedürfnis bei Beschaffungsentscheidungen der öffentlichen Hände zu tun hat, was tendenziell die hergebrachten technischen Verfahren und Produkte begünstigt. Denn im Normalvollzug öffentlicher Verwaltung werden Innovationen meist nicht prämiert, sondern eher sanktioniert. Als bürokratische Grundregel gilt nämlich, daß es nicht so sehr darauf ankommt, etwas richtig zu machen, daß aber alles getan werden muß, um nur nichts falsch zu machen. Deshalb wären auch Kommunalpolitiker mit energie(spar)politischen Ambitionen gut beraten, wenn sie vor allem anderen die Innovationsfähigkeit ihrer eigenen Verwaltung stärken.

Wie wichtig die eigenen Liegenschaften der Kommunen sind, zeigen die in Hessen durchgeführten Modelluntersuchungen zu den Möglichkeiten der Stromeinsparung in typischen kommunalen Gebäuden: Selbst ohne Berücksichtigung der Substitution von elektrischen durch brennstoffbetriebene Systeme ergaben sich für die zwölf Objekte von der Kindertagesstätte über Schulen und Verwaltungsgebäude bis zum Altenheim und Hallenbad wirtschaftlich ausschöpfbare Stromsparpotentiale zwischen 3 und 57%. Einschließlich Ersatz von elektrischer Warmwasserbereitung und Heizung durch gasbetriebene Systeme liegen die Sparpotentiale bei Umsetzung aller *wirtschaftlichen* Investitionen zur Strombedarfsminderung zwischen 11 und 94% (HMUB, 1994a). Im übrigen läßt sich in kommunalen Einrichtungen nicht nur Strom sparen, sondern im Zuge der sowieso fälligen Instandhaltungs- und Modernisierungsarbeiten können ebenso wärmeseitig große Einsparpotentiale erschlossen werden.

Auch jenseits von Maßnahmen in kommunalen Gebäuden kann es nicht sofort und ausschließlich um Förderung gehen. Zunächst sollten die Kommunen versuchen, sinnvolle Einsparungsforderungen gegenüber Dritten im Zuge ihres normalen Geschäfts als Planungsträger geltend zu machen und deren Umsetzung - ergänzend - mit maßvollen, indirekten finanziellen Anreizen zu unterstützen. An prominenter Stelle sind hier die Möglichkeiten zu nennen, die Kommunen bei der Erschließung von Neubaugebieten haben, um eine Orientierung am Niedrig-Energie-Standard durch Ausgestaltung der Bebauungspläne zu erreichen (hessenEnergie, 1994). Oft wird die Kommune bzw. eine von ihr beauftragte Erschließungsgesellschaft Eigentümer des Baulands. Dann lassen sich entsprechende Vorgaben in Bebauungsplänen in den Kaufverträgen mit den Erwerbern von Bauland ergänzen und absichern. Zu diesem Zweck kann die Gewährung von günstigen Baulandpreisen von einer vertraglichen Zusicherung der Einhaltung des Niedrig-Energie-Standards für die geplante Bebauung abhängig gemacht werden.

Erst wenn solche Möglichkeiten genutzt sind, sollten Kommunen im Rahmen ihrer Energiesparpolitik eine weitergehende Förderung von Dritten ins Auge fassen. Und auch hier ist sicherlich zunächst zu prüfen, was bei den grundsätzlich geeigneten Technologiefeldern von den in der Gemeinde tätigen EVU übernommen werden kann und sollte. Wie schon erwähnt, bietet sich dies bei breit angelegten Zuschußprogrammen zur Markteinführung stromsparender Geräte im Bereich der privaten Haushalte an. Übersichten zu den bisher laufenden Programmen zeigen denn auch, daß die meisten der sogenannten „Weiße-Ware-Programme" von den im kommunalen Bereich tätigen EVU bestritten werden (Clausnitzer, 1994). Die Kommunen sollten allerdings ihren Einfluß nutzen, damit solche Programme effektiv gestaltet werden und nicht zur Zahlung von Abwrackprämien für Altgeräte verkommen, ohne daß wirklich der Erwerb der stromeffizientesten Neugeräte gesichert wäre. Solche Programme müssen zudem nicht auf stromnutzende Anwendungstechnik beschränkt bleiben. Bei Vorhandensein einer Gasversorgung bietet sich die Einbeziehung von Brennwertgeräten in der Altbaumodernisierung an. Die Förderung des Anschlusses an vorhandene, aus KWK-Anlagen versorgte Fernwärmenetze hat bei den Versorgern schon Tradition, wäre aber oft ausbaufähig und für neue Initiativen geeignet. Bei einigem guten Willen dürfte auch die Einbeziehung solarthermischer Anlagen möglich sein.

Wenn die Kommunen über eine Kooperation bei solchen EVU-Programmen hinaus auch selbst finanzielle Anreize zur Energieeinsparung geben wollen, dann sollte dies weniger in Form einer flächendeckenden Subventionierung geschehen als vielmehr durch die Bereitstellung von finanziellen Mitteln und personellen Ressourcen zur Durchführung von modellhaften Projekten, die beispielgebend und motivierend in Bereichen wirken, in denen sich bei heutigen ökonomischen Randbedingungen Einsparungen wirtschaftlich realisieren lassen. Ein generelles und allgemeines Förderangebot muß dabei nicht angestrebt werden. Viel wichtiger wäre es, mit durchaus begrenztem Aufwand Lösungen vorzuführen, die über geeignete Kommunikationsformen potentiellen Nachahmern Anstöße zum Handeln bei prinzipiell wirtschaftlichen Einsparinvestitionen liefern.

20.5 Ein Beispiel: Stromsparende Investitionen in Privathaushalten

Ein instruktives Beispiel für Kommunen könnte hier vielleicht ein modellhaft gemeintes Projekt sein, das die hessenENERGIE GmbH als Landes-Energieagentur initiiert und zusammen mit dem Hessischen Rundfunk (hr) durchgeführt hat: Ausgangspunkt war ein Betrag von 5 000 DM, der dem hr aus Bundesmitteln zur Verfügung stand. In einer von der Umweltredaktion des hr gestalteten Vormittagssendung, die regelmäßig über ökologische Themen informiert, wurden dann zehn Privathaushalte als Teilnehmer für die dort vorgestellte Stromspar-Aktion gesucht. Bedingung für eine Teilnahme war die Bereitschaft, den auf jeden Haushalt entfallenden Betrag von 500 DM mit eigenen Mitteln in mindestens gleicher Höhe aufzustocken, um in stromsparende Technik zu investieren. Die Rückmeldung von interessierten Haushalten an den hr war äußerst rege. Die aus mehreren hundert Bewerbungen ausgelosten Teilnehmer konnten eine Beratung durch Mitarbeiter der hessenENERGIE in Anspruch nehmen und erhielten auch leihweise Strommeßgeräte, um bei den wichtigsten Großgeräten die Verbräuche über einige Tage zu erfassen. Außerdem wurden gemeinsam mit den Haushaltsmitgliedern die Stromabrechnungen durchgesehen und sämtliche Verbraucher im Haushalt mit ihren jeweiligen Nutzungszeiten erfaßt. Obwohl es sich bei den Teilnehmern nach eigenem Bekunden um durchaus umweltbewußte Haushalte handelte, zeigt die Auswertung der so ermittelten Daten, daß die Summe des Stromverbrauchs der zehn Haushalte von Durchschnittswerten der VDEW für solche Haushaltsgrößen kaum (+ 4%) abwich (vgl. Tabelle 20.2).

Für die Ermittlung von lohnenden Stromsparinvestitionen wurden als Kalkulationszinssatz ein „Sparbuchzins" von 4,5% angenommen und eine moderate Strompreissteigerung von 1% p.a. unterstellt, (was sich ökonomisch auch als Realzinssatz bei einer Strompreissteigerung in Höhe der Inflationsrate lesen läßt). Die Investitionskosten wurden aufgrund von vorliegenden Preisinformationen abgeschätzt; die möglichen 'Erlöse' in Form von eingesparten Strombezugskosten waren durch die Abrechnungsunterlagen bekannt. Wie nicht anders zu erwarten war, streuten die erzielbaren Einsparungen je nach den individuellen Verhältnissen in den untersuchten Haushalten recht stark. Aber es erwies sich in allen Haushalten als möglich, die vorgegebenen 1 000 DM für wirtschaftliche Stromsparinvestitionen sinnvoll einzusetzen; und in einigen Haushalten konnten darüber hinaus weitere (in der Aktion dann nicht berücksichtigte) wirtschaftliche Potentiale ermittelt werden. Technisch reichten dabei die Maßnahmen von der Empfehlung rein organisatorischer Vorkehrungen ohne Investitionskosten (Abschalten von TV-stand-by) über die in den untersuchten Haushalten bisher kaum genutzten Energiesparlampen und den Warmwasseranschluß für den Geschirrspüler bis hin zum Ersatz alter, verschwenderischer Kühlgeräte.

Monetäre Anreize für energiesparende Maßnahmen kommunaler Energiepolitik 269

Tabelle 20.1. Auswertung der hr-Stromspar-Aktion. Bezogen auf die zehn untersuchten Haushalte (HH) - Zahlenangaben jeweils pro Jahr; P = Person

Nr.	P/HH	⌀ 1990 na. VDEW [kWh/HH]	IST [kWh/HH]	Abweich. vom ⌀ na. VDEW	wirtschaft. Einspar-Potential	SOLL [kWh/HH]	Einsparung [kWh/HH]
HH 1	5	4 717	2 585	-45%	-16%	2 171	414
HH 2	5	4 717	8 798	+87%	-24%	6 686	2 111
HH 3	4	4 717	4 563	- 3%	-23%	3 514	1 049
HH 4	4	4 717	4 102	-13%	-28%	2 953	1 149
HH 5	4	4 717	4 076	-14%	-36%	2 609	1 467
HH 6	4	4 717	3 348	-29%	-20%	2 678	670
HH 7	3	3 835	3 395	-11%	-20%	2 716	679
HH 8	3	3 835	7 488	+95%	-29%	5 302	2 186
HH 9	3	3 835	3 779	- 1%	-14%	3 250	529
HH 10	2	2 919	2 244	-23%	-19%	1 818	426
Summe	37	42 726	44 378	+ 4%		33 697	10 680
pro HH			4 438			3 370	-24%
pro P			1 155			911	
CO_2-Em.			34,6 t			26,3 t	8,3 t
							-24%

Gemittelt über die zehn Haushalte können mit Investitionen von zusammen 9 660 DM Einsparungen mit einem ökonomischen Wert von ca. 3 000 DM im Jahr erzielt werden, was einer Minderung des addierten Bedarfs der zehn Haushalte um 10 680 kWh/a entspricht und damit einer Einsparung von rd. 24% bezogen auf den Ausgangswert von 44 378 kWh. Dem korrespondiert eine Verminderung von CO_2-Emissionen um 8 331 kg/a.

Auch wenn eine solche Auswahl von Haushalten nicht den strengen Repräsentativitätsanforderungen statistischer Untersuchungen genügen kann, so läßt sich doch unter Heranziehung von ergänzendem Material[3] mit einigem Recht die These vertreten, daß das Ergebnis verallgemeinerungsfähig ist: Über eine größere Zahl von privaten Haushalten gemittelt, läßt sich mit einer Investitionssumme von etwa 1000 Mark je Haushalt der Strombedarf im Durchschnitt um rund ein Viertel vermindern.

Entscheidend ist, daß es sich hier um wirtschaftlich vorteilhafte Investitionen handelt, die eigentlich auch möglich sein sollten, ohne daß man von den Haushalten einen besonderen Umweltidealismus fordern müßte. Nimmt man einmal an, die knapp 2,3 Mio. Privathaushalte in Hessen ließen sich zu einem solchen „1000 DM Einstieg in ihre persönliche Effizienzrevolution" bewegen, dann würde dies eine Minderung des Stromverbrauchs pro Jahr um rd. 2 Mio. MWh

---
3 Vgl. auch die Daten aus Stromsparwettbewerben von EVU: z.B.: Neckarwerke; *Aktion Stromsparen* (Esslingen, 2/94) oder auch Daten aus anderen Publikationen der Stromwirtschaft: ARGE Prüfgemeinschaft: *Stromsparen im Haushalt* (o. O.: ARGE, 1993).

bedeuten und - bei heutiger Erzeugungsstruktur - eine Verminderung der CO_2-Emissionen um ca. 1,5 Mio. Tonnen jährlich bewirken. Und dies alles mit ökonomisch wie ökologisch gleichermaßen sinnvollen und beschäftigungswirksamen Investitionen, die der elektrotechnischen Industrie, dem Handwerk und dem Handel unmittelbar zugute kämen.

Nun ist es sicherlich nicht sehr realistisch, eine sofortige Umsetzung solcher Vorschläge bei der überwiegenden Zahl der privaten Haushalte zu erwarten. Aber es kommt darauf an, diesen Prozeß in Gang zu setzen bzw. zu beschleunigen. Dazu hat die hessenENERGIE die Ergebnisse aus diesem Vorhaben in eine verständliche Form gebracht und interessierten Haushalten zugänglich gemacht. Denn selbstverständlich wäre eine persönliche Beratung jedes einzelnen Haushalts durch einen Fachingenieur viel zu aufwendig und ökonomisch nicht zu rechtfertigen. Allerdings ist sie auch gar nicht erforderlich: Bereitschaft zur Anwendung der Grundrechenarten und eine gewisse Motivation vorausgesetzt, kann sicherlich jeder Haushalt, der zum Betrieb einer Modelleisenbahn oder eines Waschvollautomaten in der Lage ist, die wesentlichen Stromsparmöglichkeiten mit Hilfe von Materialien ermitteln, die ihm zur Verfügung gestellt werden können.[4]

Es liegt auf der Hand, daß die Zusammenarbeit mit der regionalen Rundfunkanstalt diesem Projekt natürlich ein hohes Maß an Publizität verschafft hat. Es wurde nicht nur zu Beginn vorgestellt, sondern in Folgesendungen wurde auch über die konzipierten Maßnahmenpakete berichtet. Und natürlich sollen auch die auf den Stromzählern ablesbaren Resultate nach Umsetzung der Vorschläge vorgestellt und kommentiert werden. Grundsätzlich ist für ähnliche Projekte auf kommunaler Ebene eine solche kommunikative Verarbeitung denkbar - und für die Erzielung von Breitenwirkung auch erforderlich. Es dürfte bei entsprechender personeller und fachlicher Abstützung von seiten der Kommune durchaus möglich sein, lokale Sponsoren (z.B. Bausparkassen, Banken, EVU, Handel und Elektrohandwerk) und lokal wichtige Medien zu finden, die sich an einem solchen Vorhaben beteiligen.

---

4 Die hessenENERGIE hat einen solchen einfach gehaltenen Leitfaden entwickelt. HessenENERGIE: *25% weniger Strom mit einer Investition von 1000 DM - Ein Leitfaden zum Stromsparen für Privathaushalte* (Wiesbaden: hessenEnergie, Juni 1995). (Zu beziehen gegen Einsendung eines mit 3 DM frankierten DIN-A-4 Freiumschlags von hessenENERGIE, Mainzer Str. 98, 65189 Wiesbaden).

21 Global denken - lokal handeln. Klimaschutz Heidelberg

Beate Weber

Der Endbericht „Zukunftsfähiges Deutschland", der vom Wuppertaler Institut für Klima, Umwelt und Energie im Auftrag von Misereor und BUND erarbeitet wurde, illustriert an einem einfachen Beispiel, warum die Überwindung der globalen Umweltkrise und die zukunftsfähige Entwicklung der Erde in besonderem Maße von Entscheidungen in den Industriestaaten und hier vor allem in Deutschland abhängt:

> Würden alle Erdenbürger so viel CO_2 emittieren wie es Deutsche tun, benötigte die Menschheit 5 Erdbälle, damit die Natur diese Abgase verarbeiten könnte (BUND/Misereor, 1996: 16).

Für die Verfasser des Berichtes ist die Schlußfolgerung klar: Die Industrieländer müssen ihren Rohstoff-, Energie- und Naturverbrauch durch soziale Anpassungen, veränderte Lebensstile und technische Innovationen deutlich absenken.

Es gibt eine große zivilisatorische und kulturelle Herausforderung, dem Fortschritt eine zukunftsfähige Richtung zu geben. Unser heutiger Wohlstand ist trügerisch, denn er fußt auf einem Ressourcenverbrauch, der zu Lasten ökologischer Stabilität, weltweiter Gerechtigkeit und kommender Generationen geht.

Wenn es so ist, daß die Industrieländer des Nordens mit einem Viertel der Weltbevölkerung für drei Viertel der globalen Umweltprobleme verantwortlich sind, dann müssen wir die Weichen anders stellen. Dann müssen wir erreichen, daß die Bedürfnisse der Gegenwart befriedigt werden, ohne zu riskieren, daß künftige Generationen ihre Bedürfnisse nicht mehr befriedigen können.

Wir brauchen dazu Phantasie, Beweglichkeit und Entschlossenheit. Es fehlt nicht an wissenschaftlichen Grundlagen, an hervorragenden Berichten und Büchern, an Programmen und Visionen; es fehlt (leider und allzu oft) am entschiedenen Willen zu ihrer Umsetzung.

Eine zukunftsfähige Entwicklung unserer Gesellschaften aber ist nur möglich mit einer umweltgerechten Entwicklung der Städte und Kommunen. Ohne die aktive Einbeziehung der Städte werden weder die nationale noch die europäische noch die internationale Politik in der Lage sein, das Ziel einer zukunftsfähigen oder nachhaltigen Entwicklung zu erreichen. Eine Stadt ist die direkte Umwelt von Tausenden oder Millionen von Menschen. Alles, was hier getan wird, das Arbeiten, das Wohnen, das Essen, das Kaufen, der Verkehr, der Tourismus, alle privaten und öffentlichen Aktivitäten, haben direkte Auswirkungen auf diese Umwelt.

Die *Charta der Europäischen Städte und Gemeinden* auf dem Weg zur Zukunftsbeständigkeit (Charta von Aalborg), die am 27. Mai 1994 verabschiedet wurde, formuliert nicht nur die Rolle der europäischen Städte und Gemeinden und kommunale Strategien für die Zukunftsbeständigkeit; sie fordert auch eine europäische Kampagne und kommunale Handlungsprogramme für Zukunftsbeständigkeit.

> Wir sind zuversichtlich, daß wir über die Kraft, das Wissen und das kreative Potential verfügen, um eine zukunftsbeständige Lebensweise zu entwickeln und unsere Städte auf das Ziel der Zukunftsbeständigkeit hin zu gestalten...
> Wir europäischen Städte und Gemeinden werden gemeinsam in Richtung auf Zukunftsbeständigkeit vorangehen, indem wir aus Erfahrungen und erfolgreichen kommunalen Beispielen lernen. Wir werden uns gegenseitig ermutigen, langfristige Aktionspläne (Lokale Agenden 21) aufzustellen.

Der Zweite Weltbürgermeistergipfel, der Ende März 1995 vor dem Klimagipfel in Berlin stattfand, machte deutlich, daß viele Kommunen bereits konkrete Erfolge in der Klimaschutzpolitik vorweisen können. Es ist sehr wichtig, daß immer mehr Kommunen dieser Politik Priorität geben. In Berlin forderten Vertreter von 165 Städten aus 65 Ländern in sechs Kontinenten, die zusammen eine Viertelmilliarde Menschen repräsentieren, „diejenigen Kommunen insbesondere in den Industriestaaten dringend auf, sich zu verpflichten, die CO_2-Emissionen bis zum Jahr 2005 um 20% gegenüber 1990 zu senken; einen kommunalen Aktionsplan zur Reduzierung der Treibhausgase zu entwickeln".

Auch die Heidelberg-Konferenz *„How to Combat Global Warming at the Local Level"* (7.-9. 9.1994), die gemeinsam von der OECD, der EU-Kommission, von ICLEI und der Stadt Heidelberg veranstaltet wurde, hat eine sog. „Mayor's Declaration" verabschiedet:

> In Anbetracht der dringenden Notwendigkeit, Maßnahmen auf lokaler Ebene zu ergreifen, verpflichten sich die Unterzeichner im Rahmen ihrer Zuständigkeiten zu einer Minderung der CO_2-Emissionen um mindestens 20% (bezogen auf die Werte von 1987) bis zum Jahr 2005 und zur Umsetzung folgender Schritte, um dieses Ziel zu erreichen:
> - Bis 1996: Erarbeitung einer Bestandsaufnahme der örtlichen Emissionen, Erfassung der Änderungen des kommunalen Energieverbrauchs und Erstellung eines kommunalen Maßnahmenkatalogs.
> - Bis 1996: Einleitung einer Kampagne, um das Bewußtsein und das Verhalten zu verändern.
> - Bis 1997: Förderung der erneuerbaren Energiequellen Wasserkraft, Solarenergie, Windenergie, Erdwärme, Biogas, Biomasse als einzige nachhaltige alternative Energieform, Förderung des ÖPNV und Einleitung und Umsetzung von Förderprogrammen.
> - Bis 1999: Verminderung des Energieverbrauchs in kommunalen Gebäuden und Einrichtungen sowie im Bereich der kommunalen Fuhrparks um mindestens 15%.

In Heidelberg haben wir bereits 1991 eine lokale Klimaschutzkampagne eingeleitet: Auch um den Forderungen der Enquête-Kommission des Deutschen Bundestages „Vorsorge zum Schutz der Erdatmosphäre" (EK I), die CO_2-Emissionen um 25% zu reduzieren, gerecht zu werden, sind wir der OECD-Initiative „Environmental improvement through urban energy management" beigetreten. Und wir haben das Heidelberger Institut für Energie- und Umweltforschung (IFEU) mit der Erarbeitung eines *„handlungsorientierten kommunalen Konzepts zur Reduktion von klimarelevanten Spurengasen"* beauftragt. Die Umsetzung der im Juni 1992 vorgeschlagenen und dann vom Gemeinderat beschlossenen Maßnahmen im Energie- und Verkehrssektor wird seither unter dem Motto *„Klimaschutz Heidelberg - gemeinsam gegen dicke Luft"* konsequent umgesetzt. Dies belegt der 2. Umsetzungsbericht, der dem Gemeinderat im Januar 1995 vorgelegt wurde.

Die wesentlichen Ergebnisse der Studie sind: Pro Jahr werden in Heidelberg etwa 1,18 Mio. t CO_2 emittiert, das sind etwa 9 t je Einwohner. 868 000 t davon stammen aus dem Energiebereich (Heizung, Industrie, Gewerbe, Kliniken); 312 000 t werden vom Verkehr erzeugt.

Im Energiebereich stammt der größte Teil der Umweltbelastungen aus den privaten Haushalten (Heizung und Stromverbrauch) mit ca. 44%. Gewerbe und Industrie tragen nur mit etwa jeweils 15% zu den CO_2-Emissionen bei.

Das IFEU-Handlungskonzept machte deutlich, daß die Stadt Heidelberg mit einem finanziellen Aufwand von 1,7 Mio. DM pro Jahr im Energiebereich die CO_2-Emissionen um 195 000 t pro Jahr (gegenüber 1987/88) verringern könnte. Etwa 26% der CO_2-Emissionen werden in Heidelberg durch den Verkehr verursacht, das sind etwa 2,5 t pro Einwohner. Im Verkehrsbereich besteht, so das IFEU-Konzept, ein realistisches Einsparpotential von 25 300 t pro Jahr (= 8%); dafür müßten jedoch über 170 Mio. DM aus dem städtischen Haushalt investiert werden (also wesentlich mehr als im Energiebereich).

21.1 Maßnahmen im Energiebereich

Um eine glaubwürdige Klimaschutzpolitik zu betreiben, ist es unumgänglich, als Stadt mit gutem Beispiel voranzugehen. Dies betrifft im besonderen die kommunalen Einrichtungen, die zwar nur vier Prozent der CO_2-Emissionen in Heidelberg ausmachen, aber aufgrund des Vorbildcharakters enorm wichtig sind.

1993 war die *Energieverbrauchsdokumentation* der kommunalen Einrichtungen fertiggestellt. Alle Heidelberger Schulen, Kindergärten und kommunalen Verwaltungsgebäude wurden begutachtet, die Bauphysik und die Anlagentechnik aufgenommen und erstmals EDV-gerecht abgespeichert. Die Daten wurden mit Hilfe von Energiekennzahlen zusammengefaßt und ermöglichen dadurch Sanierungsvorschläge für die einzelnen Schulen. Diese werden konsequent abgearbeitet. Allein 1995 haben wir hier städtische Haushaltsmittel in Höhe von 4,4 Mio. DM investiert.

Eine weitere wesentliche Strukturmaßnahme stellte die Verabschiedung des *Energiekonzepts Stadt Heidelberg* im Dezember 1992 dar. Diese Energiekonzeption wurde in einer Arbeitsgruppe aus Vertretern des Gemeinderates, der Stadtwerke und der Stadtverwaltung erstellt. Die wesentlichen Festsetzungen sind:
- Einhaltung des Niedrigenergiehausstandards bei allen kommunalen Neubauten;
- Privatrechtliche Festlegung des Niedrigenergiehausstandards beim Verkauf von städtischen Grundstücken;
- Öffentlich-rechtliche Festsetzung im Sanierungsgebiet Altstadt zur Umsetzung eines entsprechenden Niedrigenergiehausstandards bei Altbausanierungen;
- Festsetzung von Niedrigenergiehausstandards als Sollwerte in Bebauungsplänen;
- Grundsätzliche Umorientierung der Stadtwerke Heidelberg AG zu einem Dienstleistungsunternehmen.

Im Rahmen eines Contracting-Vertrages wird bei 15 Schulgebäuden ein *Energiecontrolling* durchgeführt. Dies beinhaltet den Einbau neuer Verbrauchsmeßstellen, die Archivierung und Auswertung der Verbräuche sowie die Erstellung von monatlichen Energieberichten für die Energiebeauftragten des Gebäudes. Die Investitionen werden über die Energieeinsparungen abgegolten. Allein die kontinuierliche Überwachung und Datenauswertung für die Betroffenen ermöglicht schnelles Eingreifen bei anlagentechnischen Defekten sowie einen bewußteren Umgang mit Energie bei allen Nutzern. Hier liegt ein Energieeinsparpotential von mindestens 5% - die Umsetzung bringt CO_2-Einsparungen von 500 t jährlich. Die Einrichtung eines *kommunalen Energiemanagements* bildet die Grundlage für das wirtschaftliche Erschließen von Potentialen zur CO_2-Reduktion.

Gemeinsam mit der städtischen Wohnungsbaugesellschaft wurden Standards für Niedrigenergiehäuser fixiert und ein *Sanierungsprogramm Wärmeschutz für den Mietwohnungsbau* ausgearbeitet (Klimaschutzpotential: ca. 3 000 t/Jahr). Eine Projektgruppe realisiert ganz konkret die *Niedrigenergiehauskonzeption im sozialen Wohnungsbau* für ein Neubaugebiet mit 68 Wohneinheiten Baubeginn der Gebäude war im Januar 1995 (Einsparpotential: ca. 160 t CO_2/Jahr).

Am 16. und 17. Oktober 1995 kamen über 60 Vertreterinnen und Vertreter von *Klima-Bündnis-Städten* zu einem Strategietreffen in Heidelberg zusammen. Die Einführung verbesserter Standards beim Wärmeschutz von Gebäuden und ein optimierter Erfahrungsaustausch waren die wichtigsten Themen.

Um das ehrgeizige Ziel, eine Halbierung der CO_2-Emissionen bis zum Jahr 2010 zu erreichen, haben sich die Städte auf Qualitätsstandards für den kommunalen Klimaschutz geeinigt: Dazu gehören ein gemeinsames Vorgehen bei der Realisierung der Niedrigenergiehausbauweise, die regelmäßige Auswertung und Berichterstattung über die bisherigen Klimaschutzaktivitäten sowie der effektive Austausch ihrer Erfahrungen über moderne Kommunikationsmedien.

Heidelberg kann hierzu bereits interessante Ergebnisse vorweisen, denn unsere Energiekonzeption legt seit 1992 die Einhaltung des Niedrigenergiehausstandards für alle kommunalen Neubauten, bei städtischen Grundstücksverkäufen und für Bebauungspläne fest. In einem Rechtsgutachten wurde auch erstmals die rechtsverbindliche Festsetzung von Niedrigenergiehausstandards für ein Neubaugebiet mit etwa 1 000 Wohneinheiten beschlossen. Die städtische Wohnungsbaugesellschaft legte Anfang 1995 den Grundstein für eine Niedrigenergiehaussiedlung, die im Rahmen des Strategietreffens besichtigt wurde. Um den Erfahrungsaustausch zu optimieren, bietet die Geschäftsstelle des Klimabündnisses die Möglichkeit der Vernetzung über einen eigenen Informationspool CLIMAIL. Damit können die Städte direkt zeit- und kostensparend Konzepte und Berichte austauschen.

21.2 Maßnahmen auf privater Ebene im Energiebereich

Im Energiesektor tragen die privaten Haushalte mit 44% der Gesamtkohlendioxidemissionen in Heidelberg den größten Anteil. Es ist unerläßlich, auch in diesem Bereich stärkere Aktivitäten zu entwickeln. Im Jahr 1992 wurde begonnen, in einer breit angelegten *Öffentlichkeitskampagne* das Thema „Klimaschutz" in der Heidelberger Öffentlichkeit bekanntzumachen. Eine Info-Tour, ein Klimaschutztelefon und das Angebot, eine CO_2-Bilanz für alle Interessierten zu erstellen, zählen zu unseren Aktivitäten im Bereich der Beratung. Die städtische Zeitung veröffentlicht regelmäßig Sonderseiten. Eine Klimaschutzberatungsstelle für die Bürgerinnen und Bürger sowie ein Energieinfomobil für SchülerInnen sind weitere Aktionen des Heidelberger Klimaschutzes.

Seit zwei Jahren haben wir beim Amt für Umweltschutz und Gesundheitsförderung und in Zusammenarbeit mit den Stadtwerken eine *Bürgerberatungsstelle Klimaschutz* eingerichtet. Diese kostenlose Beratung nahmen die Heidelberger Bürgerinnen und Bürger am häufigsten telefonisch in Anspruch. Die wichtigsten Beratungsinhalte sind Heizungsmodernisierung, Wärmedämmung, thermische Solarenergienutzung, Nutzerverhalten und Förderprogramme.

Auch bei bauphysikalischen Problemen zu Wärmedämmaßnahmen sowie bei Fragen zu gesundheitlichen Aspekten von Baustoffen half die Beratungsstelle weiter. Im Juni 1993 übernahm sie auch die technische Beurteilung der Anträge zum Förderprogramm „Rationelle Energieverwendung" der Stadt Heidelberg. Immerhin wurden bis zum Jahresende 1994 82 Projekte gefördert, davon entfielen 62% auf die Verbesserung des Wärmeschutzes von Außenwand, Dach und Fenster und 30% auf solarthermische Anlagen.

In Zusammenarbeit mit den Stadtwerken wurde eine Gewerbeberatung aufgebaut. Da für das Hotel- und Gaststättengewerbe bereits Untersuchungen zur rationellen Energieverwendung vorlagen, richtete sich das Beratungsangebot zunächst an diese Branche. Inzwischen wurde es aber auf alle Bereiche des Einzelhandels ausgedehnt. Aufbauend auf dieser „Mobilisierungsphase" wurde 1993 erstmals ein *„Förderprogramm rationelle Energieverwendung"* in Höhe von 300 000 DM im Heidelberger Gemeinderat verabschiedet. Ziel ist die Verbesserung des Wärmedämmstandards im Altbaubestand (Verbesserung des Wärmedurchgangskoeffizienten um über 0,8 Watt pro Quadratmeter), eine Niedrigenergiehausförderung (5 000 DM Baukostenzuschuß) sowie die Förderung von solarthermischen Anlagen (2 500 DM Baukostenzuschuß). Bisher konnten bereits CO_2-Einsparungen von 4 700 Tonnen CO_2 (über die Nutzungszeit der Bauteile) verwirklicht werden.

Im Sommer 1994 präsentierten das Institut für Organisationskommunikation und das Deutsche Institut für Urbanistik der Stadt Heidelberg erstmalig das Projekt *„Kampagne zur freiwilligen CO_2-Vermeidung bei Kommunen und Verbrauchern"*. Der Stadt Heidelberg wurde angeboten, sich als Modellstadt in der Pilotphase an dieser Kampagne zu beteiligen. Da die Konzeption der Kampagne unseren Wünschen voll entsprach, haben wir dieses Angebot gerne angenommen. Die nationale Kampagne zur freiwilligen CO_2-Vermeidung bei Kommunen und Verbrauchern will mit Bürgern und Kommunen gemeinsam erarbeiten, wie sie in eigener Verantwortung die Emission von Kohlendioxid deutlich reduzieren können; sie will das bei unterschiedlichen Institutionen und Organisationen vorhandene Wissen und die gemachten Erfahrungen verfügbar machen, und sie will eine größere öffentliche Resonanz und eine stärkere Beteiligung bewirken.

Der Kern der nationalen Kampagne besteht aus *Energietischen*. Deren partizipatorischer Ansatz beruht auf Erfahrungen von hierarchisch geführten Großunternehmen, die ihre dezentral vorhandene Kompetenz mit Hilfe von sogenannten „Qualitätszirkeln" in ihre Entscheidungen einbeziehen. An den Energietischen nehmen Experten, Multiplikatoren und Bürgerinnen und Bürger teil. Sie prüfen, welche Möglichkeiten zu eigenverantwortlichem Handeln in der Stadt vorhanden sind. Insbesondere erhalten die Energietische den Auftrag, nach Möglichkeiten von Selbstverpflichtungen von Unternehmen, Verbänden und Verbrauchern zu suchen.

Die Stadt Heidelberg möchte mit ihrem „Energietisch" vor allem BauherrInnen für den Bau von Niedrigenergiehäusern sowie für die Sanierung von Altbauten gewinnen. Dafür brauchen wir die Mitarbeit von erfahrenen Architektinnen und Architekten, Unternehmerinnen und Unternehmern, Handwerkerinnen und Handwerkern sowie der Betroffenen. Die Teilnehmerinnen und Teilnehmer am Heidelberger Energietisch analysieren zunächst das vorhandene Know-how, die Möglichkeiten und Probleme, die ökologischen und ökonomischen Vor- und Nachteile. Auf dieser Grundlage entwickeln sie das weitere Vorgehen. Als Abschluß seiner Arbeit wird der Energietisch der Stadt Heidelberg und den beteiligten Organisationen und Institutionen seine Vorschläge und Ergebnisse vorlegen.

21.3 Einzelprojekte

Daneben wurden auch zahlreiche Einzelprojekte gemeinsam mit den Stadtwerken Heidelberg AG initiiert und zum Teil bereits umgesetzt. Ein wesentliches Projekt ist der Anschluß des landeseigenen *Universitätsheiznetzes an das Netz der Stadtwerke Heidelberg AG*. Das Land Baden-Württemberg zeigt nun erstmals Interesse daran, das Heizwerk aufzugeben und die Gebäude an das Fernwärmenetz der Stadtwerke anzuschließen (Einsparpotential 8 000 t CO_2/Jahr). Von drei geplanten Blockheizkraftwerken ist das erste - für ein Hallenbad - bereits realisiert.

Ein weiteres Projekt ist die *Wasserkraftnutzung im Neckar*. Die Neckar AG baut z. Z. im zentralen Bereich der Altstadt von Heidelberg ein Wasserkraftwerk. Das Kraftwerk wird - äußerlich nicht sichtbar - im Flußsohlenbereich errichtet (Einsparungspotential 10 000 t CO_2/Jahr). Eine Windkraftanlage ist zur Zeit in Vorbereitung.

21.4 Maßnahmen im Verkehrsbereich

Der Verkehrssektor ist in Heidelberg - ebenso wie in anderen Städten - der umstrittenste und sensibelste Bereich. Klimaschutzpolitik heißt hier, in Interessenbereiche der unterschiedlichen Akteure mit ihren konkreten Vorstellungen zur Verkehrsinfrastruktur einzugreifen. Das IFEU-Gutachten wurde deshalb ergänzt um gutachterliche Grundlagenarbeit und eine neuartige intensive Bürgerbeteiligung in der kommunalen Verkehrsplanung.

Ohne entsprechende Gegenmaßnahmen dürfte sich der motorisierte Verkehr in Heidelberg allein bis zum Jahr 2000 um etwa 20% steigern. Auch eine Veränderung des *modal split* könnte wenig bewirken, denn eine Verdoppelung des Fahrradverkehrs und sogar eine Verdreifachung des ÖPNV würden die verkehrsbedingten CO_2-Emissionen lediglich um 8% vermindern. Ein Grund für diesen geringen Effekt ist, daß immer mehr Berufstätige und Studenten aus der Region einpendeln; ihre Zahl hat in Heidelberg von 1970 bis 1987 um 70% zugenommen. Das liegt zum einen an der Konzentration von Arbeitsplätzen in der Stadt, zum anderen am Wohnungsmangel. (Dieser Mangel ist im wesentlichen bedingt durch steigende Ansprüche: Während 1968 noch 26 qm Wohnfläche auf jeden Einwohner entfielen, waren es 1987 bereits 34 qm).

Auch die einseitige Nutzung der Bebauung im Stadtbereich hemmt die Reduktion der verkehrsbedingten CO_2-Emissionen. Bei einer reinen Wohn- oder Gewerbebebauung müssen etwa doppelt so viele Fahrten pro Person und Pkw unternommen werden wie in einer gemischten Nutzungsstruktur. Eine Kommunalpolitik, die Verkehr vermeiden will, muß deshalb eine Nutzungsmischung in den Stadtteilen anstreben und den lokalen Freizeitwert erhöhen.

Im März 1991 wurde das *Verkehrsforum Heidelberg* gegründet, in dem Bürgerinnen und Bürger erstmals direkt bei Grundfragen der Stadtentwicklung mitwirkten. 128 interessierte Gruppen, Initiativen, Verbände, Institutionen, Parteien und Vertreter der Stadtverwaltung nahmen an den Sitzungen teil - freiwillige und ehrenamtliche Mitarbeit über knapp zwei Jahre lang. Hauptaufgabe des Bürgergremiums war die Erarbeitung eines Verkehrsleitbildes und die Konzeption von Planfällen, die im Verkehrsgutachten untersucht werden sollten. Ein Sofortmaßnahmenkatalog zur Verbesserung der Verkehrssituation, den das Verkehrsforum erarbeitet hatte, konnte am 17.6.1993 vom Gemeinderat verabschiedet werden.

Auf der Basis der Arbeit im Verkehrsforum entstand der *Verkehrsentwicklungsplan Heidelberg*, der am 5.5.1994 vom Gemeinderat beschlossen wurde. Die Nutzung des ÖPNV konnte von 1990 bis 1994 um 44% gesteigert werden: Seit Mai 1992 wurden in Heidelberg etwa 10 000 Job-Tickets verkauft. Allein zwei Drittel der Beschäftigten bei der Stadt Heidelberg nutzen mittlerweile diese Möglichkeit. Mehr als 20 000 Studierende in Heidelberg fahren mit dem sehr kostengünstigen Semesterticket seit dem Wintersemester 1993/94 zur Universität. Für alle älteren Bürgerinnen und Bürger bietet die Karte ab 60 einen leichten Zugang zu den umweltfreundlichen Verkehrssystemen, hier sind fast 13 000 neue Nutzer gewonnen worden.

Einen wichtigen Verkehrsfaktor stellt in Heidelberg der *Fahrradverkehr* dar. Ein Radwegekonzept wurde erarbeitet und wird jetzt schrittweise realisiert. *Tempo 30* besteht im Heidelberger Stadtgebiet flächendeckend mit Ausnahme der Hauptverbindungsstraßen. Hinzu kommen zahlreiche vom Autoverkehr entlastete zentrale Bereiche mit hohem Anteil an Wohnbevölkerung bzw. Fußgängern. Speziell die Schulwege werden im Rahmen eines umfangreichen Maßnahmenkatalogs seit 1990 gezielt gesichert, damit Fußgänger endlich als gleichberechtigte Verkehrsteilnehmer angesehen und behandelt werden.

In den Stadtteilen sind dezentrale Bürgerämter eingerichtet worden, die den Zugang zu behördlichen Dienstleistungen auf kurzem Weg ermöglichen. Allein diese Dezentralisierung vermeidet 1 Mio. Fahrkilometer jährlich und verringert die CO_2-Emissionen um 300 t pro Jahr.

Klimaschutz gehört zu den vordringlichsten Aufgaben für die internationale und nationale Umweltpolitik. Der Umweltgipfel in Rio de Janeiro hat uns allen wieder eindringlich klargemacht, daß die Umsetzung der umweltpolitischen Leitlinie „Global denken - lokal handeln" notwendiger denn je ist. Gegen die drohende weltweite Klimakatastrophe haben wir nur dann eine Chance, wenn die einzelnen Länder der Erde, die einzelnen Städte und Gemeinden und - nicht zuletzt - die einzelnen Menschen Verantwortung übernehmen.

22 Kommunale Klimaschutzpolitik - eine Jahrhundertaufgabe dargestellt am Beispiel der Stadt Münster

Wilfrid Bach

22.1 Derzeitige Klimaschutzpolitik

Die Menschheit ist dabei, sich in ein Dilemma hineinzumanövrieren. Die Bevölkerung nimmt zu stark zu, und sie verbraucht von den nicht erneuerbaren Ressourcen der Erde zu viel und zu schnell. Vor allem erzeugt sie zu viele Abfälle, die das natürliche System nicht mehr verkraften kann. Daraus folgt, daß die Fortführung der gegenwärtigen Art des Wirtschaftens keine dauerhafte Existenz auf der Erde erlaubt. Unsere Bedürfnisse können dauerhaft nur befriedigt werden, wenn sie im Einklang mit dem begrenzten Umweltraum stehen (Friends of the Earth, o.J.).
Die vorhandenen wissenschaftlichen Erkenntnisse zeigen unmißverständlich, daß die bei der gegenwärtigen Energienutzung anfallenden riesigen Mengen von CO_2 und anderer Treibhausgase das Klima und die Ökosysteme für menschliche Zeitvorstellungen irreversibel schädigen können (vgl. Kap. 1-3). Der Klimagipfel von Rio de Janeiro verhalf dem Klimaschutz 1992 zu einem guten Start. Beim Berliner Klimagipfel von 1995 reichte der Minimalkonsens gerade für einen Mandatsbeschluß, einen Entwurf für ein Reduktionsprotokoll zur Vertragsstaatenkonferenz in Kyoto 1997 vorzubereiten (vgl. Dokument 2 im Anhang). Der internationale Klimaschutz-Prozeß wird nur dann vorankommen, wenn ein solches Protokoll von möglichst vielen Staaten unterzeichnet wird und damit die Klimarahmenkonvention (KRK) von Rio durch verbindliche Vorgaben von Emissionsreduktionszielen den nötigen Biß erhält.

22.2 Wirksame Klimaschutzpolitik

Wirksamer Klima- und Ökosystemschutz erfordert die Beantwortung der folgenden vier Kernfragen: Was ist zu tun? (Klimaschutzrichtwerte). Wer hat es zu tun? (realistische Länderzuordnung). Wann ist es zu tun? (bindende Emissionsreduktionsziele). Wie ist es zu tun? (Maßnahmen und Finanzierung). Wirksamer

Klimaschutz braucht folglich politische und klimaökologische Vorgaben. Die Klimakonvention von Rio postulierte eine Stabilisierung der Treibhausgas-Konzentrationen in der Atmosphäre auf einem für das Klimasystem ungefährlichen Niveau. Auf der Basis klimaökologischer Streßfaktoren leitete die Klima-Enquête-Kommission des Deutschen Bundestages (EK I, 1990a; EK II, 1995) dafür folgende Klimaschutzrichtwerte ab: eine mittlere globale Erwärmungsobergrenze von 2°C von 1860-2100 und die Nichtüberschreitung einer mittleren globalen Erwärmungsrate von 0,1°C/Dekade von 1990-2100.

Diese Vorgaben erfordern weltweite Emissionsreduktionen zwischen 1990 und 2100 von: 100% für FCKW, H-FCKW und Halone, 70% für CO_2, 50% für N_2O und 5% für CH_4 (Bach/Jain, 1992/1993; Bach, 1995a). Die Durchführung erfordert eine differenzierte Zuordnung der Nationen auf vergleichbare Gruppen, wie z.B. wirtschaftlich starke, weniger starke und schwache Industrieländer, arabische Ölländer, Schwellenländer sowie Entwicklungsländer. Deutschland gehört zur Gruppe der wirtschaftlich starken Industrieländer. Eine umsetzungsorientierte Klimaschutzpolitik erfordert darüber hinaus die Festlegung bindender Emissionsreduktionsziele. Für wirtschaftlich starke Nationen und deutsche Kommunen bedeutet dies, bezogen auf 1990, für das Leitgas CO_2 Reduktionen von: 25-30% bis 2005, 40-50% bis 2020, ca. 80% bis 2050 und ca. 90% bis 2100. Die Umsetzung erfordert die Einleitung von konkreten Maßnahmen und Instrumentenbündeln. An dieser Jahrhundertaufgabe müssen sich alle Nationen beteiligen. Den Kommunen fällt dabei eine zentrale Rolle zu.

22.3 Konkrete Klimaschutzpolitik am Beispiel Münsters

22.3.1 Verursacher der CO_2-Emissionen im Jahr 1990

Münsters Wirtschaftsstruktur wird dominiert vom tertiären oder Dienstleistungsbereich, wie z.B. Ausbildungsstätten, Behörden, Gerichte, Banken, Versicherungen, Krankenhäuser, Groß- und Einzelhandel, während das verarbeitende und das Baugewerbe sowie die Industrie unterrepräsentiert sind. Am Primärenergieverbrauch von 9092 GWh waren die Niedertemperaturwärme (NTW) mit 41%, die Prozeßwärme (PW) mit 3%, Licht und Kraft mit 29% und Verkehr mit 26% beteiligt (Stadtwerke Münster, 1993; Bach, 1994). Zum CO_2-Ausstoß von rd. 2,3 Mio. t trugen nach Abb. 22.1 die NTW im Bereich Haushalte 27% sowie im Bereich Kleinverbrauch und Industrie 15%, der Strom im Bereich Kleinverbrauch 14% sowie im Bereich Haushalte und Industrie 12%, die PW etwa 3% und der Verkehr 29% bei.

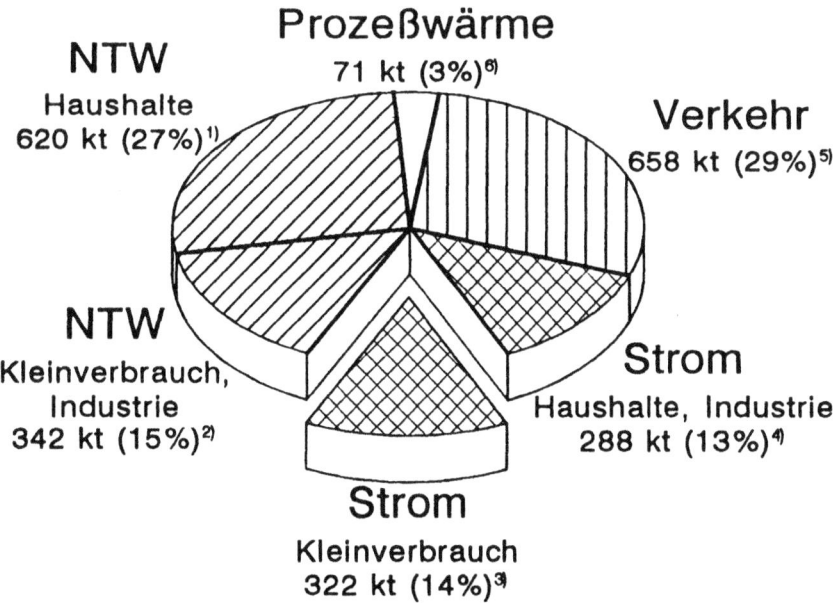

Abb. 22.1. Verursacher der CO_2-Emissionen in Münster 1990 (Gesamtemissionen 2,3 Mio. t); NTW = Niedertemperaturwärme. (Quellen: 1) Weik/Gertis, 1995; 2) 962 kt Stadtwerke Münster, 1993 abzüglich 620 kt für Haushalte nach Weik/Gertis, 1995; 3) Bach, 1995c; 4) 610 kt Stadtwerke Münster, 1993 abzüglich 322 kt für Kleinverbrauch nach Bach, 1995c; 5) Deiters/Schallaböck, 1995 (ohne Straßengüter- und Luftverkehr); 6) Stadtwerke Münster, 1993)

22.3.2 CO_2-Reduktionspotential bis 2005

Der Rat der Stadt Münster setzte über einen Zeitraum von drei Jahren (1992-1995) einen Beirat für Klima und Energie ein, der folgende Aufgabenschwerpunkte formulierte:
- Die Erstellung einer energiewirtschaftlichen Analyse des Ist-Standes.
- Die Anfertigung eines Trend-Szenarios auf der Grundlage derzeitiger Rahmenbedingungen und eines Klimaschutz-Szenarios auf der Basis der CO_2-Reduktionsvorgaben der Bundesregierung von 25-30% bis 2005 bezogen auf 1990.
- Die Ableitung der CO_2-Reduktionspotentiale im Wohnungs-, Verkehrs- und Umwandlungsbereich sowie im tertiären Sektor aus den jeweiligen Klimaschutz-Szenarien.
- Die Empfehlung von Handlungsschwerpunkten und konkreten Maßnahmen zur kostengünstigen Ausschöpfung der CO_2-Vermeidungspotentiale.

Die Untersuchungsergebnisse des Beirats über die CO_2-Einsparpotentiale sind in Tabelle 22.1 zusammengefaßt. Insgesamt wird mit dem abgeleiteten Reduktions-

Tabelle 22.1. CO_2-Reduktionspotential in Münster durch eine konsequente Klimaschutzpolitik

Bereich	1990 kt	Reduktionspotent. bis 2005		
		kt	%[a]	%[b]
Wohnungsbereich (Dämmung, Heizung, Solarnutzung)[c]	620	-185	-29,8	-8,0
Stromverbrauch im tertiären Sektor (Einsparung und -substitution)[d]	322	-66	-20,5	-2,9
Umwandlungsbereich (Kohlesubstitution, GuD, BHKW)[e]	701	-253	-36,1	-11,0
Verkehrsbereich (Vermeidung und Verlagerung)[f]	658	-36	-5,5	-1,6
Summe/Anteil	2301	-540	-23,5	-23,5

Quellen: a) bezogen auf die jeweilige sektorale Emission in 1990; b) bezogen auf die Gesamtemission von 2,3 Mio. t in 1990; das Reduktionsziel der Bundesregierung liegt zwischen 575 kt (25%) und 690 kt (30%); c) Weik/Gertis, 1995; d) Bach, 1995c; e) Klopfer, 1995, berechnet als Residual der Summe aller untersuchten Bereiche; f) Deiters/-Schallaböck, 1995.

potential von 23,5% die Bundesvorgabe von 25-30% nicht ganz erreicht. Bezogen auf den jeweiligen Sektor zeigt sich, daß das Reduktionspotential im Wohnungs- und Umwandlungsbereich mit 30-36% am höchsten ist. In den noch stark wachsenden Bereichen Verkehr und Stromverbrauch im tertiären Sektor wird ein CO_2-Reduktionspotential von nur ca. 6-20% erreicht. Wie in Abschnitt 22.3.4 gezeigt wird, läßt sich der Stromverbrauch durch gezielte Einsparprogramme im Rahmen des Least-Cost-Planning (LCP) kosteneffektiv verringern. Die Verminderungspotentiale bezogen auf den Gesamtausstoß müssen zusätzlich auch im Zusammenhang mit dem Beitritt Münsters zum *Klima-Bündnis Europäischer Städte* gesehen werden, das zu einer CO_2-Reduktion um 50% bis zum Jahre 2010 verpflichtet. Diese Größenordnungen machen deutlich, daß es sich, wie eingangs schon gesagt, bei diesen Klimaschutzanforderungen in der Tat um eine Jahrhundertaufgabe handelt. Wie die Chancen zur Ausschöpfung der CO_2-Reduktionspotentiale stehen, soll beim Stromeinsatz im Kleinverbraucherbereich näher untersucht werden.

22.3.3 Entwicklung des Stromeinsatzes im Kleinverbrauch

Dem Kleinverbrauchssektor wird im allgemeinen das zugeordnet, was nicht in die Bereiche Haushalte, Industrie und Verkehr fällt. Seine mehr als 7 000 Tarifkunden, fast 600 Sondervertragskunden und insgesamt fast 8 000 Stromkunden werden von den Stadtwerken Münster auf fünf Haupt- und 21 Unterbranchen in den Bereichen Gewerbe, Handel, Banken und Versicherungen, Dienstleistungen sowie sonstige Einrichtungen aufgeteilt. Der Kleinverbrauchssektor ist mit einem Anteil von ca. 50% am gesamten Stromverbrauch und einem Beitrag von rd. 14% zum Gesamt-CO_2-Ausstoß keinesfalls „klein" (Abb. 22.1).

Der Stromverbrauch der Kleinverbraucher nahm von 1980-1991[1] ganz beträchtlich um ca. 37% zu (Abb. 22.2). Für die mögliche zukünftige Entwicklung von 1991[1]-2005 wurde ein Trend- und ein Klimaschutz-Szenario gerechnet. Den beiden Szenarien liegen die in Tabelle 22.2 zusammengestellten Annahmen über

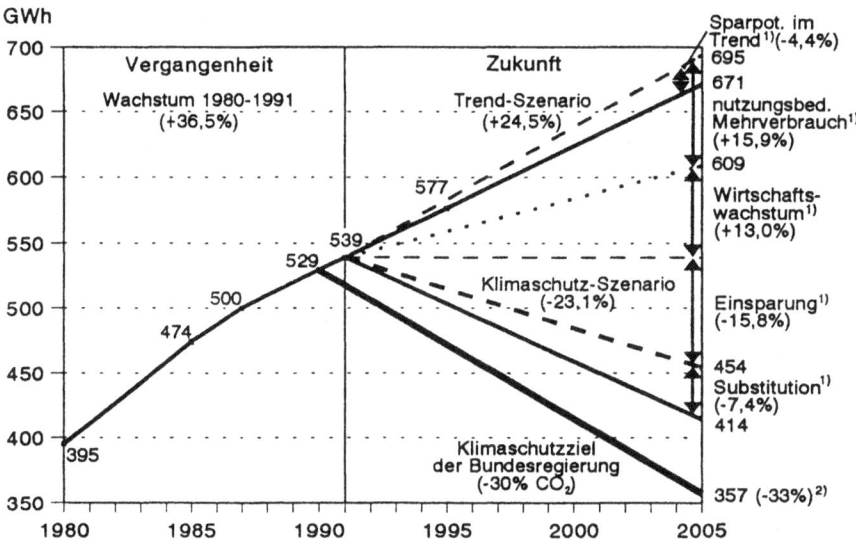

Abb. 22.2. Entwicklung des Stromeinsatzes im Kleinverbrauch in Münster von 1980 bis 2005. Quellen: 1) berechnet nach Eckerle et al., 1991; Bach et al., 1993; Hennicke et al., 1993; 2) 30% CO_2-Reduktion von 336 (1990) auf 235 kt (2005) entspricht bei einem Anteil von 84% Einsparung (Emissionsfaktor 636 t/GWh) und 16% Substitution (Emissionsfaktor 414 t/GWh) einer Verbrauchsreduktion um 172 GWh auf 357 GWh.

die Prozentzu- bzw. Prozentabnahmen zugrunde. Das Trend-Szenario geht von der Entwicklung in der Vergangenheit aus und liefert eine Projektion für den Stromverbrauch im Jahr 2005 bei weitgehend unveränderten Rahmenbedingungen. Ein wichtiger Einflußfaktor ist der durch das Wirtschaftswachstum bedingte Mehrverbrauch von 13% (Abb. 22.2). Er läßt sich an den Umsätzen, Beschäftigungszahlen und Produktionswerten ablesen: je nach Verwendungs-

---

[1] Als Bezugsjahr für die Szenarienrechnungen wird hier 1991 gewählt, weil nur dafür von den Stadtwerken Münster die nötigen Detaildaten zur Verfügung gestellt werden konnten.

Tabelle 22.2. Annahmen für die Entwicklung des Stromeinsatzes im Kleinverbrauch im Trend- und im Klimaschutz-Szenario, 1991-2005 (Quelle: Eckerle et al., 1991; Hennicke et al., 1993; Bach et al., 1993)

Branche/Verwendungszwecke	Trend-Szenario (%)								
	Raumwärme	Warmwass.	Prozeßw.	Kraft	Licht	Kühlung	Lüftung	EDV	Kochen
Gewerbe insgesamt	-3,1	0,9	9,3	36,0	13,5	59,1	33,6	52,9	12,2
Einzelhandel insgesamt	20,8	2,6	-	58,9	25,8	63,5	49,6	73,2	37,8
Großhandel insgesamt	34,2	-2,2	-	53,9	40,0	58,1	44,5	69,0	-4,0
Banken u. Versicherungen	-3,3	-2,4	-	11,0	47,4	13,7	4,1	78,1	-4,0
Gast- u. Beherbungsgew.	26,4	44,5	28,0	45,3	32,2	68,1	36,1	59,5	41,1
priv. Dienstl./Verkehr u. Nachr.	17,3	18,4	19,0	34,6	22,5	38,4	26,1	47,1	16,2
öff. Dienstl./Gebietskörp.	14,0	15,8	15,0	30,5	19,2	33,2	22,8	43,8	12,4
Krankenhäuser	0,5	1,4	1,3	15,6	4,9	19,2	8,1	28,4	-0,3
Schulen	0,9	1,9	1,7	16,1	5,5	19,3	7,7	27,1	0,4
Schwimmbäder	-0,8	0,0	-	13,5	3,2	16,5	6,3	24,3	-3,3
	Klimaschutz-Szenario (%)								
Einsparung	-26	-14	-10	-28	-32	-37	-35	-50	-29
Substitution	-70	-40	-30	-	-	-	-	-	-30

zweck ist die Treibergröße die Beschäftigungszahl oder der Umsatz. So ist die Klimatisierung in den Banken von der Zahl der Beschäftigten, beim Handel dagegen vom Umsatz abhängig. Ein weiterer Einflußfaktor ist die Stromeinsatzintensität. Sie hat zwei gegenläufige Wirkungen. Der eine Effekt ist der nutzungsbedingte Mehrverbrauch von fast 16%, z.B. für mehr Klimatisierung und Lüftungstechnik, für die zunehmende Nutzung der Büroelektronik und der Telekommunikation sowie durch den Trend zur Tiefkühlkost etc. Der andere, gegenläufige Effekt mit der Tendenz zu effizienteren Geräten ist mit ca. 4% nur schwach ausgebildet, weil es für die Nutzung der effizientesten Techniken, die am Markt erhältlich sind, nur geringe Anreize gibt. Insgesamt würde sich der Trend zwar abschwächen, könnte aber mit fast 25% noch ein beträchtliches Wachstum bis zum Jahr 2005 erreichen.

Dem Klimaschutz-Szenario liegen die Annahmen der Reduktionspotentiale für Einsparung und Substitution in Tabelle 22.2 zugrunde. Die Annahmen für Einsparung reichen von 10% für Prozeßwärme bis 50% im EDV-Bereich. Daraus leitet sich ein realistisches Einsparpotential von knapp 16% bis 2005 ab. Strom wird i.d.R. durch Erdgas ersetzt. Die Annahmen für mögliche Substitutionen reichen von 30% für Kochen (Ersatz der Elektro- durch Gasherde) bis 70% für Raumwärme (Ersatz der elektrischen durch Gasheizungen). Daraus ergibt sich ein Substitutionspotential von mehr als 7% bis 2005. Insgesamt ergäbe das ein Reduktionspotential von rd. 23%. Rechnet man das Klimaschutzziel der Bundesregierung (30% CO_2-Reduktion) auf GWh Strom um, so ergäbe sich ein Reduktionssoll von 33% (Abb. 22.2). Folglich würde das Klimaschutzziel um etwa

10% verfehlt. Je länger man durch Abwarten und Halbherzigkeiten dem Trend seinen Lauf läßt, um so drastischer müssen die einzuleitenden Maßnahmen werden. Der Zeitpunkt ist nicht mehr fern, von dem ab das deutsche CO_2-Reduktionsziel nicht mehr erreicht werden kann.

22.3.4 Nutzen-Kosten-Analyse

Der Umwelt-, Klima-, und Ressourcenschutz erfordert Anreizbedingungen, die das Einsparen von Energie und damit die Minimierung von Risiken für Verbraucher und Energieanbieter mindestens ebenso lohnend macht wie den zusätzlichen Energieeinsatz (Hennicke, 1994). Das in den USA entwickelte Planungs- und Regulierungskonzept des Least-Cost-Planning (LCP) kann im Rahmen eines umfassenden Instrumentenmixes (u.a. Energiesteuer, Verordnungen, Fördermaßnahmen, Contracting) eine entscheidende Rolle bei der Änderung der Anreizstruktur im Energiesystem spielen. Die geänderte Anreizregulierung versetzt die Energieversorgungsunternehmen (EVU) in die Lage, mit dem Bau von „Einsparkraftwerken" höhere Renditen als mit dem Bau konventioneller Kraftwerke zu erwirtschaften. Dies ist der Grund dafür, daß schon Anfang der 90er Jahre von den insgesamt ca. 3 000 amerikanischen EVU rd. 500 mit mehr als 75% der Gesamtstromerzeugung LCP-Programme praktizierten. In Deutschland wird zur Zeit LCP von etwa 50 EVU in ca. 150 Pilotprojekten durchgeführt.

Wichtig ist es nun, die in allen Systemen vorhandenen Einsparpotentiale bei möglichst geringer betriebswirtschaftlicher Belastung, niedrigen Umsetzungskosten und vertretbaren volkswirtschaft- und gesellschaftlichen Kosten auszuschöpfen. Zur Beurteilung der Kosteneffektivität von LCP-Programmen wurden von den US-Regulierungsbehörden standardisierte Nutzen-Kosten-Tests entwickelt (Elser, 1993). Eine Maßnahme ist kosteneffektiv, wenn das Verhältnis des auf den Gegenwartswert abdiskontierten Nutzens zu den abgezinsten Kosten größer als eins ist. Die Kosteneffektivität läßt sich aus unterschiedlichen Perspektiven betrachten, nämlich derjenigen der Programmteilnehmer und der EVU sowie der Volkswirtschaft und der Gesellschaft. Im folgenden werden die Ergebnisse über die Kosteneffektivität der Stromerzeugung im Detail nur für die Kleinverbraucher und die Stadtwerke diskutiert, während die volkswirtschaftlichen und die gesellschaftlichen Perspektiven nur zum Vergleich mitangegeben werden.

Den Nutzen-Kosten-Berechnungen in Tabelle 22.3 liegen folgende Annahmen zugrunde: Die Investitionen für die Stromeinsparung werden über einen Zeitraum von zehn Jahren (1996-2005) getätigt. Sie beginnen langsam und laufen langsam aus (S-Kurve nach einer logistischen Funktion). Die Einspargeräte und -Anlagen haben eine mittlere über die Verwendungszwecke gemittelte Nutzungsdauer von fünfzehn Jahren (in Anlehnung an Hennicke et al., 1995). Folglich führt die letzte getätigte Einsparinvestition im Jahr 2005 noch bis 2020 zu einem Nutzen durch die eingesparten Stromkosten. Alle anderen spezifischen Annahmen sind in den Fußnoten erklärt.

Tabelle 22.3. Kosteneffektivität der Stromeinsparung für die Kleinverbraucher und die Stadtwerke in Münster, 1996-2020

Nutzen-Kostenfaktor für die Teilnehmer (Kleinverbraucher)			
	\multicolumn{3}{c}{Strompreiserhöhung}		
	Variante 1	Variante 2	Variante 3
	keine	gewinn-neutral	20% Gewinn[a]
Nutzen	Mio. DM	Mio. DM	Mio. DM
eingesparte Strombezugskosten[b]	484,29	484,29	484,29
Anreizzahlungen vom EVU[c]	25,17	25,17	25,17
Summe Nutzen	509,46	509,46	509,46
Kosten			
Investition in die Einsparung[d]	125,85	125,85	125,85
Mehrausgaben durch Strompreiserhöhungen[e]	0	201,61	238,01
Summe Kosten	125,85	327,45	363,85
Netto-Gewinn	383,61	182,01	145,61
Nutzen-Kostenfaktor	4,05	1,56	1,40
Nutzen-Kostenfaktor für die Stadtwerke			
Nutzen			
vermiedene Grenzkosten[f]	327,42	327,42	327,42
Mehreinnahmen durch Strompreiserhöhungen[e]	0	201,61	238,01
Summe Nutzen	327,42	529,03	565,43
Kosten			
Anreizzahlungen an die Kunden[c]	25,17	25,17	25,17
Umsetzungskosten der Einsparung[d]	19,57	19,57	19,57
Summe Kosten	44,74	44,74	44,74
Verlust durch entgangenen Stromabsatz	484,29	484,29	484,29
Summe Kosten und Verlust	529,03	529,03	529,03
Netto-Gewinn	-201,61	0,00	36,40
Nutzen-Kostenfaktor	0,62	1,00	1,07

a) 20% Gewinnbeteiligung der Stadtwerke (Hennicke et al., 1995) am Gewinn der Teilnehmer in Höhe von 182,01 Mio. DM (Variante 2); b) bei einem über die gesamte Laufzeit konstanten Netto-Strompreis von 22,5 Pf/kWh (Stadtwerke Münster); c) diese werden als Prämien in Höhe von 20% der Einsparinvestition gewährt (125,85 Mio. DM in Fußnote 4); d) bei mittleren Einsparinvestitionen für alle Verwendungszwecke in Höhe von 64,3 Pf/kWh und Umsetzungskosten von ca. 10 Pf/kWh und einer Preissteigerung von 1,2% p.a. (Hennicke et al., 1995); e) das Defizit der Stadtwerke von 201,61 Mio. DM (Variante 1) wird durch Strompreiserhöhungen von 201,61 Mio. DM/12 347,78 GWh (Stromverbrauch im Klimaschutz-Szenario) = 1,63 Pf/kWh (2. Variante) bzw. 238,01 Mio. DM/12 347,78 GWh = 1,93 Pf/kWh (3. Variante) ausgeglichen; f) vermiedene langfristige Grenzkosten sind die Stromerzeugungskosten von 13,3 Pf/kWh (Hennicke et al., 1995), die den Stadtwerken durch Stromeinsparung gar nicht erst entstehen.

Es werden drei Varianten für eine Strompreiserhöhung gerechnet: keine, eine gewinn-neutrale und eine 20%ige Beteiligung der Stadtwerke am Nettogewinn der Teilnehmer. In der ersten Variante ergibt sich ohne Strompreiserhöhung für die Einsparteilnehmer ein sehr hoher Nettogewinn, der bei einem Nutzen-Kosten-Faktor von 4,05 eine etwa vierfache Rendite bringt. (Zum Vergleich, die entsprechenden Werte liegen für die Gesellschaft bei 2,93 und für die Volkswirtschaft bei 2,25). Keine Strompreiserhöhung und nur hohe Verluste durch den eingesparten Stromabsatz plus die zusätzlichen Kosten für Anreizzahlungen an die Kunden sowie die Umsetzungskosten für eine Einsparung führen zu hohen Verlusten und mit 0,62 zu einem inakzeptablen Nutzen-Kosten-Faktor für die Stadtwerke. Diese Variante hat offensichtlich keine Chance der Verwirklichung. In der 2. Variante werden die ca. 200 Mio. DM Nettoverluste bei den Stadtwerken gewinn-neutral ausgeglichen und an die Teilnehmer in Form einer Strompreiserhöhung weitergegeben. Dadurch verringert sich zwar deren Nettogewinn, aber die Rendite ist bei einem Nutzen-Kosten-Faktor von 1,56 noch vergleichsweise günstig. Für die Stadtwerke bleibt bei einem Nutzen-Kosten-Faktor von 1,00 der Anreiz zur Durchführung von LCP-Programmen weiterhin gering. Deshalb werden in Variante drei vom Nettogewinn von rd. 182 Mio. DM der Teilnehmer in der 2. Variante 20% oder rund 36 Mio. DM als Gewinnbeteiligung auf das Konto der Stadtwerke transferiert. Dies reduziert zwar etwas den Nutzen-Kosten-Faktor der Stromkunden auf 1,40, erhöht ihn aber bei den Stadtwerken auf 1,07. Sollte dieser Anreiz nicht ausreichen, muß über weitergehende Strompreiserhöhungen und Gewinnbeteiligungen u.a.m. nachgedacht werden.

Es ist sehr instruktiv, abschließend am Beispiel der 20%igen Gewinnbeteiligung der Stadtwerke an der Strompreiserhöhung die unterschiedliche Nutzen-Kosten-Entwicklung im zeitlichen Ablauf als wichtiges Entscheidungskriterium für die Durchführung von Einsparprogrammen zu betrachten (Tabelle 22.4). Dabei geht es darum, die Investitionen und den Nutzen so aufeinander abzustimmen, daß die Nettoverluste möglichst gering bleiben und schnell in den Gewinnbereich kommen. Die Nettoverluste belaufen sich für die Kleinverbraucher von 1996-2001 insgesamt auf 19,86 Mio. DM. Bezogen auf die rd. 8 000 Stromkunden entspricht dies ca. 414 DM pro Jahr und Kleinverbraucher. Schon nach weiteren drei Jahren werden jedoch schwarze Zahlen geschrieben, so daß sich die Investitionen in etwa neun Jahren amortisieren. Für die Stadtwerke ergeben sich über die neun Jahre von 1996-2004 Gesamtverluste von 38,56 Mio. DM oder 4,28 Mio. DM/a. Nach weiteren ca. siebeneinhalb Jahren wird die Gewinnzone erreicht, so daß sich die Investitionen in Stromeinsparung und -substitution in etwa sechzehneinhalb Jahren bezahlt machen. Im Gegensatz dazu rechnen die EVU mit Amortisationszeiten von bis zu dreißig Jahren, was aus ihrer Sicht den Bau von „Einsparkraftwerken" sehr attraktiv macht. Das hier am gesamten Kleinverbrauch Münsters demonstrierte LCP-Programm muß nun für jede Branche durchgerechnet werden.

Tabelle 22.4. Jährliche Nutzen- und Kostenentwicklung für die Kleinverbraucher und die Stadtwerke in Münster bei einer 20%igen Gewinnbeteiligung der Stadtwerke an der Strompreiserhöhung, 1996-2020 (Nutzen- und Kostenberechnungen beruhen auf den Angaben in Tabelle 22.3)

	Teilnehmer						Stadtwerke				
	Nutzen		Kosten		Netto-Gewinn		Nutzen		Kosten		Netto-Gewinn
Jahr	eingesparte Stromkost.	Anreiz-zahlung	Investit. in Einsparung	Strompreis-erhöhung		verm.Grenz kosten	Strompreis-erhöhung	Anreiz-zahlung	Umsetzungs-kosten	entgangener Stromabsatz	
	Mio. DM/a	Mio. DM/a	Mio. DM/a	Mio. DM/a	Mio. DM/a	Mio. DM/a	Mio. DM/a	Mio. DM/a	Mio. DM/a	Mio. DM/a	Mio. DM/a
1996	0,37	0,21	1,05	0,11	-0,58	0,22	0,11	0,21	0,16	0,37	-0,41
1997	2,61	1,31	6,53	0,85	-3,46	1,56	0,85	1,31	1,02	2,61	-2,52
1998	6,74	2,47	12,37	2,27	-5,43	4,08	2,27	2,47	1,92	6,74	-4,78
1999	12,12	3,34	16,71	4,25	-5,50	7,43	4,25	3,34	2,60	12,12	-6,38
2000	18,07	3,84	19,22	6,60	-3,91	11,20	6,60	3,84	2,99	18,07	-7,10
2001	23,88	3,95	19,75	9,07	-0,98	14,98	9,07	3,95	3,07	23,88	-6,85
2002	28,94	3,67	18,36	11,43	2,83	18,38	11,43	3,67	2,85	28,94	-5,66
2003	32,75	3,05	15,27	13,43	7,08	21,04	13,45	3,05	2,38	32,75	-3,69
2004	34,95	2,18	10,89	14,93	11,31	22,73	14,93	2,18	1,69	34,95	-1,17
2005	35,40	1,14	5,69	15,72	15,12	23,29	15,72	1,14	0,89	35,40	1,60
2006	34,35	0,00	0,00	15,87	18,48	22,88	15,87	0,00	0,00	34,35	4,39
2007	33,03	0,00	0,00	15,87	17,16	22,26	15,87	0,00	0,00	33,03	5,10
2008	31,76	0,00	0,00	15,87	15,89	21,66	15,87	0,00	0,00	31,76	5,77
2009	30,54	0,00	0,00	15,87	14,67	21,08	15,87	0,00	0,00	30,54	6,41
2010	29,36	0,00	0,00	15,87	13,50	20,51	15,87	0,00	0,00	29,36	7,02
2011	28,03	0,00	0,00	15,75	12,28	19,82	15,75	0,00	0,00	28,03	7,54
2012	25,70	0,00	0,00	15,02	10,68	18,39	15,02	0,00	0,00	25,70	7,71
2013	22,36	0,00	0,00	13,59	8,77	16,19	13,59	0,00	0,00	22,36	7,42
2014	18,37	0,00	0,00	11,61	6,76	13,46	11,61	0,00	0,00	18,37	6,70
2015	14,10	0,00	0,00	9,27	4,83	10,46	9,27	0,00	0,00	14,10	5,63
2016	9,94	0,00	0,00	6,80	3,15	7,46	6,80	0,00	0,00	9,94	4,32
2017	6,24	0,00	0,00	4,44	1,80	4,74	4,44	0,00	0,00	6,24	2,94
2018	3,27	0,00	0,00	2,42	0,85	2,51	2,42	0,00	0,00	3,27	1,66
2019	1,22	0,00	0,00	0,94	0,28	0,95	0,94	0,00	0,00	1,22	0,67
2020	0,18	0,00	0,00	0,15	0,04	0,14	0,15	0,00	0,00	0,18	0,11
Summe	484,29	25,17	125,85	238,01	145,61	327,42	238,01	25,17	19,57	484,29	36,40

22.3.5 Hemmnisse bei der Umsetzung einer wirksamen Klimaschutzpolitik

Die vorhandenen wirtschaftlichen Einsparpotentiale werden derzeit nicht ausgeschöpft, weil ihnen eine Reihe von Hemmnissen entgegenstehen, die sich wie folgt zusammenfassen lassen (HMUB, 1994; EK II, 1995):
- *Informationsmangel* - Oft fehlt die Kenntnis über Förder- und Beratungsmöglichkeiten. Hinzu kommt die fehlende Information über die marktbesten Geräte und Anlagen sowie über die Rentabilität der einzuleitenden Maßnahmen. Auch führen fehlende technische Informationen häufig zur Befürchtung ungünstiger Auswirkungen der Maßnahmen.
- *Motivationsmangel* - Trotz hohen Umweltbewußtseins fällt immer wieder das fehlende Interesse am schonenden Umgang mit den Ressourcen und das mangelnde Energiekostenbewußtsein auf. Das hat sicher sehr viel damit zu tun, daß die Energiepreise zu niedrig sind und nicht die verursachten Umweltschäden miteinbeziehen. Die derzeitige Tarifgestaltung, die Vielverbrauch belohnt und sparsamen Umgang mit den Ressourcen bestraft, ist kein Anreiz für umweltschonendes Verhalten. Hinzu kommt die Investor/Nutzer-Problematik. Ein Hausbesitzer fühlt sich z.B. nicht zur Installation eines energiesparenden Brennwertkessels motiviert, wenn er die Investition zu tragen hat und die Mieter den Nutzen geringerer Energiekosten haben.
- *Finanzielle Restriktionen* - Investoren, vor allem im mittelständischen Bereich, haben oft zu wenig Eigenkapital, und viele Kommunen sind zu sehr verschuldet, um Energie durch Kapitaleinsatz zu substituieren. Viele Unternehmer interessieren sich nur bei den Kapital- und Lohnkosten für Rationalisierungsinvestitionen, nicht aber bei den Energiekosten. Darüber hinaus besteht eine Disparität in den Rentabilitätsforderungen, wenn z.B. die EVU mit Amortisationszeiten von etwa 30 Jahren, private Investoren jedoch mit sehr viel kürzeren Zeiten rechnen. Die Unsicherheit über die Energiepreisentwicklung wirkt ebenfalls investitionshemmend.
- *Fehlende Rahmenbedingungen* - Die Blockierung der Verabschiedung der Wärmenutzungsverordnung, vor allem durch das Wirtschaftsministerium, verhindert eine beträchtliche CO_2-Reduzierung durch Wirkungsgraderhöhung vor allem im Umwandlungsbereich und durch Abwärmenutzung. Auch die technischen Standards in der Wärmeschutz- und Heizungsanlagenverordnung sind nicht ausreichend. Darüber hinaus behindern die Abstandsregeln im Baurecht eine ausreichende Dämmung und eine veraltete Bauleitplanung die Südausrichtung von Häusern. Viele rechtliche Regelungen hemmen eine vernünftige Klimaschutzpolitik, weil sie noch aus einer Zeit stammen, als effizientere Energienutzung und der verstärkte Einsatz erneuerbarer Energieträger noch wenig Beachtung fanden.

Das Klimaschutzziel der Bundesregierung ist nur dann zu erreichen, wenn durch eine koordinierte Politik von EU, Bund, Ländern und Kommunen und durch eine bewußte Verhaltensänderung aller Bürger mit dem Abbau der o.a. und anderen Hemmnissen ernst gemacht wird. Je schneller die einzuleitenden Maßnahmen wirksam werden können, um so geringer werden die Klimafolgekosten für die Nachwelt.

22.4 Umsetzung der Jahrhundertaufgabe Klimaschutz

Die vorangehenden Abschnitte haben gezeigt, daß für eine effektive Klimaschutzpolitik finanzielle Anreize und der Abbau von Hemmnissen sehr wichtig sind. Zusätzlich muß die nötige Infrastruktur und Logistik für die Umsetzung der gewünschten Klimaschutzpolitik geschaffen werden.

22.4.1 Einrichtung eines Klimaschutz- und Energiespar-Forums

Bloße Informationen über politische Entscheidungen von großer Tragweite reichen als Politikvermittlung nicht mehr aus. Der Bürger verlangt zu Recht, in den Dialog über die immer komplexer werdenden Entscheidungen, die sein Leben beeinflussen, miteinbezogen zu werden. Es ist deshalb notwendig, ähnlich wie in Heidelberg (vgl. Kap. 21), auch in anderen Kommunen umgehend ein Klimaschutz- und Energiespar-Forum als wichtiges Beratungsgremium des Stadtrats einzurichten. Die Detailarbeit des Forums bleibt den speziellen Arbeitsgruppen vorbehalten. Effektivität und Erfolg der Gruppenarbeit hängen davon ab, daß die jeweils zuständigen Fachämter der Stadtverwaltung die Sitzungen intensiv vorbereiten und die Mitglieder rechtzeitig mit dem notwendigen Informations- und Datenmaterial versorgen. Dem Forum sollten Repräsentanten u.a. der folgenden Hauptgruppen angehören:
- *Stadtrat* (Vertreter der einzelnen Fraktionen);
- *Stadtverwaltung* (Umwelt- und Kämmereiamt, Stadtplanungs- und Stadtentwicklungsamt, Liegenschafts- und Bauordnungsamt, Hoch- und Tiefbauamt sowie Betriebs- und Beschaffungsamt etc.);
- *Stadtwerke* (Strom, Gas, Fernwärme);
- *Wissenschaft und Beratung* (Universität, Fachhochschule, Beraterbüros etc.);
- *Industrie und Handel* (Industrie- und Handelskammer, Einzelhandelsverband etc.);
- *Gewerbe* (Handwerkerschaft etc.);
- *Verschiedene Fachgruppen* (Architektenkammer, Heizungs-, Sanitär- und Schornsteinfegerinnung etc.);
- *Wohnungsbaugesellschaften* etc.;
- *Umweltverbände und -initiativen* etc.;
- *Bürgervereine* (Vertreter von Stadtteilen und -bezirken etc.);
- *Sonstige* (Landschaftsverbände, Landesentwicklungsgesellschaften etc.).

22.4.2 Einrichtung einer Koordinierungsstelle Klima und Energie

Die Arbeit des Forums und die auf Empfehlung des Forums vom Stadtrat verabschiedeten Projekte müssen koordiniert werden. Dazu ist es notwendig, die Koordinierungsstelle mit einer ausreichenden Anzahl von geschulten Mitarbeitern auszustatten. Dies ist auf der einen Seite kostenneutral durch Umwidmung von Stellen innerhalb der Ämter möglich. Auf der anderen Seite ergeben sich Möglichkeiten der Mitarbeiterfinanzierung durch die Mitarbeit bei der Umsetzung von Energie- und Kosteneinsparprogrammen (vgl. Abschnitt 22.3.4). Der Stelle obliegen u.a. folgende Aufgaben:
- Die fachliche Unterstützung des Klimaschutz- und Energiespar-Forums;
- die Koordination bei der Erstellung, Fortschreibung und Umsetzung von Energie- und Verkehrskonzepten;
- die Unterstützung bei der Erarbeitung eines verwaltungsintern abgestimmten, operationalisierten CO_2-Vermeidungskonzepts und
- die Koordinierung der Erstellung einer jährlichen Klimaschutzinventur.

22.4.3 Durchführung einer jährlichen Klimaschutzinventur als Erfolgskontrolle

Belastbare Daten sind die Voraussetzung für konkrete Handlungsempfehlungen. Die Wirksamkeit der eingeleiteten Maßnahmen muß überwacht werden. Dazu sind jeweils bis zum 30. Juni für das vergangene Jahr zwei Arten von Inventuren zu erstellen:
- für die Energieverbräuche in den einzelnen Energie- und Verkehrssektoren;
- für die Treibhausgase CO_2, CH_4, N_2O, FCKW, H-FCKW, FKW und CKW sowie die Vorläufergase CO, NO_X und NMCH.

Die Mengen sind auf die jeweiligen Quellen und Senken zu beziehen. Die Klimarahmenkonvention verlangt diese Inventuren auch im Rahmen der jährlichen nationalen Klimaberichte.

22.4.4 Konkrete Umsetzung der Klimaschutzmaßnahmen

Die Erreichung der Klimaschutzziele erfordert Reduktionsmaßnahmen in einem bisher nicht gekannten Ausmaß. Alle an der Umsetzung der Maßnahmen beteiligten Akteure sollten sich darüber im klaren sein, daß es sich hier in der Tat um eine Jahrhundertaufgabe handelt. Die wichtigsten Umsetzungsschritte werden im folgenden kurz skizziert:
- Einigung der Akteure im Forum auf die durchzuführenden Maßnahmen;
- Kontaktgespräche von Stadtwerken, Contracting Firmen, Ingenieurbüros und Energie-/Verkehrsberatern etc. mit der Geschäftsführungs- und technischen Leitungsebene;

- Grobanalyse der Einsparpotentiale;
- Feinanalyse mit Wirtschaftlichkeitsberechnungen und konkreten Vorschlägen für Altsanierungen bzw. marktbesten Neuanschaffungen;
- Einigung auf die Finanzierungsprogramme;
- Zügige Umsetzung der Klimaschutzmaßnahmen;
- Evaluierung der Wirksamkeit der Maßnahmen.

22.5 Chancen für eine erfolgreiche Klimaschutzpolitik

Eine erfolgreiche Klimaschutzpolitik muß sich daran messen lassen, ob das klimaökologisch notwendige Klimaschutzziel einer 25-30%igen CO_2-Reduktion von 1990 bis 2005 erreicht wird. Die ersten vorliegenden nationalen Klimaschutzberichte von 14 Industrieländern, die 1990 für ca. 36% des globalen CO_2-Ausstoßes verantwortlich waren, lassen keine Abnahme, sondern eher eine Zunahme von etwa 4% bis 2005 erwarten. Auch für Deutschland ist mit einer ähnlich ungünstigen Entwicklung zu rechnen, sobald sich die ostdeutsche der westdeutschen Entwicklung angeglichen hat. Dies liegt an den falschen Weichenstellungen der Bundesregierung in der Kohlepolitik auf der Angebotsseite und an der unentschlossenen Energieeinspar- und Verkehrsvermeidungspolitik auf der Nachfrageseite (Bach, 1995b).

Für Münster hat eine Detailstudie ein CO_2-Reduktionspotential von knapp 24% von 1990-2005 ergeben (vgl. Tabelle 22.1). Dieses Minderungspotential läßt sich allerdings nur dann ausschöpfen, wenn die beabsichtigte weiträumige Anlegung von Wohnsiedlungen und das sich daraus ergebende erhöhte Verkehrsaufkommen im städtischen Umland nicht realisiert wird. Ist der politische Wille für ein klimaverträgliches Umdenken vorhanden, dann sind die kommunalen Handlungsspielräume größer als gemeinhin angenommen wird. So kann der Stadtrat Einfluß nehmen, z.B. auf die Gestaltung der Bebauungs- und Verkehrspläne durch Begünstigung energiesparender Bedingungen wie Ausweisung von Bebauungsflächen und -dichten, Südausrichtung der Häuser, Gestaltung der Baukörper, Nahwärmeversorgung, Bevorzugung des öffentlichen Personennahverkehrs und Ausbau des Radwegenetzes.

Der Klimaschutz ist aber kein Selbstläufer. Neben dem politischen Willen ist eine effektive Infrastruktur, Logistik und Kontrolle erforderlich. Unverzichtbar sind die Einrichtungen eines Klimaschutz- und Energiespar-Forums, einer Koordinierungsstelle für Klima und Energie sowie eine jährliche Klimaschutzinventur. Ein zusätzlicher Motor für eine wirksame Klimaschutzpolitik sind die günstigen Nutzen-Kosten-Verhältnisse bei der Stromeinsparung. Politischer Wille, eine konkrete Umsetzungslogistik und eine detaillierte Wirtschaftlichkeitsrechnung sind die Voraussetzungen für eine erfolgreiche Klimaschutzpolitik. Es liegt an jeder Kommune, die eigenen Chancen zu nutzen.

23 Die kommunale Aufgabe Klimaschutz - organisatorische Voraussetzungen für wirkungsvollen Klimaschutz am Beispiel des Energiereferats der Stadt Frankfurt am Main

Werner Neumann

Seit dem Beitritt der Stadt Frankfurt am Main zum „Klimabündnis zum Erhalt der Erdatmosphäre" im Juli 1990 wurden zahlreiche Maßnahmen durchgeführt bzw. initiiert, um dem Ziel einer 50%igen CO_2-Einsparung bis zum Jahr 2010 näher zu kommen. In Anlehnung an die Beschlüsse der Bundesregierung wurden für Frankfurt am Main die CO_2-Emissionen des Jahres 1987 als Bezugspunkt ausgewählt. Nach einer vom Energiereferat der Stadt Frankfurt am Main erstellten Energie- und CO_2-Bilanz wurden 1987 ca. 9,9 Mio. t CO_2 emittiert, wobei die darin enthaltene Zahl für den Verkehrsbereich (ca. 1,4 Mio. t) mit Unsicherheiten behaftet ist. Da die Sektoren Raumwärme und Strom einen wesentlichen Anteil an den CO_2-Emissionen haben, werden insbesondere Maßnahmen und Programme vorgestellt, die sich auf die Verminderung des Raumwärmebedarfs und die Erhöhung der Effizienz in der Stromerzeugung konzentrieren (Frankfurt, 1992).

Ein wesentliches Instrument der Frankfurter Energiepolitik ist durch die Einrichtung des Energiereferats gegeben. Hier werden Energiekonzepte erstellt und Planungen für Blockheizkraftwerke (BHKW) und energiesparende Gebäude durchgeführt, die Energie- und CO_2-Bilanz erstellt sowie Energieberatungen angeboten und Förderprogramme abgewickelt.

Ähnlich wie in vielen Kommunen lagen zuvor breit verteilte und kaum koordinierte Zuständigkeiten für Klimaschutz und Energieeinsparung vor:
- Energieverbrauch in städtischen Liegenschaften (Hochbauamt);
- Energiefragen in der Bauleitplanung (Planungsamt);
- Immissionsschutz (Ordnungsamt und Umweltamt);
- Energieberatung getrennt nach Energieträgern, Anwendungsbereichen und Stadtbezirken;
- Energieunternehmen (Stadtwerke, Maingas AG, Main-Kraftwerke).

Mit der Gründung des Energiereferates wurden zwar diese Funktionen nicht vollständig integriert - das Energiereferat übernimmt aber koordinierende Aufgaben, erstellt die Energiekonzeption für Frankfurt und ist zentrale Ansprechstelle des Magistrats in Fragen des Klimaschutzes und des Energiekonzeptes. Auf diese Weise ist es gelungen, in einigen Bereichen innovative Initiativen zu starten, Hemmnisse zu überwinden und hierbei auch neue Standards im Energiebereich zu etablieren.

Neben der Koordinierungsfunktion innerhalb der Stadtverwaltung wurde besonderes Gewicht auf die Kooperation mit Verbänden, Innungen, Wohnungsbaugesellschaften, Banken, Sparkassen, Investoren und insbesondere den Energieunternehmen in Frankfurt gelegt.

Diese Arbeit soll anhand einiger Tätigkeitsfelder dokumentiert werden. Vor diesem Hintergrund wird besonders auf die Rolle von Energie- und Klimaschutzleitstellen eingegangen, wie sie inzwischen in mehreren Städten eingerichtet wurden.

23.1 Blockheizkraftwerke für Frankfurt am Main

Gegenüber der getrennten Erzeugung von Wärme (in Heizkesseln) und Strom (in Kondensationskraftwerken) stellt die gekoppelte Erzeugung von Wärme und Strom in BHKW ein zentrales Element in CO_2-Reduktionsstrategien dar. Auf gleiche Energiemengen bezogen können die CO_2-Emissionen bis zu 30 % reduziert werden. Im Jahr 1991 gab es außer den großen - mit Kohle, Erdgas bzw. Müll befeuerten - Heizkraftwerken in Frankfurt gerade ein BHKW (Sportzentrum Kalbach). Ein nicht vorhandener Querverbund zwischen Strom (Stadtwerke) und Erdgas (Maingas AG) sowie eine eher spärliche Einspeisevergütung wirkten als Hemmnis.

Das Energiereferat wurde mit der systematischen Untersuchung von Standorten betreut. Nach einer ersten Reihenuntersuchung von zehn größeren Objekten (Schwimmbäder, Krankenhäuser) in den Jahren 1991-1993, die kontinuierlich fortgesetzt wurde, liegen mittlerweile über 35 Untersuchungen für mögliche BHKW-Standorte vor. Zugleich wurden allgemein verwendbare Grundlagendaten (Richtpreisübersicht) erhoben und eigene rechnergestützte Planungsinstrumente erstellt, so daß eine überschlägige Vorplanung eines BHKW einfach und schnell erfolgen kann. Des weiteren wurde eine Arbeitsgruppe, in der das Energiereferat und das Hochbauamt der Stadt Frankfurt am Main, die Energieversorgungsunternehmen (Stadtwerke Frankfurt, Main Kraftwerke AG und Maingas AG) und teilweise die Betreiber größerer Verbrauchskomplexe vertreten sind, eingerichtet.

Inzwischen trägt die Vorarbeit Früchte. Dem ersten BHKW in einem Sportzentrum im Jahr 1991 folgten 1992 drei weitere in Schulen (2mal 100 kWel, 1mal 50 kWel - Betreiber: Stadt Frankfurt). Ein großer Schritt war 1994 das BHKW in der Berufsgenossenschaftlichen Unfallklinik (1 024 kWel), das zugleich mit einer Absorptionskälteanlage („Kälte aus Wärme") gekoppelt ist. Eine Kraft-Wärme-Kälte-Anlage mit 1 350 kWel ist seit kurzem im „Eurotower" in Betrieb. Drei weitere BHKW der Stadtwerke, die a) die Fachhochschule und eine nahegelegene Schule, b) den Palmengarten und ein Institut der Universität sowie c) die

Universitätsinstitute in Niederursel versorgen sollen, werden 1996 fertiggestellt. Addiert man ein weiteres geplantes BHKW in einer Bank sowie die Dampfturbine in der Schlammverbrennung Sindlingen hinzu, kann bis 1997/98 die BHKW-Leistung in Frankfurt am Main etwa 12 MWel betragen. Das zusätzlich mittelfristige Potential beträgt weitere 10 MWel. Ziel bis zum Jahr 2010 ist eine BHKW-Leistung von 50 MWel.

Die Voruntersuchungen haben gezeigt, daß bei einem Einsatz von BHKW der jeweilige Primärenergieverbrauch um ca. 20-30% und der CO_2-Ausstoß um bis zu 34% reduziert werden kann. Durch die Festlegung von Stromeinspeisevergütungen für Strom aus Kraft-Wärme-Kopplungsanlagen in Anlehnung an das Stromeinspeisungsgesetz (für Anlagen bis 1 MW z.Zt. 14,40 Pf/kWh) hat die Stadt Frankfurt am Main eines der Hemmnisse zum verstärkten Einsatz von dezentralen KWK-Anlagen im privaten Bereich abgebaut.

Schließlich beteiligt sich die Stadt Frankfurt an einem hessischen Demonstrationsprojekt für kleine BHKW mit 5 kW elektrischer Leistung. Die bisherigen Erfahrungen nach einem Jahr sind positiv. Es wird erwartet, daß ab 1996 Klein-BHKW zu günstigen Preisen auf den Markt kommen und ein weiteres Einsatzpotential bei Mehrfamilienhäusern sowie im Gewerbe erschlossen werden kann.

Neben den dezentralen BHKW-Anlagen soll in Frankfurt am Main auch die Fernwärme auf Basis KWK weiter ausgebaut werden. Entsprechende Planungen erfolgen durch die Stadtwerke Frankfurt am Main. Um auch den Fernwärmeabsatz im Sommer zu erhöhen, soll der Einsatz von Absorptionskälteanlagen mit Dampf aus dem Fernwärmenetz als Heizmedium erweitert werden. Frankfurt am Main ist hier mit einer installierten Leistung von 80 MW Kälteleistung (davon 70 MW mit Wärme aus Kraft-Wärme-Kopplung) bundesweit führend.

23.2 Energiesparendes Bauen und Niedrigenergiehäuser

Die Ergebnisse der Enquête-Kommission zum Schutz der Erdatmosphäre (EK II) zeigen, daß der Bereich der Wärmedämmung und Heizungsmodernisierung im Gebäudebestand eines der größten CO_2-Einsparpotentiale darstellt, das aufgrund der langfristigen baulichen Erneuerungszyklen jedoch nur schwer zu erschließen ist.

Der vom Energiereferat im Jahr 1992 eingeführte „Frankfurter Energiepaß" stellt ein einfaches Instrument zur Ermittlung des Normenergieverbrauchs von Gebäuden und der daraus resultierenden Emissionen des Treibhausgases CO_2 dar und dient zur Beurteilung der „Energiegüte" von Gebäuden. Der Energiepaß wurde vor allem in Verbindung mit einem speziellen Verfahren zur Optimierung von Baukosten und Energieverbrauch bei der Planung von über 1 500 Neubauwohnungen im sozialen Wohnungsbau eingesetzt. Mit dem Energiepaß wird den Planern, Bauherren und Vermietern die Möglichkeit geboten, auf einfache Art und Weise den Energiebedarf von Gebäuden zu ermitteln und die Auswirkungen von geplanten Modernisierungsmaßnahmen auf den Energiebedarf zu erfassen. Dieses Instrument wird allen Hausbesitzern, Wohnungsbaugesellschaften usw. angeboten und hat v.a. bei ArchitektInnen und PlanerInnen regen Zuspruch gefunden.

Im Rahmen der von der Stadtverordnetenversammlung beschlossenen „Klimaoffensive 1991" bietet die Stadt Frankfurt am Main allen privaten Bauträgern eine kostenlose Energieberatung an. Bei großen Neubauvorhaben wurde hierbei für 15 Objekte eine Optimierung hinsichtlich der Baukosten und des Energieverbrauchs durchgeführt. Dabei konnte nachgewiesen werden, daß im Geschoßwohnungsbau mit einer Zusatzinvestition von nur 0,5-2% der Heizenergiebedarf um 30-40% gegenüber den Anforderungen der Wärmeschutzverordnung von 1982 gesenkt werden kann. Das erste Vorhaben in energiesparender Bauweise („Westpark" Kurmainzer Straße mit 700 Wohneinheiten) wurde im Dezember 1992 bezugsfertig, in der „Anspacher Straße" (209 Wohneinheiten) erfolgte der Bezug im Herbst 1994. Das Bauvorhaben „Burghof" weist einen Energiekennwert von 60 kWh/qm auf. Insgesamt sind über 1 500 Wohneinheiten in energiesparender Bauweise (Heizenergiebedarf unter 75 kWh/(m²·a)) entstanden. Darüber hinausgehend soll ein privat getragenes Wohnungsbauprojekt in ökologischer und Niedrigenergiebauweise (Heizenergiebedarf unter 60 kWh/(m²·a)) in Verbindung mit Solaranlagen und kleinen BHKW entstehen.

23.3 Energieforum Banken und Büro

In den letzten Jahren wurden, insbesondere im Bankenviertel, zahlreiche Neubauten für Banken und Büros geplant. Bei diesen Gebäuden ist - aufgrund des komplexen Energiebedarfs für Lüftung, Klimatisierung, Beleuchtung und Geräte - der Energiebedarf für Wärme und Strom stark miteinander verbunden und erfordert eine effiziente Gebäudeausrüstung. Die Stadt Frankfurt am Main hat das „Energieforum Banken und Büro" initiiert, in dem zahlreiche Investoren von aktuellen Großbauvorhaben vertreten sind. Ziel dieses Forums ist es, die in der Schweiz schon eingeführten Planungsverfahren zur Minimierung des Wärme- und Strombedarfs exemplarisch für große Bauvorhaben in Frankfurt am Main anzuwenden. In einer vom Energiereferat organisierten Arbeitsgruppe wurde die energetische Effizienz von verschiedenen Hochhaus- und Bürovorhaben (Commerzbank, Hess.-Thür. Landesbank, Messe GmbH, Flughafen AG) vergleichend untersucht. Erste Entwürfe lassen erwarten, daß in diesem Bereich Einsparungen von bis zu 50% im Vergleich zur heute üblichen Bauweise möglich sind.

Diese Erfahrungen werden mittlerweile bei der gezielten Beratung von Investoren im Bürobereich eingesetzt. Beim Wettbewerb für den Neubau der Zentrale der Gewerkschaft IG Metall wurde durch die Beteiligung des Energiereferats neben der städtebaulichen und architektonischen Prüfung zugleich eine Bewertung der Energiekonzeption (Fassade, Lüftung, Kühlung, Heizung, Beleuchtung,

Versorgung) der 20 Entwürfe vorgenommen. Hiervon zeigten zumindest acht Entwürfe positive Ansätze. Hervorzuheben ist, daß vor allem einer der zunächst drei prämierten Entwürfe (Sir Norman Foster, London) gute Architektur und Funktionalität mit einem weitgehend integrierten Energie - und Effizienzkonzept verbunden hatte. Durch solche Ansätze kann das Bewußtsein von Investoren, Architekten und Planungsfirmen im Hinblick auf energieeffiziente Bürogebäude gestärkt werden.

23.4 Förderprogramme und regenerative Energien

Seit 1991 wird in Frankfurt am Main erfolgreich ein Förderprogramm für Solarstromanlagen in Kleingärten durchgeführt. Kleine Anlagen mit 50-100 W sind hier eine attraktive Alternative zur sonst üblichen Netzstromversorgung. Von den Gesamtkosten einer Anlage mit Regler, Batterien plus sparsamen Kühlschrank von ca. 3 800 DM werden 50% gefördert. Über 200 Anlagen wurden installiert. Nachdem die Stadt die Förderung bis 1993 getragen hat, erfolgt ab 1994 die Förderung durch die Stadtwerke. In Verbindung mit der Förderung des Landes Hessen hat die Stadt über 100 thermische Solaranlagen mit jeweils ca. 1 000 DM gefördert. Ab 1994 hat die Maingas AG die Förderung übernommen, wenn zugleich eine Erdgasheizung vorliegt.

Die Stadtwerke haben nach einer erfolgreichen Wassersparkampagne im Jahr 1994 das Förderprogramm „Ein gutes Stück Energie sparen" für besonders sparsame Haushaltsgeräte gestartet. Der Bonus beträgt 50 DM plus einer Sparlampe. Die Anforderungen für die Verbrauchswerte liegen deutlich niedriger als bei anderen Programmen, so daß sichergestellt ist, daß nur die sparsamsten Geräte gefördert werden. Im Januar 1996 hat die Stadtverordnetenversammlung mehrere Anträge zur Ausweitung der Förderprogramme zum Energie- und insbesondere Stromsparen sowie zur Einführung einer kostendeckenden Vergütung für Solarstrom verabschiedet.

Als sehr erfolgreich erwies sich die Erstellung der „Frankfurter Förderfibel" durch das Energiereferat, in der sich neben fachlichen Hinweisen über Wärmedämmung, Brennwerttechnik, Stromsparen usw. eine aktuelle Übersicht über sämtliche Förderprogramme im Energiebereich (Bund, Land, Stadt etc.) befindet, die in Frankfurt am Main genutzt werden können. Anzeigen von Anbietern finanzieren teilweise die Broschüre und bieten den LeserInnen schnellen Zugang zu Angeboten. Die 2. überarbeitete Neuauflage wurde 1995 durch die Frankfurter Sparkasse mitfinanziert. Die Broschüre wird zugleich über alle Geschäftsstellen der Sparkasse verteilt, was sich als sehr attraktiver Zugang zu den Interessenten erwies. Der Text der Broschüre wurde außerdem in die Datenbank ÖKOBASE des Umweltbundesamtes integriert und kann über die Sparkasse kostenlos bezogen werden.

Es hat sich gezeigt, daß eine anbieterunabhängige Energieberatung durch das Energiereferat in Verbindung mit Förderprogrammen ein attraktives Angebot darstellt, da den Interessenten Beratung zu verschiedenen Energieanwendungen aus einer Hand geboten werden kann.

23.5 Instrumente zur Entwicklung von Konzepten und Lösungen im Energiebereich

Die technischen Lösungsmöglichkeiten, wie im Energiebereich ein Beitrag zum Klimaschutz geleistet werden kann, sind im wesentlichen bekannt. Zahlreiche Studien auf Bundesebene (EK I und II) und zahlreiche Gebiets- oder Gebäudekonzepte wurden in den letzten Jahren erstellt. Auch die wirtschaftlichen Parameter sind durch Energiepreise, Investitionskosten für Anlagen und Zinssätze gegeben, so daß in Verbindung mit den technischen Konzepten Rangfolgen und Prioritäten gesetzt werden können.

Entgegen der „üblichen" Vorgehensweise, zuerst ein sog. „Konzept" zu erstellen, bestand die Aufgabe des Energiereferats nach seiner Einrichtung im Jahr 1990 vor allem darin, sich an den einzelnen Handlungsschwerpunkten direkt bei anstehenden Investitionsvorhaben sofort einzuschalten und am konkreten Projekt zu demonstrieren, wie Energiesparen umgesetzt werden kann. Dies hat nach den Kriterien: a) welche Maßnahme ist am effizientesten und am wirtschaftlichsten und b) in welchen Bereichen liegen die größten Potentiale zu den Schwerpunkten:

1. Energiesparendes Bauen im Neubau (Wohnungsbau) und inzwischen auch im gewerblichen Bau (Hochhäuser)
2. Kraft-Wärme-Kopplung (Blockheizkraftwerke und Fernwärmeausbau)
3. Stromsparen und Stromeffizienz (zunächst Haushaltsbereich)
4. Einstieg in die Nutzung der Solarenergie, v.a. mit thermischen Solaranlagen

geführt.

Erst im Laufe der Arbeiten an diesen Schwerpunkten wurde „als Zwischenschritt" im Jahr 1992 die „Energie- und CO_2-Bilanz für Frankfurt am Main" erstellt. Somit konnte vermieden werden, daß zunächst viel Zeit für die Erstellung dieser Bilanz verwendet wurde, um darauf aufbauend ein „Konzept" zu entwickeln, und dann vor dem Problem zu stehen, wie dieses Konzept umzusetzen sei. Diese Vorgehensweise hat in einigen Städten und Gemeinden häufig zum Abstoppen von Initiativen geführt.

Zentrales Instrument zur Umsetzung der Ziele der Energiepolitik war in Frankfurt am Main die Einrichtung des Energiereferats als Stelle zur Koordinierung der Aktivitäten, zur Erstellung von Konzepten und zur Durchführung von gezielter Energieberatung. Zuständigkeiten im Energiebereich sind erfahrungsgemäß auf die verschiedensten Stellen verteilt und oft genug zersplittert angesiedelt. Dies betrifft nicht nur die Stadtverwaltung selbst, sondern auch andere

Energienutzer. In der Stadtverwaltung stellen Energiefragen einerseits wichtige, andererseits oft nur Teilaspekte der Bauleitplanung oder von Baugenehmigungsverfahren dar. Das Thema „Energie" wird vielfach immer noch untergeordnet behandelt, und wenn, dann nur als Frage der Energieversorgung oder des Energieträgers. Erst langsam verbreitet sich die Erkenntnis, daß Energiefragen - weil immer mit einem bestimmten Nutzen und Komfort verbunden - schon von Beginn an in einer Planung berücksichtigt werden sollten. Frühe Planungsfehler lassen sich schwer beheben. Andererseits ist es schwer und sollte auch nicht angestrebt werden, die Energiefrage, z.B. bei einem Gebäude, zur „Hauptfrage" zu machen.

Die Konzeption des Energiereferats läßt sich daher am besten mit dem Begriff der „Energiebegleitplanung" charakterisieren, die am jeweils aktuellen Planungsstand optimierend eingreift und darauf achtet, daß die eigenen Energieziele sich mit anderen Anforderungen kombinieren lassen. Bezogen auf die Stadtverwaltung wie auch in der Beratung von Bauprojekten versucht das Energiereferat hier durch „interne" Beratung, entsprechende Stellungnahmen und vor allem koordinierende Gespräche und Arbeitskreise auf eine rationelle Energieplanung hinzuwirken.

Im Sinne einer Querschnittsaufgabe werden folgende Aufgabenfelder bearbeitet:

- Energiefragen im Rahmen der Bauleitplanung. Vorgabe von Textbausteinen für B-Pläne mit Festsetzung von Energiekennwerten und Beheizungsart (BHKW). Kontakt zu Planern, Investoren und Anbietern zur Umsetzung von Nahwärmekonzepten in Neubaugebieten;
- gezielte Energieberatung im Rahmen der Bauaufsicht und Angebote zur Beratung an Bauantragssteller;
- Umsetzung energiesparender Standards bei Neubau und Modernisierung, insbesondere für kommunale Wohnungsbaugesellschaften;
- eigenständige und unabhängige Entwicklung und Vorplanung von BHKW-Standorten für die Kommune und Dritte;
- Zusammenfassung der Energieplanungen und -konzepte verschiedener Akteure (Energieversorger, Energienutzer) zu einem Gesamtenergie- und Klimaschutzkonzept;
- Angebot einer absatz- und energieträger-unabhängigen Energie- und Bauberatung für Investoren und Energienutzer (Mieter) vom Einfamilien- bis zum Bankhochhaus;
- Einbringung von Energiekriterien in private und öffentliche Wettbewerbe als Berater oder Sachpreisrichter;
- Wahrnehmung der Rolle des „stadtinternen" unabhängigen Gutachters bei Energieplanungen und Investitionsvorhaben großer Energieabnehmer;
- Beratung des Magistrats und des Umweltdezernenten bei der Aufsicht der Energieunternehmen.

Hinzu kommen verschiedene Aktivitäten, die von der Betreuung von Energiesparwochen in Schulen bis hin zum Erfahrungsaustausch in europäischen Projekten reichen.

Diese integrative Funktion im Sinne einer „Energiebegleitplanung" ist in bezug auf Stadt- und Regionalplanung besonders zu betonen. Die Regel ist leider, daß bei Fehlen einer gezielten energieoptimierten Planung nur nach allgemeinem Standard gebaut wird. Da wird die Wärmeschutzverordnung gerade eingehalten, ein Gasanschluß mit einfachem Kessel erfolgt, bei Solaranlagen gilt „Fehlanzeige". Umgekehrt kann energieoptimierte Planung die Potentiale für Niedrigenergiebauweise und Nahwärmenetze mit BHKW bzw. Solaranlagen erschließen. Dieser Aspekt der Umsetzung von klimaschützenden Energiestrategien gewinnt in der Stadt- und Regionalplanung immer mehr an Gewicht.

23.6 Die Rolle von Klimaschutzleitstellen

Anhand dieser Beispiele und konkreter Erfolge zeigt sich die Bedeutung einer eigenständigen Energie- und Klimaschutzstelle als Koordinations- und Leitinstanz für die Erarbeitung und Umsetzung kommunaler Klimaschutzkonzepte. Das 1990 gegründete Energiereferat der Stadt Frankfurt am Main nimmt so - wie die Energieleitstellen in Berlin, Bremen, Hamburg, München, Leipzig oder die 1994 in Hannover eingerichtete Energie- und Klimaschutzleitstelle - die Aufgabe einer kommunalen Energie- und Klimaschutzagentur wahr.

Die besondere Bedeutung eines Energiereferats bzw. einer Energieleit- oder Klimaschutzstelle ergibt sich aus der Zersplitterung von Zuständigkeiten und Interessen für die verschiedenen Energiefragen in den Kommunen. Es ist mittlerweile zu einer Tatsache geworden, daß die kommunale Ebene bei der Umsetzung von Klimaschutzmaßnahmen die entscheidende Rolle spielt. Sicherlich sind auch auf Bundesebene die Rahmenbedingungen für die lokale Politik noch deutlich zu verbessern. So gibt das Baugesetzbuch nur unzureichenden Spielraum für kommunale Festsetzungen in Bebauungsplänen. Die neue Wärmeschutz-Verordnung schöpft den möglichen Rahmen nicht aus und hat zudem ein „falsches" Berechnungsverfahren eingeführt. Das Energiewirtschaftsgesetz, das seit 1935 (!) fast unverändert besteht, sieht keine Priorität für Einsparung (z.B. Least-Cost-Planning, Kraft-Wärme-Kopplung und regenerative Energien vor. Eine Energiesteuer, deren Einnahmen teilweise zur Förderung von fortgeschrittenen Energieprojekten genutzt werden könnte, würde einen weiteren Modernisierungsschub auslösen.

So bleibt den Kommunen nur, bei allen von politischer Seite vorgetragenen Klagen über schlechte Rahmenbedingungen, eigenständig und mit gezielter Planung und Beratung, Investoren zu optimalen Energieplanungen zu veranlassen. Die Erfahrung zeigt, daß dies in zahlreichen Fällen möglich ist, jedoch auf diese Weise noch nicht die volle Breitenwirkung erreicht wird. Dennoch zeigen die

Erfolge der fast 500 Städte und Gemeinden mit zusammen über 30 Mio. EinwohnerInnen im Klimabündnis europäischer Städte, daß hier eine neue Kraft für den Klimaschutz entstanden ist und sich weiter im Wachsen befindet. Mit der zukünftig noch verstärkten Organisierung von Klimaschutzaktivitäten auf kommunaler Ebene wird die Bedeutung von Klimaschutzstellen und kommunalen Energiebeauftragten weiter wachsen.

Ein im Rahmen des Klima-Bündnisses durchgeführter Vergleich von kommunalen Energie- und Klimaleitstellen zeigte, daß es kein Patentrezept gibt, wie diese Stellen einzurichten oder zu verankern sind. Die „Vollintegration" der Kompetenzen erfolgt zumeist nicht, da Energie- und Klimaschutzfragen in die Kompetenzen der Bereiche Planung, Bau und Umwelt fallen, die zudem allzuoft Dezernenten mit unterschiedlicher politischer Ausrichtung zugeordnet sind. Oft erfolgt eine Einrichtung der Klimaschutzstelle beim Umweltbereich oder im Umweltamt. Während in Frankfurt am Main die Zuständigkeiten „Klimaschutz und Energiekonzept" (Energiereferat) und Energiemanagement städtischer Gebäude (Hochbauamt) getrennt sind, liegen sowohl in Stuttgart die Kompetenzen für die Energiebewirtschaftung als auch seit 1994 in Hannover die Zuständigkeit für Grundsatzfragen des Energiemanagements städtischer Gebäude im Umweltamt.

Das Klima-Bündnis hat hierzu eine Informationsschrift „Organisationsstruktur kommunaler Maßnahmen im Energiebereich" erstellt. Deren Übersicht zeigt einen Schwerpunkt bei den Hochbauämtern, wenn es um die Bewirtschaftung kommunaler Gebäude und technische Planungen geht. Die strukturierende und koordinierende Arbeit von Energie- und Klimaleitstellen wird jedoch vermehrt in der Umweltverwaltung als Querschnittsaufgabe angesiedelt.

23.7 Neue Finanzierungsformen - Contracting

Durch die Aufteilung der Kompetenzen hinsichtlich der Energieeinsparung in kommunalen Liegenschaften und zur strategischen Energie- und Klimaschutzpolitik entsteht z.T. das Dilemma, daß Einrichtungen, die Konzepte erarbeiten, selbst über keine Finanzmittel zur Umsetzung ihrer Vorschläge verfügen. Durch die Erstellung kommunaler Energiekonzeptionen und deren Umsetzung sind die Kommunen allerdings gefordert, durch Senkung von Energieverbrauch und CO_2-Emissionen bei den eigenen Gebäuden mit gutem Beispiel voranzugehen. Dieser Anspruch findet oft jedoch jäh sein Ende an den begrenzten Haushaltsmitteln, es fehlen häufig Mittel für Einsparinvestitionen, die sich in wenigen Jahren amortisieren würden.

Abhilfe schafft hier das Instrument des „Contracting": Ein Dritter investiert in den Gebäuden der Stadt (oder auch bei anderen Energienutzern) energiesparende Techniken auf eigene Kosten und erhält z.B. über 5-7 Jahre einen Großteil der eingesparten Energiekosten zur Refinanzierung. Vorteil der Kommunen ist, daß der Investitionshaushalt nicht tangiert wird und die laufenden Kosten erst wenig und nach Ablauf des Contractingvertrages deutlich um 10-30% sinken. Die Energieeinsparung und CO_2-Minderung ist dagegen vom ersten Tag an gegeben. Da die „Contracting-Rate" nur gemäß der realen Einsparung zu zahlen ist, besteht eine hochgradige Absicherung der Projekte (Roos, 1995; Schreiber, 1996).

Neben einer Vielzahl von privaten Fachfirmen, die ihre Dienste mit der Form der Contracting-Finanzierung anbieten, treten zunehmend auch Energieversorger und Stadtwerke als Anbieter von Einsparung und Wärmeversorgung aus BHKW auf. Dies trägt dazu bei, daß sich Energieunternehmen vom reinen „Versorger" zum Energiedienstleistungsunternehmen wandeln. So bieten die Stadtwerke Frankfurt am Main über ihre Kundenberatung nunmehr den Betrieb von BHKW beim Kunden an und offerieren Contracting-Angebote zum Wassersparen (hessen-Energie, 1995).

Bundesweit hat der Kooperationsvertrag der Stadtwerke mit der Preußen Elektra AG Beachtung gefunden, in dem explizit auf das Ziel der 50%igen CO_2-Reduktion Bezug genommen wird. Hierfür stellt Preußen Elektra zum einen fünf Jahre lang jeweils einen Betrag von 2 Mio. DM für die Erschließung und Förderung von Einsparmaßnahmen bei Strom und Wärme bereit. Zum anderen wird Preußen Elektra der Stadt Frankfurt am Main für die kommunalen Gebäude Contracting-Angebote unterbreiten, organisieren bzw. betreuen.

23.8 Energie- und Klimaleitstellen und Energiedienstleistungsunternehmen

Dies zeigt, daß mit dem Aufbau kommunaler Energieleitstellen und der Wandlung von Stadtwerken zu Energiedienstleistungsunternehmen eine neue Arbeitsteilung entstehen muß. Früher wurde oftmals unter dem kommunalen Energiekonzept schlicht nur das verstanden, was die jeweiligen Stadtwerke sowieso machten. Die Betonung lag zudem auf dem Begriff des Energieversorgungskonzeptes und schloß nur z.T. Einsparmaßnahmen ein.

Andererseits werden mit der Entwicklung kommunaler Energieversorger hin zu Energiedienstleistungsunternehmen die Aufgaben kommunaler Energieleitstellen nicht obsolet. Vielmehr wird eine klarere Rollenzuweisung erforderlich. Eine Energie- und Klimaschutzkonzeption für eine Kommune ist hier weit umfassender zu verstehen als die Energiekonzepte eines Unternehmens - ein Energie- und Klimaschutzkonzept muß die Interessen zahlreicher Akteure (Handwerk, Gewerbe, Wohnungsbaugesellschaften) integrieren.

Auch gibt es auf dem Gebiet der Energiedienstleistungen zunehmend private Anbieter, so daß hier das Monopol der (kommunalen) EVU verschwunden ist und die Notwendigkeit einer unabhängigen Beratung anwächst. Schließlich bleiben die „hoheitlichen" Aufgaben der Kommune im Hinblick auf Stadt- und Energieplanung sowie bauliche und immissionsschutzrechtliche Aufsicht erhalten und erfahren eine stärkere Betonung im Sinne einer Leitfunktion. Vielfach kommt der Kommune aber immer mehr die Rolle des Moderators bei Energieprojekten zwischen Energienutzern und Energiedienstleistern zu. Eine strukturierende Zielvorgabe und Koordinierung durch Energie- und Klimaschutzleitstellen in der kommunalen Verwaltung gewinnt an Bedeutung.

Die unternehmerischen Energiekonzepte der Dienstleistungsunternehmen müssen mit einem umfassenden kommunalen Energiekonzept abgestimmt werden. Dies gilt insbesondere dann, wenn kommunale Energieunternehmen in private Formen überführt (Frankfurt am Main) bzw. in Berlin, Hannover, Bremen Anteile an Energiekonzerne verkauft wurden oder werden sollten. Das Beispiel Hannover zeigt, daß gerade im Zusammenhang mit dem Teilverkauf der Stadtwerke die Abt. Energie- und Klimaschutz im dortigen Umweltamt eingerichtet wurde, mit der expliziten Begründung, daß sich hierdurch die Bedeutung eigener kommunaler Positionen in Energiefragen in der Stadtverwaltung verstärke und die Stadtwerke als Unternehmen einen festen Ansprechpartner in der vielfältigen Verwaltung bräuchten.

23.9 Ausblick

Die Fortschreibung der Energie- und CO_2-Bilanz zeigt, daß Frankfurt am Main von dem Ziel der 50%igen Reduzierung der CO_2-Emissionen noch weit entfernt ist. Es gibt dennoch keinen Grund, von diesem Ziel abzuweichen (vgl. Kap. 1-3). Immerhin ist eine Stagnation des Energieverbrauchs erreicht, und erste Tendenzen weisen auf leicht sinkende Werte hin. Nachdem zahlreiche Ansätze gefunden wurden und Planungsinstrumente bereitstehen, stellt sich immer mehr die Frage, wie breit angelegte Umsetzungsprogramme konzipiert werden können. Allein bei der systematischen Modernisierung von veralteten Heizungsanlagen (45% sind älter als 15 Jahre) kann eine CO_2-Reduzierung in diesem Bereich von 30% erreicht werden. Im Gebäudebestand sind etwaige Renovierungen mit optimaler Wärmedämmung zu kombinieren. Untersuchungen zur Stromeinsparung in Haushalten weisen ein Sparpotential von 25% bei Kosten von nur 1 000 DM pro Haushalt auf. In den nächsten Jahren sollten verstärkt einfache und standardisierbare Programme flächendeckend aufgelegt werden. Hierbei spielen neue Finanzierungsformen eine wichtige Rolle. Noch mehr kommt es darauf an, neue „Akteurskoalitionen" von Energiedienstleistern, Heizungs- und Elektrohandwerk, dem Schornsteinfegerhandwerk, Anbietern auf dem Bausektor, Hausbesitzer- wie Mietervereinigungen und schließlich Banken und Sparkassen zu schmieden. Alle Beteiligten sollten hierbei ihre Vorteile aus den Klimaschutzprogrammen ziehen können. Der koordinierenden Tätigkeit kommunaler Energie- und Klimaschutzleitstellen oder -referate kommt hierbei eine besondere Bedeutung zu.

Schließlich sei erwähnt, daß auch eine Integration des Verkehrsbereichs in ein kommunales Klimaschutzkonzept erforderlich ist. Über den Ausbau des öffentlichen Nahverkehrs und eine höhere Attraktivität hinaus sind Konzepte der Verkehrsvermeidung durch kurze Wege zwischen Wohnen, Arbeit, Einkauf und Freizeit zu finden, autofreie Siedlungen sowie Systeme des „öffentlichen Individualverkehrs" (Car-Sharing) sind mit dem Umweltverbund zu integrieren. Weiterhin stellen sich Fragen der Nutzung energiesparender Fahrzeuge, bei denen eine Gesamtabwägung der Antriebssysteme (Benzin/Diesel - Erdgas - Rapsöl - Elektro) vorzunehmen ist. Wie im Energiebereich wird es auf einen abgestimmten Maßnahmen-„Mix" von Verkehrsvermeidung und -verlagerung auf den Umweltverbund sowie sparsame und emissionsarme Antriebskonzepte ankommen. Da jedoch der Verkehrsbereich nicht nur bei CO_2, sondern auch bei NO_x zunehmend im Energiebereich erzielte Reduktionen kompensiert, ist die Integration von Energie- und Verkehrskonzepten eine zentrale Zukunftsaufgabe.

24 Das Klima-Bündnis und seine kommunalen und internationalen Aktivitäten am Beispiel der Stadt Frankfurt am Main

Lioba Rossbach de Olmos

In diesem Kapitel werden einige der lokalen und internationalen Aktivitäten vorgestellt, die die Stadt Frankfurt am Main als Mitglied des „Klima-Bündnis der europäischen Städte mit indigenen Völkern der Regenwälder" ergriffen hat, um lokal und global einen Beitrag zum Klimaschutz zu leisten. Frankfurt am Main gebührt unter den Städten, die im Bündnis mit anderen Kommunen Klimaschutzmaßnahmen ergreifen, ein besonderer Platz, da die Stadt dem Klima-Bündnis/Alianza del Clima e.V. mit Personal- und Sachmitteln solange Starthilfe gewährt hat, bis dieses sich als e.V. mit eigenem Etat aus Mitgliedsbeiträgen und Drittmitteln etablieren konnte. Der Europäischen Geschäftsstelle des Klima-Bündnisses, die mittlerweile fast 500 Mitgliedskommunen aus elf europäischen Ländern betreut, hat die Stadt bis Ende 1994 Büroräume gestellt.

Auch beim kommunalen Klimaschutz zählt Frankfurt am Main zu den Vorreitern unter den Kommunen. Frühzeitig wurde seit 1989 begonnen, die sich abzeichnende Klimagefährdung ernst zu nehmen und ihr mit lokalen Gegenmaßnahmen zu begegnen. Zunächst sollen die kommunalen Klimaschutzmaßnahmen der Stadt Frankfurt am Main kurz skizziert und anschließend ihre internationalen Aktivitäten behandelt werden. Neben dem Erfahrungsaustausch zwischen den europäischen Mitgliedskommunen ist damit nach den Zielsetzungen des Klima-Bündnisses vor allem die Kooperation mit den indigenen Völkern der Regenwälder, insbesondere mit dem Dachverband von neun nationalen Indianerorganisationen Amazoniens COICA („Koordination der Indianerorganisationen des Amazonasbeckens"), gemeint. Das Klima-Bündnis sieht im Klimaschutzgedanken eine globale Herausforderung, die aber lokal umgesetzt werden muß. Wenn die Kommunen lokal handeln, in dem sie entsprechend den Zielen des Klima-Bündnisses die Selbstverpflichtung eingehen, über Energieeinsparungen und Minderung des Individualverkehrs ihre CO_2-Emissionen bis 2010 zu halbieren, die Produktion und den Gebrauch von FCKW zu stoppen und auf die Verwendung von Tropenholz zu verzichten, dann bekommt dieses Handeln durch das Bündnis mit den indigenen Völkern der Regenwälder globale Dimension, die die weitere Vernichtung dieser Wälder verhindern wollen und so ihren Beitrag zum Klimaschutz leisten. Im Klima-Bündnis sollen die Mitgliedskommunen die Regenwaldvölker unterstützen, Solidarität mit deren Bemühungen zum Schutz des Regenwaldes, der Sicherung der Landrechte und der Lebensbedingungen üben und einen finanziellen Beitrag zu Kleinprojekten dieser Völker beisteuern.

Frankfurt am Main hat eine breite Palette von Handlungsmöglichkeiten in Angriff genommen, die vom Klima-Bündnis empfohlen werden. Die Stadt hat in der Vergangenheit einerseits mit Maßnahmen zum lokalen Klimaschutz in der Stadt und andererseits mit der Umsetzung der Bündnisidee mit den Amazonasindianern begonnen.

24.1 Kommunaler Klimaschutz in Frankfurt

Im Juli 1990 trat die Stadt Frankfurt am Main, in der die CO_2-Emissionen 1987 aufgrund des Flughafens, der Chemiebetriebe und der hohen Arbeitsplatzkonzentration mit 13,8 t bzw. 16,1 t CO_2 (inkl. Verkehrsanteil) pro Einwohner weit über dem Bundesdurchschnitt (11 t CO_2) lagen, dem Klima-Bündnis bei und verpflichtete sich damit zur Halbierung ihres CO_2-Ausstoßes bis zum Jahr 2010. Ein Jahr später startete die Stadtverordnetenversammlung die „Klimaoffensive 1991", die die Beschlußgrundlage für die Umsetzung eines Bündels von lokalen energiepolitischen Klimaschutzmaßnahmen schuf. Hier wurden die rationelle Energienutzung durch Kraft-Wärme-Kopplung (KWK) in Blockheizkraftwerken (BHKW), das energiesparende Bauen von Wohnungen und Büros sowie schließlich die Förderung der Solarenergie priorisiert (vgl. Kap. 23).

Für den Einsatz von KWK spricht die Tatsache, daß hier gegenüber der herkömmlichen Stromerzeugung auch die entstehende Abwärme genutzt wird. Neben ca. 33% Strom können ca. 55% der eingesetzten Energie als Heizwärme verwandt werden. Dadurch ergibt sich eine CO_2-Reduktion von bis zu 30%. In Frankfurt wurden mittlerweile für über 60 Projekte die Möglichkeit der KWK untersucht. Der Bau von BHKW hat inzwischen einen bemerkenswerten Aufschwung erfahren (vgl. Kap. 23). Zur Beseitigung von Hemmnissen für den Bau von BHKW hat die Frankfurter Stadtverordnetenversammlung günstigere Einspeisevergütungen beschlossen, wodurch der Einstieg in die BHKW-Nutzung erreicht wurde.

Auch Wärmedämmung und Heizungsmodernisierung im Gebäudebestand und eine energiesparende Bauweise bei Neubauten stellen ein großes CO_2-Einsparpotential dar. Neben einer allgemeinen Energieberatung für private Bauträger bietet die Stadt Frankfurt deshalb seit 1992 den „Frankfurter Energiepaß" an, der die baulichen Kenngrößen (Wärmedämmung), die Nutzungsgrade der Heizung und den brennstoffspezifischen CO_2-Ausstoß kombiniert und damit der Beurteilung der Energiegüte von Gebäuden dient.

Im neuen Stromliefervertrag zwischen den Stadtwerken Frankfurt am Main und der Preußen Elektra vom Januar 1995 wurden in einer Zusatzvereinbarung die Klima-Bündnisziele festgeschrieben, und bis zum Jahr 2000 wurde ein jährlicher Betrag für die Durchführung von Energieeinsparmaßnahmen vereinbart.

Seit 1990 werden in Frankfurt außerdem die „Listen der besonders sparsamen Haushaltsgeräte" verteilt, und die Frankfurter Stadtwerke fördern die Anschaffung solcher Haushaltsgeräte. Auch bei der Bildungs- und Öffentlichkeitsarbeit in Sachen Klimaschutz hat die Stadt Initiativen ergriffen. Bei einer Klimaschutzaktion, die der Umlandverband und die Frankfurter Rundschau im Herbst 1994 durchführte, wurden Zeitungsleser u.a. auf die aus der Heizenergie resultierenden CO_2-Emissionen in den Stadtteilen informiert und den Mietern konkrete Beratungsangebote gemacht. Bei einem Schulprojekt wiederum konnten Schüler Leuchten für Energiesparlampen entwerfen.

In der Verkehrspolitik sind die bisherigen Erfolge eher geringer als im Energiebereich. Die Sicherung des Wirtschaftsstandorts ließ sich mit der Idee der Vermeidung des motorisierten Individualverkehrs noch nicht in Einklang bringen. Dennoch sind einige Maßnahmen erwähnenswert. An erster Stelle steht die sogenannte „Stellplatzbeschränkung". Diese besagt, daß jeder, der ein Bürohaus oder einen Gewerbebetrieb bauen will, von der Stadt Mitteilung erhält, wieviele der vorgesehenen Parkplätze er bauen darf. Dies hängt eng mit der Anbindung an den öffentlichen Personennahverkehr zusammen, d.h. in der Frankfurter Innenstadt ist die Stellplatzbeschränkung hoch, und es dürfen dort kaum Stellplätze gebaut werden, sie werden aber mit Geldbeträgen, die unterhalb der Kosten für die Errichtung eines Parkplatzes liegen, abgelöst. Diese Ablösesummen fließen dann z.T. auch in den Radwegebau.

Unter das Stichwort der Parkraum-Bewirtschaftung fällt der Abbau von Stellplätzen im öffentlichen Straßenbau, insbesondere auch in der Innenstadt sowie die Einführung von Parkplaketten in den Wohngebieten, die zu bestimmten Uhrzeiten nur den Anwohnern das Parken erlauben. Nicht unerwähnt dürfen die Tempo 30-Zonen bleiben, die in den Zonen außerhalb der sogenannten Grundnetzstraßen mit maßgeblicher Beteiligung der Ortsbeiräte eingerichtet wurden.

Schließlich sei als Maßnahme des lokalen Klimaschutzes in Frankfurt noch der Grüngürtel erwähnt, d.h. die rechtlich geschützten Grünflächen innerhalb der Stadt. Der Ausbau des Radwegenetzes und der Naherholungsangebote können auch Klimarelevanz zeigen. Denn wo der Fahrrad- den Autoausflug ersetzt und die Naherholung den Kurzurlaub mit dem Flugzeug, ist auch etwas für den Klimaerhalt getan.

24.2 Die Partnerschaft der Stadt Frankfurt am Main mit dem Rat der Aguaruna und Huambisa

Im Rahmen des Klima-Bündnisses kooperiert die Stadt Frankfurt am Main mit den Aguaruna- und Huambisa-Indianern in Peru. Die programmatischen Grundlagen dieser Kooperation sind in einem Manifest enthalten, dem jede Kommune mit ihrem Beitritt zum Klima-Bündnis zustimmt. Darin werden die Indianer als

Bündnispartner der Städte anerkannt und werden in ihren Bemühungen zum Erhalt des Regenwaldes und der Sicherung ihrer Landrechte unterstützt:

> Wir europäischen Städte unterstützen die Interessen der amazonensischen Indianervölker an der Erhaltung des tropischen Regenwaldes, ihrer Lebensgrundlage, durch die Titulierung und die nachhaltige Nutzung der indianischen Territorien. Durch die Verteidigung der Wälder und Flüsse tragen sie dazu bei, daß unsere Erdatmosphäre für die zukünftigen Generationen als grundlegende Bedingung für ein menschliches Leben erhalten bleibt. Holz aus tropischen Regenwäldern darf deshalb weder importiert noch verwendet werden; zudem müssen andere Formen der Waldzerstörung, wie die unbegrenzte Förderung der Viehwirtschaft, Kolonisierungsvorhaben, der Einsatz von Pestiziden, Monokulturen, Wasserkraftwerke, umweltschädliche Minenausbeute und Erdölförderung in Frage gestellt werden. Die Wälder binden das CO_2, dessen Emission in die Atmosphäre auch wir - auf unsere Weise - zu beschränken suchen (Umwelt Forum Frankfurt, 1991: 4ff).

Im Klimaschutzgedanken werden also Kontinente, Themen und Probleme zusammengebunden, die Europa und Amazonien, Energieeinsparungen und Regenwaldschutz oder Verkehrsvermeidung und Indianerrechte einbeziehen. Erst im globalen Klimaschutzgedanken wird eine solche Verbindung von Themen und Problemen plausibel. Und eine Partnerschaft, die auf diesem Klimaschutzgedanken gründet, wird sich darauf einrichten müssen, Menschenrechtsfragen mit Fragen des Klimaschutzes zu verbinden.

Zur Partnerschaft der Stadt Frankfurt am Main und den Aguaruna- und Huambisa-Indianern sei kurz auf die Vorgeschichte eingegangen. 1977 zeigte das Frankfurter Völkerkundemuseum eine Ausstellung über die Sprachgemeinschaft der Jíbaro-Indianer, zu der auch die Aguaruna und Huambisa gehören. Ein Gesundheitsprogramm der Aguaruna und Huambisa wurde durch die in Frankfurt ansässige sozial-medizinische Organisation „Medico International" unterstützt. Und schließlich gibt es einen ansehnlichen Literaturbestand in Frankfurter Bibliotheken über beide Indianervölker. Begegnungen, Gespräche, Verhandlungen, Briefkontakte und nicht zuletzt auch Beschlüsse waren erforderlich, bis Frankfurt ein ökologisches Gartenbauprogramm in Peru unterstützte.

Eine Voraussetzung war z.B. der Beschluß der Stadtverordnetenversammlung vom Februar 1990, eine eigene Haushaltsstelle zur „Unterstützung von Entwicklungsprojekten in Ländern der Dritten Welt im Sinne der Hilfe zur Selbsthilfe" einzurichten. Damit wurde die haushaltsrechtliche Grundlage geschaffen, daß zwei Jahre später die Projektunterstützung in Peru anlaufen konnte.

Voraussetzung war auch die direkte Begegnung zwischen Indianer- und Kommunalvertretern im Jahr 1989, als Herr Evaristo Nugkuag, ein Aguaruna-Vertreter, der später von 1992 bis 1994 auch Vorsitzender des Klima-Bündnisses war, zusammen mit einer indianischen Delegation von Frankfurts Umweltdezernenten Tom Koenigs empfangen wurde und diesen für die Idee eines Klimaschutz-Bündnisses von lokalen Akteuren in Europa und Amazonien gewann. Evaristo Nugkuag war es auch, der diese Bündnisidee im August 1990 aus indianischer Sicht zu konkretisieren half, als auf Einladung des Oberbürgermeisters und des

Umweltdezernenten von Frankfurt europäische Städtevertreter und indianische Delegierte zu einem ersten Arbeitstreffen im Frankfurter Palmengarten zusammentrafen. Hier kam man überein, daß Regenwaldschutz Klimaschutz ist und daß der Schutz des Regenwaldes die Sicherung der Rechte und die Unterstützung der indigenen Völker einbeziehen muß. Denn seit Jahrhunderten dokumentieren diese Völker mit ihrer Lebensweise, wie man den Wald nutzen kann, ohne ihn zu zerstören. Als eine Form der Unterstützung wurde die Förderung von kleinen Selbsthilfeprojekten definiert. Frankfurt am Main war dann die erste Stadt, die damit ernst machte. Und so kam es, daß seit Sommer 1992 im Gebiet der Aguaruna und Huambisa eine neue Art der Regenwaldbewirtschaftung eingeübt wird.

Die Aguaruna und Huambisa sind in einem Indianerrat zusammengeschlossen, der dem Dachverband der Amazonasindianer COICA angehört. Die Heimat dieser Indianer liegt im Nordosten Perus. Es ist das Einzugsgebiet des oberen Rio Marañón, der sich zunächst noch seinen Weg durch die Gebirgsausläufer der Anden bahnt, um später den Namen Amazonas anzunehmen. Mit Höhenunterschieden von 200 bis 2 000 Metern und dichter tropischer Feuchtwaldvegetation handelt es sich um ein typisches Übergangsgebiet zwischen den Anden und Amazonien. Hier zerschneiden Flüsse und Bäche eine bergige Landschaft und stellen z.T. bis heute die einzigen Verkehrswege dar. Diese Unzugänglichkeit hat viele Jahre einen natürlichen Schutz vor fremden Eindringlingen gewährt, und die Aguaruna und Huambisa konnten auf diese Weise ihre Kultur und Lebensweise länger bewahren als andere Indianervölker.

Mit insgesamt 30 000 Personen gehören die Aguaruna und Huambisa zu den großen Amazonasvölkern. Sie bewohnen ein Gebiet, das ca. 22 000 Quadratkilometer und damit ungefähr die Fläche Hessens umfaßt. Sie sind Flußanwohner, und ihre Siedlungen liegen in einiger Entfernung voneinander an den Ufern des oberen Marañón und seiner Nebenflüsse, wobei unter dem Einfluß von Mission und staatlicher Schulerziehung in jüngster Zeit vermehrt Dörfer entstanden sind.

Die Aguaruna und Huambisa sind in erster Linie Gartenbauer, aber sie kennen auch die Jagd, den Fischfang und die Sammelwirtschaft. In ihren Mischgärten wachsen Kochbananen, Süßkartoffeln, Yams, Kürbisse, Kalabassen, Taro, Erdnüsse und Zuckerrohr. Als wichtigste Pflanze wird freilich bis heute ungiftiger Maniok angebaut, von dem die Aguaruna über 100 verschiedene Arten kennen und 10 bis 25 Arten in ihren Gärten haben. In den Mischgärten gedeihen aber auch magische und medizinische Pflanzen. Von den rund 50 Pflanzenarten, die die Aguaruna für medizinische oder religiöse Zwecke verwenden, bauen sie 12 im eigenen Garten an.

Wenn die Erschöpfung des Bodens, der Rückgang des Wildbestandes und die Baufälligkeit der Häuser die Aguaruna und Huambisa früher dazu bewogen, nach ungefähr acht Jahren Wohnhaus und Garten an einen anderen Ort zu verlegen, so könnte man dies Halbnomadismus nennen und dabei Primitivität suggerieren. Man könnte es aber auch als ökologische Mobilität bezeichnen, die den Bedingungen der natürlichen Umwelt folgt und damit die Umweltverträglichkeit der indianischen Lebensweise anerkennen.

Einen Eingriff brachte dann die staatlich forcierte Kolonisationspolitik der sechziger Jahre, als mit den Straßen auch Siedler in das Gebiet kamen. Im Geiste damaliger Entwicklungsvorstellungen wurde die indianische Subsistenzwirtschaft als unproduktiv diskreditiert und ihre ökologische Bedeutung ignoriert. Dies führte dann dazu, daß auch die Aguaruna und Huambisa sich als „ordentliche" Bauern versuchten. Sie pflanzten großflächig Mais oder Reis an, setzten Kunstdünger und Pestizide ein und produzierten für den Markt. Abgesehen davon, daß der Ankauf von Saatgut, Kunstdünger oder Pestiziden und der Verkauf der Produkte sie in Abhängigkeit von Zwischenhändlern und Transportunternehmern brachte, waren sie bald auch mit bis dahin unbekannten ökologischen Problemen konfrontiert, wie z.B. Bodenerschöpfung, Rückgang der Erträge oder Fischsterben. Vor diesem Hintergrund setzte eine Rückbesinnung auf die Vorzüge der traditionellen Wirtschaftsweise ein, zumal die traditionellen Anbaumethoden noch lebendig sind. Die Erschließung und Vernichtung des Regenwaldes ist am oberen Marañón noch nicht so weit fortgeschritten wie in anderen Teilen des peruanischen Amazonasgebietes. An die Jahre vor 1960 können sich die Aguaruna und Huambisa noch als eine Zeit der Normalität und Fülle erinnern. Der traditionelle Gartenbau war damals noch intakt und lieferte neben einer guten und gesunden Ernährung auch Heilpflanzen. Das Jagdwild war reichhaltig, die Fischbestände groß, und der Wald bot zahlreiche Produkte für die indianische Bedürfnisbefriedigung.

Wie die Indianer heute nun ihre Beziehung zur natürlichen Umwelt wieder in ein ökologisches Gleichgewicht zu bringen versuchen, davon zeugt gerade das ökologische Gartenbauprojekt, für das die Stadt Frankfurt die finanzielle Unterstützung und die Natur das ökologische Design liefert. Unter Anleitung von indianischen Agrartechnikern werden traditionelle Anbaumethoden mit modernen Kenntnissen einer ökologisch orientierten Landwirtschaft verbunden. Experimentell werden heimische und nicht-heimische Pflanzen und Kulturen angebaut. Mulchtechniken und Gründüngung treten an die Stelle des früheren Wanderfeldbaus, und biologische Schädlingskontrolle macht den Einsatz von Pestiziden überflüssig. Damit soll der Nachweis erbracht werden, daß eine nachhaltige Bewirtschaftung des Regenwaldes unter indianischer Federführung auch heute noch bzw. gerade heute wieder möglich ist.

Mit einer Kombination von traditionellen indianischen Anbaumethoden und moderner ökologisch orientierter Landwirtschaft will man selbst degradierte Böden wieder landwirtschaftlich nutzbar machen und eine nachhaltige Bewirtschaftung des Tropenwaldes ermöglichen. Ein Kernstück dieses Versuchs sind die sog. „ökologischen Gärten", die zwei Varianten einschließen. Eine Variante sind die sog. Hügelbeete, von denen mehrere nebeneinander in Reihen angelegt werden. Diese Beete werden aus Streu und kleineren Pflanzenteilen zusammengeschichtet und dann leicht mit Erde bedeckt. Diese Erde fällt beim Ausheben von Gräben an, die zwischen den Beeten gezogen werden. Im Anschluß daran werden als Stütze für Kletterpflanzen - dies können z.B. Bohnen sein - Gerüste errichtet, woraufhin organisches Material wie Laub o.ä. als Mulch ausgebracht wird. Hier werden dann alle Pflanzen angebaut, die auch in den traditionellen Mischgärten wuchsen. Gesetzt werden zunächst hochwachsende Pflanzen, u.a. Bäume, die später den Bodenkulturen Schatten spenden. Die ausgehobenen Gräben gewähren nun teils als Tretpfade Zugang zu den Beeten, teils werden sie weiter ausgehoben und als Bewässerungsgräben genutzt.

Allerdings benötigen diese Hügelbeete eine kontinuierlichere Pflege als die alten Mischgärten der Indianer, die bis auf gelegentliches Jäten sich selbst überlassen werden konnten. Auf den Hügelbeeten muß hingegen schon nach kurzer Zeit das organische Material erneuert werden, und regelmäßiges Düngen kommt hinzu. Dies sind aber erforderliche Neuerungen, wenn man Teile der indianischen Wirtschaftsweise erhalten will, sie aber auf Bedingungen umstellen muß, die aufgrund von Bodendegradation, Verknappung des Landes und größerer Bevölkerungsdichte einen Wanderfeldbau mit Brandrodung gar nicht oder nicht mehr ohne nachhaltige Schädigung des Regenwaldes erlauben. Wenn der Wanderfeldbau der Erschöpfung der Böden durch Verlegung der Felder begegnete und mit einer einmaligen Düngung durch die Asche der gerodeten, trockenen und verbrannten Vegetation beim Anlegen der Felder auskam, so muß auf den neuen Dauerfeldern nun die kontinuierliche Düngung das Problem lösen. Und die Einschränkung der Brandrodung ist ein wesentlicher Bestandteil des Hilfsprogramms.

Neben den Hügelbeeten, die sich in besonderer Weise für degradierte Böden eignen und auf eine Verbesserung der Bodenqualität abzielen, steht dem Hilfsprogramm noch eine andere Variante des ökologischen Gartens zur Verfügung. Dabei handelt es sich um das Feld, die „chacra", die innerhalb noch vorhandenen Regenwaldes angelegt wird. Dafür werden rund sechs Hektar Wald benötigt, von denen aber nur ein Hektar im Zentrum als Garten angelegt wird. Diese Fläche wird noch im alten Stil der Brandrodung freigelegt, dann aber zur Dauernutzung vorbereitet. Auch hier wird gemulcht, wobei das organische Material aus dem angrenzenden Wald zusammengetragen wird. Die gerodete Fläche wird dann in konzentrische Kreise unterteilt, die ähnlich wie bei den Hügelbeeten jeweils von Gräben zur Regenwasserspeicherung umgeben sind. Im inneren Kreis werden, hier auch auf Hügelbeeten, Gemüsepflanzen für den häuslichen Bedarf angebaut, im zweiten Kreis folgen Grundnahrungsmittel wie Mais, Maniok und Kochbananen, der dritte Kreis birgt Platz für die für den Markt angebauten Produkte, worauf schließlich in einem vierten Kreis Fruchtbäume folgen. In einem letzten äußeren Kreis werden Nutzhölzer angepflanzt, die schon die Grenze zum Wald markieren. Die niedrigen Pflanzen stehen in der Mitte, und in den näher zum Wald gelegenen Kreisen folgen jeweils höher wachsende Kulturen. So werden verschieden hohe Vegetationsschichten nachgeahmt, wie sie auch natürlich im Regenwald vorkommen. Der angrenzende Wald bleibt dabei intakt und wird nur als Lieferant für neues organisches Material genutzt, das bei Nachlassen der Erträge auf den Gärten ausgebracht wird.

Darüber hinaus sieht das Hilfsprogramm in Anlehnung an das ökologische Vorbild des Regenwaldes vor, möglichst alle Nährstoffe in einen geschlossenen

Kreislauf einzubinden. Aus diesem Grunde werden in den Bewässerungsgräben, aber auch in eigens angelegten Teichen in Nähe der Gärten und Felder, Wasserpflanzen und Fische ausgebracht, die auch natürlich in der Region vorkommen. Die Niederschläge der Regenzeit reichen in der Regel aus, um die Bewässerungsgräben zu füllen. Die Fische erhalten sich selbst und bedürfen keiner zusätzlichen Pflege. Sie ernähren sich z.B. von den Nährstoffen der Pflanzungen, die in die Bewässerungsgräben und Teiche ausgewaschen werden. Sie greifen als Nahrung aber auch auf die Insekteneier zurück und übernehmen so Aufgaben einer biologischen Schädlingspolizei. Andererseits bilden die Fische ein wichtiges Eiweißreservoir für die Menschen. Die Wasservegetation wiederum kann als Mulch Verwendung finden oder als Futter in der Kleintierhaltung, die ebenfalls Bestandteil des Hilfsprogrammes ist, und neben tierischem Eiweiß für die Ernährung wiederum Dung für die Hügelbeete liefert.

Ab November 1992 wurden von allen Flußläufen im nordöstlichen Marañón-Gebiet jeweils drei geeignete Paare als agrar-ökologische Berater oder „Promotoren" ausgewählt und zu einem ersten zentralen dreimonatigen Workshop zusammengeholt. Bis Januar 1993 wurden diese Promotorenpaare theoretisch und praktisch in die Methoden des agrar-ökologischen Gartenbaus eingewiesen. 1994 begann die „Regionalisierung" des Hilfsprogrammes, d.h. das Anlegen von ökologischen Gärten in fünfzehn Indianergemeinden an den wichtigsten Flußläufen durch die vorher ausgebildeten Promotorenpaare, die weiterhin kontinuierliche Beratung und Betreuung erhielten.

Alle Erfahrungen des Hilfsprogramms sollen am Ende ausgewertet und dokumentiert werden, um in Form von Broschüren als Unterrichtsmaterial wieder Verwendung zu finden. Eines Tages werden diese Materialien auch in Frankfurt eintreffen, um über die Ergebnisse des Hilfsprogramms Zeugnis abzulegen, aber auch um in übersetzten Fassungen hierzulande die „modernisierten" traditionellen Gartenbaupraktiken aus dem peruanischen Regenwald bekannter zu machen. Die Partnerschaft zwischen Frankfurt und den Aguaruna und Huambisa schließt nicht nur eine finanzielle Unterstützung der Stadt Frankfurt gegenüber dem Rat der Aguaruna und Huambisa ein, sondern sie enthält auch einen entwicklungspolitischen Bildungsauftrag der Indianer gegenüber Frankfurt und seinen Bürgern. In den Vereinbarungen, die beide Seiten über das Hilfsprogramm getroffen haben, ist nämlich vorgesehen, daß die Aguaruna und Huambisa Frankfurt Pflanzen aus ihren ökologischen Gärten und Fotomaterial über ihr Hilfsprojekt zu Bildungszwecken zur Verfügung stellen. Einige Pflanzen sind bereits im Frankfurter Palmengarten eingetroffen, ebenso Fotomaterial, das eine studentische Praktikantin im Klima-Bündnis von ihrer Studienreise aus Peru mitbrachte. Dadurch bot sich die Gelegenheit, das Gartenbauprojekt der Aguaruna und Huambisa auch der Frankfurter Öffentlichkeit im Rahmen einer Tropenwaldausstellung des Palmengartens (November 1995) vorzustellen. Erst mit solchen Bildungsmaßnahmen hat die Kooperation zweier unterschiedlicher Partner im Rahmen des Klima-Bündnisses ihre Aufgabe wirklich erfüllt.

Teil VII
Konzeptionelle Schlußfolgerungen

25 Internationale Klimapolitik, Klimaaußen- und Klimainnenpolitik - konzeptionelle Überlegungen zu einem neuen Politikfeld

Hans Günter Brauch

Zwei sozialwissenschaftliche Fragestellungen stehen im Mittelpunkt dieses Studienbuches: Probleme der Regimebildung und der *Konflikte* auf *internationaler* sowie der *Problemerkennung* und *Politikimplementation* auf *nationaler Ebene*. In diesem Kapitel soll die Klimapolitik in den systematischen Kontext der Politikwissenschaft eingeführt und auf Forschungsdesiderate hingewiesen werden.

Nach dem Wissenschaftsverständnis des Verfassers soll Politikwissenschaft das *Verständnis der global challenges* (Aufklärungsaufgabe) fördern, zur *Erklärung ihrer Ursachen* (Erklärungsfunktion) mit sozialwissenschaftlichen Methoden beitragen und einen *konzeptionellen Beitrag zu Problemlösungsdiskursen* leisten. Dieses dem Prinzip Verantwortung folgende Wissenschaftsverständnis wurde durch die Diskurse mit Kernphysikern im Rahmen der Pugwash-Bewegung über die Folgen der Atombombe für die Weltpolitik geprägt, die sein Erkenntnisinteresse geschärft und seine Fragestellungen beeinflußt haben. Für ihn war *Friedensforschung* immer normativ an dem Wert Frieden mit dem Ziel der *Gewaltminderung* (Czempiel, 1990; Senghaas, 1995) und *Überlebenssicherung* orientiert.

25.1 Vom Sicherheits- zum Klimadilemma

Gro Harlem Brundtland (1987), die Vorsitzende der Kommission für Umwelt und Entwicklung, betonte: *„Die Gefahr einer weltweiten Klimakatastrophe abzuwenden, ist eine Aufgabe, die der Verhinderung eines Atomkrieges gleichkommt."* (Müller/Hennicke, 1995: 161) Die Abwendung dieser neuen - vom Menschen seit der industriellen Revolution verursachten - globalen Gefahr verlangt heute ein grundsätzliches Umdenken in den Internationalen Beziehungen und im 21. Jahrhundert nicht nur eine *fundamentale Umorientierung* der Wirtschafts- und Umweltpolitik, sondern auch der Außen- und Sicherheitspolitik in einer neuen Weltordnung, die nicht mehr primär durch Machtkonflikte bestimmt ist.

Die ersten drei internationalen Ordnungen der Neuzeit: die *Ordnung von Wien* (1815-1914), von *Versailles* (1919-1939) und *Jalta* (1945-1989) sind aus Weltkriegen und Revolutionen hervorgegangen, den napoleonischen Kriegen des 19. und den beiden Weltkriegen des 20. Jahrhunderts (Holsti, 1991). Ein zentrales Ziel der Architekten dieser Ordnungen war die Garantie *nationaler Sicherheit*, die meist in Kategorien von Nullsummenspielen verstanden wurde. Hohe Sicherheitsaufwendungen wurden vor allem im Ost-West-Konflikt mit dem *Sicherheitsdilemma* (Herz, 1961: 131) begründet, das aus einem von gegenseitigem Mißtrauen geprägten Unsicherheitsgefühl zu hohen nationalen Verteidigungsaufwendungen führte, was häufig Fehlperzeptionen und Rüstungswettläufe begünstigte. Dieses *Sicherheitsdilemma* läßt sich nur durch eine organisierte Kooperation im Rahmen von internationalen Organisationen auflösen (Czempiel, 1990: 12). Zur Eindämmung der internationalen Anarchie empfahl Kant (1795) in seinem „Ewigen Frieden" eine „republikanische" (bzw. heute demokratische) Staatsverfassung und ein auf den „Föderalismus freier Staaten" gegründetes Völkerrecht, das zu einem Völkerbund führen sollte, der gleichwohl kein Völkerstaat (Weltstaat) sein müßte (Höffe, 1995; Gerhardt, 1995).

Dieses kantianische Postulat wurde von Wilson in die Ordnung von Versailles *(Völkerbund)* und von Roosevelt, verknüpft mit dem machtpolitischen Konzept der *Vier Weltpolizisten*, in die Ordnung von Jalta *(Vereinte Nationen)* eingeführt. Durch den Macht- und Systemkonflikt zwischen Ost und West wurde dieses kooperative Ordnungsmodell durch das kompetitive Sicherheitskonzept der kollektiven Selbstverteidigung durch Allianzen (NATO, WEU, WVO) überlagert, was eine permanente Rüstungskonkurrenz quasi als Substitut für einen Dritten Weltkrieg (Kaldor, 1992) begünstigte. Ein Ende des Ost-West-Konflikts wurde aber nicht primär durch die Rüstungspolitik der USA (Pipes, 1995), sondern durch einen aus Gorbatschows neuem Denken in der Außen- und Sicherheitspolitik resultierenden „Machtverzicht" im Herbst 1989 begünstigt, d.h. nicht militärische Macht, sondern kognitive Faktoren („neues Denken") haben den Umbruch der Weltpolitik ermöglicht (Brauch, 1993; Garthoff, 1994). „Lernen" nicht „Macht" war die entscheidende Ursache (Grunberg/Risse-Kappen, 1992).

Dieser erste friedliche globale Strukturbruch der Neuzeit hat zwar noch keine neue dauerhafte Friedensordnung mit einer stabilen Sicherheitsarchitektur geschaffen, dennoch hat dieser Wandel die Lernfähigkeit der Politik in Krisen dokumentiert und Sachzwänge (Abschreckungsdoktrin) überwunden. Mit seiner UNO-Rede vom 7.12.1988 vollzog Gorbatschow (1989: D24-29) die Abkehr von der marxistisch-leninistischen Orthodoxie des internationalen Klassenkampfes, wobei er neben dem Gewaltverzicht als Instrument der Außenpolitik, der Verbindlichkeit der freien Wahl und der Entideologisierung der internationalen Beziehungen auch eine Überwindung der weltweiten *ökologischen Bedrohung* und eine *ökologische Sicherheit* forderte. *Allgemeinmenschliche Interessen auf Leben und Überleben der Menschheit* sollten die Klasseninteressen ablösen.

Die von den Meteorologen seit Mitte der 1980er Jahre prognostizierten Klimakatastrophen, die Nord und Süd, Arm und Reich, Frauen und Männer gleichermaßen treffen, wenn die Menschheit dem anthropogen verursachten Treibhauseffekt keinen Einhalt gebietet, erfordern eine neue *internationale Ordnung im 21. Jahrhundert*, die an die ideengeschichtlichen Traditionen von Kant und Grotius (Bull, 1977) anknüpft und das *Überleben der Menschheit* ins Zentrum stellt.

Für die erdumspannende Aufgabe eines Übergangs von einem Jahrhundert der Wirtschaft in ein Jahrhundert der Umwelt, bzw. von einer *Risiko- in eine Überlebensgesellschaft* muß eine neue Erdpolitik das Denken in nationalen Kategorien überwinden und eine Vision enthalten und langfristig den „Grundwiderspruch zwischen den Verbrauchsraten der heutigen Reichen und dem, was für fünf bis zehn Milliarden Menschen realisierbar ist, auflösen". Für eine bewußte *Erdpolitik* ist eine ursächlich und global betriebene Sanierung der Umwelt, ein Verzicht auf übertriebene und hysterische Forderungen, die Entwicklung einer neuen Wirtschaftsweise für 5-10 Mrd. Menschen und ein politisch durchsetzbares neues Wohlstandsmodell erforderlich. Die erdpolitischen Ziele müssen alle Politikfelder durchdringen (Weizsäcker, 1989: 10-15).

Während die drei globalen Ordnungen der Neuzeit (1815-1989) primär auf machtpolitischen Kategorien fußten, für die das *Sicherheitsdilemma* die Begründung lieferte, erfordern die globalen Herausforderungen des 21. Jahrhunderts - die möglichen Klimakatastrophen, das Wachstum der Bevölkerung (Migration) und damit auch des Energiebedarfs, der Industrie, Landwirtschaft und des Verkehrs - aber nicht nur ein neues *Wohlstandsmodell*, sondern auch ein *neues Modell internationaler Ordnung*, die das Überleben der Menschheit an die Stelle der nationalen Sicherheit stellt und damit das *Sicherheitsdilemma* durch ein *Überlebens- oder Klimadilemma* ablöst. Die Klimakatastrophen lassen sich weder national noch für die OECD-Staaten allein abwenden. Die traditionellen Mittel der Sicherheitspolitik, das Militär und die Rüstungspolitik, mögen allenfalls für die kurzfristige Bekämpfung der Katastrophenfolgen und die Abwehr der Migrationsströme geeignet sein, für die Früherkennung der neuen Krisenursachen sind weder die realistischen Kategorien der Machtpolitik noch das vorhandene Waffenarsenal geeignet.

Das *Überlebens- oder Klimadilemma* in der Erdpolitik des 21. Jahrhunderts setzt die Einsicht über die Notwendigkeit vielfältiger multilateraler internationaler Zusammenarbeit in internationalen Regimen (z.B. Klimaregime), Organisationen (z.B. des Systems der Vereinten Nationen) und regionalen Staatenverbänden (z.B. Europäische Union) sowie Organisationen (z.B. OSZE, ECE) voraus. Anstelle der Nullsummenspiele im Zeitalter der *Weltpolitik*, bei der die Spieler versuchen, ihren jeweiligen nationalen Nutzen zu Lasten der Mitspieler zu erhöhen, erfordert die *Erdpolitik* kooperative Nicht-Nullsummenspiele, in denen alle Spieler den gemeinsamen Nutzen, die Schaffung von Bedingungen für das Überleben der Menschheit, zu maximieren streben (Axelrod, 1984; Krumm, 1996).

Wenn die *Erdpolitik* kein idealistisches Konstrukt guter Absichtserklärungen bleiben soll, dann sind wirkungsvolle Mechanismen für die effiziente Implementation der vereinbarten Normen und Ziele und deren Verifikation sowie Sanktionen gegen Staaten und multinationale Unternehmungen erforderlich, die sich ihrer Durchsetzung erfolgreich widersetzen. Dies wirft letztlich für den Bereich der *nichtmilitärischen* „global challenges" die Frage des legitimen Gewaltmonopols auf, über das nach der VN-Charta nur der Sicherheitsrat verfügt. Eine wirksame Erdpolitik setzt eine Effizienzsteigerung der internationalen Organisationen, d.h. eine UNO-Reform, voraus.

25.2 Treibhauseffekt, Klimakatastrophe und präventive Klimapolitik

Während die Klimamodelle der Meteorologen die wahrscheinlichen Wirkungen eines weiteren Anstiegs der Treibhausgase auf das Klima (Erdmitteltemperatur, Niederschläge, Ansteigen des Meeresspiegels usw.) voraussagen, bleibt es der sozialwissenschaftlichen *Klimafolgenforschung* (Krupp, 1995) vorbehalten, dem Eintreten der Folgen bei einem Nichthandeln mit *Anpassungs- und Vermeidungsstrategien*, vor allem durch Emissionsminderung (z.B. CO_2-Reduktion durch Energieeinsparung oder Ersatz mit nicht-fossilen Energiequellen), durch Klimamodifikation (Geo-Engineering) oder Entfernung der Treibhausgase aus der Atmosphäre (kritisch: Schneider, 1994) entgegenzutreten.

In der Menschheitsgeschichte verlangte das Klima häufig Anpassungsleistungen von Individuen und Gesellschaften, und wiederholt sind Kulturen als Folge von Klimaveränderungen untergegangen (Lamb, 1988, 1995). Erste zusammenfassende Abschätzungen möglicher Klimafolgen eines anthropogenen Treibhauseffektes wurden von den beiden Klima-Enquête-Kommissionen (EK I, 1990c, EK II, 1992, 1995) und in Studien des IPCC (1990, 1992, 1996) vorgelegt. Hohmeyer und Gärtner (1992) versuchten, die Gesamtschäden einer Klimaänderung zu bestimmen, während Toth (1994) und Rotmans et al. (1994) mögliche regionale Folgen erörterten.

Eine präventive Klimapolitik erfordert gleichermaßen Vermeidungs- und Anpassungsstrategien auf allen Ebenen politischen Handelns in der Staaten-, der Wirtschafts- und Gesellschaftswelt. *Präventive Klimapolitik* wird damit zu einem wichtigen *Teilziel der Erdpolitik*, die versucht, kooperative Antworten auf vielfältige globale Herausforderungen und deren Wechselwirkungen zu finden. *Präventive Klimapolitik* ist Teil einer langfristig orientierten *präventiven Diplomatie*, die neue Herausforderungen und Konfliktpotentiale frühzeitig erkennen, thematisieren und Lösungsstrategien entwickeln sollte. Die meisten Staaten und internationalen Organisationen verfügen ggw. über keine hinreichenden Frühwarnsysteme, und es fehlen auch Verfahren, verfügbare Informationen in komplexe horizontale und vertikale Entscheidungsprozesse einzuführen.

In den 1980er Jahren haben Friedensforscher und transnational operierende neue soziale Bewegungen (Friedens-, Umwelt- und Entwicklungshilfegruppen) *reaktiv* auf Gefahren eines Atomkrieges hingewiesen und über die Medien auf die Politik eingewirkt und damit zu einem Kurswechsel beigetragen, der zu echter nuklearer Abrüstung (INF 1987; START I 1991; START II 1993) führte.

Demgegenüber ist eine *präventive internationale und nationale Klimapolitik* ungleich schwieriger, da die Folgen eines *Nichthandelns* erst mit längerem Zeitverzug eintreten und präventive Maßnahmen häufig unpopuläre und kostenwirksame Entscheidungen erfordern. Der IPCC als ein renommiertes, auf Wissen gestütztes Expertengremium („epistemic community" Haas, 1990, 1993) hat bereits eine wichtige Funktion in der Problemerkennung und im „agenda setting" übernommen. In der Bundesrepublik haben die beiden Klima-Enquête-Kommissionen mit ihren Studien eine wichtige Pionierrolle bei der Problemerkennung und für die Politikformulierung übernommen, deren Initiativen vom Bundesumweltministerium frühzeitig aufgegriffen wurden (vgl. Kap. 15, 18). Dies hat mit dazu geführt, daß die Bundesrepublik im EG/EU-Rahmen eine politische Führungsrolle beim Entstehen des Klimaregimes übernehmen konnte. Inwieweit wurde die Klimapolitik bereits zu einer Herausforderung für die Wissenschaft?

25.3 Klima(politik) als wissenschaftliche Herausforderung

Die Zukunft des Weltklimas als einer zentralen physikalischen Rahmenbedingung für das Leben und Überleben der Menschheit war zunächst ein genuin naturwissenschaftliches Untersuchungsobjekt und wurde erst in den 1990er Jahren zu einem Analyseobjekt der Sozialwissenschaften. Zwischen der Entdeckung eines *anthropogenen Treibhauseffekts* (Arrhenius, 1886, 1903) und dem Beginn der Klimapolitik liegen etwa 90 Jahre. In einschlägigen Wörterbüchern der Wirtschaft (Grüske/Recktenwald, 1995), der Politik (Schmidt, 1995) taucht der Begriff „Klima" entweder noch gar nicht auf oder er wird (Boeckh, 1994) als Aspekt der Migration, der internationalen Technologie-, Forschungs- und Umweltpolitik bzw. als Aufgabenfeld der Vereinten Nationen behandelt. Die Ursachen hierfür sind vielfältig.

Ein systematischer Dialog zwischen den Natur- und Sozialwissenschaften und damit ein Austausch von Forschungsergebnissen findet an deutschen Universitäten kaum statt (z.B. Jänicke, Bolle, Carius, 1995). Dagegen gibt es in den USA einige interdisziplinäre - mit Problemen von Sicherheit, Umwelt und Energie befaßten - universitäre Forschungszentren und -gruppen (National Academy of Science) und Nichtregierungsorganisationen (z.B. Union of Concerned Scientists), die sich seit Jahren mit Problemen der Klimapolitik beschäftigt haben.

In der Bundesrepublik blieben in den wenigen interdisziplinären Umweltzentren die Naturwissenschaftler (z.B. an den Universitäten Frankfurt und Leipzig) und die wenigen Sozialwissenschaftler (z.B. Freie Universität Berlin) meist unter sich. Im Bereich der Klimaforschung nehmen die Naturwissenschaftler an den Max-Planck-Instituten für Meteorologie in Hamburg und für Chemie in Mainz (Otto-Hahn-Institut) international eine führende Rolle in der Grundlagenforschung ein, was sich 1995 in der Verleihung des Nobelpreises für Chemie an Paul J. Crutzen, einen der drei Entdecker des Ozonlochs, niederschlug. Die politische Einsicht über die Gefahr einer Klimakatastrophe führte Anfang der 1990er Jahre zu zwei außeruniversitären interdisziplinären Forschungszentren, dem *Wuppertal-Institut für Umwelt - Klima - Energie* mit einer vorwiegend sozialwissenschaftlichen und dem *Potsdam-Institut für Klimafolgenforschung* (PIK) mit einer primär naturwissenschaftlichen Ausrichtung. An deutschen Hochschulen fehlt aber noch immer ein interdisziplinärer Dialog zu zentralen Herausforderungen des Überlebens im 21. Jahrhundert in Forschung und Lehre. Die Klima-Enquête-Kommission hielt neue interdisziplinäre Ansätze für notwendig,

...nicht nur um die sozioökonomischen Wirkungen einer Klimaänderung besser zu verstehen, sondern auch um die Wirkungen der getroffenen Gegenmaßnahmen besser beurteilen zu können. Neue sozioökonomische Ansätze sollten von Anfang an interdisziplinär ausgelegt sein, um möglichst schnell Ergebnisse zu erhalten, die den globalen und komplexen Zusammenhängen gerecht werden, und um die immer dringlicheren Forderungen von Naturwissenschaftlern und Politikern nach Leitlinien für ein baldiges und effizientes Handeln zu erfüllen" (EK II, 1992: 154; dort: IEA und OECD Stellungnahmen).

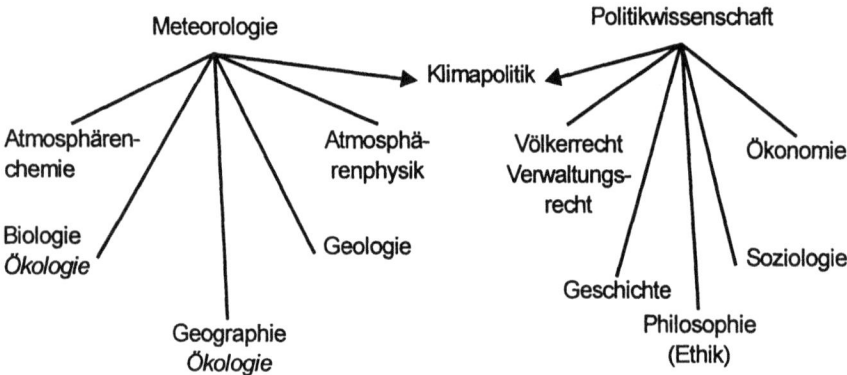

Abb. 25.1. Klimarelevante natur- und sozialwissenschaftliche Disziplinen

In den Sozialwissenschaften haben sich vor allem Umweltexperten (Umweltpolitik, Umweltökonomie, Umweltvölker- und -verwaltungsrecht sowie Umweltgeschichte), Philosophen (Coward/Hurka, 1993: Böhler, 1993, 1995; Böhler/ Neuberth, 1993) aber kaum Soziologen Problemen der Klimapolitik zugewandt. In der politikwissenschaftlichen Teildisziplin der Internationalen Beziehungen wurden Fragen der Klimapolitik fast ausschließlich in akademischen Abschlußarbeiten bearbeitet. Als Folge fortschreitender Spezialisierung ist selbst bei den sozialwissenschaftlichen Disziplinen die wechselseitige Rezeption von Forschungsergebnissen begrenzt und eine multidisziplinäre Kumulation von Erkenntnissen findet kaum statt.

Tabelle 25.1. Inhaltliche Forschungsschwerpunkte in den sozial- und geisteswissenschaftlichen Disziplinen zu Fragen der Klimapolitik

Disziplinen	Forschungsthemen- und Forschungsschwerpunkte
Politikwissenschaft - internat. Beziehungen - *intern. Umweltpol.* - Innenpolitk - *Umweltpolitik*	*Internationale Klimapolitik*: Regimeanalysen * Regimeentstehung, Regimeumsetzung, Regimeeffizienz *Klimaaußenpolitik*: Entscheidungsprozeßanalyse *Klimainnenpolitik* bzw. Klimaschutzpolitik * Politikformulierung * Politikumsetzung (Implementations- und Evaluationsforschung)
Theorie der Politik	* Politikfeldforschung (z.B. Umwelt-, Kommunalpolitik) * Teilproblem der politischen Ethik
Rechtswissenschaft - Völkerrecht - Verwaltungsrecht	* Normen und Institutionen des Umweltvölkerrechts * Umsetzung von nationalen Klimaschutzzielen in Verwaltungshandeln auf nationaler Ebene (Bund, Land, Kommunen)
Volkswirtschaft - Umweltökonomie	* Klimaschutzfolgen (Kosten, Strukturwandel, Arbeit, Kapital, Forschung und Entwicklung), Effizienzsteigerung * Nutzen-Kosten-Analyse * Ökonomie des Klimaschutzes: Vermeidungsstrategien * Managementstrategien: Least-Cost-Planning * Ökologische Steuerreform * Internationale Verfahren (Joint implementation) und Instrumente des Klimaschutzes (Zertifikate)
Geschichte - Umweltgeschichte	* Klima- und Energiegeschichte * Klimaereignisse und politisch-ökonomische Folgen
Soziologie - Umweltsoziologie	* Risikogesellschaft * Überlebensgesellschaft
Philosophie - Ethik	* Umweltethik * Naturphilosophie

Die Erkenntnisse des IPCC (vgl. Kap. 1-3) über den Anstieg der globalen CO_2-Emissionen und der Weltdurchschnittstemperatur in den letzten 100 Jahren und die Prognosen von Klimamodellen zum erwarteten Anstieg der CO_2-Konzentration in der Atmosphäre im 21. Jahrhundert sowie die Warnungen von Umweltschützern, die ein globales Nullwachstum, grundlegende Veränderungen unseres Lebensstils fordern, um den Schaden für unser Ökosystem zu begrenzen, wurden von einigen Wissenschaftlern, Ökonomen, Publizisten und von Lobbyisten der Erdölindustrie heftig angegriffen. Für den Wirtschaftshistoriker Paul Kennedy (1993: 145-147) ist die Literatur zum Treibhauseffekt noch sehr ideologisch bestimmt. Zu vielen Folgen der globalen Erwärmung gebe es noch keine klaren Antworten, aber die meisten Wissenschaftler seien sich einig, daß der Treibhauseffekt eher schädlich als nützlich sein wird. Weniger zurückhaltend faßte die zweite Klima-Enquête-Kommission 1992 den Forschungsstand zusammen (EK II, 1992: 94-96; vgl. Kap. 1-3 und 15-17). Wie reagierte die Politik auf diese neuen Gefährdungspotentiale?

25.4 Klima als neues Problemfeld der Politik

Globale Klimakatastrophen sind neben Bevölkerungswachstum, Migration, Unterentwicklung und Umweltverschmutzung (Kennedy, 1993) nur eine von mehreren zentralen Herausforderungen des 21. Jahrhunderts, aber wahrscheinlich die wichtigste, weil mit der wachsenden Erdbevölkerung die Nachfrage nach Lebensmitteln, Industriegütern und Energie und damit der Güteraustausch und Verkehr zunimmt, was bei einem Nichthandeln (*business as usual*) zu einem deutlichen Ansteigen der Treibhausgase - vor allem von Kohlendioxid - führen kann.

Die zweite Klima-Enquête-Kommission faßte unter *Klimapolitik* die internationalen Aktivitäten zusammen, *„um dem Treibhauseffekt entgegenzutreten und den Ozonabbau in der Stratosphäre zu stoppen"* (EK II, 1992: 155; vgl. Kap. 4-6). Auf der Ebene der EG/EU wurden vor allem Maßnahmen genannt, die als Teil einer CO_2-Reduzierungsstrategie im *Energie- und Verkehrssektor* mit dem Ziel getroffen wurden, durch Effizienzsteigerungen Energie einzusparen (THERMIE, JOULE, ALTENER). Zwei EG-Forschungsprogramme - EPOCH und STEP - befaßten sich 1992 mit den Klimaprozessen, Vorgängen in der Atmosphäre und mit Auswirkungen von Klimaveränderungen auf die Ökosysteme, um „über die Verbesserung der wissenschaftlichen Kenntnisse eine gezieltere Klimapolitik zu ermöglichen" (EK, II 1992: 163). Der Vorschlag der EU-Kommission für eine kombinierte CO_2-/Energiesteuer von 1992 scheiterte inzwischen am Widerstand einiger Nationalstaaten und Interessengruppen (vgl. Kap. 7, 8).

Für die Bundesrepublik Deutschland versteht die EK II unter Klimapolitik einen Maßnahmenkatalog zur Reduktion von CO_2-Emissionen in den Bereichen Energie, Verkehr, Land- und Forstwirtschaft und bei den die Ozonschicht schädigenden Gasen (FCKW, H-FCKW). Von ihren Handlungsempfehlungen (EK II, 1992: 176-184, vgl. Kap. 15) und aus dem Maßnahmenkatalog der Bundesregierung (Kap. 18) wurden bisher aber nicht alle in Gesetzesnormen und Verwaltungshandeln umgesetzt (vgl. Kap. 16, 17).

Die von der zweiten Klima-Enquête-Kommission skizzierte Klimapolitik auf den Ebenen der internationalen, der europäischen und der nationalen Politik ist in zahlreiche Kompetenzbereiche aufgespalten, die sowohl beim Prozeß der Politikentwicklung konsultiert als auch beim Prozeß der Politikimplementation einbezogen werden müssen. Der erforderliche horizontale Koordinierungs- und vertikale Abstimmungsbedarf führten häufig zu suboptimalen Ergebnissen (Scharpf, 1993, 1994a, 1994b; vgl. Kap. 8).

Klimapolitik als ein neues Politikfeld tangiert und greift in zahlreiche etablierte Politikfelder ein: die *Umweltaußen- und Umwelt(innen)politik*, die Wirtschafts-, Energie-, Industrie-, Verkehrs-, Landwirtschafts-, Forschungs-, Technologie- und Bildungspolitik, aber auch in die Entwicklungszusammenarbeit, die Europa- sowie in die Landes-, Regional- und Kommunalpolitik. Der Vorschlag einer CO_2-Steuer bzw. einer *ökologischen Steuerreform* - als Instrument einer *präventiven Klimapolitik* - fordert grundlegende Veränderungen in der Finanzverfassung, in der Steuerpolitik und im Bund-Länder-Finanzausgleich (Wilhelm, 1990; Nutzinger/Zahrnt, 1990; Hohmeyer, 1995).

Klimapolitik geht weit über staatliches Handeln hinaus, sie erfaßt auch - sowohl national als auch transnational - Wirtschaft und Gesellschaft bzw. die Wirtschafts- und Gesellschaftswelt (Czempiel, 1993). Die Vertreter aller drei Welten waren beim Erdgipfel in Rio de Janeiro (1992) und bei der ersten Vertragsstaatenkonferenz in Berlin (1995) zugegen, wobei sich vielfältige Koalitionen und Kooperationsbeziehungen zwischen Staatenvertretern und Repräsentanten nichtstaatlicher Organisationen (von Umwelt- und Wirtschaftsverbänden und Lobbygruppen) herausbildeten. Während die Allianz der kleinen Inselstaaten (AOSIS) bei ihrer Forderung nach einer Festschreibung von festen CO_2-Reduktionszielen auf die wissenschaftliche und politische Unterstützung durch viele gesellschaftliche Umwelt- und Entwicklungsorganisationen rechnen konnten, kooperierten die Erdöllobbyisten eng mit den OPEC-Staaten, um diese zu verhindern.

Klimapolitik wurde auch zu einem neuen Politikfeld zwischen den OECD-Staaten und in der Triade: den USA (Kap. 10), Japan und der Bundesrepublik Deutschland sowie in den Nord-Süd-Verhandlungen über Entwicklung und Umwelt (vgl. Kap. 9). Aus Fallstudien zur Entstehung des internationalen Klimaregimes ist bekannt, daß die Europäische Gemeinschaft bei der Vereinbarung von CO_2-Reduktionszielen die Rolle eines *Schrittmachers*, die Vereinigten Staaten eines *Bremsers* und Japan die Rolle eines *Trittbrettfahrers* einnahm.

Die USA wurden in der Nixon-Administration mit zahlreichen wegweisenden Umweltgesetzen zum Vorreiter in der Umweltpolitik. In der Carter-Administration standen sie bei der Förderung der regenerativen Energien an der Spitze. Die Reagan-Administration strich den Haushalt der Umweltbehörde (EPA) um 75% und die Fördermittel für erneuerbare Energien um 90%; außerdem blockierte Präsident Reagan zahlreiche Umweltgesetze mit seinem Veto (vgl. Maurer, 1996). Die Klimastrategie der Bush-Administration war vor allem durch Verursacher- und Konsuminteressen geprägt. Mit den OPEC-Staaten widersetzte sie sich einer verbindlichen CO_2-Limitierung und zusätzlichen Ressourcentransfers für Klimaschutzmaßnahmen. Während Bushs *National Plan for Global Climate Change* vom Dezember 1992 ein konkretes CO_2-Reduktionsziel ablehnte, sieht Clintons *Climate Action Plan* nur eine Stabilisierung aller Treibhausgase im Jahr 2000 auf dem Niveau von 1990 vor, wobei bei den CO_2-Emissionen von einem jährlichen Anstieg um 2% ausgegangen wird (Parker/Blodgett, 1994a, 1994b). Der 104. Kongreß hat für 1996 Kürzungen am Klimaschutzprogramm von 30% bis 70% vorgenommen (Morgan, 1996: 1,3).

Bereits vor dem weltpolitischen Umbruch beschloß das Bundeskabinett am 13.6.1990 die Einsetzung einer IMA-CO_2-Reduktion, „die sich bei der Erarbeitung von Vorschlägen an einer 25%igen Reduzierung der CO_2-Emissionen bis zum Jahr 2005 - bezogen auf das Emissionsvolumen des Jahres 1987 orientiert." Nach der Vereinigung wurde dieses Reduktionsziel am 7.11.1990 durch einen Kabinettsbeschluß bekräftigt und am 11.12.1991 sogar erweitert: „die CO_2-Emissionen bis zum Jahr 2005 um 25-30% bezogen auf 1987 zu reduzieren." Beim Berliner Klimagipfel bekräftigte Bundeskanzler Kohl dieses Ziel: „Deutschland hält an dem Ziel fest, bis zum Jahr 2005 seinen CO_2-Ausstoß gegenüber 1990 um 25% zu senken." Bezogen auf das Jahr 1987 entspricht dies einem Reduktionsziel von 29%. Gegenüber 1990 war bis Ende 1994 eine Reduktion um 11,2% weitgehend als Folge des Zusammenbruchs der Wirtschaft in den neuen Bundesländern erbracht (BMWi, 1994a: 39-47). Bis zum Jahr 2005 steht noch eine Reduzierung um 13,9 % an (WBGU, 1995: 118).

Die japanische Regierung beschloß nach fast einjährigen internen Konsultationen zwischen dem MITI und der Umweltagentur im Oktober 1990 eine Stabilisierung der CO_2-Emission pro Kopf bis zum Jahr 2000 auf dem Niveau von 1990, was einen Anstieg um bis zu 6% gestatten würde (WBGU, 1995: 120). Es waren vor allem außenpolitische Rücksichten und die Exportaussichten für energieeffiziente Technologien, die zu diesem bescheidenen Reduktionsziel führten.

Die Forderung des IPCC und der ersten Klima-Enquête-Kommission des Bundestages von 1990, wonach die Industriestaaten (BRD) ihren CO_2-Ausstoß bis zum Jahr 2005 um 20% (30%), bis 2020 um 40% (50%) und bis zum Jahr 2050 um 80% reduzieren müßten (EK II, 1992: 176-178), um die CO_2-Emissionen in der Atmosphäre zu stabilisieren, setzt in allen drei Staaten der Triade immense Anstrengungen voraus. Beim Kohlendioxid wird die Bundesrepublik das Ziel einer CO_2-Reduktion um 25-30% wahrscheinlich verfehlen, die USA werden ihr bescheidenes Stabilisierungsziel (für CO_2 + 2%) bis zum Jahr 2000 kaum erreichen, während Japan sein Ziel (+ 6%) wahrscheinlich übertreffen wird.

Wenn ein *Nichthandeln* zu den vom IPCC prognostizierten Folgen einer *Klimakatastrophe* führen kann, dann ist jetzt ein Umdenken und Vorausdenken sowohl in der internationalen Politik als auch in der Disziplin der Internationalen Beziehungen erforderlich. Die *Weltinnenpolitik* bzw. die *Erdpolitik* im 21. Jahrhundert verlangt kognitives Lernen. Wenn aber Macht - nach Karl W. Deutsch (1969) - heißt, „nicht lernen zu müssen", dann kann ein Nicht-Lernen-Wollen zu einem Ansehens-, einem Führungs- und eventuell zu einem Machtverlust führen bzw. die Folgekosten für die Lernunfähigkeit erhöhen.

Wie in der Sicherheitspolitik die *Debatte über defensive Verteidigung* über Gorbatschows neues Denken das Sicherheitsdilemma bezwang (Brauch, 1993), so sollten jetzt ein *Klima- oder Überlebensdilemma* konzeptionell angedacht und kooperative Perspektiven und Strategien für die Abwendung der Klimakatastrophe entwickelt werden. *Global* über die Klimapolitik denken und *lokal* in der Energiepolitik handeln, kann Wege aus der neuen globalen Gefahr einer Klimakatastrophe weisen. Welchen Beitrag kann hierzu die Politikwissenschaft leisten?

25.5 Klimapolitik als Problem der Politikwissenschaft

Politikwissenschaft darf nach dem Wissenschaftsverständnis des Autors keine politikferne reine Reflexionswissenschaft sein, sondern sie soll einen Beitrag zur *Problemerkenntnis*, zur *Problemstrukturierung*, zur *Problemerklärung* und zur *Problemlösung* leisten. *Friedensforschung*, als ein an dem Wert Frieden orientiertes Forschungsprogramm, darf sich nicht länger nur auf Fragen der *Gewaltminderung* konzentrieren, sondern sollte auch einen Beitrag sowohl zur Aufklärung über die neuen Gefährdungen der Menschheit als auch zur Entwicklung von Strategien zur *Überlebenssicherung* leisten.

Politikwissenschaft befaßt sich mit Strukturen *(polity)*, Prozessen *(politics)* und Feldern *(policy)*. Die Klimapolitik ist zunächst ein neues *Politikfeld*, das auf allen vier Ebenen politischen Handelns, der internationalen Politik *(internationale Klimapolitik)*, der Außen-, der Innen- und der Subpolitik (Beck, 1993), untersucht werden kann. *Nationale* Klimapolitik wird als neues Politikfeld der Umweltpolitik zugeordnet und in der Bundesrepublik Deutschland primär vom BMU besetzt und wurde zu einem neuen Schwerpunkt zahlreicher anderer klassischer nach außen bzw. nach innen gerichteter Politikfelder.

Czempiel (1990: 5) unterschied zwischen den drei für die Existenz von Gesellschaften relevanten und daher dem politischen System zugewiesenen *zentralen Handlungszusammenhängen der Sicherheit, der wirtschaftlichen Wohlfahrt und der Herrschaft*. Für die zukünftige Existenz von Gesellschaften wird aber eine frühzeitige Erkennung, Eindämmung und Vermeidung der neuen globalen Zukunftsherausforderungen des 21. Jahrhunderts (Umwelt, Klima, Desertifikation, Bevölkerungsentwicklung, Migration) zu einer existentiellen Frage. Dieser vierte *Handlungszusammenhang Zukunft* liegt quer zu den klassischen Problembereichen und erfordert für das Überleben der Menschheit grundlegende Anpassungen in unserem Verständnis von Sicherheit, wirtschaftlicher Wohlfahrt und Herrschaft. Die Ablösung des Sicherheitsdilemmas durch ein Klimadilemma setzt fundamentale Lernprozesse in Wissenschaft, Gesellschaft, Staat und Wirtschaft voraus.

Während Theorieansätze des *(strukturellen) Neo-Realismus* (Waltz, 1979) die Problemerkennung erschweren, hat das vom Realismus beeinflußte „alte" Denken und außenpolitische Handeln Schwierigkeiten mit der Gewichtung dieser nichtmilitärischen Herausforderungen. Der Gegenpol in der vierten transatlantischen Theoriedebatte im Bereich der Internationalen Beziehungen, die *(neo)liberalen Institutionalisten* haben dagegen durch die Betonung von internationaler bzw. multilateraler Kooperation keine Probleme mit der Erkennung und Bearbeitung der Klimapolitik (Baldwin, 1993; Ruggie, 1993).

Aus der Sicht der Klimapolitik lassen sich die traditionellen Ziele der *wirtschaftlichen Wohlfahrt*, national durch ein ständig steigendes Wirtschaftswachstum soziale Ungerechtigkeit durch staatliche Umverteilungsprojekte zu bekämpfen, ebenso wenig aufrechterhalten wie die am amerikanischen Entwicklungsmodell orientierten Modernisierungsstrategien für die Dritte Welt. Denn quantitatives Wirtschaftswachstum erfordert einen steigenden globalen Energieeinsatz, der notgedrungen zu höheren CO_2-Emissionen führen muß, wenn es nicht gelingt, durch eine Effizienzrevolution den Energieverbrauch zu senken (Weizsäcker/Lovins/Lovins, 1995).

Japan hat seit den Ölschocks von 1973/1974 und 1979/1980 durch eine Effizienzsteigerung in der Güterproduktion seine Bruttowertschöpfung von 1970 (100) bis 1991 auf 320 gesteigert, während der Endenergieverbrauch im selben Zeitraum sich bei 100 stabilisierte (Jänicke, 1995: 125; Jänicke/Mönch/Binder et al., 1992: 105-124). Die Klimapolitik dient in der politischen Debatte auch als Bezugspunkt für eine ökologische Steuerreform, durch die der Energieeinsatz verteuert und die Arbeitskosten verbilligt werden sollen (Hohmeyer, 1995).

Die Klimapolitik hat auch Auswirkungen auf den Handlungszusammenhang der Herrschaft. Eine demokratische Herrschaftsordnung ist eine *notwendige Voraussetzung* für eine vorausschauende Klimapolitik, aber sie ist *nicht* hinreichend, vor allem dann, wenn mächtige wirtschaftliche Veto-Gruppen, religiöse Fundamentalisten und auf Trivialitäten spezialisierte Medien eine präventive Klimapolitik und eine Führungsposition bei den Klimaregimeverhandlungen verhindern, die die Vereinigten Staaten bei der Aushandlung des Ozonregimes (Benedick, 1991) noch innehatten. Der *Problemzusammenhang Zukunft* erfordert von den demokratischen Herrschaftsordnungen eine Fähigkeit zu frühzeitigem Erkennen, Bearbeiten und Lösen von Zukunftsproblemen. In diesem Sinne war die Tätigkeit der beiden Klima-Enquête-Kommissionen eine der Sternstunden des deutschen Parlamentarismus. Sie haben in der Klimapolitik mehr zu einem interdisziplinären Dialog und zu einem Lernprozeß der deutschen Politik beigetragen, als die Sozialwissenschaften, die einst in der *Aufklärung* eine Hauptaufgabe sahen.

Klimapolitik vollzieht sich auf vier politischen Ebenen: der internationalen, der Außen-, der Innen- und der Subpolitik und wird von drei großen Akteuren, dem Staat, der Gesellschaft und der Wirtschaft entwickelt und beeinflußt (vgl. Tabelle 25.2).

Tabelle 25.2. Klimapolitik als Thema von drei politischen Ebenen und der drei Welten

Akteure, Welten → politische Ebene	Staat Staatenwelt	Wirtschaft Wirtschaftswelt	Gesellschaft Gesellschaftswelt
Internationale Politik	Internationale Klimapolitik	Transnationale Klimapolitik ↓	
Außenpolitik	Klimaaußenpolitik	eher retardierend	eher verstärkend
Innenpolitik	Klimainnenpolitik Klimaschutzpolitik	↑ Interessenpolitik (ökonomisch)	↑ Lebensinteressen (gesellschaftlich)
Subpolitik (U. Beck)	Das Politische jenseits der formalen Zuständigkeiten und Hierarchien, zivile Gesellschaft, Individuen		

Klimapolitik als politischer Prozeß *(politics-Perspektive)* läßt sich auf der Ebene der internationalen Politik zunächst als ein noch nicht abgeschlossener Prozeß der Regimeentstehung mit Hilfe *regimetheoretischer Ansätze* interpretieren. Auf der Ebene der Klimaaußenpolitik können *Entscheidungsprozeßansätze* einen Beitrag zur politikwissenschaftlichen Bearbeitung und Interpretation leisten, während auf der Ebene der Klimainnen- bzw. nationalen Klimaschutzpolitik Fragen der Widerstände *(Restriktionsanalyse)* und der Umsetzung internationaler Klimaschutz-Normen und CO_2-Reduzierungsziele *(Implementationsansatz)* sowie der Bewertung von Klimaschutzprogrammen *(Evaluationsansatz)* ins Zentrum politikwissenschaftlichen Interesses treten.

25.6 Inter- und transnationale Klimapolitik

Die *internationale Klimapolitik* ist sowohl ein neues eigenständiges Politikfeld als auch ein Teilproblem anderer internationaler Politikfelder. Auf der Analyseebene des internationalen Systems konzentriert sich die *internationale Politik* auf vielfältige Interaktionen der Repräsentanten von Staaten sowie von Vertretern internationaler Organisationen in konkreten Verhandlungszusammenhängen. *Internationale Klimapolitik* befaßt sich zunächst mit der Aushandlung internationaler Verträge zum Schutz der Ozonschicht (z.B. Wiener Konvention, Montrealer Protokoll u.a.) und des Klimas (KRK von 1992, Berliner Mandat von 1995), d.h. in der Terminologie der Regimetheorie,[1] mit dem „Regimebedarf" und der „Regimeentstehung" mit den „Regimestrukturen" und „Regimeinstrumenten" sowie mit der „Regimewirkung" und der „Regimeeffizienz". Da bei der ersten Vertragsstaatenkonferenz in Berlin noch keine verbindlichen CO_2-Reduktionsziele vereinbart werden konnten, lassen sich derzeit noch keine Aussagen über die „Effizienz" des Klimaregimes machen.

Transnationale Klimapolitik konzentriert sich auf die Interaktionen nichtstaatlicher Akteure und deren Einfluß auf die Regimeentstehung (Doherty, 1994: 199-218; Finger, 1994: 186-213; Ekins, 1992: 139-165) sowie die nationale Politikformulierung und Regimeumsetzung. Beim Erdgipfel von Rio de Janeiro (1992) und beim Klimagipfel von Berlin (1995) spielten die Vertreter nichtstaatlicher Organisationen eine wichtige Rolle bei der kritischen Kommentierung des Konferenzverlaufs gegenüber den Medien. Die Wechselwirkungen zwischen den Akteuren der inter- und transnationalen Klimapolitik sowie zwischen wissenschaftlicher Erkenntnis (Rolle des IPCC als wissensgestütztem Expertengremium) und politischem (Nicht-)Handeln sind bisher nicht systematisch erforscht.

---

1 In Anknüpfung an Krasner (1992: 186) werden Regime als Prinzipien, Normen, Regeln sowie Verhaltens- und Entscheidungsroutinen für ein bestimmtes Gebiet der internationalen Beziehungen definiert; vgl. Kohler-Koch, 1989; H. Müller, 1993; Rittberger/Mayer, 1993; Levy/Young/Zürn, 1995.

Bergesen (1995, 51-58) nannte drei zentrale Triebkräfte für die Entstehung von Umweltregimen: eine öffentliche Besorgnis *(popular concern)*, bestimmte Ereignisse *(particular events)* und wissenschaftliche Erkenntnisse. Im Bereich der Klimapolitik setzten die ersten Warnzeichen *(early warning)* in den frühen 1970er Jahren ein, der Prozeß der wissenschaftlichen Bewertung begann mit der Berufung des IPCC 1988 und der Verhandlungsprozeß mit der Einsetzung des INC durch die UNO-Vollversammlung mit einem bis zur UNCED-Konferenz (1992) terminierten Verhandlungsmandat. Nach Inkrafttreten der Klimarahmenkonvention am 21.3.1994 setzte der Prozeß der Formulierung von Grundsätzen und Zielen *(Rule-making)* mit der ersten Vertragsstaatenkonferenz in Berlin (1995) ein, der in einer späteren Phase zur Regimeüberwachung (Monitoring: investigation, verification, review), zur Anwendung der Grundsätze *(Adjudication: application of standards)* und ggf. zu deren Durchsetzung *(Enforcement: sanctions, publicity, persuasion)* führen wird. In diesem Prozeß spielen die nationalen Klimainnenpolitiken der Partnerstaaten eine zentrale Rolle, die wie die internationale Klimapolitik auf die Entwicklung der Klimaaußenpolitik einwirken.

25.7 Klimaaußenpolitik

Für die Analyse von Außenpolitik sind die jeweiligen geographischen und klimatischen Rahmenbedingungen, das Wirtschafts- und Herrschaftssystem einschließlich der politischen Kultur, das die innerstaatlichen Beteiligungschancen regelt, sowie der Stand der wirtschaftlichen Entwicklung, von Wissenschaft und Technik relevant, die das nationale Diagnose- und Problemlösungspotential bestimmen (Czempiel, 1990: 16). *Klimaaußenpolitik* ist wie die Außen- und Sicherheitspolitik ein Teil der *domaine reservé* des Staates bzw. in föderalen Systemen der Bundesregierung. In der Bundesrepublik Deutschland liegt zwar die außenpolitische Rahmenkompetenz beim Auswärtigen Amt, die inhaltliche Sachkompetenz jedoch beim Bundesministerium für Umwelt, Naturschutz und Reaktorsicherheit. Bei den KRK-Verhandlungen trat neben den zwölf EG-Staaten, auch die Europäische Kommission als eigenständiger Akteur auf (Pernice, 1991; Schumer, 1996), deren Vertreter eine *strukturelle Führerschaft* übernahmen und ihre Ressourcen zur Lösung der beiden Hauptkonflikte bezüglich der CO_2-Limitierung und den zusätzlichen Ressourcentransfer im Rahmen der *Global Environmental Facility* der Weltbank einsetzten (Oberthür, 1993: 63).

Auf die Klimaaußenpolitik der Bundesregierung wirken sowohl innenpolitische Faktoren (primär der betroffenen Ressorts, d.h. vor allem die Interessen der Wirtschafts-, Energie-, Verkehrs- und Landwirtschaftspolitik und nur sekundär Interessen der Bundesländer) als auch die Interessen der anderen EG/EU-Staaten ein. Während die wirtschaftlichen Akteure ihren Einfluß und ihre Interessenlage vor allem gegenüber den Fachministerien artikulierten (z.B. die Energiewirtschaft über das BMWi), war das BMU der primäre Adressat für Vorschläge aus den Umweltforschungsinstituten, für Forderungen seitens der Umweltverbände sowie für konkrete Handlungsempfehlungen des Wissenschaftlichen Beirats der Bundesregierung Globale Umweltveränderungen (WBGU, 1995: 128129), die dieser nach der Berliner Konferenz vorlegte (vgl. Kasten 1).

Kasten 1: Ausgewählte Handlungsempfehlungen des WBGU (1995: 129)

Nationale Ebene:
Selbstverpflichtung Deutschlands: Die vom Bundeskanzler auf der Berliner Konferenz ausgesprochene Selbstverpflichtung stellt eine Verschärfung des nationalen Reduktionsziels... dar. Der Beirat empfiehlt daher, daß die IMA „CO_2-Reduktion" ihren Maßnahmenkatalog an die neue Zielvorgabe anpaßt. Eine solche Analyse müßte insbesondere die Möglichkeiten von *joint implementation*-Projekten und die durch Reduzierung anderer Treibhausgase als CO_2 erzielbaren Fortschritte prüfen.

EU-Ebene:
In der Klimaschutzpolitik sind sowohl aus Wettbewerbsgründen als auch aufgrund der fortgeschrittenen Integrationstiefe EU-weite Maßnahmen erforderlich. Die Mitglieder haben bereits Teile ihrer Handlungskompetenz, z.B. im Bereich der Verbrauchssteuerung, an die EU-Ebene abgegeben und sind damit rechtlich nicht mehr uneingeschränkt in der Lage, ihre Ziele national zu verwirklichen. Weitergehende EU-weite Lösungen sind daher mit Nachdruck anzustreben. Nach Ansicht des Beirates sind folgende Bereiche besonders wichtig:
- *Joint implementation*: Prüfung von Projekten, Austausch über und gemeinsame Durchführung von Projekten mit Nicht-EU-Ländern.
- Emissionsnormen: Entwicklung gemeinsamer Normen für Haushaltsgeräte und für Energieeffizienz.
- Zertifikate: Vorbereitung und rasche Einführung eines Systems zum Handel mit CO_2-Zertifikaten.

Internationale Ebene:
- Internationale Umweltschutzorganisationen: Berücksichtigung der Ziele der Klimarahmenkonvention (KRK) in den jeweiligen Arbeitsfeldern und Herstellung von Kompatibilität.
- Entwicklungshilfe: In der bi- und multilateralen Entwicklungshilfe ist die Förderung regenerativer Energieträger eine wichtige Aufgabe.
- KRK: Abstimmung der Konvention mit anderen internationalen Abkommen.
- Umstrukturierung internationaler Organisationen: ineinandergreifende Bereiche wie etwa Klimaschutz und Entwicklungshilfe, Klimaschutz und internationaler Handel bedürfen einer Institutionalisierung.

25.8 Klimainnenpolitik

Da internationale Klimapolitik und Klimaaußenpolitik immer Ergebnisse innenpolitischer Interessenkonflikte sind, bedarf es einer Rekonstruktion der innerstaatlichen Abstimmungsprozesse zwischen den beteiligten Ressorts (Koordina-

tion), den Entscheidungsebenen (Bund-Länder-Kommunen) und zum Einfluß der Interessen- bzw. Vetogruppen. Die Analyse der *Regimeeffektivität* der Klimapolitik erfordert eine systematische Evaluation der Implementationsstrategien (Mayntz, 1980, 1983; Wollmann, 1994: 173-179) für die CO_2-Reduktionsziele und vor allem deren Umsetzung, d.h. der jeweils spezifischen nationalen Umweltgesetzgebungen, Institutionen, Problemlösungsstile und -mechanismen. In einer vergleichenden Untersuchung zur Umweltpolitik und industriellen Innovation in der EU, den USA und Japan gelangte Wallace (1995) zu dem Ergebnis:
- In den USA führte der Dauerkonflikt zwischen Staat und Wirtschaft zu einem ideologisch besetzten Wandel der Umweltschutzgesetzgebung. Häufig wurden die Gerichte zum Schiedsrichter zwischen Umweltgruppen, Industrie und Administration. Viele Firmen finanzierten Lobbyisten statt Ingenieure.
- In Japan suchte das MITI mit der Industrie, Energieeinsparpotentiale durch Innovationen vorzunehmen und die Wettbewerbsfähigkeit zu erhöhen.
- In Deutschland reduzierte Umweltminister Töpfer durch sein politisches Gewicht den Abstimmungsbedarf mit anderen Ministerien und verzichtete auf einen systematischen Dialog mit der Industrie, die in Selbstverpflichtungserklärungen und in Innovationen wichtige Mittel sahen, Umweltziele mit einem Minimum an Belastung zu verwirklichen.

Im Bereich der Umsetzung der Klimaschutzziele der Bundesregierung kommt der IMA-CO_2-Reduktion eine Schlüsselstellung zu, die am 13.6.1990 von der Bundesregierung unter Federführung des BMU eingesetzt wurde (12. Bundestag, BT-Drs. 12/8557). In seinem Schlußbericht zum Thema „Mehr Zukunft für die Erde - Nachhaltige Energiepolitik für dauerhaften Klimaschutz" (EK II, 1995; BT-Drs. 12/8600: 80-86) legte die Enquête-Kommission „Schutz der Erdatmosphäre" eine umfassende Bilanz der Klimaschutzpolitik vor, deren Mitglieder sich allerdings 1994 wegen des Grundsatzstreits über die Kernenergie nicht mehr - wie 1990 - auf gemeinsame Handlungsempfehlungen einigen konnten (vgl. Kap. 15, 16).

Da nur der Staat Klimaschutzziele beschließen und durchsetzen kann, hat die Subpolitik (Beck, 1993) bei der Klimavorsorgepolitik noch einen begrenzten Stellenwert. Mit Energieeinsparungen und erneuerbaren Energien leisten besorgte Bürger und Vereine eigene Beiträge zur CO_2-Minderung (Brauch, 1996).

25.9 Klimapolitik: politikwissenschaftliche Desiderate

Die 2. Klima-Enquête-Kommission (EK II, 1992: 148-154) hat einen naturwissenschaftlichen Forschungsbedarf zu Kreisläufen klimarelevanter Spurengase, zum Einfluß der Wolken auf den Strahlungshaushalt, zum hydrologischen Zyklus, zu Transportprozessen in den Ozeanen und zu den klimarelevanten Prozessen in den Ökosystemen angemeldet und einen interdisziplinären Bedarf zu Fragen der Auswirkungen der Klimaänderungen, zur Ökosystemforschung und zur

Anpassungsfähigkeit der Landwirtschaft konstatiert. Auch der WBGU unterbreitete 1995 zahlreiche Forschungsempfehlungen zur Klimasystem- und zur Klimafolgenforschung, für integrierte Analysen und zur *Klimapolitik*, insbesondere zu:
- Analyse der Umsetzungsstrategien für nationale Ziele;
- Untersuchung zur Vereinbarkeit der KRK mit anderen internationalen Umweltabkommen;
- Voraussetzungen und Bedingungen einer „Suffizienzrevolution" als langfristig realisierbare, nachfrageseitige Strategie zum Klimaschutz;
- Bestandsaufnahme und Analyse weltweit bestehender und vermuteter CO_2-Reduktionspotentiale sowohl in räumlicher als auch in sektoraler Hinsicht;
- Untersuchung zur Verifikation von Emissionsreduktionen.

Für die politikwissenschaftliche Analyse der Klimapolitik lassen sich 1996 folgende Forschungsdesiderate in der Bundesrepublik Deutschland ausmachen: Während die *Regimegenese* hinreichend erforscht ist, sind Fragen der *Klimaaußen- und Klimainnenpolitik*, d.h. vor allem der Implementation und Evaluation von Klimaschutzprogrammen noch politikwissenschaftliches Brachland.

Die politikwissenschaftliche Forschung und Lehre im Bereich der Umweltpolitik setzte in den universitären Sozialwissenschaften erst Ende der 80er Jahre ein, „mit inhaltlichen und methodischen Impulsen in einzelnen Subdisziplinen, so der Politischen Soziologie, der Komparatistik, der Analyse internationaler Beziehungen und der allgemeinen Theoriediskussion", wobei einzelne Wissenschaftler „ökologisch-aufklärerisch, empirisch-beratungsorientiert und theoriebildend" wirkten (v. Prittwitz, 1993: 8).

Zur *Klimapolitik* hat die politikwissenschaftliche Analyse erst begonnen. Die Integration der Klimapolitik in die Politikwissenschaft erfordert die Hinzufügung eines vierten zentralen Problemzusammenhangs *Zukunft* und die Verdrängung der vom *Sicherheitsdilemma* bestimmten realistischen Denkkategorien und Handlungslehren durch ein *Klima- oder Überlebensdilemma* als Begründungsmechanismus für umwelt-, außen- und sicherheitspolitisches Handeln. Die Gegenüberstellung einer industriellen *Risikogesellschaft* (Beck, 1986) und die Entwicklung von Perspektiven einer vom *Klimadilemma* inspirierten *Überlebensgesellschaft* (Hillmann, 1993, 1994) sollte zu einer konzeptionellen Aufgabe der Friedensforschung im Übergang zum 21. Jahrhundert werden. Hillmann (1994: 885) versteht darunter einen

...in nächster Zukunft notwendigerweise zu realisierenden Gesellschaftstyp mit globaler Ausbreitung, der mit seiner Kultur, seinen Strukturen, Institutionen, Handlungsabläufen und Entwicklungsprozessen vorrangig auf die langfristige Sicherung des Überlebens der Menschheit und der belebten Natur ausgerichtet ist. Der kulturelle Kern der Überlebensgesellschaft ist durch eine ökologisch fundierte Weltanschauung und ein Wertesystem bestimmt, welches neben der Bewahrung der Menschenwürde und einer freiheitlichen Gesellschaftsordnung der Überlebenssicherung höchste Priorität einräumen.

Die Realisierung einer solchen *Überlebensgesellschaft* macht eine permanente Aufklärung mit dem Ziel nötig, eine hohe öffentliche Akzeptanz für Umwelt- und Naturschutznotwendigkeiten bei der Überwindung der Verschwendungs- und

Risikogesellschaft und der daraus folgenden Umweltkrisen zu erzielen. Das Entstehen einer solchen *Überlebensgesellschaft* setzt eine ebenso einflußreiche internationale Umweltschutzbewegung voraus. Hillmann sieht in der Untersuchung der Möglichkeiten und Probleme bei der Herausbildung einer *Überlebensgesellschaft* eine Bewährungsprobe für die Soziologie, der sie sich mit werturteilsfreier Forschung stellen könne, da die Verwirklichung der *Überlebensgesellschaft* als existentielle Notwendigkeit keiner wissenschaftlichen Rechtfertigung bedürfe. Damit wird aber auch das Streben nach einer Vermeidung von gravierenden Klimakatastrophen durch eine progressive Klimaschutzpolitik mit den von der Klima-Enquête-Kommission und dem IPCC gleichermaßen geforderten drastischen CO_2-Reduzierungszielen zu einer primären Aufgabe einer *Überlebensgesellschaft*.

Wenn Frieden nach Ende des Ost-West-Konflikts nicht nur *Gewaltminderung*, sondern auch *Überlebenssicherung* impliziert, dann muß sich die Friedensforschung heute dieser konzeptionellen Herausforderung stellen, genauso wie einige Vertreter dieses Forschungsprogramms in den 1980er Jahren durch Konzepte einer defensiven Verteidigung Auswege aus den vermeintlichen Sachzwängen der Abschreckungslogik wiesen. Gorbatschow hat diese Ideen in seinem neuen Denken in der Außen- und Sicherheitspolitik aufgegriffen und durch deren Umsetzung die alte Ordnung zum Einsturz gebracht, die Teilung Deutschlands überwunden und Voraussetzungen für eine Wiedervereinigung Europas und die Realisierung der Vision der *einen Welt* geschaffen.

Die Schaffung einer *Überlebensgesellschaft* setzt heute ein *neues konzeptionelles Denken* in der Wirtschafts- und Umweltpolitik voraus. Eine Wissenschaft, die sich dem Ziel des Friedens verpflichtet fühlt, muß diese Herausforderung annehmen und durch ein wissenschaftlich abgesichertes „Vordenken" über die Öffentlichkeit *(low politics)* für eine Politik des Überlebens *(high politics)* Voraussetzungen für eine *Überlebensgesellschaft* im 21. Jahrhundert schaffen, die die *Risikogesellschaft* des ausgehenden 20. Jahrhunderts und deren *Sicherheitsdilemma* durch ein *Klima- oder Überlebensdilemma* ablöst.

Dies setzt aber ein Wissenschaftsverständnis in den Sozialwissenschaften voraus, das sich dem Prinzip „Verantwortung" (Jonas, 1984) verpflichtet sieht und „Innovation" nicht auf den Import und die Rezeptionsgeschwindigkeit von Theoriedebatten verengt und sich auf die Verfeinerung von Methoden beschränkt. Der Prozeß der Professionalisierung darf die Aufgabe der Aufklärung nicht vernachlässigen, da Politikwissenschaft sonst zum Selbstzweck wird, deren Ergebnisse von der Öffentlichkeit kaum mehr wahrgenommen werden.

Anhang

Anhang A

Rahmenübereinkommen der Vereinten Nationen über Klimaänderungen*

Die Vertragsparteien dieses Übereinkommens -
in der Erkenntnis, daß Änderungen des Erdklimas und ihre nachteiligen Auswirkungen die ganze Menschheit mit Sorge erfüllen,
besorgt darüber, daß menschliche Tätigkeiten zu einer wesentlichen Erhöhung der Konzentrationen von Treibhausgasen in der Atmosphäre geführt haben, daß diese Erhöhung den natürlichen Treibhauseffekt verstärkt und daß dies im Durchschnitt zu einer zusätzlichen Erwärmung der Erdoberfläche und der Atmosphäre führen wird und sich auf die natürlichen Ökosysteme und die Menschen nachteilig auswirken kann,
in Anbetracht dessen, daß der größte Teil der früheren und gegenwärtigen weltweiten Emissionen von Treibhausgasen aus den entwickelten Ländern stammt, daß die Pro-Kopf-Emissionen in den Entwicklungsländern noch verhältnismäßig gering sind und daß der Anteil der aus den Entwicklungsländern stammenden weltweiten Emissionen zunehmen wird, damit sie ihre sozialen und Entwicklungsbedürfnisse befriedigen können,
im Bewußtsein der Rolle und der Bedeutung von Treibhausgassenken und -speichern in Land- und Meeresökosystemen,
in Anbetracht dessen, daß es viele Unsicherheiten bei der Vorhersage von Klimaänderungen gibt, vor allem in bezug auf den zeitlichen Ablauf, das Ausmaß und die regionale Struktur dieser Änderungen,
in der Erkenntnis, daß angesichts des globalen Charakters der Klimaänderungen alle Länder aufgerufen sind, so umfassend wie möglich zusammenzuarbeiten und sich an einem wirksamen und angemessenen internationalen Handeln entsprechend ihren gemeinsamen, aber unterschiedlichen Verantwortlichkeiten, ihren jeweiligen Fähigkeiten sowie ihrer sozialen und wirtschaftlichen Lage zu beteiligen,
unter Hinweis auf die einschlägigen Bestimmungen der am 16. Juni 1972 in Stockholm angenommenen Erklärung der Konferenz der Vereinten Nationen über die Umwelt des Menschen,
sowie unter Hinweis darauf, daß die Staaten nach der Charta der Vereinten Nationen und den Grundsätzen des Völkerrechts das souveräne Recht haben, ihre eigenen Ressourcen gemäß ihrer eigenen Umwelt- und Entwicklungspolitik zu nutzen, sowie die Pflicht, dafür zu sorgen, daß durch Tätigkeiten, die innerhalb ihres Hoheitsbereichs oder unter ihrer Kontrolle ausgeübt werden, der Umwelt in anderen Staaten oder in Gebieten außerhalb der nationalen Hoheitsbereiche kein Schaden zugefügt wird,
in Bekräftigung des Grundsatzes der Souveränität der Staaten bei der internationalen Zusammenarbeit zur Bekämpfung von Klimaänderungen,
in Anerkennung dessen, daß die Staaten wirksame Rechtsvorschriften im Bereich der Umwelt erlassen sollten, daß Normen, Verwaltungsziele und Prioritäten im Bereich der

---

* Quelle: Bundesministerium für Umwelt, Naturschutz und Reaktorsicherheit.

Umwelt die Umwelt- und Entwicklungsbedingungen widerspiegeln sollten, auf die sie sich beziehen, und daß die von einigen Staaten angewendeten Normen für andere Länder, insbesondere die Entwicklungsländer, unangemessen sein und zu nicht vertretbaren wirtschaftlichen und sozialen Kosten führen können,

unter Hinweis, auf die Bestimmungen der Resolution 44/228 der Generalversammlung vom 22. Dezember 1989 über die Konferenz der Vereinten Nationen über Umwelt und Entwicklung sowie die Resolutionen 43/53 vom 06. Dezember 1988, 44/207 vom 22. Dezember 1989, 45/212 vom 21. Dezember 1990 und 46/169 vom 19. Dezember 1991 über den Schutz des Weltklimas für die heutigen und die kommenden Generationen,

sowie unter Hinweis auf die Bestimmungen der Resolution 44/206 der Generalversammlung vom 22. Dezember 1989 über die möglichen schädlichen Auswirkungen eines Ansteigens des Meeresspiegels auf Inseln und Küstengebiete, insbesondere tiefliegende Küstengebiete, sowie die einschlägigen Bestimmungen der Resolution 44/172 der Generalversammlung vom 19. Dezember 1989 über die Durchführung des Aktionsplans zur Bekämpfung der Wüstenbildung ,

ferner unter Hinweis auf das Wiener Übereinkommen von 1985 zum Schutz der Ozonschicht sowie das Montrealer Protokoll von 1987 über Stoffe, die zu einem Abbau der Ozonschicht führen, in seiner am 29. Juni 1990 angepaßten und geänderten Fassung,

in Anbetracht der am 7. November 1990 angenommenen Ministererklärung der Zweiten Weltklimakonferenz,

im Bewußtsein der wertvollen analytischen Arbeit, die von vielen Staaten im Bereich der Klimaänderung geleistet wird, und der wichtigen Beiträge der Weltorganisation für Meteorologie, des Umweltprogramms der Vereinten Nationen und anderer Organe, Organisationen und Gremien zum Austausch der Ergebnisse der wissenschaftlichen Forschung und zur Koordinierung der Forschung,

in der Erkenntnis, daß die für das Verständnis und die Behandlung des Problems der Klimaänderungen notwendigen Schritte für die Umwelt sowie sozial und wirtschaftlich am wirksamsten sind, wenn sie auf einschlägigen wissenschaftlichen, technischen und wirtschaftlichen Erwägungen beruhen und unter Berücksichtigung neuer Erkenntnisse in diesen Bereichen laufend neu bewertet werden,

in der Erkenntnis, daß verschiedene Maßnahmen zur Bewältigung der Klimaänderungen ihre wirtschaftliche Berechtigung in sich selbst haben und außerdem zur Lösung anderer Umweltprobleme beitragen können,

sowie in der Erkenntnis, daß die entwickelten Länder auf der Grundlage klarer Prioritäten in flexibler Weise Sofortmaßnahmen ergreifen müssen, die einen ersten Schritt in Richtung auf eine umfassende Bewältigungsstrategie auf weltweiter, nationaler und, sofern vereinbart, regionaler Ebene darstellen, die alle Treibhausgase berücksichtigt und ihrem jeweiligen Beitrag zur Verstärkung des Treibhauseffekts gebührend Rechnung trägt,

ferner in der Erkenntnis, daß tiefliegende andere kleine Inselländer, Länder mit tiefliegenden Küsten-, Trocken- und Halbtrockengebieten oder Gebieten, die Überschwemmungen, Dürre und Wüstenbildung ausgesetzt sind, und Entwicklungsländer mit empfindlichen Gebirgsökosystemen besonders anfällig für die nachteiligen Auswirkungen der Klimaänderungen sind,

in der Erkenntnis, daß sich für diejenigen Länder, vor allem unter den Entwicklungsländern, deren Wirtschaft in besonderem Maß von der Gewinnung, Nutzung und Ausfuhr fossiler Brennstoffe abhängt, aus den Maßnahmen zur Begrenzung der Treibhausgasemissionen besondere Schwierigkeiten ergeben, *in Bestätigung* dessen, daß Maßnahmen zur Bewältigung der Klimaänderungen eng mit der sozialen und wirtschaftlichen Entwicklung koordiniert werden sollten, damit nachteilige Auswirkungen auf diese Entwicklung vermieden werden, wobei die legitimen vorrangigen Bedürfnisse der Entwicklungsländer in bezug auf nachhaltiges Wirtschaftswachstum und die Beseitigung der Armut voll zu berücksichtigen sind,

in der Erkenntnis, daß alle Länder, insbesondere die Entwicklungsländer, Zugang zu Ressourcen haben müssen, die für eine nachhaltige soziale und wirtschaftliche Entwicklung notwendig sind, und daß die Entwicklungsländer, um dieses Ziel zu erreichen, ihren Energieverbrauch werden steigern müssen, allerdings unter Berücksichtigung der Möglichkeit, zu einer besseren Energieausnutzung zu gelangen und die Treibhausgasemissionen im allgemeinen in den Griff zu bekommen, unter anderem durch den Einsatz neuer Technologien zu wirtschaftlich und sozial vorteilhaften Bedingungen,

entschlossen, das Klimasystem für heutige und künftige Generationen zu schützen - sind wie folgt übereingekommen:

Artikel 1
Begriffsbestimmungen[1]

Im Sinne dieses Übereinkommens

1. bedeutet „**nachteilige Auswirkungen der Klimaänderungen**" die sich aus den Klimaänderungen ergebenden Veränderungen der belebten oder unbelebten Umwelt, die erhebliche schädliche Wirkungen auf die Zusammensetzung, Widerstandsfähigkeit oder Produktivität naturbelassener und vom Menschen beeinflußter Ökosysteme oder auf die Funktionsweise des sozio-ökonomischen Systems oder die Gesundheit und das Wohlergehen des Menschen haben;
2. bedeutet „**Klimaänderungen**" Änderungen des Klimas, die unmittelbar oder mittelbar auf menschliche Tätigkeiten zurückzuführen sind, welche die Zusammensetzung der Erdatmosphäre verändern, und die zu den über vergleichbare Zeiträume beobachteten natürlichen Klimaschwankungen hinzukommen;
3. bedeutet „**Klimasystem**" die Gesamtheit der Atmosphäre, Hydrosphäre, Biosphäre und Geosphäre sowie deren Wechselwirkungen;
4. bedeutet „**Emissionen**" die Freisetzung von Treibhausgasen oder deren Vorläufersubstanzen in die Atmosphäre über einem bestimmten Gebiet und in einem bestimmten Zeitraum;
5. bedeutet „**Treibhausgase**" sowohl die natürlichen als auch die anthropogenen gasförmigen Bestandteile der Atmosphäre, welche die infrarote Strahlung aufnehmen und wieder abgeben;
6. bedeutet „**Organisation der regionalen Wirtschaftsintegration**" eine von souveränen Staaten einer bestimmten Region gebildete Organisation, die für die durch dieses Übereinkommen oder seine Protokolle erfaßten Angelegenheiten zuständig und im Einklang mit ihren internen Verfahren ordnungsgemäß ermächtigt ist, die betreffenden Übereinkünfte zu unterzeichnen, zu ratifizieren, anzunehmen, zu genehmigen oder ihnen beizutreten;
7. bedeutet „**Speicher**" einen oder mehrere Bestandteile des Klimasystems, in denen ein Treibhausgas oder eine Vorläufersubstanz eines Treibhausgases zurückgehalten wird;

---

[1] Die Überschriften der Artikel dienen lediglich zur Erleichterung der Lektüre.

8. bedeutet „Senke" einen Vorgang, eine Tätigkeit oder einen Mechanismus, durch die ein Treibhausgas, ein Aerosol oder eine Vorläufersubstanz eines Treibhausgases aus der Atmosphäre entfernt wird;
9. bedeutet „Quelle" einen Vorgang oder eine Tätigkeit, durch die ein Treibhausgas, ein Aerosol oder eine Vorläufersubstanz eines Treibhausgases in die Atmosphäre freigesetzt wird.

Artikel 2
Ziel

Das Endziel dieses Übereinkommens und aller damit zusammenhängenden Rechtsinstrumente, welche die Konferenz der Vertragsparteien beschließt, ist es, in Übereinstimmung mit den einschlägigen Bestimmungen des Übereinkommens die Stabilisierung der Treibhausgaskonzentrationen in der Atmosphäre auf einem Niveau zu erreichen, auf dem eine gefährliche anthropogene Störung des Klimasystems verhindert wird. Ein solches Niveau sollte innerhalb eines Zeitraums erreicht werden, der ausreicht, damit sich die Ökosysteme auf natürliche Weise den Klimaänderungen anpassen können, die Nahrungsmittelerzeugung nicht bedroht wird und die wirtschaftliche Entwicklung auf nachhaltige Weise fortgeführt werden kann.

Artikel 3
Grundsätze

Bei ihren Maßnahmen zur Verwirklichung des Zieles des Übereinkommens und zur Durchführung seiner Bestimmungen lassen sich die Vertragsparteien unter anderem von folgenden Grundsätzen leiten:
1. Die Vertragsparteien sollen auf der Grundlage der Gerechtigkeit und entsprechend ihren gemeinsamen, aber unterschiedlichen Verantwortlichkeiten und ihren jeweiligen Fähigkeiten das Klimasystem zum Wohl heutiger und künftiger Generationen schützen. Folglich sollen die Vertragsparteien, die entwickelte Länder sind, bei der Bekämpfung der Klimaänderung und ihrer nachteiligen Auswirkungen die Führung übernehmen.
2. Die speziellen Bedürfnisse und besonderen Gegebenheiten der Vertragsparteien, die Entwicklungsländer sind, vor allem derjenigen, die besonders anfällig für die nachteiligen Auswirkungen der Klimaänderungen sind, sowie derjenigen Vertragsparteien, vor allem unter den Entwicklungsländern, die nach dem Übereinkommen eine unverhältnismäßige oder ungewöhnliche Last zu tragen hätten, sollen voll berücksichtigt werden.
3. Die Vertragsparteien sollen Vorsorgemaßnahmen treffen, um den Ursachen der Klimaänderungen vorzubeugen, sie zu verhindern oder so gering wie möglich zu halten und die nachteiligen Auswirkungen der Klimaänderungen abzuschwächen. In Fällen, in denen ernsthafte oder nicht wiedergutzumachende Schäden drohen, soll das Fehlen einer völligen wissenschaftlichen Gewißheit nicht als Grund für das Aufschieben solcher Maßnahmen dienen, wobei zu berücksichtigen ist, daß Politiken und Maßnahmen zur Bewältigung der Klimaänderungen kostengünstig sein sollten, um weltweite Vorteile zu möglichst geringen Kosten zu gewährleisten. Zur Erreichung dieses Zweckes sollen die Politiken und Maßnahmen die unterschiedlichen sozio-ökonomischen Zusammenhänge berücksichtigen, umfassend sein, alle wichtigen Quellen, Senken und Speicher von Treibhausgasen und die Anpassungsmaßnahmen erfassen sowie alle

Wirtschaftsbereiche einschließen. Bemühungen zur Bewältigung der Klimaänderungen können von interessierten Vertragsparteien gemeinsam unternommen werden.
4. Die Vertragsparteien haben das Recht, eine nachhaltige Entwicklung zu fördern, und sollten dies tun. Politiken und Maßnahmen zum Schutz des Klimasystems vor vom Menschen verursachten Veränderungen sollen den speziellen Verhältnissen jeder Vertragspartei angepaßt sein und in die nationalen Entwicklungsprogramme eingebunden werden, wobei zu berücksichtigen ist, daß wirtschaftliche Entwicklung eine wesentliche Voraussetzung für die Annahme von Maßnahmen zur Bekämpfung der Klimaänderungen ist.
5. Die Vertragsparteien sollen zusammenarbeiten, um ein tragfähiges und offenes internationales Wirtschaftssystem zu fördern, das zu nachhaltigem Wirtschaftswachstum und nachhaltiger Entwicklung in allen Vertragsparteien, insbesondere denjenigen, die Entwicklungsländer sind, führt und sie damit in die Lage versetzt, die Probleme der Klimaänderungen besser zu bewältigen. Maßnahmen zur Bekämpfung der Klimaänderungen, einschließlich einseitiger Maßnahmen, sollen weder ein Mittel willkürlicher oder ungerechtfertigter Diskriminierung noch eine verschleierte Beschränkung des internationalen Handels sein.

Artikel 4
Verpflichtungen

1. Alle Vertragsparteien werden unter Berücksichtigung ihrer gemeinsamen, aber unterschiedlichen Verantwortlichkeiten und ihrer speziellen nationalen und regionalen Entwicklungsprioritäten, Ziele und Gegebenheiten
   a) nach Artikel 12 nationale Verzeichnisse erstellen, in regelmäßigen Abständen aktualisieren, veröffentlichen und der Konferenz der Vertragsparteien zur Verfügung stellen, in denen die anthropogenen Emissionen aller nicht durch das Montrealer Protokoll geregelten Treibhausgase aus Quellen und der Abbau solcher Gase durch Senken aufgeführt sind, wobei von der Konferenz der Vertragsparteien zu vereinbarende, vergleichbare Methoden anzuwenden sind;
   b) nationale und gegebenenfalls regionale Programme erarbeiten, umsetzen, veröffentlichen und regelmäßig aktualisieren, in denen Maßnahmen zur Abschwächung der Klimaänderungen durch die Bekämpfung anthropogener Emissionen aller nicht durch das Montrealer Protokoll geregelten Treibhausgase aus Quellen und den Abbau solcher Gase durch Senken sowie Maßnahmen zur Erleichterung einer angemessenen Anpassung an die Klimaänderungen vorgesehen sind;
   c) die Entwicklung, Anwendung und Verbreitung - einschließlich der Weitergabe - von Technologien, Methoden und Verfahren zur Bekämpfung, Verringerung oder Verhinderung anthropogener Emissionen von nicht durch das Montrealer Protokoll geregelten Treibhausgasen in allen wichtigen Bereichen, namentlich Energie, Verkehr, Industrie, Landwirtschaft, Forstwirtschaft und Abfallwirtschaft, fördern und dabei zusammenarbeiten;
   d) die nachhaltige Bewirtschaftung fördern sowie die Erhaltung und gegebenenfalls Verbesserung von Senken und Speichern aller nicht durch das Montrealer Protokoll geregelten Treibhausgase, darunter Biomasse, Wälder und Meere sowie andere Ökosysteme auf dem Land, an der Küste und im Meer, fördern und dabei zusammenarbeiten;
   e) bei der Vorbereitung auf die Anpassung an die Auswirkungen der Klimaänderungen zusammenarbeiten; angemessen integrierte Pläne für die Bewirtschaftung

von Küstengebieten, für Wasservorräte und die Landwirtschaft sowie für den Schutz und die Wiederherstellung von Gebieten, die von Dürre und Wüstenbildung - vor allem in Afrika - sowie von Überschwemmungen betroffen sind, entwickeln und ausarbeiten;

f) in ihre einschlägigen Politiken und Maßnahmen in den Bereichen Soziales, Wirtschaft und Umwelt soweit wie möglich Überlegungen zu Klimaänderungen einbeziehen und geeignete Methoden, beispielsweise auf nationaler Ebene erarbeitete und festgelegte Verträglichkeitsprüfungen, anwenden, um die nachteiligen Auswirkungen der Vorhaben oder Maßnahmen, die sie zur Abschwächung der Klimaänderungen oder zur Anpassung daran durchführen, auf Wirtschaft, Volksgesundheit und Umweltqualität so gering wie möglich zu halten;

g) wissenschaftliche, technologische, technische, sozio-ökonomische und sonstige Forschungsarbeiten sowie die systematische Beobachtung und die Entwicklung von Datenarchiven, die sich mit dem Klimasystem befassen und dazu bestimmt sind, das Verständnis zu fördern und die verbleibenden Unsicherheiten in bezug auf Ursachen, Wirkungen, Ausmaß und zeitlichen Ablauf der Klimaänderungen sowie die wirtschaftlichen und sozialen Folgen verschiedener Bewältigungsstrategien zu verringern oder auszuschließen, fördern und dabei zusammenarbeiten;

h) den umfassenden, ungehinderten und umgehenden Austausch einschlägiger wissenschaftlicher, technologischer, technischer, sozio-ökonomischer und rechtlicher Informationen über das Klimasystem und die Klimaänderungen sowie über die wirtschaftlichen und sozialen Folgen verschiedener Bewältigungsstrategien fördern und dabei zusammenarbeiten;

i) Bildung, Ausbildung und öffentliches Bewußtsein auf dem Gebiet der Klimaänderungen fördern und dabei zusammenarbeiten sowie zu möglichst breiter Beteiligung an diesem Prozeß, auch von nichtstaatlichen Organisationen, ermutigen;

j) nach Artikel 12 der Konferenz der Vertragsparteien Informationen über die Durchführung des Übereinkommens zuleiten.

2. Die Vertragsparteien, die entwickelte Länder sind, und die anderen in Anlage I aufgeführten Vertragsparteien übernehmen folgende spezifischen Verpflichtungen:

a) Jede dieser Vertragsparteien beschließt nationale[2] Politiken und ergreift entsprechende Maßnahmen zur Abschwächung der Klimaänderungen, indem sie ihre anthropogenen Emissionen von Treibhausgasen begrenzt und ihre Treibhausgassenken und -speicher schützt und erweitert. Diese Politiken und Maßnahmen werden zeigen, daß die entwickelten Länder bei der Änderung der längerfristigen Trends bei anthropogenen Emissionen in Übereinstimmung mit dem Ziel des Übereinkommens die Führung übernehmen und zwar in der Erkenntnis, daß eine Rückkehr zu einem früheren Niveau anthropogener Emissionen von Kohlendioxid und anderen nicht durch das Montrealer Protokoll geregelten Treibhausgasen bis zum Ende dieses Jahrzehnts zu einer solchen Änderung beitragen würde; sie berücksichtigen die unterschiedlichen Ausgangspositionen und Ansätze sowie die unterschiedlichen Wirtschaftsstrukturen und Ressourcen dieser Vertragsparteien und tragen der Notwendigkeit, ein starkes und nachhaltiges Wirtschaftswachstum aufrechtzuerhalten, den verfügbaren Technologien und anderen Einzelumständen sowie der Tatsache Rechnung, daß jede dieser Vertragsparteien zu dem weltweiten

---

2 Dies schließt die von Organisationen der regionalen Wirtschaftsintegration beschlossenen Politiken und Maßnahmen ein.

Bemühen um die Verwirklichung des Zieles gerechte und angemessene Beiträge leisten muß. Diese Vertragsparteien können solche Politiken und Maßnahmen gemeinsam mit anderen Vertragsparteien durchführen und können andere Vertragsparteien dabei unterstützen, zur Verwirklichung des Zieles des Übereinkommens und insbesondere dieses Buchstabens beizutragen;

b) um Fortschritte in dieser Richtung zu fördern, übermittelt jede dieser Vertragsparteien innerhalb von sechs Monaten nach Inkrafttreten des Übereinkommens für diese Vertragspartei und danach in regelmäßigen Abständen gemäß Artikel 12 ausführliche Angaben über ihre unter Buchstabe a vorgesehenen Politiken und Maßnahmen sowie über ihre sich daraus ergebenden voraussichtlichen anthropogenen Emissionen von nicht durch das Montrealer Protokoll geregelten Treibhausgasen aus Quellen und den Abbau solcher Gase durch Senken für den unter Buchstabe a genannten Zeitraum mit dem Ziel, einzeln oder gemeinsam die anthropogenen Emissionen von Kohlendioxid und anderen nicht durch das Montrealer Protokoll geregelten Treibhausgasen auf das Niveau von 1990 zurückzuführen. Diese Angaben werden von der Konferenz der Vertragsparteien auf ihrer ersten Tagung und danach in regelmäßigen Abständen gemäß Artikel 7 überprüft werden;

c) bei der Berechnung der Emissionen von Treibhausgasen aus Quellen und des Abbaus solcher Gase durch Senken für die Zwecke des Buchstabens b sollen die besten verfügbaren wissenschaftlichen Kenntnisse auch über die tatsächliche Kapazität von Senken und die jeweiligen Beiträge solcher Gase zu Klimaänderungen berücksichtigt werden. Die Konferenz der Vertragsparteien erörtert und vereinbart auf ihrer ersten Tagung die Methoden für diese Berechnung und überprüft sie danach in regelmäßigen Abständen;

d) die Konferenz der Vertragsparteien überprüft auf ihrer ersten Tagung, ob die Buchstaben a und b angemessen sind. Eine solche Überprüfung erfolgt unter Berücksichtigung der besten verfügbaren wissenschaftlichen Informationen und Beurteilungen betreffend Klimaänderungen und deren Auswirkungen sowie unter Berücksichtigung einschlägiger technischer, sozialer und wirtschaftlicher Informationen. Auf der Grundlage dieser Überprüfung ergreift die Konferenz der Vertragsparteien geeignete Maßnahmen, zu denen auch die Beschlußfassung über Änderungen der unter den Buchstaben a und b vorgesehenen Verpflichtungen gehören kann. Die Konferenz der Vertragsparteien entscheidet auf ihrer ersten Tagung auch über die Kriterien für eine gemeinsame Umsetzung im Sinne des Buchstabens a. Eine zweite Überprüfung der Buchstaben a und b findet bis zum 31. Dezember 1998 statt; danach erfolgen weitere Überprüfungen in von der Konferenz der Vertragsparteien festgelegten regelmäßigen Abständen, bis das Ziel des Übereinkommens verwirklicht ist;

e) jede dieser Vertragsparteien
   i) koordiniert, soweit dies angebracht ist, mit den anderen obengenannten Vertragsparteien einschlägige Wirtschafts- und Verwaltungsinstrumente, die im Hinblick auf die Verwirklichung des Zieles des Übereinkommens entwickelt wurden;
   ii) bestimmt und überprüft in regelmäßigen Abständen ihre eigenen Politiken und Praktiken, die zu Tätigkeiten ermutigen, die zu einem höheren Niveau der anthropogenen Emissionen von nicht durch das Montrealer Protokoll geregelten Treibhausgasen führen, als sonst entstünde;

f) die Konferenz der Vertragsparteien überprüft bis zum 31. Dezember 1998 die verfügbaren Informationen in der Absicht, mit Zustimmung der betroffenen Vertragspartei Beschlüsse über angebracht erscheinende Änderungen der in den Anlagen I und II enthaltenen Listen zu fassen;

g) jede nicht in Anlage I aufgeführte Vertragspartei kann in ihrer Ratifikations-, Annahme-, Genehmigungs- oder Beitrittsurkunde oder zu jedem späteren Zeitpunkt dem Verwahrer ihre Absicht notifizieren, durch die Buchstaben a und b gebunden zu sein. Der Verwahrer unterrichtet die anderen Unterzeichner und Vertragsparteien über jede derartige Notifikation.

3. Die Vertragsparteien, die entwickelte Länder sind, und die anderen in Anlage II aufgeführten entwickelten Vertragsparteien stellen neue und zusätzliche finanzielle Mittel bereit, um die vereinbarten vollen Kosten zu tragen, die den Vertragsparteien, die Entwicklungsländer sind, bei der Erfüllung ihrer Verpflichtungen nach Artikel 12 Absatz 1 entstehen. Sie stellen auch finanzielle Mittel, einschließlich derjenigen für die Weitergabe von Technologie, bereit, soweit die Vertragsparteien, die Entwicklungsländer sind, sie benötigen, um die vereinbarten vollen Mehrkosten zu tragen, die bei der Durchführung der durch Absatz 1 erfaßten Maßnahmen entstehen, die zwischen einer Vertragspartei, die Entwicklungsland ist, und der oder den in Artikel 11 genannten internationalen Einrichtungen nach Artikel 11 vereinbart werden. Bei der Erfüllung dieser Verpflichtungen wird berücksichtigt, daß der Fluß der Finanzmittel angemessen und berechenbar sein muß und daß ein angemessener Lastenausgleich unter den Vertragsparteien, die entwickelte Länder sind, wichtig ist.

4. Die Vertragsparteien, die entwickelte Länder sind, und die anderen in Anlage II aufgeführten entwickelten Vertragsparteien unterstützen die für die nachteiligen Auswirkungen der Klimaänderungen besonders anfälligen Vertragsparteien, die Entwicklungsländer sind, außerdem dabei, die durch die Anpassung an diese Auswirkungen entstehenden Kosten zutragen.

5. Die Vertragsparteien, die entwickelte Länder sind, und die anderen in Anlage II aufgeführten entwickelten Vertragsparteien ergreifen alle nur möglichen Maßnahmen, um die Weitergabe von umweltverträglichen Technologien und Know-how an andere Vertragsparteien, insbesondere solche, die Entwicklungsländer sind, oder den Zugang dazu, soweit dies angebracht ist, zu fördern, zu erleichtern und zu finanzieren, um es ihnen zu ermöglichen, die Bestimmungen des Übereinkommens durchzuführen. Dabei unterstützen die Vertragsparteien, die entwickelte Länder sind, die Entwicklung und Stärkung der im Land vorhandenen Fähigkeiten und Technologien der Vertragsparteien, die Entwicklungsländer sind. Andere Vertragsparteien und Organisationen, die dazu in der Lage sind, können auch zur Erleichterung der Weitergabe solcher Technologien beitragen.

6. Die Konferenz der Vertragsparteien gewährt den in Anlage I aufgeführten Vertragsparteien, die sich im Übergang zur Marktwirtschaft befinden, ein gewisses Maß an Flexibilität bei der Erfüllung ihrer in Absatz 2 genannten Verpflichtungen, auch hinsichtlich des als Bezugsgröße gewählten früheren Niveaus der anthropogenen Emissionen von nicht durch das Montrealer Protokoll geregelten Treibhausgasen, um die Fähigkeit dieser Vertragsparteien zu stärken, das Problem der Klimaänderungen zu bewältigen.

7. Der Umfang, in dem Vertragsparteien, die Entwicklungsländer sind, ihre Verpflichtungen aus dem Übereinkommen wirksam erfüllen, wird davon abhängen, inwieweit Vertragsparteien, die entwickelte Länder sind, ihre Verpflichtungen aus dem Überein-

kommen betreffend finanzielle Mittel und die Weitergabe von Technologie wirksam erfüllen, wobei voll zu berücksichtigen ist, daß die wirtschaftliche und soziale Entwicklung sowie die Beseitigung der Armut für die Entwicklungsländer erste und dringlichste Anliegen sind.
8. Bei der Erfüllung der in diesem Artikel vorgesehenen Verpflichtungen prüfen die Vertragsparteien eingehend, welche Maßnahmen nach dem Übereinkommen notwendig sind, auch hinsichtlich der Finanzierung, der Versicherung und der Weitergabe von Technologie, um den speziellen Bedürfnissen und Anliegen der Vertragsparteien, die Entwicklungsländer sind, zu entsprechen, die sich aus den nachteiligen Auswirkungen der Klimaänderungen oder der Durchführung von Gegenmaßnahmen ergeben, insbesondere
   a) in kleinen Inselländern;
   b) in Ländern mit tiefliegenden Küstengebieten;
   c) in Ländern mit Trocken- und Halbtrockengebieten, Waldgebieten und Gebieten, die von Waldschäden betroffen sind;
   d) in Ländern mit Gebieten, die häufig von Naturkatastrophen heimgesucht werden;
   e) in Ländern mit Gebieten, die Dürre und Wüstenbildung ausgesetzt sind;
   f) in Ländern mit Gebieten hoher Luftverschmutzung in den Städten;
   g) in Ländern mit Gebieten, in denen sich empfindliche Ökosysteme einschließlich Gebirgsökosystemen befinden;
   h) in Ländern, deren Wirtschaft in hohem Maß entweder von Einkünften, die durch die Gewinnung, Verarbeitung und Ausfuhr fossiler Brennstoffe und verwandter energieintensiver Produkte erzielt werden, oder vom Verbrauch solcher Brennstoffe und Produkte abhängt;
   i) in Binnen- und Transitländern.
Darüber hinaus kann die Konferenz der Vertragsparteien gegebenenfalls Maßnahmen mit Bezug auf diesen Absatz ergreifen.
9. Die Vertragsparteien tragen bei ihren Maßnahmen hinsichtlich der Finanzierung und der Weitergabe von Technologie den speziellen Bedürfnissen und der besonderen Lage der am wenigsten entwickelten Länder voll Rechnung.
10. Die Vertragsparteien berücksichtigen nach Artikel 10 bei der Erfüllung der Verpflichtungen aus dem Übereinkommen die Lage derjenigen Vertragsparteien, insbesondere unter den Entwicklungsländern, deren Wirtschaft für die nachteiligen Auswirkungen der Durchführung von Maßnahmen zur Bekämpfung der Klimaänderungen anfällig ist. Dies gilt namentlich für Vertragsparteien, deren Wirtschaft in hohem Maß entweder von Einkünften, die durch die Gewinnung, Verarbeitung und Ausfuhr fossiler Brennstoffe und verwandter energieintensiver Produkte erzielt werden, oder vom Verbrauch solcher Brennstoffe und Produkte oder von der Verwendung fossiler Brennstoffe, die diese Vertragsparteien nur sehr schwer durch Alternativen ersetzen können, abhängt.

Artikel 5
Forschung und systematische Beobachtung

Bei der Erfüllung ihrer Verpflichtungen nach Artikel 4 Absatz 1 Buchstabe g werden die Vertragsparteien
a) internationale und zwischenstaatliche Programme und Netze oder Organisationen unterstützen und gegebenenfalls weiterentwickeln, deren Ziel es ist, Forschung, Datensammlung und systematische Beobachtung festzulegen, durchzuführen, zu bewerten und zu finanzieren, wobei Doppelarbeit soweit wie möglich vermieden werden sollte;

b) internationale und zwischenstaatliche Bemühungen unterstützen, um die systematische Beobachtung und die nationalen Möglichkeiten und Mittel der wissenschaftlichen und technischen Forschung, vor allem in den Entwicklungsländern, zu stärken und den Zugang zu Daten, die aus Gebieten außerhalb der nationalen Hoheitsbereiche stammen, und deren Analysen sowie den Austausch solcher Daten und Analysen zu fördern;

c) die speziellen Sorgen und Bedürfnisse der Entwicklungsländer berücksichtigen und an der Verbesserung ihrer im Land vorhandenen Möglichkeiten und Mittel zur Beteiligung an den unter den Buchstaben a und b genannten Bemühungen mitwirken.

Artikel 6
Bildung, Ausbildung und öffentliches Bewußtsein

Bei der Erfüllung ihrer Verpflichtungen nach Artikel 4 Absatz 1 Buchstabe i werden die Vertragsparteien

a) auf nationaler und gegebenenfalls auf subregionaler und regionaler Ebene in Übereinstimmung mit den innerstaatlichen Gesetzen und sonstigen Vorschriften und im Rahmen ihrer Möglichkeiten folgendes fördern und erleichtern:
  i) die Entwicklung und Durchführung von Bildungsprogrammen und Programmen zur Förderung des öffentlichen Bewußtseins in bezug auf die Klimaänderungen und ihre Folgen;
  ii) den öffentlichen Zugang zu Informationen über die Klimaänderungen und ihre Folgen;
  iii) die Beteiligung der Öffentlichkeit an der Beschäftigung mit den Klimaänderungen und ihren Folgen sowie an der Entwicklung geeigneter Gegenmaßnahmen;
  iv) die Ausbildung wissenschaftlichen, technischen und leitenden Personals;

b) auf internationaler Ebene, gegebenenfalls unter Nutzung bestehender Gremien, bei folgenden Aufgaben zusammenarbeiten und sie unterstützen:
  i) Entwicklung und Austausch von Bildungsmaterial und Unterlagen zur Förderung des öffentlichen Bewußtseins in bezug auf die Klimaänderungen und ihre Folgen;
  ii) Entwicklung und Durchführung von Bildungs- und Ausbildungsprogrammen, unter anderem durch die Stärkung nationaler Institutionen und den Austausch oder die Entsendung von Personal zur Ausbildung von Sachverständigen auf diesem Gebiet, vor allem für Entwicklungsländer.

Artikel 7
Konferenz der Vertragsparteien

1. Hiermit wird eine Konferenz der Vertragsparteien eingesetzt.
2. Die Konferenz der Vertragsparteien als oberstes Gremium dieses Übereinkommens überprüft in regelmäßigen Abständen die Durchführung des Übereinkommens und aller damit zusammenhängenden Rechtsinstrumente, die sie beschließt, und faßt im Rahmen ihres Auftrags die notwendigen Beschlüsse, um die wirksame Durchführung des Übereinkommens zu fördern. Zu diesem Zweck wird sie wie folgt tätig:
    a) Sie prüft anhand des Zieles des Übereinkommens, der bei seiner Durchführung gewonnenen Erfahrungen und der Weiterentwicklung der wissenschaftlichen und technologischen Kenntnisse in regelmäßigen Abständen die Verpflichtungen der Vertragsparteien und die institutionellen Regelungen aufgrund des Übereinkommens;

b) sie fördert und erleichtert den Austausch von Informationen über die von den Vertragsparteien beschlossenen Maßnahmen zur Bekämpfung der Klimaänderungen und ihrer Folgen unter Berücksichtigung der unterschiedlichen Gegebenheiten, Verantwortlichkeiten und Fähigkeiten der Vertragsparteien und ihrer jeweiligen Verpflichtungen aus dem Übereinkommen;
c) auf Ersuchen von zwei oder mehr Vertragsparteien erleichtert sie die Koordinierung der von ihnen beschlossenen Maßnahmen zur Bekämpfung der Klimaänderungen und ihrer Folgen unter Berücksichtigung der unterschiedlichen Gegebenheiten, Verantwortlichkeiten und Fähigkeiten der Vertragsparteien und ihrer jeweiligen Verpflichtungen aus dem Übereinkommen;
d) sie fördert und leitet in Übereinstimmung mit dem Ziel und den Bestimmungen des Übereinkommens die Entwicklung und regelmäßige Verfeinerung vergleichbarer Methoden, die von der Konferenz der Vertragsparteien zu vereinbaren sind, unter anderem zur Aufstellung von Verzeichnissen der Emissionen von Treibhausgasen aus Quellen und des Abbaus solcher Gase durch Senken und zur Beurteilung der Wirksamkeit der zur Begrenzung der Emissionen und Förderung des Abbaus dieser Gase ergriffenen Maßnahmen;
e) auf der Grundlage aller ihr nach dem Übereinkommen zur Verfügung gestellten Informationen beurteilt sie die Durchführung des Übereinkommens durch die Vertragsparteien, die Gesamtwirkung der aufgrund des Übereinkommens ergriffenen Maßnahmen, insbesondere die Auswirkungen auf die Umwelt, die Wirtschaft und den Sozialbereich sowie deren kumulative Wirkung, und die bei der Verwirklichung des Zieles des Übereinkommens erreichten Fortschritte;
f) sie prüft und beschließt regelmäßige Berichte über die Durchführung des Übereinkommens und sorgt für deren Veröffentlichung;
g) sie gibt Empfehlungen zu allen für die Durchführung des Übereinkommens erforderlichen Angelegenheiten ab;
h) sie bemüht sich um die Aufbringung finanzieller Mittel nach Artikel 4 Absätze 3, 4 und 5 sowie Artikel 11;
i) sie setzt die zur Durchführung des Übereinkommens für notwendig erachteten Nebenorgane ein;
j) sie überprüft die ihr von ihren Nebenorganen vorgelegten Berichte und gibt ihnen Richtlinien vor;
k) sie vereinbart und beschließt durch Konsens für sich selbst und ihre Nebenorgane eine Geschäfts- und eine Finanzordnung;
l) sie bemüht sich um - und nutzt gegebenenfalls - die Dienste und Mitarbeit zuständiger internationaler Organisationen und zwischenstaatlicher und nichtstaatlicher Gremien sowie die von diesen zur Verfügung gestellten Informationen;
m) sie erfüllt die zur Verwirklichung des Zieles des Übereinkommens notwendigen sonstigen Aufgaben sowie alle anderen ihr aufgrund des Übereinkommens zugewiesenen Aufgaben.
3. Die Konferenz der Vertragsparteien beschließt auf ihrer ersten Tagung für sich selbst und für die nach dem Übereinkommen eingesetzten Nebenorgane eine Geschäftsordnung, die das Beschlußverfahren in Angelegenheiten vorsieht, für die nicht bereits im Übereinkommen selbst entsprechende Verfahren vorgesehen sind. Diese Verfahren können auch die Mehrheiten für bestimmte Beschlußfassungen festlegen.
4. Die erste Tagung der Konferenz der Vertragsparteien wird von dem in Artikel 21 vorgesehenen vorläufigen Sekretariat einberufen und findet spätestens ein Jahr nach

Inkrafttreten des Übereinkommens statt. Danach finden ordentliche Tagungen der Konferenz der Vertragsparteien einmal jährlich statt, sofern nicht die Konferenz der Vertragsparteien etwas anderes beschließt.

5. Außerordentliche Tagungen der Konferenz der Vertragsparteien finden statt, wenn es die Konferenz für notwendig erachtet oder eine Vertragspartei schriftlich beantragt, sofern dieser Antrag innerhalb von sechs Monaten nach seiner Übermittlung durch das Sekretariat von mindestens einem Drittel der Vertragsparteien unterstützt wird.

6. Die Vereinten Nationen, ihre Sonderorganisationen und die Internationale Atomenergie-Organisation sowie jeder Mitgliedstaat einer solchen Organisation oder jeder Beobachter bei einer solchen Organisation, der nicht Vertragspartei des Übereinkommens ist, können auf den Tagungen der Konferenz der Vertragsparteien als Beobachter vertreten sein. Jede Stelle, national oder international, staatlich oder nichtstaatlich, die in vom Übereinkommen erfaßten Angelegenheiten fachlich befähigt ist und dem Sekretariat ihren Wunsch mitgeteilt hat, auf einer Tagung der Konferenz der Vertragsparteien als Beobachter vertreten zu sein, kann als solcher zugelassen werden, sofern nicht mindestens ein Drittel der anwesenden Vertragsparteien widerspricht. Die Zulassung und Teilnahme von Beobachtern unterliegen der von der Konferenz der Vertragsparteien beschlossenen Geschäftsordnung.

Artikel 8
Sekretariat

1. Hiermit wird ein Sekretariat eingesetzt.
2. Das Sekretariat hat folgende Aufgaben:
   a) Es veranstaltet die Tagungen der Konferenz der Vertragsparteien und ihrer aufgrund des Übereinkommens eingesetzten Nebenorgane und stellt die erforderlichen Dienste bereit;
   b) es stellt die ihm vorgelegten Berichte zusammen und leitet sie weiter;
   c) es unterstützt die Vertragsparteien, insbesondere diejenigen, die Entwicklungsländer sind, auf Ersuchen bei der Zusammenstellung und Weiterleitung der nach dem Übereinkommen erforderlichen Informationen;
   d) es erarbeitet Berichte über seine Tätigkeit und legt sie der Konferenz der Vertragsparteien vor;
   e) es sorgt für die notwendige Koordinierung mit den Sekretariaten anderer einschlägiger internationaler Stellen;
   f) es trifft unter allgemeiner Aufsicht der Konferenz der Vertragsparteien die für die wirksame Erfüllung seiner Aufgaben notwendigen verwaltungsmäßigen und vertraglichen Vorkehrungen;
   g) es nimmt die anderen im Übereinkommen und dessen Protokollen vorgesehenen Sekretariatsaufgaben sowie sonstige Aufgaben wahr, die ihm von der Konferenz der Vertragsparteien zugewiesen werden.
3. Die Konferenz der Vertragsparteien bestimmt auf ihrer ersten Tagung ein ständiges Sekretariat und sorgt dafür, daß es ordnungsgemäß arbeiten kann.

Artikel 9
Nebenorgan für wissenschaftliche und technologische Beratung

1. Hiermit wird ein Nebenorgan für wissenschaftliche und technologische Beratung eingesetzt, das der Konferenz der Vertragsparteien und gegebenenfalls deren anderen

Nebenorganen zu gegebener Zeit Informationen und Gutachten zu wissenschaftlichen und technologischen Fragen im Zusammenhang mit dem Übereinkommen zur Verfügung stellt. Dieses Organ steht allen Vertragsparteien zur Teilnahme offen; es ist fachübergreifend. Es umfaßt Regierungsvertreter, die in ihrem jeweiligen Zuständigkeitsgebiet fachlich befähigt sind. Es berichtet der Konferenz der Vertragsparteien regelmäßig über alle Aspekte seiner Arbeit.

2. Unter Aufsicht der Konferenz der Vertragsparteien und unter Heranziehung bestehender zuständiger internationaler Gremien wird dieses Organ wie folgt tätig:
   a) Es stellt Beurteilungen zum Stand der wissenschaftlichen Kenntnisse auf dem Gebiet der Klimaänderungen und ihrer Folgen zur Verfügung;
   b) es verfaßt wissenschaftliche Beurteilungen über die Auswirkungen der zur Durchführung des Übereinkommens ergriffenen Maßnahmen;
   c) es bestimmt innovative, leistungsfähige und dem Stand der Technik entsprechende Technologien und Know-how und zeigt Möglichkeiten zur Förderung der Entwicklung solcher Technologien und zu ihrer Weitergabe auf;
   d) es gibt Gutachten zu wissenschaftlichen Programmen, zur internationalen Zusammenarbeit bei der Forschung und Entwicklung im Zusammenhang mit den Klimaänderungen und zu Möglichkeiten ab, den Aufbau der im Land vorhandenen Kapazitäten in den Entwicklungsländern zu unterstützen;
   e) es beantwortet wissenschaftliche, technologische und methodologische Fragen, die ihm von der Konferenz der Vertragsparteien und ihren Nebenorganen vorgelegt werden.
3. Die weiteren Einzelheiten der Aufgaben und des Mandats dieses Organs können von der Konferenz der Vertragsparteien festgelegt werden.

Artikel 10
Nebenorgan für die Durchführung des Übereinkommens

1. Hiermit wird ein Nebenorgan für die Durchführung des Übereinkommens eingesetzt, das die Konferenz der Vertragsparteien bei der Beurteilung und Überprüfung der wirksamen Durchführung des Übereinkommens unterstützt. Dieses Organ steht allen Vertragsparteien zur Teilnahme offen; es umfaßt Regierungsvertreter, die Sachverständige auf dem Gebiet der Klimaänderungen sind. Es berichtet der Konferenz der Vertragsparteien regelmäßig über alle Aspekte seiner Arbeit.
2. Unter Aufsicht der Konferenz der Vertragsparteien wird dieses Organ wie folgt tätig:
   a) Es prüft die nach Artikel 12 Absatz 1 übermittelten Informationen, um die Gesamtwirkung der von den Vertragsparteien ergriffenen Maßnahmen anhand der neuesten wissenschaftlichen Beurteilungen der Klimaänderungen zu beurteilen;
   b) es prüft die nach Artikel 12 Absatz 2 übermittelten Informationen, um die Konferenz der Vertragsparteien bei der Durchführung der in Artikel 4 Absatz 2 Buchstabe d geforderten Überprüfung zu unterstützen;
   c) es unterstützt die Konferenz der Vertragsparteien gegebenenfalls bei der Vorbereitung und Durchführung ihrer Beschlüsse.

Artikel 11
Finanzierungsmechanismus

1. Hiermit wird ein Mechanismus zur Bereitstellung finanzieller Mittel in Form unentgeltlicher Zuschüsse oder zu Vorzugsbedingungen, auch für die Weitergabe von Tech-

nologie, festgelegt. Er arbeitet unter Aufsicht der Konferenz der Vertragsparteien und ist dieser gegenüber verantwortlich; die Konferenz der Vertragsparteien entscheidet über seine Politiken, seine Programmprioritäten und seine Zuteilungskriterien im Zusammenhang mit dem Übereinkommen. Die Erfüllung seiner Aufgaben wird einer oder mehreren bestehenden internationalen Einrichtungen anvertraut.
2. Der Finanzierungsmechanismus wird auf der Grundlage einer gerechten und ausgewogenen Vertretung aller Vertragsparteien mit einer transparenten Leistungsstruktur errichtet.
3. Die Konferenz der Vertragsparteien und die Einrichtung oder Einrichtungen, denen die Erfüllung der Aufgaben des Finanzierungsmechanismus anvertraut ist, vereinbaren Vorkehrungen, durch die den obigen Absätzen Wirksamkeit verliehen wird, darunter folgendes:
   a) Modalitäten, durch die sichergestellt wird, daß die finanzierten Vorhaben zur Bekämpfung der Klimaänderungen mit den von der Konferenz der Vertragsparteien aufgestellten Politiken, Programmprioritäten und Zuteilungskriterien im Einklang stehen;
   b) Modalitäten, durch die ein bestimmter Finanzierungsbeschluß anhand dieser Politiken, Programmprioritäten und Zuteilungskriterien überprüft werden kann;
   c) Erstattung regelmäßiger Berichte an die Konferenz der Vertragsparteien durch die Einrichtung oder Einrichtungen über deren Finanzierungstätigkeiten entsprechend der in Absatz 1 vorgesehenen Verantwortlichkeit;
   d) Festlegung der Höhe des zur Durchführung dieses Übereinkommens erforderlichen und verfügbaren Betrags sowie der Bedingungen, unter denen dieser Betrag in regelmäßigen Abständen überprüft wird, in berechenbarer und nachvollziehbarer Weise.
4. Die Konferenz der Vertragsparteien trifft auf ihrer ersten Tagung Vorkehrungen zur Durchführung der obigen Bestimmungen, wobei sie die in Artikel 21 Absatz 3 vorgesehenen vorläufigen Regelungen überprüft und berücksichtigt, und entscheidet, ob diese vorläufigen Regelungen beibehalten werden sollen. Innerhalb der darauffolgenden vier Jahre überprüft die Konferenz der Vertragsparteien den Finanzierungsmechanismus und ergreift angemessene Maßnahmen.
5. Die Vertragsparteien, die entwickelte Länder sind, können auch finanzielle Mittel im Zusammenhang mit der Durchführung des Übereinkommens auf bilateralem, regionalem oder multilateralem Weg zur Verfügung stellen, welche die Vertragsparteien, die Entwicklungsländer sind, in Anspruch nehmen können.

Artikel 12
Weiterleitung von Informationen über die Durchführung des Übereinkommens

1. Nach Artikel 4 Absatz 1 übermittelt jede Vertragspartei der Konferenz der Vertragsparteien über das Sekretariat folgende Informationen:
   a) ein nationales Verzeichnis der anthropogenen Emissionen aller nicht durch das Montrealer Protokoll geregelten Treibhausgase aus Quellen und des Abbaus solcher Gase durch Senken, soweit es die ihr zur Verfügung stehenden Mittel erlauben, unter Verwendung vergleichbarer Methoden, die von der Konferenz der Vertragsparteien gefördert und vereinbart werden;

b) eine allgemeine Beschreibung der von der Vertragspartei ergriffenen oder geplanten Maßnahmen zur Durchführung des Übereinkommens;

c) alle sonstigen Informationen, die nach Auffassung der Vertragspartei für die Verwirklichung des Zieles des Übereinkommens wichtig und zur Aufnahme in ihre Mitteilung geeignet sind, darunter soweit möglich Material, das zur Berechnung globaler Emissionstrends von Bedeutung ist.

2. Jede Vertragspartei, die ein entwickeltes Land ist, und jede andere in Anlage I aufgeführte Vertragspartei nimmt in ihre Mitteilung folgende Informationen auf:

   a) eine genaue Beschreibung der Politiken und Maßnahmen; die sie zur Erfüllung ihrer Verpflichtungen nach Artikel 4 Absatz 2 Buchstaben a und b beschlossen hat;

   b) eine genaue Schätzung der Auswirkungen, welche die unter Buchstabe a vorgesehenen Politiken und Maßnahmen auf die anthropogenen Emissionen von Treibhausgasen aus Quellen und den Abbau solcher Gase durch Senken innerhalb des in Artikel 4 Absatz 2 Buchstabe a genannten Zeitraums haben werden.

3. Außerdem macht jede Vertragspartei, die ein entwickeltes Land ist, und jede andere in Anlage II aufgeführte entwickelte Vertragspartei Angaben über die nach Artikel 4 Absätze 3, 4 und 5 ergriffenen Maßnahmen.

4. Die Vertragsparteien, die Entwicklungsländer sind, können auf freiwilliger Grundlage Vorhaben zur Finanzierung vorschlagen unter Angabe der Technologien, Materialien, Ausrüstungen, Techniken oder Verfahren, die zur Durchführung solcher Vorhaben notwendig wären, und, wenn möglich, unter Vorlage einer Schätzung aller Mehrkosten, der Verringerung von Emissionen von Treibhausgasen und des zusätzlichen Abbaus solcher Gase sowie einer Schätzung der sich daraus ergebenden Vorteile.

5. Jede Vertragspartei, die ein entwickeltes Land ist, und jede andere in Anlage I aufgeführte Vertragspartei übermittelt ihre erste Mitteilung innerhalb von sechs Monaten nach Inkrafttreten des Übereinkommens für diese Vertragspartei. Jede nicht darin aufgeführte Vertragspartei übermittelt ihre erste Mitteilung innerhalb von drei Jahren nach Inkrafttreten des Übereinkommens für diese Vertragspartei oder nach der Bereitstellung finanzieller Mittel gemäß Artikel 4 Absatz 3. Vertragsparteien, die zu den am wenigsten entwickelten Ländern gehören, können ihre erste Mitteilung nach eigenem Ermessen übermitteln. Die Konferenz der Vertragsparteien bestimmt die Zeitabstände, in denen alle Vertragsparteien ihre späteren Mitteilungen zu übermitteln haben, wobei der in diesem Absatz dargelegte gestaffelte Zeitplan zu berücksichtigen ist.

6. Die von den Vertragsparteien nach diesem Artikel übermittelten Angaben werden vom Sekretariat so schnell wie möglich an die Konferenz der Vertragsparteien und an alle betroffenen Nebenorgane weitergeleitet. Falls erforderlich, können die Verfahren zur Übermittlung von Informationen von der Konferenz der Vertragsparteien überarbeitet werden.

7. Von ihrer ersten Tagung an sorgt die Konferenz der Vertragsparteien dafür, daß den Vertragsparteien, die Entwicklungsländer sind, auf Ersuchen technische und finanzielle Hilfe bei der Zusammenstellung und Übermittlung von Informationen nach diesem Artikel sowie bei der Bestimmung des technischen und finanziellen Bedarfs zur Durchführung der vorgeschlagenen Vorhaben und der Bekämpfungsmaßnahmen nach Artikel 4 gewährt wird. Solche Hilfe kann je nach Bedarf von anderen Vertragsparteien, von den zuständigen internationalen Organisationen und vom Sekretariat zur Verfügung gestellt werden.

8. Jede Gruppe von Vertragsparteien kann vorbehaltlich der von der Konferenz der Vertragsparteien angenommenen Leitlinien und vorbehaltlich vorheriger Notifikation an

die Konferenz der Vertragsparteien in Erfüllung ihrer Verpflichtungen nach diesem Artikel eine gemeinsame Mitteilung übermitteln, sofern diese Angaben über die Erfüllung der jeweiligen Einzelverpflichtungen aus dem Übereinkommen durch die einzelnen Vertragsparteien enthält.
9. Alle beim Sekretariat eingehenden Informationen, die eine Vertragspartei im Einklang mit den von der Konferenz der Vertragsparteien festzulegenden Kriterien als vertraulich eingestuft hat, werden vom Sekretariat zusammengefaßt, um ihre Vertraulichkeit zu schützen, bevor sie einem der an der Weiterleitung und Überprüfung von Informationen beteiligten Gremien zur Verfügung gestellt werden.
10. Vorbehaltlich des Absatzes 9 und unbeschadet des Rechts einer jeden Vertragspartei, ihre Mitteilung jederzeit zu veröffentlichen, macht das Sekretariat die von den Vertragsparteien nach diesem Artikel übermittelten Mitteilungen zu dem Zeitpunkt öffentlich verfügbar, zu dem sie der Konferenz der Vertragsparteien vorgelegt werden.

Artikel 13
Lösung von Fragen der Durchführung des Übereinkommens

Die Konferenz der Vertragsparteien prüft auf ihrer ersten Tagung die Einführung eines mehrseitigen Beratungsverfahrens zur Lösung von Fragen der Durchführung des Übereinkommens, das den Vertragsparteien auf Ersuchen zur Verfügung steht.

Artikel 14
Beilegung von Streitigkeiten

1. Im Fall einer Streitigkeit zwischen zwei oder mehr Vertragsparteien über die Auslegung oder Anwendung des Übereinkommens bemühen sich die betroffenen Vertragsparteien um eine Beilegung der Streitigkeit durch Verhandlungen oder andere friedliche Mittel ihrer Wahl.
2. Bei der Ratifikation, der Annahme oder der Genehmigung des Übereinkommens oder beim Beitritt zum Übereinkommen oder jederzeit danach kann eine Vertragspartei, die keine Organisation der regionalen Wirtschaftsintegration ist, in einer dem Verwahrer vorgelegten schriftlichen Urkunde erklären, daß sie in bezug auf jede Streitigkeit über die Auslegung oder Anwendung des Übereinkommens folgende Verfahren gegenüber jeder Vertragspartei, welche dieselbe Verpflichtung übernimmt, von Rechts wegen und ohne besondere Übereinkunft als obligatorisch anerkennt:
   a) Vorlage der Streitigkeit an den Internationalen Gerichtshof und/oder
   b) ein Schiedsverfahren nach Verfahren, die von der Konferenz der Vertragsparteien sobald wie möglich in einer Anlage über ein Schiedsverfahren beschlossen werden.

   Eine Vertragspartei, die eine Organisation der regionalen Wirtschaftsintegration ist, kann in bezug auf ein Schiedsverfahren nach dem unter Buchstabe b vorgesehenen Verfahren eine Erklärung mit gleicher Wirkung abgeben.
3. Eine nach Absatz 2 abgegebene Erklärung bleibt in Kraft, bis sie gemäß den darin enthaltenen Bestimmungen erlischt, oder bis zum Ablauf von drei Monaten nach Hinterlegung einer schriftlichen Rücknahmenotifikation beim Verwahrer.
4. Eine neue Erklärung, eine Rücknahmenotifikation oder das Erlöschen einer Erklärung berührt nicht die beim Internationalen Gerichtshof oder bei dem Schiedsgericht anhängigen Verfahren, sofern die Streitparteien nichts anderes vereinbaren.

5. Vorbehaltlich des Absatzes 2 wird die Streitigkeit auf Ersuchen einer der Streitparteien einem Vergleichsverfahren unterworfen, wenn nach Ablauf von zwölf Monaten, nachdem eine Vertragspartei einer anderen notifiziert hat, daß eine Streitigkeit zwischen ihnen besteht, die betreffenden Vertragsparteien ihre Streitigkeit nicht durch die in Absatz 1 genannten Mittel beilegen konnten.
6. Auf Ersuchen einer der Streitparteien wird eine Vergleichskommission gebildet. Die Kommission besteht aus einer jeweils gleichen Anzahl von durch die betreffenden Parteien ernannten Mitgliedern sowie einem Vorsitzenden, der gemeinsam von den durch die Parteien ernannten Mitgliedern gewählt wird. Die Kommission fällt einen Spruch mit Empfehlungscharakter, den die Parteien nach Treu und Glauben prüfen.
7. Weitere Verfahren in Zusammenhang mit dem Vergleichsverfahren werden von der Konferenz der Vertragsparteien so bald wie möglich in einer Anlage über ein Vergleichsverfahren beschlossen.
8. Dieser Artikel findet auf jedes mit dem Übereinkommen in Zusammenhang stehende Rechtsinstrument Anwendung, das die Konferenz der Vertragsparteien beschließt, sofern das Instrument nichts anderes bestimmt.

Artikel 15
Änderungen des Übereinkommens

1. Jede Vertragspartei kann Änderungen des Übereinkommens vorschlagen.
2. Änderungen des Übereinkommens werden auf einer ordentlichen Tagung der Konferenz der Vertragsparteien beschlossen. Der Wortlaut einer vorgeschlagenen Änderung des Übereinkommens wird den Vertragsparteien mindestens sechs Monate vor der Sitzung, auf der die Änderung zur Beschlußfassung vorgeschlagen wird, vom Sekretariat übermittelt. Das Sekretariat übermittelt vorgeschlagene Änderungen auch den Unterzeichnern des Übereinkommens und zur Kenntnisnahme dem Verwahrer.
3. Die Vertragsparteien bemühen sich nach Kräften um eine Einigung durch Konsens über eine vorgeschlagene Änderung des Übereinkommens. Sind alle Bemühungen um einen Konsens erschöpft und wird keine Einigung erzielt, so wird als letztes Mittel die Änderung mit Dreiviertelmehrheit der auf der Sitzung anwesenden und abstimmenden Vertragsparteien beschlossen. Die beschlossene Änderung wird vom Sekretariat dem Verwahrer übermittelt, der sie an alle Vertragsparteien zur Annahme weiterleitet.
4. Die Annahmeurkunden in bezug auf jede Änderung werden beim Verwahrer hinterlegt. Eine nach Absatz 3 beschlossene Änderung tritt für die Vertragsparteien, die sie angenommen haben, am neunzigsten Tag nach dem Zeitpunkt in Kraft, zu dem Annahmeurkunden von mindestens drei Vierteln der Vertragsparteien des Übereinkommens beim Verwahrer eingegangen sind.
5. Für jede andere Vertragspartei tritt die Änderung am neunzigsten Tag nach dem Zeitpunkt in Kraft, zu dem diese Vertragspartei ihre Urkunde über die Annahme der betreffenden Änderung beim Verwahrer hinterlegt hat.
6. Im Sinne dieses Artikels bedeutet „anwesende und abstimmende Vertragsparteien" die anwesenden Vertragsparteien, die eine Ja- oder eine Nein-Stimme abgeben.

Artikel 16
Beschlußfassung über Anlagen und Änderung von Anlagen des Übereinkommens

1. Die Anlagen des Übereinkommens sind Bestandteil des Übereinkommens; sofern nicht ausdrücklich etwas anderes vorgesehen ist, stellt eine Bezugnahme auf das Übereinkommen gleichzeitig eine Bezugnahme auf die Anlagen dar. Unbeschadet des Artikels 14 Absatz 2 Buchstabe b und Absatz 7 sind solche Anlagen auf Listen, Formblätter und andere erläuternde Materialien wissenschaftlicher, technischer, verfahrensmäßiger oder verwaltungstechnischer Art beschränkt.
2. Anlagen des Übereinkommens werden nach dem in Artikel 15 Absätze 2, 3 und 4 festgelegten Verfahren vorgeschlagen und beschlossen.
3. Eine Anlage, die nach Absatz 2 beschlossen worden ist, tritt für alle Vertragsparteien des Übereinkommens sechs Monate nach dem Zeitpunkt in Kraft, zu dem der Verwahrer diesen Vertragsparteien mitgeteilt hat, daß die Anlage beschlossen worden ist; ausgenommen sind die Vertragsparteien, die dem Verwahrer innerhalb dieses Zeitraums schriftlich notifiziert haben, daß sie die Anlage nicht annehmen. Für die Vertragsparteien, die ihre Notifikation über die Nichtannahme zurücknehmen, tritt die Anlage am neunzigsten Tag nach dem Zeitpunkt in Kraft, zu dem die Rücknahmenotifikation beim Verwahrer eingeht.
4. Der Vorschlag von Änderungen von Anlagen des Übereinkommens, die Beschlußfassung darüber und das Inkrafttreten derselben unterliegen demselben Verfahren wie der Vorschlag von Anlagen des Übereinkommens, die Beschlußfassung darüber und das Inkrafttreten derselben nach den Absätzen 2 und 3.
5. Hat die Beschlußfassung über eine Anlage oder eine Änderung einer Anlage eine Änderung des Übereinkommens zur Folge, so tritt diese Anlage oder diese Änderung einer Anlage erst in Kraft, wenn die Änderung des Übereinkommens selbst in Kraft tritt.

Artikel 17
Protokolle

1. Die Konferenz der Vertragsparteien kann auf jeder ordentlichen Tagung Protokolle des Übereinkommens beschließen.
2. Der Wortlaut eines vorgeschlagenen Protokolls wird den Vertragsparteien mindestens sechs Monate vor der betreffenden Tagung vom Sekretariat übermittelt.
3. Die Voraussetzungen für das Inkrafttreten eines Protokolls werden durch das Protokoll selbst festgelegt.
4. Nur Vertragsparteien des Übereinkommens können Vertragsparteien eines Protokolls werden.
5. Beschlüsse aufgrund eines Protokolls werden nur von den Vertragsparteien des betreffenden Protokolls gefaßt.

Artikel 18
Stimmrecht

1. Jede Vertragspartei des Übereinkommens hat eine Stimme, sofern nicht in Absatz 2 etwas anderes bestimmt ist.

2. Organisationen der regionalen Wirtschaftsintegration üben in Angelegenheiten ihrer Zuständigkeit ihr Stimmrecht mit der Anzahl von Stimmen aus, die der Anzahl ihrer Mitgliedstaaten entspricht, die Vertragsparteien des Übereinkommens sind. Eine solche Organisation übt ihr Stimmrecht nicht aus, wenn einer ihrer Mitgliedstaaten sein Stimmrecht ausübt, und umgekehrt.

Artikel 19
Verwahrer

Der Generalsekretär der Vereinten Nationen ist Verwahrer des Übereinkommens und der nach Artikel 17 beschlossenen Protokolle.

Artikel 20
Unterzeichnung

Dieses Übereinkommen liegt während der Konferenz der Vereinten Nationen über Umwelt und Entwicklung in Rio de Janeiro und danach vom 20. Juni 1992 bis zum 19. Juni 1993 am Sitz der Vereinten Nationen in New York für die Mitgliedstaaten der Vereinten Nationen oder einer ihrer Sonderorganisationen oder für Vertragsstaaten des Statuts des Internationalen Gerichtshofs sowie für Organisationen der regionalen Wirtschaftsintegration zur Unterzeichnung aus.

Artikel 21
Vorläufige Regelungen

1. Bis zum Abschluß der ersten Tagung der Konferenz der Vertragsparteien werden die in Artikel 8 genannten Sekretariatsaufgaben vorläufig durch das von der Generalversammlung der Vereinten Nationen in ihrer Resolution 45/212 vom 21. Dezember 1990 eingesetzte Sekretariat übernommen.
2. Der Leiter des in Absatz 1 genannten vorläufigen Sekretariats arbeitet eng mit der Zwischenstaatlichen Sachverständigengruppe über Klimaänderungen (Intergovernmental Panel on Climate Change) zusammen, um sicherzustellen, daß die Gruppe dem Bedarf an objektiver wissenschaftlicher und technischer Beratung entsprechen kann. Andere maßgebliche wissenschaftliche Gremien können auch befragt werden.
3. Die Globale Umweltfazilität des Entwicklungsprogramms der Vereinten Nationen, des Umweltprogramms der Vereinten Nationen und der Internationalen Bank für Wiederaufbau und Entwicklung ist die internationale Einrichtung, der vorläufig die Erfüllung der Aufgaben des in Artikel 11 vorgesehenen Finanzierungsmechanismus anvertraut ist. Hierzu sollte die Globale Umweltfazilität angemessen umstrukturiert werden und allen Staaten offenstehen, damit sie den Anforderungen des Artikels 11 gerecht werden kann.

Artikel 22
Ratifikation, Annahme, Genehmigung oder Beitritt

1. Das Übereinkommen bedarf der Ratifikation, der Annahme, der Genehmigung oder des Beitritts durch die Staaten und durch die Organisationen der regionalen Wirtschaftsintegration. Es steht von dem Tag an, an dem es nicht mehr zur Unterzeichnung aufliegt, zum Beitritt offen. Die Ratifikations-, Annahme-, Genehmigungs- oder Beitrittsurkunden werden beim Verwahrer hinterlegt.

2. Jede Organisation der regionalen Wirtschaftsintegration, die Vertragspartei des Übereinkommens wird, ohne daß einer ihrer Mitgliedstaaten Vertragspartei ist, ist durch alle Verpflichtungen aus dem Übereinkommen gebunden. Sind ein oder mehrere Mitgliedstaaten einer solchen Organisation Vertragspartei des Übereinkommens, so entscheiden die Organisation und ihre Mitgliedstaaten über ihre jeweiligen Verantwortlichkeiten hinsichtlich der Erfüllung ihrer Verpflichtungen aus dem Übereinkommen. In diesen Fällen sind die Organisation und die Mitgliedstaaten nicht berechtigt, die Rechte aufgrund des Übereinkommens gleichzeitig auszuüben.
3. In ihren Ratifikations-, Annahme-, Genehmigungs- oder Beitrittsurkunden erklären die Organisationen der regionalen Wirtschaftsintegration den Umfang ihrer Zuständigkeiten in bezug auf die durch das Übereinkommen erfaßten Angelegenheiten. Diese Organisationen teilen auch jede wesentliche Änderung des Umfangs ihrer Zuständigkeiten dem Verwahrer mit, der seinerseits die Vertragsparteien unterrichtet.

Artikel 23
Inkrafttreten

1. Das Übereinkommen tritt am neunzigsten Tag nach dem Zeitpunkt der Hinterlegung der fünfzigsten Ratifikations-, Annahme-, Genehmigungs- oder Beitrittsurkunde in Kraft.
2. Für jeden Staat oder für jede Organisation der regionalen Wirtschaftsintegration, die nach Hinterlegung der fünfzigsten Ratifikations-, Annahme-, Genehmigungs- oder Beitrittsurkunde das Übereinkommen ratifiziert, annimmt, genehmigt oder ihm beitritt, tritt das Übereinkommen am neunzigsten Tag nach dem Zeitpunkt der Hinterlegung der Ratifikations-, Annahme-, Genehmigungs- oder Beitrittsurkunde durch den Staat oder die Organisation der regionalen Wirtschaftsintegration in Kraft.
3. Für die Zwecke der Absätze 1 und 2 zählt eine von einer Organisation der regionalen Wirtschaftsintegration hinterlegte Urkunde nicht als zusätzliche Urkunde zu den von den Mitgliedstaaten der Organisation hinterlegten Urkunden.

Artikel 24
Vorbehalte

Vorbehalte zu dem Übereinkommen sind nicht zulässig.

Artikel 25
Rücktritt

1. Eine Vertragspartei kann jederzeit nach Ablauf von drei Jahren nach dem Zeitpunkt, zu dem das Übereinkommen für sie in Kraft getreten ist, durch eine an den Verwahrer gerichtete schriftliche Notifikation vom Übereinkommen zurücktreten.
2. Der Rücktritt wird nach Ablauf eines Jahres nach dem Eingang der Rücktrittsnotifikation beim Verwahrer oder zu einem gegebenenfalls in der Rücktrittsnotifikation genannten späteren Zeitpunkt wirksam.
3. Eine Vertragspartei, die vom Übereinkommen zurücktritt, gilt auch als von den Protokollen zurückgetreten, deren Vertragspartei sie ist.

Artikel 26
Verbindliche Wortlaute

Die Urschrift dieses Übereinkommens, dessen arabischer, chinesischer, englischer, französischer, russischer und spanischer Wortlaut gleichermaßen verbindlich ist, wird beim Generalsekretär der Vereinten Nationen hinterlegt.

ZU URKUND DESSEN haben die hierzu gehörig befugten Unterzeichneten dieses Übereinkommen unterschrieben.

GESCHEHEN zu New York am 9. Mai 1992.

Anlage I

Australien
Belarus[1]
Belgien
Bulgarien[1]
Dänemark
Deutschland
Estland[1]
Europäische Gemeinschaft
Finnland
Frankreich
Griechenland
Irland
Island
Italien
Japan
Kanada
Lettland[1]
Litauen[1]
Luxemburg
Neuseeland
Niederlande
Norwegen
Österreich
Polen[1]
Portugal
Rumänien[1]
Russische Föderation[1]
Schweden
Schweiz
Spanien
Tschechoslowakei[1]
Türkei
Ukraine[1]
Ungarn[1]
Vereinigte Staaten von Amerika
Vereinigtes Königreich Großbritannien und Nordirland

[1] Länder, die sich im Übergang zur Marktwirtschaft befinden

Anlage II

Australien
Belgien
Dänemark
Deutschland
Europäische Gemeinschaft
Finnland
Frankreich
Griechenland
Irland
Island
Italien
Japan
Kanada
Luxemburg
Neuseeland
Niederlande
Norwegen
Österreich
Portugal
Schweden
Schweiz
Spanien
Türkei
Vereinigte Staaten von Amerika
Vereinigtes Königreich Großbritannien und Nordirland

Anhang B

Beschluß 1/CP.1 vom April 1995 - Berliner Mandat: Überprüfung der Angemessenheit von Artikel 4 Absatz 2(a) und (b) des Übereinkommens, einschließlich Vorschlägen in bezug auf ein Protokoll und Beschlüsse über das weitere Vorgehen*

Die Konferenz der Vertragsparteien, bei ihrer ersten Tagung, *nachdem* sie Art. 4 Absatz 2(a) und (b) des Rahmenübereinkommens der Vereinten Nationen über Klimaänderungen *überprüft hat* und *zu dem Schluß gekommen ist*, daß diese Absätze nicht angemessen sind, *vereinbart*, einen Prozeß einzuleiten, der es ihr ermöglicht, für den Zeitraum nach dem Jahr 2000 in geeigneter Weise zu handeln, einschließlich der Verschärfung der Verpflichtungen der in Annex I des Übereinkommens aufgeführten Vertragsparteien (Annex I-Parteien) gemäß Art. 4 Absatz 2(a) und (b) durch die Annahme eines Protokolls oder eines anderen Rechtsinstrumentes:

I

1. Der Prozeß wird *unter anderem* an folgendem ausgerichtet werden:
   a) den Bestimmungen des Übereinkommens, einschließlich Art. 3, insbesondere den Grundsätzen des Art. 3.1, die wie folgt lauten: „Die Vertragsparteien sollen auf der Grundlage der Gerechtigkeit und entsprechend ihren gemeinsamen, aber unterschiedlichen Verantwortlichkeiten und ihren jeweiligen Fähigkeiten das Klimasystem zum Wohl heutiger und künftiger Generationen schützen. Folglich sollen die Vertragsparteien, die entwickelte Länder sind, bei der Bekämpfung der Klimaänderungen und ihrer nachteiligen Auswirkungen die Führung übernehmen."
   b) den speziellen Bedürfnissen und Anliegen von Vertragsparteien, die Entwicklungsländer sind und auf die sich Art. 4.8 bezieht; den spezifischen Bedürfnissen und der besonderen Lage der am wenigsten entwickelten Länder, auf die sich Art. 4.9 bezieht, und der Lage der Vertragsparteien, auf die sich Art. 4.10 des Übereinkommens bezieht, insbesondere der Vertragsparteien, die Entwicklungsländer sind;
   c) den legitimen Bedürfnissen der Entwicklungsländer, nachhaltiges Wirtschaftswachstum zu erzielen und Armut zu beseitigen, wobei auch anerkannt wird, daß alle Vertragsparteien das Recht auf die Förderung nachhaltiger Entwicklung haben und dieses Recht auch wahrnehmen sollten;
   d) der Tatsache, daß der größte Teil der früheren und gegenwärtigen weltweiten Treibhausgasemissionen aus den entwickelten Ländern stammt, daß die Pro-Kopf-Emissionen in Entwicklungsländern noch verhältnismäßig gering sind und daß der Anteil der aus Entwicklungsländern stammenden weltweiten Emissionen zunehmen wird, damit sie ihre sozialen und Entwicklungsbedürfnisse befriedigen können;
   e) der Tatsache, daß angesichts des globalen Charakters von Klimaänderungen alle Länder aufgerufen sind, so umfassend wie möglich zusammenzuarbeiten und sich an einem wirksamen und angemessenen internationalen Handeln entsprechend

---

* Quelle: Bundesministerium für Umwelt, Naturschutz und Reaktorsicherheit.

ihren gemeinsamen, aber unterschiedlichen Verantwortlichkeiten, ihren jeweiligen Fähigkeiten sowie ihrer sozialen und wirtschaftlichen Lage zu beteiligen;
f) der Erfassung aller Treibhausgase, ihren Emissionen aus Quellen und ihrem Abbau durch Senken, und aller relevanter Sektoren;
g) der Notwendigkeit, daß alle Vertragsparteien im guten Glauben zusammenarbeiten und an diesem Prozeß teilnehmen.

II

2. Der Prozeß wird, *unter anderem*:
   b) bei der Verschärfung der in Art. 4.2(a) und (b) des Übereinkommens enthaltenen Verpflichtungen prioritär darauf abzielen, daß für entwickelte Länder/andere Vertragsparteien, die in Annex I aufgeführt werden, sowohl Politiken und Maßnahmen ausgearbeitet werden als auch quantifizierte Begrenzungs- und Reduzierungsziele für bestimmte Zeithorizonte wie 2005, 2010 und 2020 hinsichtlich ihrer anthropogenen Emissionen der nicht vom Montrealer Protokoll erfaßten Treibhausgase aus Quellen und den Abbau solcher Gase durch Senken festgelegt werden, wobei die unterschiedlichen Ausgangspositionen und Ansätze sowie die unterschiedlichen Wirtschaftsstrukturen und Ressourcen berücksichtigt werden und der Notwendigkeit, starkes und nachhaltiges Wirtschaftswachstum aufrechtzuerhalten, den verfügbaren Technologien und anderen Einzelumständen sowie der Tatsache Rechnung getragen wird, daß jede dieser Vertragsparteien zu dem weltweiten Bemühen gerechte und angemessene Beiträge leisten muß, und außerdem der in Abschnitt III Absatz 4 genannte Prozeß der Analyse und Beurteilung berücksichtigt wird;
   c) keine neuen Verpflichtungen für nicht in Annex I aufgeführte Vertragsparteien einführen, aber die bestehenden Verpflichtungen in Art. 4.1 bekräftigen und die Erfüllung dieser Verpflichtungen weiter beschleunigen, um nachhaltige Entwicklung zu erreichen, wobei Art. 4.3, 4.5 und 4.7 berücksichtigt werden;
   d) gegebenenfalls jedes Ergebnis aus der in Art. 4.2(f) genannten Überprüfung und jede Notifikation gemäß Art. 4.2(g) berücksichtigen;
   e) gemäß Art. 4.2(e) im geeigneten Fall die Koordination einschlägiger Wirtschafts- und Verwaltungsinstrumente zwischen den Annex I-Parteien prüfen und dabei Art. 3.5 berücksichtigen;
   f) den Austausch von Erfahrungen mit nationalen Aktivitäten in Bereichen von Interesse vorsehen, insbesondere in denen, die bei der Überprüfung und Synthese verfügbarer nationaler Berichte festgestellt wurden und
   g) für einen Überprüfungsmechanismus sorgen.

III

3. Der Prozeß wird im Lichte der besten verfügbaren wissenschaftlichen Informationen und Beurteilungen von Klimaänderungen und ihren Auswirkungen sowie einschlägiger technischer, sozialer und wirtschaftlicher Informationen, einschließlich *unter anderem* von Berichten des Zwischenstaatlichen Ausschusses über Klimaänderungen (IPCC) ablaufen. Er wird außerdem weiteres, zur Verfügung stehendes Fachwissen nutzen.
4. Der Prozeß wird in seinem frühen Stadium eine Analyse und Beurteilung umfassen, durch die mögliche Politiken und Maßnahmen für Annex I-Parteien, die zur Begrenzung und Reduktion von Treibhausgasemissionen aus Quellen und zum Schutz und zur

Erweiterung von Senken und Speichern von Treibhausgasen beitragen könnten, ausgewiesen werden. Durch diesen Prozeß könnten Auswirkungen auf die Umwelt und die Wirtschaft sowie die Ergebnisse, die in bezug auf die Zeithorizonte wie 2005, 2010 und 2020 erreicht werden könnten, bestimmt werden.
5. Der Protokollentwurf der Gruppe Kleiner Inselstaaten (Alliance of Small Island States, AOSIS), der bestimmte Reduktionsziele enthält und gemäß Art. 17 des Übereinkommens formell vorgelegt wurde, sollte zusammen mit weiteren Vorschlägen und einschlägigen Unterlagen in dem Prozeß mitberücksichtigt werden.
6. Der Prozeß sollte unverzüglich beginnen und als dringende Angelegenheit in einer allen Vertragsparteien zur Teilnahme offenstehenden Ad hoc-Gruppe, die hierdurch eingerichtet wird und die der zweiten Tagung der Konferenz der Vertragsparteien über den Stand dieses Prozesses berichten wird, behandelt werden. Die Tagungen dieser Gruppe sollten zeitlich so angesetzt werden, daß der Abschluß der Arbeit so früh wie möglich im Laufe des Jahres 1997 sichergestellt ist, um die Ergebnisse auf der dritten Tagung der Konferenz der Vertragsparteien annehmen zu können.

Anhang C

Anschriften zur Klimapolitik

Wissenschaft/Forschungsinstitute

Deutsche Meteorologische Gesellschaft e.V., Mont Royal, 54841 Traben-Trarbach; T.: 06541/187-37, 182-01 ** FAX: 06541/182 96.
Deutscher Wetterdienst, Postfach 100465, 63067 Offenbach; T.: 069/8062-0 ** Fax: 069/8062-2880.
Deutsches Institut für Urbanistik, Straße des 17. Juni 110/112, 10623 Berlin; T.: 030/39001-0 ** Fax: 030/39001-100.
Deutsches Institut für Wirtschaftsforschung, Königin-Luise-Straße 5, 14195 Berlin; T.: 030/897-89-0 ** Fax: 030/8978-9200.
Deutsches Klimarechenzentrum GmbH, Bundesstraße 55, 20146 Hamburg; T.: 040/41173-0 ** Fax: 040/41173-270.
European Academy of the Urban Environment (EA.UE), Bismarckallee 46-48, 14193 Berlin; T.: 030/895-999-0 ** Fax: 030/895-999-19.
Forschungszentrum Jülich, 52425 Jülich; T.: 02461/610 ** Fax: 02461/61-8100.
Fraunhofer-Institut für Atmosphärische Umweltforschung, Kreuzeckbahnstr. 19, 82467 Garmisch-Partenkirchen; T.: 08821/183-0 ** FAX: 08821/735-73
Fraunhofer-Institut für Systemtechnik und Innovationsforschung (FhFG/ISI) Breslauer Straße 48, 76139 Karlsruhe; T.: 0721/6809-9 ** FAX: 0721/689-152.
Gesamthochschule Kassel, Umweltpsychologie, Holländische Str. 36-38, 34127 Kassel; T.: 0561/804-3579 ** Fax: 0561/804-3586.
GSF Forschungszentrum für Umwelt und Gesundheit, Neuherberg, Postfach 1129, 85758 Oberschleißheim; T.: 089/3187-0 ** Fax: 089/3187-3322.
Hadley Centre, Meteorological Office, London Road, Bracknell, Berks, RG 12 2SY, UK; T.: +44-344/856-653 ** FAX: +44-344/854-898.
Institut für Atmosphärenphysik a.d. Univ. Rostock, Schloßstr. 4-6; 18221 Kühlungsborn; T.: 038293/68-0 ** FAX: 038293/68-50.
Institut für Meteorologie, Freie Universität Berlin, Dietrich-Schäfer-Weg 6-10, 12165 Berlin; T.: 030/8381 ** Fax: 030/838-71128.
Institut für Meteorologie und Geophysik, Johann Wolfgang Goethe-Universität Frankfurt am Main, Postfach 11 19 32, 60054 Frankfurt/M.; T.: 069/798-3440 ** Fax: 069/798-2482.
Institut für Troposphärenforschung e.V., Permoserstr. 15, 04303 Leipzig; T.: 0341/235-2321 ** FAX: 0341/235-2361.
International Institute for Applied Systems Analysis (IIASA), A-2361 Laxenburg, Österreich; T.: +43-2236/8071 ** Fax : +43-2236/71313
Lund University, Department of Ecology, Ecology Building, Östra Vallgatan, S-223 62 Lund, Schweden; T.: +46-46/222-4176 ** Fax: +46-46/222-3742.
Max-Planck-Gesellschaft, AG CO_2-Chemie a.d. Friedrich-Schiller-Univ. Jena, Lessingstr. 12, 07743 Jena; T.: 03641/6360-05 ** FAX: 03641/6353-60.
Max-Planck-Institut für Chemie (Otto-Hahn-Institut), Joh.-Joachim Becher Weg 27, 55128 Mainz; T.: 06131/305-0 ** FAX: 06131/305-388.
Max-Planck-Institut für Gesellschaftsforschung, Lothringer Str. 78, 50677 Köln; T.: 0221/336-050 ** FAX: 0221/336-0555.

Max-Planck-Institut für Meteorologie, Bundesstr. 55, 20146 Hamburg; T.: 040/4117-30 ** FAX: 040/4117-3298.
Max-Planck-Institut für Physik, Werner-Heisenberg-Institut, Föhringer Ring 6, 80805 München; T.: 089/323-540 ** FAX: 089/322-6704.
National Institute of Public Health and Environment Protection (RIVM), P.O. Box, NL-3720 BA Bilthoven, Niederlande; T.: +31-30/274-9111 ** Fax: +31-30/274-2971.
Potsdam-Institut für Klimafolgenforschung e.V., Postfach 601203, 14412 Potsdam; T.: 0331/288-2500 ** FAX: 0331/288-2600.
Rat von Sachverständigen für Umweltfragen, Geschäftsstelle, Postfach 5528, 65180 Wiesbaden; T.: 0611/7632-210 ** FAX: 0611/731-269.
Umweltforschungsinstitut Leipzig-Halle GmbH, Permoserstr. 15, 04318 Leipzig; T.: 0341/235-0 ** FAX: 0341/235-2791.
Universität Oldenburg, Institut für Chemie und Biologie des Meeres (ICBM), Ammerländer Heerstr. 114-118, 26129 Oldenburg; T.: 0441/798-0 ** Fax: 0441/798-3000.
University College London, 26 Bedford Way, London WC1II OAP, Großbritannien; T.: +44-171/380-7579 ** Fax: +44-171/916-0379.
Wageningen Agricultural University, P.O. Box 9101, NL-6700 BV Wageningen; T.: +31-8370/82120 ** Fax: +31-8370/83542.
Wissenschaftlicher Beirat der Bundesregierung Globale Umweltveränderungen, Geschäftsstelle: Alfred-Wegener-Institut für Polar- und Meeresforschung, Columbusstraße, 27568 Bremerhaven; T.: 0471/4831-349 ** FAX: 0471/4831-218.
Wissenschaftszentrum Berlin für Sozialforschung GmbH, WZB Schwerpunkt: Technik - Arbeit - Umwelt, Reichpietschufer 50, 10785 Berlin; T.: 030/2549-10 * Fax: 030/2549-1684.
Wuppertal Institut für Klima, Umwelt, Energie GmbH, im Wissenschaftszentrum Nordrhein-Westfalen, Döppersberg 19, Postfach 10 04 80, 42004 Wuppertal; T.: 0202/2492-0 ** FAX: 0202/2492-108.
Zentrum für Agrarlandschafts- und Landnutzungsforschung e.V. (ZALF), Eberswalder Straße 84, 15374 Müncheberg; T.: 033432/820 ** Fax: 033432/82212.

Internationale Organisationen

Climate Change Secretariat (UNFCCC), Palais des Nations, CH-1211 Geneva 10, oder: Geneva Executive Centre, 11/13 Chemin des Anémones, CH-1219 Châtelaine, Geneva; T.: +41-22/9799-111 ** FAX: +41-22/9799-034.
Climate Change Secretariat (UNFCCC), Martin-Luther-King-Str. 5; 53175 Bonn.
Commission on Sustainable Development (CSD), Department of Policy Coordination and Sustainable Development, Room # DC-2270, New York, N.Y. 10017, USA; T.: +1-212/963-5949 (-0902)** FAX: +1-212/963-4260 (-1712).
Intergovernmental Panel on Climate Change, Secretariat, 41, Avenue Giuseppe-Motta, PO Box 2300, CH-1211 Geneva 2; T.: 0041-22-7308-215/254/284 ** FAX: 0041-22-7331-270.
Organisation for Economic Cooperation and Development (OECD);
- Environmental Policy Committee (EPOC), Rue André-Pascal 2, F-75016 Paris; T.: 33-1/4524-8200(7039) ** FAX: 33-1/4524-(8500)7876.
- Publications and Information Centre, Abt. HC, August-Bebel-Allee 6, 53175 Bonn; T.: 0228/959-120 ** FAX: 0228/959-1217.

Secretariat of the Multilateral Fund for the Implementation of the Montreal Protocol, Montreal Trust Building, 1800 Mc Gill College Ave., Montreal H3A 3J6, Canada; T.: +1-514/282-1122 ** FAX: 1-514-282-0068.
United Nations Conference on Trade and Development (UNCTAD), Palais des Nations, CH-1211 Geneva 10; T.: +41-22/734-6011 ** FAX: +41-22/733-6542.
United Nations Development Programme (UNDP), 1 UN Plaza, New York, New York, 10017, USA; T.: +1-212/906-5000 ** FAX: +1-212/906-5364.
United Nations Economic Commission for Europe (UN/ECE), Palais des Nations, 8-14 Avenue de la Paix, CH-1211 Geneva 10; T.: +41-22/971-2893 ** FAX: +41-22/791-0036.
United Nations Educational Scientific & Cultural Organization (UNESCO), Coordination of Environmental Activities, Rue Miollis, F-75015 Paris; T.: +33-1/4568-1000(-4053) ** FAX: +33-1/456-71690(-69096).
United Nations Industrial Development Organisation (UNIDO), Vienna International Center, PO Box 300, A-1400 Wien; T.: +43-1/211-31 ** FAX: +43-1/237-241.
UNEP - Industry and Environment Office (UNEP/IEO), Tour Mirabeau, Quai André Citroën 39-43, F-75739 Paris; T.: +33-1/4058-8850 ** FAX: +33-1/4058-8874.
UNEP, Ozone Secretariat, PO Box 30552, Nairobi, Kenya; T.: +254-2/621-234 ** FAX: +252-2/521-226-886 (-226-890).
UNEP Regional Office for Europe and UNEP/WMO Information Unit on Climate Change (IUCC), Geneva Executive Center, CP 356, CH-1219 Châtelaine, Geneva; T.: +41-22/9799-242 ** FAX: +41-22/797-3464 (-3420).
World Bank Group - Global Environmental Facility (GEF), 1818 H Street, N.W., Washington, DC 20433, USA; T.: +1-202/473-1053 ** FAX: +1-202/5223240 (3245).
World Meteorological Organization (WMO), 41, Avenue Giuseppe-Motta, PO Box 2300, CH-1211 Geneva 2; T.: +4122/730-8111 (8314) ** FAX: +4122-734-2326.
World Trade Organization, Centre William Rappard, Rue de Lausanne 154, CH-1211 Geneva 21; T.: +41-22/739-5111 ** FAX: +41-22/731-4206.

Europäische Union

Council of Europe (Europarat), Directorate for the Environment and Local Activities, Steering Committee for the Conservation and Management of the Environment and Natural Habitats, BP 431/R6, F-67006 Strasbourg; T.: +33-88/4120-00 ** FAX: +33-88/4127-81.
Europäische Kommission, Rue de la Loi, B-1049 Brussels; T.: +32-2/295-1111.
Generaldirektion (GD) XI: Umwelt, nukleare Sicherheit und Katastrophenschutz,
- Rue Belliard 34, B-1049 Brussels; Boulevard du Triomphe 174, B-1160 Brussels.
- Plateau du Kirchberg, L-2920 Luxemburg, Luxemburg.

A: Allgemeine und internationale Angelegenheiten
Direktor: Fernand Thurmes: T.: +32-2/295-5002.
- UNCED Folgen: J.G. Burgues, T.: +32-2/296-87-63.
- Klimarahmenkonvention: Sylvie Motard, T.: +32-2/296-87-60.

B.1: Wirtschaftsanalysen und Umweltvorausschau
- Energie/CO_2-Steuer: S. Willems, T.: +32-2/296-88-01.

D: Umweltqualität und natürliche Ressourcen, Direktor: Jørgen Henningsen, T.: +32-2/296-9503.

D.4: Globale Umweltfragen, Klimaveränderung, Geosphäre, Biosphäre
Referatsleiter: N.N.
- Überwachung der Treibhausgase: Christine Hassner.
- Beziehungen mit DG XVII: Henry Mangan; T.: +32-2/296-87-53.
- Koordination mit IPCC, OECD, FCCC: Reginal Hernaus.
- Tropische Regenwälder: Regine Roy; T.: +32-2/296-88-18 ** FAX: +32-2/29.
- Entwicklungszusammenarbeit (Regenwälder): Bernard Mallet; T.: +32-2/296-87-44.
- Handel, tropische Regenwälder, WTO, UNCED: H. Berends; T.: +32-2/296-87-43.
- Implementation des Pilotprogramms Brasilien: J.Vasconcelos; T.: +32-2/296-87-58.
- FCKW, Ozonschicht: J. Hostert; T.: +32-2/296-87-46.

DG XII: Wissenschaft, Forschung und Entwicklung

D.2.: Klimatologie und natürliche Gefahren: Dr. Anver Ghazzi; T.:+32-2/295-8445 ** FAX: +32-2/296-3024.

F.4.: Erneuerbare Energien: N.N.; T.: +32-2/295-6922 ** FAX:+32-2/296-3024.

DG XVII: Energie, C.2: Rationelle Energienutzung und erneuerbare Energiequellen: A. Colling; T.:+32-2/295-4087 ** FAX:+32-2/295-0150.

European Environment Agency, Kongens Nytorv 6, DK-1050 Copenhagen K, Dänemark T.: +45-33/36-7100 ** FAX: +45-33/36-7199.

Institut für Umwelt (ISPRA), Abt. Atmosphärenphysik, Abt. Atmosphärenchemie; Abt. Wechselwirkungen Atmosphäre - Biosphäre, I-21020 ISPRA (Varese); T.: +39-332/7896-01 ** FAX: +39-332/7892-22.

Institut für technische Zukunftsforschung (Sevilla), World Trade Center bld., Isla de la Cartuja s/n - E-41092 Sevilla; T.: +34-5448/8273 ** FAX: +345448/8274.

Europäisches Parlament, Ausschuß für Umweltfragen, Volksgesundheit und Verbraucherschutz
- Rue Belliard 97-113, B-1047 Brussels; T.: 32-2/284-2111 ** FAX: 32-2/230-6933.
- Plateau du Kirchberg, L-2929 Luxemburg; T.: 352/430-01 ** FAX: 352-437-009.
- Palais de l'Europe, Place Lenôtre, F-67006 Strasbourg; T.: +33-88/3740-01 ** FAX +33-88/2565-01.

Europäisches Parlament, Bewertung wissenschaftlicher und technologischer Optionen (STOA) Plateau du Kirchberg, L-2929 Luxemburg, Leiter: Richard Holdsworth T.: BRU: +32-2/284-3748; LUX: +352-4300-2511; STR: +33-8817-2259.

Kommission der EG, Presse- und Informationsbüro, Zitelmannstr. 22, 53113 Bonn; T.: 0228/5300-90 ** FAX: 0228/5300-950.

Regierung und Verwaltung: USA, Japan, Bundesrepublik Deutschland

Vereinigte Staaten von Amerika

Environmental Protection Agency (USA), 401 M Street, S.W., Washington, DC, USA; 20460; T.: +1-202/260-4700 ** FAX: +1-202/260-0279.
Atmospheric Progam: T.: +1-202/233-9140 ** FAX: +1-202/233-9586.

Department of Energy, Assistant Secretary for Environment, Safety and Health, Forrestal Building, 1000 Independent Ave., SW, Washington, DC 20585, USA; T.: +1-202/586-6151 ** FAX: +1-202/586-0956.

National Oceanic and Atmospheric Administration, National Weather Service Science and History Center, 1325 East-West Highway, Silver Spring, MD 20910, USA; T.: +1-301/713-0692 ** FAX: +1-301/713-0610.

National Science Foundation, 4201 Wilson Boulevard, Arlington, VA 2230, USA; T.: +1-703/306-1070 ** FAX: +1-703/306-0181.
Atmospheric Sciences, # 775; T.: +1-703/306-1520 ** FAX: +1-703/306-0377.

Japan

Ministry of International Trade and Industry (MITI), 100 Kasumigaseki, Chijadaku, Tokyo, Japan.
Environment Agency, 1-2-2 Kasumigaseki, Chijadaku, Tokyo 100, Japan; T.: +81-3-/3581-3351 ** FAX: +81-3/3504-1634.
New Energy and Industrial Technology Development Organization (NEDO), Susshine 60-29 F, 1-1, 3-Chome, Higashi-Ikebukuro, Toshima-Ku, Tokyo 170, Japan; T.: +81-3/3987-9363 ** FAX: +81-3/3981-1744.

Bundesrepublik Deutschland

Bundesministerium für Umwelt, Naturschutz und Reaktorsicherheit, Kennedyallee 90, 53175 Bonn; T.: 0228/305-0 ** FAX: 0228-305-3225.
Umweltbundesamt, Bismarckplatz 1, 14193 Berlin; T.: 030/8903-2250 ** FAX: 030/8903-2798.
Deutsche Bundesstiftung Umwelt, An der Bornau 2, 49090 Osnabrück; T.: 0541/9633-0 ** FAX: 0541/9633-190.

Nichtregierungsorganisationen

International

Centre for Our Common Future, 33, route de Valavran, CH-1293 Bellevue, Geneva; T.: +41-22/7744-530 ** FAX: +41-22/7744-536.
Climate Action Network (CAN) Africa, PO Box 76406, Nairobi, Kenya; T.: +254-2/545-241 ** FAX: +254-2/559-122.
Climate Action Network (CAN) South Asia, Bangladesh Centre for Advanced Studies, 620 Road 10a (New) Dhanmondi, Dhaka, Bangladesh; T.: +880-2/815829 ** FAX: +880-2/863-379.
Climate Action Network (CAN) South East Asia, Room 403, Cabrera Building II, 64 Timog Avenue, Quezon City 1103, The Philippines, T.: +63-2/965-362 ** FAX: +63-2/965-362.
Climate Action Network (CAN) Latin America, Instituto de Ecologia Politica, Casilla 16784 Correo 9, Santiago, Chile; T.: +56-2/274-6192 ** FAX: +562/223-4522.
Club of Rome, 34 Avenue d'Eylau, F-75116 Paris; T.: +33-1/4704-4525 ** FAX: +33-1/4704-4523.
Earth Action Network, 9 White Lion Street, London N1 9PD, UK; T.: +44-71/865-9009 ** FAX: +44-71/2780-345.
Earth Council Institute, APDO 2323-1002, San José, Costa Rica; T.: +506/2233418 ** FAX: +506/255-2197.
Environmental Law Network International (ELNI), c/o Öko-Institut e.V., Bunsenstraße 14, D-64293 Darmstadt; T.: 06151/8191-15 ** FAX: 06151/8191-33.
Environment Liaison Centre International (ELCI), PO Box 72461, Nairobi, Kenya; T.: +254-2/562-015 (-022,-172) ** FAX: +254-2/562-175.

Foundation for International Environment Law and Development (FIELD), King's College London, Manresa Road, London SW3 - 6LX, UK.
Green Belt Movement, c/o National Council of Women of Kenya, Moi Avenue, PO Box 67545, Nairobi, Kenya; T.: +254-2/504-264.
The International Environmental Agency for Local Governments (ICLEI), World Secretariat, City Hall, East Tower, 8th Floor, Toronto, Ontario, M5H 2N2, Canada; T.: +1-416/392-1462 ** FAX: +1-416/392-1478.
Greenpeace International, Keizersgracht 176, NL-1016 DW Amsterdam; T.: +31-20/523-6222 ** FAX: 31-20/523-6200.
International Chamber of Commerce (ICC), 38, Cours Albert Ier, F-75008 Paris; T.: +33-1/4953-2828 ** FAX: +33-1/4953-2924.
International Council for Scientific Unions (ICSU), Global Climate Observing System (GCOS), World Climate Research Programme (WCRP), 51 Boulevard de Montmorency, F-75016 Paris; T.: 33-1/4525-0329 ** FAX: 33-1/4288-9431.
International Union for Conservation of Nature and Natural Resources (IUCN) - (World Conservation Union), 28 rue Mauverney, CH-1196 Gland; T.: +41-22/999-0001 ** FAX: +41-22/999-0002.
IUCN Environment Law Centre, Adenauerallee 214, 53113 Bonn; T.: 0228-269-2231 ** FAX: 0228-269-2250.
Rainforest Action Network (RAN), 450 Sansome, # 700 - San Francisco, CA 94111, USA; T.: +1-415-398-4404 ** FAX: +1-415-398-2732.
Society for International Development, Palazzo Civiltá del Lavoro, I-00144 Rome, EUR.; T.: +39-6/592-5506 ** FAX: +39-6/591-9836.
Southern Networks for Environment and Development; SONED Africa Region, PO Box 12205, Nairobi, Kenya, T.: +254-2/445-893/4 ** FAX: +254-2/44-3241 (-5894).
Third World Network (TWN), 228 Macalister Road, 10400 Penang, Malaysia; T.: +60-4/2293-511(713) ** FAX: +60-4/2298-106.
UN Non-Governmental Liason Service (UN-NGLS):
- Palais des Nations, CH-1211 Geneva 10; T.: +41-22/798-5850 ** FAX: +41-22/788-7366.
- Room 6015, 866 UN Plaza, New York, NY 10017, USA; T.: +1-212/963-3125 ** FAX: +1-212/963-8712.

Women's Environment and Development Organization (WEDO), 845 Third Avenue, 15th Floor, New York, NY 10022, USA; T.: +1-212/759-7982 ** FAX: +1-212/759-8647.
World Commission on Environment and Development, Palais Wilson, Rue des Paquis, CH-1201 Geneva, T.: +41-22/732-7117 ** FAX: +41-22/738-5046.
World Industry Council on Environment (WICE), 40, Cours Albert Ier, F-75008 Paris; T.: +33-1/4953-2891 ** FAX: +33-1/4953-2889.
World Wide Fund for Nature (WWF), Avenue du Mont-Blanc, CH-1196 Gland; T.: +41-22/364-9111 ** FAX: +41-22/364-2926.
WorldWIDE Network, 1331 H Street, NW, # 903, Washington, DC 20005, USA; T.: +1-202/347-1514 ** FAX: +1-202/347-1524.

Vereinigte Staaten von Amerika

Business Council for a Sustainable Energy Future, # 509, 1725 K Street, NW; Washington, DC, 20006; T.: +1-202/785-0507 ** FAX: +1-202/785-0514.

Climate Institute, 324 4th Street, NE, Washington, DC 20002; T.: +1-202/5470104 ** FAX: +1-202/547-0111.
Environmental Defense Fund, 257 Park Ave., South, New York, NY 10010; T.: +1-212/505-2100 ** FAX: +1-212/505-2375.
Friends of the Earth, 218 D Street, SE, Washington, DC 20003; T.: +1-202/544-2600 ** FAX: +1-202/543-4710.
Global Greenhouse Network, 1130 17th Street, NW, # 630, Washington, DC 20036; T.: +1-202/466-2823 ** FAX: +1-202/466-9602.
National Academy of Sciences, 2101 Constitution Avenue, NW, Washington, DC, 20418; T.: +1-202/334-2000 ** FAX: +1-202/334-1684; Public.: T.: +1202/ 334-3313.
National Wildlife Federation, 1400 Sixteenth Street, N.W., Washington, DC 20036-2266; T.: +1-202/797-6800 ** FAX: +1-202/797-6646.
Natural Resources Defense Council, 1350 New York Ave., NW, Washington, DC 20005; T.: +1-202/783-7800 ** FAX: +1-202/783-5917.
Resources for the Future, 1616 P Street, NW, Washington, DC 20036; T.: +1202/328-5000 ** FAX: +1-202/939-3460.
Sierra Club, 408 C Street NE, Washington, DC 20002; T.: +1-202/675-2394 (547-1141) ** FAX: +1-202/547-6009.
Union of Concerned Scientists, 1616 P Street, NW, Washington, DC 20036; T.: +1-202/332-0900 ** FAX: +1-202/332-0905.
U.S. Climate Action Network, 1350 New York Ave., NW, # 300, Washington, DC 20005; T.: +1-202/624-9360 ** FAX: +1-202/783-5917.
Worldwatch Institute, 1776 Massachusetts Ave., NW, Washington, DC 20036; T.: 01-202/452-1999 ** FAX: 01-202/296-7365.
World Resources Institute, 1709 New York Avenue, N.W., Washington, DC 20006; T.: +1-202/638-6300 ** FAX: +1-202/638-0036.

Japan

Citizens Alliance for Saving the Atmosphere and the Earth (CASA), 1-3-17-813 Tanimachi, Chuo-Ku, Osaka 540; T.: +81-6/941-3745 ** FAX: +81-6/941-5699.

Europa

Climate Action Network (CAN) Central and Eastern Europe, Radnicka cesta 22/1, 41000 Zagreb, Croatia; T.: +385-41/610-951 ** FAX: +385-41/610-951.
Climate Action Network (CAN) Europe, 46, rue du Taciturne, B-1040 Brüssel; T.: +32-2/231-0180 ** FAX: +32-2/230-5713.
Coordination Européenne des Amis de la Terre (CEAT), 29, rue Blanche, B-1050 Brüssel; T.: +32-2/347-3030 ** FAX: +32-2/344-0511.
Earthwatch Europe, 57 Woodstock Road, Oxford OX2 6HU, UK; T.: +44-865/311-600 ** FAX: +44-865/311-383.
European Business Council for a Sustainable Energy Future, c/o Germanwatch, Adenauerallee 37, 53113 Bonn; T.: 0228/2679-817 ** FAX: 0228/2679-819.
European Environmental Bureau (EEB), Rue de la Victoire 26, B-1060 Brussels; T.: +32-2/539-0037 ** FAX: +32-2/539-0921.
European Foundation for Environmental Management (Eurofem), Schrieksesteenweg 5, B-2580 Putte; T.: +32-15/7526-11 ** FAX: +32-15/7526-10.
Friends of the Earth International, P.O. Box 19199, Prins Hendrikkade 48, NL-1000 GD Amsterdam; T.: +31-20/622-1369 ** FAX: 31-20/639-2181.

Global Challenges Network - European Ecological Movement, Lindwurmstraße 88, 80337 München; T.: 089/725-7523 ** FAX: 089/725-0676.
Globe (EC) - Global Legislators for a Balanced Environment, rue de Taciturne 50, B-1040 Brüssel; T.: +32-2/230-6589 ** FAX: +32-2/230-9530.
Greenpeace EC-Unit, 37-39, Rue de la Tourelle, B-1040 Brüssel; T.: +32-2/280-1400 ** FAX: +32-2/230-8413.
The International Environmental Agency for Local Governments (ICLEI) - European Secretariat, Eschholzstraße 86, 79115 Freiburg; T.: 0761/368-920 ** FAX: 0761/362-66.
Klima-Bündnis/Alianza del Clima e.V., Europäische Geschäftsstelle, Philipp-Reis-Str. 84, 60486 Frankfurt am Main; T.: 069/7079-0083 ** FAX: 069/2123-9140.
World Wide Fund for Nature - European Service, 608, Chaussée de Waterloo, B-1060 Brüssel; T.: +32-2/347-3030 ** FAX: 32-2/344-0511.

Bundesrepublik Deutschland

AG ökologischer Forschungsinstitute, Alexanderstraße 17, 53111 Bonn; T.: 0228/630-129 ** FAX: 0228/693-075.
Bund für Umwelt- und Naturschutz Deutschland e.V. (BUND), Im Rheingarten 7, 53225 Bonn; T.: 0228/4009-70 ** FAX: 0228/4009-740.
Bürgerverband Bürgerinitiativen Umweltschutz (BBU), Prinz-Albert-Straße 43, 53113 Bonn; T. 0228/2140-32 ** FAX: 0228/2140-33.
Deutscher Naturschutzring (DNR), Am Michaelshof 8-10, 53177 Bonn; T.: 0228/3590-05 ** FAX: 0228/3590-96.
Deutsche Stiftung für Umweltpolitik e.V., Adenauerallee 214, 53113 Bonn; T.: 0228/6922-16(-17) ** FAX: 0228/26922-50 (-51/52/53).
Eurosolar, Postfach 120618, 53048 Bonn, Plittersdorfer Str. 103, 53173 Bonn; T. 0228/362-373 ** FAX: 0228/361-279.
Forum für Zukunftsenergien e.V., Godesberger Allee 50, 53175 Bonn; T.: 0228/959-550 ** FAX: 0228/959-5550.
Greenpeace Deutschland, Vorsetzen 52, 20459 Hamburg; T.: 040/311-860 ** FAX: 040/311-861-41.
Institut für Energie- und Umweltforschung (IFEU), Wilkensstr. 3, 69120 Heidelberg; T.: 06221/4767-0 ** FAX: 06221/4767-19.
Klima-Bündnis/Alianza del Clima e.V., Philipp-Reis-Str. 84, 60486 Frankfurt am Main; T.: 069/7079-0083 ** FAX: 069/2123-9140.
Naturschutzbund Deutschland, Herbert-Rabiusstr. 26, 53225 Bonn; T.: 0228/9756-10 ** FAX: 0228/9756-190 (-193,-194).
Öko-Institut Freiburg, Binzengrün 34a, 79114 Freiburg; T.: 0761/47-3031 ** FAX: 0761/47-5437.
Umweltstiftung WWF-Deutschland, Hedderichstr. 110, Postfach 701127, 60591 Frankfurt am Main; 069/6050-030 ** FAX: 069/6172-21.
Robin Wood, Langenmarckstr. 210, 28195 Bremen; T.: 0421/598-288 ** FAX: 0421/500-421.

Anhang D
Glossar

Absorptionskältemaschinen: Kältemaschinen, bei denen ein Kältemittel in einem Lösungsmittel unter Wärmeerzeugung absorbiert wird. Durch Wärmezufuhr erfolgt in einem Austreiber die Trennung von Kältemittel und Lösungsmittel. Der Kältemitteldampf wird in einem Kondensator unter Wärmeentzug (Rückkühler) verflüssigt. Nach Entspannung auf niedrigeren Druck erfolgt in einem Verdampfer die Wärmeaufnahme (Kälteerzeugung). Als Kombinationen Kälte-/Lösungsmittel werden Wasser/Lithiumbromid und Ammoniak/Wasser verwendet. Vorteile sind geringer Stromverbrauch und die Vermeidung von FCKW/FKW. Besonders vorteilhaft ist der Betrieb mit industrieller Abwärme oder Wärme aus Kraft-Wärme-Kopplung.

Anthroposphäre: Oberbegriff für alle Systemteile und Prozesse der globalen Zivilisation, die an globalen Umweltveränderungen beteiligt sind. Systemteile sind die menschlichen Individuen und ihre organisatorischen Strukturen, wie Gruppen, Verbände, Firmen, staatliche und nichtstaatliche Institutionen. Zwischen den Systemteilen und zwischen ihnen und der Natur werden Stoffe, Informationen, Waren, Energie, Arbeit oder Kapital ausgetauscht.

Aquatische Ökosysteme: Flora und Fauna der Flüsse und Gewässer sind als aquatische Ökosysteme für wesentliche Teile der Stoffkreisläufe und damit u.a. auch für Wasserverfügbarkeit und -qualität von Bedeutung.

Assimilative Kapazität (der Umwelt): Niveau von Umweltverschmutzung, welches ökologische Zustände und Prozesse nicht beeinträchtigt.

Atmosphäre: Bereich der Erde oder auch anderer Himmelskörper, der oberhalb der Festlands- bzw. Wasseroberflächen beginnt und vorwiegend aus Gasen besteht. Hinzu kommen allerdings noch flüssige (z.B. Wasserpartikel, Dunst und Wolken) und feste (z.B. Stäube) Partikel. Die Erdatmosphäre geht zwar erst in grob 1 000 Kilometern Höhe allmählich in den interplanetarischen Raum über, jedoch nur die unteren rund zehn Kilometer (→ *Troposphäre*) sind aufgrund merklicher Lichtreflektionen als dünner bläulichweißer Saum der Erde aus dem Weltraum sichtbar. Diese Schicht ist Träger der wesentlichen Wetter- und Klimaphänomene.

Biodiversität: Auf der UN-Konferenz über Umwelt und Entwicklung von Rio de Janeiro im Juni 1992 wurde eine globale Konvention zum Schutz der Biodiversität (Schutz der biologischen Vielfalt) unterzeichnet. Diese Konvention stellt eine Reaktion der Staaten auf den rapiden Verlust der biologischen Vielfalt dar, der vom Menschen verursacht wird. Ursachen für diese Zerstörung stellen u.a. die Umwandlung von Lebensräumen für Arten (Tiere, Pflanzen) in ökonomisch genutzte Flächen (Weide, Bergbau, Verkehr), die Verschmutzung von Lebensräumen, die Übernutzung, die Destabilisierung von Populationen durch die Einfuhr exotischer Arten usw. dar.

Biosphäre: Gesamtheit des Lebens auf der Erde, bestehend aus der Vegetation (Flora), Tierwelt (Fauna) und der Menschheit (→ *Anthroposphäre*). Die Biosphäre besitzt eine fast unübersehbare Artenvielfalt und ist von den begünstigenden, zumindest lebenserhaltenden Bedingungen der (→) *Atmosphäre* und (→) *Pedosphäre* abhängig.

Blockheizkraftwerke (BHKW): Damit werden vergleichsweise kleine Anlagen der (→) *Kraft-Wärme-Kopplung* bezeichnet, die im Leistungsbereich von einigen Kilowatt bis zu mehreren Megawatt (elektrisch) liegen. Herzstück solcher Anlagen sind gas- bzw. ölbetriebene Verbrennungsmotoren oder Gasturbinen, die Kraft für Stromerzeugung liefern und bei denen die entstehende Wärme weitgehend genutzt wird (z.B. für die Raumheizung und die Warmwasserbereitung). Da durch diese dezentrale Stromerzeugung in Kraft-Wärme-Kopplung eine verlustreiche Bereitstellung der entsprechenden Mengen von Elektrizität aus Großkraftwerken ohne Abwärmenutzung vermieden werden kann, lassen sich mit BHKW, bezogen auf die damit erzeugten Mengen an Strom und Wärme, 30 bis 40% an Primärenergie einsparen.

Boreale Wälder: Wälder in der nördlichen Hemisphäre bzw. im nördlichen Klima Europas, Asiens und Amerikas.

Bottom-up- vs. top-down-Verfahren: In der Energieökonomie bzw. den volkswirtschaftlichen Kostenabschätzungen von CO_2-Minderungsmaßnahmen werden methodisch Verfahren unterschieden, die von (→) makroökonomischen Zusammenhängen ausgehen (top-down-Verfahren), und Verfahren, die von einer sektorspezifischen, stark ingenieurwissenschaftlichen geprägten, Ermittlung der Energieeinsparpotentiale ausgehen (bottom-up-Verfahren). Die top-down-Verfahren beruhen meistens auf der Anwendung einer makroökonomischen Produktionsfunktion, in der die Substitutionsmöglichkeiten verschiedener Energieträger berücksichtigt sind oder - im einfachsten Fall - nur die Substitution von Energie durch Kapital. Die bottom-up-Verfahren dagegen listen sektorspezifische technische Möglichkeiten zum effizienteren Einsatz von Energie und die detaillierten Substitutionsmöglichkeiten der Energieträger auf, aus denen dann mittels Optimierungsverfahren eine gesamtwirtschaftliche Abschätzung der Kosten verschiedener Energieeinsparniveaus ermittelt wird.

Ceteris paribus: (lat. „unter sonst gleichen Bedingungen"), Begriff der Wirtschaftswissenschaften bei der Wirkungsanalyse von Datenänderungen auf ökonomische Variablen. Die ceteris paribus Klausel dient der gedanklichen Ausschaltung aller nicht genannten Einflüsse auf die in einem Modell erfaßten Vorgänge. Die von der ceteris paribus Annahme betroffenen Einflußgrößen werden damit gleichsam „eingefroren" und ihre Wirkung vernachlässigt.

Chaos: Komplexe Systeme, wie z.B. gekoppelte Pendel, zeigen für eine bestimmte Wahl der Bewegungsparameter deterministische Bewegungen, bei anderen Parametern sind die Bewegungen jedoch nicht vorhersehbar, d.h. chaotisch. In der Realität haben wir es eher im Ausnahmefall mit deterministischen Systemen zu tun, in der Regel dagegen mit chaotischen. Dabei bedeutet Chaos nicht wie im allgemeinen Sprachgebrauch die Abwesenheit von Ordnungsstrukturen und Regeln. Diese sind für uns nur weniger leicht zu durchschauen.

Crowding-in (technologisches): Umgekehrter Effekt des crowding-out. Ein technologisches crowding-in liegt vor, wenn Maßnahmen nicht zu einer Verdrängung, sondern einer verstärkten Vornahme von produktiven Investitionen führen und damit die Modernisierung des volkswirtschaftlichen Kapitalstocks beschleunigt wird.

Crowding-out (technologisches): Effekte von Maßnahmen, die zur Verdrängung privater Wirtschaftsaktivitäten, vor allem der Investitionen führen. Beim technologischen crowding-out wird zudem zwischen produktiven und weniger produktiven Investitionen unterschieden. Ein technologisches crowding-out liegt vor, wenn Maßnahmen zu einer Verdrängung von produktiven privaten Investitionen und damit einer Verminderung der Produktivitätsentwicklung führen.

DIW-Langfristmodell: Ökonometrisches, aus ca. 380 Gleichungen bestehendes Modell für Westdeutschland, das die Berücksichtigung der volkswirtschaftlichen Kreislaufzusammenhänge zwischen Entstehung, Verteilung und Verwendung der Einkommen sicherstellt.

Es berücksichtigt sowohl Nachfrage- als auch Angebotsaspekte und wird vor allem zur Analyse von ökonomischen Langfristwirkungen eingesetzt.
Double dividend: Argument aus der finanzwissenschaftlichen Diskussion zur Unterstützung einer ökologischen Ausrichtung des Steuersystems. Entsprechend der Steuertheorie führt jedes praktikable Steuersystem durch die veränderten relativen Preise zu einer Abweichung von einer optimalen Ressourcenallokation und damit zu einer Zusatzbelastung der Besteuerung (excess burden). Nach dem double dividend Argument besteht der Vorteil einer Einführung von Umweltsteuern nun nicht nur in der Verminderung der Umweltbelastung, sondern auch darin, das Steueraufkommen der Umweltsteuer zur Senkung der Zusatzbelastung durch andere Steuern nutzen zu können.
Downsizing: Gewichts- und Leistungsreduktion bei Fahrzeugen.
Einheitliche Europäische Akte (EEA): Mit der EEA wurde 1986 eine Reform der Europäischen Gemeinschaften durchgeführt, mit der das Ziel einer Europäischen Union anvisiert wurde, indem neue Politikbereiche, darunter auch die Umweltpolitik, eine vertragliche Grundlage erhielten und so Teil der Gemeinschaftsaufgaben wurden. Diese Vertragsrevision umfaßte auch das Projekt des europäischen Binnenmarktes und damit einen wesentlichen Schritt hin zu einer tieferen Integration.
Eiszeit: Relativ kalte Epoche, daher treffender auch Kaltzeit genannt, innerhalb eines sog. Eiszeitalters, d.h. einer Klimaepoche, die im Gegensatz zum eisfreien (akryogenen) Warmklima Eisbildungen auf der Erdoberfläche (Polargebiete, Gebirge) zuläßt. Während der Eiszeiten (Kaltzeiten) sind diese Eisgebiete enorm ausgedehnt, wie zuletzt in der Würm-Eiszeit, die vor ca. 11 000 Jahren zu Ende gegangen ist. Das Kommen und Gehen der Eiszeiten in einem Rhythmus von rund 100 000 Jahren hängt primär mit den Variationen der Erdumlaufbahn um die Sonne zusammen.
ENSO: Verbund aus dem „El-Niño-Phänomen" (EN) und der „Southern Oscillation" (SO). Ersteres besteht in episodischen, im Abstand von einigen Jahren verstärkten Erwärmungen der tropischen Ozeane, insbesondere des Pazifiks vor der Küste von Peru, die meist um die Weihnachtszeit einsetzen (daher der peruanische Name El Niño = das Kind, das Christkind). EN heißt daher auch „Warmwasserereignis", sein Gegenstück neuerdings „La Niña" (Kaltwasserereignis). EN ist mit einer typischen südhemisphärischen Luftdruckschwankung (SO) negativ korreliert, die meist in Form der Luftdruckdifferenzen zwischen der Station Darwin in Australien und Tahiti angegeben wird.
Erdpolitik: Dieses von E.U. v. Weizsäcker (1989) entwickelte Konzept thematisiert die pragmatische und internationale politische Herbeiführung einer Transformation von einem Jahrhundert der Wirtschaft in ein Jahrhundert der Umwelt. Dies macht eine ursächliche und globale Sanierung der Umwelt, eine neue Wirtschaftsweise und ein neues Wohlfahrtsmodell erforderlich. Eine von der Verantwortung der Wissenschaft getragene Erdpolitik muß zur Lösung der globalen Herausforderungen (Treibhauseffekt, Dritte Welt, biologische Vielfalt, Energie, Verkehr, Landwirtschaft, neue Technologien) alle Politikbereiche (von der → *Umweltaußenpolitik* über die Wirtschafts- und Finanzpolitik bis zur Bildungs- und Kulturpolitik) durchdringen.
Externalität: Nebenprodukt von (ökonomischen) Aktivitäten, welche sowohl positiv (z.B. geringere Kindersterblichkeit als Folge des Anschlusses eines Gebietes an ein öffentliches Wassernetz) als auch negativ (Verschmutzung als Folge von Industrieproduktion) wirken können.
G77: Die „G77" ist ein Interessenverbund, in dem sich die meisten Entwicklungsländer (ursprünglich 77, heute mehr als 130) zur effizienteren Verfolgung ihrer gemeinsamen Interessen - vor allem gegenüber den Industrieländern - in den Vereinten Nationen zu-

sammengefunden haben. China ist nicht Mitglied der G77, nimmt aber i.d.R. an ihren Beratungen teil. Die meisten Erklärungen werden für „G77 und China" abgegeben.

Globale Umweltfazilität (GEF): Die GEF ist ein gemeinsam von der Weltbank sowie dem Entwicklungs- und dem Umweltprogramm der Vereinten Nationen (UNDP und UNEP) getragener Fonds zur Förderung globaler Umweltaufgaben. Sie ist gemäß den Vorgaben der KRK 1993 restrukturiert worden und verfügt für die drei Jahre bis Mitte 1997 über 2 Mrd. US-Dollar. Außer im Bereich Klima werden Projekte zum Schutz der biologischen Vielfalt, der Ozonschicht und der internationalen Gewässer gefördert.

Globaler Umweltwandel: Aktivitäten (z.B. Emissionen), die 1) mit Hilfe eines globalen Wirkungsmechanismus (z.b. die Atmosphäre im Falle von CO_2-Emissionen) langfristig wesentliche Teile der Erdkugel beeinflussen (z.B. vermehrte Dürreperioden oder Überschwemmungen) oder 2) in weiten Teilen der Erde parallel ablaufen, ohne über einen globalen Wirkungsmechanismus zu verfügen (z.B. innerstädtische Luftreinhalteprobleme als Folge ansteigender Transportdienstleistungen).

Halone (Fluorbromkohlenwasserstoffe): Diese haben ein mehrfach höheres Ozonzerstörungspotential als FCKW. Aufgrund ihrer überaus hohen chemischen Stabilität wurden sie früher in großen Mengen in Feuerlöscheinrichtungen verwandt. Halone steigen nach ihrer Emission im Laufe der Zeit in höhere Atmosphärenschichten (→ Stratosphäre) auf und werden erst dort durch die intensive ultraviolette Strahlung aufgebrochen. Die freigewordenen Brombestandteile können dann mit dem drei-atomigen Sauerstoff (Ozon) reagieren und tragen so zur Ausdünnung der stratosphärischen Ozonschicht bei. Halone unterliegen im Rahmen des internationalen Regimes zum Schutz der Ozonschicht der internationalen Kontrolle.

hessenEnergie: Die hessenEnergie ist ein Unternehmen mit Beratungs- und Agenturaufgaben im Bereich Energieeinsparung und erneuerbare Energien. Sie wurde vom Land Hessen zusammen mit Partnern Ende 1991 zur Unterstützung der Energiepolitik der Landesregierung gegründet. Gesellschafter sind neben dem Land Hessen (70,67%), die Landesbank Hessen-Thüringen (26,67) sowie die Wirtschaftsförderung Hessen-Investitionsbank AG-Hessische Landesentwicklungs- und Treuhandgesellschaft (2,66%). Sitz der Gesellschaft ist Wiesbaden. Die hessenEnergie soll sich als Landes-Energieagentur für die Umsetzung einer Energiestrategie bewähren, die sich konsequent an den Zielen des Umwelt- und Klimaschutzes ausrichtet.

Hydrologie: Lehre vom Fließverhalten des Wassers auf der Erdoberfläche und in den darunter liegenden Schichten. Die Niederschläge über einem Gebiet ergeben über Oberflächenabfluß und Speicherung des Wassers die Zuflüsse in die Bäche, Flüsse und Seen. Wasserstand und Abflüsse dieser Gewässer ergeben sich aus ihren Strömungseigenschaften (Gefälle, Querschnitt etc.).

Hydrosphäre: Gesamtheit des Wassers auf der Erde, bestehend aus dem Salzwasser der Ozeane und dem Süßwasser (auch Frischwasser genannt) der Landgebiete. Letzteres findet sich nicht nur in Flüssen und Seen, sondern auch im für die Vegetation eminent wichtigen Boden- bzw. Grundwasser. Gefrieren führt zu Schnee bzw. Land- und Meereis (→ *Kryosphäre*). Das durch Verdunstung in die (→) *Atmosphäre* gelangte und dort kondensierte (Wassertropfen) sowie gefrierende (Eispartikel) Wasser ist dort in Form der Bewölkung sichtbar und gelangt als Niederschlag zur Erde zurück (Wasserkreislauf).

Idealismus: In den Internationalen Beziehungen bezeichnet Idealismus eine moralisch-politische Grundeinstellung, die das wissenschaftliche auf die Praxis gerichtete Erkenntnisinteresse anleitet, das sich an den Idealen einer besseren Welt orientiert, die für alle

Menschen Gültigkeit besitzen. Die Thesen der idealistischen Schule haben die Internationalen Beziehungen in der Zwischenkriegszeit und die Friedensforschung beeinflußt.
IMAGE-Modell: Integriertes Modell zur Simulation der Dynamik des Systems (→) *Anthroposphäre-Biosphäre-Klimasystem.* Die Auswirkungen globaler Umweltveränderungen durch die Emission von Treibhausgasen werden ermittelt. Die Wirkungen verschiedener Faktoren wie Vegetation, Landnutzung, industrielle Produktion, Energiebedarf, Bevölkerungswachstum und die Rückwirkungen einer Klimaänderung sind im Modell integriert.
Implementation: Die Implementation von europäischem Recht erfolgt im Gegensatz zur nationalen Ebene in der Regel in zwei Schritten, sofern es sich nicht um die direkt anwendbaren Verordnungen handelt. Nach einer formalen Umsetzung in nationales Recht und in nationale Verwaltungsvorschriften folgt die praktische Umsetzung, für die sich die EU der nationalen Verwaltungen bedient, da sie selbst über keine ausführenden Institutionen verfügt. Der Grad der Implementation und die Kontrolle darüber lassen Rückschlüsse auf die Effizienz der Rechtssetzung der europäischen Ebene zu und bilden so in der Praxis den Maßstab für Effektivität.
Integrationstheorie: Die Integrationstheorie ist aus dem historischen Kontext der Gründung der Europäischen Gemeinschaften entstanden und sollte ein wissenschaftliches Erklärungsmuster für diesen Transformationsprozeß bieten, durch den erstmals eine supranationale Organisation entstand. Da die europäische Integration als Prozeß und Endziel der Entwicklung gleichzeitig gesehen wird, befassen sich die Integrationstheorien sowohl mit prozeduralen und formalen Fragen als auch mit der normativen Zielsetzung. Eine umfassende Theorie des Phänomens Integration existiert bisher jedoch nicht.
Intergouvernementalismus: Dieser theoretische Ansatz stellt die Staaten und Regierungen in den Mittelpunkt der Analyse, die er als wichtigste Akteure betrachtet. Die EU wird als Reaktion der Politik der Staaten gesehen, die jene Probleme, die aufgrund zunehmender, vor allem wirtschaftlicher Interdependenz von diesen nicht mehr allein gelöst werden können, durch zwischenstaatliche Kooperation in den Griff bekommen wollen. Trotz der Souveränitätseinbußen, die diese Kooperation mit sich bringt, wird die EU nicht als neuartiger Akteur gesehen, sondern als intensive Zusammenarbeit nach klassischem diplomatischen Muster, da die Staaten die Regeln der Zusammenarbeit selbst bestimmen. Eine Integration in Bereichen, die diese existentielle Handlungsfähigkeit der Staaten einschränken oder aufheben, ist nach diesem theoretischen Ansatz nicht möglich.
Joint Implementation: Dieses völkerrechtliche Konzept wurde in den Verhandlungen über die Klimarahmenkonvention von den OECD-Staaten mit dem Ziel eingeführt, um (a) Staatengruppen eine gemeinsame Umsetzung der Vertragsziele zu erlauben und um (b) ein Höchstmaß an globalem Nutzen für die Umwelt zu minimalen Kosten bei einem begrenzten Ressourcentransfer zu erreichen. Der Text der Klimarahmenkonvention von 1992 (Art. 4, 2a) erlaubt eine gemeinsame Umsetzung in diesem doppelten Sinne. Die institutionellen Modalitäten müssen bei den Staatenkonferenzen (COP) ausgehandelt werden. In Berlin (COP 1) einigten sich die Staaten auf Kriterien, die in einer Pilotphase für „gemeinsam durchgeführte Aktivitäten" gelten sollen.
Klima: Komplex relativer Langzeitphänomene in der (→) *Atmosphäre,* der sich anhand bestimmter Klimaelemente (Temperatur, Niederschlag, Bewölkung, Wind usw.) räumlich (Klimazonen) und zeitlich (Klimaänderungen) kennzeichnen läßt. Im Gegensatz zum Wetter sind Klimabetrachtungen mindestens mehrjährig, wobei sich dann einzelne Wetterphänomene, wie z.B. Stürme, in ihren Mittelwerten bzw. Häufigkeiten im Klimageschehen wiederfinden lassen. Wegen der wesentlich größeren charakteristischen Zeiten

sind jedoch die Ursachen von Klimaänderungen im allgemeinen ganz andere als die von Wetteränderungen; (→) *Klimasystem*.

Klimamodell: System mathematischer Gleichungen, das in der Lage ist, Klimazustände (z.B. das derzeitige Klima) und Klimaänderungen in ausreichender Näherung physikalisch zu erklären bzw. statistisch zu beschreiben. Am wichtigsten sind solche physikalischen Klimamodelle, welche die Zirkulation (Bewegungsvorgänge) in (→) *Atmosphäre* und Ozean erfassen, miteinander koppeln und dadurch das Verhalten der Klimaelemente in gewisser räumlicher Auflösung simulieren. Dabei werden Gleichgewichtssimulationen, die auf die Reproduktion eines Klimazustandes (Vergangenheit, Gegenwart oder Zukunft) hinauslaufen von (→) *transienten* Simulationen unterschieden, die auch den zeitlichen Verlauf (Jahr zu Jahr, Jahrzehnt zu Jahrzehnt usw.) von Klimaänderungen angeben.

Klima- oder Überlebensdilemma: Das von Brauch (Kap. 25) vorgeschlagene Konzept soll - quasi als Äquivalent zum (→) *Sicherheitsdilemma* in den von Machtpolitik bestimmten internationalen Ordnungen von Wien (1815-1914), Versailles (1919-1939) und Jalta (1945-1989) - im Rahmen einer neuen internationalen Ordnung für das 21. Jahrhundert aus dem Bewußtsein der vielfältigen neuen Herausforderungen (Treibhauseffekt, Klimakatastrophen, Desertifikation, Bevölkerungswachstum, Migration, Unterentwicklung) durch Kooperation das Überleben der Menschheit (→ *Überlebensgesellschaft*) sichern.

Klimasystem: Verbundsystem aus (→) *Atmosphäre*, (→) *Hydrosphäre* (Salz- und Süßwasser), (→) *Kryosphäre* (Land- und Meereis), (→) *Pedosphäre* (Boden), (→) *Lithosphäre* (Gestein) und (→) *Biosphäre*, das durch Wechselwirkungen in (vor allem Atmosphäre und Ozean) sowie zwischen diesen Komponenten die Klimaphänomene hervorruft. Zu diesen internen Klimamechanismen treten noch sog. externe Einflüsse, wie z.B. die Sonnenaktivität, der Vulkanismus und die Menschheit, die ebenfalls klimatische Reaktionen (definitionsgemäß ohne Wechselwirkungen) hervorrufen.

Konvektion: Vorgang des vertikalen turbulenten Wärmetransportes, der in Flüssigkeiten sog. Blasen, in der Atmosphäre entsprechende Luftbewegungen bis hin zu typischen Konvektionswolken (Cumulus, Cumulonimbus mit Schauer und Gewitter) erzeugt. Dagegen beschreibt die Advektion horizontale Luftmassentransporte. Voraussetzung für atmosphärische Konvektion ist eine thermisch labile Vertikalschichtung, d.h. eine relativ starke vertikale Temperaturabnahme.

Kraft-Wärme-Kopplung (KWK): Darunter bezeichnet man in der Energiewirtschaft technische Systeme zur gekoppelten und damit gleichzeitigen Erzeugung von Kraft bzw. Strom einerseits und Wärme andererseits. Im Vergleich zu einer Bereitstellung von Strom und Wärme aus getrennten Prozessen (Kondensationskraftwerk, Heizkessel) läßt sich mit Anlagen der KWK eine insgesamt deutlich bessere Ausnutzung des eingesetzten Brennstoffs erzielen. Das Prinzip der KWK findet sowohl bei Anlagen kleiner Leistung Anwendung (→ *Blockheizkraftwerke*) als auch bei größeren Erzeugungsanlagen, die den Bedarf von Industriebetrieben decken oder in Fernwärmenetze einspeisen (Heizkraftwerke).

Kryosphäre: Gesamtheit des Eises auf der Erde (→ *Atmosphäre* ausgenommen), bestehend aus den großen polaren Inlandeisen (Antarktis, Grönland), sonstigen Landvereisungen (z.B. Gebirgsgletscher) und dem auf Wasserflächen schwimmenden Eis (Meer-, See- und Flußvereisung). Auch das sog. Grundeis, d.h. gefrorenes Boden- und Grundwasser (z.T. als Dauerfrostboden) wird der Kryosphäre zugerechnet. Die Schneedecke, als Chionosphäre bezeichnet, erfährt dagegen eine separate Betrachtung.

Least-Cost-Planning (LCP): Unter LCP wird ein regulatorisches oder planerisches Konzept für die Energiewirtschaft verstanden, das angebotsseitige Maßnahmen, wie Ersatz- und Erweiterungsinvestitionen zur Aufrechterhaltung und Ausweitung des Energieträgerangebots, und nachfrageseitige Maßnahmen, wie die Einsparung von Energie und Lastmanagement, so kombiniert, daß die Kosten der vom Kunden zur Befriedigung seiner Bedürfnisse nachgefragten Energiedienstleistung minimiert werden.

Makroökonomie: Zweig der Wirtschaftswissenschaften, der die gesamtwirtschaftlichen Zusammenhänge durch Rückgriff auf das Zusammenwirken von volkswirtschaftlichen Globalgrößen (z.B. Konsum, Investitionen) zu erklären sucht, indem entsprechend dem volkswirtschaftlichen Kreislauf Relationen zwischen diesen Größen analysiert werden.

Mesoökonomie: Betrachtung der zwischen Mikro- und (→) *Makroökonomie* stehenden Fragen. Gegenüber der Mikroökonomie arbeitet sie mit aggregierten Größen, die aber im Gegensatz zur Makroökonomie keine volkswirtschaftlichen Globalgrößen darstellen, sondern sich auf Branchen, Regionen, Technologien oder Personengruppen beziehen. Typische Gegenstände der Mesoökonomie sind z.B. Fragen der regionalen und sektoralen Strukturpolitik.

Mulch-Techniken: Sie bestehen in der Bodenbedeckung aus Pflanzenteilen, die die obere Bodenschicht vor Austrocknung und Erosion schützen. Zugleich kommt es durch Verrottung des Mulchmaterials zu einer Humusanreicherung des Bodens.

Neofunktionalismus: Der Schwerpunkt der Analyse liegt bei diesem theoretischen Ansatz auf dem Prozeßcharakter der Integration einerseits und auf der Relevanz institutioneller Strukturen andererseits. Der Prozeß der Integration vollzieht sich von technischer Kooperation über sektorielle Integration hin zu politischer, indem ein Transfer von Loyalitäten der beteiligten Eliten und Akteure auf die Ebene des neuen politischen Systems stattfindet, der parallel zu einem Transfer weiterer Kompetenzen abläuft; dies wird als „spill-over"-Effekt bezeichnet. Dieser kann funktional, also sachverwandte Bereiche einbeziehen, oder politisch motiviert sein, wenn eine Interessenkonvergenz der beteiligten Eliten vorliegt, die einen Machtzuwachs nach sich zieht. Im Verlauf des Prozesses kann dann eine Externalisierung einsetzen, indem innere und äußere Kompetenzen angeglichen werden. Durch die wachsende Verflechtung und aufgrund der Art der Entscheidungsfindung vollzieht sich eine Politisierung der Beteiligten und damit auch des Systems selbst.

Neoklassik: Heute dominierende Richtung der Volkswirtschaftslehre, die in den 70er Jahren des 19. Jahrhunderts mit den Schriften von Stanley Levons, Léon Walras und Carl Menger entstand. Im Unterschied zur Arbeitswertlehre der klassischen Nationalökonomie von Adam Smith, David Ricardo und Karl Marx beruht sie auf einer Preistheorie, in der die subjektive Wertschätzung der Güter die tragende Rolle spielt. Die daraus abgeleitete Methode des rationalen Akteurs wurde im Laufe des 20. Jahrhunderts in alle Richtungen ausgebaut. Einen gewissen Höhepunkt fand die Neoklassik in der mathematischen Theorie des allgemeinen Konkurrenzgleichgewichts von Arrow und Debreu.

Neoklimatologie: Teil der Klimatologie, der sich auf direkt gemessene Klimadaten (Temperatur usw., (→) *Klima*) abstützt und zu entsprechenden Analysen bzw. Klimamodellierungen führt. Global ist wenig mehr als ungefähr das Zeitintervall der letzten 100 Jahre neoklimatologisch erfaßbar, regional (zentrales England, Temperatur) endet die Reichweite im Jahr 1659.

Neoliberaler Institutionalismus: Nach R.O. Keohane soll der neoliberale Institutionalismus in Abgrenzung zum (→) *Idealismus* und (→) *Realismus* neben den Interaktionen im internationalen System auch die Außenpolitik und ihre innergesellschaftlichen Strukturen sowie die internationalen regulativen Institutionen (Organisationen, Regime) thematisieren.

No-regrets policy: Diesbezügliche Politikmaßnahmen sind in sich selbst gerechtfertigt, d.h. ohne das CO_2-Stabilisierungsziel in Betracht zu ziehen. So werden z.B. Maßnahmen der Energiekonservierung und der effizienten Nutzung von Energieressourcen damit gerechtfertigt, daß sie unabhängig von ihren Beiträgen zur Reduzierung des CO_2-Levels in der Atmosphäre, der langfristigen Sicherung des Energieangebots dienen. Gleichfalls können verkehrspolitische Maßnahmen (Rationalisierung der Verkehrsinfrastruktur, Reduzierung des Gesamtverkehrsaufkommens, modale Veränderungen sowie Abgasrichtlinien) damit begründet werden, daß sie, neben der CO_2-Verringerung, zur Verkehrssicherheit, Stauverminderung und/oder der Treibstoffeffizienz beitragen. Im Rahmen einer „noregrets"-Politik wird die Tatsache, daß die wissenschaftlichen Zusammenhänge zwischen der Emission von Treibhausgasen und dem Treibhauseffekt noch nicht vollständig geklärt sind, zur Nebensache, und Gegnern des Vorsorgeprinzips wird der politische Wind aus den Segel genommen.

Nutzen, kardinal vs. ordinal: Grundbegriff der (→) *neoklassischen Ökonomie*, um die subjektive Wertschätzung von Gütern zu erfassen. *Kardinal* und *ordinal* bezeichnen einen unterschiedlichen Grad der Meßbarkeit des Nutzens. In der modernen Theorie wird an Stelle von Nutzen meistens nur von *Präferenzen* gesprochen, um psychologische Konnotationen zu vermeiden und die Wahlhandlung in den Vordergrund zu stellen. Kann ein Wirtschaftsakteur ihm vorgelegte Güterbündel widerspruchsfrei nach dem Kriterium „x ist mir lieber als y" bzw. „x ist mir genauso lieb wie y" ordnen, so kann seinen Präferenzen eine ordinale Nutzenfunktion zugeordnet werden. Wissen wir über einen Akteur darüber hinaus, „um wieviel er x gegenüber y vorzieht", dann kann ihm eine kardinale Nutzenfunktion zugeordnet werden.

Nutzen-Kosten-Analyse: Die soziale Nutzen-Kosten-Analyse ist in den USA als Methode der umfassenden ökonomischen Bewertung von staatlichen Investitionsprojekten entstanden, ursprünglich vor allem in der Wasser- und Energiewirtschaft. Typisch für diese Art der Projektevaluation ist, daß auch Kosten und Nutzen berücksichtigt werden, die nicht auf Markttransaktionen beruhen, sondern in übertragender Weise monetär bewertet werden müssen. Methodisch handelt es sich um eine praktische Anwendung der (→) *Wohlfahrtstheorie*. Seit den 60er Jahren werden zunehmend auch umweltpolitische Gesichtspunkte und Projekte mit der Nutzen-Kosten-Analyse untersucht. Ihre Anwendung auf den Klimawandel ist umstritten.

Öffentliches Gut: Öffentliche Güter sind dadurch charakterisiert, daß 1) die Nachfrage nach ihnen sich nicht auf jedes Individuum bezieht, sondern auf Gruppen von Individuen als Ganzes (z.B. militärische Sicherheit eines Staates) und 2) die Nutzung des Gutes durch ein Individuum nicht die Nutzung durch andere Individuen beeinträchtigt. Dies sollte nicht mit der Art der Rechtsform der Bereitstellung eines Gutes durch private oder öffentlich-rechtliche Unternehmen verwechselt werden.

Ozonloch: Phänomen, das den jahreszeitlich und regional (antarktisches Frühjahr) festzustellenden partiellen Abbau des Ozons der (→) *Stratosphäre* beschreibt und anhand von Messungen in etwa seit Mitte der siebziger Jahre unseres Jahrhunderts nachweisbar ist. Ursache dafür ist neben dem natürlichen Wirkungskomplex (z.B. Vulkanismus) vor allem die anthropogene Emission von Fluorchlorkohlenwasserstoffen (FCKW) und (→) *Halonen* (Bromverbindungen). Neben diesem stark ausgeprägten, aber episodischen Ozonabbau gibt es entsprechende, aber wesentlich weniger stark ausgeprägte Phänomene auch auf der Nordhemisphäre sowie weltweit einen entsprechenden Langfristtrend. Die Wirkung solcher Abnahmen des stratosphärischen Ozons (Maximum, sog. Ozonschicht in 20-25 Kilometer Höhe) ist eine verstärkte UVB-Einstrahlung der Sonne, die biologische Schädigungen hervorruft.

Paläoklimatologie: Rekonstruktion und Interpretation der Klimavariationen mit Hilfe einer Vielfalt von indirekten Methoden (z.B. Baumringanalysen, Bohrungen im polaren Eis und in Meeressedimenten), die maximal bis 3,8 Mrd. Jahre zurückführen, jedoch mit wachsendem Zeitabstand von heute immer ungenauer werden. Relativ am besten abgesichert sind die Temperaturrekonstruktionen mit Hilfe biologischer, glaziologischer und geologischer Methoden. Neben dem heutigen und künftigen (→) *Klima* sind auch die paläoklimatologischen Zustände der geologischen Vergangenheit das Ziel von Modellrechnungen.

Pareto-Optimalität: Auf den Soziologen und Ökonomen Vilfredo Pareto zurückgehendes Prinzip, um wirtschaftliche Situationen oder die Auswirkungen von wirtschaftlichen Maßnahmen normativ zu beurteilen. Nach dem *Pareto-Prinzip* ist eine Situation optimal, bei der kein Beteiligter besser gestellt werden kann, ohne einen anderen zu benachteiligen.

Pedo-/Lithosphäre: Boden und Gesteine; (→) *Klimasystem*.

Petajoule: Für die Bundesrepublik gilt seit 1. Januar 1978 als gesetzliche Einheit für Energie verbindlich das Joule (J). Ein Joule entspricht einer Wattsekunde bzw. einem Newtonmeter. Peta ist ein Vorsatzzeichen und bezeichnet eine Menge von 10^{15} (Billiarde). Ein Petajoule sind folglich eine Billiarde Joule.

Politikverflechtung: Die These der Politikverflechtung beschäftigt sich mit der Frage, welche Auswirkungen eine Mehrebenen-Politik, wie sie in der EU stattfindet, auf die Problemlösungsfähigkeit der Politik hat. Politikverflechtung wird definiert als Beteiligung einer nachgeordneten Ebene am Entscheidungsprozeß einer übergeordneten. Diese Struktur der Entscheidungsfindung begünstigt Kompromisse, vermindert aber die Handlungsfähigkeit bei strukturellen Veränderungen, da unter diesen Bedingungen ein Konsens, der nach der Struktur notwendig ist, nur selten zu finden ist. Deshalb werden die Politikergebnisse, also die Effizienz eines solchen Systems, als suboptimal gesehen, da bei fehlendem Konsens in der Regel nicht gehandelt wird.

Realismus, Neorealismus, struktureller R.: Nach der realistischen Schule der Internationalen Beziehungen stellen die Staaten die wichtigsten Akteure der internationalen Politik dar, die ihr Eigeninteresse (nationales Interesse) in einem anarchischen internationalen System maximieren wollen, wobei der Kampf um Machterwerb und Machterhalt nach H. Morgenthau im Zentrum steht. Der Neorealismus geht nach R.O. Keohane davon aus, daß Staaten in einem durch Interdependenz strukturierten internationalen System operieren, das durch formalisierte (internationale Organisationen) und informelle Steuerungsstrukturen (Regime) reguliert wird. Der von K. Waltz (1979) begründete strukturelle Realismus geht davon aus, daß die bipolare Struktur des internationalen Systems ein höheres Maß an Stabilität gewährt als ein multipolares System.

Referenzszenario: Es beschreibt die Entwicklung, die eintreten würde, wenn die laufenden Tendenzen bzw. Trends sich in die Zukunft fortsetzen würden; es bildet den Vergleichsmaßstab für andere Szenarien, in denen vom Trend abweichende Entwicklungspfade (z.B. eine Einführung einer forcierten Klimaschutzpolitik) abgebildet werden.

REG (Regenerative Energiequellen): Zur Erzeugung elektrischer Energie: Photovoltaik, Windenergie, Wasserkraft, solarthermische Kraftwerke; für die Wärmebereitstellung: Geothermie, solare Nahwärme, dezentrale Solarkollektoren, Solararchitektur, Wärmepumpen. Alternative Brennstoffe: Biogas, feste Biomasse, Bioöle, Bioethanol, Müll, Klärschlamm.

Regime, internationale: Diese sind Institutionen, die von den beteiligten Staaten errichtet werden, um bestehende oder erwartete Konflikte in einem begrenzten Problemfeld der internationalen Beziehungen durch gemeinsame Regelungen zu bearbeiten und auf diese

Weise allseitig vorteilhafte Kooperation zu ermöglichen. Sie umfassen verbindliche Verhaltensvorschriften und in der Regel auch einen dauerhaften kollektiven Entscheidungsprozeß. Die organisatorische Komponente eines internationalen Regimes ist in vielen Fällen an eine bereits bestehende internationale Organisation angelehnt.

REN (Rationelle Energienutzung) ist zu erreichen durch:
Vermeidung unnötigen Verbrauchs, der weder zu einer zusätzlichen Produktion bzw. Dienstleistung noch zu einer Komfortsteigerung (z.B. Leerlauf von Maschinen, Überheizen von Räumen) führt.
Verringerung der benötigten Nutzenergie (z.B. die Vermeidung von Lüftungs- und Transmissionsverlusten in Gebäuden; der Einsatz nutzenergiesparender Geräte, Anlagen und Prozesse; die Substitution energieintensiver industrieller Prozesse; die energetisch optimale Konstruktion von Gütern und das Recycling energieintensiver Produkte und Werkstoffe).
Verbesserung der Nutzungsgrade (z.B. durch einen Einsatz elektronischer Regelungssysteme; eine richtige Dimensionierung der Anlage oder durch gemeinschaftliche Nutzung von Anlagen, Fahrzeugen [Car-sharing]).
Energierückgewinnung (z.B. Rückgewinnung der Bremsenergie bei elektrischer Traktion, die Wärmerückgewinnung bzw. die Mehrfachnutzung von Wärme mit fallendem Temperaturniveau [energy cascading] incl. Zwischenerwärmung).
Einsatz von Energieträgern auf dem Energieniveau, auf dem sie anfallen.

Risikogesellschaft: Diese von U. Beck (1986) stammende Bezeichnung für hochentwickelte Industriegesellschaften beinhaltet, daß deren (atomare, chemische, ökologische und gentechnische) Risiken zu einer Gefährdung des Lebens wurden und das Überleben der Menschheit bedrohen. In der Risikogesellschaft wurden Verteilungskonflikte durch das Problem der Bewältigung von Überlebensgefahren verdrängt. Die Bewältigung dieser Gefahren setzt voraus, daß der Modernisierungsprozeß sich selbst (reflexiv) zum Problem macht und die geltenden Werte, Normen und Konventionen überprüft. Dies erfordert einen Wandel von Bewußtsein, Werten und Institutionen durch eine ökologische Politik der Selbstbegrenzung.

Sicherheit: Erreichen oder Erhalten eines (gegebenen oder gewünschten) Nutzenniveaus auch im Angesicht innerer und äußerer Gefahren.

Sicherheitsdilemma: Dieses von J. Herz (1961) entwickelte Konzept der (→) *realistischen Schule* der Internationalen Beziehungen besagt, daß in einem anarchischen internationalen System ein Staat A angesichts der Unberechenbarkeit des Verhaltens von Staat B dazu neigt, seine eigene Rüstung derart zu vergrößern, daß diese von Staat B als Bedrohung wahrgenommen wird und bei diesem als Teil eines Aktions-Reaktions-Prozesses zu Aufrüstung führt, die wiederum von Staat A als Sicherheitsbedrohung perzipiert wird und damit sein Sicherheitsdilemma erhöht und somit als Begründung für zusätzliche eigene Rüstungsanstrengungen dient.

Soziale Wohlfahrtsfunktion: Während eine individuelle Nutzenfunktion die Präferenzen eines wirtschaftlichen Akteurs zum Ausdruck bringt, soll eine *soziale Wohlfahrtsfunktion* die Präferenzen der ganzen Gesellschaft gegenüber bestimmten Wirtschaftssituationen oder -entscheidungen darstellen. Ihre widerspruchsfreie Herleitung aus individuellen Präferenzen stößt allerdings auf grundlegende Schwierigkeiten. Innerhalb der Volkswirtschaftslehre beschäftigt sich die *Social Choice Theory* (Theorie gesellschaftlicher Entscheidungen) mit den Möglichkeiten, soziale Präferenzordnungen bzw. soziale Wohlfahrtsfunktionen zu konstruieren.

Spieltheorie: Beinhaltet eine von John von Neumann (1928) begründete formale Theorie, die in der Volkswirtschaftslehre und in der Politikwissenschaft zur Beschreibung strategischer Spiele dient, bei denen die Spieler Einflußmöglichkeiten auf das Spiel haben. In den Sozialwissenschaften wird zwischen Zwei-Personen- und N-Personen-Spielen unterschieden sowie nach dem Verhältnis von Gewinnen und Verlusten zwischen Nullsummen- und Nicht-Nullsummenspielen. Dabei sind besonders jene Konstellationen relevant, bei denen durch Kooperation der Konfliktpartner ein höherer Nutzen als durch Nichtkooperation erzielt werden kann. In der Politikwissenschaft generell und in den Internationalen Beziehungen speziell wird die Spieltheorie zur Analyse der Entscheidungsbedingungen, der Entscheidungsstrukturen, der Maximierung des Eigennutzens bzw. des Kollektivnutzens in der Außen-, Sicherheits-, aber auch in der (internationalen) Umweltpolitik benutzt.

Stratosphäre: Atmosphärische Schicht zwischen rund 10 (oberhalb der Tropopause) und 50 Kilometern Höhe, in der im Gegensatz zur Troposphäre (vgl. unten) die Temperatur mit der Höhe im Mittel zunimmt. Dies hängt mit der sog. Ozonschicht zusammen, die kurzwellige Sonneneinstrahlung (UVC und UVB) absorbiert und ihr Maximum in 20-25 Kilometern Höhe hat. Außer den sich zeitweise bildenden polaren niederstratosphärischen Wolken ist die Stratosphäre sehr trocken und daher wolkenfrei und unsichtbar.

Sustainable development: Konzepte und Strategien für eine Koevolution von Natur und (→) *Anthroposphäre*, die sowohl die Evolution und Artenvielfalt der Ökosysteme der Erde als auch die zukünftige ökonomische Entwicklung der Menschheit gewährleisten.

Transient: zeitabhängig, zeitlich aufgelöst; (→) *Klimamodell*.

Treibhauseffekt: Atmosphärisches Phänomen, das die Absorption und Rückstrahlung der Wärmestrahlung der Erde durch bestimmte Spurengase in bestimmten Bereichen des elektromagnetischen Spektrums beschreibt. Ohne Kompensation im Bereich der Sonneneinstrahlung führt das zu einer Erwärmung der Erdoberfläche und unteren Atmosphäre mit entsprechenden Konsequenzen auch für die anderen Klimaelemente. Beim natürlichen Treibhauseffekt, der die bodennahe Weltmitteltemperatur zur Zeit von -18°C auf +15°C anhebt, ist der Wasserdampf mit einem Anteil von rund 60% das führende Spurengas, bei seiner anthropogenen Verstärkung (direkter Effekt) in ungefähr gleicher Größenordnung das Kohlendioxid.

Treibhausgase: Das sind die folgenden Gase: Kohlendioxid (CO_2), Methan (CH_4), Distickstoffoxid (N_2O) sowie Fluorchlorkohlenwasserstoff (FCKW). Besonders nach der Ratifizierung des Montreal-Protokolls, das zur drastischen Einschränkung der FCKW-Produktion führen wird, sind CO_2-Emissionen hauptverantwortlich für den Treibhauseffekt.

Trittbrettfahrerproblem: Problem, daß Nutzer eines (→) *öffentlichen Gutes* kein Interesse haben, zu den Kosten der Bereitstellung beizutragen.

Troposphäre: Unterstes Stockwerk der (→) *Atmosphäre* der Erde, in dem sich die wesentlichen, mit der Bewölkung verbundenen Wetterphänomene abspielen und in der die Temperatur im Mittel mit der Höhe abnimmt. Ihre Obergrenze, die Tropopause (zugleich Untergrenze der → *Stratosphäre*), liegt über den Polargebieten je nach Jahreszeit in 6-8 Kilometern, in den Tropen bei 17 Kilometern Höhe. Die Verstärkung der Zirkulation (dreidimensionale Luftbewegung) der Troposphäre ist ein wesentlicher Schlüssel zum Verständnis der Klimaphänomene (z.B. Klima- und Vegetationszonen) und Ziel physikalischer (→) *Klimamodellrechnungen*.

Überlebensgesellschaft: Nach dieser von K.H. Hillmann (1993, 1994) geprägten Bezeichnung für einen in Zukunft zu schaffenden Gesellschaftstyp, der auf das Überleben der Menschheit und der belebten Natur ausgerichtet ist, hängt die Überwindung der Verschwendungs- und (→) *Risikogesellschaft* sowie der daraus resultierenden Umweltkrisen von der rechtzeitigen Durchsetzung einer auf ökologischer Einsicht beruhenden Überlebensgesellschaft vom erfolgreichen Handeln einer weltweiten Ökologiebewegung ab.

Umweltaußenpolitik: Unter dem Begriff der Umweltaußenpolitik werden die Aktivitäten eines politischen Akteurs im Bereich der Umweltpolitik auf der Ebene des internationalen Systems zusammengefaßt; dies schließt regionales und globales Handeln mit ein. Für die Umweltaußenpolitik sind besonders die Bedingungen und Strukturen der internationalen Umweltpolitik sowie die beteiligten Akteure und deren Ziele relevant, aber auch die Relation zu anderen Politikbereichen, insbesondere der Wirtschafts- und Entwicklungspolitik. Im Zentrum der Analyse stehen daher die Interessenkonflikte, sowohl unter den Beteiligten als auch zwischen einzelnen Politikfeldern und, unter machtpolitischen Gesichtspunkten, innerhalb der Struktur des internationalen Systems.

Umweltsicherheit: Erreichen oder Erhalten eines (gegebenen oder gewünschten) Nutzenniveaus im Umweltbereich (z.B. deren (→) *assimilativen Kapazität*).

Verursacherprinzip: Die Kosten für die Vermeidung und Behebung von Umweltbelastungen hat grundsätzlich der Verursacher zu tragen.

Vorsorgeprinzip: Da die Reparatur von Umweltschäden weit kostenaufwendiger ist als rechtzeitige Vorkehrungen, müssen bei allen Entscheidungen ökologische Gesichtspunkte berücksichtigt werden, um umweltbelastende Entwicklungen zu verhindern.

Warmzeit: Relativ warme Epoche innerhalb eines Eiszeitalters und somit Gegenstück zur (→) *Eiszeit*. Die gegenwärtige Warmzeit hat vor rund 11 000 Jahren begonnen und ist im Gegensatz zur Eem-Warmzeit, die vor der letzten (Würm-) Eiszeit vor ca. 125 000 Jahren bei noch etwas höherem Temperaturniveau ihren Höhepunkt erreichte, bemerkenswert stabil. Durch menschliche Aktivitäten, nämlich die anthropogene Verstärkung des (→) *Treibhauseffektes*, könnte sie innerhalb relativ kurzer Zeit (Jahrzehnte) zur „Super-Warmzeit" entarten.

Wohlfahrtsfunktion: Im Unterschied zur positiven Erklärung von Wirtschaftstatbeständen beschäftigt sich die Wohlfahrtstheorie mit der *normativen Beurteilung* wirtschaftlicher Situationen und wirtschaftspolitischer Maßnahmen. Das tragende Beurteilungsprinzip ist das (→) *Pareto-Prinzip*. Es erlaubt die Feststellung und Analyse einer Reihe von Bedingungen, die zur Abweichung von den Wohlfahrtseigenschaften reiner Konkurrenzgleichgewichte führen, so vor allem Marktmacht und externe Effekte. Die Wohlfahrtsfunktion ist ein Teilgebiet der *Social Choice Theory* (→ *Soziale Wohlfahrtsfunktion*).

Zeitpräferenzrate: Als individuelle Zeit- oder Gegenwartspräferenz wird die Neigung von Wirtschaftsakteuren bezeichnet, den Konsum in der Gegenwart dem Konsum in der Zukunft vorzuziehen und für eine Verschiebung ihres Konsums in die Zukunft einen Aufschlag (Zins) zu verlangen bzw. beim Tausch von zukünftigen Konsummöglichkeiten in der Gegenwart einen Abschlag (Diskont) einzukalkulieren. Die Zeitpräferenz wendet also das Konzept des (→) *Nutzens* auf den Tausch von Gütern zwischen Zeitperioden an. Sollen in einer (→) *sozialen Nutzen-Kosten-Analyse* Aufwendungen und Erträge berücksichtigt werden, die zu unterschiedlichen Zeitpunkten anfallen, wird ihre zeitliche Vergleichbarkeit über die Anwendung einer *sozialen Zeitpräferenzrate* hergestellt. Argumente, die im Vergleich zur individuellen für eine niedrigere soziale Zeitpräferenzrate sprechen, sind beispielsweise die stärkere Verpflichtung zur Vorsorge ganzer Gesellschaften.

Literatur

Die folgende Literaturübersicht enthält alle Literaturbelege in der Einleitung und den Kapiteln, ausgewählte zusätzliche Veröffentlichungen der Autorinnen und Autoren zum Thema dieses Bandes sowie zusätzliche Literaturangaben, die von Thomas Bast, Thilo Maurer und Hans Günter Brauch zusammengestellt wurden. Hinter den Literaturbelegen wurden folgende Zuordnungen vorgenommen, um die Benutzung des Literaturverzeichnisses zu erleichtern:
(A) Veröffentlichung der Autorin bzw. des Autors zum Klima-/Energieproblem;
(B) Literaturbeleg (vgl. Kapitel, in denen auf den Titel verwiesen wird);
(E) besonders zur Einführung empfohlen;
(G) grundlegendes Werk;
(R) offizielle Publikation (Internationale Organisation, Regierung u.a.);
(S) Spezialliteratur;
(T) Textbeleg (Gesetz, Vertrag u.a.);
(V) vertiefende Literatur.

Aberle, Gerd, 1993: *Der volkswirtschaftliche Nutzen des Straßengüterfernverkehrs*, Internationales Forschungsprojekt im Auftrag der IRU, Genf (Gießen: Justus Liebig Universität). (B7)
Abrahamson, Dean Edward (Hrsg.), 1989: *The Challenge of Global Warming* (Washington, DC: Island Press). (S)
[AE], Agence Europe (Luxemburg, Brüssel: Agence Internationale D'Information Pour La Presse). (B7)
Agarval, Anil; Narain, Sunita, 1990: *Global Warming in an Unequal World* (New Delhi: Centre for Science and Environment). (S)
Ahmad, Yusuf J.; Serafy, Salah El; Lutz, Ernst (Hrsg.), 1989: *Environmental Accounting for Sustainable Development* (Washington, DC: The World Bank). (S)
Alcamo, Joseph, 1994: *IMAGE 2.0: Integrated Modelling of Global Climate Change* (Dordrecht: Kluwer); auch veröffentlicht als Sonderausgabe von *Water, Air and Soil Pollution*, 1994, 76,1-2. (B3)
Alcamo, Joseph; Krol, Martin; Leemans, Rik, 1995: „Stabilizing Greenhouse Gases: Global and Regional Consequences. Results from the IMAGE 2.0 Model", Report to the First Session of the Conference of Parties to the U.N. Framework Convention on Climate Change, Berlin, 28. März - 4. April 1995. (B3)
Alexy, Robert, 1995: *Recht, Vernunft, Diskurs. Studien zur Rechtsphilosophie* (Frankfurt/M.: Suhrkamp). (B5)
Allaby, M., 1990: *Living in the Greenhouse: A Global Warning* (Wellingborough: Thorsons). (S)
Altner, Günter; Mettler-Meibom, Barbara; Simonis, Udo E.; Weizsäcker, Ernst Ulrich von (Hrsg.), 1994: *Jahrbuch Ökologie 1995* (München: C.H.Beck). (E)
Arp, Henning, 1993: „Technical regulation and politics in EC car emission legislation", in: Liefferink, J. Duncan; Lowe, Philip D.; Mol, Arthur P.J. (Hrsg.): *European Integration & Environmental Policy* (London-New York: Belhaven Press): 150-171. (B7)
Arrhenius, E.; Waltz, T.W., 1990: *The Greenhouse Effect: Implications for Economic Development*, Diskussionspapier, 78 (Washington, D.C.: World Bank). (S)
Arrhenius, Svante A., 1896: „On the influence of carbonic acid in the air upon temperature on the ground", in: *Philosophical Magazine*, 41,251 (April): 237-277. (B25, G)

Arrhenius, Svante A., 1903: *Lehrbuch der kosmischen Physik*, 2 Bände (Leipzig: Hirzel). (B25, S)

Arrow, Kenneth J., 1951: *Social Choice and Individual Values*, 2. Aufl. (New Haven: Yale UP). (B12)

Axelrod, Robert, 1984: *The Evolution of Cooperation* (New York: Basic Books). (B25, S)

Ayres, Robert U.; Walter, Jörg, 1991: „The Greenhouse Effect: Damages, Costs, and Abatement", in: *Environmental and Resource Economics*, 1,3: 237-270. (B3)

Bach, Wilfrid, 1991: Klimaschutz: Von vagen Absichtserklärungen zu konkreten Handlungen (Heidelberg: C.F. Müller). (S)

Bach, Wilfrid, 1994: „Klimaschutzpolitik. Wie kann die Stadt Münster das Ziel der Bundesregierung einer 25-30%igen CO_2-Emissionsreduktion bis zum Jahre 2005 realisieren?" in: *Münstersche Geographische Arbeiten*, 36: 3-32. (A, B22)

Bach, Wilfrid, 1995a: „Klimaschutz", in: *Naturwissenschaften*, 82,2: 53-67. (A, B22)

Bach, Wilfrid, 1995b: „Coal policy and climate protection. Can the tough German CO_2 reduction target be met by 2005?" in: *Energy Policy*, 23,1: 85-91. (A, B22)

Bach, Wilfrid, 1995c: „Handlungsempfehlungen für den Bereich Stromeinsparung im Tertiären Sektor", in: *Endbericht des Beirats für Klima und Energie der Stadt Münster 1995, Teil 1 Handlungsempfehlungen* (Münster: Stadtverwaltung): 23-37 und 71-73. (A, B22)

Bach, Wilfrid, 1995d, „Anthropogene Klimaveränderungen. Übersicht über den aktuellen Kenntnisstand", in: *Blätter für deutsche und internationale Politik*, 40,1: 67-79. (A, B12)

Bach, Wilfrid; et al., 1993: *Entwicklung eines integrierten Energiekonzepts: Erfassung des Emissions-Reduktions-Potentials klimawirksamer Spurengase im Bereich rationeller Energienutzung für die alten Bundesländer*, Forschungsbericht im Auftrag des BMFT und des NRW MWMT, Münster. (A, B22)

Bach, Wilfrid; Georgii, Hans-Walter; Steubing, Lore, 1995: *Schadstoffbelastung und Schutz der Erdatmosphäre* (Bonn: Economica). (A)

Bach, Wilfrid; Jain, Atul, 1992/1993: „Climate and ecosystem protection requires binding emission targets: the specific tasks after Rio (II)" in: *Perspectives in Energy*, 2: 173-214. (A, B22)

Bach, Wilfrid; Luther, Thomas; Lechtenböhmer, Stefan, 1994: *Wege in eine neue Energie- und Verkehrspolitik. Strategien für einen wirksamen Klimaschutz* (Münster: Agenda). (S)

Bächler, Günter; Böge, Volker; Klötzli, Stefan; Libiszewski, Stephan, 1993: *Umweltzerstörung: Krieg oder Kooperation?* (Münster: Agenda). (B11, E)

Baker, P.; Blundell, R., 1991: „The Microeconometric Approach To Modelling Energy Demand: Some Results for UK Households", in: *Oxford Review of Economic Policy*, 7,2: 54-76. (S)

Baker, P.; et al., 1990: *The Simulation of Indirect Tax Reforms: The IFS Simulation Modell Programme For Indirect Taxation (SPIT)*, IFS Working Paper No 90/11 (London: Institute for Fiscal Studies). (S)

Baldwin, David A. (Hrsg.), 1993: *Neorealism and Neoliberalism. The Contemporary Debate* (New York: Columbia UP). (B25, S)

Bals, Christoph, 1994: „Mercedes Benz, die Klima-Enquête-Kommission und der Treibhauseffekt", in: Bultmann, Antje; Schmithals, Friedemann (Hrsg.): *Käufliche Wissenschaft. Experten im Dienst von Industrie und Politik* (München: Droemer-Knaur): 29-45. (B15)

Barker, Terry; Baylis, Susan; Madsen, Peter, 1993: „A UK carbon/energy tax - The macroeconomic effects", in: *Energy Policy*, 21,3: 296-308. (E, S)

Barrett, Scott, 1992a: *Convention on climate change: economic aspects of negotiations* (Paris: OECD). (S)

Barrett, Scott, 1992b: *Negotiating a Framework Convention on Climate Change: Economic Considerations* (Paris: OECD). (S)

Bauer, Antonie, 1993: *Der Treibhauseffekt. Eine ökonomische Analyse* (Tübingen: J.C.B. Mohr). (B12, S)

Baumol, William C.; Oats, Wallace E., 1988: *The Theory of Environmental Policy*, 2. Aufl. (Cambridge: Cambridge UP). (S)

Beck, Ulrich, 1986: *Risikogesellschaft - Auf dem Weg in eine andere Moderne* (Frankfurt/M.: Suhrkamp). (B25, S)

Beck, Ulrich, 1988: *Gegengifte. Die organisierte Unverantwortlichkeit* (Frankfurt/M.: Suhrkamp). (B25, S)

Beck, Ulrich, 1993: *Die Erfindung des Politischen* (Frankfurt/M.: Suhrkamp). (B25, S)

Benarde, Melvin A., 1992: *Global Warning ... Global Warming* (New York u.a) (S)

Benedick, Richard Elliot, 1991: *Ozone Diplomacy. New Directions in Safeguarding the Planet* (Cambridge, MA-London: Harvard UP). (B4, 5, 10, 25)

Benedick, Richard Elliot; et al. (Hrsg.), 1991: *Greenhouse Warming: Negotiating a Global Regime* (Washington, DC: World Resources Institute). (S)

Benenson, Bob, 1995: „GOP Sets the 104th Congress on New Regulatory Course", in: *Congressional Quarterly*, 53,24: 1693-1697. (B10)

Bergesen, Helge Ole, 1994; et al.: *Implementing the European CO_2 Commitment: A Joint Proposal* (London: The Royal Institute of International Affairs). (V)

Bergesen, Helge Ole, 1995: „A Global Climate Regime: Mission Impossible?", in: Bergesen, Helge Ole; Parmann, Georg (Hrsg.): *Green Globe Yearbook of International Co-operation on Environment and Development 1995* (Oxford-New York: Oxford UP): 51-58. (B25, S)

Bergesen, Helge Ole; Parman, Georg (Hrsg.): *Green Globe Yearbook of International Cooperation on Environment and Development 1995* (Oxford: Oxford UP). (B5, 25)

Bernard Jr., Harold W., 1993: *Global Warming Unchecked. Signs to Watch for* (Bloomington-Indianapolis: Indiana UP).

Bertram, Geoffrey, 1992: „Tradeable emission permits and the control of greenhouse gases", in: *Journal of Developmental Studies*, 28,3. (S)

Beukema, Jan J.; Wolff, Wim J.; Brouns, Joop J.W.M. (Hrsg.), 1990: *Expected Effects of Climate Change on Marine Coastal Ecosystems* (Dordrecht-Boston-London: Kluwer).

Biermann, Frank, 1995: *Saving the Atmosphere. International Law, Developing Countries and Air Pollution* (Frankfurt-Berlin-Bern: Peter Lang). (B E)

Bild der Wissenschaft, 1995: „Kampf ums Klima - die neue Ausbeutung", Nr. 3 (März). (B3)

Birnie, Patricia; Boyle, Alan, 1992: *International Environmental Law* (Oxford: Oxford UP). (S)

Biswas, Asit K. (Hrsg.), 1979: *The Ozone Layer: Proceedings of the Meeting of Experts Designated by Governments, Intergovernmental and Nongovernmental Organizations on the Ozone Layer.* Organized by the United Nations Environment Programme in Washington DC, 1.-9. März 1977 (Elmsford, NJ: Pergamon). (B4, R)

Blanchard, Olivier Jean; Fischer, Stanley, 1989: *Lectures on Macroeconomics* (Cambridge, MA: The MIT Press). (B12)

Blattner, N., 1986: „Technischer Wandel und Beschäftigung, zum Stand der Diskussion", in: Bombach, Gottfried; et al. (Hrsg.): *Technologischer Wandel, Analyse und Fakten* (Tübingen: J.C.B. Mohr): 173-190. (E)

Blazejczak, Jürgen, 1987: *Simulation gesamtwirtschaftlicher Perspektiven mit einem ökonometrischen Modell für die Bundesrepublik Deutschland*, Beiträge zur Strukturforschung des DIW, Heft 100 (Berlin: DIW). (B14, S)

Blazejczak, Jürgen; Edler, Dietmar; Gornig, M., 1993: *Beschäftigungswirkungen des Umweltschutzes, Abschätzung und Prognose bis 2000*, UBA-Berichte 5/93 (Berlin: UBA). (B14; G)

[BMU, 1991], Bundesministerium für Umwelt, Naturschutz und Reaktorsicherheit (Hrsg.): *Beschluß der Bundesregierung vom 7. November 1990 zur Reduzierung der CO_2-Emissionen in der Bundesrepublik Deutschland*, 2. Aufl. (Bonn: BMU, März). (B18, R)

[BMU, 1992a], Bundesministerium für Umwelt, Naturschutz und Reaktorsicherheit (Hrsg.): *Konferenz der Vereinten Nationen für Umwelt und Entwicklung im Juni 1992 in Rio de Janeiro - Dokumente - Klimakonvention, Konvention über die biologische Vielfalt, Rio-Deklaration, Walderklärung* (Bonn, BMU). (B18, R)

[BMU, 1992b], Bundesministerium für Umwelt, Naturschutz und Reaktorsicherheit (Hrsg.): Konferenz der Vereinten Nationen für Umwelt und Entwicklung im Juni 1992 in Rio de Janeiro - Dokumente - Agenda 21 (Bonn: BMU). (B18, R)

[BMU, 1992c], Bundesministerium für Umwelt, Naturschutz und Reaktorsicherheit: *Umweltpolitik. Zweiter Bericht der Bundesregierung an den Deutschen Bundestag über Maßnahmen zum Schutz der Ozonschicht* (Bonn: BMU, November). (R, S)

[BMU, 1992d], Bundesministerium für Umwelt, Naturschutz und Reaktorsicherheit: *Umweltpolitik. Beschluß der Bundesregierung vom 11. Dezember 1991: Verminderung der energiebedingten CO_2-Emissionen in der Bundesrepublik Deutschland* (Bonn: BMU). (R, S)

[BMU, 1993], Bundesministerium für Umwelt, Naturschutz und Reaktorsicherheit (Hrsg.): *Synopse von CO_2-Minderungsmaßnahmen und -potentialen in Deutschland* (Bonn: BMU, Dezember). (B18, R)

[BMU, 1993a], Bundesministerium für Umwelt, Naturschutz und Reaktorsicherheit: *Umweltpolitik. Analyse und Diskussion der jüngsten Energiebedarfsprognosen für die großen Industrienationen im Hinblick auf die Vermeidung von Treibhausgasen* (Bonn: BMU). (R, S)

[BMU, 1994a], Bundesministerium für Umwelt, Naturschutz und Reaktorsicherheit (Hrsg.): *Klimaschutz in Deutschland, Erster Bericht der Regierung der Bundesrepublik Deutschland nach dem Rahmenübereinkommen der Vereinten Nationen über Klimaänderungen* (Bonn: BMU, September). (B18, R)

[BMU, 1994b], Bundesministerium für Umwelt, Naturschutz und Reaktorsicherheit (Hrsg.): *Beschluß der Bundesregierung vom 29. September 1994 zur Verminderung der CO_2-Emissionen und anderer Treibhausgasemissionen* (Bonn, BMU, November). [Dieser Text enthält alle bisherigen Beschlüsse der Bundesregierung zur Minderung der CO_2-Emissionen vom 13. Juni 1990, 11. November 1990, 11. Dezember 1991 und 29. September 1994 sowie den Text des Rahmenübereinkommens der Vereinten Nationen über Klimaänderungen (Klimakonvention]. (B18, R)

[BMU, 1994c], Bundesministerium für Umwelt, Naturschutz und Reaktorsicherheit: *Umweltpolitik. Klimaschutz in Deutschland. Nationalbericht der Bundesregierung für die Bundesrepublik Deutschland im Vorgriff auf Artikel 12 des Rahmenübereinkommens der Vereinten Nationen über Klimaänderungen* (Bonn: BMU). (R, S)

[BMWi, 1994], Bundesministerium für Wirtschaft: „Klimaschutz und Energiepolitik - eine nüchterne Bilanz", in: *BMWi Dokumentation*, Nr. 359 (Bonn: BMWi). (R,S)

[BMWi, 1994a], Bundesministerium für Wirtschaft: *Energie Daten '94. Nationale und internationale Entwicklung* (Bonn: BMWi). (B25, S)

[BMWi, 1995], Bundesministerium für Wirtschaft: „Internationale Kompensationsmöglichkeiten zur CO_2-Reduktion unter Berücksichtigung steuerlicher Anreize und ordnungspolitischer Maßnahmen. Kurzfassung eines Gutachtens", in: *BMWi Studienreihe*, Nr. 86 (Bonn: BMWi). (R, S)

Bodansky, Daniel, 1993: „The United Nations Framework Convention on Climate Change: A Commentary", in: *Yale Journal of International Law*, 18,2: 451-558. (B5, 6, 9)

Bodansky, Daniel, 1995: „The Emerging Climate Change Regime", in: *Annual Review of Energy and the Environment*, 20: 425-461. (B5, 9)

Boeckh, Andreas (Hrsg.), 1994: *Lexikon der Politik*, Bd. 6: *Internationale Beziehungen* (München: C.H. Beck). (B25, E)

Boehmer-Christiansen, Sonja, 1990: „Vehicle Emission Regulation in Europe - The Demise of Lean-Burn Engines, the Polluter Pays Principle and the Small Car?", in: *Energy and Environment*, 1,1: 1-25. (B7)

Boehmer-Christiansen, Sonja, 1994: „Global climate protection policy: the limits of scientific advice, Part 1 and 2", in: *Global Environmental Change*, 4: 185-200. (B12)

Boehmer-Christiansen, Sonja; Skea, Jim, 1991: *Acid Politics: Environmental and Energy Policies in Britain and Germany* (London-New York: Belhaven Press). (B7, G)

Boereo, Gianna; et al., 1991: *The Macroeconomic Consequences of Controlling Greenhouse Gases: A Survey* (London: HMSO, Department for the Environment). (B14, V)

Böhler, Dietrich (Hrsg.), 1995a: *Ethik für die Zukunft. Im Diskurs mit Hans Jonas* (München: C.H. Beck). (B25, S)

Böhler, Dietrich, 1995: „Ethik für die Zukunft erfordert Institutionalisierung von Diskurs und Verantwortung", in: Jänicke, Martin; Bolle, Hans-Jürgen; Carius, Alexander (Hrsg.): *Umwelt Global. Veränderungen. Probleme. Lösungsansätze* (Berlin-Heidelberg: Springer): 238-248. (B25, S)

Böhler, Dietrich; Neuberth, Rudi (Hrsg.), 1995: *Herausforderung Zukunftsverantwortung. Hans Jonas zu Ehren*, 2. Aufl. (Münster-Hamburg: Lit). (B25, S)

Böhm, Eberhard; Walz, Rainer, 1994: „Neue Zielsetzungen der Umweltpolitik und deren Konsequenzen für den künftigen Technologiebedarf", in: Fricke, Werner (Hrsg.): *Jahrbuch Arbeit und Technik 1994* (Bonn: Dietz): 202-211. (A)

Böhret, Carl, 1990: *Folgen. Entwurf für eine aktive Politik gegen schleichende Katastrophen* (Opladen: Leske + Budrich). (S)

Böhret, Carl, 1993: *Funktionaler Staat. Ein Konzept für die Jahrtausendwende* (Frankfurt/M.: Peter Lang). (S)
Bolin, Bert; Döös, Bo R. (Hrsg.), 1989: *The Greenhouse Effect. Climate Change and Eco-systems* (Chichester-New York: Wiley). (G)
Bossier, Francis; De Rous, R., 1992: „Economic effects of a carbon tax in Belgium", in: *Energy Economics*, 14,1 (Januar): 33-41. (B14, S)
Boyle, Robert; Oppenheimer, Michael, 1990: *Dead Heat: the Race Against the Greenhouse Effect* (London: I.B. Tauris). (S)
Brandt, Eberhard, 1994: „Internationale Verflechtungen: EG-Politik schränkt nationalen Handlungsspielraum ein", in: Brandt, Eberhard; Haack, Manfred; Törkel, Bernd (Hrsg.): *Verkehrskollaps: Diagnose und Therapie* (Frankfurt/M.: Fischer): 95-121. (B7, G)
Brandt, Karl-Werner, 1995: „Der ökologische Diskurs", in: Haan, Gerhard de (Hrsg.): *Umweltbewußtsein und Massenmedien* (Berlin: Springer): 47-62. (B15)
Braß, Heiko, 1990: „Enquête-Kommissionen im Spannungsfeld von Politik, Wissenschaft und Öffentlichkeit", in: Petermann, Thomas (Hrsg.): *Das wohlberatene Parlament. Orte und Prozesse der Politikberatung* (Berlin: edition sigma): 65-96. (B15, E)
Brauch, Hans Günter (Hrsg.), 1996: *Energiepolitik. Technische Entwicklung, politische Strategien der EU, der USA und Japans, Handlungskonzepte der Bundesregierung und nichtstaatlicher Organisationen zu erneuerbaren Energien zur rationellen Energienutzung und zu Einsparpotentialen* (Berlin-Heidelberg: Springer). (B25, E,G,V)
Brauch, Hans Günter, 1993: „Globaler Strukturbruch, Systemtransformation und kein nationaler Strukturwandel: Rüstungs- und Abrüstungspolitik in den amerikanisch-sowjetischen Beziehungen 1981-1992", Mosbach, unveröffentlichtes Manuskript. (B25)
Breitmeier, Helmut, 1992: *Ozonschicht und Klima auf der globalen Agenda*, Tübinger Arbeitspapiere zur Internationalen Politik und Friedensforschung Nr. 17 (Tübingen: Universität Tübingen, Institut für Politikwissenschaft). (A, B9, 10, 15)
Breitmeier, Helmut, 1994a: „Abnehmende Ozonschicht - Zunehmende Konflikte? Die politische Bearbeitung eines globalen Umweltkonflikts", in: Landeszentrale für politische Bildung Baden-Württemberg (Hrsg.): *Die Welt zwischen Öko-Konflikten und ökologischer Sicherheit* (Bad Urach-Stuttgart): 79-84. (A)
Breitmeier, Helmut, 1994b: „Wie entstehen globale Umweltregime? Der Konfliktaustrag zum Schutz der Ozonschicht und des globalen Klimas: Erklärungsansätze aus den Denkschulen der Internationalen Beziehungen" (Dissertation, Universität Tübingen). (A, B10)
Breitmeier, Helmut, 1995/1996: „Umweltforschung im Schlepptau der Politiker? Abschied vom Konzept der 'nachhaltigen Entwicklung' und Aufbruch zu mehr Effektivität in der internationalen Umweltpolitik", in: Haedrich, Martina; Ruf, Werner (Hrsg.): *Globale Krisen und europäische Verantwortung - Visionen für das 21. Jahrhundert*, Schriftenreihe der Arbeitsgemeinschaft Friedens- und Konfliktforschung e.V. (AFK), Bd. XXIII (Baden-Baden: Nomos): 132-145. (A)
Breitmeier, Helmut, 1996: *Wie entstehen globale Umweltregime? Der Konfliktaustrag zum Schutz der Ozonschicht und des globalen Klimas* (Opladen: Leske + Budrich). (A, B E, 9)
Breitmeier, Helmut; Gehring, Thomas; List, Martin; Zürn, Michael, 1993: „Internationale Umweltregime", in: Prittwitz, Volker von (Hrsg.): *Umweltpolitik als Modernisierungsprozeß. Politikwissenschaftliche Umweltforschung und -lehre in der Bundesrepublik* (Opladen: Leske + Budrich): 163-191. (A, B4, 9; E)

Breitmeier, Helmut; Wolf, Klaus Dieter, 1993: „Analysing Regime Consequences. Conceptual Outlines and Environmental Explorations", in: Rittberger, Volker; Mayer, Peter (Hrsg.): *Regimes in International Relations* (Oxford: Clarendon Press): 339-360. (A)

Breitmeier, Helmut; Zürn, Michael, 1990: „Gewalt oder Kooperation. Zur Austragungsform internationaler Umweltkonflikte", in: *Antimilitarismus Information*, 20,12 (Dezember): 14-23. (A)

Brenton, Tony, 1994: *The Greening of Machiavelli. The Evolution of International Environmental Politics* (London: Earthscan). (B9)

Broadway, Robin; Bruce, Neil, 1984: *Welfare Economics* (Oxford: Blackwell). (B12)

Broome, John, 1992: *Counting the Cost of Global Warming* (Cambridge: White Horse Press). (S)

Brown, Lester R.; et al., 1994: *Worldwatch Institute Report. Zur Lage der Welt - 1994. Daten für das Überleben unseres Planeten* (Frankfurt/M.: Fischer). (E)

Brown, Lester R.; et al., 1996: *State of the World 1996: A Worldwatch Institute Report on Progress Toward a Sustainble Society* (New York- London: W.W. Norton). (V)

Brown, Peter G., 1991: *Climate Change and the Planetary Trust* (College Park: University of Maryland). (S)

Brown Weiss, Edith, 1989: *In Fairness to Future Generations: International Law, Common Patrimony, and Intergenerational Equity* (Dobbs Ferry, NY: Transnational Publishers). (S)

Brown Weiss, Edith, 1995: „Environmental Equity: The Imperative for the Twenty-First Century", in: Lang, Winfried (Hrsg.): *Sustainable Development and International Law* (London-Dordrecht-Boston: Graham&Trotman/Martinus Nijhoff): 17-27. (B9)

Bruckmeier, Karl, 1994: *Strategien globaler Umweltpolitik* (Münster: Verlag Westfälisches Dampfboot). (S)

Brundtland, Gro Harlem; et al., 1987: *Our Common Future* (Oxford: Oxford UP for World Commission on Environment and Development). (E)

Brunotte, Martin, 1993: *Energiekennzahlen für den Kleinverbrauch*. Studie im Auftrag des Öko-Instituts (Freiburg: Öko-Institut). (B22)

Bryner, Gary C. (Hrsg.), 1992: *Global Warming and the Challenge of International Cooperation* (Provo, UT: Kennedy Center for International Studies). (S)

Bull, Hedley, 1977: *Anarchical Society. A Study of Order in World Politics* (New York: Columbia UP). (B25, S)

BUND; Misereor (Hrsg.), 1996: *Zukunftsfähiges Deutschland. Ein Beitrag zu einer global nachhaltigen Entwicklung*, Studie des Wuppertal Instituts für Klima - Umwelt - Energie GmbH (Basel-Boston-Berlin: Birkhäuser). (B5, 13, 21)

Burley, Anne-Marie; Mattli, Walter, 1993: „Europe Before the Court: A Political Theory of Legal Integration", in: *International Organization*, 47,1: 41-76. (B7,S)

Burmeister, Edwin, 1980: *Capital theory and dynamics* (Cambridge: Cambridge UP). (B12)

Bush, Kenneth, 1990: *Climate Change, Global Security, and International Governance*, Working Paper 23 (Ottawa: Canadian Institute for International Peace and Security).

Caccia, C., 1989: Political Leadership and the Brundtland Report: What are the Implications for Public Policy? Forum on Global Change and Our Common Future (Washington, DC: National Academy Press). (S)

Cagin, Seth; Dray, Philip, 1993: *Between Earth and Sky. How CFCs Changed Our World and Endangered the Ozone Layer* (New York: Pantheon Books). (S)

Caldwell, Lynton Keith, 1990: *International Environmental Policy. Emergence and Dimensions*, 2. Aufl. (Durham-London: Duke UP). (B9)

Caldwell, Lynton Keith, 1990a: *Between Two Worlds: Science, the Environmental Movement, and Policy Choice* (Cambridge, Cambridge UP). (V)

Cameron, David, 1992: „The 1992 Initiative: Causes and Consequences", in: Sbragia, Alberta (Hrsg.): *Euro-Politics: Institutions and Policymaking in the „New" European Community* (Washington, DC: Brookings Institutions): 23-75. (B7, S)

Cameron, James; Werksman, Jacob D., 1991: *The Precautionary Principle: A Policy for Action in the Face of Uncertainty* (London: Centre for International Environmental Law).(S)

Cameron, James; Werksman, Jacob; Roderick, Peter, 1996: *Improving Compliance with International Environmental Law* (London: Earthscan). (V)

Campiglio, Luigi; et al. (Hrsg.), 1994: *The Environment after Rio: International Law and Economics* (London: Graham & Trotman). (S)

Cansier, Dieter, 1991: *Bekämpfung des Treibhauseffektes aus ökonomischer Sicht* (Berlin: Springer). (B12)

Carbon Dioxide Information Analysis Center, 1990: *Trends '90: A Compendium of Data of Global Change* (Oak Ridge, Tenn.: Carbon Dioxide Information Analysis Center).

Carroll, John E. (Hrsg.), 1988: *International Environmental Diplomacy: the Management and Resolution of Transfrontier Environmental Problems* (Cambridge: Cambridge UP).

Carter, Timothy R., 1994: *IPCC Technical Guidelines for Assessing Climate Change Impacts and Adaptations* (London: University College London). (B3)

Cavender, Jeannine; Jäger, Jill, 1993: „The History of Germany's Response to Climate Change", in: *International Environmental Affairs*, 5,1 (Winter): 3-18. (B15, E)

[CEC, 1988], Commission of the European Communities: *The Greenhouse Effect and the Community*, Commission Work Programme Concerning the Evaluation of Policy Options to Deal with the „Greenhouse Effect", COM (88) 656/fin (Brüssel: CEC). (B7)

[CEC, 1989], Commission of the European Communities: *Energy and Environment*, Commission Document COM (89) 369/fin (Brüssel: CEC). (B7, R)

[CEC, 1990a], Commission of the European Communities: *Proposal for a Council directive concerning the promotion of energy efficiency in the Community*, COM (90) 365/fin (Brüssel: CEC). (B7, R)

[CEC, 1990b], Commission of the European Communities: *Transport and the Environment: a global and long-term policy response by the Community*, Final Report of the Transport/Environment Steering Group, SEC/8348/90-EN (Brüssel: Forward Studies Unit). (B7, R)

[CEC, 1991], Commission of the European Communities: *Der Verkehr in einem sich rasch wandelnden Europa*, Dokument VII/16/91-DE (Brüssel: CEC, Gruppe Verkehr 2000 plus) [zitiert in Brandt (1994)]. (B7, R)

[CEC, 1992a], Commission of the European Communities: *Towards sustainability. A European Community programme of policy and action in relation to the environment and sustainable development*, COM (92) 23/fin (Brüssel: CEC). (B7, R)

[CEC, 1992b], Commission of the European Communities: *Proposal for a council directive to limit carbon dioxide emissions by improving energy efficiency (SAVE programme)*, COM (92) 182/fin (Brüssel: CEC). (B7, R)

[CEC, 1992c], Commission of the European Communities: *Specific Actions for Greater Penetration for Renewable Energy Sources (ALTENER)*, COM (92) 180/fin (Brüssel: CEC). (B7, R)

[CEC, 1992d], Commission of the European Communities: *Proposal for a council directive introducing a tax on carbon dioxide emissions and energy*, COM (92) 226/fin (Brüssel: CEC). (B7, R)

[CEC, 1992e], Commission of the European Communities: *A Community strategy to limit carbon dioxide emissions and to improve energy efficiency*, Communication from the Commission, COM (92) 246/fin (Brüssel: CEC). (B7, R)

[CEC, 1992f], Commission of the European Communities: *Green Paper on the Impact of Transport on the Environment: A Community Strategy for „Sustainable Mobility"*, COM (92) 46 (Brüssel: CEC). (B7, R)

[CEC, 1993a], Commission of the European Communities: „Council directive 93/76/EEC to limit carbon dioxide emissions by improving energy efficiency", in: *Official Journal of the European Communities*, L237: 28-30. (B7, R)

[CEC, 1993b] Commission of the European Communities, 1993b: *Final Report: Consultations on the Green Paper on the Impact of Transport on the Environment: A Community Strategy for „sustainable mobility"* [COM(92)46 final - 20. Februar 1992]", internes Dokument der DG VII - C4/2523A/92 (Brüssel: CEC). (B7, R)

[CEC, 1993c], Commission of the European Communities, 1993c: „The future development of the common transport policy. A global approach to the construction of a Community framework for sustainable mobility. Communication from the Commission: Document drawn up on the basis of COM (92) 494 final", in: *Bulletin of the European Communities*, Supplement 3/93 (Luxemburg: Office for Official Publications of the European Communities): 1-72. (B7, R)

[CEC, 1994a], Commission of the European Communities: *Assessment of the expected CO_2 emissions from the Community in the year 2000*, SEC (94) 122 (Brüssel: CEC). (B7, R)

[CEC, 1994b], Commission of the European Communities: *First evaluation of existing national programmes under the monitoring mechanism of Community CO_2 and other greenhouse gas emission*. Report from the Commission under Council Decision 93/-389/EEC, COM (94) 67/fin (Brüssel: CEC). (B7, R)

[CEC, 1994c], Commission of the European Communities: „Trans-European networks: Interim report of the chairman of the group of personal representatives of the Heads of State or Government to the Corfu European Council (Christophersen group)", in: *Bulletin of the European Union*, Supplement 2/94 (Luxemburg: Office for Official Publications of the European Communities): 40-102. (B7, R)

[CEC, 1994d], Commission of the European Communities: *Growth, Competitiveness, Employment. The Challenge and Ways Forward into the 21st Century*, White Paper (Luxemburg: Office for Official Publications of the European Communities). (B7, R)

[CEC, 1995], Commission of the European Communities: *Commission working paper on the EU climate change strategy: a set of options*, SEC (95) 288/fin (Brüssel: CEC). (B7, R)

Chandler, William U. (Hrsg.), 1990: *Carbon Emission Control Strategies: Case Studies in International Cooperation* (Washington, DC: World Wildlife Fund). (S)

Churchill, Robin; Freestone, David (Hrsg.), 1991: *International law and global climate change* (London: Graham & Trotman). (S)

Clark, William, 1985: *On the Practical Implications of the Carbon Dioxide Question* (Laxenburg: International Institute of Applied Systems Analysis).

Clausnitzer, Klaus-Dieter, 1994: *Stromsparförderprogramme*, Werkstattbericht Nr. 6 (Bremen: Bremer Energie Institut, Mai). (B20)

Cleveland, Harlan, 1990: *The Global Commons: Policy for the Planet* (Lanham, MD: University Press of America). (S)

Climate Action Network (Hrsg.), 1994: *International NGO Directory* (Washington-Brüssel: Climate Action Network). (B10)

Climate Action Network (Hrsg.), 1995a: *ECO*, Issue No. 3, 30. März, Berlin. (B10)

Climate Action Network, 1995b: *Independent NGO Evaluation of National Plans for Climate Change Mitigation: OECD Countries, Third Review*, Januar. (B5)

Cline, William R., 1989: *Political Economy of the Greenhouse Effect* (Washington, DC: Institute for International Economics). (S)

Cline, William R., 1992: *The Economics of Global Warming* (Washington, DC: Institute for International Economics). (B3, 12; G)

Cline, William R., 1992a: *Global Warming: The Benefits of Emissions Abatement* (Paris: OECD). (S)

Clinton, William J., 1993: *The Climate Change Action Plan* (Washington, DC: The White House, Oktober). (R, S)

Cohen, Stuart J., 1994: *Mackenzie Basin Impact Study*. Interim Report 2 (Toronto: Environment Canada). (B3)

Collier, Ute, 1993: „Global warming and the internal energy market. Policy integration or polarization", in: *Energy Policy*, 21 (September): 915-925. (B7, G)

Collier, Ute, 1994: *Energy and environment in the European Union: the challenge of integration* (Aldershot: Avebury). (B7 ,E,G)

Collier, Ute, 1996: „The European Union's Climate Change Policy: Limiting Emissions or Limiting Powers?", in: *Journal of European Public Policy*, 3,1: 123-139. (B7, G)

Corcelle, Guy, 1989: „La 'voiture propre' en Europe! Le bout du tunnel est en vue", in: *Revue du Marché Commun*, 331 (November): 513-526. (B7)

Coward, Harold; Hurka, Thomas (Hrsg.), 1993: *Ethics & Climate Change. The Greenhouse Effect* (Waterloo: Wilfried Laurier UP). (B25, S)

Cubasch, Ulrich; Santer, Benjamin D.; Hegerl, G.C., 1995: „Klimamodelle - wo stehen wir? Erreichtes und Probleme bei der Vorhersage und dem Nachweis anthropogener Klimaänderungen mit globalen Klimamodellen", in: *Physikalische Blätter*, 51,4: 269-276. (B3)

Czempiel, Ernst-Otto, 1990: „Internationale Beziehungen: Begriff, Gegenstand und Forschungsabsicht", in: Knapp, Manfred; Krell, Gert (Hrsg.): *Einführung in die Internationale Politik. Studienbuch* (München-Wien: R. Oldenbourg): 2-25. (B25, G)

Czempiel, Ernst-Otto, 1993: *Weltpolitik im Umbruch. Das internationale System nach dem Ende des Ost-West-Konflikts*, 2. Auflage (München: C.H. Beck). (B25, S)

D'Amato, Anthony; et al., 1990: „Agora: What Obligation Does Our Generation Owe to the Next? An Approach to Global Environmental Responsibility", in: *American Journal of International Law*, 84: 190-212. (S)

Daily, Gretchen C.; Ehrlich, Paul R.; Mooney, Harold A.; Ehrlich, Anne H., 1991: „Greenhouse economics: Learn before you leap", in: *Ecological Ecomomics*, 4: 1-10. (B12)

Darmstadter, Joel, 1991a: „Estimating the Cost of Carbon Dioxide Abatement", in: *Resources*, 103 (Frühjahr): 6-9. (S)
Darmstadter, Joel, 1991b: *The Economic Cost of CO_2 Mitigation: A Review of Estimates for Selected World Regions* (Washington, DC: Resources for the Future). (S)
Davis, Kingsley; Bernstam, Mikhail (Hrsg.), 1991: *Resources, Environment, and Population: Present Knowledge, Future Options* (New York: Oxford UP). (S)
Dean, Andrew; Hoeller, Peter, 1992: *The Costs of Reducing CO_2 Emissions: Evidence from Six Global Models*, Economics Department Working Paper No.122. (Paris: OECD). (S)
Deiters, Jürgen; Schallaböck, Karl-Otto, 1995: „Handlungsempfehlungen für den Bereich Verkehr", in: *Endbericht des Beirats für Klima und Energie der Stadt Münster 1995, Teil 1 Handlungsempfehlungen* (Münster: Stadtverwaltung): 49-64 u. 71-74. (B22)
Deutsch, Karl W., 1969: *Politische Kybernetik. Modelle und Perspektiven* (Freiburg: Rombach). (B25, S)
Deutscher Bundestag, 12. Wahlperiode, 1994: *Unterrichtung durch die Bundesregierung. Beschluß der Bundesregierung zur Verminderung der CO_2-Emissionen und anderer Treibhausgasemissionen in der Bundesrepublik Deutschland auf der Grundlage des Dritten Berichts der Interministeriellen Arbeitsgruppe „CO_2-Reduktion" (IMA „CO_2-Reduktion")*, BT-Drs. 12/8557 (Bonn: Bundesanzeiger, 5.10.). (R, S)
di Primo, Juan Carlos; Stein, Gotthard (Hrsg.), 1992: *A Regime to Control Greenhouse Gases* (Jülich: Forschungszentrum Jülich). (S)
[DIW, 1994], Deutsches Institut für Wirtschaftsforschung: „Ökosteuer - Sackgasse oder Königsweg? Gutachten im Auftrag von Greenpeace e.V. (Berlin: DIW). (G)
Doherty, Ann, 1994: „The Role of Nongovernmental Organizations in UNCED", in: Spector, Bertram I.; Sjöstedt, Gunnar; Zartman, I. William (Hrsg.): *Negotiating International Regimes. Lessons Learned from the United Nations Conference on Environment and Development* (London-Dordrecht-Boston: Graham & Trotman/Martinus Nijhoff): 199-218. (B25, S)
Dornbusch, Rudiger; Poterba, James M. (Hrsg.), 1991: *Global Warming: Economic Policy Responses* (Cambridge, MA: The MIT Press). (S)
Dowie, Mark, 1995: *Losing Ground. American Environmentalism at the Close of the Twentieth Century* (Cambridge, MA-London: The MIT Press). (B10)
[DPG, 1986], Deutsche Physikalische Gesellschaft: „Zur Warnung des Arbeitskreises der Deutschen Physikalischen Gesellschaft vor einer weltweiten Klimakatastrophe", Presseinformation vom 22.1.1986, Bonn. (B15)
Dunlap, Riley E., 1995: „Public Opinion and Environmental Policy", in: Lester, James P. (Hrsg.): *Environmental Politics & Policy. Theories and Evidence*, 2. Aufl. (Durham-London: Duke UP): 63-114. (B10)
Dunlap, Riley E.; Gallup, George H.; Gallup, Alec M., 1992: *The Health of the Planet* (Princeton: Gallup International Institute). (S)
Dunn, Seth, 1995: „The Berlin Climate Summit: Implications for International Environmental Law", in: *BNA/International Environmental Reporter*, (31. Mai): 439-444. (B5)
Duplessy, J.C.; Pons, A.; Fantechi, Roberto (Hrsg.), 1991: *Climate and Global Change*, Report EUR 1319 EN (Luxemburg: European Communities). (R, S)
Durham, William H., 1979: *Scarcity and Survival in Central America - Ecological Origins of the Soccer War* (Stanford, CA: Stanford UP). (B11)
Dworkin, Ronald, 1972: *Taking rights seriously* (London). (B5)

Eckerle, Konrad; Hettemes, Stefan; Lindner, Klaus, 1991: Die energiewirtschaftliche Entwicklung in der Bundesrepublik Deutschland bis zum Jahre 2010 unter Einbeziehung der fünf neuen Bundesländer, Untersuchung im Auftrag des Bundesministeriums für Wirtschaft (Basel: Prognos). (B22)

Edler, Dietmar, 1990: *Ein dynamisches Input-Output-Modell zur Abschätzung der Auswirkungen ausgewählter neuer Technologien auf die Beschäftigung in der Bundesrepublik Deutschland*, Beiträge zur Strukturforschung des DIW, Heft 116 (Berlin: DIW). (B14, S)

[EE], Europe Environment (Veröffentlichung des europe information service (EIS). (B7)

Efinger, Manfred; Breitmeier, Helmut, 1992a: *Zur Theorie und Praxis der Verifikation einer globalen Klimakonvention* (Jülich: Forschungszentrum Jülich). (A, B9)

Efinger, Manfred; Breitmeier, Helmut, 1992b: „Verifying a Convention on Greenhouse Gases: A Game-Theoretic Approach", in: di Primo, Juan Carlos; Stein, Gotthard, (Hrsg.): *A Regime to Control Greenhouse Gases. Issues of Verification, Monitoring, Institutions* (Jülich: Forschungszentrum Jülich): 59-68. (A, B9, 10)

Efinger, Manfred; Rittberger, Volker; Zürn, Michael, 1988: *Regime in den Ost-West-Beziehungen. Ein Beitrag zur Erforschung der friedlichen Behandlung internationaler Konflikte* (Frankfurt/M.: Haag + Herchen). (B9)

EG Kommission, 1989: *Der Treibhauseffekt und die Gemeinschaft* (Brüssel: Kommission (88) 656, 16.1.). (R, S)

[EK, 1990], Enquête-Kommission „Gestaltung der technischen Entwicklung, Technikfolgenabschätzung und Bewertung" des 11. Deutschen Bundestages (Hrsg.): *Bedingungen und Folgen von Aufbaustrategien für eine solare Wasserstoffwirtschaft*, BT-Drs. 11/7993 (Bonn: Deutscher Bundestag, Referat Öffentlichkeitsarbeit). (B13, R)

[EK I, 1990a] Enquête-Kommission „Vorsorge zum Schutz der Erdatmosphäre" des Deutschen Bundestages (Hrsg.): *Schutz der Erdatmosphäre: eine internationale Herausforderung*, 3. Aufl. (Bonn: Economica; Karlsruhe: C.F. Müller) [auch erschienen als: Deutscher Bundestag, Referat Öffentlichkeitsarbeit (Hrsg.), 1988: *Schutz der Erdatmosphäre: Eine internationale Herausforderung;* Zwischenbericht der Enquête-Kommission des 11. Deutschen Bundestages „Vorsorge zum Schutz der Erdatmosphäre", Zur Sache 88,5 (Bonn: Deutscher Bundestag, Referat Öffentlichkeitsarbeit) und als BT-Drs. 11/3264]. (B15, 16, 17, 18, 22; R)

[EK I, 1990b], Enquête-Kommission „Vorsorge zum Schutz der Erdatmosphäre" des Deutschen Bundestages (Hrsg.): *Schutz der Tropenwälder: eine internationale Schwerpunktaufgabe* (Bonn: Economica; Karlsruhe: C.F. Müller) [auch erschienen als: Deutscher Bundestag, Referat Öffentlichkeitsarbeit (Hrsg.), 1990: *Schutz der tropischen Wälder: eine internationale Schwerpunktaufgabe*; Bericht der Enquête-Kommission des 11. Deutschen Bundestages „Vorsorge zum Schutz der Erdatmosphäre"; 2, Zur Sache 90,5 (Bonn: Deutscher Bundestag, Referat Öffentlichkeitsarbeit) und als BT-Drs. 11/7220]. (B15, 16, 17; R)

[EK I, 1990c], Enquête-Kommission „Vorsorge zum Schutz der Erdatmosphäre" des Deutschen Bundestages (Hrsg.): *Schutz der Erde - Eine Bestandsaufnahme mit Vorschlägen zu einer neuen Energiepolitik*, Bände 1 u. 2 (Bonn: Economica; Karlsruhe: C.F. Müller) [auch erschienen als: Deutscher Bundestag, Referat Öffentlichkeitsarbeit (Hrsg.), 1990: *Schutz der Erde: eine Bestandsaufnahme mit Vorschlägen zu einer neuen Energiepolitik*; Bericht der Enquête-Kommission des 11. Deutschen Bundestages „Vorsorge zum Schutz der Erdatmosphäre"; 3, Zur Sache 90,19, Bände 1 u. 2 (Bonn:

Deutscher Bundestag, Referat Öffentlichkeitsarbeit) und als BT-Drs. 11/8030]. (B14, 15, 16, 17, 25; R)

[EK I, 1990d], Enquête-Kommission des 11. Deutschen Bundestages „Vorsorge zum Schutz der Erdatmosphäre" (Hrsg.): Energie und Klima-Studienprogramm „Internationale Konvention zum Schutz der Erdatmosphäre sowie Vermeidung und Reduktion energiebedingter klimarelevanter Spurengase, Bände 1-10 (Bonn: Deutscher Bundestag; Karlsruhe: C.F. Müller). (B16, 18; R)

[EK II, 1992], Enquête-Kommission „Schutz der Erdatmosphäre" des Deutschen Bundestages (Hrsg.): *Klimaänderung gefährdet globale Entwicklung: Zukunft sichern - jetzt handeln*, Erster Bericht der Enquête-Kommission „Schutz der Erdatmosphäre" des 12. Deutschen Bundestages (Bonn: Economica; Karlsruhe: C.F. Müller). (B16, 17, 25; R)

[EK II, 1994a], Enquête-Kommission „Schutz der Erdatmosphäre" des Deutschen Bundestages (Hrsg.): *Mobilität und Klima - Wege zu einer klimaverträglichen Verkehrspolitik*, Zweiter Bericht der Enquête-Kommission „Schutz der Erdatmosphäre" des 12. Deutschen Bundestages (Bonn: Economica) [auch erschienen als BT-Drs. 12/8300]. (B15, 16; R)

[EK II, 1994b], Enquête-Kommission „Schutz der Erdatmosphäre" des Deutschen Bundestages (Hrsg.): *Schutz der Grünen Erde - Klimaschutz durch umweltgerechte Landwirtschaft und Erhalt der Wälder*, Dritter Bericht der Enquête-Kommission „Schutz der Erdatmosphäre" des 12. Deutschen Bundestages (Bonn: Economica) [auch erschienen als BT-Drs. 12/8350]. (B15, 16, 17; R)

[EK II, 1995], Enquête-Kommission „Schutz der Erdatmosphäre" des Deutschen Bundestages (Hrsg.): *Mehr Zukunft für die Erde - Nachhaltige Energiepolitik für dauerhaften Klimaschutz*, Schlußbericht der Enquête-Kommission „Schutz der Erdatmosphäre" des 12. Deutschen Bundestages (Bonn: Economica) [auch erschienen als BT-Drs. 12/8600]. (B12-18, 22; R)

Ekins, Paul, 1991: *Rethinking the costs related to global warming. A survey of the issues* (Cambridge: Cambridge UP). (S)

Ekins, Paul, 1992: *A New World Order: Grassroots Movements for Global Change* (London: Routledge). (B25, S)

Ekins, Paul, 1994: „The impact of carbon taxation on the UK economy", in: *Energy Policy*, 22,7: 571-579. (E)

Elser, Marcella, 1993: *Methodik und Ergebnisse von Nutzen-Kosten-Analysen von LCP-Programmen*, Wuppertal Institut (Düsseldorf: MWMT des Landes Nordrhein-Westfalen). (B22)

Engel, J.R.; Engel, J.G., 1990: *Ethics of Environment and Development. Global Challenge and International Response* (London: Belhaven Press). (S)

Engelhardt, Wolfgang; Weinzierl, Hubert (Hrsg.), 1993: *Der Erdgipfel. Perspektiven für die Zeit nach Rio* (Bonn: Economica). (B17)

Epstein, Joshua M.; Gupta, Raj, 1990: *Controlling the Greenhouse Effect: Five Global Regimes Compared* (Washington, DC: Brookings Institute). (S)

Europäische Kommission (Hrsg.), 1991: *Eine Gemeinschaftsstrategie für weniger Kohlendioxidemissionen und mehr Energieeffizienz* (Brüssel: Europäische Kommission, 25. 10.). (B18)

Europäische Kommission, Generaldirektion Wirtschaft und Finanzen, 1992: „Die Klimaherausforderung. Ökonomische Aspekte der Gemeinschaftsstrategie zur Begrenzung der CO_2-Emissionen", in: *Europäische Wirtschaft*, Nr. 51 (Mai). (B14, V)

European Parliament, 1993: *The Carbon/Energy Tax and Energy Pricing: Merits, Alternative Strategies and Long-term Energy Options, Scientific and Technological Options Assessment* (STOA), Workshop Paper (Luxemburg: EP Directorate General for Research). (B7, R)
European Union Environment Agency, 1995: *Environment in the European Union 1995. Report for the Review of the Fifth Environmental Action Programme* (Luxemburg: Office for Official Publications of the European Communities). (R, S)
Evans, Daniel J.; et al., 1991: *Policy Implications of Greenhouse Warming* (Washington, DC: National Academy Press).
EWI, 1994: *Gesamtwirtschaftliche Auswirkungen von Emissionsminderungsstrategien,* Studie des Energiewirtschaftlichen Institutes im Auftrag der Enquête-Kommission „Schutz der Erdatmosphäre" des Deutschen Bundestages (Köln: EWI). (S)
[EWWE], Environment Watch: Western Europe (Veröffentlichung der Cutter Information Corp.). (B7)

Fabian, Peter, 1989: *Atmosphäre und Umwelt*, 3. Aufl. (Berlin: Springer). (B1)
Fabian, Peter, 1992: *Atmosphäre und Umwelt. Chemische Prozesse - Menschliche Eingriffe, Ozon-Schicht - Luftverschmutzung - Smog - Saurer Regen* (Berlin-Heidelberg: Springer). (E)
Falk, Jim; Brownlow, Andrew, 1989: *The Greenhouse Challenge. What's to be Done* (Ringwood-Harmondsworth: Penguin). (E)
Fankhauser, Samuel, 1993a: „The Economic Costs of Global Warming: Some Monetary Estimates", in: Kaya, Yoichi; Narkicenovic, Nebojsa; Nordhaus, William D.; Toth, Ferenc L. (Hrsg.): *Costs, Impacts, and Benefits of CO_2-Mitigation* (Laxenburg: IIASA): 85-105. (B3)
Fankhauser, Samuel, 1993b: *The Social Costs of Greenhouse Gas Emissions: An Expected Value Approach* (London: CSERGE, University College London). (B3)
Fankhauser, Samuel, 1994: „The economic costs of global warming damage: A survey", in: *Global Environmental Change*, 4: 301-309. (B12)
Fankhauser, Samuel, 1995: *Valuing Climate Change. The Economics of the Greenhouse* (London: Earthscan). (S)
Fantechi, Roberto; Ghazi, Anver, 1989: *Carbon Dioxide and Other Greenhouse Gases: Climatic and Associated Impacts* (Dordrecht-Boston-London: Kluwer). (S)
Farfard, Patrick C., 1995: „The Intergovernmental State: A Study of the Evolution of the Vehicle Emissions Policy Network in the European Community, 1970-1992" (Ph.D. dissertation, Queen's University, Kanada). (B7)
Feist, Wolfgang; Bially, Matthias; Eiche-Hening, Werner; Loga, Tobias; Lüneburg, Marita; Militzner, Jürgen, 1994: „Wirtschaftlichkeit von Niedrigenergiehäusern", in: *Sonnenenergie & Wärmetechnik*, Nr. 4 (Juli/August): 32. (B20)
Feldman, David L. (Hrsg.), 1994: *Global Climate Change and Public Policy* (Chicago: Nelson-Hall Publishers). (S)
[FhG-ISI; DIW, 1995], Fraunhofer-Institut für Systemtechnik und Innovationsforschung und Deutsches Institut für Wirtschaftsforschung: „Gesamtwirtschaftliche Auswirkungen von Emissionsminderungsstrategien", in: Enquête-Kommission „Schutz der Erdatmosphäre" (Hrsg.): *Studienprogramm, Band 3: Energie, Teilband II* (Bonn: Economica). (B12)

Finger, Matthias, 1994: „Environmental NGOs in the UNCED process", in: Princen, Thomas; Finger, Matthias (Hrsg.): *Environmental NGOs in World Politics. Linking the local and the global* (London-New York: Routledge): 186-213. (B25, S)

Firor, John, 1990: *The Changing Atmosphere: A Global Challenge* (New Haven: Yale UP). (S)

Fischedick, Manfred; Hennicke, Peter, 1995: „Für eine klimaverträgliche und risikominimierende Energieversorgung", in: Greenpeace e.V. (Hrsg.): *Der Preis der Energie - Plädoyer für eine ökologische Steuerreform* (München: C.H. Beck). (A, B13)

Fischer, Wolfgang, 1992: *Klimaschutz und internationale Politik. Die Konferenz von Rio zwischen globaler Verantwortung und nationalen Interessen* (Aachen: Verlag Shaker). (B8, 15)

Fischer, Wolfgang; Hoffmann, Hans-Jürgen; Katscher, Werner; Kotte, Ulrich; Lauppe, Wolf-Dieter; Stein, Gotthard, 1995: *Vereinbarungen zum Klimaschutz, das Verifikationsproblem*, Monographien des Forschungszentrums Jülich, Bd. 22 (Jülich: Forschungszentrum, Zentralbibliothek). (S)

Fischer, Wolfgang; Stein, Gotthard (Hrsg.), 1991: *Klimawirkungsforschung. Auswirkungen von Klimaveränderungen* (Jülich: KFA). (S)

Fisher, D.E., 1990: *Fire and Ice: The Greenhouse Effect, Ozone Depletion and Nuclear Winter* (New York: Harper and Row). (S)

Fisher, Diane (Hrsg.), 1990: *Options for Reducing Greenhouse Gas Emissions* (Stockholm: The Stockholm Environment Institute). (S)

Flavin, Christopher, 1991: *Slowing Global Warming. A Worldwide Strategy* (Washington, DC: Worldwatch Institute). (E)

Flavin, Cristopher; Lenssen, Nicholaus, 1994: *Power Surge. Guide to the Coming Energy Revolution*, The Worldwatch Environmental Alert Series (New York-London: W.W. Norton). (B20)

Flohn, Hermann, 1990: *Treibhauseffekt der Atmosphäre: Neue Fakten und Perspektiven* (Opladen: Westdeutscher Verlag). (E)

Flohn, Hermann, 1994: *Großräumige aktuelle Klimaänderungen: Anthropogene Eingriffe und ihre Rückwirkungen im Klimasystem* (Trier: Universität Trier). (S)

Foley, Gerald, 1991: *Who is Taking the Heat?* (London: Panos Institute). (S)

Forum Umwelt & Entwicklung: *Drei Jahre nach Rio, Bilanz 1995* (Bonn: Forum Umwelt & Entwicklung). (B17)

Frakes, Lawrence A., 1979: *Climate Throughout Geologic Time* (Amsterdam: Elsevier). (B1)

[Frankfurt, 1992], Magistrat der Stadt Frankfurt am Main (Hrsg.): *Energie- und CO_2-Bericht* (Frankfurt/M.: Stadt Frankfurt). (B23, R)

French, Hilary F., 1992: *After the Summit: The Future of Environmental Governance*, Worldwatch Paper 107 (Washington, D.C.: Worldwatch Institute). (S)

Friends of the Earth, o. J.: *Sustainable Netherlands - Aktionsplan für eine nachhaltige Entwicklung der Niederlande* (Frankfurt/M.: Institut für sozial-ökologische Forschung). (B22)

Fuji, Yasumasa, 1990: *An Assessment of the Responsibilities for the Increase in the CO_2 Concentration and Inter-Generational Carbon Accounts* (Laxenburg: International Institute for Applied System Analysis). (S)

Funtowicz, Silvio O.; Ravetz, Jerome R., 1994: „The Worth of a Songbird: Ecological Economics as a Post-Normal Science", in: *Ecological Economics*, 10: 197-207. (B12)

Gaber, Harald; Natsch, Bruno, 1989: *Gute Argumente: Klima* (München: C.H. Beck).
Gardner, J., 1991: *Effective Lobbying in the EC* (Deventer: Kluwer. (B7, S)
Gardner, Richard N., 1992: *Negotiating Survival: Four Priorities After Rio* (New York: Council on Foreign Relations). (S)
Garrett, Geoffrey, 1992: „International Cooperation and Institutional Choice: The European Community's Internal Market", in: *International Organization*, 46,2: 533-558. (B7, S)
Garthoff, Raymond, 1994: *The Great Transformation: American-Soviet Relations and the End of the Cold War* (Washington, DC: Brookings). (B25, S)
Gayl, Johannes Frhr. von, 1992: *Das parlamentarische Institut der Enquête-Kommissionen am Beispiel der Enquête-Kommission „AIDS" des Deutschen Bundestages* (Frankfurt/M.-Berlin-Bern: Peter Lang). (B15)
Gehring, Thomas, 1990: „International Environmental Regimes: Dynamic Sectoral Legal Systems"; in: *Yearbook of International Environmental Law*, 1: 35-56. (A, B4, 5)
Gehring, Thomas, 1994a: *Dynamic International Regimes. Institutions for International Environmental Governance* (Frankfurt/M.-Berlin-Bern: Peter Lang). (A,B E, 4, 5, 9)
Gehring, Thomas, 1994b: „Der Beitrag von Institutionen zur Förderung der internationalen Zusammenarbeit. Lehren aus der institutionellen Struktur der Europäischen Gemeinschaft", in: *Zeitschrift für Internationale Beziehungen*, 1,2: 211-242. (A, B4)
Gehring, Thomas, 1995a: „Regieren im internationalen System. Verhandlungen, Normen und internationale Regime", in: *Politische Vierteljahresschrift*, 36,2: 197-219. (A, B4)
Gehring, Thomas, 1995b: „Arguing und Bargaining in internationalen Verhandlungen. Überlegungen am Beispiel des Ozonschutzregimes", in: Prittwitz, Volker von (Hrsg.): *Verhandeln und Argumentieren. Dialog, Interessen und Macht in der Umweltpolitik* (Opladen: Leske + Budrich; i.E). (A, B4)
Gehring, Thomas, 1995c: „International Action to Protect the Ozone Layer", in: Jänicke, Martin; Weidner, Helmut (Hrsg.): *International Comparison of Achievements in Environmental Protection. A Contribution to Policy Instrument Analysis* (Berlin: edition sigma): 394-408. (A, B4)
Gehring, Thomas; Doeker, Thomas, 1992: „Liability for Environmental Damage. Survey of Existing International Agreements and Instruments", in: Sand, Peter H. (Hrsg.): *The Effectiveness of International Environmental Agreements. A Survey of Existing Legal Instruments* (Cambridge: Grotius): 392-435. (A, B4)
Gehring, Thomas; Jachtenfuchs; Markus, 1988: *Haftung und Umwelt. Interessenkonflikte im internationalen Weltraum-, Atom- und Seerecht* (Frankfurt/M.-Berlin-Bern: Peter Lang). (A, B4)
Gehring, Thomas; Oberthür, Sebastian, 1993: „Montreal Protocol: The Copenhagen Meeting", in: *Environmental Policy and Law*, 23,1: 6-12. (A, B4, 5)
Geiger, Gebhard, 1994: *Internationale Risiken des Klimawechsels. Erkenntnisbasis, Regelungsansätze und Wirksamkeit der internationalen Klimaschutzpolitik* (Ebenhausen: Stiftung Wissenschaft und Politik). (S)
Gerhardt, Volker, 1995: *Immanuel Kants Entwurf 'Zum Ewigen Frieden'. Eine Theorie der Politik* (Darmstadt: Wissenschaftliche Buchgesellschaft). (B25, S)
Glaeser, Bernhard, 1989: *Umweltpolitik zwischen Reparatur und Vorbeugung* (Opladen: Leske + Budrich). (E)
Glantz, Michael H. (Hrsg.), 1988: *Societal Responses to Regional Climatic Change* (Boulder: Westview Press). (S)

Golub, Jon, 1994: „British Sovereignty and the Development of EC Environmental Policy", Paper for the ECPR workshop on the domestic basis of international environmental agreements, Bordeaux, Frankreich, 27. April-2. Mai. (B7)

Gorbatschow, Michail, 1989: „Rede des Generalsekretärs des ZK der KPdSU und Vorsitzenden des Präsidiums des Obersten Sowjets der UdSSR, Michail Gorbatschow, vor der Generalversammlung der Vereinten Nationen am 7. Dezember 1988", in: *Europa-Archiv*, 44,1 (10.1.): D23-D37. (B25, R)

Gordon, John; Bigg, Tom, 1994: *Nach dem Erdgipfel von Rio de Janeiro - eine Zwischenbilanz. Britisch-deutsche Notizen zur Umsetzung*, Hrsg. der deutschen Ausgabe Raimund Bleischwitz (Berlin-Basel-Boston: Birkhäuser). (S)

Gore, Al, 1992: *Earth in the Balance: Ecology and the Human Spirit* (Boston: Houghton Mifflin). (E)

Gore, Albert G., 1992: *Wege zum Gleichgewicht. Ein Marshallplan für die Erde* (Frankfurt/M.: S. Fischer). (B10)

Gore, Albert G., 1995: „The Interplay of Climate Change, Ozone Depletion, and Human Health", Paper for the Conference on Human Health and Global Climate Change, National Academy of Sciences, Washington, September. (B10)

Görres, Anselm; Ehringhaus, Henner; von Weizsäcker, Ernst Ulrich, 1994: *Der Weg zur ökologischen Steuerreform. Weniger Umweltbelastung und mehr Beschäftigung. Das Memorandum des Fördervereins ökologische Steuerreform* (München). (A, B13)

Görrissen, Thorsten, 1990/91: „Grenzüberschreitende Umweltzerstörung und europäische Sicherheit", in: Lutz, Dieter S. (Hrsg.): *Gemeinsame Sicherheit, Kollektive Sicherheit, Gemeinsamer Frieden* (Baden-Baden: Nomos): 395-440. (B11)

Görrissen, Thorsten, 1993: *Grenzüberschreitende Umweltprobleme in der internationalen Politik. Durchsetzung ökologischer Interessen unter den Bedingungen komplexer Interdependenz* (Baden-Baden: Nomos). (B E, E)

Goulder, Lawrence H.; Schneider, Stephen H., 1995: „The Costs of Averting Climate Change: A Technological Bias in Standard Assessments, Stanford" (Manuskript). (B12)

Goy, Georg C.; et al., 1986: *Detaillierung des Energieverbrauchs der Kleinverbraucher 1982 nach homogenen Verbrauchergruppen und Verwendungszwecken* (Berlin). (B22)

Graedel, Thomas E.; Crutzen, Paul J., 1994: *Chemie der Atmosphäre* (Heidelberg: Spektrum Akademischer Verlag). (B1)

Grass, Rolf-Dieter; Stützel, Wolfgang, 1983: *Volkswirtschaftslehre - Eine Einführung auch für Fachfremde* (München: Franz Vahlen). (E)

Graßl, Hartmut; Klingholz, Reiner, 1990: *Wir Klimamacher. Auswege aus dem globalen Treibhaus* (Frankfurt/M.: S. Fischer). (E)

Green, Christopher, 1992: „Economics and the 'Greenhouse Effect'", in: *Climate Change*, 22: 265-291. (B12)

[Green Globe Yearbook, 1995], Bergesen, Helge Ole; Parman, Georg (Hrsg.): *Green Globe Yearbook of International Cooperation on Environment and Development 1995* (Oxford: Oxford UP). (B5, 25; G)

Greenwood, Justin; et al., 1992: *Organized Interests in the Community* (London: Sage). (B7, S)

Greenwood, Justin; Ronit, Karsten, 1994: „Interest Groups in the European Community: Neocorporatist or Integrationist Tendencies", in: *Western European Politics*, 17,1: 31-51. (B7, S)

Grieco, Joseph M., 1990: *Cooperation among Nations. Europe, America, and Non-Tariff Barriers to Trade* (Ithaca: Cornell UP). (B9)
Grießhammer, Rainer; Hey, Christian; Hennicke, Peter; Kalberlah, Fritz, 1989, 1990: *Ozonloch und Treibhauseffekt* (Reinbek: Rowohlt). (A, E)
Grubb, Michael, 1990: *Energy Policies and the Greenhouse Effect*, Bd. 1: *Policy Appraisal* (London: The Royal Institute of International Affairs). (B5)
Grubb, Michael (Hrsg.), 1991: *Energy Policies and the Greenhouse Effect*, Bd. 2: *Country Studies and Technical Options* (Brookfield: Dartmouth). (S)
Grubb, Michael, 1995a: „From Rio to Kyoto via Berlin: climate change and the prospects for international action", in: Grubb, Michael; Anderson, Dean: *The Emerging International Regime for Climate Change* (London: Royal Institute of International Affairs): 79-96. (B5)
Grubb, Michael, 1995b: *The Berlin Climate Conference: Outcome and Implications* (London: The Royal Institute of International Affairs, Juni). (B5)
Grubb, Michael, 1995c: „Seeking fair weather: ethics and the international debate on climate change", in: *International Affairs,* 71,3 : 463-496. (B9, 10)
Grubb, Michael; et al., 1993: „The Costs Of Limiting Fossil-Fuel CO_2 Emissions: A Survey and Analysis", in: *Annual Review of Energy and the Environment*: 397-478. (B14, G)
Grubb, Michael; Anderson, Dean (Hrsg.), 1995: *The Emerging International Regime for Climate Change. Structures and Options After Berlin* (London: The Royal Institute for International Affairs). (B6)
Grubb, Michael; Koch, Matthias; Munson, Abby; Sullivan, Francis; Thomson, Koy, 1993: *The Earth Summit Agreements. A Guide and Assessment* (London: RIIA). (S)
Grubb, Michael; Rayner, Steve; Tanabe, Akira; Russell, Jeremy; Ledic, Michele; Mathur, Ajay; Brackley, Peter, 1991: „Energy Policies and the Greenhouse Effect. A Study of National Differences", in: *Energy Policy*, 19,10: 911-919. (B10)
Grubb, Michael; Sebenius, James; Magelhaes, Antonio; Subak, Susan, 1992: „Sharing the Burden", in: Mintzer, Irving M.; Leonard, J. Amber (Hrsg.): *Confronting Climate Change* (Cambridge: Cambridge UP). (B5)
Gruber, Edelgard; Walz, Rainer, 1995: „Local Energy Policy in EU Countries: A Comparison of Activities of Utilities and the Influence of Local Authorities", in: *ENER Bulletin*, Nr.15: 72-84. (A, B14)
Grübler, Arnulf; Nakicenovic, Nesbojsa, 1992: *International Burden Sharing in Greenhouse Gas Reduction*. The World Bank Sector Policy and Research Staff, Environment Working Paper No.55 (Washington, DC: World Bank). (B9)
Grunberg, Isabelle; Risse-Kappen, Thomas, 1992: „A Time for Reckoning? Theories of International Relations and the End of the Cold War", in: Allan, Pierre; Goldmann, Kjell (Hrsg.): *The End of the Cold War. Evaluating Theories of International Relations* (Dordrecht-Boston-London: Martinus Nijhoff): 104-146. (B25, S)
Grüske, Karl-Dieter; Recktenwald, Horst Claus, 1995: *Wörterbuch der Wirtschaft* (Stuttgart: Kröner). (B25, E)

Haas, Peter M., 1990: *Saving the Mediterranean. The Politics of International Environmental Cooperation* (New York: Columbia UP). (B E, 25)
Haas, Peter M., 1992: „Banning Chlorofluorocarbons: Epistemic Community Efforts to Protect Stratospheric Ozone", in: *International Organization*, 46,2: 187-224. (B4, V)

Haas, Peter M., 1993: „Epistemic Communities and the Dynamics of International Environmental Cooperation", in: Rittberger, Volker; Mayer, Peter (Hrsg.): *Regime Theory and International Relations* (Oxford u.a.: Clarendon Press): 169-201. (B25, E)
Haas, Peter M.; Keohane, Robert O.; Levy, Marc A. (Hrsg.), 1993: *Institutions for the Earth. Sources of Effective International Environmental Protection* (Cambridge: The MIT Press). (B9)
Häckel, Hans, 1990: *Meteorologie* (Stuttgart: Ulmer, UTB). (B1)
Hampicke, Ulrich, 1992: *Ökologische Ökonomie. Individuum und Natur in der Neoklassik* (Opladen: Westdeutscher Verlag). (S)
Hanisch, Ted (Hrsg.), 1994: *Climate Change and the Agenda for Research* (Boulder-San Francisco-Oxford: Westview). (S)
Hanley, Nick; Spash, Clive L., 1993: *Cost-Benefit Analysis and the Environment* (Aldershot: Edward Elgar). (B12, S)
Hansmeyer, Karl-Heinrich; et al., 1994: *Umweltorientierte Reform des Steuersystems* (Bonn, BMU, Oktober). (E)
Hantel, Michael, 1989: „Climate Modeling", in: Fischer, Günter (Hrsg.): *Landoldt-Börnstein Numerical Data and Functional Relationships in Science and Technology*, Teilband V/4c2 *Climatology* (Berlin: Springer): 1 - 116. (B2)
Hardin, Garrett, 1968: „The Tragedy of the Commons", in: *Science*, 162 (13. Dezember): 1243-1248. (B10)
Hartenstein, Liesel, 1991a: „Internationale Partnerschaft zur Erhaltung der Tropischen Regenwälder", in: Niemitz, Carsten (Hrsg.): *Das Regenwaldbuch* (Berlin-Hamburg: Paul Parey): 185-196. (A)
Hartenstein, Liesel, 1991b: „Internationale Umweltpartnerschaft als Antwort auf die ökologische Krise", in: Etzbach, Martina; Müller, Michael; Spangenberg, Joachim (Hrsg.): *Rettet den Regenwald* (Bonn: Dietz). (A)
Hasselmann, Klaus; et al., 1995: *Stand der Klimaforschung - Ein Statusbericht, Jahresgutachten des Klimabeirats 1995*, Vorabdruck. (B3)
Hayes, Peter; Smith, Kirk (Hrsg.), 1993: *The Global Greenhouse Regime: Who Pays?* (London: Earthscan). (S)
Hecht, Alan D.; Tirpak, Dennis, 1995: „Framework agreement on climate change: a scientific and policy history", in: *Climatic Change*, 29,4 (April): 371-407. (V)
Heinloth, Klaus, 1993: *Energie und Umwelt. Klimaverträgliche Nutzung von Energie* (Stuttgart: Teubner). (S)
Heintz, Andreas; Reinhardt, Guido A., 1993: *Chemie und Umwelt* (Braunschweig: Vieweg). (B1)
Heister, Johannes; Kläpper, Gernot; Stähler, Frank, 1992: *Strategien Globaler Umweltpolitik. Die UNCED-Konferenz aus ökonomischer Sicht* (Kiel: Institut für Weltwirtschaft). (S)
Helm, Carsten, 1995: *Handel und Umwelt - Für eine ökologische Reform des GATT* (Berlin: Wissenschaftszentrum Berlin, Forschungsschwerpunkt Technik-Arbeit-Umwelt). (B11)
Helm, Carsten; Sprinz, Detlef, 1995: „The Effectiveness of International Environmental Regimes: Disentangling Domestic from International Factors", Paper presented at the Second Pan-European Conference on International Relations, Standing Group on International Relations, European Consortium for Political Research, Paris, 13.-16. September 1995. (A)

Hennicke, Peter (Hrsg.), 1992a: *Handbuch für rationelle Energienutzung im kommunalen Bereich* (Bonn: Bonner-Energie-Report Verlag). (A)
Hennicke, Peter (Hrsg.), 1992b: *Least-Cost-Planning: Ein neues Konzept* (Heidelberg: Springer). (A)
Hennicke, Peter, 1994: „Die mögliche Rolle von LCP/IRP im Rahmen eines 'energiepolitischen Konsenses'", Wuppertal Institut für Umwelt - Energie - Klima (unveröffentlicht). (A, B22)
Hennicke, Peter (Hrsg.), 1995: *Solarwasserstoff - Energieträger der Zukunft* (Berlin-Basel-Boston: Birkhäuser). (A, B13)
Hennicke, Peter, et al., 1993: *Least-Cost Planning Fallstudie Hannover der Stadtwerke Hannover AG. Zwischenbericht und Anlagenband* (Freiburg-Darmstadt: Öko-Institut; Wuppertal: Wuppertal Institut für Umwelt - Energie - Klima). (A, B22)
Hennicke, Peter, et al., 1995: *Integrierte Ressourcenplanung. Die LCP-Fallstudie der Stadtwerke Hannover AG. Ergebnisband* (Hannover: Stadtwerke Hannover AG). (A, B22)
Hennicke, Peter; Becker, Rolf, 1995: „Ist Anpassen billiger als Vermeiden?", in: Hennicke, Peter (Hrsg.): *Klimaschutz: Die Bedeutung von Kosten-Nutzen-Analysen* (Berlin-Basel-Boston: Birkhäuser). (A, B13)
Hennicke, Peter; Grießhammer, R., 1989: *Ozonloch und Treibhauseffekt* (Reinbeck: Rowohlt). (A, E)
Hennicke, Peter; Müller, Michael, 1989: *Die Klima-Katastrophe*, 2. Aufl. (Bonn: J.H.W. Dietz Nachf.). (A, B15, E)
Hennicke, Peter; Müller, Michael, 1994: *Wohlstand durch Vermeiden - Mit Ökologie aus der Krise* (Darmstadt: Wissenschaftliche Buchgesellschaft). (A)
Hennicke, Peter; Richter, Klaus; Schlegelmilch, Kai, 1994: *Nutzen und Kosten von Energiesparmaßnahmen. Vorschläge für neue Förderinstrumente. Studie im Auftrag der deutschen Ausgleichsbank* (Wuppertal: Wuppertal Institut für Umwelt - Energie - Klima). (A, B13)
Hennicke, Peter; Seifried, Dieter, 1994: *Endbericht „Least-Cost Planning" im Auftrag der „Gruppe Energie 2010"* (Wuppertal: Wuppertal Institut für Umwelt - Energie - Klima; Freiburg: Öko-Institut). (A, B13)
Herz, John H., 1961: *Weltpolitik im Atomzeitalter* (Stuttgart: Kohlhammer). (B25, G)
hessenENERGIE, 1994: *Wärmebedarf in Neubaugebieten - Gestaltungsmöglichkeiten auf kommunaler Ebene*, 2. aktualisierte Aufl. (Wiesbaden: hessenENERGIE, Oktober). (B20)
hessenENERGIE (Hrsg.), 1995: *hessenEnergie GmbH, Energie- und Dienstleistungsangebote in Hessen* (Wiesbaden: hessenENERGIE). (B23)
Hillmann, Karl-Heinz, 1993: „Die 'Überlebensgesellschaft' als Konstruktionsaufgabe einer visionären Soziologie", in: *Österreichische Zeitschrift für Soziologie*, 18. (B25, S)
Hillmann, Karl-Heinz, 1994: *Wörterbuch der Soziologie* (Stuttgart: Kröner). (B25, E)
[HMUB, 1993], Hessisches Ministerium für Umwelt, Energie und Bundesangelegenheiten: *Solare Förderfibel für solarthermische Anlagen in Wohngebäuden* (Wiesbaden: HMUB). (B20, R)
[HMUB, 1994a], Hessisches Ministerium für Umwelt, Energie und Bundesangelegenheiten (Hrsg.): *Modelluntersuchungen zur Stromeinsparung in kommunalen Gebäuden - Zusammenfassender Endbericht* (Wiesbaden: HMUB, Juli). (B20, R)

[HMUB, 1994b], Hessisches Ministerium für Umwelt, Energie und Bundesangelegenheiten (Hrsg.): *Hessische Energiepolitik und Klimaschutz. Bericht der Landesregierung 1994* (Wiesbaden: HMUB). (B20, R)
Hoeller, Peter; et al., 1991: „Macroeconomic Implications Of Reducing Greenhouse Gas Emissions: A Survey Of Empirical Studies", in: *OECD Economic Studies*, Nr. 16: 45-78. (B14, V)
Hoeller, Peter; Wallin, Markku, 1991: *Energy Prices, Taxes and Carbon Dioxide Emissions*, Economics and Statistics Department Working Paper No. 106 (Paris: OECD).
Höffe, Ottfried (Hrsg.), 1995: *Immanuel Kant. Zum Ewigen Frieden* (Berlin: Akademie Verlag). (B25, S)
Hoffmann-Riem, Wolfgang; Ramcke, Udo, 1989: „Enquête-Kommissionen", in: Schneider, Hans-Peter; Zeh, Wolfgang (Hrsg.): *Parlamentsrecht und Parlamentspraxis in der Bundesrepublik Deutschland* (Berlin-New York: Walter de Gruyter): 1261-1292. (B15)
Hohmann, Harald (Hrsg.), 1992: *Basic Documents of International Environmental Law* (London u.a.: Graham & Trotman). (S)
Hohmeyer, Olav (Hrsg.), 1995: *Ökologische Steuerreform*. ZEW-Wirtschaftsanalysen 1 (Baden-Baden: Nomos). (B25, S)
Hohmeyer, Olav, 1988: *Social Costs of Energy Consumption* (Berlin-Heidelberg: Springer). (S)
Hohmeyer, Olav; Gärtner, M., 1992: *The costs of climate change. A rough estimate of orders of magnitude. Report to the Commission of the European Communities* (Brüssel: EU Kommission, DG XII). (B25, S)
Holsti, Kalevi, 1991: *Peace and War: Armed Conflict and International Order 1648-1989* (Cambridge-New York: Cambridge UP). (B25, S)
Homer-Dixon, Thomas F., 1990: „Environmental Change and Violent Conflict" (Cambridge, MA: American Academy of Arts and Science, International Security Program). (B11)
Homer-Dixon, Thomas F., 1991: „On the Threshold: Environmental Changes as Causes of Acute Conflict", in: *International Security*, 16,2 (Herbst): 76-116. (B11)
Homer-Dixon, Thomas F.; Boutwell, Jeffrey H.; Rathjens, George W., 1994: „Umwelt-Konflikte", in: *Spektrum der Wissenschaft, Digest: Umwelt-Wirtschaft*: 38-46. (B11)
Houghton, John T., 1994: *Global Warming: The Complete Briefing. An Investigation of the evidence, the implications and the way forward* (Oxford: Lion). (S)
House of Commons, Energy Committee, Sixth Report, 1989: *Energy Policy Implications of the Greenhouse Effect*, Bände I-III (London: HMSO). (R, S)
Hurrell, Andrew; Kingsbury, Benedict (Hrsg.), 1992: *The International Politics of the Environment* (Oxford: Clarendon Press). (S)

[IER], International Environment Reporter (Veröffentlichung des Bureau of National Affairs, Inc., Washington, DC). (B7, R)
Ingram, Helen M.; Colnic, David H.; Mann, Dean E., 1995: „Interest Groups and Environmental Policy", in: Lester, James P. (Hrsg.): *Environmental Politics & Policy. Theories and Evidence*, 2. Aufl. (Durham-London: Duke UP): 115-145. (S)
International Council of Scientific Unions (ICSU); United Nations Environment Programme (UNEP); World Meteorological Organization (WMO), 1986: *Report of the International Conference on the Assessment of the Role of Carbon Dioxide and of Other Greenhouse Gases in Climate Research Programme*, WCRP Publ. Nr.2 (Genf: WMO). (R, S)

International Energy Agency, 1994: *Climate Change Policy Initiatives - 1994 Update. Bd. 1: OECD Countries* (Paris: OECD/IEA). (B5)
[IPCC, 1990], Houghton, John T.; Jenkins, G.J.; Ephraums, J.J. (Hrsg.), 1990: *Climate Change. The IPCC Scientific Assessment* (Cambridge: Cambridge UP). (B2, 3, 12, 25)
[IPCC, 1991], World Meteorological Organization; United Nations Environment; Program: Intergovernmental Panel on Climate Change: *Climate Change. The IPCC Response Strategies* (Washington, DC-Covelo: Islands Press). (R, S)
[IPCC, 1992]; Hougthon, John T.; et al. (Hrsg.): *Climate Change 1992. The Supplementary Report to the IPCC Scientific Assessment* (Cambridge: Cambridge UP). (B1-3; R)
[IPCC, 1994a], International Panel on Climate Change: *Preparing to Meet the Coastal Challenges of the 21st Century* (Den Haag: IPCC). (B3; R)
[IPCC, 1994b], Intergovernmental Panel on Climate Change: *Special Report 1994* (Genf: IPCC). (B5, R)
[IPCC, 1994c], International Panel on Climate Change: *Radiative Forcing of Climate Change and an Evaluation of the IPCC Emission Scenarios* (Cambridge: Cambridge UP). (B13, R)
[IPCC, 1994d], International Panel on Climate Change: *Radiative Forcing of Climate Change. The 1994 Report of the Scientific Assessment Working Group of IPCC* (Genf: WMO/UNEP). (B1, R)
[IPCC, 1996], Intergovernmental Panel on Climate Change: *Second Assessment Report* (Cambridge: Cambridge UP; i.E.). (B E, 1, 2, 3, 8, 25; R)
[IRU, 1992] International Road Transport Union: *Standpoint of the International Road Transport Union (IRU) on the „Green Book" Concerning the Impact of Transport on the Environment* (Geneva: IRU). (B7)
Ismayr, Wolfgang, 1992: *Der Deutsche Bundestag. Funktionen - Willensbildung - Reformansätze* (Opladen: Leske + Budrich). (G)

Jachtenfuchs, Markus, 1990: „The European Community and the Protection of the Ozone Layer", in: *Journal of Common Market Studies,* 28,2: 261-277. (B4, V)
Jachtenfuchs, Markus, 1994: „International policy-making as a learning process: The European Community and the greenhouse effect" (Ph.D. Dissertation, European University Institute, Florenz). (B7 ,E ,G)
Jachtenfuchs, Markus; Huber, Michael, 1993: „Institutional learning in the European Community: the response to the greenhouse effect", in: Liefferink, J. Duncan; Lowe, Philip D.; Mol, Arthur P.J. (Hrsg.): *European Integration & Environmental Policy* (London-New York: Belhaven Press): 36-58. (B7,V)
Jachtenfuchs, Markus; Kohler-Koch, Beate, 1996: „Einleitung: Regieren im dynamischen Mehrebenensystem", in: dies. (Hrsg.): *Europäische Integration* (Opladen: Leske + Budrich): 17-44. (B E)
Jackson, Tim, 1991: „Least-cost Greenhouse Planning", in: *Energy Policy,* 19,1: 35-46.
Jaeger, Carlo C., 1994: *Taming the Dragon. Transforming Economic Institutions in the Face of Global Change* (Yverdon: Gordon and Breach). (B12)
Jaeger, Carlo; Kasemir, Bernd, 1996: „Climatic Risks and Rational Actors", in: *Global Environmental Change* (i.E.). (B12)
Jaeger, Jill, 1988: *Developing Policies for Responding to Climate Change* (Stockholm: Beijer-Institute). (S)

Jäger, Jill, 1994: „Gesellschaftliche Lernprozesse beim Management globaler Umweltrisiken", Endbericht im Auftrag des Bundesministeriums für Forschung und Technologie, Januar (unveröffentlicht). (B15)

Jaeger, Jill; Ferguson, H.L. (World Meteorological Organization), 1991: *Climate Change: Science, Impacts and Policy: Proceedings of the Second World Climate Conference* (Cambridge u.a.: Cambridge UP). (S)

Jäger, Jill; Liberatore, Angela; Grundlach, Karin (Hrsg.), 1995: *Global environmental change and sustainable development in Europe* (Brüssel: Europäische Kommission). (B3)

Jänicke, Martin, 1986: *Staatsversagen. Die Ohnmacht der Politik in der Industriegesellschaft* (München: Piper). (B4)

Jänicke, Martin, 1995: „Kriterien und Steuerungsansätze ökologischer Ressourcenpolitik - ein Beitrag zum Konzept ökologisch tragfähiger Entwicklung", in: Jänicke, Martin; Bolle, Hans-Jürgen; Carius, Alexander (Hrsg.): *Umwelt Global. Veränderungen. Probleme. Lösungsansätze* (Berlin-Heidelberg: Springer): 119-136. (B25, V)

Jänicke, Martin; Bolle, Hans-Jürgen; Carius, Alexander (Hrsg.), 1995: *Umwelt Global. Veränderungen - Probleme - Lösungsansätze* (Berlin-Heidelberg: Springer). (B25, E)

Jänicke, Martin; Mönch, Harald; Binder, Manfred; et al., 1992: *Umweltentlastung durch industriellen Strukturwandel? Eine explorative Studie über 32 Industrieländer (1970 bis 1990)* (Berlin: edition sigma): 105-124. (B25, G)

Jeftic, Ljubomir; Milliman, John D.; Sestini, Giuliano (Hrsg.), 1992: *Climatic Change and the Mediterranean* (London-New York: Edward Arnold). (S)

Jepma, Catrinus J. (Hrsg.), 1995: *The Feasibility of Joint Implementation* (Dordrecht: Kluwer). (B9)

Jochem, Eberhard; Schön, Michael, 1994: „Gesellschaftliche und volkswirtschaftliche Auswirkungen der rationellen Energieanwendung", in: *Jahrbuch Arbeit + Technik* (Bonn: Dietz): 182-192. (B14, E)

Johansson, Per-Olov, 1987: *The economic theory and measurement of environmental benefits* (Cambridge: Cambridge UP). (S)

Johansson, Per-Olov, 1993: *Cost-benefit analysis of environmental change* (Cambridge: Cambridge UP). (B14)

Johnson, Stanley P., 1993: *The Earth Summit. The United Nations Conference on Environment and Development (UNCED)* (London: Graham & Trotman/Martinus Nijhoff). (B9)

Jonas, Hans, 1984: *Das Prinzip Verantwortung* (Frankfurt/M.: Suhrkamp). (B25, G)

Jones, Phil D., 1994: „Hemispheric Surface Air Temperature Variations: A Re-analysis and an Update to 1993", in: *Journal of Climate,* 7,11: 1794-1802. (B1)

Jones; Phil D.; et al., 1991: „Marine and land temperature data sets: a comparison and a look at recent trends", in: Schlesinger, Michael E. (Hrsg.): *Greenhouse-Gas-Induced Climatic Change: A Critical Appraisal of Simulations and Observations* (Amsterdam: Elsevier): 153-172. (B1)

Jorgenson, Dale W.; Wilcoxen, P.J., 1993: „Energy, the Environment, and Economic Growth", in: Kneese, Allen V.; Sweeney, James L. (Hrsg.): *Handbook of natural resource and energy economics, Bd. III* (Amsterdam u.a.: North Holland). (G)

Judge, David, 1993: „Predestined to Save the Earth: The Environment Committee of the European Parliament", in: ders. (Hrsg.): *A Green Dimension for the European Community. Political Issues and Processes* (London: Frank Cass): 186-212. (B7)

Justus, John R.; Morrissey, Wayne A., 1995: „Global Climate Change", in: *CRS Issue Brief*, IB 89005 (Washington: CRS, Library of Congress, 1. März). (R, S)

Kaiser, Karl; Weizsäcker, Ernst Ulrich von; Comes, Stefan; Bleischwitz, Raimund, 1990: *Internationale Klimapolitik. Eine Zwischenbilanz zum Abschluß einer Klimakonvention* (Bonn: DGAP). (S)

Kakonen, Jyrki (Hrsg.), 1992: *Perspectives on Environmental Conflict and International Politics* (London: Pinter). (S)

Kaldor, Mary, 1992: *Der imaginäre Krieg. Eine Geschichte des Ost-West-Konflikts* (Hamburg-Berlin: Argument). (B25, S)

Kane, Hia, 1992: *Time for Change. A New Approach to Environment and Development* (Washington: Island Press). (B10)

Kant, Immanuel, [1795], 1984: *Zum ewigen Frieden. Ein philosophischer Entwurf* (Stuttgart, Reclam). (B25, G)

Karpe, H.-J.; Otten, D.; Trinidade, S.C. (Hrsg.), 1990: *Climate and Development: Climatic Change and Variability and the Resulting Social, Economic and Technological Implications* (London: Springer). (S)

Kates, Robert; Ausubel, Jesse; Berberian, Mimi (Hrsg.), 1985: *Climate Impact Assessment: Studies of the Interaction of Climate and Society* (New York: Wiley). (S)

Kaya, Yoichi; Nakicenovic, Nebojsa; Nordhaus, William D.; Tóth, Ferenc L., 1993: *Costs, Impacts, and Benefits of CO_2 Mitigation* (Laxenburg: IIASA). (B3)

Kemp, David D., 1990: *Global Environmental Issues: A Climatological Approach* (London: Routledge). (S)

Kennedy, Paul, 1992: *Preparing for the Twenty-First Century* (New York: Random House). (S)

Kennedy, Paul, 1993: *In Vorbereitung auf das 21. Jahrhundert* (Frankfurt/M.: S. Fischer). (B25, V)

Keohane, Robert O., 1984: *After Hegemony: Cooperation and Discord in the World Political Economy* (Princeton: Princeton UP). (B4, 9, G)

Kilian, Michael, 1987: *Umweltschutz durch Internationale Organisationen. Die Antwort des Völkerrechts auf die Umwelt?* (Berlin: Duncker & Humblot). (S)

Kiss, Alexandre C.; Shelton, Dinah, 1991: *International Environmental Law* (New York-London: Transnational Publ./Graham & Trotman). (B5)

Klima-Bündnis/Alianza del Clima e.V. (Hrsg.), 1993: *Klima - lokal geschützt! Aktivitäten europäischer Kommunen* (München: Raben). (S)

Klima-Bündnis/Alianza del Clima e.V. (Hrsg.), 1994: *Amazonasindianer am Main - Die Klima-Bündnis-Stadt Frankfurt am Main und ihre Partnerschaft mit den Aguaruna- und Huambisa-Indianern Perus* (Frankfurt/M.: Klima-Bündnis e.V.). (S)

Klimaforum '95, 1995: in: *Klimaforum Bulletin*, Berlin Nr. 9 (17. März). (B10)

Klopfer, Thomas, 1995: „Handlungsempfehlungen für den Bereich Energieumwandlung und Industrie", in: *Endbericht des Beirats für Klima und Energie der Stadt Münster 1995, Teil 1 Handlungsempfehlungen* (Münster: Stadtverwaltung): 38-49 u. 71-73. (B22)

Knoll, Michael; Kreibich, Rolf (Hrsg.), 1994: *Modelle für den Klimaschutz. Kommunale Konzepte und soziale Initiativen für erneuerbare Energien* (Weinheim-Basel: Beltz).

Koenig, Christian, 1991: „WMO-Weltorganisation für Meteorologie", in: Wolfrum, Rüdiger (Hrsg.): *Handbuch Vereinte Nationen* (München: C.H. Beck): 1142-1148. (B1)

Kohler-Koch, Beate, 1989: "Zur Empirie und Theorie internationaler Regime", in: dies. (Hrsg.): *Regime in den internationalen Beziehungen* (Baden-Baden: Nomos): 17-85. (B4, G)
Kohler-Koch, Beate, 1993: "Die Welt regieren ohne Weltregierung", in: Böhret, Carl; Wewer, Göttrik (Hrsg.): *Regieren im 21. Jahrhundert. Zwischen Globalisierung und Regionalisierung* (Opladen: Leske + Budrich): 109-141. (B4, V)
Koppen, Ida, 1988: *The European Community's Environment Policy: From the Summit in Paris to the Single European Act, 1987*, EUI Working Paper 88/328 (Florenz: European University Institute). (B7; E)
Koskenniemi, Martti, 1992: "Breach of Treaty or Non-Compliance? Reflections on the Enforcement of the Montreal Protocol", in: *Yearbook of International Environmental Law*, 3: 122-162. (B5)
Kranvogel, Edith, 1994: *Neue Konzepte für die Klimapolitik* (Frankfurt/M.: Peter Lang).
Krasner, Stephen D., 1982: "Structural Causes and Regime Consequences", in: *International Organization*, 36,2: 185-205. (B4, G)
Krasner, Stephen D. (Hrsg.), 1983: *International Regimes* (Ithaca: Cornell UP). (B9)
Krause, Florentin, 1993: "Cutting Carbon Emissions: Burden or Benefit?, The Economics of energy-tax and non-price policies", *in: Energy Policy In The Greenhouse*, Bd. II, Teil 1, prepared for the Dutch Ministry of Housing, Physical Planning and Environment (El Clerrito, CA: IPSEP). (B14, V)
Krause, Florentin; et al., 1990: *Energy Policy in the Greenhouse: From Warning Fate to Warning Limit* (London: Earthscan). (S)
Krause, Florentin; et al., 1995: *Energy Policy in the Greenhouse*. Bd. II: *Cutting Carbon Emissions: Burden or Benefit? The Economics of Energy Taxes and Regulatory Reforms on Climate, Growth and Jobs, Executive Summary* (El Clerrito, CA: IPSEP) und mehrere hierzu erschienene Einzelbände des IPSEP-Projekts 1995. (B13)
Krause, Florentin; Bach, Wilfrid; Koomey, Jon, 1992: *Energiepolitik im Treibhauszeitalter. Maßnahmen zur Beschränkung der globalen Erwärmung* (Heidelberg: C.F. Müller). (S)
Krüger, Lutz, 1994: *Wetter und Klima. Beobachten und verstehen* (Berlin-Heidelberg: Springer). (S)
Krumm, Raimund, 1996: *Internationale Umweltpolitik. Eine Analyse aus umweltökonomischer Sicht* (Heidelberg-Berlin: Springer). (B25, S)
Krupp, Christoph, 1995: *Klimaänderungen und die Folgen. Eine exemplarische Fallstudie über die Möglichkeiten und Grenzen einer interdisziplinären Klimafolgenforschung* (Berlin: edition sigma). (B25, S)
Krupp, Helmar, 1996: "Japanische Energiepolitik", in: Brauch, Hans Günter (Hrsg.): *Energiepolitik* (Berlin - Heidelberg: Springer). (B25, V)
Kuik, Onno; Peters, Paul; Schrijver, Nico (Hrsg.), 1994: *Joint implementation to curb climate change: legal and economic aspects* (Dordrecht u.a.: Kluwer). (S)
Kummer, Katharina, 1995: *International Management of Hazardous Wastes: The Basel Convention and Related Legal Rules* (Oxford: Clarendon). (B5)

Lamb, Hubert H., 1988: Weather, Climate and Human Affairs: A Book of Essays and Other Papers (London: Routledge). (B25, S)
Lamb, Hubert H., 1995: *Climate History and the Modern World*, 2. Aufl. (London-New York: Routledge); 1. Aufl., 1982. (B25, S)

Lanchberry, John; Victor, David, 1995: „The Role of Science in the Global Climate Negotiations", in: Bergesen, Helge Ole; Parman, Georg (Hrsg.): *Green Globe Yearbook of International Cooperation on Environment and Development 1995* (Oxford: Oxford UP): 29-39. (B E)

Lashof, Daniel A., 1996: „The IPCC Second Assessment Report", in: *U.S. Climate Action Network Hotline*, 3,1 (Januar): 1-3. (B E)

Lechtenböhmer, Stefan; Bach, Wilfrid, 1994: „Förderprogramme zur Energieeinsparung und CO_2-Vermeidung. Effizienz und Kosten", in: *Energiewirtschaftliche Tagesfragen*, 44,8: 416-423. (A)

Leggett, Jeremy (Hrsg.), 1991: *Global Warming. Die Wärmekatastrophe und wie wir sie verhindern können. Der Greenpeace Report* (München: Piper).

Lenschow, Andrea, 1994: „Integration of Environmental Considerations into other Policy Areas. Policy and Institutional Change in the European Community", Paper für den Graduate Workshop on „Governing Europe: Power, Process and Legitimacy", Center for European Studies, Harvard University, Cambridge, USA, 2.-4. Dezember. (A)

Lenschow, Andrea, 1995a: „Environmental Policy Making in the European Community: Learning in a Complex Organization", Paper for International Studies Association Conference, Chicago, USA, 21.-25. Februar. (A, B7)

Lenschow, Andrea, 1995b: „Policy and Institutional Change in the European Community. Environmental Integration in the CAO", Paper for the European Community Studies Association Conference, Charleston, USA, 11.-14. Mai. (A)

Lenschow, Andrea, 1996: „Institutional and Policy Change in the European Community: Variations in Environmental Policy Making" (Ph.D. Dissertation, New York University). (A, B7)

Lester, James P. (Hrsg.), 1989: *Environmental Politics and Policy: Theories and Evidence* (London: Duke UP). (S)

Leurdijk, Dick A., 1991: „Gemeinschaft und Gemeinsamkeiten - Die EG und die Vereinten Nationen", in: *Vereinte Nationen*, 39,5: 157-162. (B8)

Levenson, Thomas, 1989: *Ice Time: Climate, Science, and Life on Earth* (New York: Harper & Row). (S)

Levy, Marc A.; Young, Oran R.; Zürn, Michael, 1995: „The Study of International Regimes", in: *European Journal of International Relations*, 1,3: 267-330. (B9)

Liberatore, Angela, 1991: „Problems of Transnational Policy Making: Environmental Policy in the European Community", in: *European Journal of Political Research*, 19,2-3: 281-305. (B7)

Liberatore, Angela, 1995: „Arguments, Assumptions and the Choice of Policy Instruments. The case of the debate on the CO_2/energy tax in the European Community", in: Dente, Bruno (Hrsg.): *Environmental Policy in Search of New Instruments* (Dordrecht-Boston-London: Kluwer): 55-71. (B7, V)

Liefferink, J. Duncan; Lowe, Philip D.; Mol, Arthur P.J. (Hrsg.), 1993: *European Integration and Environmental Policy* (London-New York: Belhaven Press). (B7, E)

Liftin, Karen T., 1994: *Ozone Discourses. Science and Politics in Global Environmental Cooperation* (New York: Columbia UP). (S)

Liljequist, Gösta H.; Cehak, Konrad, 1984: *Allgemeine Meteorologie*, 3. Aufl. (Braunschweig: Vieweg). (B1)

Linacre, Edward, 1992: *Climate Data and Resources. A Reference and Guide* (London-New York: Routledge). (V)

Lintz, G., 1992: *Umweltpolitik und Beschäftigung*, Beiträge zur Arbeitsmarkt- und Berufsforschung Nr. 159 (Nürnberg: Institut für Arbeitsmarkt und Berufsforschung). (B14, G)

Loske, Reinhard; Oberthür, Sebastian, 1994: „Joint Implementation under the Climate Change Convention", in: *International Environmental Affairs*, 6,1: 45-58. (B5, 9)

Loske, Reinhard; Ott, Hermann, 1995: „Klimapolitik vor der Berliner Klimakonferenz", in: *Geowissenschaften*, 13: 93-96. (A, B5)

Lovins, Amory, 1978: *Sanfte Energie - Für einen dauerhaften Frieden* (Reinbeck: Rowohlt). (B13)

Lunde, Leiv, 1991: *Science or Politics in the Global Greenhouse? The Developments Towards Scientific Consensus on Climate Change*, Energy, Environment and Development Publication No.8 (Oslo). (S)

Lutz, Wolfgang, 1994a: „The Future of World Population", in: *Population Bulletin*, 49,1 (Juni): 1-47. (B9)

Lutz, Wolfgang (Hrsg.), 1994b: *The Future Population of the World. What Can We Assume Today?* (London: Earthscan). (B9)

Lyman, Francesca; et al., 1990: *The Greenhouse Trap: What We're Doing to the Atmosphere and how We Can Slow Global Warming* (Boston: Beacon Press). (S)

MacDonald, Gordon J.; Sertorio, L., 1990: *Climate Change and Ecosystem Modeling* (New York: Plenum Press). (S)

MacNeill, Jim; Winsemius, Pieter; Yakushiji, Taizo, 1991: *Beyond Interdependence: the Meshing of the World's Economy and the Earth's Ecology* (New York: Oxford UP).

Malunat, Bernd, 1994: „Die Umweltpolitik in der Bundesrepublik Deutschland", in: *Aus Politik und Zeitgeschichte* (Beilage zur Wochenzeitung Das Parlament), B 49/94 (9. Dezember): 3-12. (B15)

Manley, Gordon, 1974: „Central England Temperatures: Monthly Means 1659 to 1973", in: *Quarterly Journal of the Royal Meteorological Society*, 100,425: 389-405. (B1)

Manne, Alan S.; Richels, Richard G., 1990: „An Economic Cost Analysis for the USA", in: *Energy Journal*, 11,2: 51-74. (B14, S)

Manne, Alan S.; Richels, Richard, 1992: *Buying Greenhouse Insurance. The Economic Costs of CO_2 Emission Limits* (Cambridge-London: The MIT Press). (S)

Mannion, A.M., 1991: *Global Environmental Change* (New York: Wiley). (S)

Mannion, A.M.; Bowlby, S.R. (Hrsg.), 1992: *Environmental Issues in the 1990s* (Chichester: Wiley). (S)

Markham, Adam, 1995: *Climate Change and Biodiversity Conservation* (Gland: WWF). (B3)

Marks, R.E.; et al., 1991: „The Cost of Australian Carbon Dioxide Abatement", in: *Energy Journal*, 12,2: 132-152. (B14, S)

Masuhr, Klaus Peter; et al., 1990: *Die energiewirtschaftliche Entwicklung in der Bundesrepublik Deutschland bis zum Jahre 2010*, Forschungsbericht im Auftrag des Bundesministeriums für Wirtschaft (Basel: Prognos). (B22)

Masuhr, Klaus Peter; et al., 1991: *Konsistenzprüfung einer denkbaren zukünftigen Wasserstoffwirtschaft* (Basel: Prognos). (B13)

Matthews, Jessica T., 1989: „Redefining Security", in: *Foreign Affairs*, 68: 162-177. (B5)

Maurer, Thilo, 1996: *Die Umweltaußenpolitik der USA: Rahmenbedingungen, Entwicklungen, Erklärungsansätze* (Mosbach: AFES-PRESS). (B25, S)

Mayer, Jörg (Hrsg.), 1994: *Klimapolitik vor Ort. Perspektiven indianischer Ökonomie im Amazonasgebiet und die Möglichkeiten global verantwortlichen Handelns in Europa*, Loccumer Protokolle 13/94 (Rehburg-Loccum: Evangelische Akademie Loccum). (S)

Mayntz, Renate (Hrsg.), 1980: *Implementation politischer Programme. Empirische Forschungsberichte* (Königstein: Athenäum-Hain-Scriptor-Hanstein). (B25, S)

Mayntz, Renate (Hrsg.), 1983: *Implementation politischer Programme II. Ansätze zur Theoriebildung* (Opladen: Westdeutscher Verlag). (B25, S)

Mayntz, Renate, 1993: „Policy-Netzwerke und die Logik von Verhandlungssystemen", in: Héritier, Adrienne (Hrsg.): *Policy-Analyse. Kritik und Neuorientierung*, PVS-Sonderheft 24 (Opladen: Westdeutscher Verlag): 39-56. (B15, S)

Mazey, Sonia; Richardson, Jeremy (Hrsg.), 1993: *Lobbying in the EC* (Oxford: Oxford UP). (B7,S)

Mc Kibben, Bill, 1995: „Not so Fast", in: *The New York Times Magazine*, (23. Juli): 24-25. (B10)

McCormick, John, 1989: *Reclaiming Paradise: The Global Environmental Movement* (Bloomington: Indiana UP). (S)

Meadows, Dennis L. et al., 1972: *The Limits to Growth* (New York: Universe Books). (B12)

Meadows, Donella; Meadows, Dennis; Randers, Jergen, 1992: *Beyond the Limits: Confronting Global Collapse, Envisioning a Sustainable Future* (Post Mills, VT: Chelsea Green). (S)

Mearsheimer, John J., 1990: „Back to the Future: Instability in Europe After the Cold War", in: *International Security*, 15,1 (Sommer): 5-56. (B E)

Merkel, Angela, 1995: „Klimakonferenz Berlin - Perspektiven für einen besseren Klimaschutz", Erklärung der Bundesregierung, in: *Bulletin*, 21 (Bonn: Presse- und Informationsamt der Bundesregierung). (R)

Meyer-Abich, Klaus M., 1993: „Winners and Losers in Climate Change", in: Sachs, Wolfgang (Hrsg.), 1993: *Global Ecology. A New Arena of Political Conflict* (London: Zed Books): 68-87. (B10)

Mikesell, Raymond F.; Williams, Larry, 1992: *International Banks and the Environment: From Growth to Sustainability. An Unfinished Agenda* (San Francisco: Sierra Club Books). (S)

Mills, Evan; Wilson, Debora; Johansson, Thomas, 1991: „Beginning to Reduce Greenhouse Gas Emissions Need Not be Expensive: Examples from the Energy Sector", in: Jäger, Jill; Ferguson, H.L. (Hrsg.): *Climate Change: Science, Impacts and Policy. Proceedings of the Second World Climate Conference* (Cambridge: Cambridge UP). (B12)

Minger, Terrell J. (Hrsg.), 1990: *Greenhouse Glasnost: the Crisis of Global Warming* (New York: The Ecco Press). (S)

Mintzer, Irving M., 1987: *A Matter of Degrees: The Potential for Controlling the Greenhouse Effect* (Washington, DC: World Resources Institute). (S)

Mintzer, Irving M., (Hrsg.) 1992: *Confronting Climate Change: Risks, Implications and Responses* (Cambridge: Cambridge UP). (S)

Mintzer, Irving M.; Leonard, J. Amber (Hrsg.), 1994: *Negotiating Climate Change: The Inside Story of the Rio Convention* (Cambridge: Cambridge UP). (B6)

Mitchell, James K., (Hrsg.) 1990: *Global Environmental Change: Human and Policy Dimensions* (Guildford: Butterworth-Heinemann). (S)

Molitor, Michael (Hrsg.), 1991: *International Environmental Law: Primary Materials* (Deventer: Kluwer). (S)

Moll, Peter, 1991: *From Scarcity to Sustainability. Future Studies and the Environment: the Role of the Club of Rome* (Frankfurt/M. u.a). (S)

„Montrealer Protokoll über Stoffe, die die Ozonschicht gefährden (1987)", in: *Bundesgesetzblatt* 1988 II: 1015-1028. (T4)

„Montrealer Protokoll über Stoffe, die die Ozonschicht gefährden, Londoner Änderungen (1990)", in: *Bundesgesetzblatt* 1991 II: 1332-1351. (T4)

„Montrealer Protokoll über Stoffe, die die Ozonschicht gefährden, Kopenhagener Änderungen (1992)", in: *Bundesgesetzblatt* 1993 II: 2183-2201. (T4)

Moomaw, William; Tullis, D. Mark, 1994: *Charting Development Paths: A Multicountry Comparison of Carbon Dioxide Emissions* (Tafts University: Global Development and Environmental Institute). (S)

Moravcsik, Andrew, 1993: „Preferences and Power in the European Community: A Liberal Intergouvernmentalist Approach", in: *Journal of Common Market Studies,* 31,4: 473-524. (B7, 8)

Morgan, Jennifer, 1996: „Congress Makes Cuts and More Cuts", in: *U.S. Climate Action Network: Hotline*, 3,1: 1-3. (B25, S)

Morgenstern, Richard D., 1991: „Towards a Comprehensive Approach to Global Climate Change Mitigation", in: *American Economic Review*, 81,2: 140-145. (S)

Morrisette, Peter M., 1989: „The Evolution of Policy Responses to Stratospheric Ozone", in: *Natural Resources Journal,* 29,4: 793-820. (B4)

Morrisette, Peter M., 1991: „The Montreal Protocol: Lessons for Formulating Policies for Global Warming", in: *Policy Studies Journal*, 19,2: 152-161. (S)

Morrisette, Peter M.; Plantinga, Andrew J., 1991: „Global Warming: A Policy Review", in: *Policy Studies Journal*, 19,2: 163-172. (S)

Morrow, James D., 1994: *Game Theory for Political Scientists* (Princeton, NJ: Princeton UP). (B11)

Mors, Matthias, 1991: *The Economics of Policies to Stabilize or Reduce Greenhouse Gas Emissions: the Case of CO_2*, Economic Papers, No.87 (Paris: Commission of the European Communities, Oktober). (S)

Mueller, Dennis C., 1989: *Public Choice II - A Revised Edition of Public Choice* (Cambridge: Cambridge UP). (B11)

Müller, Edda, 1989: „Sozial-liberale Umweltpolitik. Von der Karriere eines neuen Politikbereichs", in: *Aus Politik und Zeitgeschichte* (Beilage zur Wochenzeitung Das Parlament), B 47-48/89 (17. November): 3-15. (B15, E)

Müller, Harald, 1991: „Internationale Ressourcen- und Umweltproblematik", in: Knapp, Manfred; Krell, Gert (Hrsg.): *Einführung in die Internationale Politik,* 2. Aufl. (München-Wien: Oldenbourg): 350-382. (E)

Müller, Harald, 1993: *Die Chance der Kooperation. Regime in den internationalen Beziehungen* (Darmstadt: Wissenschaftliche Buchgesellschaft). (B14, G)

Müller, Marion, 1990: „Das internationale Regime zum Schutz der Ozonschicht", in: *Gegenwartskunde,* 39,4: 423-436. (B4, E)

Müller, Michael; Hennicke, Peter, 1995: *Mehr Wohlstand mit weniger Energie* (Darmstadt: Wissenschaftliche Buchgesellschaft). (A, B13, 25; S)

Müller, Wolfgang, 1995: *Die Indianer Amazoniens - Völker und Kulturen im Regenwald* (München: C.H. Beck). (S, V)

Mungall, Constance; McLaren, Digby J. (Hrsg.), 1990: *Planet under Stress: The Challenge of Global Change* (Toronto: Royal Society of Canada; Oxford UP. (S)
Myers, Norman (Hrsg.), 1994: *The Gaia Atlas of Planet Management* (London: Gaia Books). (S)
Myers, Norman; Simon, Julian, 1994: *Scarcity or Abundance? A Debate on the Environment* (New York: Norton). (S)

Nakicenovic, Nebojsa; Nordhaus, William D.; Richels, Richard; Tóth, Ferenc L., 1994: *Integrative Assessment of Mitigation, Impacts, and Adaptation to Climate Change* (Laxenburg, IIASA, Mai). (B3)
Nance, John J., 1991: *What Goes Up: The Global Assault on Our Atmosphere* (New York: Morrow). (S)
National Academy of Sciences, 1991: *Policy Implications of Greenhouse Warming* (Washington, DC: National Academy Press).
National Research Council, 1988: *Ozone Depletion, Greenhouse Gases, and Climate Change* (Washington, DC: National Academy Press).
National Research Council, 1990: *Confronting Climate Change. Strategies for Energy Research and Development* (Washington, DC: National Academy Press). (S)
National Research Council, 1991: *Rethinking the Ozone Problem in Urban and Regional Air Pollution* (Washington, DC: National Academy Press). (S)
Nentwich, Wolfgang, 1995: *Humanökologie. Fakten. Argumente. Ausblicke* (Berlin-Heidelberg: Springer). (B25, S)
Neumann, Werner, 1993a: „Beiträge der Stadt Frankfurt am Main zum Klimaschutz", in: Rosenberg, Barbara (Hrsg.): *Klimapolitik vor Ort*, Fachtagung am Renner-Institut Wien, 21./22.2.1993 (Wien): 107-109. (A)
Neumann, Werner, 1993b: „Neue Kooperationsformen zur Einführung des Niedrigenergiestandards bei Bürobauten", in: Senatsverwaltung für Stadtentwicklung und Umweltschutz Berlin (Hrsg.): *Energiepolitische Ansätze zur CO_2-Minderung im Gebäudebereich*, Dokumentation der Europäischen Klimaschutzkonferenz, Sept. 1993, Berlin, Heft 12 der Reihe Neue Energiepolitik für Berlin der Senatsstelle für Stadtentwicklung und Umweltschutz (Berlin): 143-147. (A)
Neumann, Werner, 1995a: „Kraft-Wärme-Kopplung in Frankfurt am Main - Erfahrungen mit flächendeckenden Untersuchungen zum Einsatz dezentraler Kraft-Wärme-Kopplungs-Anlagen", in: Hessisches Ministerium für Umwelt, Energie, Jugend, Familie und Gesundheit (Hrsg.): *Kraft-Wärme-Kopplung in Hessen* (Wiesbaden: HMU): 77-86. (A)
Neumann, Werner, 1995b: „Mehr Büro mit weniger Energie" - Vortragsdokumentation der Jones Lang Wooton Akademie, Oberstedten, März. (A)
Neumann, Werner, 1995c: „Stadtentwicklungsplanung - energiegerechte und klimaschützende Bauleitplanung" in: Bundesministerium für Umwelt, Naturschutz und Reaktorsicherheit (Hrsg.): *Umweltpolitik - Kommunaler Klimaschutz in der Bundesrepublik Deutschland* (Bonn: BMU): 89-93. (A)
Neumann, Werner, 1995d: „Information, Beratung, Motivation: Die Frankfurter Klimaaktion". Vortrag auf der Kommunalen Klimaschutz-Konferenz „Erfolgsfälle städtischen Klimaschutzes", Berlin, April (zur Veröffentlichung vorgesehen). (A)
Nilsson, Sten; Pitt, David, 1994: *Protecting the Atmosphere: the Climate Convention and its Context* (London: Earthscan). (S)
Nisbet, Euan G., 1991: *Living Earth* (London: Harper Collins). (S)

Nisbet, Euan G., 1994: *Globale Umweltveränderungen: Ursachen, Folgen, Handlungsmöglichkeiten. Klima, Energie, Politik* (Heidelberg u.a.: Spektrum Akademischer Verlag). (S)

Nishioka, Shuzo, 1993: *The Potential Effects of Climate Change in Japan* (Onegawa: Center for Global Environmental Research). (B3)

Nitze, William A., 1990: *The Greenhouse Effect: Formulating a Convention* (London: The Royal Institute of International Affairs). (S)

Nordhaus, William D., 1991a: „A Sketch of the Economics of the Greenhouse Effect", in: *American Economic Review*, 81,2: 146-150. (B12)

Nordhaus, William D., 1991b: „Economic Approaches to Greenhouse Warming", in: Dornbusch, Rudiger; Poterba, James M. (Hrsg.): *Global Warming. Economic Policy Responses* (Cambridge, MA.: The MIT Press): 33-66. (B12)

Nordhaus, William D., 1991c: „The Cost of Slowing Climate Change: a Survey", in: *Energy Journal*, 12: 37-65. (B12)

Nordhaus, William D., 1991d: „To Slow or Not to Slow: The Economics of the Greenhouse Effect", in: *The Economic Journal*, 101,6: 920-937. (B3, 12)

Nordhaus, William D., 1993: „Optimal Greenhouse-Gas Reductions and Tax Policy in the „DICE"- Modell", in: *The American Economic Review*, 83 (Mai). (B13)

Nordhaus, William D., 1994: *Managing the Global Commons. The Economics of Climate Change* (Cambridge, MA.: The MIT Press). (B12)

Norgard, Jan; Viegand, Jan, 1992: *Low electricity Europe - sustainable options* (Lyngby). (B13)

Nutzinger, Hans G.; Zahrnt, Angelika (Hrsg.), 1990: *Für eine ökologische Steuerreform. Energiesteuern als Instrumente der Umweltpolitik* (Frankfurt/M.: Fischer). (B25, S)

O'Keffe, David; Schermers, Henry G. (Hrsg.), 1983: *Mixed Agreements* (Deventer u.a.: Kluwer) (B8, V)

Oberndörfer, Dieter, 1989: *Schutz der tropischen Regenwälder durch Entschuldung* (München: C.H. Beck). (S)

Oberthür, Sebastian, 1992: „Die Zerstörung der stratosphärischen Ozonschicht als internationales Problem. Interessenkonstellationen und internationaler politischer Prozeß", in: *Zeitschrift für Umweltpolitik und Umweltrecht*, 15,2: 155-185. (B4, 5)

Oberthür, Sebastian, 1992a: „Die internationale Zusammenarbeit zum Schutz des Weltklimas", in: *Aus Politik und Zeitgeschichte*, B16: 9-20. (E)

Oberthür, Sebastian, 1993: *Politik im Treibhaus. Die Entstehung des internationalen Klimaschutzregimes* (Berlin: edition sigma). (B E, 4-6, 9, 10, 25; G)

Oberthür, Sebastian, 1995: „Der Beitrag internationaler Umweltregime zur Lösung globaler Umweltprobleme" (Dissertation, Freie Universität Berlin). (B4)

Oberthür, Sebastian; Ott, Hermann, 1995a: „UN/Convention on Climate Change. The First Conference of the Parties", in: *Environmental Policy & Law*, 25, 4-5: 144-156. (A, B5, 6)

Oberthür, Sebastian; Ott, Hermann, 1995b: „Stand und Perspektiven der internationalen Klimapolitik", in: *Internationale Politik und Gesellschaft*, Nr. 4: 399-415. (A, B5, 10)

OECD, 1988: *Transports et Environnement* (Paris: OECD). (B7, R)

OECD, 1992: *Global Warming. The Benefits of Emission Abatement* (Paris: OECD). (B12, R)

OECD, 1993: *International Economic Instruments and Climate Change* (Paris: OECD). (B12, R)

OECD, 1995: *Global Warming. Economic Dimensions and Policy Response* (Paris: OECD). (B12, R)
OECD, 1995a: *OECD Environmental Data, Compendium 1995* (Paris: OECD). (V)
OECD; IEA, 1994a: *Climate Change Policy Initiatives, Bd. 1: OECD Countries* (Paris: OECD). (B10, R)
OECD; IEA, 1994b: *The Economics of Climate Change* (Paris: OECD). (B12, R)
Okken, P.A.; Swart, R.J.; Zwerver, S. (Hrsg.), 1990: *Climate and Energy: the Feasibility of Controlling CO_2-Emissions* (Dordrecht: Kluwer). (S)
Olson, Mancur, 1971: *The Logic of Collective Action - Public Goods and the Theory of Groups* (Cambridge: Harvard UP). (B11)
Oppenheimer, Michael; Boyle, Robert H., 1990: *Dead Heat: The Race Against the Greenhouse Effect* (New York: Basic Books). (S)
Oppermann, Thomas, 1991: *Europarecht* (München: C.H. Beck). (B8)
Orr, David; Soroos, Marvin (Hrsg.), 1979: *The Global Predicament. Ecological Perspectives on World Order* (Chapel Hill, NC: University of North Carolina Press). (S)
Osherenko, Gail; Young, Oran R. (Hrsg.), 1993: *Polar Politics. Creating International Environmental Regimes* (Ithaca: Cornell UP). (B9)
Ostrom, Elinor, 1990: *Governing the Commons: The Evolution of Institutions for Collective Action* (New York: Cambridge UP). (S)
Ott, Hermann, 1991: „The New Montreal Protocol: A Small Step for the Protection of the Ozone Layer, a Big Step for International Law and Relations", in: *Verfassung und Recht in Übersee*, 24,2: 188-208. (A, B4, 5; V)
Ott, Hermann, 1994: „Tenth Session of the INC/FCCC. Results and Options for the First Conference of Parties", in: *Environmental Law Network International, Newsletter*, Nr. 2: 3-7. (A, B5)
Ott, Hermann, 1995: „Berliner Klimagipfel: Grundstein für Reduktionsprotokoll", in: *Ökologische Briefe*, Nr.17 (26. April): 13-14. (A, B5)
Ott, Hermann: *Das Umweltregime im Völkerrecht. Eine Untersuchung zu neuen Formen internationaler institutionalisierter Kooperation am Beispiel der Verträge zum Schutz der Ozonschicht und zur Kontrolle grenzüberschreitender Abfallverbringungen*, i.V.

Paarlberg, Robert L., 1992: „Ecodiplomacy: US Environmental Policy Goes Abroad", in: Oye, Kenneth A.; Lieber, Robert J.; Rothchild, Donald (Hrsg.): *Eagle in a New World: American Grand Strategy in the Post-Cold War Era* (New York: Harper Collins): 207-231. (S)
Parker, Larry B.; Blodgett, John E., 1994a: „Climate Change Action Plans", in: *CRS Report for Congress*, 94-404 ENR (Washington: CRS, Library of Congress, 9.Mai). (S)
Parker, Larry B.; Blodgett, John E., 1994b: „Climate Change: Three Policy Perspectives", in: *CRS Report for Congress*, 94-816-ENR (Washington: CRS, Library of Congress, 25.Oktober). (S)
Parr, Terry; Eatherall, Andrew, 1994: *Demonstrating Climate Change Impacts in the UK: The DoE Core Model Programme* (London: UK Department of the Environment). (B3)
Parry, Martin L., 1990: *Climate Change and World Agriculture* (London: Earthscan). (S)
Parry, Martin L.; Blantran de Rozari, Manuel; Chong, Ah Look; Panich, Sangsant (Hrsg.), 1992: *The Potential Socio-Economic Effects of Climate Change in South-East Asia* (Nairobi: United Nations Environment Programme). (B3)

Parson, Edward A., 1993: „Protecting the Ozone Layer", in: Haas, Peter M.; Keohane, Robert O.; Levy, Mark A. (Hrsg.): *Institutions for the Earth. Sources of Effective International Environmental Protection* (Cambridge, MA: The MIT Press): 27-73. (B4)

Parson, Edward; Zeckhauser, Richard, 1993: „The Unbalanced Commons: Climate Change and Other International Environmental Problems of Collective Action", in: Arrow, Kenneth; Mnookin, R.; Ross, L.; et al. (Hrsg.): *Barriers to the Negotiated Resolution of Conflict* (New York: Norton). (S)

Paterson, Matthew, 1994: „The Politics of Climate Change after UNCED", in: Thomas, Caroline (Hrsg.): *Rio - Unravelling the Consequences* (Ilford, Essex-Portland: Frank Cass): 174-190. (B8)

Pearce, David; Markandya, Anil; Barbier, Edward B., 1989: *Blueprint for a Green Economy* (London: Earthscan). (S)

Pearce, David; Markandya, Anil; Barbier, Edward B., 1991: *Blueprint 2: The Greening of the World Economy* (London: Earthscan). (S)

Pearce, Fred, 1989: *Climate and Man: From the Ice Ages to the Global Greenhouse* (London: Vision Books). (S)

Pearce, Fred, 1990: *Treibhaus Erde. Die Gefahren der weltweiten Klimaänderungen* (München: Hanser). (S)

Peck, S.C.; Teisberg, T.J., 1991: *Temperature Change Related Damage Functions: A Further Analysis with CETA* (Palo Alto: Electric Power Research Institute). (S)

Pedler, R.H.; Van Schendelen, Marinus P.C.M. (Hrsg.), 1994: *Lobbying the European Union* (Aldershot: Dartmouth). (B7, S)

Pernice, Ingolf, 1991: „Die EG als Mitglied der Organisationen im System der Vereinten Nationen: Konsequenzen für die Politik von Mitgliedstaaten und Drittstaaten", in: *Europarecht*, 3/1991: 273-281. (B8)

Perrings, Charles, 1987: *Economy and Environment. A Theoretical Essay on the Interdependence of Economic and Environmental Systems* (Cambridge: Cambridge UP).

Peters, Robert L.; Lovejoy, Thomas E., 1992: *Global Warming and Biological Diversity* (New Haven-London: Yale UP). (S)

Pickering, Kevin T.; Owen, Lewis A., 1994: *An Introduction to Global Environmental Issues* (London: Routledge). (S)

Pierson, Paul, 1995: *The Path to European Integration: A Historical Institutionalist Analysis*, Minda de Gunzburg Center for European Studies, Working Paper Nr. 58 (Cambridge, MA: Harvard University). (S)

Pillitu, Paola Anna, 1992: *Profili Costituzionali della Tutela Ambientale nell'Ordinamento Communitario Europeo* (Perugia: Galeno Editrice). (B8, G)

Pipes, Richard, 1995: „Misinterpreting the Cold War. The Hard-Liners Had it Right", in: *Foreign Affairs*, 24,1 (Januar/Februar): 154-160. (B25, S)

Porter, Gareth; Brown, Janet, 1991: *Global Environmental Politics. Dilemmas in World Politics* (Boulder: Westview Press). (S)

Poterba, James M., 1991: *Tax Policy to Combat Global Warming: On Designing a Carbon Tax* (Cambrigde, MA: The MIT Press). (S)

Prins, Gwyn (Hrsg.), 1993: *Threats without Enemy. Facing Environmental Insecurity* (London: Earthscan). (S)

Prittwitz, Volker von, 1990: *Das Katastrophenparadox. Elemente einer Theorie der Umweltpolitik* (Opladen: Leske + Budrich). (B10)

Prittwitz, Volker von (Hrsg.), 1993: *Umweltpolitik als Modernisierungsprozeß. Politikwissenschaftliche Umweltforschung und -lehre in der Bundesrepublik Deutschland* (Opladen: Leske + Budrich). (B25, S)
Prittwitz, Volker von; et al., 1992: *Symbolische Umweltpolitik. Eine Sachstands- und Literaturstudie unter besonderer Berücksichtigung des Klimaschutzes, der Kernenergie und Abfallpolitik* (Jülich: Forschungszentrum Jülich). (S)
Proost S.; Van Regemorter, D., 1992: „Economic effects of a carbon tax", in: *Energy Economics*, 14,2: 136-149. (B14, S)

Quennet-Thielen, Cornelia, 1996: „Nachhaltige Entwicklung: Ein Begriff als Ressource der politischen Neuorientierung", in: Kastenholz, Hans Günter; Erdmann, Karl-Heinz; Wolff, Manfred (Hrsg.): *Nachhaltige Entwicklung* (Heidelberg: Springer). (A, B6)

Raineri, G.; 1989: „Erweiterung des DIW-Langfristmodells um einen monetären Teil und ex-post-Simulation von 1975 bis 1987 im Vergleich mit dem bisherigen DIW-Langfristmodell", Berlin-Darmstadt (Manuskript). (S)
Ramsey, Frank P., 1928: „A Mathematical Theory of Saving", in: *Economic Journal*, 38: 543-559. (B12)
Randelzhofer, Albrecht, 1991: „Auf dem Wege zu einer Weltklimakonvention", in: Franßen, Eberhard; Redeker, Konrad; Schlichter, Otto; Wilke, Dieter (Hrsg.): *Festschrift für Horst Sendler* (München: C.H. Beck): 465-481. (B5)
Read, Peter, 1994: *Responding to Global Warming. The Technology, Economics and Politics of Sustainable Energy* (London-New Jersey: Zed). (V)
Reinstein, R.A., 1993: „Climate Negotiations", in: *Washington Quarterly*, 16,1 (Winter): 79-95. (S)
Rentz, Henning, 1995: *Kompensationen im Klimaschutz. Ein erster Schritt zu einem nachhaltigen Schutz der Erdatmosphäre* (Berlin: Duncker & Humblot). (S)
Repetto, Robert, 1990: *Promoting Environmentally Sound Economic Progress: What the North Can Do* (Washington, DC: World Resources Institute). (S)
Rittberger, Volker, 1993: „Research on International Regimes in Germany: The Adaptive Internalization of an American Social Science Concept", in: Rittberger, Volker; Mayer, Peter (Hrsg.): *Regime Theory and International Relations* (Oxford: Clarendon): 3-22. (B4, V)
Rittberger, Volker; Mayer, Peter (Hrsg.), 1993: *Regime Theory and International Relations* (Oxford: Clarendon Press). (B9)
Roan, Sharon L., 1989: *Ozone Crisis. The 15-Year Evolution of a Sudden Global Emergency* (New York: Wiley). (S)
Roedel, Walter, 1992: *Physik unserer Umwelt. Die Atmosphäre* (Berlin: Springer); 2. überarbeitete Aufl. 1994. (B1)
Roos, Maria, 1995: „Contracting", in: Klima-Bündnis (Hrsg.): *Contracting in Kommunen - Beispiele aus verschiedenen Städten* (Frankfurt/M.: Klima-Bündnis in Zusammenarbeit mit dem Energiereferat der Stadt Frankfurt am Main). (B23)
Rosenberg, Nathan J., 1993: „Towards an Integrated Impact Assessment of Climate Change: The MINK Study", in: *Climatic Change*, 24,1: 10. (B3)
Rosenberg, Norman J., 1992: *Facts and Uncertainties of Climate Change* (Washington, DC: Resources for the Future). (S)
Rosenberg, Norman J.; et al. (Hrsg.), 1989a: *Greenhouse Warming: Abatement and Adaptation* (Washington, DC: Resources for the Future). (S)

Rosenberg, Norman J.; et al., 1989b: *Policy Options for Adaptation to Climate Change*, Discussion Paper, 89-105 (Washington, DC: Resources for the Future). (S)
Rosenzweig, Cynthia; Parry, Martin L., 1994: „Potential Impact of Climate Change on World Food Supply"; in: *Nature*, 367 (13. Januar): 133-138. (B3)
Ross, George, 1995: *Jacques Delors and European Integration* (Oxford-New York: Polity Press). (B7)
Rothen, Silvia M., 1995: „Is Climate Change a Cost-Benefit Problem? If yes, then why not?" Paper presented at the First Open Meeting on Human Dimensions of Global Environmental Change, Duke, USA, 1-3. Juni. (B12)
Rotmans, J.; Hulme, M.; Downing, T.E., 1994: „Climate change implications for Europe: an application of the ESCAPE Model", in: *Global Environment Change*, 4: 97-124. (B25, S)
Rowland, F.S.; Isaksen, I.S.A. (Hrsg.), 1988: *The Changing Atmosphere* (Chichester: Wiley). (S)
Rowlands, Ian H., 1995: *The politics of global atmospheric change* (Manchester: Manchester UP). (B5)
Rowlands, Ian H.; Greene, Malory (Hrsg.), 1992: *Global Environmental Change and International Relations* (Basingstoke: Macmillan).
Rublack, Susanne, 1993: *Der grenzüberschreitende Transfer von Umweltrisiken im Völkerrecht* (Baden-Baden: Nomos). (B5)
Rüdig, Wolfgang (Hrsg.), 1994: *Green Politics Three* (Edinburgh: Edinburgh UP). (B7)
Ruggie, John Gerard (Hrsg.), 1993: *Multilateralism Matters. The Theory and Praxis of an Institutional Form* (New York: Columbia UP). (B25, S)
Rummel-Bulska, Iwona, 1986: „The Protection of the Ozone Layer under the Global Framework Convention", in: Flinterman, Cees; Kwiatkowska, Barbara; Lammers, Johan G. (Hrsg.): *Transboundary Air Pollution* (Dordrecht: Martinus Nijhoff): 281-297. (B4, S)

Saad, Lydia, 1992: „Economy Still Top Concern; Education, Health Care Issues Gaining", in: *The Gallup Poll Monthly* (September): 10-12. (B10)
Sachariev, Kamen, 1991: „Promoting Compliance with International Environmental Legal Standards: Reflections on Monitoring and Reporting Mechanisms", in: *Yearbook of International Environmental Law*, 2: 21-52. (B5)
Sachse, Michael; Bach, Wilfrid, 1995: „CO_2-Vermeidung durch Solarenergie: Potentiale und Kosten am Beispiel Münsters", in: *Zeitschrift für Energiewirtschaft*, 4: 227-238.
Sachse, Michael; Bach, Wilfrid, 1996: „Nutzen-Kosten-Aspekte von Klimaschutzmaßnahmen. Beispiel Münster", in: *Energiewirtschaftliche Tagesfragen* (i.E.). (A)
Sagasti, Franciso R.; Colby, Michael E., 1993: „Eco-Development Perspectives on Global Change from Developing Countries", in: Choucri, Nazli (Hrsg.): *Global Accord. Environmental Challenges and International Responses* (Cambridge: The MIT Press): 175-203. (B9)
Sand, Peter H., 1985: „Protecting the Ozone Layer - The Vienna Convention is Adopted", in: *Environment*, 27,5: 19-20 u. 40-43. (B4, S)
Sand, Peter H., 1988: *Marine Environment Law in the United Nations Environment Programme. An Emergent Eco-Regime* (London-New York). (B5)
Sand, Peter H., 1990: *Lessons Learned in Global Environmental Governance* (Washington, DC: World Resources Institute). (B4, E)

Sand, Peter H., 1991: „International Law on the Agenda of the United Nations Conference on Environment and Development: Towards Global Environmental Security?", in: *Nordic Journal of International Law*, 60: 5-18. (B5)

Sand, Peter H., 1995: „Trusts for the Earth: New International Financial Mechanisms for Sustainable Development", in: Lang, Winfried (Hrsg.): *Sustainable Development and International Law* (London-Dordrecht-Boston: Graham & Trotman/Martinus Nijhoff): 167-184. (B9)

Sands, Phillipe, 1992: „The United Nations Framework Convention on Climate Change", in: *Review of European Community & International Law*, 1: 270-277. (B5)

Sands, Phillipe, 1995: *Principles of International Environmental Law. Volume I: Frameworks, Standards and Implementation* (Manchester-New York: Manchester UP). (B9)

Sassin, Wolfgang; et al., 1988: *Das Klimaproblem zwischen Naturwissenschaft und Politik*, Bericht der KFA, Jül 2239 (Jülich: KFA, Oktober). (B3)

Schafhausen, Franzjosef, 1991: „Klimaschutzpolitik in Europa. Der Beschluß des gemeinsamen EG-Umwelt- und Energierates", in: *Energiewirtschaftliche Tagesfragen*, 41,3: 174-175. (A)

Schafhausen, Franzjosef, 1992a: „Klimaschutz und Handwerk - Hemmnisse und Lösungsansätze zur Verminderung der energiebedingten CO_2-Emissionen", in: *Sanitär- und Heizungstechnik*, 57,2: 69-76 und 57,3: 147-156. (A)

Schafhausen, Franzjosef, 1992b: „Millionen für die Rettung des blauen Planeten", in: *Haustechnische Rundschau*, Nr.7-8: 48-53. (A)

Schafhausen, Franzjosef, 1993: „Zwei Akteure - ein Weg, CO_2-Begrenzungsstrategien in der EG und in Deutschland", in: *Sanitär- und Heizungstechnik*, Nr.6: 100-109. (A)

Schafhausen, Franzjosef, 1994a: „Anderthalb Jahre nach Rio - Bilanz und Ausblick", in: *Energiewirtschaftliche Tagesfragen*, 44,1-2: 30-37. (A, B15)

Schafhausen, Franzjosef, 1994b: „Energieerzeugung und Umweltpolitik in Deutschland", in: Pahl, Manfed H. (Hrsg.): *Umwelt und Energie: Möglichkeiten der umweltverträglichen Energiegewinnung, -umwandlung und -nutzung* (Paderborn: Universität GH Paderborn und Westfälisches Umweltzentrum Paderborn, WUZ). (A)

Schafhausen, Franzjosef, 1994c: „Globale Probleme vor Ort lösen. Das deutsche CO_2-Minderungsprogramm, seine Einbindung in die europäische Strategie und in weltweite Konzepte sowie Anmerkungen zur Umsetzung", in: *Umwelttechnik Forum*, 9,3: 32-35 und 9,4: 30-35. (A)

Schafhausen, Franzjosef, 1994d: „Klimavorsorge, Umweltschutz, Ressourcenschonung - Das CO_2-Minderungsprogramm der Bundesregierung", Südhessische Gas und Wasser AG, Zweites Energiesymposium am 18.5.1994. (A)

Schafhausen, Franzjosef, 1995a: „Politik der kleinen Schritte, Hintergründe und Ergebnisse der 1. Vertragsstaatenkonferenz der Klimarahmenkonvention", in: *Energiewirtschaftliche Tagesfragen*, 45,5: 279 - 283. (A, B18)

Schafhausen, Franzjosef, 1995b: „Globale Klimavorsorge - Schritt für Schritt, Ergebnisse der Berliner Konferenz", in: *Sanitär- und Heizungstechnik*, 60,5 (Mai): 116 - 127. (A, B18)

Schafhausen, Franzjosef, 1995c: „Ordnungsrechtliche und steuerpolitische Maßnahmen zur Reduzierung von Treibhausgasemissionen", in: Rheinische Friedrich-Wilhelms Universität Bonn; Forschungszentrum Jülich (Hrsg.): *Anthropogene Klima- und Umweltveränderungen* (Bonn): 45-72. (A)

Scharpf, Fritz W., 1988: „The Joint-Decision Trap: Lessons from German Federalism and European Integration", in: *Public Administration*, 66,3: 239-278. (B7, S)

Scharpf, Fritz W., 1993: „Positive und Negative Koordination in Verhandlungssystemen", in: Héritier, Adrienne (Hrsg.): *Policy Analyse. Kritik und Neuorientierung, Politische Vierteljahresschrift, Sonderheft 24* (Opladen: Westdeutscher Verlag): 57-83. (B25, S)

Scharpf, Fritz W., 1994a: *Optionen des Föderalismus in Deutschland und Europa* (Frankfurt/M.: Campus). (B8)

Scharpf, Fritz W., 1994b: „Community and autonomy: multi-level policy-making in the European Union", in: *Journal of European Public Policy,* 1,2: 219-242. (B7, S)

Schelling, Thomas C., 1992: „Some Economics of Global Warming", in: *The American Economic Review,* 82,1: 1-14. (B3, 12)

Schellnhuber, Hans-Joachim; Sprinz, Detlef, 1995: „Umweltkrisen und internationale Sicherheit", in: Kaiser, Karl; Maull, Hanns W. (Hrsg.): *Deutschlands neue Außenpolitik, Bd. 2: Herausforderungen* (München: R. Oldenbourg): 239-260. (A)

Schellnhuber, Hans-Joachim (Hrsg.), 1996: *Earth-System Analysis: Integrating Science for Sustainability* (Berlin: Springer; i.E.). (B3)

Schellnhuber, Hans-Joachim; et al., 1994: *Extremer Nordsommer '92; Meteorologische Ausprägung, Wirkungen auf naturnahe und vom Menschen beeinflußte Ökosysteme, gesellschaftliche Perzeption und situationsbezogene politisch-administrative bzw. individuelle Maßnahmen,* PIK Reports Nr. 2 (Potsdam: PIK, April). (B3)

Schellnhuber, Hans-Joachim; Sterr, Horst, 1993: *Klimaänderung und Küste. Einblick ins Treibhaus* (Berlin: Springer). (B3)

Schlesinger, Michael E. (Hrsg.), 1990: Climate - Ocean Interaction (Dordrecht: Kluwer).

Schlesinger, Michael; Masuhr, Klaus Peter, 1991: *Bewertung der wirtschaftlichen Auswirkungen einer CO_2-Abgabe,* Prognos-Studie (Basel: Prognos). (S)

Schlumpf, Christoph, 1995: „Verständliche Modelle zur Klima-Problematik. Einführung in die Problematik und Diskussion einiger aktueller Modelle" (Diplomarbeit in Umweltnaturwissenschaften, ETH Zürich). (B12)

Schmandt, Jürgen; Clarkson, Judith (Hrsg.), 1992: *The Regions and Global Warming: Impacts and Response Strategies* (New York: Oxford UP). (S)

Schmidheiny, Stephan, 1992: *Changing Course: A Global Business Perspective on Development and the Environment* (London: The MIT Press). (S)

Schmidt, A., 1995: „Ökonomische Auswirkungen rationeller Energieverwendung und erneuerbarer Energiequellen in den Bereichen Produktion und Außenhandel in Deutschland - 1976-1993" (Diplomarbeit, TH Darmstadt). (B12)

Schmidt, Karen, 1991: *Industrial Countries' Responses to Global Climate Change* (Washington, DC: Environmental and Energy Study Institute). (S)

Schmidt, Manfred G., 1995: *Wörterbuch der Politik* (Stuttgart: Kröner). (B25, E)

Schneider, Stephen, 1989: *Global Warming: Are We Entering the Greenhouse Century?* (San Francisco: Sierra Club Books). (S)

Schneider, Stephen; Londer, R., 1984: *The Co-Evolution of Climate and Life* (San Francisco: Sierra Club Books). (S)

Schöb, R., 1995: „Zur Bedeutung des Ökosteueraufkommens: Die Double-Dividend-Hypothese"; in: *Zeitschrift für Wirtschafts- und Sozialwissenschaften,* 115,1: 93-117. (B14, S)

Schön, Michael; et al., 1992: *Makroökonomische Wirkungen von Maßnahmen zur Luftreinhaltung und zum Klimaschutz.* Studie des Fraunhofer-Instituts für Systemtechnik und Innovationsforschung in Zusammenarbeit mit dem Deutschen Institut für Wirtschaftsforschung (Karlsruhe: Fraunhofer Institut). (S)

Schön, Michael; Walz, Rainer, 1994: „Anthropogenic Emissions of Methane and Nitrous Oxide in the Federal Republic of Germany", in: *Environmental Monitoring and Assessment*, 31: 107-113. (A)
Schönwiese, Christian-Dietrich, 1979: *Klimaschwankungen* (Berlin: Springer). (A)
Schönwiese, Christian-Dietrich, 1992a: *Klima im Wandel* (Stuttgart: DVA). (A, B1)
Schönwiese, Christian-Dietrich, 1992b: *Praktische Statistik für Meteorologen und Geowissenschaftler*, 2. Aufl. (Stuttgart: Borntraeger). (A, B1)
Schönwiese, Christian-Dietrich, 1994a: *Klimatologie* (Stuttgart: Ulmer, UTB). (A, B1)
Schönwiese, Christian-Dietrich, 1994b: *Klima* (Mannheim: Bibliograph. Inst., Reihe Meyers Forum). (A, B1)
Schönwiese, Christian-Dietrich, 1994c: *Klima im Wandel. Von Treibhauseffekt, Ozonloch und Naturkatastrophen*, überarbeitete Ausgabe (Reinbek: Rowohlt). (A, B1, 12)
Schönwiese, Christian-Dietrich, 1995a: *Klimaänderungen* (Berlin: Springer). (A, B1)
Schönwiese, Christian-Dietrich, 1995b: „Der anthropogene Treibhauseffekt in Konkurrenz zu natürlichen Klimaänderungen", in: *Geowissenschaften*, 13,5-6: 207-212. (A, B1, 2)
Schönwiese, Christian-Dietrich; Diekmann, Bernd, 1987: *Der Treibhauseffekt.* (Stuttgart: DVA; Reinbek: Rowohlt, ^{4}1991). (A, B1)
Schönwiese, Christian-Dietrich; Rapp, Jörg; Fuchs, Tobias; Denhard, Michael, 1994b: *Klimatrend-Atlas Europa 1891 - 1990*, 4. Aufl. (Frankfurt/M.: ZUF-Verlag; engl. Ausgabe, Dordrecht: Kluwer, 1996). (A, B1, 2)
Schönwiese, Christian-Dietrich; Rapp, Jörg; Meyhöfer, Sirius; Denhard, Michael; Beine, Stefan, 1994a: *Das „Treibhaus"-Problem: Emissionen und Klimaeffekte.* Bericht Nr. 96, Institut für Meteorologie und Geophysik (Frankfurt/M.: Univ. Frankfurt). (A, B2)
Schreiber, Michael, 1996: „Contracting: Beispiele zum Energiemanagement über Drittfinanzierung", in: Brauch, Hans Günter (Hrsg.): *Energiepolitik* (Berlin-Heidelberg: Springer; i.E.). (B23)
Schumer, Sylvia, 1996: *Die Europäische Union als Akteur in der internationalen Umweltpolitik am Beispiel des Ozon- und Klimaregimes* (Mosbach: AFES-PRESS). (A, B E, 8)
Schüssler, M.; Hennicke, Peter, 1994: *Potentiale und Kosten für eine risikoarme Energieversorgung. Übersicht über die Ergebnisse internationaler Studien.* Wuppertal-Paper Nr. 11 (Wuppertal: Wuppertal Institut für Umwelt - Energie - Klima). (A, B13)
Schwarzbach, Martin, 1974: *Das Klima der Vorzeit*, 3. Aufl. (Stuttgart: Enke). (B1)
Sebenius, James K., 1991: „Negotiation Analysis", in: Kremenyuk, Viktor A. (Hrsg.): *International Negotiation - Analysis, Approaches, Issues* (San Francisco, CA: Jossey-Bass): 203-215. (B11)
Sebenius, James K., 1991a: „Designing Negotiations Toward a New Regime: The Case of Global Warming", in: *International Security*,15,4 (Frühjahr): 110-148. (S)
Sebenius, James K., 1995: „Overcoming Obstacles to a Successful Climate Convention", in: Lee, Henry (Hrsg.): *Shaping National Responses to Climate Change - A Post-Rio Guide* (Washington, DC: Island Press): 41-79. (B11)
Seifritz, Walter, 1991: *Der Treibhauseffekt. Technische Maßnahmen zur CO_2-Entsorgung*, (München: Hanser). (V)
Seitz, Frederick, et al., 1989: *Scientific Perspectives on the Greenhouse Problem* (Washington, DC: George C. Marshall Institute). (S)
Senghaas, Dieter (Hrsg.), 1995: *Den Frieden denken* (Frankfurt/M.: Suhrkamp). (B25)

Sessions, Kathryn G.; Steever, E. Zell, 1994: „The UN Commission on Sustainable Development: Building the Capacities for Change", in: Coate, Roger A. (Hrsg.): *US Policy and the Future of the United Nations* (New York: The Twentieth Century Fund Press): 193-215. (S)
Shah, Anwar; Larsen, Björn, 1991: *Carbon Taxes, the Greenhouse Effect and Developing Countries* (Washington, DC: World Bank). (R, S)
Siebert, Horst, 1995: *Economics of the Environment. Theory and Policy*, 4. überarbeitete und vermehrte Aufl. (Berlin: Springer). (B12)
Silver, Cheryl Simon; DeFries, Ruth, 1990: *One Earth One Future: Our Changing Global Environment* (Washington, DC: National Academy Press). (R, S)
Simon, Julian L.; Kahn, Herman (Hrsg.), 1984: *The Resourceful Earth: A Response to Global 2000* (New York, Basil Blackwell). (S)
Simonis, Georg, 1994: „Der Erdgipfel von Rio - zu den Problemen der Institutionalisierung globaler Umweltprobleme", in: Hein, Wolfgang (Hrsg.): *Umbruch in der Weltgesellschaft. Auf dem Wege zu einer „Neuen Weltordnung"?* (Hamburg: Deutsches Übersee-Institut): 459-487. (V)
Simonis, Udo Ernst (Hrsg.), 1990: *Basiswissen Umweltpolitik. Ursachen, Wirkungen und Bekämpfungen von Umweltproblemen* (Berlin: edition sigma). (E)
Simonis, Udo Ernst, 1991: „Klimakonvention: Neuer Konflikt zwischen Industrie- und Entwicklungsländern?", in: Altner, Günter; et al. (Hrsg.): *Jahrbuch Ökologie 1992* (München: C.H. Beck): 138-160. (V)
Simonis, Udo Ernst, 1992: „Kooperation oder Konfrontation: Chancen einer globalen Klimapolitik", in: *Aus Politik und Zeitgeschichte*, B16: 21-32. (E)
Simonis, Udo Ernst; et al., 1989: *Globale Umweltprobleme. Globale Umweltpolitik. The Crisis of Global Environment. Demands for Global Politics*, Materialien der Stiftung Entwicklung und Frieden, Nr. 3 (Bonn: Stiftung Entwicklung und Frieden). (E)
Singer, Fred S., 1989: *Global Climate Change. Human and Natural Influences* (New York: Paragon House). (S)
SIPRI Yearbook 1995: *Armaments, Disarmament and International Security* (Oxford: Oxford UP). (B9)
Siverts, Henning, 1972: *Tribal Survival in the Alto Marañon: The Aguaruna Case*, IWGIA Dokument Nr. 10 (Kopenhagen: IWGIA).
Sjöstedt, Gunnar (Hrsg.), 1993: *International Environmental Negotiations* (Newbury Park u.a.: Sage Publications). (S)
Skjærseth, Jon Birger, 1994: „The Climate Policy of the EC: Too Hot to Handle?", in: *Journal of Common Market Studies*, 32,1 (März): 25-45. (B7, G)
Skolnikoff, Eugene B., 1990: „The Policy Gridlock on Global Warming", in: *Foreign Policy*, Nr. 79 (Sommer): 77-93. (S)
Smil, Vaclav, 1992: „China's Environment in the 1980s: Some Critical Changes", in: *Ambio*, 21,6: 431-436. (B9)
Smith, Joel B.; Tirpak, Dennis (Hrsg.), 1989: *The Potential Effects of Global Climate Change on the United States* (Washington, DC: Environmental Protection Agency). (S)
Smith, M., 1993: *Neural Networks for Statistical Modelling* (New York: Van Nostrand Reinhold). (B2)
Snidal, Duncan, 1986: „The Game Theory of International Politics", in: Oye, Kenneth A. (Hrsg.): *Cooperation under Anarchy* (Princeton, NJ: Princeton UP): 25-57. (B10)
Soroos, Marvin S., 1986: *Beyond Sovereignty: The Challenge of Global Policy* (Columbia: University of South Carolina Press). (S)

SPD-Bundestagsfraktion, 1995: *Schwarzbuch: Das Versagen der Bundesregierung beim Klimaschutz* (Bonn: SPD). (B15)

Spector, Bertram I.; Sjöstedt, Gunnar; Zartman, I. William (Hrsg.), 1994: *Negotiating International Regimes. Lessons Learned from the United Nations Conference on Environment and Development (UNCED)* (London: Graham & Trotman/Martinus Nijhoff). (B9)

Sprinz, Detlef F., 1990: „Environmental Concern and Environmental Action in Western Europe: Concepts, Measurements, and Implications", Working Paper WP-90-014 (Laxenburg: IIASA). (A)

Sprinz, Detlef F., 1992: „Why Countries Support International Environmental Agreements: The Regulation of Acid Rain in Europe" (Ph.D. Dissertation, The University of Michigan, Ann Arbor). (A, B11)

Sprinz, Detlef F., 1994a: „Editorial Overview: Strategies of Inquiry into International Environmental Policy", in: *International Studies Notes,* 19,3 (Herbst): 32-34. (A)

Sprinz, Detlef F., 1994b: „Empirical-Quantitative Analyses of International Environmental Policy", in: *International Studies Notes,* 19,3 (Herbst): 37-40. (A)

Sprinz, Detlef F., 1995: „Regulating the International Environment: A Conceptual Model and Policy Implications", Paper presented at the 91st Annual Meeting of the American Political Science Association, 31. August-3. September 1995, The Chicago Hilton & Towers, Chicago, IL. (A, B11)

Sprinz, Detlef F., 1996: „Domestic Politics and European Acid Rain Regulation", in: Underdal, Arild (Hrsg.): *The International Politics of Environmental Management* (Dordrecht: Kluwer; i.E.). (A)

Sprinz, Detlef F.; Luterbacher, Urs (Hrsg.), 1995: *International Responses to Global Climate Change* (Potsdam: Potsdam-Institut für Klimafolgenforschung e.V.; Genf: Graduate Institute of International Studies). (A, B11)

Sprinz, Detlef F.; Vaahtoranta, Tapani, 1994: „The Interest-Based Explanation of International Environmental Policy", in: *International Organization,* 48,1 (Winter): 77-105. (A)

[SRU, 1994], Sachverständigenrat für Umweltfragen: *Für eine dauerhaft-umweltgerechte Entwicklung.* Umweltgutachten 1994 des Sachverständigenrates für Umweltfragen. BT-Drs. 12/6995 (Bonn: Deutscher Bundestag, 8. März). (B15, R)

Stadtwerke Hannover AG (Hrsg.), 1995: *Integrierte Ressourcenplanung. Die LCP-Fallstudie der Stadtwerke Hannover AG* (Wuppertal: Wuppertal Institut für Umwelt - Energie - Klima; Freiburg : Öko-Institut). (B13)

Stadtwerke Münster, 1991: *Stromverbrauchsstatistik 1991* (Münster: Stadtwerke). (B22)

Stadtwerke Münster, 1993: *Energie für Münsters Zukunft. 2. Fortschreibung* (Münster: Stadtwerke). (B22)

Starke, Linda, 1990: *Signs of Hope: Working Towards Our Common Future* (New York: Oxford UP). (S)

Steffan, Martin, 1994: *Die Bemühungen um eine internationale Klimakonvention - Verhandlungen, Interessen, Akteure* (Münster-Hamburg: Lit). (B E)

Stein, Arthur A., 1983: „Coordination and Collaboration: Regimes in an Anarchic World", in: Krasner, Stephen D. (Hrsg.): *International Regimes* (Ithaca-New York: Cornell UP): 115-140. (B10)

Stern, Paul C.; Young, Oran R.; Druckman, Daniel (Hrsg.), 1992: *Global Environmental Change - Understanding the Human Dimensions* (Washington, DC: National Academy Press). (B11)

Stieger, Rafael, 1995: *Internationaler Umweltschutz. Eine politisch-ökonomische Analyse der Verträge zum Schutz der Ozonschicht* (Frankfurt/M.-Berlin-Bern: Peter Lang). (S)
Stiftung Entwicklung und Frieden (Hrsg.), 1993: *Nach dem Erdgipfel. Global verantwortliches Handeln für das 21. Jahrhundert: Kommentare und Dokumente* (Bonn: Stiftung Entwicklung und Frieden). (E, V)
Stock, Manfred, 1994: „Konsequenzen aus dem globalen Klimawandel", in: *Ökologische Briefe*, Nr.4 (26. Januar). (A)
Stock, Manfred; Schellnhuber, Horst Joachim, 1995: *Klimatische Risiken und Nebenwirkungen des Erdölzeitalters*, Band der Fachsitzungsreferate zur Jahrestagung Kerntechnik '95, Nürnberg (Bonn: Inforum Verlag). (A, B3)
Stock, Manfred; Tóth, Ferenc L. 1995: *Mögliche Auswirkungen von Klimaänderungen auf das Land Brandenburg* (Potsdam; Druck i.V.). (A, B3)
Strübel, Michael, 1992: *Internationale Umweltpolitik. Entwicklungen-Defizite-Aufgaben* (Opladen: Leske + Budrich). (B10)
Strübel, Michael; Jachtenfuchs, Markus (Hrsg.), 1992: *Environmental Policy Cooperation in Europe* (Baden-Baden: Nomos). (S)
Strzepek, Kenneth M.; Smith, Joel B., 1995: *As Climate Changes: International Impacts and Implications* (Cambridge: Cambridge UP). (B3)
Subak, Susan; Clark, William C., 1990: „Accounts for Greenhouse Gases Towards the Design of Fair Assessments", in: Clark, William C. (Hrsg.): *Usable Knowledge for Managing Global Climatic Change* (Stockholm: The Stockholm Environment Institute): 68-100. (S)
Susskind, Lawrence, 1992: *Environmental Diplomacy: Negotiating More Effective International Agreements* (New York: Oxford UP). (S)
Swiss Reinsurance, 1994: *Global Warming: Element of Risk* (Zürich: Swiss Reinsurance Company). (B3)
Switzer, Jacqueline Vaughn, 1994: *Environmental Politics. Domestic and Global Dimensions* (New York: St. Martin's Press). (B12)
[Symposium, 1974], „Symposium on the Economics of Exhaustible Resources", in: *Review of Economic Studies*, 41. (B12)

Task Force Environment and the Internal Market, 1990: *„1992" The Environmental Dimension* (Bonn: Economica). (B7)
Taylor, Paul; Groom, A.J.R. (Hrsg.), 1989: *Global Issues and the United Nations' Framework* (London: Macmillan). (S)
[T&E, 1992], European Federation for Transport and Environment: *Response to the Green Paper on the Impact of Transport on the Environment* (Brüssel: T&E). (B7)
[T&E, 1993], European Federation for Transport and Environment: *Getting the Prices Right. A European Scheme for Making Transport Pay its True Costs* (Brüssel: T&E). (B7,V)
The Commission on Global Governance, 1995: *Our Global Neighbourhood* (Oxford: Oxford UP). (B9)
The German Marshall Fund of the United States, 1992: *U.S.-European Perspectives on the Climate Change Debate: Highlights of Reports from Participants in the 1992 Environmental German Marshall Fund Fellowship Program* (Washington: German Marshall Fund of the United States). (S)

Thienen, Volker von, 1987: „Technischer Wandel und parlamentarische Gestaltungskompetenz - das Beispiel der Enquête-Kommission", in: *Technik und Gesellschaft. Jahrbuch 4* (Frankfurt/M.-New York: Campus): 84-105. (B15)

Thomas, Caroline (Hrsg.), 1994: *Rio. Unravelling the Consequences* (Ilford-Portland: Cass). (S)

Thränhardt, Dietrich, 1992: „Globale Probleme, globale Normen, neue globale Akteure", in: *Politische Vierteljahresschrift*, 33: 219-234.

Tickell, Crispin, 1986: *Climate Change and World Affairs*, 2. Aufl. (Cambridge, MA: Harvard UP). (S)

Tickell, Crispin, 1995: „Cities and Climate Change", in: Wakeford, Tom; Walters, Martin (Hrsg.): *Science for the Earth. Can Science Make the World a Better Place?* (Chichester: Wiley): 146-157. (S)

Tietenberg, T.H., 1995: „Transferable Discharge Permits and Global Warming", in: Bromley, Daniel H. (Hrsg.): *The Handbook of Environmental Economics* (Oxford: Blackwell). (B9)

Timoshenko, Alexander S., 1989: „Global climate change: Implications for International Law and Institutions", in: *Addressing Global Climate Change: The Emergence of a New World Order?* (Washington, DC: Environmental Law Institute): 19-20.

Titus, James G. (Hrsg.), 1990: *Climate Change and the Coast* (Washington, DC: Environmental Protection Agency). (S)

Tol, Richard S.J.; et al. (Hrsg.), 1995: *The climate fund: some notions on the socioeconomic impacts of greenhouse gas emissions and emission reductions in an international context* (Amsterdam: Instituut voor Milieuvraagstukken, VU Boekhandel).

Tolba, Mostafa K.; Biswas, Asit K. (Hrsg.), 1991: *Earth to Us: Population - Resources - Environment - Development* (Oxford-Boston: Butterworth-Heinemann). (S)

Topping, John Jr. (Hrsg.), 1989: *Coping with Climate Change: Proceedings of the Second North American Conference on Preparing for Climate Change* (Washington, DC: The Climate Institute). (S)

Tóth, Ferenc L., 1992: „Policy responses to climate change in Southeast Asia", in: Schmandt, Jürgen; Clarkson, Judith (Hrsg.): *The Regions and Global Warming: Impacts and Response Strategies* (New York, NY: Oxford UP): 304-322. (B3)

Tóth, Ferenc L., 1994: „Practice and progress in integrated assessments of climate change: A review", in: Nakicenovic, Nebosja; Nordhaus, William D.; Richels, Richard; Tóth, Ferenc L. (Hrsg.): *Integrative Assessment of Mitigation, Impacts and Adaption to Climate Change* (Laxenburg: IIASA): 3-31. (B25, S)

Tranholm-Mikkelsen, Jeppe, 1991: „Neofunctionalism: Obstinate or Obsolete? A Reappraisal in the Light of the New Dynamism of the EC", in: *Millennium*, 20,3: 129-142. (B7,S)

Traube, Klaus, 1992: *Perspektiven der Umstrukturierung des westdeutschen Energiesystems angesichts des CO_2-Problems* (Bremen: Bremer Energie Institut). (B13)

Trenberth, Kevin E. (Hrsg.), 1992: *Climate System Modeling* (Cambridge: Cambridge UP). (B2)

Truffer, Bernhard; et al.: „Innovative responses in the face of global climate change", in: Cebon, Peter B.; Dahinden, Urs; Davies, Hew; Imboden, Dieter; Jaeger, Carlo C. (Hrsg.): *Regional approaches to global climate change: A view from the Alps* (Boston: The MIT Press; i.E.). (B12)

Tsebelis, George, 1994: „The power of the European Parliament as a conditional agenda setter", in: *American Political Science Review*, 88,1: 128-142. (B7,S)

Tuchman Mathews, Jessica (Hrsg.), 1991: *Preserving the Global Environment: the Challenge of Shared Leadership* (London: W.W. Norton). (S)

Tuchman Mathews, Jessica; et al. (Hrsg.), 1991: *Greenhouse Warming: Negotiating a Global Regime* (Washington, DC: World Resources Institute). (S)

Twum-Barima, Rosalind; Campbell, Laura B., 1994: *Protecting the Ozone Layer through Trade Measures: Reconciling the Trade Provisions of the Montreal Protocol and the rules of the GATT* (Chatelaine: UNEP). (R, S)

Umwelt Forum Frankfurt, 1991: *Klima-Bündnis der Europäischen Städte mit den Indianervölkern Amazoniens zum Erhalt der Erdatmosphäre*. Dokumentation des ersten Arbeitstreffens von Repräsentanten der Völker Amazoniens und VertreterInnen Europäischer Städte, 4. August 1990 (Frankfurt/M.: Umwelt Forum Frankfurt). (B24)

UNICE, 1990a: *UNICE comments on the Communication from the Commission on Community policy targets on the greenhouse issue* (SEC (90) 496, final) (Brüssel: UNICE, 9.7.). (B7)

UNICE, 1990b: *UNICE Statement on the use of economic and fiscal instruments in EC environmental policy* (UNICE: Brüssel, 12.12.). (B7)

UNICE, 1991: *UNICE opinion on the Communication from the Commission on a Community strategy to limit carbon dioxide emissions and to improve energy efficiency* (Document SEC 91-1744 of 14 October 1991) (Brüssel: UNICE, 21.11.) [zusammen mit einem Brief des UNICE Präsidenten Carlos Ferrer und des Präsidenten der Europäischen Kommission, Jacques Delors, „Concerne: stratégie communautaire concernant le CO_2"]. (B7)

UNICE, 1992: *Community strategy on CO_2 Emissions in the Industrial Sector: UNICE opinion on development of Community strategy in the light of UNCED (Rio, June 1992)* (Brüssel: UNICE, 31.3.) (B7)

UNICE, 1993: *Additional UNICE opinion on the proposal for a Council directive establishing a tax on carbon dioxide emissions and on energy* (COM 92-226) (Brüssel: UNICE, 24.3.). (B7)

United Nations, 1992: *Combating Global Warming. Study on a Global System of Tradeable Carbon Emission Entitlements* (New York: United Nations). (B9, R)

United Nations Conference on Trade and Development, 1992: *Combating Global Warming. Study on a global system of tradeable carbon emission entitlements* (New York: United Nations). (R, S)

United Nations Conference on Trade and Development, 1995: *Controlling Carbon Dioxide Emissions. The Tradeable Permit System*, UNCTAD/GID, 11 (Genf: United Nations). (R, S)

United Nations Environment Programme, 1993: *The Impact of Global Climate Change*, UNEP/GEMS Environment Library No. 10 (Nairobi: UNEP). (R, S)

United Nations Framework Convention on Climate Change, 1995: Report of the Conference of the Parties on its First Session, held at Berlin from 28 March to 7 April 1995, UN-Dok. FCCC/ CP/1995/7 and Add. 1 (Genf: United Nations). (B6, R)

United States Climate Action Network/Climate Network Europe, 1995: *Independent NGO Evaluations of National Plans for Climate Change Mitigation, OECD Countries*, Third Review (Washington: Climate Action Network). (B10)

United States Congress, House of Representatives, Committee on Foreign Affairs, 1993: *Administration Views on Global Climate Change*. Hearing before the Subcommittee on Economic Policy, Trade and Environment, 103rd Congress, May 18, 1993. (B10)

United States Congress, Office of Technology Assessment, 1991: *Changing by Degrees - Steps to Reduce Greenhouse Gases* (Washington, DC: U.S. GPO). (R, S)

United States Congress, Office of Technology Assessment, 1993: *Preparing for an Uncertain Climate*, 2 Bände (Washington, DC: U.S. GPO). (R, S)

United States Congress, Office of Technology Assessment, 1994: *Climate Treaties and Models: Issues in the International Management of Climate Change*. Background Paper (Washington, DC: U.S. GPO, Juni). (R, S)

United States Congress, Senate, Committee on Environment and Public Works, 1994: *Implementation of the Climate Change Action Plan*, Hearing before the Subcommittee on Clean Air and Nuclear Regulation, 103rd Congress, April 14, 1994. (B10)

United States, Department of Energy, 1994: *The Climate Change Action Plan: Technical Supplement*, DOE/PO-0011 (Washington, DC: DoE, März). (R, S)

United States, Department of Energy, 1995: *FY 1996, Congressional Budget Request*, DOE/CR-0030 (Washington, DC: DOE, Chief Financial Officer, Februar). (R, S)

United States, Energy Information Administration, 1994a: *Annual Energy Review 1993*, DOE/EIA-0384(93) (Washington, DC: U.S. Department of Energy, Juli). (R, S)

United States, Energy Information Administration, 1994b: *Emissions of Greenhouse Gases in the United States 1987-1992* (Washington, DC: U.S. Department of Energy, November). (R, S)

United States, Energy Information Administration, 1994c: *Energy Use and Carbon Emissions: Some International Comparisons* (Washington, DC: U.S. Department of Energy, März). (R, S)

United States, Energy Information Administration, 1994d: *International Energy Outlook 1994* (Washington, DC: U.S. Department of Energy, Juli). (R, S)

United States Environmental Protection Agency, 1990: *Progress Reports on International Studies of Climatic Change Impacts* (Draft) (Washington, DC: Environmental Protection Agency). (R, S)

United States Government, [1994]: *Climate Action Report. Submission of the United States of America Under the United Nations Framework Convention on Climate Change*: (Washington, DC: U.S. GPO). (B10)

Unmüßig, Barbara, 1993: „Die Rolle US-amerikanischer und deutscher Nichtregierungsorganisationen in der internationalen Klima- und Umweltpolitik", in: Loske, Reinhard (Hrsg.): *Die Zukunft der Umweltpolitik in den transatlantischen Beziehungen*, Tagungsdokumentation (Wuppertal: Wuppertal Institut für Klima - Umwelt - Energie): 44-53. (V)

Victor, David; Salt, Julian E., 1996: „From Rio to Berlin: Managing Climate Change", in: Giambelluca, Tom W.; Henderson Sellers, Ann (Hrsg.): *Climate Change: Developing Southern Hemisphere Perspectives* (New York: Wiley & Sons): 397-422. (B9)

Vierecke, Andreas, 1995: *Die Beratung der Technologie- und Umweltpolitik durch Enquête-Kommissionen beim Deutschen Bundestag. Ziele - Praxis - Perspektiven* (München: tuduv). (B15)

Vig, Norman J.; Kraft, Michael (Hrsg.), 1990: *Environmental Policy in the 1990s* (Washington, DC: Congressional Quarterly Press). (S)

Wallace, David, 1995: *Environmental Policy and Industrial Innovation. Strategies in Europe, the US and Japan* (London: Earthscan). (B25, S)

Waltz, Kenneth N., 1979: *Theory of International Politics* (Reading: McGraw Hill). (B E, 9)
Walz, Rainer, 1991: „Energieeinsparpotentiale in den westdeutschen Ländern", in: *Energieanwendung*, 40,10-11: 321-326. (A)
Walz, Rainer, 1994: *Die Elektrizitätswirtschaft in den USA und der BRD - Vergleich unter Berücksichtigung der Kraft-Wärme-Kopplung und der rationellen Elektrizitätsnutzung* (Heidelberg: Physica). (A)
Walz, Rainer, 1995a: „Gesamtwirtschaftliche Auswirkungen von Klimaschutzmaßnahmen - der Modellierungsansatz der Enquête-Kommission", in: Hennicke, Peter (Hrsg.): *Globale Kosten/Nutzen-Analysen von Klimaänderungen* (Berlin-Basel: Birkhäuser): 99-117 (A, B14, V)
Walz, Rainer, 1995b: „Structural Reforms in the Electric Utility Industry: A Comparison between Germany and the USA", in: *ENER Bulletin*, Nr.15: 53-71. (A)
Walz, Rainer, 1995c: „How Germany Proceeds to Reach its 25-30% CO_2-Reduction Target (compared to 1987) in 2005", in: Speranza, A.; Tibaldi, S.; Fantechi, Roberto (Hrsg.): *Global change. Proceedings of the first Demetra meeting held at Chianciano Terme, Italy from 28 to 31 October 1991* (Brüssel-Luxemburg: EU DG XII): 418-429. (A)
Walz, Rainer, 1996: „Potentiale und Strategien zur CO_2-Reduktion durch Energieeinsparung", in: Brauch, Hans Günter (Hrsg.): *Energiepolitik* (Heidelberg-Berlin: Springer; i.E.). (A, B14)
Walz, Rainer; Schön, Michael, 1995: „Economic Impacts of Climate Change Policy", in: *ENER Bulletin*, Nr. 16: 97-113. (A)
Walz, Rainer; Schön, Michael; et al., 1995: „Gesamtwirtschaftliche Auswirkungen von Emissionsminderungsstrategien", in: Enquête-Kommission „Schutz der Erdatmosphäre" (Hrsg.): *Studienprogramm*, Bd. 3 *Energie*, Teilband II (Bonn: Economica). (A, B14, G)
Warren, William P.; Croot, David G. (Hrsg.), 1994: *Formation and Deformation of Glacial Deposits* (Rotterdam-Brookfield: A.A. Balkema). (S)
Warrick, R.A.; Barrow, E.M.; Wigley, M.L. (Hrsg.), 1993: *Climate Sea Level Change. Observations, Projections and Implications* (Cambridge: Cambridge UP). (S)
Washington, Warren M., 1986: *An Introduction to the Three-Dimensional Climate Modelling* (Oxford: Oxford UP). (S)
[WBGU, 1993], Wissenschaftlicher Beirat der Bundesregierung Globale Umweltveränderungen: *Welt im Wandel: Grundstruktur globaler Mensch - Umwelt - Beziehungen - Jahresgutachten 1993* (Bonn: Economica). (B7)
[WBGU, 1995a]: Wissenschaftlicher Beirat der Bundesregierung Globale Umweltveränderungen: *Scenario for the derivation of global CO_2 reduction targets and implementation strategies* (Bremerhaven: WBGU Sekretariat, März). (B3)
[WBGU, 1995b], Wissenschaftlicher Beirat der Bundesregierung Globale Umweltveränderungen: *Welt im Wandel. Wege zur Lösung globaler Umweltprobleme. Jahresgutachten 1995* (Berlin-Heidelberg: Springer). (B E, 3, 25)
Weale, Albert, 1992: *The new politics of pollution* (Manchester-New York: Manchester UP). (B7, E)
Weale, Albert; Williams, Andrea, 1993: „Between Economy and Ecology? The Single Market and the Integration of Environmental Policy", in: Judge, David (Hrsg.): *A Green Dimension for the European Community. Political Issues and Processes* (London: Frank Cass): 45-64. (B7, E)

Weber, Gerd, 1991: *Treibhauseffekt: Klimakatastrophe oder Medienpsychose?* (Wiesbaden: Böttiger).
Weber, Gerd, 1992: *Global Warming. The Rest of the Story* (Wiesbaden: Böttiger).
Weber, Rudolf, 1992: *Energie und Umwelt. Fakten - Maßnahmen - Zusammenhänge* (Vaduz: Olynthus).
WEC; IIASA, 1995: *Global Energy Perspectives to 2050 and Beyond: Report 1995* (London: WEC). (B9, 13)
Weijers, E. Pier; Vellinga, Pier, 1995: *Climate Change and River Flooding* (Amsterdam: Free University Amsterdam). (B3)
Weik, Helmut; Gertis, Karl, 1995: „Handlungsempfehlungen für den Bereich Bauen und Wohnen", in: *Endbericht des Beirats für Klima und Energie der Stadt Münster 1995, Teil 1 Handlungsempfehlungen* (Münster: Stadtverwaltung): 13-23 u. 71-72. (B22)
Weimann, Joachim, 1991: *Umweltökonomik. Eine theorieorientierte Einführung*, 2. Aufl. (Berlin: Springer). (B12)
Weiner, J., 1990: *The Next One Hundred Years: Shaping the Fate of Our Living Earth* (New York: Bantam).
Weischet, Wolfgang, 1991: *Einführung in die allgemeine Klimatologie* (Stuttgart: Teubner). (B1)
Weizsäcker, Ernst Ulrich von, 1989: *Erdpolitik. Ökologische Realpolitik an der Schwelle zum Jahrhundert der Umwelt* (Darmstadt: Wissenschaftliche Buchgesellschaft). (B25)
Weizsäcker, Ernst Ulrich von, 1992: „Ökologischer Strukturwandel als Antwort auf den Treibhauseffekt", in: *Aus Politik und Zeitgeschichte*, B16: 33-38. (E)
Weizsäcker, Ernst Ulrich von, 1994: *Erdpolitik. Ökologische Realpolitik an der Schwelle zum Jahrhundert der Umwelt*, 4. aktualisierte Aufl. (Darmstadt: Wissenschaftliche Buchgesellschaft). (B E, E)
Weizsäcker, Ernst Ulrich von; Bleischwitz, Raimund (Hrsg.), 1992: *Klima und Strukturwandel* (Bonn: Economica). (S)
Weizsäcker, Ernst Ulrich von; Lovins, Amory B.; Lovins, L. Hunter, 1995: *Faktor Vier. Doppelter Wohlstand - halbierter Naturverbrauch. Der neue Bericht an den Club of Rome* (München: Droemer Knaur). (B E, 13, 17)
Welz, Christian; Engel, Christian, 1993: „Traditionsbestände politikwissenschaftlicher Integrationstheorien: Die Europäische Gemeinschaft im Spannungsfeld von Integration und Kooperation", in: Bogdandy, Armin von (Hrsg.): *Die Europäische Option* (Baden-Baden: Nomos): 129-169. (B8)
Wenner, Leslie McSpadden, 1990: *Energy and Environmental Interest Groups* (New York: Greenwood Press). (S)
Wessels, Wolfgang, 1992: „Staat und (westeuropäische) Integration: Die Fusionsthese", in: *Politische Vierteljahresschrift*, Sonderheft 23: 36-61. (B7, S)
Westing, Arthur H. (Hrsg.), 1986: *Global Resources and International Conflict* (Oxford: Oxford UP). (S)
Weyant, John P., 1993: „Costs of Reducing Global Carbon Emissions, in: *Journal of Economic Perspectives*, 7: 27-46. (B12)
[WGES-EUI, 1992], Working Group of Environmental Studies - European University Institute: „Sustainable Mobility in the Internal Market. The Environmental Dimension of Freight Transport in Europe, Workshop Report", in: *WGES Newsletter*, Special Issue (Juni). (B7)

White, James C. (Hrsg.) 1990: *Conference on „Global Climate Change: The Economic Costs of Mitigation and Adaptation"*, Center for Environmental Information (New York: Elsevier). (S)
White, James C., 1992: *Global Climate Change. Linking Energy, Environment, Economy and Equity* (New York-London: Plenum). (V)
Wicke, Lutz, 1993: *Umweltökonomie*, 4. Aufl. (München: Vahlen) (B12, G)
Wicke, Lutz; Haasis, Hans-Dietrich; Schafhausen, Franzjosef; Schulz, Werner, 1992: *Betriebliche Umweltökonomie - Eine praxisorientierte Einführung* (München: Vahlen).
„Wiener Konvention zum Schutz der Ozonschicht (1985)", in: *Bundesgesetzblatt* 1988 II: 902-922. (T4)
Wigley, T.M.L.; Ingram, M.J.; Farmer, G. (Hrsg.), 1981: *Climate and History* (Cambridge: Cambridge UP). (S)
Wijk, Ad v.; et al., 1994: *Sustainable energy system: technologies to reduce the CO_2-emission* (Utrecht: Utrecht University). (S)
Wilhelm, Sighard, 1990: *Ökosteuern. Marktwirtschaft und Umweltschutz* (München: C.H. Beck). (B25, S)
Willums, Jan-Olaf; Goluke, Ulrich, 1992: *From Ideas to Action: Business and Sustainable Development* (Oslo: ICC Publishing). (S)
Wilson, Debora; Swisher, Joel, 1993: „Exploring the gap. Top-down versus bottom-up analysis of the cost of mitigating global warming", in: *Energy Policy*, 21,3: 249-263. (B12, 14)
Wirth, David A.; Lashof, Daniel A., 1990: „Beyond Vienna and Montreal - Multilateral Agreements on Greenhouse Gases", in: *Ambio*, 19: 305-310. (V)
WMO/UNEP, 1988: *Proceeding Acts. The Changing Atmosphere - Implications for Global Security*, WMO/OMM - No. 710 (Genf: WMO). (B10)
Wöhlcke, Manfred, 1990: *Umwelt- und Ressourcenschutz in der internationalen Entwicklungspolitik* (Baden-Baden: Nomos). (S)
Wöhlcke, Manfred, 1993: *Der ökologische Nord-Süd-Konflikt* (München: C.H. Beck. (S)
Wollmann, Helmut, 1994: „Implementationsforschung/Evaluationsforschung", in: Kriz, Jürgen; Nohlen, Dieter; Schultze, Rainer-Olaf (Hrsg.): *Lexikon der Politik*, Bd. 2: *Politikwissenschaftliche Methoden* (München: C.H. Beck): 173-179. (B25, E)
World Energy Council, 1993: *Energy for Tomorrow's World. The Realities, the real options and the agenda for achievement* (London: Kogan Page). (S)
World Resources Institute, 1992: *World Resources 1992-93. A Report by the World Resources Institute in collaboration with the United Nations Environment Programme and the United Development Programme* (New York-Oxford: Oxford UP). (B E)
World Resources Institute, 1994: *World Resources 1994-95, a report by the WRI in collaboration with the United Nations Environment Programme and the United Nations Development Programme* (New York u.a.: Oxford UP. (S)
Worldwatch Institute, 1995: *Vital Signs. The trends that are shaping our future 1995-1996* (London: Earthscan).
Wynne, Brian, 1993: „Implementation of greenhouse gas reductions in the European Community: institutional and cultural factors", in: *Global Environmental Change*, 3,1: 101-128. (B7, G)

Yamaji, Kenji; et. al., 1993: „A study on economic measures for CO_2 reduction in Japan", in: *Energy Policy*, 21,2: 123-132. (B14, S)

Young, H.P., 1990: *Sharing the Burden of Global Warming* (College Park: School of Public Affairs of the University of Maryland). (S)

Young, Oran R., 1989a: „The Politics of International Regime Formation: Managing Natural Resources and the Environment", in: *International Organization*, 43: 349-375. (S)

Young, Oran R., 1989b: *International Cooperation: Building Regimes for Natural Resources and the Environment* (Ithaca: Cornell UP). (S)

Young, Oran R., 1994: *International Governance. Protecting the Environment in a Stateless Society* (Ithaca-London: Cornell UP). (B4, V)

Young, Oran R.; Osherenko, Gail (Hrsg.), 1993: *Polar Politics: Creating International Environmental Regimes* (London: Cornell UP). (S)

Zaelke, Durwood; Cameron, James, 1990: „Global Warming and Climate Change - An Overview of the International Legal Process", in: *American University Journal of International Law & Policy*, 5: 249-289. (B5)

Zangl, Bernhard, 1994: „Politik auf zwei Ebenen. Hypothesen zur Bildung internationaler Regime", in: *Zeitschrift für Internationale Beziehungen*, 1,2: 279-312. (B10)

Zürn, Michael, 1992: *Interessen und Institutionen in der internationalen Politik. Grundlegung und Anwendungen des situationsstrukturellen Ansatzes* (Opladen: Leske + Budrich). (B4, 9, 10; E)

Zürn, Michael; Wolf, Klaus Dieter; Efinger, Manfred, 1990: „Problemfelder und Situationsstrukturen in der Analyse der internationalen Politik. Eine Brücke zwischen den Polen?", in: Rittberger, Volker (Hrsg.): *Theorien der Internationalen Beziehungen, Politische Vierteljahresschrift*, Sonderheft 23 (Opladen: Westdeutscher Verlag): 151-174. (B10)

Zu den Autorinnen und Autoren

Bach, Wilfrid, Prof. Dr.: Promotion 1965 im Fachbereich Atmosphärenwissenschaften an der Universität Sheffield in England; anschließend Lehre und Forschung an mehreren US, kanadischen und schweizerischen Universitäten; seit 1975 Direktor der Abteilung für Klima- und Energieforschung und des Instituts für Geographie (seit 1994 am Institut für Landschaftsökologie) der Universität Münster; Schwerpunkt der Tätigkeiten: Durchsetzung einer wirksamen Klima- und Umweltschutzpolitik; Mitglied der Klima-Enquête-Kommissionen des Deutschen Bundestages, von EUROSOLAR, des Moskauer Internationalen Energie-Klubs und des Beirats für Klima und Energie der Stadt Münster. *Anschrift*: Westfälische Wilhelms-Universität Münster, Institut für Landschaftsökologie, Abteilung für Klima- und Energieforschung, Robert-Koch-Straße 26, 48149 Münster.

Breitmeier, Helmut, Dr.: Wissenschaftlicher Angestellter am Internationalen Institut für Angewandte Systemanalyse (IIASA) in Laxenburg (Österreich); 1994 Promotion an der Universität Tübingen mit einer Dissertation über die Entstehung globaler Umweltregime; Publikationen über Fragen und theoretische Probleme der Analyse internationaler Umweltpolitik, u.a. zur internationalen politischen Bearbeitung des Problems der Zerstörung der Ozonschicht und zum Klimaschutz sowie zum Konzept der „nachhaltigen Entwicklung"; z.Z. Aufbau einer Datenbank über internationale Umweltregime. *Anschrift*: IIASA, A-2361 Laxenburg.

Edenhofer, Ottmar, Diplom Volkswirt: Wissenschaftlicher Mitarbeiter am Institut für Soziologie der TH Darmstadt; beschäftigt sich mit Integrated Environmental Assessment; sein besonderes Interesse gilt der Modellierung von Märkten als Netzwerken und ökologischen Innovationen. *Anschrift*: TH Darmstadt, Institut für Soziologie, 64287 Darmstadt; e-mail: ed@ifs.th-darmstadt.de

Ganseforth, Monika, Prof., Dipl.-Ing.: Studium des Maschinenbaus in Braunschweig, Entwicklungsingenieurin in Heidelberg; Professorin an der Fachhochschule Hannover, Lehrgebiet Steuerungs- und Regelungstechnik; seit 1987 Mitglied des Deutschen Bundestages; 1987-1994 Mitglied der Enquête-Kommission „Schutz der Erdatmosphäre", 1991-1994 Sprecherin der SPD-Bundestagsfraktion; Arbeitsgebiete: Frauenpolitik, Umweltschutz und Menschenrechte. *Anschrift*: Stettiner Str. 10, 31535 Neustadt am Rübenberge und Deutscher Bundestag, Bundeshaus, 53113 Bonn.

Gehring, Thomas, Dr. phil: Studium der Islam- und Politikwissenschaft in Berlin; 1992 Promotion; derzeit Wissenschaftlicher Mitarbeiter am Fachbereich Politikwissenschaft der Freien Universität Berlin und Jean-Monnet-Stipendiat am Robert Schuman Centre des Europäischen Hochschulinstituts Florenz. *Anschrift*: Freie Universität Berlin, Fachbereich Politische Wissenschaft, Ihnestr. 22, 14195 Berlin.

Hartenstein, Liesel, Dr. phil.: Studium der Philosophie, Germanistik und Kunstgeschichte; fünf Jahre Tätigkeit als Journalistin bei der Presse und dem Süddeutschen Rundfunk, später Lehrerin am Stuttgarter Evangelischen Mörike-Gymnasium; seit 1976 Mitglied des Deutschen Bundestages; bis 1986 Mitglied des Innen- und Verkehrsausschusses; 1986-1994 stellvertretende Vorsitzende des Umweltausschusses; 1987-1994 stellvertretende Vorsitzende der Enquête-Kommission „Schutz der Erdatmosphäre. *Anschrift*: Bundeshaus, HT 1213, 53113 Bonn.

Hennicke, Peter, Prof. Dr.: Studium der Chemie und der Volkswirtschaft an der Univ. Heidelberg; Wissenschaftlicher Assistent an den Universität Heidelberg und Osnabrück (Schwerpunkte: Wirtschafts- und Entwicklungstheorie, Wirtschafts- und Energiepolitik); nach der Habilitation mit dem Schwerpunkt Wirtschaftspolitik und Energiewirtschaft Professor (auf Zeit) an der Universität Osnabrück; vom März 1988 bis Oktober 1992 Professor an der FH Darmstadt; seit Oktober 1992 Direktor der Abteilung Energie am Wuppertal Institut für Umwelt - Energie - Klima im Wissenschaftszentrum NRW; im August 1994 Ruf auf C-4 Professur an die GH und Bergische Universität Wuppertal; Beurlaubung für Tätigkeit am Wuppertal Institut; Vorstandsmitglied des Öko-Instituts in Freiburg; von 1987-1994 Mitglied der beiden Klima-Enquête-Kommissionen des Deutschen Bundestages: *Anschrift*: Wuppertal Institut für Umwelt - Energie - Klima, Döppersberg 19, 42103 Wuppertal.

Kords, Udo, Dipl pol.: Studium der Politikwissenschaft und Geschichte in München, Manchester und Berlin; 1993-1994 Referent im Bundesministerium für Umwelt, Naturschutz und Reaktorsicherheit; derzeit Doktorand und Mitarbeiter am Wuppertal Institut für Umwelt - Energie - Klima. *Anschrift*: Augustusring 22, 53111 Bonn.

Lenschow, Andrea, Ph.D.: Studium der Sozialökonomie an der Christian-Albrechts-Universität in Kiel, der Politikwissenschaften und Verwaltungslehre an der Pennsylvania State University; 1995 Abschluß der Dissertation zu „Institutional and Policy Change in the European Community, Variations in Environmental Policy Integration"; z.Z. Arbeit an einem Forschungsprojekt zur Europäischen Umweltpolitik am Erasmus Studiecentrum voor Milieukunde der Erasmus Universität in Rotterdam; Forschungsinteressen: Entscheidungsprozeßanalyse in der EU, besonders zur Umweltpolitik, allgemeine Fragen des „Governance" in Europa, zu systematischen politischen Transformationen und zur Rolle institutioneller Strukturen in inter- und supranationaler Politik. *Anschrift*: New York University, Department of Politics, 715 Broadway, New York, NY 10003-6806, USA.

Meixner, Horst, Dr. rer. pol., Dipl. Oec.: Studium der Wirtschaftswissenschaften und Promotion in Gießen; 1974-1979 Wissenschaftlicher Mitarbeiter an der Universität Essen - GHS; bis 1984 Wissenschaftlicher Angestellter bzw. Hochschulassistent an der Johann Wolfgang Goethe-Universität Frankfurt; von 1984-1989 Leiter des Referats „Förderung von Energieanlagen" bei der Hessischen Landesregierung, zunächst beim Hessischen Ministerium für Umwelt und Energie, dann wieder beim Wirtschaftsministerium; 1990 und 1991 Aufbau und Leitung des neu eingerichteten Energiereferats der Stadt Frankfurt am Main als Teil der städtischen Verwaltung; seit Oktober 1991 Geschäftsführer der vom Land Hessen zusammen mit Partnern gegründeten Energieagentur „hessenENERGIE GmbH". *Anschrift*: hessenEnergie GmbH, Mainzer Straße 98-102, 65189 Wiesbaden.

Neumann, Werner, Dr. phil. nat., Diplom-Physiker: Diplom und Dissertation im FB Physik über Teilchenbeschleuniger an der Johann Wolfgang Goethe-Universität Frankfurt am Main. Frühere Tätigkeiten: Aufbau und Betrieb eines Umweltlabors, Erstellung des Energiekonzeptes für die Stadt Offenbach, jetzige Tätigkeit: Leiter des Energiereferats der Stadt Frankfurt am Main. Weitere Funktionen: Sachverständiger für Radioaktivität bei der Industrie- und Handelskammer Frankfurt am Main, Mitglied im Ökologie-Institut Freiburg, Bund für Umwelt und Naturschutz Deutschland. Aktuell: Erstellung eines LCP-Stromsparkonzeptes für Altenstadt/Hessen. *Anschrift*: Energiereferat der Stadt Frankfurt am Main, Philipp-Reis-Str. 84, 60486 Frankfurt am Main und: Stammheimer Str. 8b, 63674 Altenstadt.

Ott, Hermann, Volljurist: Studium der Rechtswissenschaften und Sozialwissenschaften in München, London und Berlin; während des Referendariats Stationen beim juristischen Dienst der EG-Kommission und im Ozon-Sekretariat, UNEP, Nairobi; z.Z. Projektleiter in der Abteilung Klimapolitik des Wuppertal Instituts für Umwelt - Energie - Klima; Schwerpunkte der Arbeit: Klimapolitik, Umweltvölkerrecht und globale Umweltpolitik; Dissertation über völkerrechtliche Aspekte von Umweltregimen. *Anschrift:* Wuppertal Institut für Umwelt - Energie - Klima, Döppersberg 19, 42103 Wuppertal.

Plottnitz, Rupert von: 1960 Abitur; 1960-1965 Studium der Rechtswissenschaften in Berlin, Grenoble und Frankfurt am Main; seit 1969 Rechtsanwalt in Frankfurt am Main; Gründungsmitglied des Republikanischen Anwalts- und Anwältinnenvereins (RAV); Ehrenamtlicher Vertreter der Fraktion der GRÜNEN im Magistrat der Stadt Frankfurt am Main; Oktober 1983 bis Ende Juli 1987 (ehrenamtlicher Stadtrat); April 1987 bis Oktober 1994 Abgeordneter und von April 1991 bis Oktober 1994 Vorsitzender der Fraktion der GRÜNEN im Hessischen Landtag; Oktober 1994 bis April 1995 Hessischer Minister für Umwelt, Energie und Bundesangelegenheiten, stellvertretender Ministerpräsident; seit 5. April 1995 Hessischer Minister der Justiz und für Europaangelegenheiten, stellvertretender Ministerpräsident. *Anschrift*: Hessisches Ministerium der Justiz und für Europaangelegenheiten, Luisenstraße 13, 65185 Wiesbaden.

Quennet-Thielen, Cornelia: Ministerialrätin, Leiterin des Referats „Allgemeine und grundsätzliche Angelegenheiten der Internationalen Zusammenarbeit, Umwelt und Entwicklung, internationale Rechtsangelegenheiten im Bundesministerium für Umwelt, Naturschutz und Reaktorsicherheit (BMU), Bonn; Studium der Rechtswissenschaften an den Universitäten Freiburg und Trier; 2. Juristische Staatsprüfung 1984; 1985 Richterin im Landesdienst Rheinland-Pfalz; 1985-1990 persönliche Referentin von Minister Prof. Dr. Klaus Töpfer im Ministerium für Umwelt und Gesundheit in Rheinland-Pfalz und im BMU; seit 1990 im BMU als Referatsleiterin verantwortlich insbesondere für die Vorbereitung der UN-Konferenz für Umwelt und Entwicklung 1992 in Brasilien sowie für die Verhandlungen zur Klimarahmenkonvention und die Folgeverhandlungen nach der 1. Vertragsstaatenkonferenz in Berlin. *Anschrift*: Königstraße 55, 53115 Bonn.

Rohner, Meinrad, Diplom Volkswirt und Buchhändler: Wissenschaftlicher Mitarbeiter am Fachbereich Wirtschaftswissenschaften der J.W. Goethe-Universität; arbeitet an einer Dissertation über die ökonomische Modellierung des Klimawandels; der Schwerpunkt seiner sonstigen Tätigkeit liegt auf dem Gebiet der Wachstums-, Umwelt- und Energieökonomie mit dem Schwerpunkt auf historisch offenen Methoden der klassischen Tradition der Nationalökonomie. *Anschrift*: Johann Wolfgang Goethe-Universität, FB Wirtschaftswissenschaften, Fach 62, 60054 Frankfurt am Main; e-mail: rohner@wiwi.uni-frankfurt.de.

Rossbach de Olmos, Lioba, M.A., Ethnologin: Mitarbeiterin der Europäischen Geschäftsstelle des Klima-Bündnisses/Alianza del Clima e.V. im Bereich umwelt- und entwicklungspolitische Bildung sowie Kooperation mit der COICA. *Anschrift*: Klima-Bündnis/Alianza del Clima e.V., Europäische Geschäftsstelle, Philipp-Reis-Str. 84, 60486 Frankfurt.

Schafhausen, Franzjosef, Dipl. Volksw., Dipl. Betriebsw.: Ausbildung zum Bankkaufmann; Studium der Betriebswirtschafts- und Volkswirtschaftslehre an der Universität zu Köln; 1978 Wissenschaftlicher Assistent am Finanzwirtschaftlichen Forschungsinstitut an der Universität Köln und Geschäftsführer der Gesellschaft zur Förderung der finanzwirtschaftlichen Forschung e.V., Köln; 1982 Wissenschaftlicher Mitarbeiter am Umweltbundesamt; 1983 Referent im Bundesministerium des Innern zuständig für den Bereich „Ökologie und Ökonomie"; 1991 Referatsleiter im BMU, zuständig für „Umwelt und Energie sowie Umwelt und Technik"; 1991 Vorsitzender der IMA „CO_2-Reduktion"; 1995 Leiter der Arbeitsgruppe G I 6 im BMU „Umwelt und Energie, Umwelt und Technik, produktionsbezogener Umweltschutz". *Anschrift:* Bundesministerium für Umwelt, Naturschutz und Reaktorsicherheit; Bernkasteler Str. 8, 53175 Bonn.

Schmidt, Hilmar, M.A., Politikwissenschaftler: *Anschrift*: TH Darmstadt, Institut für Politikwissenschaft, Residenzschloß, 64283 Darmstadt.

Schönwiese, Christian-Dietrich, Prof. Dr. rer. nat.: seit 1981 Professor für Meteorologische Umweltforschung an der Universität Frankfurt am Main und seit 1994 Direktor des Zentrums für Umweltforschung; Arbeitsschwerpunkte: statistische Analyse der jüngeren Klimageschichte und entsprechende ursächliche Studien, insbesondere Abgrenzung des anthropogenen Treibhauseffektes von natürlichen Klimaänderungen; u.a. Rapporteur für statistische Klimatologie bei der Weltmeteorologischen Organisation (WMO), Mitherausgeber der Fachzeitschrift „Theoretical and Applied Climatology" und Vorstandsmitglied bei der Deutschen Meteorologischen Gesellschaft sowie beim Autorenkreis „Sachdialog Naturwissenschaft und Medien". *Anschrift*: Johann Wolfgang Goethe-Universität, Institut für Meteorologie und Geophysik, Postfach 11 39 32, 60054 Frankfurt.

Schumer, Sylvia, M.A.: Studium der Politikwissenschaft, Germanistik und des öffentlichen Rechts in Freiburg, Frankfurt am Main und Pisa; Examen Juni 1995. *Anschrift:* Krafftstraße 27, 63065 Offenbach.

Sprinz, Detlef F., Ph.D.: Studium der Politikwissenschaft und Volkswirtschaftslehre an der Universität des Saarlandes; University College Cardiff (Wales) sowie der University of Michigan, Ann Arbor (USA); Dissertation „Why Countries Support International Environmental Agreements: The Regulation of Acid Rain in Europe" an der University of Michigan, Ann Arbor, 1992; seit 1992 Wissenschaftlicher Angestellter am Potsdam-Institut für Klimafolgenforschung e.V., Abteilung „Globaler Wandel und Soziale Systeme" sowie freischaffender Berater und Publizist im Bereich Umweltpolitik; Forschungsschwerpunkte: Wechselverhältnis von nationaler und internationaler Umweltpolitik, Einfluß internationaler Institutionen auf nationale Politiken, Umweltsicherheit, Klimapolitik und methodische Aspekte der Umweltpolitikforschung. *Anschrift*: Mindener Straße 16, 10589 Berlin.

Stock, Manfred, Dr. rer. nat.: Studium der Physik und Mathematik an den Universitäten in Frankfurt am Main und Regensburg; Diplom und Promotion zu den Themen der experimentellen Festkörperphysik in Regensburg; dort bis 1979 Wissenschaftlicher Assistent; von 1979-1991 Tätigkeit am Battelle-Institut in Frankfurt am Main, zuletzt Gruppenleiter und Gutachter für die Sicherheit von Industrieanlagen; seit 1992 Arbeit für das neugegründete Potsdam-Institut für Klimafolgenforschung e.V. (PIK), seit 1993 stellvertretender Direktor, verantwortlich für die wissenschaftliche Koordination der Forschungsarbeiten am PIK und die Kooperation mit anderen Einrichtungen; wissenschaftliche Schwerpunkte: Einsatz von Methoden der Integrierten Systemanalyse und der Risikoanalyse zum Globalen Wandel. *Anschrift*: Potsdam-Institut für Klimafolgenforschung e.V. (PIK), Postfach 60 12 03, 14412 Potsdam.

Von Weizsäcker, Ernst-Ulrich, Prof. Dr.: Professor für Biologie in Essen, Universitätspräsident in Kassel, Direktor am UNO-Zentrum für Wissenschaft und Technik in New York und von 1984-1991 Direktor des Instituts für Europäische Umweltpolitik in Bonn; seit 1991 Präsident des neugegründeten Wuppertal Instituts für Klima - Umwelt - Energie; früherer Vorsitzender der Vereinigung Deutscher Wissenschaftler (VDW); Mitglied des Club of Rome und der Pugwash Movement for Science and World Affairs; Verfasser zahlreicher Bücher und Aufsätze zu Fragen der Biologie, der Ökologie und der Ökonomie, zuletzt: Erdpolitik (4. Aufl., 1994) und Faktor vier (1995). *Anschrift*: Wuppertal Institut für Klima-Umwelt-Energie GmbH, Döppersberg 19, 42103 Wuppertal.

Walz, Rainer, Dr.: Studium und Promotion in Volkswirtschaftslehre an der Universität Freiburg; Wissenschaftlicher Mitarbeiter an der University of Wisconsin 1987/88 und der Enquête-Kommission „Vorsorge zum Schutz der Erdatmosphäre" des Deutschen Bundestages 1989/90; seit 1991 am Fraunhofer-Institut für Systemtechnik und Innovationsforschung (FhG-ISI), seit 1995 stellvertretender Leiter der Forschungsgruppe Umwelt; Forschungsgebiete: gesamtwirtschaftliche Effekte von Umweltschutzmaßnahmen, Energie- und Klimapolitik sowie Sustainable Development; Mitglied im Expert Review Team des International Panel on Climate Change (IPCC) und im Arbeitskreis Ökologische Bewertung der Society for Environmental Toxicology and Chemistry (SETAC); Lehrbeauftragter für Umweltökonomik an der Universität Freiburg; Friedrich-August-von Hayek Preisträger 1993. *Anschrift:* Fraunhofer-Institutut für Systemtechnik und Innovationsforschung (ISI), Breslauer Straße 48, 76139 Karlsruhe.

Weber, Beate: 1963 Abitur; 1963-1968 Sprachstudium an der Universität Heidelberg und der Pädagogischen Hochschule Heidelberg; 1968-1979 Lehrerin an einer Grund- und Hauptschule und an der Internationalen Gesamtschule in Heidelberg; 1975-1985 Stadträtin in Heidelberg; seit 1975 stellvertretende Vorsitzende des Parteirates der SPD; 1979-1990 Mitglied des Europäischen Parlaments; 1984-1989 Vorsitzende des Ausschusses für Umweltfragen Gesundheit und Verbraucherschutz im Europäischen Parlament; am 23.10.1990 Wahl zur Oberbürgermeisterin der Stadt Heidelberg; seit 1993 Mitglied der „Independent Commission for Population and Quality of Life" der UNDP, der UNESCO und des Deutschen Nationalkomitees HABITAT II. *Anschrift*: Stadt Heidelberg, Rathaus, Postfach 10 55 20, 69045 Heidelberg.

Zum Herausgeber

Brauch, Hans Günter (geb. 1.6.1947), Dr. phil.: 1995-1996 Vertreter einer Professur für Internationale Wirtschaftsbeziehungen an der Universität Leipzig; von 1989-1992 und 1994-1995 Vertretungsprofessor an der Johann Wolfgang Goethe-Universität Frankfurt am Main sowie von 1993-1994 Lehrstuhlvertreter an der PH Erfurt-Mühlhausen. Von 1976-1989 Wissenschaftlicher Mitarbeiter an den Universitäten Heidelberg und Stuttgart, Research Fellow an der Harvard und Stanford University und Lehrbeauftragter für Politikwissenschaft an den Universitäten Darmstadt, Tübingen, Stuttgart und Heidelberg. Studium der Politischen Wissenschaft, Neueren Geschichte, des Völkerrechts und der Anglistik an den Universitäten Heidelberg und London; 1976 Promotion an der Universität Heidelberg.

Seit 1987 Vorsitzender der AG Friedensforschung und Europäische Sicherheitspolitik (AFES-PRESS), Mitglied des Council der International Peace Research Association (1992-1996) und des Board of Editors des UNESCO Yearbook on Peace and Conflict Studies (1990-), Mitglied des Institute for Strategic Studies, der Pugwash Movement for Science and World Affairs und der International Studies Association. Herausgeber von drei wissenschaftlichen Reihen: *Rüstungskontrolle aktuell, Militärpolitik und Rüstungsbegrenzung* (10 Bände), ab Bd. 11: *Frieden - Sicherheit - Umwelt* und *AFES-PRESS Report*. *Anschrift*: Alte Bergsteige 47, 74821 Mosbach.

Buchveröffentlichungen:

Englische Bücher: (Hrsg. mit D.L. Clark): Decisionmaking for Arms Limitation - Assessments and Prospects (1983); (Hrsg.) Star Wars and European Defence - Implications for Europe: Perceptions and Assessments (1987); (mit R. Bulkeley): The Anti-Ballistic Missile Treaty and World Security (1988); (Hrsg.): Military Technology, Armaments Dynamics and Disarmament (1989); (Hrsg. mit R. Kennedy): Alternative Conventional Defense Postures in the European Theater Bd. 1: The Military Balance and Domestic Constraints (1990); Bd. 2: Political Change in Europe: Military Strategy and Technology (1992); Bd. 3: Military Alternatives for Europe after the Cold War (1993); (Hrsg. mit H.J. v.d. Graaf, J. Grin und W. Smit): Controlling the Development and Spread of Military Technology (1992).

Deutsche Bücher: Struktureller Wandel und Rüstungspolitik der USA (1940-1950), (1977); Entwicklungen und Ergebnisse der Friedensforschung (1969-1978), (1979); Abrüstungsamt oder Ministerium? Ausländische Modelle der Abrüstungsplanung (1981); Der Chemische Alptraum oder gibt es einen C-Waffen-Krieg in Europa? (1982); (mit A. Schrempf): Giftgas in der Bundesrepublik (1982); Die Raketen kommen! (1983); Perspektiven einer Europäischen Friedensordnung (1983); (Hrsg.): Kernwaffen und Rüstungskontrolle (1984); (Hrsg.): Sicherheitspolitik am Ende? (1984); Angriff aus dem All. Der Rüstungswettlauf im Weltraum (1984); (Hrsg. mit R.D. Müller): Chemische Kriegführung und chemische Abrüstung (1985); (Hrsg.): Vertrauensbildende Maßnahmen und Europäische Abrüstungskonferenz (1986); (mit R. Fischbach): Militärische Nutzung des Weltraums - Eine Bibliographie (1988); (mit J. Grin, H. v. de Graaf, W. Smit): Institutionen, Verfahren und Instrumente einer präventiven Rüstungskontrollpolitik (1996); (Hrsg.): Energiepolitik (1996).

Personen- und Sachverzeichnis

Abfallwirtschaft 242-3
Absorptionskälteanlage 294-5, 365
Abwärme 252, 289
Aerosole 3, 39, 223
Aggregierte Nachfragefunkt. 143, 145-6
Aguaruna-Indianer 307-312
Akryogenes Warmklima 9
ALTENER 92-3, 95-6, 99, 101, 247, 322
Amazonien 305, 308-10
Angebotskurve 143, 145
Antarktis 20, 54, 204
Anthroposphäre 3, 34-5, 365
AOGCM 24-5, 27
AOSIS 80-1, 85, 249 (s.a. KRK)
Aquatische Ökosysteme 42, 365
Arbeitsgem. der Verbraucherverbände 43
Arktis 13, 28, 38
Arrhenius, Svante XXIII, 319
Artenvielfalt 43, 79, 210, 233
Assimilative Kapazität 144-8, 365
Atmosphäre 13, 25, 147, 154, 238, 280, 308, 365
  Belastungsgrenzen, ökonomische 153
  globale Zirkulation, 14-5
  Ozonschutzfunktion 4
  Kohlenstoff-Akkumulation 159-60
  Stockwerkeinteilung 5-6
  zeitliche Größenordnungen 6-8
  Zusammensetzung 3-6, 15-6, 142
Atomenergie (s. Kernenergie)
Australien 81, 85, 118

Baden-Württemberg 277
Barcelona Konvention (1976) 62, 70
Basler Konvention (1989) 63, 68(Fn23)
Bericht der Nord-Süd-Kommission 227
Berlin 300, 303
Bevölkerungswachstum 121, 128, 159, 160, 165, 167, 171, 173, 227-9, 279, 317, 322, 324
Biodiversität 37, 122, 224-5, 232, 365
Biogasanlagen 258, 272
Biomasse 19, 77, 230, 272
Biosphäre 3, 13, 154, 157, 365

Biotreibstoff 97
Blockheizkraftwerk 263, 302, 366
  Hessen 256, 265
  Gesamtkosten pro reduzierter Tonne CO_2 264-5
  Frankfurt 265, 293-6, 298-300, 306
  Heidelberg 277
  Klein-BHKW 295-6
  Münster 282
Bodendegradation 34, 233, 310-1
Boreale Wälder 17, 221, 238, 366
Bottom-up-Verfahren 165, 193-4, 366
Brandenburg 33, 255
Brasilien 216
Brauchwasserwärmung 256
Bremen 300, 303
Brundtland, Gro Harlem 228, 234, 315
Bruttoinlandsprodukt XXV, 97, 122, 164, 230-1, 246
Bruttosozialprodukt 43-4, 124, 143-6, 149, 157-9, 163-4, 189, 197-8
Bruttowertschöpfung 326
BUND 271
Bundesimmissionsgesetz 154, 241
Bundesverkehrswegeplan 211, 219-20, 242, 252
Bush-Administration 135-7, 228, 323

Car-sharing 188, 304
Carter-Administration 227, 323
ceteris paribus 149, 190, 366
Chaos 22, 366
Charta der Europäischen Städte und Gemeinden (Charta v. Aalborg), 1994 272
China XXIV, 58, 121, 122, 231, 248
Chlorkohlenwasserstoffe (CKW) 291
CLIMAIL 275
Clinton-Administration 79, 119, 135, 138, 140, 323
Club of Rome XXIV, 153-4, 227
CO_2-/Energiesteuer 42, 90, 125, 213, 323
  EU 90, 92, 94-5, 99-102, 111, 119, 224, 322
COICA 305, 309

Commission on Global Governance 122
Commission on Sustainable Develop. 232
Contracting 185-6, 274, 285, 291, 301-2
  Hessen 255-6
Crowding-in, technologisches 192, 366
Crowding-out, technologisches 192, 366
Crutzen, Paul 216, 320

Dänemark 94-5, 234
Daimler/Mercedes Benz 210, 221
Desertifikation 76, 232-3, 324
Deutsche Ausgleichsbank (DAB) 243
Deutsche Bundesbahn 244
Deutsche Bundesstift. Umwelt (DBU) 243
Deutsche Demokratische Republik (DDR) XXV, 119, 180
Deutsche Physikalische Gesellschaft 204
Deutsches Institut für Urbanistik 276
Deutschland, Bundesrepublik
  Aufbau-/schwung Ost 208, 242
  außenpolitische Rahmenkompetenz 328
  Auswärtiges Amt 328
  Bevölkerungsentwicklung 178, 246
  BMBau 212, 218
  BMFT 33, 208, 212, 216, 218
  BML 208, 212, 218, 222
  BMU 208, 212-3, 218, 240, 248, 319, 325, 328, 330
  BMV 212, 218
  BMWi 208, 210, 212, 218, 289, 328
  Bundesbank 192, 195
  Bundesländer 328
  Bundesrat 224, 255
  Bundestag 203, 205, 212-215, 221, 223
  Entwicklungshilfe 231
  Enquête-Kommissionen 205
  Finanz-/ Steuerpolitik 323
  Sachverständigenrat für Umweltfragen 209
  Umweltausschuß 207
  Umweltpolitik 208-9, 214, 221, 237; 325, 330
  Umweltschutzausgaben 184
Deutschland, Energiepolitik (s.a. EK I, II)
  Energieimport 191-2
  Energie(spar)gesetz 185, 223

Energiesteuer 119, 183, 185, 219, 241, 243
Einsparprogramme 184-6 (Bundesregierung 219-20, 240-1, 246; Kritik an Bundesregierung: 220, 233, 252; SPD 219, 222-4, 289)
Förderung alternativer Energien 182-4, 186-7, 217-20, 222, 224, 233, 241-2, 244
Förderung von Energieeinspartechnologien 253-4, 256
Investitionshemmnisabbau 182-7, 224, 289
Kernenergie 177, 179, 195, 198, 206 218, 222, 242 (Kosten des Ausstiegs 181, 182)
Handlungsspielraum eines Bundeslandes 251
neue Bundesländer 245
ökon. Auswirkungen 183-5, 194, 197
politischer Entscheidungswille 182, 184
technische Optionen 187
Verkehrssektor 177-8, 180-1, 188, 209-12, 220-2, 224, 233, 322
Deutschland, Klimapolitik (s.a. EK I, II)
CO_2-Emissionen (Gesamtdeutschland: 220, 244-6, 252, 292; alte Bundesländer 220, 233, 245-6, 252. 292; neue Bundesländer 219-20, 233, 245-6, 252, 292, 324; weltweiter Anteil XXV, 244, 246; pro-Kopf 245-6)
CO_2-/Energiesteuer 219, 241, 244, 251-2
CO_2-Minderungsziel/Selbstverpflichtung der Bundesregierung 76, 213, 217-9, 233, 237, 240, 252, 281-5, 292-3, 324, 329-30
CO_2-Reduktion 191, 195-9, 207, 211, 233, 237, 269-70, 322
Einflußfaktoren 328-9
IMA CO_2-Reduktion 212-3, 218-9, 223, 240, 246, 324, 329-30
internationale Kooperation 247-8
Klimaaußenpolitik 328
Klimaschutzmaßnahmen (Energie 240-1, 243, 246; Gebäudebereich 242, 244; Land- und Forstwirtschaft 242-3; neue Umwelttechnologien 242; Verkehrsbereich 119, 177-8; 241, 243-4)

Klimaschutzziele/-maßnahmen der Bundesregierung 119, 219-20, 240-5, 322, 330 (Kritik an Implementation 219, 220, 222, 224, 233-4, 251-2, 289, 330)
  kommunale 222, 224, 241, 246, 254, 289 (s.a. Frankfurt, Heidelberg, Münster)
  Länderebene 222, 224, 246, 251-259, 289 (s.a. Hessen)
  Ökosteuer 119, 125, 183, 234
  ordnungspolitischer Rahmen 251, 259, 300
  öffentliche Debatte 204, 212-4
  polit. Problemwahrnehmung 203-5, 212-4, 237
  Rolle des Bundestages 212-4
  Selbstverpflichtung der Industrie 219, 241, 243, 330
  SPD-Vorschläge 219, 222-4
  volkswirtschaftliche Auswirkungen 182-3, 195-199, 241, 244
  Vorsorgepolitik/-maßnahmen 237-8
  Wettbewerbsvor/-nachteile 119-20, 183-5
Deutschland, Ozonpolitik 251, 322
  chemische Industrie 215, 216
  parlamentarische Befassung 203-4, 216
  EK I 206-7, 213, 215-6
  FCKW-Halon-Verbotsordnung 213, 216
  SPD-Vorschläge 223-4
DICE-Modell von Nordhaus 43, 157-67
  Bewertung/Kritik 157-8, 162-5, 167, 174-5
  Diskontrate 166-7, 175
  Optimalitätskriterien 161-2, 164, 167
  Schadensfunktion 163-4
  Sensitivitätsstrategie 164, 174
  Stärken 160
  Vermeidungsfunktion 164
  volkswirtschaftliche Kosten 164-6, 174
  volkswirtschaftlicher Nutzen 162-4
  Wirkungszusammenhänge 159-60
  Wirtschaftswachstum u. Umwelt 153-4
  Zeithorizont 164-5
  Zeitpräferenzrate 159-60, 166-7
Diskontrate 166-7, 175, 181
Distickstoffoxid (N_2O) 4, 16-9, 61, 89, 226, 230, 238, 280, 291
DIW-Langfristmodell 195, 367

Double dividend 190, 192, 367
Downsizing 222, 367
Dritte Welt 116, 118, 123, 126-7, 130, 135, 228, 232, 308, 326
Düngung 18-9, 143, 243, 310-1

ECE 317
Energiebilanzmodell (EBM) 24
Einheitliche Europäische Akte 90-1, 97, 103, 106, 367
Einsparkraftwerke 185, 285
Eisbohranalyse 9, 20
Eiszeitalter 7, 9, 15
Eis-/Kaltzeiten 8-9, 11, 14, 16, 22, 367
End-of-Pipe-Technologie 184
Energieagentur 185-6, 268, 300
Energieangebot/-nachfrage 181-2, 186-7, 218
Energieaufsichtsbehörde 255
Energiebeauftragte 274, 301
Energiebeiräte 186
Energieberater 291
Energieberatungszentren 254
Energieberichte 274
Energiebewirtschaftung 301
Energiedienstleistung 169-70, 184-5, 187, 218, 239
  Unternehmen 233, 255, 274
Energieeffizienz XXIV, 76, 121, 134, 160, 164, 174, 188, 217-8, 222, 224, 230, 296-7, 326 (s.a. EG/EU)
  Güterproduktion XXIV
  Revolution 170, 183-4, 331
Energieeinsatz rationeller 239-41, 262
Energieeinspargerät/-anlage 285
Energieeinsparpolitik/-technologie 75-7, 188, 199, 239, 246, 301, 318, 330
  finanzielle Anreize 261-2
  Investition 196
  Kosten 181, 195-6, 259
  Mindest-Effizienz-Standards 262
  Potentiale 165, 170-1, 181, 184, 186-7, 191, 194, 330
  Privathaushalte-Verwendung 267-70
  Schadensbesteuerung 261
  Wechselwirkung zwischen Reduktionszielen u. -erfordernissen 187
  weltweite Förderung 230, 249

Wettbewerbsnachteile/Produktionskosten 120, 124, 330
Wirtschaftlichkeit 191, 193, 261, 263-266-7, 269-70, 285, 289, 292
Energieeinspeiseordnung 186
Energie, erneuerbare 76-7, 171, 175-6, 179-1, 217-8, 230, 239, 241, 244, 272, 289, 300, 323, 329-30 (s.a. Deutschland, EU)
Energie, fossile 17-9, 61, 76, 119, 121-2, 153, 229, 239
Energiekennwerte/-zahlen 273, 299
Energieleitplanung 299-300
Energiemärkte 170, 185
Energiemanagement, kommunal. 274, 301
Energienutzung, rationelle 122-3, 127, 171, 173, 180, 189, 191
Energiepflanzenanbau 187

Energiepolitik
angebotsorientierte 170-1, 174
Ausblick/zukünftige 186-8
nutzungsorientierte 171
polit. Entscheidungsfindung 171, 174, 182-8
risikomindernde 172-4, 182, 185
soziale Innovationen 187-8
Strategien 170-4, 182, 185, 190
traditionelle 170-1
Verzicht auf Wegwerf-Konsum 188
Wechselwirkung zwischen Reduktionszielen u.- erfordernissen 187

Energiepolitik, kommunale Maßnahmen
(s.a. Frankfurt, Heidelberg, Münster)
Bedingungen des Engagements 264
finanz. Förderungsmöglichkeiten 261-2
Innovationsfähigkeit d. Verwaltung 266
Kooperation mit EVU 262, 267
Kosten-Nutzen Relation 264-5
mögliche Förderprogramme für Dritte 266-7
Problematik der regenerativen Technologien 261, 263-5
quantitativ ergiebige Technologien 263-5
rentable Bereiche 263-7
stromsparende Investitionen 267-70 (hr-Stromspar-Aktion 268-70; Kleinverbrauch in Münster 285-8)

Wärmedämmung bei kommunalen Gebäuden und Neubauten 264-7
Weiße-Ware-Programme 267
Energiepreisaufsicht 265
Energiepreise 249, 289, 298
Energieprognosen 164-5, 170
Energieproduktivität 173-5
Energiesparbeauftragte, kommunale 254
Energiesparlampen 268, 294, 307
Energiesparwochen 300
Energiesteuer 183, 192-3, 196, 285, 300
 -aufkommen 195-6
Energiesystem 169
 Anreizstrukturänderung durch LCP 285
 dauerhaftes 186
 gesamtsystemare Untersuchung 187
 Natur- und Sozialverträglichkeit 153
 Risiken 186
 zukünftige Entwicklung 186-7

Energieszenarien
angebotsorientierte 170, 172-3
Auswertung 186
Conventional Wisdom 175
Definition 169-70
EK II 177-82, 195-8, 211
EU-Länder 175-6
IIASA 171-2
IPSEP-Studie 175-6
Klimaschutz (Münster) 281, 283-4
Klimaschutz mit Kernenergie 177-81, 195-8
Klimaschutz mit Kernenergieausstieg 177-81, 195-8
nutzungsorientierte 170
Referenz- 177-81, 195-8
Trend (Münster) 281, 283, 284
World Energy Council 172-5
Weltenergie 171-2
Energietisch 276
Energieträger 192, 261-2, 289, 293, 299
 kohlenstofffreie/-arme 189, 239
 Substitution 191
Energieumwandlung 173, 191

Energieverbrauch
Bevölkerungswachstum 171, 173
Biomasse 176, 181
Braun-/Steinkohle 176, 178-80, 196, 231, 252

Personen- und Sachverzeichnis 435

Brennsoffverbrauch/BIP-Einheit XXIII
China XXIV, 231
Deutschland XXIII, 178-81, 184-7, 196, 245
Entwicklungsländer 121, 173, 231
Europäische Union 176
fossiler 171-2, 176, 179,-80, 231
Frankfurt 295, 296, 303
Gas 176, 179-81, 196
globaler 121, 171-3
Industrieländer 173, 230
Japan XXIII, XXIV, 326
Kernenergie 171, 173, 178-81, 196
Minderungsmaßnahmen 182-188
Mineralölprodukte 179-80, 196
Münster 280-8
pro Kopf 121, 172-3, 188
Primär 280, 295
regenerative Energien 171, 175-6, 179-81, 196
REN 175-6
70/80er Jahre 170
Solar 176
Strom 170, 179, 184, 188, 196
USA XXIII, XXIV
Verteuerung 189-90
Wasser 176, 181
Wind 176, 181
Wirtschaftswachstum 170-1, 245, 283, 326
Osteuropa XXIV
Energieverbrauchsdokumentation 273
Energieverbrauchsinventar 291
Energieversorgung 157, 182, 187, 239-41, 243, 252, 299, 302
Energieversorgungsunternehmen 185, 220, 233, 254-5, 259, 262, 267, 270, 285, 289, 293-4, 299, 302-3
Energiewirtschaft 41-2, 198-9, 251-2, 255
Energiewirtschaftliches Institut der Universität Köln 251
Energiewirtschaftsgesetz 185, 219, 233, 255, 300
Novellierung 240, 243, 252
Energiezukünfte 169-71
Enquête-Kommission des Deutschen Bundestages zum Klimaschutz 158

Beeinflussung von Bundestag und Bundesregierung 212-4, 240, 319, 326
Bewertung der Arbeit 212-4, 326
Bundesministerien 206, 208, 210, 212, 216-7, 222
CDU/CSU 207-9
Einsetzung XXIV, 203
Entscheidungskompetenz 206-7, 211-4, 319, 326
FDP 206, 217
Grünen 206, 208, 214
Medien 208-9, 212
Öffentlichkeitsarbeit 208, 214
Parteien 206-7, 209, 211, 216
SPD 206-7, 209-10, 216, 222
Umsetzung der Handlungsempfehlungen 212-3, 215, 223-4
wissenschaftliche Kompetenz 214, 216
Enquête Kommission des Deutschen Bundestages „Vorsorge zum Schutz der Erdatmosphäre" (EK I) 298
Auftrag 205-6, 217
Beratungsprozeß 205-7
Berichte 206-7, 215, 217-9
Bundestagswahlkampf 206, 218
Einsetzung 204-5, 215, 237
Energiepolitik 206-7, 217-9
Handlungsempfehlungen 32, 216, 240
Informationsquellen 205, 207
Interaktion mit anderen Akteuren 207-8
Interessengruppen 206, 208
Kernenergiefrage 206, 218
Ozonabbau/FCKW-Problematik 206-7, 213, 215-6
Treibhausproblematik XXV, 207, 217-9, 318
Tropenwaldschutz 206, 208, 215, 217
Umweltverbände 206, 208
Enquête Kommission des Deutschen Bundestages „Zum Schutz der Erdatmosphäre" (EK II) 32, 165, 298, 322
Auftrag 209, 221
Beratungsprozeß 210
Berichte 210-2, 221-2, 227, 330
Bundestagswahl 211
Einsetzung 208, 221
Energiepolitik 209-11, 221-2
Interaktionen mit anderen Akteuren 212

Interessengruppen 210, 221
Handlungsempfehlungen 209-13, 221-2, 227, 251, 320, 322, 330
Kernenergie 222, 330
Landwirtschaft 209-10, 212, 221-2
personelle Veränderungen 209, 221
Rahmenbedingungen 208-9, 221
Sachverständigen 209-10, 221
Treibhausproblematik 210-11, 221-2, 227, 318, 330
Verhandlungsatmosphäre 209-10, 212, 221
Verkehrspolitik 209-12, 221-22
ENSO 14-5, 30, 367
Environment Improvement through urban energy management 273
Entwicklungshilfe 122, 228, 230-1, 329
Entwicklungsländer
nachholende Entwicklung 230-1
ökolog. verträg. Wachstum 122-23, 127
Verschuldung 228, 231
Environment Protection Agency (EPA) 137, 140, 323
Epistemic community XXV, 319
EPOCH 322
Erdgas 17-9, 192, 239, 284, 294
Erdöl 17, 192, 238
Erdpolitik 367
Aufgaben/Ziele 317-8
Implementation/Verifikation 317-8
internationale Kooperation 317-8
kognitives Lernen 324
Erdwärme 272
Erdölindustrie 321
Europäischer Binnenmarkt 91, 97, 103-4, 247, 252
Europäische Gemeinschaft/Union
Akteur neuen Typs 105-6
Integrationsprozeß 90-1, 99, 105
Ecofin Ministerrat 94-5, 101
EGV-Vertrag (Maastricht) 91, 106, 109
EPEPE Initiative 100
Europäischer Rat 107, 111, 114
Gemeinsame Außen- und Sicherheitspolitik (GASP) 113
Grün-/Weißbuch 98
Kohäsionsfonds/-politik 94, 98, 103
Mehrheitsprinzip 91, 100-1, 114

Ministerrat 91, 93, 101-3, 108
Regionalpolitik 100
Verkehrspolitik 90-1, 97-9, 104, 111
Subsidiaritätsprinzip 94, 102-3, 107
Task Force Environment and the Internal Market 97
Umwelt- und Energierat 247
Vertrag zur EU 91, 97, 100-3
Wirtschafts- und Währungsunion 103
Europäische Gemeinschaft/Union, Energiepolitik, 90-1, 110-1, 251-2
energieeffiziente Technologien 92-3, 95-6, 102, 247, 322, 329
Großbritannien 96, 102
regenerative Technologien 92-3, 95-7
Verbrauchsszenarien 175-6
Europäische Gemeinschaft/Union, Entscheidungsprozeß
Entscheidungsprozeduren 100-1
Erklärungsansätze/Theorien 99-103
Energiepolitik 95-6, 99-104
historischer Kontext 102-3
informelle Kontakte 102
institutionelle Faktoren 100-2
Klimapolitik 91-5, 99-104, 322
nationale Interessen 99-100
Subsidiaritätsdebatte 102-3
Umweltpolitik 90-1, 100-1, 103, 330
Verkehrspolitik, 97-104, 322
Zuordnung von Fachkompetenz 101
Europäische Gemeinschaft/Union, Klimapolitik, 110-1, 289, 317, 322, 328-9
Bewertung/Fazit 103-4, 111, 234
CO_2-Anstieg 89-90
CO_2-/Energiesteuer 90, 92-95, 99-102, 111, 119, 244, 247
CO_2-Minderungsziel 68, 76, 89-90, 92-4, 96, 100, 108, 110-11, 175-6, 247, 322
CO_2-Zertifikate 329
landwirtschaftl. Entscheidungen 40, 91
Deutschland 94-5, 247
Entscheidungsprozeß 91-95, 99
Frankreich 92(Fn5), 94-5
Generaldirektionen 92, 97, 101, 103
internationale Rolle 104, 108-12
Treibhausproblematik 89-90, 92

Umwelt-/Verkehrsminister 93-4, 101, 103
Europäische Union, Umweltaußenpolitik
Abkommen 107, 114
Akteur neuen Typs 105-6, 108-9, 113
Bewertung nach Effizienz 113-4
EGV-Bestimmungen 106-7, 109
Handelspolitik 107, 109
informelle Politik 112-4
konkurrierende Kompetenzen 106-7
Praxis 105, 108-12
rechtliche Grundlagen 105-8
Status bei der Klimakonvention 109-10
Status im System der Vereinten Nationen 108-9, 114
theoretische Erklärungsansätze 113-4
Europäische Gemeinschaft/Union, Umweltpolitik 90-1
globale Probleme 89
Luftreinhaltung 90, 108, 110, 120
Öko-Audit-Verordnung 247
umweltgerechte Entwicklung 91
Umweltaspekte des Verkehrs 97-9, 104
Umweltaktionsprogramme 91, 107
Europäische Kommission 40, 92-6, 98-103, 107, 175, 247, 272
Europäischer Gerichtshof 106
Europäisches Parlament 91, 100
Europarecht 107
European Recovery Programme 242-3
Exosphäre 5
Expertensysteme 36
Externalität XXVI, 98, 143-4, 146-50, 367
Experimenteller Wohnungs- und Städtebau 242

Fahrradverkehr 223, 277-8, 292, 307
Fernwärme 179, 241, 254, 267, 277, 295, 298
First mover advantage 192-3
Fluorchlorkohlenwasserstoffe (FCKW)
Anwendungsfelder 215, 223
chemische Industrie 204, 215-6
Deutschland 204, 206-7, 213, 215-6, 322 (SPD 223-4)
EG/EU 52-3, 136
Eigenschaften 4-5, 149

Entdeckung der schädlichen Wirkung 51-52
Ersatzstoffe 52-3, 55-57, 78, 216, 223
FCKW-11 4, 18, 55-6
FCKW-12 4, 18, 55-6
FCKW-113/114/115 56
Reduktionsmaßnahmen 52-3, 136, 204, 207, 213, 216, 223, 305
Treibhauseffekt XXIII, 16-9, 89, 216, 230, 238, 280, 291
USA 51-3, 136
Verbrauch/Produktion 52-6, 122
Fluorkohlenwasserstoffe (FKW) 216, 291
FKW 134a 216
Forschungsprogramm Stadtverkehr 241
Forum für Zukunftsenergien e.V. 241
Frankreich 92(Fn5), 94, 95
Frankfurt am Main, Klimaschutz- und Energiepolitik 293-303
Energieberatung 293, 296-9, 306-7
Energiereferat 293-301, 303
Energieeinsparkonzeption 298-300
Energieforum Banken und Büro 296-7
energiesparendes Bauen 295-9, 303, 306
Energie und CO_2-Bilanz/Reduktionsstrategie 293-4, 298, 303
Finanzierungsformen/Contracting 301-2
Förderung regenerat. Energien 297-8
Frankfurter Energiepaß 295, 306
Frankfurter Förderfibel 297
Grüngürtel 307
Klima-Bündnis Hilfe 293, 305-7
Klimaoffensive 1991 296, 306
Kooperation mit Indianern 307-12
Koordinationsprobleme 303-4, 307
Unterstützung eines ökolog Gartenprojekts im tropischen Regenwald 310-2
Verkehrsbereich 303-4, 307
Voraussetzungen 293, 298-301
Stromeffizienz im Haushalt 298, 303, 306
Fraunhofer-Institut für Systemtechnik und Innovationsforschung (ISI) 259
Frieden 315-6, 325, 332
Friedensforschung 315, 318, 325, 332

G 7-Gipfel in Houston 134
Gipfel in Toronto (1988) XXIII-XXIV

Gallup-Institut 136
Gas- und Dampfturbinenkraftwerke (GuD) 242, 282,
Gayoom, Maumoon Abdul 226
Gebäude, energetische Sanierung 185, 220, 223, 233, 289
  Bundesregierung 242, 244
  Frankfurt 295-9, 303, 306
  Heidelberg 273-6
  Hessen 254
  kommunale Maßnahmen 264-7, 292, 299-301
  Münster 282
General circulation model 24-7, 36
Gemeinschaft Unabhängiger Staaten 17
Genfer Konvent. über weiträumige, grenzüberschreitende Luftverschmutzung 62
Geoengineering 147, 318
Geosphäre 13
Glazial 9, 11
Global 2000-Bericht 227
Global Environmental Facility 70, 72, 80, 83, 117, 122, 226, 230, 328, 368
Golfstrom 37-8, 150
Gore, Al 138, 140
Gorbatschow, Michail
  neues Denken 316, 324, 332
  weltweite ökologische Sicherheit 316
Greenpeace 172, 208, 216
Griechenland 94
Großbritannien 9, 85, 94-96, 102, 134
Gruppe der 77 und China 84, 126, 368

Halone 5, 53-6, 122, 213, 215-6, 223, 280, 368
  Halone-1211/1301/2402 56
H-FCKW 56-7, 122, 280, 291, 322
HFBKW 56
Halozän 7, 11
Hamburg 300
Hannover 300-1, 303
Heidelberg, Klima-/Energiepolitik 272-8
  Energieeinsparmaßnahmen 273-8
  kommunale Gebäude/Einrichtung 273-5
  Kosten/Aufwendungen 273, 276
  private Haushalte 275-6
  rationelle Energieverwendung 275-6
  Verkehrsbereich 273, 277-8

Wärmeschutzmaßnahmen 275-6
Heidelberger Klima-Konferenz 272
Heizungsanlagenverordnung 220, 240, 242, 289
Heizungsmodernisierung (s. Gebäude, energetische Sanierung)
Hessen, Klima-/Energiepolitik 251-9
  Abbau von Hemmnissen 255-6, 259
  Beratung 254
  Energieeinsparung 252-4, 256, 258-9
  erneuerbare Energien 252-3, 255-9
  Evaluierung 259
  Förderung von Pilotobjekten 258-9
  ration. Energienutzung 252-3, 256, 258
hessenEnergie 255-7, 268, 270, 368
Hessen-Wind 257
Hessischer Rundfunk 268-270
Hillmann, Karl-Heinz 331-2
Holzhandel, internationaler 217
Huambisa-Indianer 307-12
Hydrologie 36, 368
Hydrometeoren 3
Hydrosphäre 13, 368

IKARUS-Projekt 243
IMAGE-Modell 36
Indien 58, 81, 83, 128
Indonesien 231
Industrieländer
  Hauptverursacher der Umweltzerstörung XXIII, 230, 239, 271
  ökolog. Umbau/Wirtschaften XXIV 227-8, 231, 233-4, 271, 279, 317, 321,
Industrielle Revolution XXIII, 315
International Council of Scientific Union (ICSU) XXIV
Input-Output-Analyse 179, 194, 198
Institut für Energie und Umweltforschung, Heidelberg (IFEU) 273, 277
Integrationstheorie 106, 369
Intergouvernmentalismus 99, 106, 113, 369
Intergovernmental Negotiation Committee on Climate Change XXV, 135, 328
Intergovernmental Panel on Forests 232
International Council for Local Environmental Initiatives (ICLEI) 272
Internationale Beziehungen 115, 129

Analyse-Ebene 327
Klimapolitik als Teil XXVI, 324-7
situationsstrukt. Ansatz 129, 131-4
Theorieansätze 325
Umorientierung 315, 317, 324
International Panel on Climate Change (IPCC) 23, 27, 34, 79, 134, 158, 175, 227, 229, 318-9, 321, 324, 327-8
Arbeitsgruppen XXV
Berichte XXV, 77, 79, 86, 155
Einsetzung XXIV
International Road Transport Union 102
Irland 94

Japan 37, 53, 58, 81, 117-8
Energiepolitik XXIV, 326, 330
Klimapolitik 323-4, 326
Joint Implementation 69, 82-3, 117-8, 130-1, 224, 321, 329, 369
JOULE 322
JUSCANZ-Gruppe 81, 85, 118, 120

Kältetechnik/-anlagen 19, 215-6
Kaltzeiten (s. Eiszeiten)
Kanada 9, 17, 37, 81, 118, 231
Kernenergie, zivile 153, 239 (s.a. Deutschland, EK I und II)
Ausstieg 174, 177, 181-2, 195, 198
Brüter/Fusion 170, 242
Forschung 242
Risiken 169, 181
Supergau 172
Kleinfeuerungsanlagenverordnung 240, 242
Klima
Abgrenzung zu Wetter/Witterung 6-8
Begriff/Definition 6-8, 319, 369-70
Geschichte 9
räumliche Abgrenzung 8, 12-3
Stadt- 14-5
zeitliche Abgrenzung 6-8
Klimaänderungen 24, 50 (s.a. Treibhauseffekt)
Anpassungsfähigkeit von Ökosystemen 29, 34, 40-4, 61, 79, 142-3, 157, 217, 229, 322
Anpassungsleistung von Individuen 318

anthropogen bedingte 15, 34, 64, 77, 79, 129, 147, 150, 153-4, 156, 217, 229
Bevölkerungswachstum 121, 128, 165, 227-9
Erfassung und Beschreibung 8-13
Gegenstand internationaler Politik 75-8
extraterrestrisch bedingte 14-5
Informationserfassungsmethoden 8-9, 11
Kosten/Schäden 43-5, 70, 76, 133, 142, 155-7, 163, 174, 210, 318
nichtklimatische Einflußgrößen 40
ökonomische 34, 38, 40-2, 61-2, 75, 143, 154-68, 320
politische Entscheidungen 75-8, 129, 142, 144, 146, 149-50, 156-7, 161
Risiko-Reaktion, Zusammenhang 44-5
terrestrisch bedingte 14-5
Ursachen 13-5, 75, 154
Wechselwirkungen 34, 159-60
wissenschaftliche Erforschung XXIII, XXV, 77, 86, 133, 135-6, 139-40, 155, 203-4, 211, 214, 227, 279, 318-22, 330
Klimaaußenpolitik XXVI, 321, 326-31
Klima-Bündnis Europäischer Städte 272, 274, 282, 301
Bündnis mit indig. Völkern 305, 307-8
Europäische Geschäftsstelle 305
Schutz des Regenwaldes 305-6, 308
Zielsetzungen 272, 305, 307-8
zum Erhalt der Erdatmosphäre 293
Klimafolgen
Abschätzungen 37, 39
Berlin-Brandenburg 37
Deutschland 13, 37, 39, 214
Entwicklungsländer 43, 75-6, 149, 163, 165, 227-8
Erdölförder-/OPEC-Staaten 75
Europa 12-3, 37-40, 42-4, 229
globale 33-5, 38, 40, 44, 75-8, 147, 154, 164, 173, 249
Gerechtigkeits-Dimension 76, 116, 126, 166, 271 (zwischenstaatliche 116-7, 227-8; innerstaatliche 116-7; für zukünftige Generationen 116-7, 166, 271)
Industrieländer 43, 75-6, 133, 149, 163, 227, 228
Japan 37, 117

Küstenzonen/Inselstaaten 37, 75-6, 157, 163, 166, 226
Landwirtschaft 143, 148, 210, 212, 217, 229, 330
Meeresspiegelanstieg XXV, 28-9, 70, 75, 126, 157, 226, 318
Mittel-/Osteuropa, 15, 28, 32, 38
Niederschläge/Verdunstung 28, 32, 39, 41-2, 157, 318
Nord-Süd-Dimension 76, 115-128, 323 (Ressourcentransfer von Nord nach Süd 122-7, 130, 232-3)
ökonomische Kosten 39, 43-4, 143-4, 155-7, 159-60, 162-3, 166, 174
regionale Auswirkungen 40-2, 147-8, 154, 166, 271-2, 318
Sowjetunion, frühere 75-6
sozial-polit. Auswirkungen 34, 41, 44, 155-7
Unwetter/Katastrophen 28, 42-3, 157
USA 37, 163, 229
Verantwortung (Industrieländer 117-20, 122, 227-8, 231; Entwicklungsländer, 117-8, 120-2, 124, 126-8, 227-8)
Weltwirtschaft 153, 161, 163
Klimafolgenforschung 331 (s.a. Klimawirkungsforschung)
sozialwissenschaftliche 318
Klimafolgekosten 290
Klimaforschung 33, 157, 163, 319
Klimainnenpolitik 321, 326-31
Klimakatastrophe 33, 249, 315-7, 322, 324, 332
Klimakonferenzen
　Bellagio (1987) XXIV, 133
　Noordwijk (1989) 134
　Toronto (1988) XXIV, 133, 227
　Villach (1985) XXIV, 133
　1. Weltklimakonferenz XXIV
　2. Weltklimakonferenz XXV, 134, 227
Klimamodelle 19-20, 318, 321, 370
　AGCM 24-5, 27
　Agrar-/Forsterträgs- 42, 157
　AOGCM 24-5, 27
　DICE-Modell 157-67, 174-5
　Eigenschaft 21
　empirische Grundlage 168
　Energiebilanzmodelle 24-5, 27, 29-30

Gleichgewichtssimulation 25-7
globale Zirkulationsmodelle (GCM) 24-7, 36
Grenzen 21-3, 26, 30, 36, 214
Hierarchie 23-4
IPCC Szenarien 27-30, 39-40, 43, 227
Klimaszenario 40-2
Konsequenzen 31
kontrollierte Reduktion 39-40, 42-4
multiples Regressions- 24, 26-27, 30-31
neuronales Netz- 24, 26-7, 30-1
Notwendigkeit 21-3
physikalische/chemische 25-6, 30-2
regionale Modelle 37, 39, 41-2
Simulationsszenario 161
Stabilisierungsszenario 158
statistische 25-6, 31-2
Strahlung-Konvektion-Modelle 24-5, 27
Stoff(Kohlenstoff)-Flußmodelle 23-4
Strukturszenario 40
Szenarien 23-4, 26, 33, 37-45, 158, 161
transiente Simulation 25, 27
Trendfortschreibungsszenario 23
Validierung/Verifizierung 22, 25-6, 31
Vegetationsklassenmodelle 23
Vorhersagen 26-30
Waldsukzessions- 42
weitere Steigerung 39, 40, 43-4
Klimamodifikation 318
Klimaökologische Streßfaktoren 280
Klimaökonomie 153, 155-6, 168
Klimapolitik
　Definition/Umfang der Aktivitäten 322
　neues Politikfeld XXIII, 323, 325-6, 331
　politische Ebenen XXVI, 325-7
　präventive 318-9
　transnationale 326-7
Klimapolitik, Entscheidungsprozeß XXV, 317-8, 322 (s.a. EU/EG)
　Deutschland 212-4, 322-3, 328-30
　Japan 330
　USA 136-8, 330
Klimapolitik/-regime, internationale(s)
　Aufbau 51, 85, 317
　Aktivitäten/Inhalt 322, 326-7
　Deutschland 134-5, 138-9, 215, 233, 249, 319

Personen- und Sachverzeichnis 441

Dilemmasituation 132-3
Effizienz 327, 330
EG/EU 89, 108-12, 114, 129-31, 134, 323
Entstehung XXIII-VI, 110-12, 327-8, 331
Erdölförder-Staaten 134
erste Kontrollmaßnahmen 60
Japan 134, 323-4
Konfliktlinien 129-31
präventive 318-9
regimetheoretische Ansätze 327
siebziger/achtziger Jahre 133-4
UdSSR 134
USA 129-31, 134-5, 138-40, 323-4
Vereinte Nationen XXIV, XXV, 108
Klimapolitik, wissenschaftl. Erforschung
Deutschland XXVI-VII, 319-20, 326, 331,
Forschungsdesiderate 315, 331
Forschungsschwerpunkte 321
Herausforderungen für die Wissenschaft 33, 74, 112, 149, 154-5, 168
interdisziplinärer Dialog XXVI-VII, 319-20, 330
Kritik 321-2
Naturwissenschaften XXVI, 33, 149, 319-20, 330
Ökonomie XXVI, 155-6, 320-1
Politikwissenschaften XXVI, 315, 320-1, 324-7, 331-2
Sozialwissenschaften XXVI, 33, 319-21, 331-2
Völkerrecht XXVI, 320-1
USA XXVII, 319
Klimaprozesse 13-5, 21-2, 31-2, 154, 166, 168, 322
Klimarahmenkonvention (KRK) 154, 327, 329 (Text 333-53)
Activities Implemented Jointly 69, 83, 248
Ad hoc-group on Art. 13 72
Ad hoc Group on the Berlin Mandate 72, 82, 85
AOSIS 80-1, 85, 126, 130, 135, 226, 323
allgemeine Verpflichtungen 66-7, 79
Anlage I-Staaten 66, 69, 79

Anlage II-Staaten 66, 69-70, 79
Aufklärungsverpflichtungen 66, 79
Ausblick/Perspektiven 73-4, 85-6
Bedeutung/Wertung 61-2, 73-4, 78, 225
Berichtspflichten 63, 66, 68-71, 73, 79, 84, 291
Berliner Mandat 68-9, 72, 80-2, 84-6, 117, 140, 248, 279, 327 (Text 354-6)
Berliner Vertragsstaatenkonferenz (1995) XXV, 32, 60, 62-3, 69, 78, 117, 120, 129-30, 138, 140, 225, 237, 279, 323-4, 327-9 (Ergebnisse/Verlauf: 71-2, 74, 80-4, 86, 225-6, 248-9; Vorbereitung: 80-1)
Conference of the Parties (COP) 63, 69, 71, 80
COP 2 84
COP 3 72-3, 86, 248, 279
Defizite 32, 120
Deutschland 70, 80-1, 85-6, 118, 135, 214, 226-7, 249 (SPD: 223-4)
Entwicklungsländer (Verpflichtungen) 62, 64-70, 72-3, 79, 81-3, 85-6, 112, 116-8, 120, 126, 130-1, 226, 230-1
Erdölförder-/OPEC-Staaten 68, 71, 74, 78, 81, 84, 130, 323
EG/EU 68, 78-9, 81, 85-6, 92-5, 103-4, 108-12, 119-20, 129-31, 135, 138-40, 248, 328
finanzieller Mechanismus 71-3, 80, 83, 249
Finanz- und Technologietransferverpflichtungen 66-7, 69-0, 79-80, 83, 117-8, 124, 130, 226, 228, 230-1, 249
G77 und China 81, 126
gemeinsame Umsetzung 69, 82-3, 117-8, 130-1, 224, 321, 329
Geschäftsordnungs-Debatte 71-2, 84
Green Paper/Group 81-2, 86
Implementierung nationaler Programme 66-7, 71, 79, 119, 124, 138-9
Industrieländer XXV, 62, 64-70, 73, 79-85, 112, 116-9, 130-1, 135, 226, 228, 230
Institutionen/Verfahren 62, 70-4, 80, 83-84
internationale Kooperation 66, 79
internationale Wirtschaftsfragen 65, 79
Japan 81, 118

JUSCANZ-Gruppe 81, 85, 118, 120
Kategorien von Vertragsparteien 66
Klimaprotokoll (ergänzende)-Verhandlungen XXV, 73-4, 80-1, 83, 85, 120, 225, 248, 279
materielle Bestimmungen 62-70, 73-4
menue of options 85
multilateral consultative process 74
nachhaltige Entwicklung 61-2, 65, 78-9, 116, 123-4, 128, 228, 230-1
nationale Maßnahmen gegen den Klimawandel 66-8, 79
OECD-Staaten XXV, 66, 68-9, 79, 85-6, 111, 130
ökon./kosteneffektive Klausel 65
Pflichten 66-70, 73-4, 85
Prinzipien gem. Art. 3 64-5, 73, 79, 117
Rahmenkonvention/-vertrag 62-3, 73
Sekretariat 71-2, 80, 84, 249
Subsidiary Body for Implementation 72, 80, 249
Subsidiary Body for Scientific and Technology Advice 72, 80, 249
Treibhausgase-Verpflichtungen der Industrieländer XXV, 63-4, 66-9, 73-4, 79-83, 85, 116-120, 124, 126, 130, 135, 225, 228-30, 249, 279-80, 327
Überwachungsmechanismus 73-4, 249
USA 64-5, 68, 70, 79, 81, 83, 85, 112, 118-9, 129-31, 135-6, 138-40, 228, 326
Vereinbarkeit mit Verträgen 329, 331
Vereinte Nationen 62-3, 78, 328
Verhandlungsprozeß 64-5, 67-8, 73, 78, 130, 135
Verpflichtungen für Industriestaaten 67-70, 79-83, 85, 116-7
völkerrechtliche Aspekte 61-74, 79
Ziel XXV, 64, 68, 79,
Zwischenstaatlicher Verhandlungsausschuß 78, 81
Klimaschadensforschung 164
Klimaschutzberatungsstelle 275
Klimaschutzberichte, nationale 291-2
Klimaschutz- und Energiesparforum 290-2
Klimaschutzmaßnahmen 32, 65-7, 70, 75-6, 78, 86, 111, 116, 118-9, 134
  derzeitige 279

Industrieländer 280, 292
Jahrhundertaufgabe 282, 290-2
Entwicklungshilfe 329
Entwicklungsländer 126-8, 280
Evaluations-/Implementationsansatz XXVI, 327, 330-1
globale Herausforderung 305, 308
Finanzierungsmechanismen, internationale 124-5
handelbare CO_2-Zertifikate 125-6, 329
Handlungsspielräume 167-8
Kernfragen 279-80
Klima-Bündnis der Städte 272, 274-5, 278, 280
Menschenrechtsfragen 309
Politikoptionen 156-7, 167, 321
politisch/ökologische Vorgaben 280
progressive 332
Regenwaldschutz 305, 308-9
Risikostreuung 169
robuste 167-8
Subpolitik 325-6, 330
technischer Fortschritt 165, 168
technische Optionen 169, 298
weltweite Strategie 249
Ziele/Instrumente 154-7, 167
Klimaschutzmaßnahmen, ökonomische Auswirkungen XXVI, 321, 325-6
Analysemethode 193-4, 199
Bewertung 197-9
CO_2-Reduktion in Deutschland 189, 191, 195-9
Energieszenarien 193-5, 199
Einkommenskreislaufeffekte 192, 194
Kostenentlastungen/Nutzen 157-8, 162-5, 182-3, 190-3, 263
Löhne 190, 192
makroökonomische Modelle 193-5, 199
marktwirtschaftliches System 182-3
Mehrkosten 156-7, 159, 162, 164-7, 169, 175, 181-2, 190, 192-3, 279, 285, 298
Nachfrageeffekte 190-2, 194, 199
Nutzen-Kosten-Analyse 156-7, 167-8, 174-5
Preis-Kosten-Effekte 190-4, 199
privater Verbrauch 193-8
Produktivität 192, 196, 198

sektorale Folgenwirkungen 189, 198-9
Sozialproduktentwicklung 189, 197-8
Staatsausgaben/-defizit 190-1, 196
technologische Wettbewerbseffekte 190, 192-4, 196, 199
vorsorgende Industriepolitik 169
Wettbewerbsituation, internat. 119-20, 123-4, 190, 193
wirtschaftliches Wachstum 159-60, 165, 167, 191, 325-6
Wirtschaftsbranchen 189, 193, 197-8
Wirkungszusammenhang 189-90, 192-4
Klimaschutzmaßnahmen, kommunale
Evaluierung der Wirksamkeit 292
finanzielle Restriktionen/Anreize 289-90, 292
Contracting 301-2
Informations/-Motivationsmangel 289
Integration des Verkehrsbereichs 303-4
Klimaschutz-/Energiespar-Forum 290-2
Klimaschutzinventar 291-2
Kooperation mit EVU 302-3
Koordinationsstelle Klima und Energie 291-2, 300-03
Kosteneffektivität 285-8, 292
Organisationsstruktur 300-1
politische Handlungsspielraum/Rahmenbedingungen 289, 292, 300
Umsetzungshemmnisse 289-90
Umsetzungskonzeptionen 290-2, 300-1
Wirtschaftlichkeitsberechnung 285, 292
Klimaschutzfolgen 331
Klimaschutzgütermarkt 192-3, 196
Klimaschutzinventar 291
Klimaschutzinvestition 192-3, 196
Klimaschutzpolitik (s. Klimaschutzmaßnahmen)
Klimaschutzrichtwerte 279-80
Klimaspiel 132-4, 138-40
Klimasprünge 164
Klimasystem XXV, 13, 22, 166, 370
  Erforschung 33, 36-7, 331
  Treibhauseffekt 16-7
  Wechselwirkungsprozesse 13-4
Klimawandel (s. Klimaänderung, Klimafolgen)
Klimatologie 23, 158

Klima-/Überlebensdilemma 315, 317, 324-5, 331-2, 370
Klimawirkungs-/Impaktforschung 23-4
Aufgaben/Ziele 34-5, 44-5
Computermodelle/-simulationen 36
empirische Studien 37
integrierte Systemanalyse 36-7
Methoden/Verfahren 36-7, 44
Modelle 36-7
Stand/Trends 36-7
Vorgehensweise 34, 44-5
Kohle (Braun-/Stein-) XXIII, 17-9, 176, 180, 187, 196, 231, 238, 252, 294, 297
substitution 282
umweltfreundliche Nutzung 242
Kohlendioxid (CO_2) 4,
Aufnahmefähigkeit des Ozeans 166
DDR XXIII
Deutschland XXIII, XXV, 76, 85, 173, 177-8, 180-2, 187, 191, 195-9, 207, 211, 213, 219-20, 224, 230, 233, 237, 239-40, 244-6, 252, 259, 271-3, 280-5, 292, 296, 324; 329, 332 (Heidelberg 273-4, 276-8; Münster 280-5; Frankfurt 293-5, 303, 306)
EU-Länder 176, 247, 323
Industrieländer XXIII, XXV, 230, 292, 324
Japan XXIII, XXIV, 324
Klimabündnis zum Erhalt der Erdatmosphäre 272, 293, 305-6
Konzentration XXIII, XXV, 16, 19-20, 26, 28, 30, 143, 163-4, 166, 171, 173, 204, 239, 321-2
Minderungskosten pro Tonne 264-5
pro Kopf XXIII, 230, 324
Senkungsvorschläge XXIV-VI, 39, 68, 76, 85, 135, 149, 173-5, 186, 226, 229-30, 233, 239-40, 247, 272, 280-2, 289, 291-3, 301-2, 308, 318, 323-4, 327, 329-32
technologisches Verhinderungspotential 217, 240
Treibhausgasrolle 16-20, 27, 38-9, 43-5, 76-7, 86, 121, 147, 172, 238, 279, 291, 304
USA XXIII-IV, 230, 323-4
Kohlenmonoxid (CO) 4, 219, 238, 291

Kohl, Helmut 135, 204, 233, 237, 324, 329
Kollektivgüter 132-3
Kontinentaldrift 14-5
Konvektion 21, 24-5, 370
Konvention zum Schutz der biologischen Vielfalt 225, 231-3
Konvention zum Schutz der Wälder, internationale 224-5, 231, 233
Kraft-Wärme-Kälte-Anlage 294
Kraft-Wärme-Kopplung 180-2, 186, 220, 230, 241, 252, 267, 295, 298, 300, 306, 370
 Hessen 253, 255-6, 259
Kreditanstalt für Wiederaufbau 242-3
Kühlschränke 58, 297
 FCKW-freie 146, 216
Kyrosphäre 13, 25, 370

Land- und Forstwirtschaft 41-3, 61, 75, 155, 157, 163, 217, 317, 322, 331
 klimaverträgliche 222-3, 232, 242-3)
 ökologische im Regenwald 310-1
Least-Cost-Planning 184-5, 233, 285, 300, 321, 371
 Hessen 254-5
 Münster 282, 287
Leipzig 300
Lernen
 gesellschaftliches/soziales 161, 168
 kognitives 324
 Fähigkeit der Politik in Krisen 316
Lernprozesse 214, 325-6
Lippold, Klaus W. 209, 221
Lithosphäre 13, 373
Lovins, Amory XXIV, 170
Luftqualität/-reinhaltung 154, 165, 243
Luftverkehr, klimaschädl. Wirkung 223
Luftverschmutzung 50, 63, 120, 127, 146, 237
Luftzusammensetzung 3, 4, 154

Maingas AG 293-4
Main Kraftwerke AG 293-4
Makroökon. Modelle 165, 193-4, 371
Malaysia 231
Malediven 226
Malta XXIV

Mauna Loa, Hawaii 20
Maximin-Lösung 132-4, 139
Merkel, Angela 80, 251
Mesoökonomie 194, 371
Mesosphäre 5
Methan (CH_4) XXIII, 4, 16-9, 61, 89, 147, 219, 226, 230, 238, 251, 280, 292
Methylbromid 56
Methylchloroform 56
Mexiko 66
Migration 317, 319, 322, 325
Mikroturbulenz 6, 7
Misereor 271
MITI 324, 330
Mitteleuropa 15, 28, 32
Mittelmeer(raum) 50, 61-2, 70
Modal splits 177
Mulch-Techniken 310-1, 371
Müller, Michael 209, 221
Müllverbrennung 110, 294
München 300
Münster, Klimaschutz-/Energiepolitik 280-8, 292
 Beirat für Klima und Energie 281
 CO_2-Einsparpotentiale 281-2, 284-5, 292
 Energieeinsparpotentiale 282-8, 292
 Investitionen für Stromeinsparung 285-8
 Kosteneffektivität der Stromeinsparung 285-8
 lohnende Anreizbedingungen 285
 Stromverbrauch im Kleinverbrauch 282-8
 Szenarien 281, 283-4
 Verkehrsmaßnahmen 292
 Verursacher der CO_2-Emissionen 280-1, 283
 Wirtschaftsstruktur 280
 Wohnbereich/Gebäude 282, 292

Nachhaltiges Entwicklungsmodell 232-4 (s.a. sustainable development)
Naher Osten 128
Nahwärme 254, 292, 299-300
Nash-Equilibrium 132-4, 139
National Academy of Science 319
NEGA Watt-Märkte 185
Neofunktionalismus 106, 113, 371
Neoklassik 156, 161, 162, 174, 190, 371
Neoklimatologie 7-9, 371

Personen- und Sachverzeichnis 445

(Neo-)liberale Institutionalisten 325, 371-2
Neuseeland 81, 118, 134
Nichtregierungsorganisationen 52, 80, 84, 86, 130, 135, 137-8, 227, 232, 319, 327
Niederlande 94-5, 134-5
Niedrigenergiehäuser/-Bauweise 182, 220, 242, 253-4, 264-5, 274, 276, 296, 300
Niedrigenergie-Standards 267, 274-5
Niedrigtemperaturwärme 280-1
Nixon-Administration 323
Nordafrika 43, 187
Nordeuropa 39, 42
Nordhaus-Modell (s. DICE Modell)
Nordsee 50
Nord-Süd-Beziehungen 59, 124 (s.a. Klimafolgen)
Nord-Süd-Konflikt 118
Norwegen 231, 234
no-regrets-Politik 92, 95, 165, 372
Nuklearindustrie˙ 94
Nutzen, kardinal/ordinal 158, 161-2, 372
Nutzen-Kosten-Analyse XXVI, 156, 158, 161-2, 165, 372
   Anwendung auf Klima-/Umwelt-/Energiepolitik 158, 174-5, 321 (Münster: 285-8)
   Diskontierung 158, 166-7, 285
   globale 164, 166-7
   Leistung für Klimaschutzpolitik 167-8

OECD 272
Öffentliches Gut 148-9, 372
Öffentlicher Personennahverkehr 186, 219, 222, 241, 277-8, 292, 303-4, 307
ÖKOBASE (Datenbank) 297
Öko-Institut Freiburg 184, 214
Ökologische Sicherheit (s. Umweltsicherheit)
Ökologische Steuerreform 95, 119, 183, 219, 224, 232, 234, 321, 323, 326
Ökologisch-technischer Fortschritt 146, 149
Ökonomie, neoklassische Modelle 156, 161-2, 174, 190
   Theorien 156
Ökonomien im Wandel (ehemalige RGW-Staaten) 66
Ökonomie des Vermeidens XXVI, 183

Anwendung/Umsetzung 184-5
Konzept 169, 174
Ökosystemforschung 330
Ölkrise 219, 326
Ostsee 50
Osteuropa 13, 119, 130
Ost-West-Konflikt 316, 332
Ozon (O_3) 4, 6, 230
   Abbau/Zerstörung 5, 28, 50, 67, 133, 203-4, 215-6, 322
   Treibhauseffekt 16-9, 238
Ozonloch XXVI, 15, 237, 372-3
   Entdeckung 54, 204, 320
Ozonschicht, internationales Regime zum Schutz
   Arbeitsgruppe 57
   chemische Industrie 53-5, 57, 58
   Co-ordinating Committee on the Ozone Layer 52
   Expertengruppe 58
   Deutschland 207
   EG 53, 55, 136
   Entstehungsprozeß 51-4, 60
   Entwicklungsländer 58-9, 122
   Ergebnis/Bewertung 54, 57, 59-60
   Herausforderung für politische Institutionen 203-4
   Implementation 54-60
   Industrieländer 54, 56-8, 122
   institutionelle Unterstützung 57-60
   Japan 53, 58
   Konfliktlösungsmechanismen 59
   Kontrollmaßnahmen 55-8
   multilaterale Fonds 59, 122
   Montrealer Protokoll (1987) 53-6, 58, 63, 68(Fn23), 74, 77, 207, 327
   Modellcharakter 49, 51, 57, 60, 63, 74, 77, 120, 155
   nordische Länder 52-3
   Rahmenkonvention 52-3
   Sekretariat 59
   Sowjetunion 53 (Nachfolgestaaten 59)
   Treffen der Mitgliedsstaaten 57-9
   Treffen in Wien (1985) 53
   Treffen in London (1990) 56, 59
   Treffen in Kopenhagen (1992) 56
   UNEP 52-3, 55
   USA 52-3, 55, 131, 136-7, 326

Vereinbarungen 154-5
vollständiges Verbot 56, 207
Wiener Konvention zum Schutz der Ozonschicht (1985) 63, 69, 327

Pakistan 128
Paläoklimatologie 7-9, 373
Pareto-Optimum 132-4, 139, 161, 373
Pedosphäre 13, 373
Peru 307-10, 312
Photovoltaik 187, 242
  1000-Dächer-Programm 220
  Aachener Modell 258, 261
  Beitrag zum Klimaschutz 258, 261, 263
  Gesamtkosten pro reduzierter Tonne CO_2 264-5
  Hessen 258-9
Pigou-/Stücksteuer 146
Polargebiete/-meer 6, 9, 38
Polen 248
Politikfeldforschung XXVI
Politikwissenschaft
  Aufgabe/Funktion 315, 325
  Handlungszusammenhänge 325-6
  Klima als neues Politikfeld XXIII, XXVI, 325-6, 331
  neuer Handlungszusammenhang Zukunft 325-6, 331
  Wissenschaftsverständnis Prinzip Verantwortung 315, 325, 332
Politikverflechtung XXVI, 114-5, 372
Portugal 94
Potsdam-Institut für Klimafolgenforschung e.V. (PIK) 33, 320
Preußen Elektra 302, 306
Primärenergiebedarf 19, 171-2, 176, 180
Prognos AG 220
Prozeßwärme 280-1, 284
Pugwash-Bewegung 315

Rationelle Energienutzung (REN) 182-4, 187, 374 (s.a. Energieeffizienz)
Rauchgasentschwefelung 146, 184
RAWINE (Rationelle und wirtschaftliche Nutzung von Elektrizität) 185
Reagan-Administration 323
Realismus, Neorealismus XXVI, 325, 373
Recycling 188

Referenzszenario 177-81, 195-8, 373
Regenerative Energiequellen (REG) 182-3, 186, 373 (s.a. Energie, erneuerbare)
Regenwald, tropischer
  Entwicklungsländer 206, 217
  Vernichtung/Rodung 17, 217, 238, 311
  Schutz (EK I: 206, 215, 217; Bundesregierung 217; SPD 223-4; Klimabündnis 305-8; Frankfurt am Main 307-12)
  ökologische Gartenbauprojekte 310-2
  nachhaltige Bewirtschaftung 310-1
  traditionelle Bewirtschaftung 309-11
  Unterstützung von Kleinprojekten zum Erhalt 305-312
Regime 115, 124, 315, 328, 374
  Theorie XXVI, 327
Ressourcenverbrauch 231, 239, 279
  Vergleich Industrie-/Entwicklungsländer 227-8
Ripa di Meana, Carlo 92, 93
Risikogesellschaft 317, 321, 331-2, 374
Rüstungs-/Militärausgaben 128, 316
Rüstungspolitik/-wettläufe 316-7
Ruhrkohle AG 185
Russische Föderation 81, 248

SAVE 92-3, 95-6, 99, 101-2, 247
Schadstoffprotokolle 120
Scharpf, Fritz W. 106, 113-4
Schmidbauer, Bernd 205, 209, 216, 221
Schweden 134, 234
Schwefeldioxid (SO_2) 14, 26, 39, 44-5, 67, 142, 148
Schweizer Impulsprogramm 254
Sicherheitsbegriff 141, 374 (s.a. Umweltsicherheit)
Sicherheitsdilemma XXVI, 315-6, 325, 331-2, 374
Sicherheitspolitik, traditionelle 317
Skandinavien 9, 13, 52
Solarenergie, 176, 186, 230, 256, 272, 282, 296
  Förderung 220, 242 (Frankfurt am Main 297-8, 300; Heidelberg 275-6; Hessen 256-7)
Solartechnologien 232, 256
Solarthermie 242, 256-7, 264, 267, 275-6
  Förderprogramm 257, 262, 297-8

Personen- und Sachverzeichnis 447

Solarthermische Kraftwerke 186
Solarzellen 263
  Produktion in Deutschland 220
  weltweite Leistung 261
Sonnenkollektor, Gesamtkosten pro reduzierter Tonne CO_2 264-5
Soziale Bewegungen 318
Spanien 94, 216
Spieltheorie 36, 131-3, 149, 375
Spray/Sprühdosen 19, 51, 215
Spurengase/Spurenstoffe
  klimawirksame 3-4, 15-20, 122, 330
Stadt- und Regionalplanung 300
Stadtwerke Frankfurt 293-5, 297, 302
Stadtwerke Hannover 184, 303
Stadtwerke Heidelberg AG 274-5, 277
Stadtwerke Münster 283, 285-8
Steuerungstheorie 36
Stickoxide (NO_X) XXIII, 4, 18, 67, 219, 230, 238, 291, 304
Stickstoff (N_2) 4
Stratosphäre 4-6, 15-16, 25, 28, 322, 375
Stromeinsparung
  Gesamtkosten pro reduzierter Tonne CO_2 264-5
  techniken 179
Stromeinspeisevergütung 258-9, 294-5
Stromeinspeisungsgesetz 220, 241, 255, 265, 295
Strompreisaufsicht 255, 259
Strompreisordnung 186
Strong, Maurice 227-229
Stuttgart 301
Subklimatologisch 7
Subpolitik 325-6, 330
Südamerika 17
Südeuropa 39, 42
Südostasien 127
Sustainable development (nachhaltige Entwicklung) 61-2, 65, 78-9, 116, 123-4, 128, 228, 230-1, 244, 271, 375
Synergetik 36

Technologien, klima-/umweltverträgliche 122-3, 127, 146, 182, 187-9, 226, 228, 230, 232-3, 239, 242, 254, 256, 321, 324
Technologischer Fortschritt 168

endogenisierter 165
exogener 165
Vertrauen in 153
Temperaturerhöhung/-veränderung 16-7, 42-3, 157-60, 163-5
  bodennahe Lufttemp. in Europa 12-3
  England seit 1659 8
  Erhöhung der Lufttemperatur 27, 29-30
  historischer Verlauf 9-13
  nordhemisphärische Gebiete 8-11
  nordhemisphärische Lufttemp. 30-1
  Sonneneinstrahlung 22
  Weltmitteltemperatur XXIII, XXV, 27, 29-30, 39-40, 42-3, 147, 158-60, 163-5, 173, 175, 229, 238, 280, 318
Tempo-Limit 119, 137, 223, 278
Tertiär 7
Tetrachlorkohlenstoff 56
THERMIE 93, 100, 322
Thermosphäre 5
Töpfer, Klaus 135, 219, 232, 330
Top-down-Verfahren 165, 193, 194, 366
Tourismus 41, 42, 91, 271
Toxische Stoffe/Toxizität 3-4, 146
Transeuropäisches Verkehrsnetz 98-9, 103
Transient 25, 27, 375
Treibhauseffekt (s.a. Klimaänderung) XXVI, 14, 89, 237, 375
  anthropogen verstärkter XXIII-IV, 15-20, 23, 31-2, 135, 203, 217, 224, 316, 318-9
  Entdeckung XXIII
  fossile Energien 17-9, 238
  Herausforderung für politische Institutionen/Handeln 203-4, 238, 249
  Klimamodellvorhersagen 26-31
  Landwirtschaft/Düngung 18-9, 238
  Literatur 321
  Mitteleuropa 28, 32
  Mittelmeerraum 15, 28, 32
  natürlicher XXIII, 15-7, 32, 34
  Schema 15-6
  Spurengasbeiträge 15-20
  Ursachen 15-20, 238
Treibhausgase 16-20, 32, 34, 38-40, 43, 61, 75, 78, 86, 89, 141, 147, 149, 155-6, 158-60, 163-4, 167, 230, 238-9, 247, 279, 291, 322, 375

DDR XXV, 119, 180
EG/EU XXIII
Inventare 67, 79, 83, 291
Japan XXIII
Konzentrationen 18-20, 23, 68
Stabilisierung/Reduzierung XXV, 64, 124, 133-4, 139, 211, 229-30, 232, 280, 318 (Deutschland: 219, 240, 251, 329; USA: 79, 138, 323)
Vergleich Industrie-/Entwicklungsländer 82, 117
Osteuropa 119
USA XXIII
Trittbrettfahrer XXVI, 58, 147, 323, 375
Triade XXVI, 323-4
Tropenwald (s. Regenwald)
Tropen(zone) 6, 14, 28
Tropopause 6
Troposphäre 5, 6, 16, 25, 375
Sulfatanreicherung 14, 15, 31
Tschechien 248

Überlebensgesellschaft 317, 321, 331-2, 375-6
Überlebenssicherung 315, 325, 331
Ukraine 248
Umweltaußenpolitik 323, 376 (s. EG/EU)
Umweltbundesamt 183, 216, 219, 297
Umweltethik 321
Umweltforschung 115, 242
Umweltforschungszentren 319-20, 329
Umweltgesetze XXVI, 323, 330
Umweltinnenpolitik 323
Umweltkonferenz in Sofia 248
Umweltkonferenz der Vereinten Nationen in Stockholm (1972) 126, 230
Umweltkonflikte 115, 130
Umweltökonomie 320-1
Umweltorganisation/-schutzbewegung 136-7, 184, 226, 290, 318, 323, 329-30, 332
Umweltpolitik, internationale XXVI, 319, 321 (s.a. Klimapolitik, internat.)
Aufgaben 49-51, 239
Effektivität 120
EG/EU 89, 105
Entwicklungsländer, nationale Gegenmaßnahmen 126-8, 239

Forschung 115-6, 156
grenzüberschreitende Dimension 49-50, 58, 78, 141-2, 146, 237
informelle 112-4
internationale 49-51
Problembewußtsein 227, 237
Steuerungsfunktion 49-50, 54, 57, 60
Triebkräfte der Entstehung 328
Verfahren/Struktur 50-51
Ziele 142
Umweltprobleme/-krise
globale 142, 146-9, 237, 239, 271, 279
innerstaatliche 50, 143-7
ökonomische Aktivitäten 142-6
menschliche Gegenstrategien 142-50
Produktion u. Konsumtion 142-44, 146
staatl. Gegenmaßnahmen 146, 149-50
steuerliche Maßnahmen 146
Struktur des politischen Handelns 239-40
Umweltrecht, internationales
Institutionalisierung 70-1, 73
verbindliche Reduktionsziele 67
Vertragstechniken 62-3, 73
Umweltschäden 127, 144, 289
Umweltschutz
additiver 193
Interessen 137
Modernisierungs- vs. Kostenfaktor 208
produktionsintegrierter 193
Umweltsicherheit 376
Begriffsdefinition 141-2, 145, 149
dynamische Betrachtung 149
globale 142, 146-9
Grundmodell/Konzept 142-9
innerstaatliche 142-7
Umweltsituation, nationale Berichte 226
Umweltverbrauch 187
Umweltverträglichkeitsprüfung 99
Umweltvölkerrecht XXVI, 73-4, 116, 320-1
Umwelttechnik (s. Technologien, umweltverträgliche)
Umweltverschmutzung 76, 322
Umweltverwaltung 301
Umweltwandel
globaler 147-8, 368
menschliche Antriebskräfte 142-149
untransformiert 147-8

Personen- und Sachverzeichnis 449

UNCED-Konferenz in Rio de Janeiro (1992), XXV, 32, 67, 78, 92, 94, 111, 115-6, 123, 135-6, 208, 222-4, 228-9, 249, 278, 323, 327-8
  Agenda 21 225, 228, 231-2
  Ergebnisse 225, 227, 249
  Follow-up 223
  globales Miteinander 228-9
  Kritik/Bewertung 225, 228, 279
  Nachfolgeprozeß 225-6, 229, 232-3
  positive Wirkungen 228-9
  Rio-Deklaration für eine gemeinsame Umwelt- und Entwicklungspolitik 225
  Verlauf 227-8
  Ursachen des Scheiterns 229-31
  Vorbereitungsprozeß 226-7
  Walderklärung 225
UNCED-Prozeß XXV, 116-7, 135
UNDP 72
UNEP XXIV, 52-3, 55, 72, 77, 108, 134
  World Plan of Action 52
Ungarn 248
Union of Concerned Scientists 319
Utilitaristische Ethik 157, 161

Verband der Chemischen Industrie 215
Verbindungen ohne Methan, flüchtige organische 219, 238
Vereinigte Staaten von Amerika
  Clean Air Act 125
  Climate Action Plan 323
  Energiepolitik, 119, 124, 138, 323
  Entwicklungshilfe 231
  Klimapolitik 119, 124, 135-40, 319, 323 (Debatte über wissenschaftliche Erforschung 135-6, 139-40)
  Kongreß 137, 139-140, 323
  National Plan for Global Climate Change 323
  politischer Entscheidungsprozeß 136-7
  Umweltpolitik 136-8, 140, 323, 330
  Wahlkampf 1992 136-8
Vereinigung Deutscher Elektrizitätswerke (VDEW) 268-9
Vereinte Nationen 108-9, 114, 316-9
  Sicherheitsrat 318
  Vollversammlung XXIV-V, 328
Verkehr

energiespar. Antriebssystem 224, 304
  klimaschädigende/Treibhausrolle XXIII, 17-9, 75, 90, 97-8, 127, 155, 211-2, 220-2, 230, 280-1, 292, 303-4;
  Verkehrsvermeidung 304, 307
  Verkehrswende 210, 212, 222
Verschmutzungsniveau 143-146
Verursacherprinzip 65, 90, 117, 376
Völkerbund 316
Volkswirtschaft (s. Klimaschutzmaßnahmen, gesamtwirtschaftliche Auswirkungen, Ökonomie)
Volkswirtschaftslehre 158, 161
Vorsorgeprinzip 65, 79, 90, 169
Vulkanismus 14-5, 30, 38, 142

Wachstumsmodelle 153, 158, 167, 230
Wälder 41, 157, 222 (s.a Regenwald)
  kommerzielle Nutzung 231
  Umbauprogramme/Schutz 232-3, 243
Waldrodung 19, 34, 238
Wärmedämmung (s. Gebäude, energetische Sanierung)
Wärmenutzungsordnung 185-6, 213, 219, 233, 252, 289
Wärmeschutzverordnung 42, 220, 224, 233, 240, 242, 252, 264, 289, 296, 300
Warm-/Zwischeneiszeiten 7, 9, 11, 14, 16
Washingtoner Artenschutzabkommen 223
Wasserdampf (H_2O) 3, 15-18, 27
Wasserkraftenergie 176, 181, 272, 277, 264-5
Wasserhaushalt 40-1, 43, 233
Wasserressourcen 40-2
Wasserstoff (H_2) 4, 186-7
Wasserstofftechnologie 224, 256, 263
Wasserstoffwirtschaft 186
Wasserverschmutzung 146
Wasserwirtschaft 41-2
Weizsäcker, Ernst Ulrich von XXIV, 173, 232, 317
Weltbank 70, 72, 117, 122, 217, 223, 226, 230, 328
Weltbevölkerung 18-9, 76, 120-1, 128, 164, 227, 230, 239, 271
Weltbürgermeistergipfel in Berlin 272
Weltenergiekonferenzen 172-4
  Madrid (1992) 172

Montreal (1989) 172
Tokyo (1995) 172-3
Weltenergieprobleme 183
Weltenergieproduktion 230
Welternährungssituation 229, 322
Weltordnungsprobleme 315-7
Weltorganisation für Meteorologie (WMO) XXIV, 7, 77, 134
Wetter 6-8, 25
Windenergie 176, 181, 230, 372
  Hessen 256-258
Windnutzung 241-2, 257, 261, 264-5, 277
Wiener Vertragsrechtskonvention 71-2
Wirtschaftliches Wachstum
  Grenzen 153, 227-8

Wissenschaftlicher Beirat der Bundesregierung Globale Umweltveränderungen 36-7, 39-40, 42
  Handlungsempfehlungen 329, 331
Witterung 6, 7
Wohlfahrtstheorie/-funktion, soziale 155, 157-8, 161-2, 167, 374-376
Wohlstandsmodelle 188, 231, 317
World Commission for Environment and Development (Brundtland-Kommission) 227-8, 315
Wuppertal Institut für Umwelt - Klima - Energie 184, 271, 320

Zeitpräferenzrate 159-60, 166, 376
Zwischeneiszeiten (s. Warmzeiten)

GPSR Compliance

The European Union's (EU) General Product Safety Regulation (GPSR) is a set of rules that requires consumer products to be safe and our obligations to ensure this.

If you have any concerns about our products, you can contact us on

ProductSafety@springernature.com

In case Publisher is established outside the EU, the EU authorized representative is:

Springer Nature Customer Service Center GmbH
Europaplatz 3
69115 Heidelberg, Germany

www.ingramcontent.com/pod-product-compliance
Lightning Source LLC
LaVergne TN
LVHW010332260326
834688LV00036B/683